PREGL-ROTH

QUANTITATIVE ORGANISCHE MIKROANALYSE

VON

DR. H. ROTH

BADISCHE ANILIN- UND SODA-FABRIK AG. LUDWIGSHAFEN A. RHEIN
LANDWIRTSCHAFTLICHE VERSUCHSSTATION LIMBURGERHOF/PFALZ

SIEBENTE, VOLLKOMMEN NEU BEARBEITETE
UND ERWEITERTE AUFLAGE

MIT 115 TEXTABBILDUNGEN

WIEN
SPRINGER-VERLAG
1958

ISBN 978-3-7091-3418-4 ISBN 978-3-7091-3417-7 (eBook)
DOI 10.1007/978-3-7091-3417-7

SOFTCOVER REPRINT OF THE HARDCOVER 7TH EDITION 1958

Vorwort zur siebenten Auflage

Das steigende Interesse für Methoden der quantitativen organischen Mikroanalyse in allen Kontinenten und die große Zahl der in dem letzten Jahrzehnt aus F. Pregls grundlegender Methodik entwickelten Verfahren führten zu einer beachtlichen Bereicherung an ausgezeichneten Mikromethoden.

Da die neue Auflage einerseits dem Lernenden möglichst alle erforderlichen Hinweise zur selbständigen Aneignung der mikroanalytischen Arbeitsmethoden vermitteln, andererseits dem bereits mikroanalytisch Arbeitenden Helfer im Beheben auftretender Schwierigkeiten und Ratgeber bei der Wahl der zweckmäßigsten Methoden (auch in Spezialfällen) sein soll, erwies sich eine völlige Neubearbeitung des Buches als notwendig, die ferner noch Hinweise auf weitere Mikro- und Ultramikro-Methoden bringt.

Um die Beschreibung des Analysenganges flüssiger zu gestalten und nach Möglichkeit Wiederholungen zu vermeiden, werden vor der Beschreibung der einzelnen Analysenverfahren neben mikrochemischen Waagen Abschnitte über dauernd benötigte „Geräte“, viel benutzte „Titrierlösungen“ und „Die Vorbereitung der Substanz für die Analyse“ gebracht.

Von den verschiedenen, heute in mikroanalytischen Laboratorien angewandten Methoden der Elementaranalyse wurden jene ausgewählt, die in Analogie zu Gattermann-Wieland „Die Praxis des organischen Chemikers“ den mikrochemisch-analytisch Arbeitenden mit sämtlichen Einzelheiten der „Mikrotechnik“ vertraut machen sollen. Selbstverständlich wurden nur die allerorts als zuverlässig anerkannten Methoden eingehend beschrieben. Dabei ließ es sich nicht vermeiden, daß für die Bestimmung des einen oder anderen Elementes mehrere Methoden etwas ausführlicher behandelt wurden. Aus der Besprechung der Methoden und den Bemerkungen dazu ist jedoch leicht zu entnehmen, welche Methode man für die zu analysierende Substanz zu wählen hat. Dem Lernenden sind vor allem Methoden zu empfehlen, die, wenn sie auch mehr Zeit als die maßanalytischen beanspruchen, ihm das Behandeln kleiner Substanz- und Niederschlagsmengen, ihre Wägungen usw. zur sicheren Selbstverständlichkeit werden lassen. Mit diesen Grundkenntnissen, zu deren Aneignung besonders F. Pregls Methoden zu bevorzugen sind, ist man dann in der Lage, sich auch alle weiteren Mikromethoden in kurzer Zeit anzueignen.

Die zunehmende Anforderung an analytische Laboratorien zur Bestimmung von Atomgruppen und die dafür von Fachkollegen und dem

Verfasser neu entwickelten Methoden führten zu einer wesentlichen Erweiterung dieses Abschnittes gegenüber dem der vorherigen Auflagen. Da zur quantitativen Erfassung dieser Gruppen nicht so energische Reaktionen wie bei der Elementaranalyse herangezogen werden können, lassen sich konstitutionsbedingte Einflüsse nicht immer vollständig ausschalten. Diese Erscheinungen sind folglich beim Auswerten der Analysenergebnisse zu berücksichtigen, worauf bei der Beschreibung der einzelnen Methoden kritisch hingewiesen wird.

Der Abschnitt: Bestimmung physikalischer Konstanten wurde, dem heutigen Stand angepaßt, beibehalten.

Es ist mir eine angenehme Pflicht, Herrn Professor Dr. H. LIEB, Graz, für wertvolle Anregungen und Erfahrungen aus dem Pregl-Institut meinen besten Dank auszusprechen. Herrn Professor Dr. R. KUHN, Heidelberg, und Herrn Professor Dr. A. BENEDETTI-PICHLER, New York, bin ich für Hinweise zur Disposition der Neuauflage gleichfalls mit Dank verbunden. Besonders herzlich danke ich Herrn Dr. W. MERZ, der die große Freundlichkeit hatte, das Manuskript durchzuarbeiten und mich mit wertvollen Hinweisen aus seinen im Pregl-Institut gesammelten Erfahrungen zu unterstützen.

Herrn Dr. J. UNTERZAUCHER und Herrn Dr. F. ZINNECKE sei noch an dieser Stelle für die mir zur Verfügung gestellten Unterlagen über den neuesten Stand ihrer Methoden mein aufrichtiger Dank ausgesprochen.

Ebenso möchte ich dem Springer-Verlag, Wien, für das Entgegenkommen bei der Anfertigung der Abbildungen und der Drucklegung bestens danken.

Limburgerhof/Pfalz, im Mai 1958. **Hubert Roth**

Inhaltsverzeichnis

Berichtigung: Seite XI, 9. Zeile von oben, lies Carbonylgruppe statt Carboxylgruppe.

Mikrochemische Waagen

Die hohe Leistung einer kurzarmigen Waage gegenüber den in der damaligen Zeit üblichen langarmigen Waagen hat bereits 1876 PAUL BUNGE in Carls Repertorium der Öffentlichkeit bekanntgegeben[1]. In der Werkstätte P. BUNGES wurde bereits 1880 die „Probierwaage für Legierungen“ gebaut, die gleiche Ausmaße (7-cm-Balkenlänge) und Empfindlichkeit wie die spätere „Mikrowaage“ von W. H. F. KUHLMANN besaß. F. EMICH erwähnte diese Waage, die er bereits seit 1906 in seinem Laboratorium benutzte, in einem Vortrag im Jahre 1910[2]. Sie gestattete bei einer Belastung von 20 g 0,01 mg genau abzulesen. F. PREGLS erste Mikroanalysen[3] sind mit dieser Waage durchgeführt und, wie F. PREGL sagt, mit einer Genauigkeit von „nur“ 0,01 mg belegt.

F. PREGL entwickelte gemeinsam mit W. KUHLMANN ohne Abänderung des Typs, lediglich durch Verfeinerung der Schneidenschliffe, Änderung der Schwerpunktschraube, Anbringung der Ableselupe und Haken an den Schalenbügeln daraus die mikrochemische Waage.

Mit der allgemeinen Verbreitung der Mikroanalyse stieg auch die Nachfrage für mikrochemische Waagen, mit deren Bau auch andere Werkstätten begannen. Es handelte sich dabei um gleicharmige Neigungs- (Hebel-) Waagen, die in der ersten Zeit als schwingende (periodische) Waagen allgemein Verwendung fanden. An diesen Waagen wurden in Zusammenarbeit von Analytikern mit den Herstellern manche zweckmäßige, das Wägen erleichternde Ergänzungen angebracht, wie z. B. die Gewichtsaufbringung und die Gewichtsablesung. Es sei aber gleich hier bemerkt, daß die nach diesem Prinzip arbeitenden Instrumente bis zum heutigen Tage noch keine wesentliche Erhöhung der Empfindlichkeit erfuhren. Einen in zweifacher Hinsicht wertvollen Fortschritt brachte der Bau der gedämpften oder aperiodischen Waagen, die zufolge ihrer technischen Vervollkommnung den schwingenden Waagen an Zuverlässigkeit in der Gewichtsanzeige heute nicht mehr nachstehen. Das Ablesen des an der ruhenden Skala angezeigten Übergewichtes fordert von dem Wägenden nicht mehr eine so lange Konzentration wie die Differenzablesung und Differenzrechnung an der schwingenden Waage, was vor allem bei angelernten Hilfskräften nicht übersehen werden darf. Des weiteren können die benutzten Gewichte rascher festgestellt werden, was im Hinblick auf das allgemeine Bemühen zur Verkürzung der Analysendauer von nicht geringer Bedeutung ist.

Da heute noch beide Arten der Neigungswaage in mikroanalytischen Laboratorien Verwendung finden und von den Waagenbaufirmen herge-

---

[1] DEDE, L.: Z. angew. Chem. **37**, 166 (1924).
[2] EMICH, F.: Ber. dtsch. chem. Ges. **43**, 10 (1910).
[3] PREGL, F.: Abderhalden, Handb. biochem. Arbeitsmeth. **5**, 1307 (1912).

stellt werden (die periodische Waage ist billiger), wird zuerst die schwingende und anschließend die gedämpfte Waage beschrieben, und zwar die Modelle von P. Bunge, da diese Waagen am meisten verbreitet sind.

Die schwingende Waage von P. BUNGE[1]

Der 130 mm lange Waagebalken stützt sich in seiner Mitte vor und hinter der Achatmittelschneide in gleicher Weise wie die Gehänge auf mit Achaten versehene Pfeiler, die auf einem horizontalen Träger befestigt sind. Beim Lösen der Arretierung bewegt sich der Träger nach unten und der Balken und die Gehänge werden ruhig und sicher auf ihre Lager aufgelegt, ohne die Möglichkeit eines Gleitens zu bieten. Hierin, abgesehen von der Größe, gleicht die mikrochemische Waage den Halbmikro- und Makrowaagen. Die hohe Empfindlichkeit der mikrochemischen Waage wird durch den feinen Schliff der Achatschneiden, mit der starren Konstruktion des Waagebalkens und durch eine optische Ablesung (Projektion) erreicht, die es ermöglichen, Wägungen bis zu 30 g Belastung mit praktisch unveränderter Empfindlichkeit vorzunehmen.

Auf dem Reiterlineal des Waagebalkens befinden sich 100 Kerben, die genau gleichartig und so geschnitten sind, daß der Reiter sich im tiefsten Punkt der Kerbe „einreitet". Der von E. SCHWARZ-BERGKAMPF[2] ermittelte „Horizontal"-Fehler, der bei ungenauem Sitz des Reiters in der Kerbe auftritt, wird durch einen möglichst tiefen Kerbeneinschnitt und die in Abb. 1 gebrachte Form des Reiters völlig ausgeschaltet. Wenn auch nach C. WEYGAND[3] der Geübte diesem mitunter auftretenden Fehler des unrichtigen „Einreitens" weniger ausgesetzt ist, ist diese Reiterform den früher verwendeten vorzuziehen. Das Gewicht des Reiters beträgt 5 mg. Die Waage ist so gebaut, daß sie sich unbelastet nur dann im Gleichgewicht befindet, wenn der Reiter in der 1. Kerbe sitzt. Das Versetzen des Reiters in die 100. Kerbe bewirkt eine Belastung der Waage auf der rechten Seite mit 10 mg. Eine Reiterverschiebung um 10 Kerben entspricht daher 1 mg, und dementsprechend bedeuten die auf dem Reiterlineal eingravierten Zahlen unter jeder 10. Kerbe ganze Milligramme. Eine Reiterverschiebung um eine Kerbe entspricht infolgedessen einer Gewichtsveränderung von 0,1 mg. Da der Ausschlag des Zeigers, der durch das Versetzen des Reiters von einer Kerbe in die benachbarte beim Schwingen der Waage gleichzeitig auf der Projektionsablesung oder einer Skala 10 Teilstrichen entspricht, von denen jeder eine Gewichtsdifferenz von 0,01 mg oder 10 µg anzeigt, ließen sich theoretisch zwischen den Teilstrichen noch 0,001 Milligramme schätzen[4].

Abb. 1. Reiter von P. BUNGE.

[1] Von der Beschreibung der mikrochemischen Waage von K. KUHLMANN wird in dieser Auflage abgesehen, da die Firma Kuhlmann z. Zt. nicht existiert.

[2] SCHWARZ-BERGKAMPF, E.: Z. analyt. Chem. **69**, 321 (1926).

[3] WEYGAND, C.: Quantitative analytische Mikromethoden der organischen Chemie, Akad. Verlagsgesellschaft m. b. H., Leipzig 1931.

[4] Ableseschwierigkeiten ergeben sich für Personen, die mit starken Sehstörungen behaftet sind. Dem wird aber heute mit Hilfe von Fernrohrlupen oder besser Projektionsablesungen weitgehend Abhilfe geschaffen.

Unter Einhaltung aller durch F. Pregl für die Wägung vorgeschriebenen Maßnahmen wäre man in der Lage, mit diesem Instrument ein Gewicht von 30 g mit einer Genauigkeit von $\pm$ 0,001 mg ($= 10^{-6}$ g $= 1$ µg) festzustellen. Diese Genauigkeit wird allerdings durch eine Reihe von unvermeidlichen Einflüssen bei der absoluten Gewichtsbestimmung von Körpern mit 30 g kaum erreicht werden. Da wir es aber in der Mikroanalyse fast durchweg mit der Wägung leichterer Geräte zu tun haben und vor allem an diesen nur durch Differenzwägung Gewichtsänderungen von wenigen Milligrammen feststellen, so ließe sich im günstigsten Falle die Genauigkeitsgrenze von $\pm$ 1 µg erreichen.

In sehr interessanten Untersuchungen über die individuellen Schätzungsanomalien bei Wägungen mit gedämpften Waagen konnte H. Gysel[1] zeigen, daß die oben angeführte Genauigkeit nicht erreicht werden kann. Unbewußte Kräfte ermöglichen es dem Analytiker nicht absolut richtig zu schätzen; er bevorzugt und vernachlässigt unabsichtlich bestimmte Zahlen, die zu Wägefehlern von einigen Mikrogrammen führen. Diese Schätzungsfehler bei der Substanzeinwaage, die nur durch technische Verbesserungen (Unterteilung bzw. Nonius) verkleinert werden können, werden vom Autor bis zu 0,25 Prozent für die Kohlenstoff-Wasserstoff-Bestimmung angegeben, sie vermögen ferner manche Fehlergrenze umstrittener Mikromethoden zu klären. Aus den statistisch gesicherten, psychologisch bedingten Fehlergrenzen an der gedämpften Waage ist zu schließen, daß der Faktor „Mensch" bei Ablesungen an der schwingenden Waage noch komplizierter wird, zumal man unbewußt dazu neigt, die einmal festgestellte Schwingungsdifferenz wieder abzulesen.

Ihre Empfindlichkeit behält die mikrochemische Waage bei sachgemäßer Behandlung jahrelang bei. Erst nach langer, starker Inanspruchnahme stellen sich „Alterserscheinungen" ein, die sich in einer rascheren Ermüdung und damit in einer herabgesetzten Empfindlichkeit äußern. Es ist selbstverständlich, daß unsachgemäße Behandlung viel rascher zu Ermüdungserscheinungen führt[2].

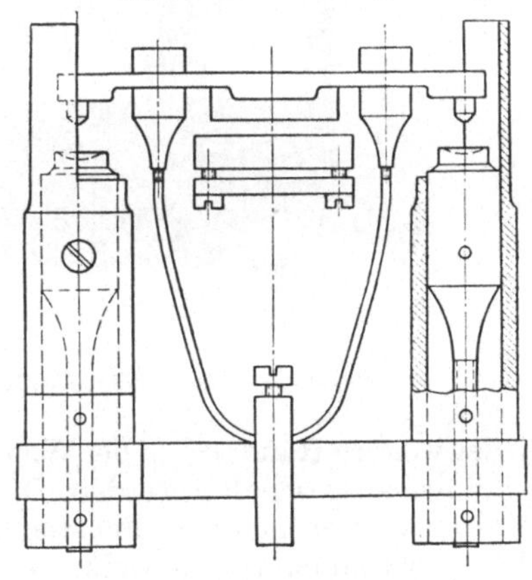

Abb. 2. Gehänge- und Balkenschutz von P. Bunge.

Die Waage besitzt außerdem noch einen Gehänge- und Balkenschutz (Abb. 2), der besonders für Lernende zu empfehlen ist. Er verhindert bei nicht sachgemäßer Handhabung ein

[1] Gysel, H.: Mikrochim. Acta [Wien] **1953**, 266.

[2] Die sich auch bei sachgemäßer Behandlung der Waagen allmählich einstellende Empfindlichkeitsabnahme, die übrigens bei den einzelnen Waagen sehr unterschiedlich ist, kann durch Verstellen von Schrauben, die in der Ebene der Mittelachse der Waage angebracht sind, behoben werden. Diese heikle Einstellung wird man am besten im Justieren von Waagen erfahrenen Personen überlassen. W. Zimmermann, Mikrochem. **31**, 158 (1944).

Herausdrehen des Balkens aus den Stützlagern, ebenso wird vermieden, daß die Gehänge vom Waagebalken fallen, wenn man versehentlich, z. B. beim Auflegen der Absorptionsröhrchen, gegen die Aufhängevorrichtung stößt.

Die Waage befindet sich in einem sechseckigen Gehäuse, das sich als sehr zweckmäßig erwiesen hat. Durch die beiden schräg gestellten Türen ist der Wägende gezwungen, entsprechend der Preglschen Wägevorschrift die rechte Waagschale mit der rechten und die linke mit der linken Hand zu bedienen. Aus dem in Abb. 3 gebrachten Modell 25 MPN mit automatischer Bruchgrammauflage der 10—500 mg-Gewichte mittels eines von außen drehbaren Knopfes ergibt sich der Vorteil, daß nach dem Auflegen der Tara

Abb. 3. Periodische mikrochemische Waage von P. BUNGE, Modell 25 MPN.

jeder weitere Handgriff in der Waage überflüssig wird und damit Temperatureinflüsse ausgeschaltet werden. Die jeweils aufgebrachten Gewichte von 10 bis 990 mg werden in einem Fensterchen an der Scheibe registriert. Das genaue Übereinstimmen von Gewichten und Reiter hat man nach S. 10 zu überprüfen.

Durch die vordere Glaswand (unbeweglich) sind Waagebalken, Reiter und Gehänge gut zu übersehen. In Augenhöhe (in der Mitte über der Vorderwand des Gehäuses) befindet sich die Projektionsablesung, die nach dem Lösen der Arretierung (im toten Gang des Hebels) automatisch beleuchtet wird. Kurz vor dem Schließen der Arretierung wird die Beleuchtung selbsttätig ausgeschaltet. Eine für das Auge angenehme Beleuchtung kann durch Einschieben einer grünen Glasscheibe in den Strahlengang (vor das Beleuchtungslämpchen) erreicht werden. Auf der Milchglasscheibe, die mit einem verstellbaren Indexstrich versehen ist, gelangt die am Zeiger der Waage angebrachte Skala zur Projektion. Mit der neuen Bezifferung (Abb. 4) kann der Umkehrpunkt des Zeigers leicht geschätzt werden.

Da man aus einer Entfernung von 50 bis 60 cm vor der Waage ± 0,001 mg gut schätzen und außerdem aus gleicher Entfernung durch Reflexion an zwei schräg angebrachten oder einem horizontal vor der Skala liegenden Spiegel die Makroskala am Fuße der Säule beobachten kann (Rohwägung mit dem Reiter), sind alle Voraussetzungen für eine möglichst rasche Wägung ohne Temperaturbeeinflussung durch die Körperwärme gegeben.

200 150 100 50 0 50 100 150 200

Abb. 4. Mikroskala bei periodischen mikrochemischen Waagen von P. BUNGE.

Eigene Erfahrungen wie auch die anderer Institute[1] und Laboratorien[2] berechtigen zur Behauptung, daß wir in der Bunge-Waage ein in allen Einzelheiten bis zu hoher Feinheit entwickeltes Instrument besitzen, das dem heutigen Stand der Preglschen Mikroanalyse vollauf entspricht. Der stabile Bau macht sie nicht nur gegenüber gelegentlichen Erschütterungen und Stößen verhältnismäßig unempfindlich, sondern wirkt sich besonders auf die Lebensdauer, d. h. die bleibende Empfindlichkeit vorteilhaft aus.

Aperiodische Waagen

Sie sind wie die periodischen Waagen gleicharmige Hebelwaagen mit einer zusätzlichen Bremsungs- (Dämpfungs-) Einrichtung. Letztere hat die Aufgabe, die durch einseitige Überbelastung eingetretene Neigung des Waagebalkens an der dem Übergewicht entsprechenden Balkenlage abzubremsen. Die Balkenneigung wird an einer Mikroskala, die sich auf dem Zeiger der Waage befindet, gegen einen Indexstrich mit Hilfe von optischen Einrichtungen (Kollimationsfernrohr, Projektionsablesung) abgelesen. Die Skalen sind in 0,01 mg unterteilt. Zwischen den 0,01-mg-Strichen werden die 0,001 mg geschätzt (Nonius).

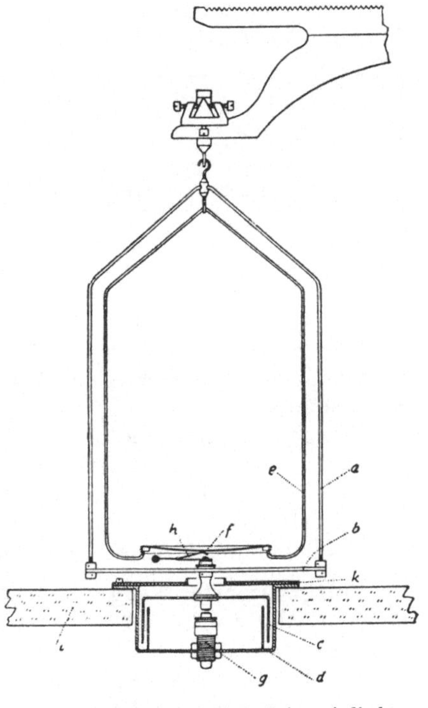

Abb. 5. Dämpfungseinrichtung bei aperiodischen mikrochemischen Waagen von P. BUNGE.

Die aperiodische mikrochemische Schnellwaage von P. BUNGE. In der Balkenkonstruktion, Balkenlänge, Gehänge- und Balkenschutz, den Waagschalen und der automatischen Bruchgrammauflage gleicht sie der vorstehend beschriebenen schwingenden Waage. Die Bremsung der Schwingung wird durch Luftdämpfung mittels der in Abb. 5 gebrachten Dämpfungsglocken (*c* und *d*) erreicht. Durch das berührungsfreie Gleiten

[1] FURTER, M.: Mikrochem. **18**, 1 (1935).
[2] ZIMMERMANN, W.: Mikrochem. **31**, 153 (1943).

der Glocke *c* in Glocke *d* wird eine Dämpfung der Schwingungen erreicht, welche den Zeiger kurz nach dem Auslösen der Waage zum Stillstand bringt. Die Stellung der Mikroskala zu einem Indexstrich wird durch ein Kollimationsfernrohr abgelesen. Mit dieser Konstruk-

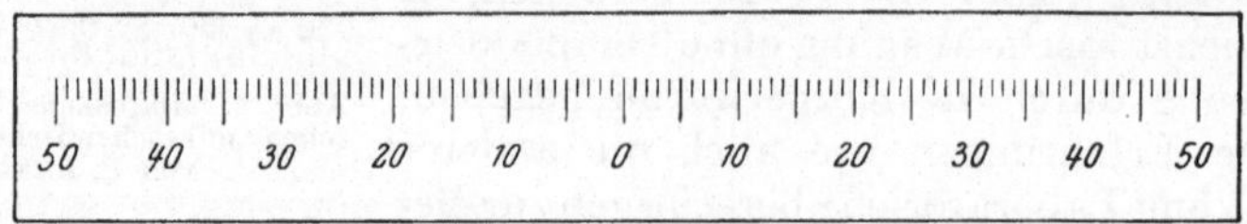

Abb. 6. Mikroskala Fig. „A" bei aperiodischen mikrochemischen Waagen von P. BUNGE, Modell 25 DKN oder 25 DKE.

tion wird durch Spiegelreflexion eine die Ablesung erleichternde Verdopplung des Ausschlagwinkels erreicht. Die Kollimationsablese-Einrichtung besteht aus einem Fernrohr ohne Objektiv. Der Lichtstrahl trifft auf einen am Balken befindlichen Spiegel, von dem er reflektiert wird. Die Ablesung der Stellung der Mikroskala zum Indexstrich erfolgt durch ein Okular; sie ergibt die Neigung des Balkens und damit das Gewicht. Die Mikroskala, die durch eine Glühbirne beleuchtet wird, ist in zwei Ausführungen erhältlich (Abb. 6 u. 7).

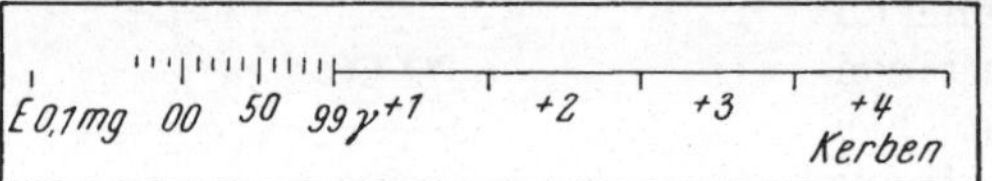

Abb. 7. Mikroskala Fig. „B" (nach W. ZIMMERMANN) bei mikrochemischen aperiodischen Waagen von P. BUNGE.

Der Zwischenraum zweier benachbarter ganzer Teilstriche entspricht 0,01 mg. Das Abschätzen der 0,001 mg wird an dem stillstehenden Zeiger vorgenommen.

Waagen mit Aluminiumumkleidung schalten weitgehend Lichteinflüsse sowie thermische und elektrostatische Störungen aus. Es ist selbstverständlich, daß die Dämpfungswaagen stets genau im Lot stehen müssen, damit sich die Dämpfungsglocken nicht reiben. Die Folge solcher Unachtsamkeit sind vollkommen falsche Gewichtsablesungen.

Luftgedämpfte Waage ohne Balkenreiter der Sartoriuswerke. Bei dieser in Abb. 8 gebrachten Waage Modell MPR 5 ist die Reitervorrichtung durch eine mechanische Bruchgrammauflage von 1 mg ersetzt. Die auf der Waagenzunge angebrachte Mikroskala für den Bereich von 0 bis 1 mg kommt auf einer vor dem Balkenträger befindlichen Milchglasscheibe mit Indexstrich und Nonius zur Projektion. Mit einem Drehknopf kann die linke Waagschale zur Aufbringung der Substanzschiffchen (Tiegel) vor die Waage herausgeführt werden, wobei sich selbsttätig ein Fenster an der Vorderwand der Waage öffnet. Die Belastung beträgt 20 g. Die Waage befindet sich in einem Metallgehäuse, an dem auch die Drehknöpfe für die Bruchgrammauflage angebracht sind. Mit einer besonderen Einrichtung kann die Empfindlichkeit rasch überprüft werden. Eine diesem Modell sehr ähnliche Sartorius-Waage wurde von O. PFUNDT[1] ausführlich

[1] PFUNDT, O.: Mikrochim. Acta [Wien] **1954**, 539.

beschrieben. Ein rascheres Wägen gegenüber der vorstehend beschriebenen gedämpften Waage von Bunge, bei der bekanntlich zufolge der besonderen Form des Reiters dieser durch einen zusätzlichen Stoß nicht mehr in die richtige Lage gebracht zu werden braucht, konnte nicht festgestellt werden.

Während die Mikroskala der Sartorius-Waage in 10 Teile unterteilt ist, wobei ein Teilstrich 10 μg entspricht, besitzt die Skala der Oertling-Waage

Abb. 8. Reiterlose mikrochemische Waage der Sartoriuswerke, Modell MPR 5.

(London), die von ähnlicher Konstruktion ist, 500 Teilstriche. Jeder Teilstrich entspricht 2 μg.

Andere Mikrowaagen. Die Mettler-Waage (Zürich) ist insofern nach anderem Prinzip gebaut, als auf der auch mit Luftdämpfung versehenen Waage unter gleicher Belastung gewogen wird, das heißt, die Gewichte werden nicht aufgelegt, sondern abgenommen. Dadurch tritt keine Empfindlichkeitsänderung auf. Der Ablesungsbereich der Skala beträgt 20 mg. Die Abstände zwischen zwei Teilstrichen entsprechen 100 μg.

Von weiteren Waagen, die bei der im folgenden beschriebenen quantitativen organischen Mikroanalyse kaum Anwendung finden dürften, sei auf die Torsionswaage von G. Gorbach[1] hingewiesen, die bei einer Belastung von 2 g noch ± 10 μg anzeigt; ferner auf die verschiedenen Quarzfaden-

[1] Gorbach, G.: Mikrochim. Acta [Wien] **1954**, 352.

Waagen[1] und den zusammenfassenden Bericht über die Konstruktion von Mikrowaagen von G. F. HODSMAN[2] und den Beitrag über den Bau mikrochemischer Waagen im allgemeinen von K. S. DAVIES[3].

Aufstellen und Überprüfen der Waage

Hat man eine neue Waage aufzustellen, so sind die von der Herstellerfirma stets beigegebenen Vorschriften über das Aufstellen der Waage sorgfältig zu beachten. Das Reinigen der Einzelteile nimmt man nach S. 13 vor.

Als Standort ist ein möglichst temperaturkonstanter Raum zu wählen, dessen Temperatur nicht unter der des anschließenden Arbeitsraumes liegt. Hierzu sind vor allem nach Norden gelegene Räume geeignet, die, wenn sie zu kühl sind, auf die Temperatur des Analysenraumes gebracht werden müssen. Die Temperatur des Wägeraumes soll nicht unter 20° C liegen. Ist sie zu niedrig, führt allein die Körperwärme des Wägenden zu Nullpunktsverschiebungen[4]. Man wird die Waage weder an eine Wand, durch die Heizrohre laufen, noch an eine schlecht isolierte Außenwand des Gebäudes stellen. Auch darf sie nicht von Sonnenstrahlen getroffen werden. Wenn nur irgend möglich, richte man eine Klimaanlage ein.

Jede Erschütterung während der Wägung ist zu vermeiden. Gegen kurz dauernde Erschütterungen sind die mikrochemischen Waagen, die sich verhältnismäßig rasch beruhigen, weniger empfindlich als gegen Temperaturschwankungen und Luftbewegung. Als Wägetisch eignen sich Marmorplatten, die auf Konsolen ruhen. Diese lassen sich nur an Wänden, die selbst dämpfend wirken, wie z. B. solche aus Backsteinen, anbringen. Zwischen Marmorplatte und Eisenträger werden zur Dämpfung Bleibleche gelegt. Bei Betonbauten ist diese Art der Anbringung nicht zu empfehlen, da sich Erschütterungen durch Maschinen und Zentrifugen durch das ganze Mauerwerk fortpflanzen und über die Eisenträger bis zur Waage gelangen. Mit einem von der Mauer frei abstehenden Wägetisch lassen sich diese Störungen in den meisten Fällen vollständig ausschalten. Ein solcher Tisch besteht aus einer 6—8 cm starken Marmorplatte, die mit ihren Breitseiten (60 cm) auf gemauerten Sockeln ruht. Die Sockel sollen 25 cm breit sein und die Tiefe der Tischplatte besitzen. Zwischen Fußboden und Sockel sowie Sockel und Marmorplatte werden mehrere 1,5—2 mm starke Bleibleche eingelegt.

In Eisenbetonbauten, in denen sich unter dem Wägeraum starke Erschütterungen verursachende Maschinen befinden, gelang es H. GYSEL[5],

---

[1] KUCK, I. A., P. L. ALTIERI u. A. K. TOWNE: Mikrochim. Acta [Wien] **1954**, 1.

[2] HODSMAN, G. F.: Mikrochim. Acta [Wien] **1956**, 202.

[3] DAVIES, K. S.: Chem. Products Chem. News **16**, 264 (1953); Chem. Zbl. **1954**, 2674; siehe auch Die Fortschrittsberichte von W. SCHÖNIGER: Mikrochim. Acta [Wien] **1956**, 1456, u. G. KAINZ: Österr. Chem.-Ztg. **57**, 216 (1956).

[4] Vgl. dazu die Untersuchungen M. BOETIUS: Über die Fehlerquellen bei der mikroanalytischen Bestimmung des Kohlen- und Wasserstoffes nach der Methode von F. PREGL, Verlag Chemie G. m. b. H., Berlin 1931.

[5] GYSEL, H., u. W. STREBEL: Mikrochim. Acta [Wien] **1954**, 782.

nur durch einen besonderen Wägetisch das Vibrieren der Waagen zu beheben. Eine 200 kg schwere Steinplatte ruht auf vier dieser Belastung angepaßten Dämpfungsfedern, die sich in Federbüchsen mit einer sehr viskosen Masse (Normen Bitumen)[1] befinden.

Eine andere Art des erschütterungsfreien Aufstellens der Waage ist dadurch möglich, daß man den Wägetisch an der Stelle, die für die Waage vorgesehen ist, ausschneidet und diese Platte so tief versenkt befestigt, daß die Grundplatte der auf Gummipuffern stehenden Waage sich in gleicher Höhe mit der Wägetischplatte befindet. Zwischen beiden Platten soll ein Spielraum von einigen Zentimetern sein. Geringe Veränderungen der Nullpunktslage beim Aufstützen des Wägenden z. B. auf die Holzplatte sowie Verschieben der Waage beim Reinigen des Wägetisches werden dadurch praktisch vollkommen ausgeschaltet. Sowohl von P. Bunge als auch von den Sartoriuswerken können Wägetische und Konsolen oder Pläne dafür bezogen werden.

Ferner hat man die Wahl des Platzes so vorzunehmen, daß die Beleuchtung am Tage wie auch bei künstlichem Licht jeder Anforderung entspricht, besonders hinsichtlich der Temperaturkonstanz. Zur künstlichen Beleuchtung der Waagen verwendet man am besten matte Glühlampen, die 85 cm über der Tischplatte mitten über der Waage angebracht sind[2]. In letzter Zeit ist man allgemein zur Beleuchtung mit Gasentladungslampen übergegangen.

Auch in Wägeräumen, die allen vorher erwähnten Anforderungen Rechnung tragen, ist eine größere oder kleinere Änderung des Nullpunktes im Laufe eines Arbeitstages zu beobachten. Alle mikrochemischen Waagen sind in ihrer Nullpunktslage von der Temperatur abhängig. Da es nur in den seltensten Fällen möglich sein wird, die Temperatur des Wägeraumes auf ± 0,5° C konstant zu halten, sofern der Wäge- und Arbeitsraum keine Klimaanlage besitzt, muß allen Wägungen, die sich über längere Zeit als 1 Stunde erstrecken, eine Bestimmung des Nullpunktes folgen und die Änderung in Korrektur gesetzt werden.

Unter Nullpunktsverschiebung versteht man Tausendstel-Milligramme, um die die unbelastete Waage bei der zweiten Prüfung anders einspielt als bei der ersten.

Prüfung der Empfindlichkeit an der Bunge-Waage. Dabei ist es gleichgültig, ob es sich um die periodische oder aperiodische Mikrowaage handelt. Um das Einschwingen oder den Ausschlag gut beurteilen zu können, stellt man die Waage genau auf den Nullpunkt ein, d. h. die schwingende Waage soll links und rechts genau gleich weit ausschlagen. Bei der gedämpften Waage müssen sich Indexstrich und 0,0 mg auf der Skala decken. Nun bringt man den Reiter in die Kerbe 2 = 0,1 mg und prüft, ob die Waage auf das

[1] Firma Vapor AG., Zug (Schweiz).

[2] Vgl. dazu die Untersuchungen M. Boetius: Über die Fehlerquellen bei der mikroanalytischen Bestimmung des Kohlen- und Wasserstoffes nach der Methode von F. Pregl, Verlag Chemie G. m. b. H., Berlin 1931.

vorgelegte Übergewicht genau anspricht. Neue Waagen zeigen im allgemeinen einen Ausschlag von 98—100 μg an. Die Empfindlichkeit ist in diesem Falle in Ordnung. Weicht sie davon stärker ab, so hat man die Möglichkeit, die Empfindlichkeit durch Verstellen der Justierschraube an dem Zeiger zu erhöhen (höher schrauben) oder zu verringern. Diese Arbeit überlasse man, wenn möglich, einem Fachmann; sie erfordert auch viel Zeit, weil zur Überprüfung nach jeder Empfindlichkeitsänderung Temperaturausgleich eingetreten sein muß.

Überprüfung der Gewichte. Seit der Einführung der Tarawägung werden im allgemeinen von den der Waage beigegebenen Gewichten nur das 1-g-Gewicht, die Dezi- und Zentigramm-Gewichte benötigt. Letztere müssen zeitweise auf ihre Richtigkeit geprüft werden, denn sie können im Laufe der Zeit ihr Gewicht verändern. Sehr oft ist die schlechte Übereinstimmung der Gewichte auf die Reiter, die aus Platin, Gold oder Aluminium hergestellt werden, zurückzuführen, da diese während des Gebrauches im allgemeinen schwerer werden. Gelingt es nicht, die Reiter durch Polieren auf Papier auf die erforderliche Übereinstimmung mit dem Gewichtssatz zu bringen, ersetzt man sie durch neue. Es ist überhaupt zu empfehlen, sich stets einige Reiter, die billig zu beschaffen sind, auf Vorrat zu halten. Einen Reiter, der dem gereinigten Gewichtssatz gegenüber zu leicht ist, verwirft man am besten gleich. Der Reiter wird als Bezugsgewicht angenommen.

Bevor man die Prüfung des Gewichtssatzes beginnt, wird das Einschwingen der Waage mit dem Reiter in Kerbe 0 in die Nullage bestimmt (Nullpunktsbestimmung). Zur Prüfung des 10-mg-Gewichtes bringt man nach H. Lieb und A. Soltys[1] dieses auf die linke Waagschale und den Reiter in Kerbe 100[2]. Indem man den Reiter in der gleichen Kerbe läßt und das 10-mg-Gewicht auf die rechte Waagschale legt, kontrolliert man das auf die linke Schale gebrachte 20-mg-Gewicht. Dann legt man auf die linke Waagschale das 30-mg-Gewicht und prüft es gegen das 20-mg-Gewicht auf der rechten Waagschale und den Reiter in Kerbe 100. In analoger Weise prüft man das 50-mg-Gewicht mit dem Reiter + 40 mg (10 + 30-mg-Gewicht) und die weiteren Gewichte bis zum 100-mg-Gewicht.

Aus herstellungstechnischen Gründen ist nicht zu erwarten, daß die der Waage beigegebenen Gewichte, wie es erwünscht wäre, auf etwa 2 μg genau sind. Nachdem man die Abweichungen, wie beschrieben wurde, festgestellt und notiert hat, fertigt man nach W. Zimmermann[3] eine Korrekturtabelle für jeden Gewichtssatz an. Diese hat ihren Platz bei der Waage, um daraus für die Berechnung der Analyse die abgelesenen Gewichte auf die wahren zu korrigieren.

Weichen die Gewichte mehr als 25 μg von ihrem Soll-Gewicht ab, sind sie durch neue zu ersetzen.

---

[1] Lieb, H., u. A. Soltys: Mikrochem. Molisch-Festschrift 290 (1936).

[2] Gewichte von Waagen mit automatischer Aufbringung werden aus dieser mit einer Beinpinzette vorsichtig abgenommen und auf die Waagschale gelegt.

[3] Zimmermann, W.: Mikrochem. **31**, 159 (1944).

Korrekturtabelle zur Waage Nr. . . .

Übergang von	auf mg	Korrektur µg
Reiter	10	0
10 mg + Reiter	20	+ 15
20 „ + „	30	+ 8
30 „ + „	40	0
40 „ + „	50	+ 5
50 „ + „	60	0
60 „ + „	70	+ 15
70 „ + „	80	+ 8
80 „ + „	90	0
90 „ + „	100	+ 5

Eine genaue Prüfung der Dezigrammgewichte kann man sparen, da sie für Differenzwägungen nicht benötigt werden. Sie werden nur gelegentlich zum Austarieren kleinerer Objekte gebraucht, für die man keine Tara vorrätig hat.

Die Bruchgrammgewichte für Waagen ohne automatische Gewichtsauflage bewahrt man am besten in einem flachen, niedrigen Schälchen, dessen Boden mit schwarzem Samt bedeckt ist, in der Waage auf.

Um Wärmeübertragung zu vermeiden, verweile man mit der Hand nicht länger an der Waage, als man zum Lösen oder Schließen der Arretierung braucht, und mache es sich zum Grundsatz, vor Beginn jeder Reihe von Wägungen die Waagetüren wenigstens 5 Minuten zu öffnen, damit völliger Ausgleich etwa vorhandener Temperatur- und Feuchtigkeitsunterschiede zwischen ihrem Innern und dem Wägezimmer eintritt. Diesen Vorgang bezeichnet F. Pregl als „Klimaausgleich“.

Mit Rücksicht auf die Luftströmung soll außer dem zu wägenden Objekt in die Waage kein bis zu diesem Zeitpunkt außerhalb des Gehäuses aufbewahrter Gegenstand (Gewichtspinzette, Kupferblock u. a.) gebracht werden. Es sollen aber Objekte, die beim Wägen stets notwendig gebraucht werden (Gewichte, Taragewichte, Tarafläschchen sowie der zu ihrer Füllung notwendige Schrotvorrat), dauernd im Waagegehäuse verwahrt werden.

Wägen und Tarieren

Die Ausschläge der schwingenden Waage werden so gezählt (den Mittelstrich der Skala als Nullage gerechnet), daß man den 10. Teil eines Skalenstriches als Einheit (1 µg) betrachtet und bei älteren Skalen demzufolge z. B. einen Ausschlag des Zeigers nach rechts um 2,7 Teilstriche mit „27 rechts“ und einen darauffolgenden Ausschlag um 3,4 Teilstriche nach links mit „34 links“ bezeichnet. Die Ausschlagsdifferenz beträgt in diesem Falle „7 links“, d. h. von dem Gewicht, welches sich auf der rechten Waagschale befindet, vermehrt um das Gewicht der Reiterbelastung, sind 0,007 mg abzuziehen. Schlägt die Waage „7“ nach rechts aus, sind diese dem obigen Gewicht zuzuzählen.

Nicht immer beträgt die Empfindlichkeit der Waage genau 100; auch wirkt sich die Ermüdung der Waage bei größeren Ausschlägen stärker aus als bei kleineren. Man mache es sich daher zur Regel, den Zeiger nicht über 6 Teilstriche schwingen zu lassen und niemals größere Differenzen als 50 Einheiten abzulesen. Bei größeren Ausschlagsdifferenzen ist der Reiter in die nächste Kerbe zu versetzen. Schwingt die Waage zu weit aus, so ist sie beim Durchschwingen des Zeigers durch die Nullage vorsichtig zu arretieren und durch langsameres Lösen der Arretierung erneut in Schwingung zu bringen.

Bei der gedämpften Waage ist das Ablesen bzw. Schätzen der Mikrogramme an der stehenden Mikroskala einfach. Da die Skala an dem Indexstrich nur bei einem Zeigerausschlag nach rechts im Bereich von 0 bis 99 μg abgelesen werden kann, ist das festgestellte Gewicht den aufgelegten Gewichten (Reiter) zuzuzählen. Die Empfindlichkeit gedämpfter Waagen ist öfter als die schwingender Waagen zu überprüfen, weil evtl. Störungen durch die nur einseitig mögliche Gewichtsanzeige nicht so leicht bemerkt werden wie bei der schwingenden Waage.

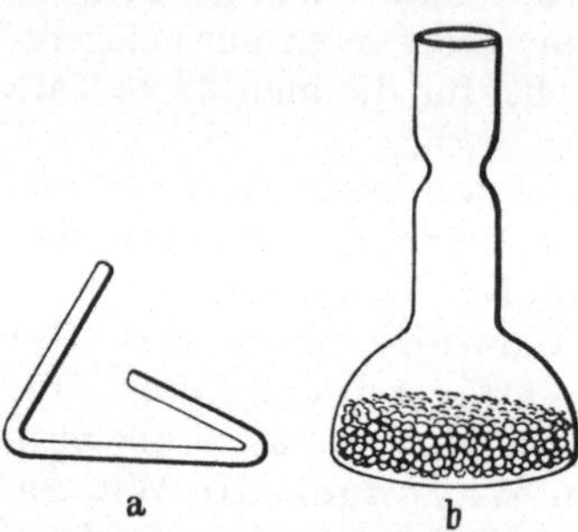

Abb. 9. a Aluminiumtara für Schiffchen, b Tarafläschchen mit Schrot. (Natürliche Größe.)

Für die Wägung von Geräten, die immer wieder Verwendung finden (Schiffchen, Platintiegel, Filterröhrchen, Absorptionsröhrchen), benutzt man passende Taren. Solche sind in technischen Laboratorien schon lange im Gebrauch. Für das Platinschiffchen fertigt man sich eine Tara aus 2 mm starkem Aluminiumdraht nach Abb. 9 a an und feilt sie so zurecht, daß sie etwa 1 mg schwerer als das Schiffchen ist.

Als Tara für Absorptionsröhrchen und Filterröhrchen verwendet man vorteilhaft dünnwandige Glasfläschchen (Abb. 9 b), die fortlaufend nummeriert sind[1]. Um die Tara herzustellen, wägt man zuerst das zu tarierende Gefäß auf einer gewöhnlichen Waage und füllt dann in das Tarafläschchen so viele kleine Bleischrotkörner ein, bis dieses annähernd so schwer wie z. B. das Filterröhrchen ist. Nun wird das Filterröhrchen auf die linke und die Tara auf die rechte Waagschale der mikrochemischen Waage gebracht. Nachdem man neben die Tara auf die Waagschale noch ein 100-mg-Gewicht gelegt hat, werden mit der Hornpinzette solange Schrotkörner in das Fläschchen eingefüllt, bis die Waage nach links ausschlägt. Sodann ersetzt man das 100-mg-Gewicht durch ein Schrotkorn und füllt weiter Schrotkörner ein, bis die Waage wiederum nach links ausschlägt. Von der Waagschale der arretierten Waage entfernt man jetzt das Schrotkorn. In den meisten Fällen wird hierbei die Tara um einige Milligramm leichter als das zu tarierende Gerät sein. Um den Reiter nahe an die O-Kerbe des Reiterlineals zu bringen, nimmt man die dafür erforderlichen Gewichtskorrekturen mit ganz kurzen

[1] Können bei P. Haack, Wien, bezogen werden.

und dünnen Aluminiumdrahtstückchen vor. Auf diese Weise kommt man am raschesten zum Ziele und die kleine Arbeit, die die Bereitung einer entsprechenden Tara verursacht, lohnt sich reichlich für alle späteren Wägungen.

Wenn auch die beschriebene Tarawägung nicht in jeder Hinsicht vom Luftauftrieb unabhängig ist, so hat sie sich in der Praxis ausgezeichnet bewährt, und es liegt kein zwingender Grund vor, davon abzugehen, zumal es sich nahezu ausnahmslos um Differenzwägungen in kurzer Zeitfolge handelt, innerhalb der der Luftauftrieb als konstant anzusehen ist. Bei Gewichtskontrollen über längere Zeit, z. B. bei Trocknungen zur Gewichtskonstanz im Wägegläschen (s. S. 28), schaltet man diesen Einfluß aus, indem man ein gleiches Wägegläschen als Tara benützt.

Für Präzisionswägungen mit schwingenden Waagen stellt A. A. Benedetti-Pichler[1] folgende aus der Zusammenfassung wörtlich wiedergegebene Regeln auf:

„1. Das Gewicht des Objektes wird mit geeigneten Taren und Gewichten beinahe ausgeglichen und der verbleibende Gewichtsunterschied durch Neigungswägung bestimmt. 2. Gaußsche Doppelwägung halbiert die mittlere Schwankung der für die Nullanzeige korrigierten Proportionalwägung. 3. Geeichte Gewichte werden in zweckmäßig beschränkter Anzahl verwendet und ihre Korrekturen zum wahren Gewicht angewendet. Ihre Korrekturen zum wahren Gewicht werden durch ein geeignetes Eichverfahren bestimmt. 4. Taren werden so gewählt, daß ihr Volumen dem des Objektes nahezu gleich ist. 5. Die Waage wird mit einem Reiter versehen, dessen Gewicht das Tausendfache der mittleren Schwankung der Instrumentanzeige nicht übertrifft. 6. Die Neigungswägung wird am besten so ausgeführt, daß man den Ausschlag des Zeigers auf den Umkehrpunkten des schwingenden Zeigers berechnet. Dabei benutzt man jene Reiterstellung, die eine Instrumentanzeige gibt, die sechs Zehntel des von einem Teilstrich des Reiterlineals angezeigten Gewichtes nicht überschreitet.

Befolgung der Ratschläge gibt ohne merklichen Mehraufwand an Arbeit die höchste Präzision, die mit einer gegebenen Waage erreicht werden kann."

Reinigen der Waage

Von Zeit zu Zeit ist es erforderlich, die Waage einer gründlichen Reinigung zu unterziehen; insbesondere dann, wenn die Arretierungskontakte kleben und der Zeiger (Balken) beim Lösen der Arretierung nach einer Seite „mitgenommen" wird. Unsauberes Arbeiten beim Aufstellen einer neuen Waage kann die Ursache dieser Erscheinung auf lange Zeit hinaus sein.

Zur Reinigung öffnet man die Waagetüren, entfernt bei Waagen mit Schieber auch diesen und nimmt 1. die Schalen, 2. die Gehänge und 3. den Balken ab, legt die einzelnen Teile an der Seite, an der sie aus der Waage genommen werden, auf faserfreies Tuch oder Leder und reinigt zuerst die Grundplatte mit feuchter Gaze, dann die Schalen und Gehänge mit fett- und säurefrei gewaschenem und gut getrocknetem Rehleder. Sodann pinselt

[1] Benedetti-Pichler, A. A.: Mikrochim. Acta [Wien] **1956**, 565.

man das Reiterlineal des Balkens sorgfältig ab (Marderhaarpinsel) und reinigt sämtliche Arretierungskontakte mit trockenem Rehleder[1].

Zum Schlusse reinigt man mit dem trockenen Rehleder die Achatschneiden und Auflagen des Stützbalkens, am besten unter einer Uhrmacherlupe und pinselt sie gut ab. Dann wird die Waage wieder zusammengesetzt und das Einschwingen in die Nullage geprüft. Ist die Nullpunktsverschiebung groß, so wird sie mittels des Rädchens oder der Flügelschraube des Balkens annähernd korrigiert. Erst nach Temperaturausgleich wird die endgültige Einstellung vorgenommen.

Hilfsgeräte für die Mikroanalyse

Es sollen hier nur solche Geräte angeführt werden, die bei mikroanalytischen Arbeiten viel oder dauernd in Benützung sind, während Einrichtungen, die man für bestimmte Analysen braucht, in dem entsprechenden Abschnitt behandelt werden.

Für das Reinigen der Waage und von Apparaturteilen sowie gelegentliche Überprüfen der Analysensubstanzen und das Ablesen der Menisken von Mikrobüretten soll eine gute Lupe oder Lupenbrille stets in greifbarer Nähe sein. Einige Läppchen aus Rehleder und Tuch (Flanell) (s. S. 52), die man zum Reinigen und für das Einbringen von Geräten in die Waage und das Herausnehmen benötigt, sollen immer vorrätig sein.

Die Einwaage der Substanz nimmt man entsprechend der Eigenschaft der Analysenprobe und der benutzten Methode in Platin- bzw. Porzellanschiffchen, in Wägeröhrchen mit Stiel, in Platintiegel (Rückstandsbestimmung), in Mikrobechergläschen (Näpfchen) (S. 128), im Mikrowägegläschen (S. 28) oder in Kapillaren (S. 57 u. 58) vor.

Die Platinschiffchen (Abb. 10) sind etwa 0,3 g schwer und besitzen die Ausmaße (ohne Griff) von 15 × 4 × 4 mm, wobei der obere Rand verstärkt ist. Von etwa gleicher Größe sind die Porzellanschiffchen. Um die Verbrennungsrohre möglichst lange durchsichtig zu erhalten, ist es sehr zweckmäßig, bei Substanzen, die mit Kaliumbichromat oder Vanadinpentoxyd gemischt verbrannt werden, das Schiffchen in einem Schutzröhrchen aus Platin oder Quarz, das etwa doppelt so lang wie das Schiffchen ist, in das Rohr einzubringen. Hygroskopische Substanzen, die vor der Analyse zu trocknen sind, werden im Platinschiffchen, das sich in einem Wägegläschen befindet, unter Ausschluß von Feuchtigkeit gewogen. Siehe darüber S. 28.

Abb. 10. Mikro-Platinschiffchen.

Für das Ausglühen des Platinschiffchens in der Flamme eines Brenners, das Einführen des Schiffchens in das Verbrennungsrohr und das Herausholen nach der Verbrennung verwendet man einen Glasstab (5 mm Durch-

[1] In einem Falle fast unbehebbar scheinenden „Klebens" konnte F. Pregl sich schließlich damit helfen, daß er sowohl die Pfannen wie die halbkugeligen Kontakte mit einem Brei von geglühtem Federweiß und Alkohol bestrich und nach dem Trocknen das Federweiß mit Rehleder wegwischte.

messer und 350—400 mm lang), an dessen einem Ende ein Haken aus Platindraht eingeschmolzen ist (Abb. 11); an dem anderen Ende läßt man den Rand in der Flamme ganz schwach rundlaufen.

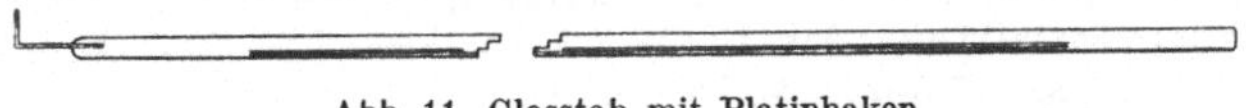

Abb. 11. Glasstab mit Platinhaken.

Zur Einwaage fester Substanzen für alle jene Bestimmungen, die nicht im Schiffchen oder Tiegel vorgenommen werden, verwendet man Wägeröhrchen mit Stiel nach H. LIEB und H. G. KRAINICK[1] (Abb. 12).

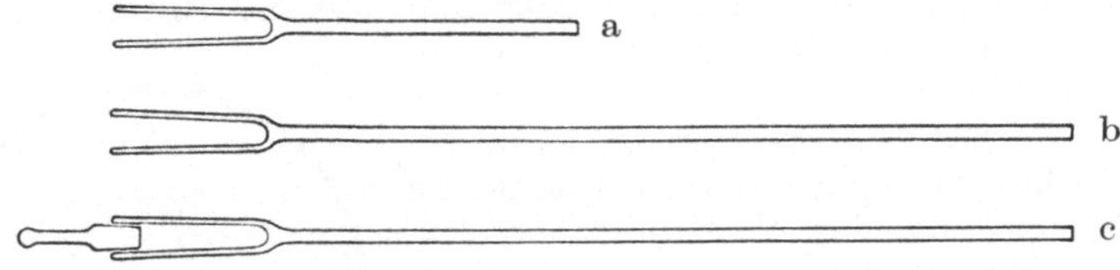

Abb. 12. Stickstoffwägeröhrchen nach H. LIEB u. H. G. KRAINICK. a mit kurzem Stiel, b mit langem Stiel, c mit Schliffstopfen zum Einwägen hygroskopischer Substanzen. (Natürliche Größe.)

Das kurzstielige Röhrchen hat eine Gesamtlänge von 50 bis 60 mm. Gegen den Stiel ist der 20 mm lange Substanzbehälter schwach verjüngt; am oberen Ende beträgt sein Durchmesser 3,5 mm. Das Gewicht soll 500 und einige Zehntelmilligramm betragen, damit man als Tara das 500-mg-Gewicht verwenden kann und für die Einwaage der Substanz nur der Reiter benötigt wird. Das Wägeröhrchen mit langem Stiel gleicht in der Form dem kurzen. Wegen des schwereren Stieles wird es auf etwas über 1 g austariert. Zur Wägung werden die Röhrchen in die Haken des Waagegehänges gelegt. Von anhaftenden Substanzresten reinigt man die Wägeröhrchen mit Alkohol und Aceton, zieht sie zur Trocknung einige Male durch eine nicht leuchtende Flamme, wischt mit Rehleder ab und legt sie neben die Waage. Für die Wägung hygroskopischer Substanzen besitzen die Röhrchen (Abb. 12 c) Schliffstopfen mit kurzem Griff.

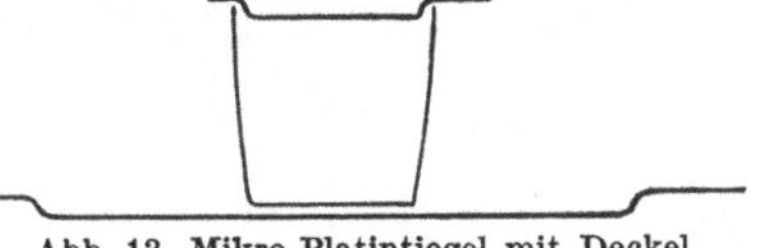

Abb. 13. Mikro-Platintiegel mit Deckel.

Den Mikro-Platintiegel mit Deckel (Abb. 13) benutzt man für Rückstandsbestimmungen und für Substanzaufschlüsse (z. B. Borbestimmung). Infolge der geringeren Gewichtskonstanz der Porzellantiegel wird man diese für Wägungen nur in solchen Fällen heranziehen, bei denen das Platin bei der Bestimmung angegriffen wird. Der Platintiegel besitzt bei einer Höhe von 10 mm eine lichte Weite von 10 bis 11 mm und ist am Boden auf 9 mm verjüngt. Zum Schutz vor Flammengasen glüht man ihn stets auf einem größeren Platindeckel.

[1] LIEB, H., u. H. G. KRAINICK: Mikrochem. **9**, 367 (1931).

Von Mikrospateln (Abb. 14) werden in den Laboratorien verschiedene Formen verwendet. Für das Einbringen der Substanz in das Wägeröhrchen eignet sich nur ein ganz schmaler Spatel (Abb. 14 oben). Um von pastenartigen Analysenproben kleine Stückchen abzuschneiden, schleift man einen anderen Spatel zu einem Messer zu (Abb. 14 unten). Mit diesen beiden Formen gelingt es, von jeder beliebigen Substanz Proben zu entnehmen.

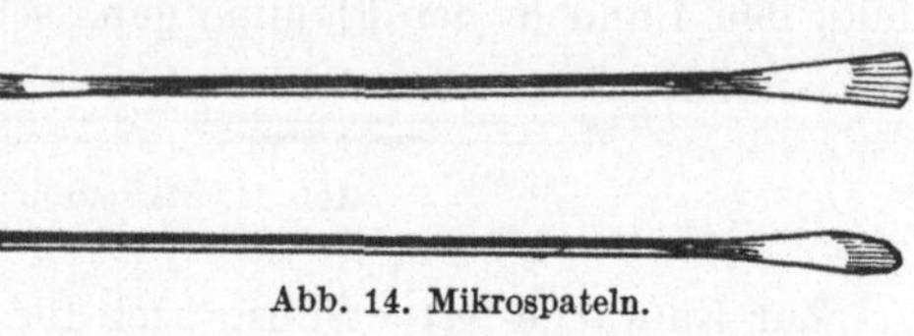

Abb. 14. Mikrospateln.

Platingeräte, die nach der Wägung oder nach dem Ausglühen nicht mit der Hand berührt werden dürfen, erfaßt man mit der Platinspitzenpinzette (Abb. 15) und bringt sie für den Transport auf den wärmeausgleichenden Kupferblock des Mikrohandexsiccators (Abb. 16).

Zur Aufbewahrung der Absorptionsapparate, Filterröhrchen und des Wägeröhrchens (mit langem Stiel) dient das in Abb. 17 gebrachte Ablagegestell.

Abb. 15. Platinspitzenpinzette.

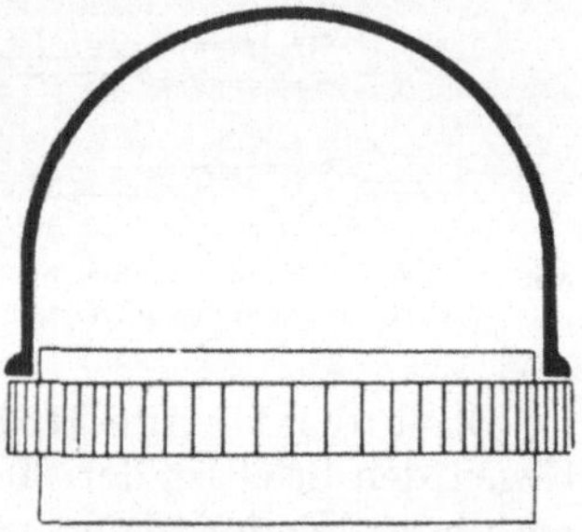

Abb. 16. Mikrohandexsiccator.

An der Glaswandung von Apparaten haftende Niederschläge (z. B. bei der Halogenbestimmung nach Carius, der gravimetrischen N-Alkyl- oder Phosphorbestimmung) werden am besten mit dem in Abb. 18 gebrachten Federchen (Schnepfenfeder) abgelöst, das man in ein Glasrohr einkittet.

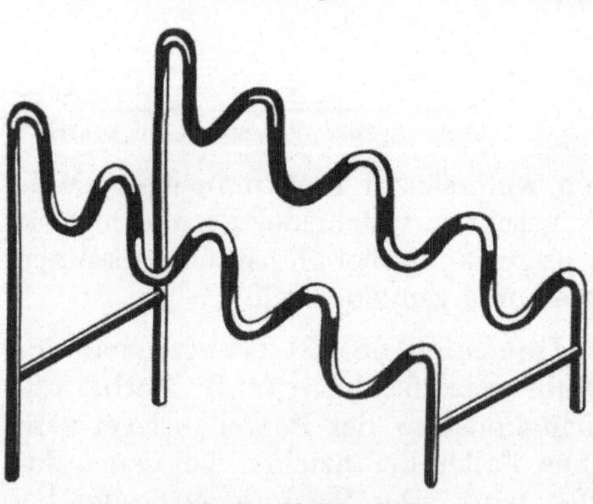

Abb. 17. Ablagegestell.

Neben dem Marderhaarpinsel (Abb. 19), den man zum Entfernen von Substanzteilchen von den Außenwänden des Schiffchens (Tiegels) oder des Wägeröhrchens benützt und der auch zur Reinigung der Waage verwendet wird, leistet der an beiden Enden aufgerauhte Stahldraht (Abb. 20) in der Mikroanalyse überall dort wertvolle Dienste, wo aus engen Glasröhrchen Verunreinigungen zu entfernen sind. Entsprechend der lichten Weite des Röhrchens wird Watte auf den Draht gedreht und trocken oder mit einem Lösungsmittel befeuchtet gereinigt.

Zur Beheizung von Apparaten und für verschiedene Manipulationen werden Gasbrenner mit kleinen Flammen, Mikrobrenner, benötigt. Unter den in den Laboratorien üblichen Modellen erfüllen alle jene ihren Zweck, deren Flammenhöhe und -stärke gut regulierbar ist. Um konstante Tem-

Abb. 18. Federchen.

peraturen einzuhalten, umgibt man die Brenner im Bereich der Flamme mit einem Windschutz (Schornstein).

Für Säure-Basen-Titrationen verwendet man Weithals-Erlenmeyer-Kolben von 200 bis 250 ml Inhalt aus durchsichtigem Quarz oder alkalifestem Glas (Jenaer Geräteglas). Letztere sind vor der Benutzung auszudämpfen. Erlenmeyer-Kolben von 100 bis 200 ml Inhalt mit Schliffstopfen benutzt man für Redox-Titrationen. Rundkölbchen verschiedener Größen mit Normalschliffen und Kühlern werden dauernd für Analysen (z. B. Verseifung) oder zur Reinigung von Lösungsmitteln benötigt. Einrichtungen zum Filtrieren von Niederschlägen werden in den Abschnitten: Halogen- und Phosphorbestimmung behandelt.

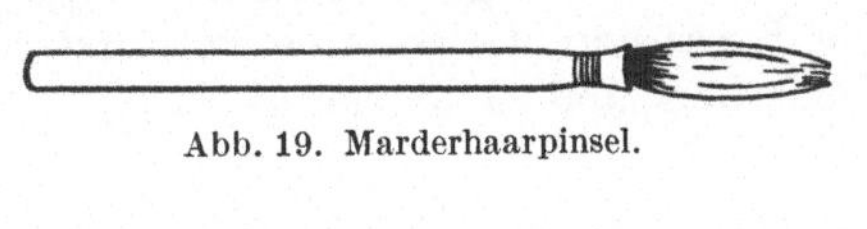

Abb. 19. Marderhaarpinsel.

Abb. 20. Aufgerauhter Stahldraht.

Die Universalbombe nach B. WURZSCHMITT[1]

Die vielseitige Verwendung der Universalbombe für oxydative Substanzaufschlüsse hat dazu geführt, daß sich heute jedes mikroanalytische Laboratorium dieses einfache und billige Aufschlußverfahren zunutze gemacht hat. Der Verfasser hält es daher für richtiger, das Prinzip des Natriumperoxydaufschlusses mit Initialzündung, die Konstruktion und das Arbeiten mit der Universalbombe für sich zu behandeln und bei den einzelnen Analysenmethoden auf die hier gebrachte Beschreibung hinzuweisen.

In gewissem Sinne kann der erste Aufschluß organischer Substanzen mit Natriumperoxyd und Zusätzen durch H. PRINGSHEIM[2] als Vorgänger der späteren Bomben angesehen werden. H. PRINGSHEIM benutzte einen Eisentiegel mit Deckel, der mit einem Loch versehen war. Durch das Loch wurde die mit Natriumperoxyd gemischte Substanz mittels eines glühenden Drahtes gezündet. Einige Jahre später griff S. W. PARR[3] das Pringsheimsche Verfahren auf und empfahl ein in der Handhabung etwas schwieriges Gerät, das er „Bombe" nannte. A. ELEK und D. W. HILL[4] gingen dazu über, Mikromengen zuerst in einer Makrobombe und später infolge zu großer Wärmeverluste an die Bombe in einem verkleinerten Modell nach innigem Mischen mit Zusätzen und Erhitzen der Bombe mit einer Bunsenflamme aufzuschließen.

[1] WURZSCHMITT, B.: Chem.-Ztg. **74**, 356 (1950); Mikrochem. **36/37**, 769 (1951).

[2] PRINGSHEIM, H.: Ber. dtsch. chem. Ges. **36**, 4244 (1903); Amer. Chem. J. **31**, 386 (1904).

[3] PARR, S. W.: Amer. Chem. Soc. **30**, 764 (1908).

[4] ELEK, A., u. D. W. HILL: Amer. Chem. Soc. **55**, 2550, 3479 (1933).

Ohne hier auf die systematischen Untersuchungen von B. Wurzschmitt, die zur Entwicklung der Universalbombe führten, näher eingehen zu können (siehe die Originalarbeiten), besteht der Vorteil des neuen Aufschlußverfahrens darin, daß das Durchmischen der Analysenprobe mit Natriumperoxyd und Zusätzen (Natriumnitrat und Zucker) völlig unnötig ist und durch den Zusatz von Äthylenglykol, das als Initialzündung wirkt, die Zündung bereits bei niedriger Temperatur (56° C) und bei noch verhältnismäßig kalter Bombe erfolgt. Infolgedessen findet der neue, momentane Aufschluß unter einem wesentlich niedrigeren Druck- und Temperaturniveau statt; dadurch wird die Korrosion der Bombe vermindert und gleichzeitig die Schnelligkeit, Sicherheit und Gefahrlosigkeit des Aufschlusses gesteigert.

Abb. 21. Universalbombe nach B. Wurzschmitt. (½ natürliche Größe.)

Die Universalbombe besteht aus Reinnickel mit 0,3% Mangan; ihre einfache Konstruktion und die Ausmaße sind aus Abbildung 21 zu ersehen[1].

Gegenüber der früheren Makrobombe von 678 g wiegt die neue Konstruktion (komplett mit Verschraubung) nur 155 g. Die Wandung ist 1,5 mm stark. Der Deckel, der nur eine Wandstärke von 1 mm besitzt, ist in der Mitte mit einem Griff versehen. Wegen der geringen Erwärmung bei der Zündung wird als Dichtung ein Gummiring verwendet. Die Verschraubungsringe werden ohne jedes Werkzeug einfach von Hand aufgeschraubt und wieder gelöst.

Das einfache und rasche Aufschließen (1 Minute) ist in manchen Fällen dem Schmelzen der Substanz mit Kalium vorzuziehen. Die Aufschlüsse bzw. die Aufschlußlösungen der Universalbombe sind zur raschen Bestimmung von Halogen, Schwefel, Phosphor, Arsen, Bor, Silicium und der meisten Metalle sehr geeignet.

Reagenzien

Natriumperoxyd.
Soda, wasserfrei.
Äthylenglykol.

[1] Die Bombe wird hergestellt von der Firma K. G. Janke u. Kunkel, Staufen i. Breisgau.

Ausführung des Aufschlusses: Es ist sehr zu empfehlen, von der Zugabe des Natriumperoxydes an bis zur Zündung eine Schutzbrille zu tragen und das Erwärmen der Bombe im Schutzofen vorzunehmen.

Zur Beschickung der trockenen Bombe wird diese lose in den umgedrehten unteren Verschraubungsring, der auf den oberen gelegt wird, gebracht. Aus einer Tropfpipette bringt man zuerst 8 Tropfen *Äthylenglykol* (160—170 mg) auf den Boden der Bombe und dazu die abgewogene Substanz mit dem Wägeröhrchen. Pastenartige Substanzen werden in kleine Glasnäpfchen eingewogen und mit Natriumperoxyd bedeckt. Flüssigkeiten werden nach S. 57 in Kapillaren aus möglichst dünnem Glas eingewogen und nach Abbrechen der Spitze in die Bombe gelegt. Um zu sehen, ob das *Natriumperoxyd* schon bei der Zugabe reagiert, gibt man zuerst wenig zu und bringt schließlich bei Halbmikro- und Mikroeinwaagen 3—4 g ein (Makro 11 g). Sollte es vorkommen, daß die Substanz mit dem Natriumperoxyd reagiert, wird zwischen Substanz und Natriumperoxyd eine Schicht aus wasserfreier *Soda* gelegt. Bei sehr flüchtigen oder reaktionsfähigen Substanzen erhöht man den Natriumperoxydzusatz auf 5—6 g oder mehr. Auf die nun gefüllte Bombe werden Dichtungsring und Deckel aufgesetzt, und die beiden Verschraubungen von Hand eingedreht. In dem Schutzofen wird die Flamme eines Mikrobrenners so unter die Bombe gebracht, daß die Bombe von der Flammenspitze gerade berührt wird. Die Zündung erfolgt bereits nach 10—20 Sekunden (hörbar an einem leise knackenden Geräusch). Nach 40—50 Sekunden nimmt man die Bombe aus dem Ofen, kühlt sie mit destilliertem Wasser ab und öffnet sie. Das Reaktionsgemisch wird mit destilliertem Wasser aus der Bombe gespült und wenn nötig für die nun folgende Bestimmung von Kohleteilchen abfiltriert.

Bereitung von Maßlösungen für Mikrotitrationen

Bei mikromaßanalytischen Bestimmungen finden im allgemeinen für Säure-Basen-Titration 0,01 *n*-, seltener 0,005 *n*-Lösungen Verwendung. In der Jodometrie benutzt man neben 0,02 *n*- und 0,01 *n*- gelegentlich auch 0,005 *n*-Lösungen.

In diesem Abschnitt wird nur die Herstellung der gebräuchlichen Standardlösungen beschrieben. Die Bereitung von Titrierlösungen für Analysen mit besonderen Maßlösungen wird unter „Reagenzien“ bei den betreffenden Methoden angegeben.

Die Mikrobüretten

Für Mikrotitrationen verwendet man wie für Makrotitrationen zwei Arten von Büretten: Einfache Büretten, die für gelegentliche Titrationen oder zur Messung genauer Volumina einer Lösung benutzt werden. In diese Büretten werden die Lösungen mittels eines kleinen Trichters eingebracht. Lösungen, die sehr oft benötigt werden, bringt man in sogenannte automatische Büretten mit Vorratsgefäß.

Die einfachen Büretten besitzen einen Inhalt für 10 und 20 ml Titrierlösung. Sie sind in 0,05 ml unterteilt, und zwar mit Teilstrichen, die zur genauen Ablesung um die ganze Bürette gezogen sind. Die

Büretten werden mit einem gerade oder schräg angesetzten Glashahn hergestellt. Die Abflußspitze soll wegen Bruchgefahr starkwandig sein.

Die Büretten mit automatischer Einstellung der Lösung auf die 0,0-Marke werden in einem zweckmäßigen Titriergestell aufbewahrt. Die Anordnung ist aus Abb. 22 zu ersehen. Die Büretten und das Standgefäß müssen aus bestem Glas angefertigt sein, das kein Alkali abgibt. Der Inhalt dieser Büretten beträgt 10 ml, ein Volumen, das im allgemeinen für eine Mikrotitration ausreicht. Auch diese Büretten sind gleich den einfachen in 0,05 ml unterteilt. Mittels eines Schliffes sitzt die Bürette in einer Standflasche von 500 ml Inhalt. Durch ein hinter der Bürette hochgeführtes Glasrohr, das kapillar endet, wird die Titrierlösung in die Bürette gepumpt. Sobald der Druck aufgehoben wird, läuft die Lösung über der 0-Marke (Ende der Einlaufkapillare) wieder in die Standflasche zurück. Natronkalk- oder Ascarite-Röhrchen verhindern das Eindringen von Kohlendioxyd in Standflasche und Bürette. Um stets einwandfreie Lösungen zur Verfügung zu haben, sind die Füllungen dieser Schutzröhrchen öfter zu erneuern. Die Ausflußspitze der Bürette ist 60—80 mm lang und in dem unteren Teil auf 1 mm verjüngt. Wegen Bruchgefahr sind die Abflußspitzen aus dickwandigem Glas angefertigt; ihr Ende ist abgeschliffen. Durch die etwas angerauhte Oberfläche der Spitze wird verhindert, daß die Titrierlösung an der Außenwandung hochkriecht und es dadurch zur Bildung größerer Tropfen kommt, was besonders im Bereich des Indikator-Umschlages wichtig ist. Das Ablassen der Titrierlösung wird mittels eines nicht zu kleinen, gut gleitenden Glashahnes, an den die Spitze angeschmolzen ist, reguliert. An Stelle des Glashahnes kann man für Lauge einen Gummischlauch mit einer eingeschobenen Glaskugel verwenden. Durch schwachen Druck auf den Schlauch an der Stelle der Glaskugel ist es bei etwas Übung möglich, kleinste Tropfen aus der Bürette abzulassen. Die Büretten werden in einem Titriergestell aufbewahrt, das aus Metall mit zwei horizontal übereinander angeordneten Eternitplatten besteht. Vorne befinden sich eine waagrechte und eine senkrechte Milchglasscheibe, die die Erkennung des Indikatorumschlagspunktes erleichtern.

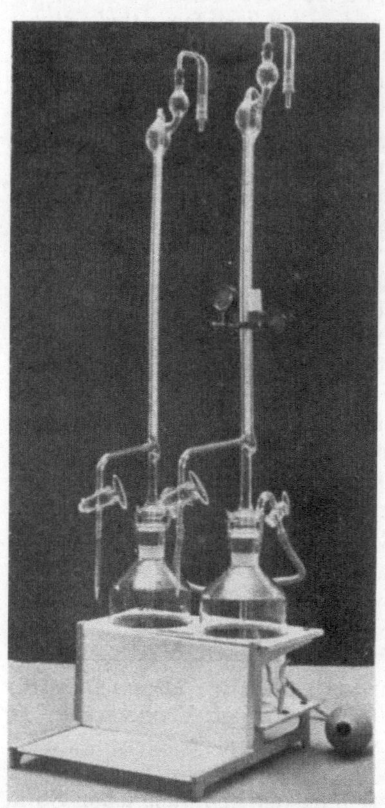

Abb. 22. Automatische Büretten mit Titriergestell von P. Haack.

Indikatoren für Säure-Basen-Titrationen

Phenolphthalein (3-Phenyl-3-[2, 4-dioxyphenyl]-phthalid). Umschlagsintervall = 8,3—10,0. Man löst 1 g in 100 ml Methanol oder Äthanol.

Thymolphthalein (β, β-Dimethyl-butyrolacton-γ-carbonsäure). Umschlagsintervall = 9,3—10,5. In 100 ml Methanol oder Äthanol wird 1 g Thymolblau gelöst.

Methylrot (p-Dimethylamino-azobenzol-o-carbonsäure). Umschlagsintervall 4,2—6,3. In 100 ml Äthanol löst man 0,1 g Methylrot.

Methylrot-Methylenblau-Mischindikator. (Umschlag bei pH = 5,4.) Man löst 0,03 g Methylrot in 100 ml Äthanol und 0,015 g Methylenblau in 15 ml Äthanol und gießt dann beide Lösungen zusammen. (Findet gleich dem Methylrot zur Titration von Basen Verwendung.)

Die Indikatorlösungen bringt man in eine Flasche von 100 ml Inhalt mit durchbohrtem Korkstopfen. In diesem befindet sich ein zu einer Spitze ausgezogenes Glasrohr. Über das obere Rohrende wird ein Gummidrücker gezogen, mit dem leicht einzelne Tropfen aus dem Glasrohr gedrückt werden können. Alkoholische Indikatorlösungen aus Tropfflaschen zu entnehmen, ist nicht zu empfehlen, da nach jeder Entnahme durch Verdunsten des Alkohols an der Abtropfstelle Indikator auskristallisiert, der bei der nächsten Entnahme abgelöst wird und daher unkontrollierbare Indikatormengen in die Titrierlösung gebracht werden.

a) Titrierlösungen für die Säure- und Basen-Titration

Um Kohlendioxydfehler tunlichst auszuschalten, muß das zur Bereitung der Lösungen verwendete destillierte Wasser zuvor durch Auskochen kohlendioxydfrei gemacht werden. Dazu wird etwas mehr als die erforderliche Menge destilliertes Wasser in einem Kolben 5—8 Minuten zu heftigem Sieden erhitzt. Während des Abkühlens stopft man den Kolben mit einem Gummistopfen zu, in dessen Bohrung sich ein Rohr mit Natronasbest- oder Ascarite-Füllung befindet.

0,01 *n*- und 0,005 *n*-Salzsäure. Heute sind sehr genau eingestellte 0,1 *n*-Salzsäure-Standard-Lösungen in Laboratorien verfügbar, die nach den Vorschriften der Makromaßanalyse aus konzentrierter Salzsäure oder aus käuflichen Ampullen der einschlägigen Firmen faktorfrei hergestellt werden.

Zur Bereitung der *0,01 n-Salzsäure* pipettiert man 50 ml der 0,1 *n*-Standard-Lösung in einen Meßkolben von 500 ml und füllt mit dem kohlendioxydfrei gekochten Wasser (siehe oben) bis zur Marke des Meßkolbens auf. Solche 0,01 *n*-Lösungen sind „faktorfrei". Die nur gelegentlich benötigte *0,005 n-Salzsäure* wird durch Verdünnen von 25 ml 0,1 *n*-Salzsäure auf 500 ml bereitet. Analog werden die entsprechenden Schwefelsäure-Standard-Lösungen hergestellt.

Eine Überprüfung der Lösungen ist im allgemeinen nicht erforderlich. Sie werden, nachdem man das genaue Volumen bei der Eichtemperatur des Meßkolbens eingestellt hat, in die vorher mit Chromschwefelsäure gereinigte, trockene Standflasche der Bürette eingefüllt.

0,01 *n*- und 0,005 *n*-Natronlauge. Auch diese Lösungen bereitet man durch Verdünnen der 0,1 *n*-Standard-Lösungen mit kohlendioxydfreiem Wasser. Da die Laugen durch Carbonat-Bildung schwächer werden, versäume man es nicht, sie in der Standflasche vor Luftzutritt zu schützen. Steht keine 0,1 *n*-Standard-Lösung zur Verfügung, bereitet man sich die Titrierlösungen aus der carbonatfreien Öllauge nach S. P. L. SÖRENSEN mit Hilfe des Annäherungsverfahrens von F. PREGL[1].

Zur Bereitung der *Öllauge* löst man reinstes Natriumhydroxyd (Plätzchenform) in der gleichen Gewichtsmenge Wasser in einer Flasche, auf die man einen Gummistopfen lose aufsetzt. Man beschleunigt das Lösen durch Umschütteln, wobei die Lösung warm wird. Dann stellt man die Flasche in einen mit heißem Wasser (etwa 80° C) gefüllten Topf. Infolge Herabsetzung der Viskosität der Lauge bei der hohen Temperatur erfolgt die Senkung des unlöslichen Natriumcarbonats schon im Laufe eines halben Tages.

Zur Bereitung der *0,01 n-Lauge* nach dem Annäherungsverfahren bringt man in die 500 ml fassende Bürettenstandflasche 400 ml des ausgekochten destillierten Wassers, fügt rund 0,3 ml der klaren Öllauge hinzu, verschließt mit einem Kork und schüttelt um. 5 ml dieser Lösung (Pipette) titriert man mit der zuvor bereiteten 0,01 *n*-Salzsäure unter Verwendung von *3 Tropfen Phenolphthalein* als Indikator, wobei die Rosafärbung wenigstens 3 Sekunden bestehen bleiben soll. Danach korrigiert man den Mehrgehalt der Lauge bis auf etwa 10% durch Zusatz der berechneten Menge ausgekochten Wassers und wiederholt diesen Vorgang nochmals, wobei man auf etwa 1% kommt. Die endgültige Einstellung nimmt man aber erst nach 24 Stunden unter Verwendung der zu der Standflasche gehörigen Bürette vor. Dazu wägt man das von M. K. ZACHERL und H. G. KRAINIK[2] empfohlene, sehr geeignete *Kaliumbijodat*[3] (15—25 mg) in das Quarz-Erlenmeyer-Kölbchen ein. Wegen seines hohen Molekulargewichtes (389,94) ermöglicht das Kaliumbijodat sehr genaue Einwaagen[4]. Nach Zugabe von 10 ml ausgekochten Wassers wird in zwei Titrationen die Stärke der Lauge ermittelt und das für eine faktorfreie Lauge evtl. nötige Wasser zugegeben.

Da 1 ml 0,01 *n*-Kaliumbijodat 3,8994 mg entspricht, braucht man die eingewogene Menge $KH(JO_3)_2$ nur durch 3,8994 zu dividieren, um die theoretisch erforderlichen ml 0,01 *n*-Lauge zu erhalten. Zur Faktorbestimmung und für gelegentliche Überprüfungen der Lauge (Indikator: Phenolphthalein oder Thymolphthalein, nicht Methylorange) eignen sich neben Kaliumbijodat oder daraus hergestellten, sehr gut haltbaren Urtiterlösungen auch einige organische Säuren. So z. B. Benzoesäure, die bei der Acetylbestimmung zur Überprüfung des Indikator-Umschlages in stark verdünnten Lösungen

---

[1] PREGL, F.: Z. analyt. chem. **67**, 23 (1925).

[2] ZACHERL, M. K., u. H. G. KRAINICK: Mikrochem. **11**, 61 (1933); vgl. AL. STEYERMARK: Quantitative Organic Microanalysis New York. The Blakiston Comp. Toronto, Philadelphia 1951.

[3] Das Kaliumbijodat ist nach M. KÖNIG u. I. M. KOLTHOFF (KOLTHOFF, I. M.: Die Maßanalyse 2. Aufl., 2. Tl., S. 111. Berlin: Springer 1928) leicht analysenrein herzustellen und unbegrenzt haltbar.

[4] Kaliumbijodat ist auch zur Faktorbestimmung der Thiosulfatlösungen gut zu verwenden.

verwendet wird. Dividiert man hierbei die eingewogenen mg Benzoesäure durch 1,2212, so erhält man die theoretisch erforderlichen Milliliter einer faktorfreien 0,01 *n*-Lauge.

Titriert man die nach der beschriebenen Weise bereitete 0,01 *n*-Säure und Lauge, nachdem man zuvor in den Titrierkolben 10 ml kohlendioxydfreies Wasser gebracht hat, gegeneinander, so wird man feststellen, daß es gleichgültig ist, ob in der Hitze oder bei Raumtemperatur titriert wird. Im allgemeinen wird man nach kurzem Aufkochen der sauren Lösung titrieren. Einerseits um aus Destillaten das Kohlendioxyd auszutreiben (Acetylbestimmung), andererseits um die Substanz vollkommen zu lösen (Carboxylgruppenbestimmung). Aber auch in diesen beiden Fällen ist es sehr oft möglich, bei Raumtemperatur zu titrieren.

H. Jerie[1] titriert in der Kälte auf folgende Weise: Die saure Lösung wird unter Aufsetzen eines Kühlzapfens[2] 30 Sekunden gekocht. Dann wird der Kühlzapfen mit 2—3 ml heißem destilliertem Wasser abgespült. Nach Zugabe von 1 Tropfen 0,1%iger Phenolphthaleinlösung wird bis zur eben bemerkbaren, nur wenige Sekunden bestehenden Rosafärbung in der Hitze titriert. Der Kolben wird mit einem aufgesetzten Natronkalkrohr unter fließendem Wasser gut abgekühlt. Dabei schlägt der Indikator nach Rot um. Die nun kalte Lösung wird in üblicher Weise zu Ende titriert. Eile ist nicht nötig, da die in dem Kolben befindliche Luft kohlendioxydfrei ist und die Lösung vor weiterem Kohlendioxydzutritt einige Zeit schützt.

An Stelle von 0,01 *n*-Salzsäure empfehlen J. B. Niederl, V. Niederl und M. Eitingon[3] eine 0,01 *n*-Kaliumbijodatlösung, die nach Verdünnen auf das 12fache Volumen auch für die Jodometrie verwendet werden kann.

Ist man gezwungen, mit 0,005 *n-Lösungen* zu arbeiten, werden diese durch Verdünnen der 0,01 *n*-Lösungen mit dem gleichen Volumen kohlendioxydfreien destillierten Wassers oder, wie bereits gesagt, aus der 0,1 *n*-Lösung hergestellt.

Bemerkungen: Sehr genaue Säure-Basen-Titrationen sind auch mit konzentrierteren Maßlösungen möglich. Dazu werden die 0,1 *n*- oder 0,2 *n*-Lösungen aus Kapillarbüretten mit Hilfe von Mikrometerschrauben in die Analysenlösungen gedrückt. Es können Mengen bis zu 0,001 mm^3 Lösung entnommen werden. Besonders vorteilhaft ist diese Arbeitstechnik, wenn man mit kleinen Flüssigkeitsmengen zu arbeiten hat. Eine einfache und zuverlässige Mikrobürette nach G. Gorbach[4] wird bei der Bestimmung der Verseifungszahl (S. 276) beschrieben.

b) Titrierlösungen für jodometrische Bestimmungen

Das Wasser zur Bereitung dieser Lösungen muß vor allem frei von oxydierenden und reduzierenden Verunreinigungen sein, da diese den Faktor der Lösungen verändern. Man verwende sehr reines, am besten doppelt

[1] Jerie, H.: Mikrochem. **40**, 189 (1952).
[2] Kainz, G.: Mikrochem. **35**, 89 (1950).
[3] Niederl, J. B., V. Niederl u. M. Eitingon: Mikrochem. **25**, 143 (1938).
[4] Gorbach, G.: Chem. Fabrik **14**, 390 (1941).

destilliertes oder über Austauscher gereinigtes Wasser. Für die hier beschriebenen wäßrigen Lösungen benutzt man Stärke als Indikator. Von dieser bereitet man Lösungen, oder man bringt gegen Ende der Titration einige Körnchen lösliche Stärke (Amylum solubile siccum) in den Titrierkolben.

Stärke-Lösung (1%ig). In 10 ml destilliertem kaltem Wasser wird 1 g Stärke gelöst und diese Lösung in 90 ml heißes Wasser gegossen. Man bewahrt die Stärkelösung in einer Tropfflasche auf, in der sie am besten vor bakterieller Zersetzung geschützt ist.

0,02 *n*-wässrige Jodlösung[1]. Wenn man nicht ganz reines Jod besitzt, reinigt man handelsübliches, das meist geringe Mengen Chlor und Brom enthält, durch Sublimation[2].

In einem Wägegläschen mit Schliffstopfen wägt man *2,538 g Jod* ein und bringt das Jod rasch in einen 1-Liter-Meßkolben, in dem sich bereits *5 g* in 20 ml Wasser gelöstes (jodatfreies) *Kaliumjodid* befinden. Man verschließt den Meßkolben mit dem Glasstopfen und schüttelt so lange, bis alles Jod gelöst ist. Zur Lösung von Jodresten aus dem Wägegläschen bringt man in dieses einige ml konz. Kaliumjodid-Lösung, setzt den Stopfen auf, schüttelt durch und spült die Lösung mit destilliertem Wasser quantitativ in den Meßkolben. Dann ergänzt man in diesem die Lösung mit Wasser bis zur Marke und bewahrt schließlich die Jodlösung in einer braunen Flasche auf. Der Faktor der Lösung wird gegen Natriumthiosulfat bestimmt, dessen Faktor vorher gegen Kaliumbijodat festzustellen ist (S. 25).

0,01 *n*-Jodlösung. Sie wird ähnlich der 0,02 *n* bereitet.

Es werden *1,269 g* Jod in gleicher Weise abgewogen und in einen 1-Liter-Meßkolben, in dem sich eine wäßrige Lösung von *2,5 g Kaliumjodid* befindet, übergespült und mit Wasser auf 1 Liter aufgefüllt.

Die 0,005 *n*-Jodlösung wird nur in Ausnahmefällen benötigt. Sie wird durch Verdünnen der 0,01 *n*-Lösung mit dem gleichen Volumen Wasser hergestellt. Ihr Faktor wird gegen eine 0,01 *n*-Natriumthiosulfatlösung bestimmt.

0,02 *n*-Natriumthiosulfatlösung. Im allgemeinen bereitet man diese durch Verdünnen von 0,1 *n*-Standardlösungen auf das 5fache Volumen mit doppelt destilliertem Wasser. Hat man eine 0,1 *n*-Thiosulfatlösung nicht zur Verfügung, so geht man von dem analysenreinen Salz[3] $Na_2S_2O_3 \cdot 5\,H_2O$ aus. In einen 1-Liter-Meßkolben werden davon 4,961 g eingewogen und in etwa 100 ml doppelt destilliertem Wasser gelöst. Dann wird mit Wasser bis knapp unter die Marke ergänzt. Da aus bisher noch nicht geklärten Gründen die Haltbarkeit bereits von 0,1 *n*-Thiosulfatlösungen begrenzt ist und bei weiteren Verdünnungen entsprechend abnimmt, werden verschiedene

[1] Es findet gelegentlich auch alkoholische Jodlösung Anwendung; hierbei scheidet Stärke als Indikator aus.

[2] Kolthoff, I. M.: Die Maßanalyse 2. Aufl., 2. Tl., S. 374. Berlin: Springer 1931.

[3] Über die Reinigung unreiner Salze siehe J. M. Kolthoff: Die Maßanalyse, 2. Aufl., 2. Tl., S. 376. Berlin: Springer 1931.

Stabilisatoren, wie Natriumcarbonat, Amylalkohol, Chloroform u. a. m., empfohlen, die die Zersetzung solcher Lösungen weitgehend verhindern. Wir geben *0,3 g Soda* zu und füllen dann die Lösung bis zur Marke auf. Die Haltbarkeit der Lösungen wird erhöht, wenn man sie vor direkter Lichteinwirkung schützt. Es ist zu empfehlen, den Faktor alle 3—4 Tage zu überprüfen.

0,01 *n*-Natriumthiosulfatlösung. Man bereitet sie, indem man entweder 50,0 ml 0,1 *n*-Standardlösung oder *2,481 g* des reinen Salzes ($Na_2S_2O_3 \cdot 5\,H_2O$) in einen 1-Liter-Meßkolben bringt und nach Zugabe von *0,3 g Natriumcarbonat* als Stabilisator mit doppelt destilliertem Wasser bis zur Marke auffüllt. 0,005 *n*-Natriumthiosulfatlösungen werden nur selten benötigt. Sie sind nur kurzfristig faktorfest. Man bereitet sie durch entsprechendes Verdünnen der 0,02 *n*- oder 0,01 *n*-Lösungen.

Den Faktor der Lösungen bestimmt man am besten erst nach einem Tage gegen eingewogenes Kaliumbijodat oder Kaliumjodat. Ebenso gut können „Urtiterlösungen" von Kaliumbijodat oder Kaliumbichromat[1] verwendet werden, die gut haltbar sind.

Kaliumbijodat: $2\,JO_3^- + 10\,J^- + 12\,H^+ \longrightarrow 6\,J_2 + 6\,H_2O$.
Kaliumjodat: $JO_3^- + 5\,J^- + 6\,H^+ \longrightarrow 3\,J_2 + 3\,H_2O$.
Kaliumbichromat: $Cr_2O_7^{2-} + 6\,J^- + 14\,H^+ \longrightarrow 3\,J_2 + 2\,Cr^{3+} + 7\,H_2O$.

Bestimmung des Titers (Faktors) der Natriumthiosulfatlösungen

Es wird hier nur die Überprüfung der 0,01 *n*-Natriumthiosulfatlösung beschrieben, die für 0,02 *n*- und 0,005 *n*-Lösungen genau gleich durchzuführen ist. Man wird nur entsprechend mehr oder weniger von der Testsubstanz (Testlösung) verwenden.

In einen Erlenmeyerkolben mit Schliffstopfen von 150 ml Inhalt werden 2—4 mg *Kaliumbijodat* oder *Kaliumjodat* mit dem Wägeröhrchen mit langem Stiel (S. 15) sehr genau eingewogen und in 20 ml doppelt destilliertem Wasser gelöst. Es werden *2 ml einer frisch bereiteten 5%igen wäßrigen Kaliumjodidlösung*[2] und *5 ml 2 n-Schwefelsäure* zugegeben. Der Stopfen wird aufgesetzt und die Lösung kurz umgeschwenkt. Man bringt die zu prüfende *Thiosulfatlösung* in eine Mikrobürette und titriert nach 2 Minuten das ausgeschiedene Jod. Dazu entfernt man zuerst den Stopfen von dem Kolben, spült ihn mit wenig Wasser ab und läßt die Thiosulfatlösung so lange vorsichtig zufließen, bis die Lösung nur mehr schwach gelb gefärbt ist. Jetzt erst gibt man *3—5 Tropfen Stärkelösung* (S. 24) oder einige Körnchen feste lösliche Stärke zu und titriert nach Umschwenken bis zur eben eintretenden Entfärbung der blauen Jodkalium-Stärke-Farbe. Das verbrauchte Thiosulfat wird auf 0,01 ml genau abgelesen. Man führt noch eine zweite Titration durch. Stimmt diese auf ± 0,2% mit der ersten überein, so berechnet man daraus den Faktor der Lösung.

Da nach obigem Reaktionsverlauf 1 ml 0,01 *n*-Natriumthiosulfatlösung 0,3249 mg $KH(JO_3)_2$ entsprechen, hat man die eingewogenen mg Kalium-

[1] Kolthoff, I. M.: Die Maßanalyse II, S. 384. Berlin: Springer 1931.
[2] Oder einige Körnchen festes Kaliumjodid.

bijodat durch 0,3249 zu dividieren, um die der Einwaage entsprechenden ml 0,01 *n*-Natriumthiosulfat zu erhalten. Daraus berechnet man den Faktor (f) der Natriumthiosulfatlösung:

$$f = \frac{\text{ml } 0{,}01\ n\text{-}Na_2S_2O_3 \text{ berechnet}}{\text{ml } 0{,}01\ n\text{-}Na_2S_2O_3 \text{ titriert}}$$

Verwendet man Kaliumjodat zur Faktorbestimmung, entsprechen 1 ml 0,01 *n*-Natriumthiosulfat 0,3567 mg KJO_3.

Wegen ihrer guten Haltbarkeit sind auch 0,1 *n*-Kaliumbichromatlösungen für die Faktorbestimmung zu verwenden. Nach Verdünnen 1:5 oder 1:10 mit doppelt destilliertem Wasser läßt man etwa 4 bzw. 8 ml aus einer Mikrobürette in den Titrierkolben ab und verfährt nach Zugabe von 20 ml Wasser gleich wie bei der Bestimmung mit Jodaten.

Um den Faktor einer 0,02 *n*-Natriumthiosulfatlösung zu bestimmen, wägt man von den genannten Jodaten etwa die doppelte Menge ein und führt die Titration gleich wie bei der 0,01 *n*-Lösung durch. Da, um mit einer Bürettenfüllung auszukommen, für 0,005 *n*-Thiosulfatlösungen 1,5-2,5 mg der Jodate einzuwägen sind, verdünnt man für die Faktorbestimmung besser 0,1- oder 0,01 *n*-Kaliumbichromatlösungen.

Die Natriumthiosulfatlösungen müssen deshalb sehr genau bekannt sein, weil sie zur Überprüfung der Jodlösungen benutzt werden.

Bestimmung des Faktors von 0,01 *n*-Jodlösung

Von der nach S. 24 hergestellten *0,01 n-Jodlösung* läßt man aus einer Mikrobürette *etwa 8 ml* in einen Titrierkolben fließen, gibt *5 ml 2 n-Schwefelsäure* zu und titriert gegen Stärke mit der nun bekannten *0,01 n-Thiosulfatlösung* das Jod bis zum Verschwinden der blauen Färbung. Den Faktor (f_J) der Jodlösung berechnet man:

$$f_J = \frac{\text{ml Natriumthiosulfat} \cdot \text{Faktor (f)}^1}{\text{ml vorgelegte Jodlösung}}$$

Den Faktor stärkerer oder schwächerer Jodlösungen bestimmt man mit entsprechenden Thiosulfatlösungen in gleicher Weise wie den der 0,01 *n*-Jodlösung.

Die Jodlösungen, in dunklen Flaschen aufbewahrt und vor direkter Lichteinwirkung geschützt, sind gut haltbar. Sie brauchen nur in größeren Zeitabständen kontrolliert zu werden.

Außer den hier beschriebenen Maßlösungen finden gelegentlich auch andere 0,01 *n*- und schwächere Lösungen Verwendung. Ihre Herstellung wird, soweit sie für die in den folgenden Abschnitten behandelten Methoden benötigt werden, dort beschrieben. Für Arbeiten mit speziellen Lösungen sowie deren Bereitung sind wertvolle Angaben bei I. M. KOLTHOFF[2] zu finden. Über die Cerimetrie, die auch in der Mikroanalyse Anwendung findet, sei hier auf eine von W. PETZOLD[3] beschriebene Zusammenfassung verwiesen.

[1] Faktor (f) siehe diese Seite oben.
[2] KOLTHOFF, I. M.: Die Maßanalyse, 2. Aufl., 2. T., Berlin: Springer 1931.
[3] PETZOLD, W.: Verlag Chemie G. m. b. H., Weinheim/Bergstr. 1955.

Vorbereiten der Substanzen für die Analyse

In diesem Abschnitt soll die Vorbehandlung der dem Analytiker zur Analyse ausgehändigten festen Substanzen beschrieben werden. Das Trocknen von Substanzen öliger und sirupartiger Konsistenz wird nur gelegentlich nötig sein und nur in ganz seltenen Fällen wird der Analytiker vor die Aufgabe gestellt, aus flüssigen Substanzen z. B. das Wasser zu entfernen[1].

Zur Vorbereitung der Substanz für die Analyse gehört auch ihr Pulverisieren. Einerseits wird dadurch bei der Trocknung rascher Gewichtskonstanz erreicht als bei groben Kristallen, andererseits gelingt es, manche Substanzen nur in feinst pulverisierter Form der Bestimmung z. B. funktioneller Gruppen zugänglich zu machen, wenn sie sich in dem für die entsprechende Methode erforderlichen Lösungsmittel nur allmählich lösen. Im allgemeinen werden die Trocknungen bis zur Gewichtskonstanz durchgeführt[2], wozu die Bedingungen dem Analytiker zu nennen sind. Ist das nicht der Fall, wird man die Substanz etwa 20 bis 30° C unter ihrem Schmelzpunkt trocknen. Eine allgemein gültige Regel läßt sich jedoch nicht geben.

Die zu trocknenden Substanzen lassen sich in 3 Gruppen einteilen:

1. Nicht hygroskopische, dazu gehören solche, aus denen außer Wasser andere Lösungsmittel zu entfernen sind.
2. Hygroskopische, die nur langsam Wasser wieder aufnehmen.
3. Äußerst hygroskopische, wobei jeder Zutritt von feuchter Luft ausgeschaltet werden muß.

1. Nicht hygroskopische, aus denen Wasser und Lösungsmittel zu entfernen sind.

Sind von diesen Substanzen verschiedene Analysen auszuführen, so wägt man etwas mehr als dafür benötigt wird in ein zuvor in verdünnter Salpetersäure ausgekochtes und anschließend kurz durchgeglühtes Platinschiffchen auf $\pm$ 0,001 mg genau ein. Soll nur eine Analyse mit der getrockneten Substanz durchgeführt werden, wägt man die erforderliche Menge in dem Schiffchen ab und benutzt die getrocknete Substanz als Analyseneinwaage.

Da man in einem mikroanalytischen Laboratorium sehr oft mehrere Substanzen bei der gleichen Temperatur (z. B. 100° C) zu trocknen hat, benutzt man dazu eine Trockenpistole mit einem Aluminiumeinsatz, auf den man die in das Schiffchen eingewogenen Substanzen bringt. Die Temperatur solcher Trockenpistolen ist durch den Siedepunkt der als Heizflüssigkeit verwendeten Lösungsmittel Methanol (65° C), Benzol (80° C), Wasser (100° C), Toluol (111° C), Eisessig (118° C), Xylol (139° C) u. a. m., gegeben. Sehr

---

[1] Wertvolle Hinweise über Trocknen und Wägen von Flüssigkeiten werden von H. K. Alber (Mikrochem. **25**, 167 [1938]) beschrieben.

[2] Ausnahmen sind Trocknungen „auf Zeit“ solcher Substanzen, deren Trocknungsdauer zur Entfernung des Lösungsmittel aus vorherigen Trocknungen bereits bekannt ist.

zweckmäßig sind elektrisch geheizte Trockenpistolen. Eine solche mit Paraffinöl als Umlaufflüssigkeit und Wattregler bis 135° C ist in Abb. 23 gebracht.

Als Trockenmittel benutzt man je nach Bedarf Phosphorpentoxyd oder Kaliumhydroxyd (Kristallalkohol). Im allgemeinen genügt das Vakuum einer Ölumlaufpumpe.

Die Substanz ist gewichtskonstant, wenn sich ihr Gewicht innerhalb von zwei aufeinanderfolgenden Wägungen, die wenigstens 30 Minuten auseinander liegen, nicht mehr als um 0,002 mg ändert.

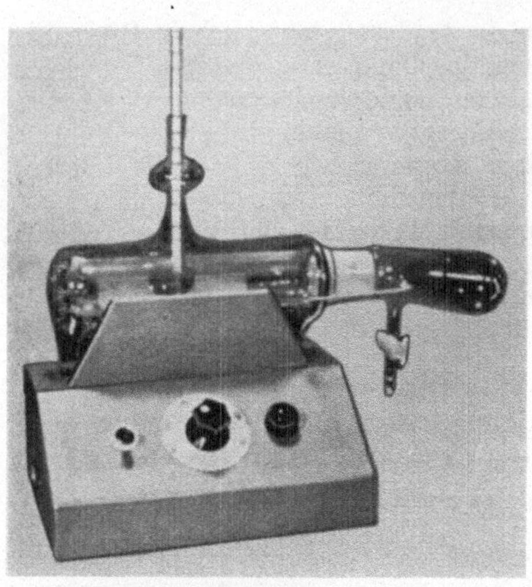

Abb. 23. Trockenpistole mit elektrischer Heizung Desaga.

Bei Wägungen, die in größeren Zeitabständen erfolgen, ist selbstverständlich das Einschwingen der Waage in die Nullpunktslage zu berücksichtigen. Zur Trocknung von 1 bis 2 Substanzeinwaagen nicht hygroskopischer und auch hygroskopischer Substanzen ist der Mikroexsiccator (Abb. 25) von F. Pregl gut geeignet, der in dem Regenerierungsblock (S. 124) auf die gewünschte Temperatur (± 2° C) erhitzt wird.

2. Hygroskopische Substanzen, die nur langsam Wasser aufnehmen.

Substanzen mit diesen Eigenschaften werden gleich den nicht hygroskopischen in der oben beschriebenen Weise und unter den jeweils erforderlichen Bedingungen entweder in einer Trockenpistole oder in dem Mikroexsiccator getrocknet.

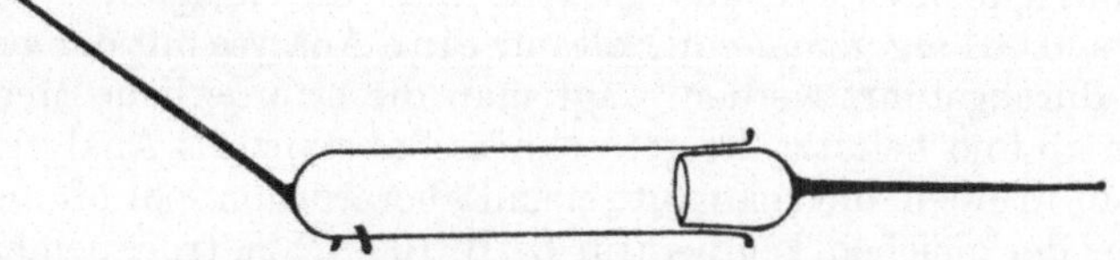

Abb. 24. Wägegläschen für hygroskopische Substanzen. (Natürliche Größe.)

Die Auswägungen haben in diesem Falle unter Ausschluß von Luftfeuchtigkeit zu erfolgen, wozu man das in Abb. 24 gebrachte Mikrowägegläschen benutzt. Um Wägefehler durch den Luftauftrieb auszuschalten, wägt man die Substanz und das Schiffchen bereits in dem Wägegläschen ab und benutzt ein etwa gleich großes Wägegläschen als Tara. Wie aus der Abbildung zu ersehen ist, sind die Griffe, an denen das Wägegläschen angefaßt wird, möglichst dünn, um Erwärmung beim Angreifen weitgehend zu verringern. Das Wägegläschen wird stets in der Waage aufbewahrt und nur kurze Zeit, für den Transport der Substanz + Schiffchen auf dem Handexsiccator zur und von der Trocknungseinrichtung, aus der Waage genommen.

Die hier gemachten Hinweise sind streng zu beachten, wovon man sich leicht überzeugen kann, wenn man ein Wägegläschen von nur etwas höherer Temperatur in die Waage bringt. Die Wartezeiten bis zur Gewichtskonstanz können dann 10 und mehr Minuten betragen. Bei diesen Trocknungen ist die Substanz als gewichtskonstant anzusprechen, wenn zwei in einem Abstand von 30 Minuten durchgeführte Wägungen keine größere Differenz als ± 0,03 mg zeigen.

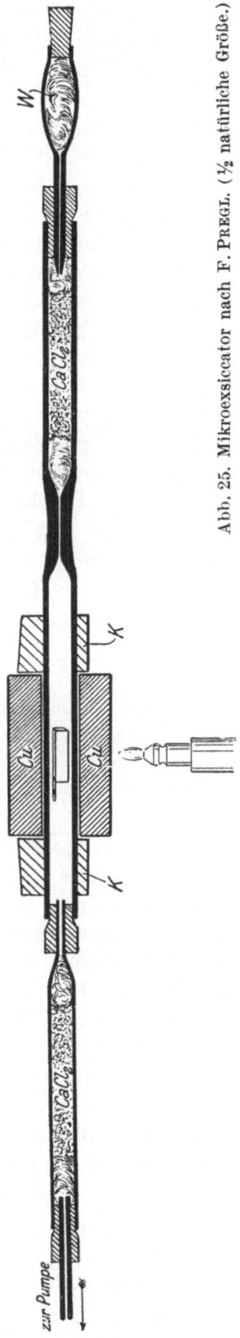

Abb. 25. Mikroexsiccator nach F. PREGL. (½ natürliche Größe.)

Der Mikroexsiccator (Abb. 25) besteht aus einer 240 mm langen Glasröhre von 10 mm äußerem Durchmesser, die etwa in der Mitte zu einer feinen Kapillare verengt ist. In die eine Hälfte füllt man auf eine mehrfache Lage von festgepreßter Watte Magnesiumperchlorat in etwa 50 mm Höhe und hält dieses mit einer neuerlichen Lage gepreßter Watte fest. Das Rohrende verschließt man mit einem durchbohrten Gummistopfen, in dem sich die kapillare Verengung eines Glasrohres befindet, das eine olivenförmige Erweiterung besitzt, die mit festgestopfter Watte *W* ausgefüllt ist. Die zweite leere Rohrhälfte dient zur Aufnahme des Schiffchens. Ihr offenes Ende wird ebenfalls mit einem Gummistopfen verschlossen, durch den der Schnabel eines kleinen, mit dem gleichen Trockenmittel gefüllten Rohres gesteckt ist, das durch ein Zwischenstück mit der Pumpe verbunden wird. Evakuiert man nun, so sinkt der Druck im Mikroexsiccator auf jenes Minimum, welches die verwendete Wasserstrahlpumpe überhaupt zu erzielen vermag, vorausgesetzt, daß die Kapillaren fein genug sind. Sie sollen ja nur eine minimale, aber beständige Bewegung im Trocknungsraume durch Eintritt kleinster Mengen getrockneter Luft gestatten. Das Erhitzen der Substanz im Mikroexsiccator erfolgt durch Einlegen in den Regenerierungsblock (S. 124). Um in diesem ein Drehen des Mikroexsiccators um die Längsachse und damit ein Umkippen des Schiffchens zu verhindern, werden über die Röhrenhälfte mit der Substanz zwei genau passende Korke *K* gesteckt, die durch festes Anpressen an den Kupferblock eine Drehung unmöglich machen. Überdies werden von beiden Korken Segmente abgeschnitten, die es ermöglichen, den Mikroexsiccator samt Schiffchen und Substanz auf die Tischplatte zu legen, ohne daß er ins Rollen kommt.

Das Abstellen der Pumpe darf erst nach Anlegen eines Schraubenquetschhahnes an den Pumpenschlauch erfolgen. Nach einigen Minuten tritt bereits Druckausgleich ein und der noch warme Mikroexsiccator wird zur Waage gebracht. Sodann entfernt man das Rohr mit dem Trocknungsmittel, zieht das Platinschiffchen mit einem Platinhaken etwas vor, um es mit der Pinzette fassen zu können, überträgt es auf den Kupferblock des Handexsiccators oder in das Wägegläschen und wägt nach 2 bzw. 5 Minuten. Statt des Regenerierungsblockes kann der Mikroexsiccator mittels des Heizkörpers der Jenaer Glaswerke Schott & Gen.[1] erhitzt werden, der auf Anregung von F. Reuter entwickelt wurde (Abb. 26). Der Heizkörper ist sehr ähnlich der Heizgranate aus Glas. Er unterscheidet sich nur dadurch, daß die zylindrische Aussparung des Hohlkörpers nicht verjüngt ist, und, da die Trocknung bei der Siedetemperatur der jeweils verwendeten Flüssigkeit erfolgt, ist er mit einem Wasserkühler versehen, also im Prinzip gleich einer Trockenpistole.

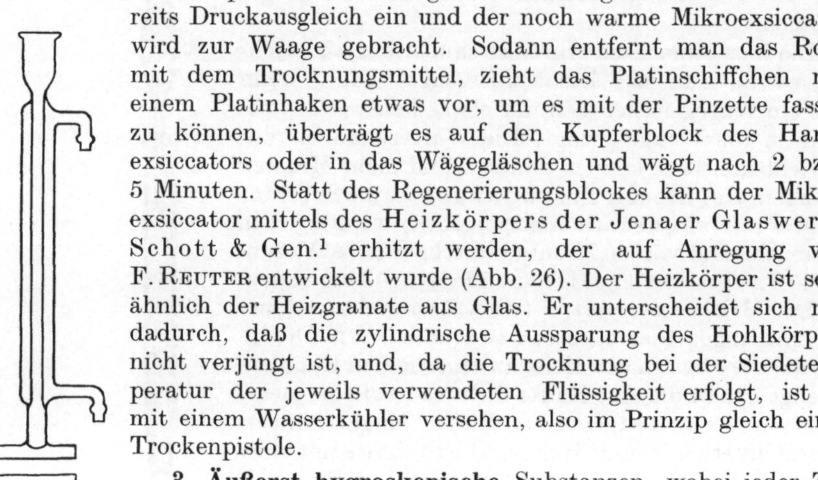

Abb. 26. Heizkörper für Mikroexsiccator von Schott & Gen. (1/5 natürliche Größe.)

3. **Äußerst hygroskopische** Substanzen, wobei jeder Zutritt feuchter Luft vermieden werden muß.

Bei solchen Substanzen kann schon in der Zeit während des Einbringens der getrockneten Substanz aus der Trockenpistole oder dem Mikroexsiccator in das Wägegläschen Wasser aufgenommen werden, das zu falschen Trocknungsergebnissen führt. Zur Trocknung solcher Substanzen ist der nachfolgend beschriebene „Hochvakuum-Mikroexsiccator" zu empfehlen.

Der Hochvakuum-Mikroexsiccator mit elektrisch erhitztem Heizblock nach E. Wiesenberger.[2]

Der hier beschriebene Exsiccator wurde aus dem Pistolen-Exsiccator von J. Unterzaucher[3] weiterentwickelt und gleicht im Prinzip der Substanzeinführung dem von P. Röscheisen und P. Brettner[4]. In einem sehr zweckmäßigen Trockenblock können gleichzeitig 10 Exsiccatoren auf die gewünschte Temperatur erhitzt werden[5].

Der in Abb. 27 gebrachte Mikroexsiccator besteht aus dem Behälter *I*, in den das Trockenmittel gebracht wird, und aus dem durch Schliff verbundenen Exsiccatoreinsatz *II*, in dem die Substanz auf die gewünschte Temperatur erhitzt wird. Der Exsiccatoreinsatz ist an dem dem Schliff gegenüberliegenden Ende verjüngt und besitzt an dieser Stelle (Schnitt *AB*) gleich dem Wägebehälter *III* (Schnitt *CD*) quadratischen Querschnitt. Die Dimensionen sind so gewählt, daß der Wägebehälter mit genügendem Spielraum in das verschlossene Ende des Exsiccatoreinsatzes eingeführt werden

[1] Jenaer Glaswerke Schott & Gen.: Mikrochem. **21**, 131 (1936/37).
[2] Wiesenberger, E.: Mikrochim. Acta [Wien] **1955**, 962.
[3] Unterzaucher, J.: Mikrochem. **18**, 315 (1935).
[4] Röscheisen, P., u. P. Brettner: Mikrochem. **22**, 254 (1937).
[5] Die komplette Einrichtung kann bei P. Haack, Wien, bezogen werden.

kann, aber seitlich nicht so weit kippen kann, daß es zu Substanzverlusten kommt. Das Öffnen und Schließen des Wägebehälters läßt sich mit dem langen Griff einfach durchführen. Durch Abschleifen des Außenschliffrandes parallel zu einer Fläche des quaderförmigen Endes des Einsatzes (*III a*) läßt sich der Wägebehälter auch außerhalb des Einsatzes abstellen, ohne daß er dabei seitlich abrollen kann.

Neben der Trocknung von Substanzen in dem Platinschiffchen ist der Exsiccator auch zum Trocknen in den Wägeröhrchen mit kurzem gekröpften (*IV a*) und langem (*V*) Stiel brauchbar; davon wird man aber nur wenig Gebrauch machen.

Ausführung der Trocknung: Die zuvor sorgfältig mit Chromschwefelsäure gereinigten und getrockneten Wägebehälter werden in den gleich numerierten Trockenpistolen aufbewahrt.

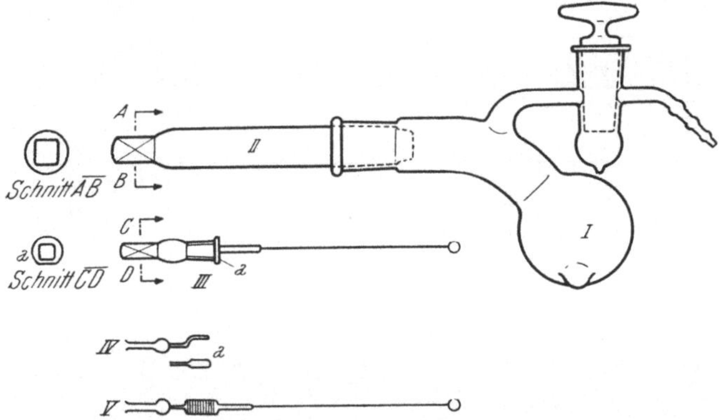

Abb. 27. Hochvakuum-Mikroexsiccator nach E. WIESENBERGER.

Für die Substanzeinwaage wischt man den Wägebehälter zuerst mit einem dünnen Rehlederläppchen leicht ab und stellt ihn in einem Reagenzglas neben die Waage. Nach 5 Minuten wird er mit einem Platinschiffchen auf die Waage gebracht und nach 10 Minuten gegen das dafür vorgesehene Tarafläschchen ausgewogen. Rascheres Abwägen der Substanz ist möglich, wenn man das Schiffchen neben den Wägebehälter auf die Waagschale stellt und, nachdem man das endgültige Gewicht bzw. die eingewogene Substanz festgestellt hat, das Schiffchen in den Wägebehälter einführt. Um den Wägebehälter in den Mikroexsiccator einzubringen, spannt man letzteren in eine Stativklammer ein und schiebt dann den Wägebehälter, wobei man ihn mit einem Rehlederläppchen an dem Griff erfaßt, bis in die Verjüngung des Exsiccatorrohres vor. Dort wird der Wägebehälter durch Drehen des Schliffstopfens geöffnet. Nun wird der Teil der Pistole, der das Trockenmittel enthält, mittels des mit Hochvakuumfett versehenen Schliffes an das Trockenrohr angeschlossen. Das Fett wird vor jeder Entnahme des Wägebehälters mit benzolbefeuchteter Watte entfernt.

Das Evakuieren des Exsiccators leitet man vorsichtig ein und legt erst dann das Hochvakuum an, wenn die gewählte Trocknungstemperatur erreicht ist. Diese kann mit Heizbädern, besser mit Trockenblöcken aus Metall eingestellt werden. Einen für Serientrocknungen zweckmäßigen Heizblock für diesen Hochvakuumexsiccator hat E. WIESENBERGER[1] entwickelt.

Der in Abb. 28 im Grund- und Aufriß wiedergegebene Heizblock (A) ist aus Aluminium angefertigt. Er ruht auf einem Eisengestell (B) und wird elektrisch geheizt. Der Heizkörper ist für Temperaturen bis 250° C gebaut. Die Temperaturregelung erfolgt über ein Kontaktthermometer (D) und einen Schaltschütz (E). An beiden Längsseiten des Blockes befin-

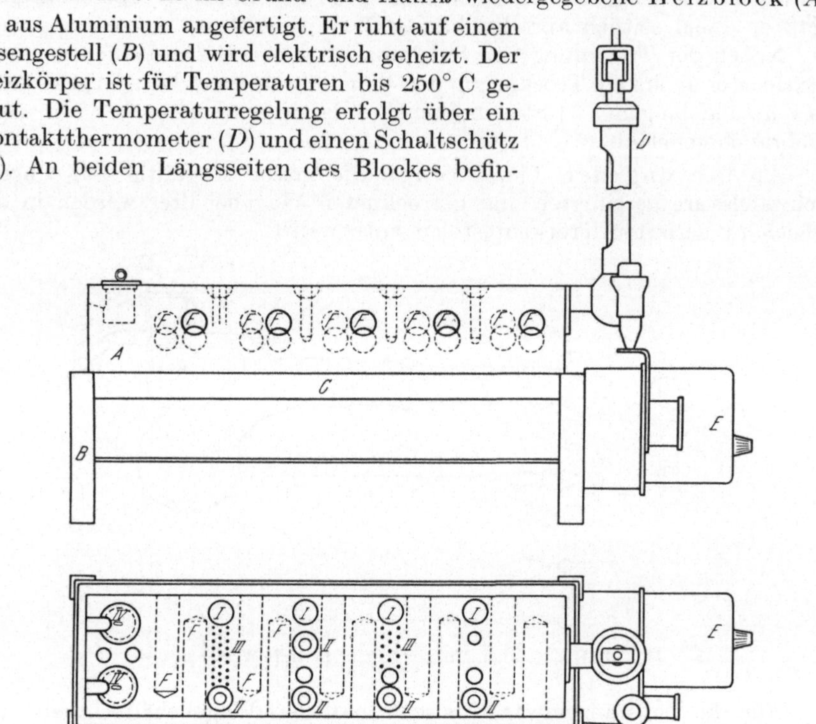

Abb. 28. Heizblock nach E. WIESENBERGER.

den sich je 5 schwach geneigte Bohrungen (F), in die die Exsiccatoren eingeschoben werden. Die Gesamtansicht einer solchen Trockeneinrichtung[2] ist aus Abb. 29 zu ersehen.

Zum Erhitzen und Trocknen von mikroanalytischen Geräten können in die Oberfläche des Heizblockes entsprechend dimensionierte Bohrungen (I—IV) angebracht werden. Das Kontaktthermometer regelt die Temperatur auf 1 Grad genau.

Zur Feststellung des Trocknungsverlustes der Substanz nimmt man zuerst die Trockenpistole aus dem Heizblock und läßt sie, in eine Stativklammer eingespannt, auf Raumtemperatur abkühlen. Durch eine Trockeneinrichtung, die aus einer Waschflasche mit konz. Schwefelsäure und einem

---

[1] WIESENBERGER, E.: Mikrochim. Acta [Wien] **1955**, 962.
[2] Ist bei P. Haack, Wien, erhältlich.

Trocknungsrohr mit Magnesiumperchlorat besteht, läßt man dann vorsichtig Luft in die Pistole bis zu Druckausgleich einströmen. Der Schliffteil der Pistole mit dem Trockenmittel wird entfernt und der Wägebehälter noch in der Trockenpistole durch Eindrehen des Schliffstopfens an dem Griff sogleich verschlossen. Man entfernt das Hochvakuumfett von dem Rand des Schliffes, bringt den Wägebehälter neben die Waage und nimmt nach gleicher Wartezeit wie bei der Einwaage der Substanz die Wägung vor. Das Nullpunkteinschwingen der Waage ist vor jeder Wägung zu notieren.

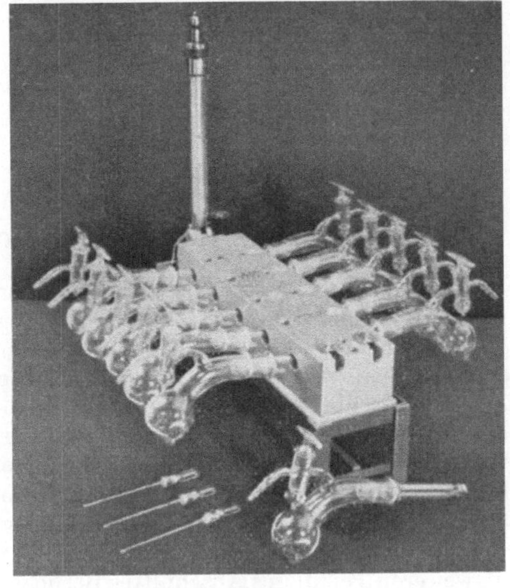

Abb. 29.

Wie bereits erwähnt wurde, gehört zur Vorbereitung der Substanz für bestimmte Analysen ihre feinste Zerkleinerung. Am besten benutzt man dazu Achatschalen mit einem Verlängerungsgriff für das Pistill. Sofern die Substanzen nicht zähe sind, können sie, allerdings mit etwas Zeitaufwand, staubfein pulverisiert werden.

Bestimmung der Elemente

Bestimmung von Kohlenstoff und Wasserstoff

In allgemeinen mikroanalytischen Laboratorien ist die Bestimmung von Kohlenstoff und Wasserstoff die am häufigsten angewandte Methode. In größeren Laboratorien gehört sie besonders seit der Automatisierung zu den Routinemethoden des kontinuierlichen Betriebes.

Seit vor über 4 Jahrzehnten F. Pregl seine erste Mikro-Kohlenstoff- und Wasserstoff-Bestimmung publizierte, sind unterdessen eine große Zahl von Arbeiten erschienen, die sich teils auf Verbesserungen der Pregl-Methode beziehen, teils neue Wege zur Mikrobestimmung dieser Elemente beschreiben. Manche der erstgenannten Vorschläge sind im Laufe der Jahre als wertvolle Ergänzungen in Pregls Methode aufgenommen worden; sie finden im weiteren Teil dieses Abschnittes Berücksichtigung. Durch diese Erkenntnisse, vereint mit dem Fortschritt der Technik und dem weiteren Ziel nach Verkürzung der Analysendauer, führte die Entwicklung zur vollautomatischen Kohlenstoff-Wasserstoff-Bestimmung, die es angelernten Hilfskräften ermöglicht, nahezu alle Substanzen mit der üblichen Genauigkeit zu analysieren.

Zwischen dem Arbeiten mit dem Automaten und der vollständigen Beherrschung einer Methode im Wissen um ihre empfindlichen Stellen und sonstigen Feinheiten liegen bekanntlich die durch die Praxis gesammelten Erfahrungen. Diese resultieren aus Beobachtungen des Verbrennungsvorganges von Substanzen unterschiedlicher Zersetzungseigenschaften, der Kenntnis der Oxydations- und Absorptionsleistung der Rohrfüllung, insbesondere der an dem Bleidioxyd ablaufenden Umsetzungen und den Eigenschaften des Bleidioxydes selbst. Die wichtigste Stufe des Analysenganges liegt in der richtigen Steuerung der Verbrennungsgase. Auf ihrem Transport durch die Rohrfüllung müssen sie zur quantitativen Oxydation zu Kohlendioxyd und Wasser genügend lange durch die Oxydationsschicht streichen und gleichzeitig von Verbrennungsgasen anderer Elemente an den Absorptionsschichten befreit werden. Bei einer ideal ablaufenden Verbrennung soll folglich der Druck und damit der Gasstrom im Rohr möglichst konstant sein, denn dafür sind die Oxydations- und Absorptionsschichten bemessen. Um diese Voraussetzungen zu erfüllen, wurde von F. Pregl eine Sicherheitseinrichtung entwickelt, die auf dem Zusammenwirken von Druckregler und Bremspfropf im Rohr und zur Überwindung der Reibung in den Absorptionsröhrchen mittels einer Saug- (Mariotteschen) Flasche beruht. Diese Einrichtung ist bei annähernd gleichmäßiger Vergasung oder Verbrennung der Substanz eine absolut zuverlässige Gasstromsteuerung. Sie kann aber in solchen Fällen, bei denen es zu explosionsartiger Zersetzung oder plötzlicher Vergasung (zwischen beiden Heizöfen) der Substanz kommt, das Mißlingen der Analyse nicht verhindern. Die Verbrennung solcher Substanzen muß heute noch von Hand durchgeführt werden, wobei unter Beobachtung ihres Verhaltens das Vorrücken des Brenners und das Erhitzen des Substanzschiffchens den jeweiligen Verbrennungseigenschaften der Analysenprobe anzupassen ist. Mit automatisch vorrückenden Brennern lassen sich zwar die weitaus meisten Substanzen einwandfrei verbrennen, doch in diesem speziellen Falle ist mit Fehlanalysen zu rechnen.

Das Einhalten eines bestimmten Gasstromes bzw. der Durchströmungszeit mit Hilfe des Druckreglers und Bremspfropfes während der Verbrennung der Substanz hat noch einen weiteren äußerst wichtigen Grund. Das heute in den weitaus meisten Laboratorien zur Zerlegung der Stickoxyde benutzte Bleidioxyd besitzt nämlich die unerwünschte Eigenschaft, größere Mengen Wasser und ganz geringe Mengen Kohlendioxyd vorübergehend festzuhalten und diese bis zu einem bestimmten, durch die Temperatur gegebenen Bleidioxyd/Wasser/Kohlendioxyd-Bindungsverhältnis abzugeben, aus dem bei längerem Durchleiten von trockenem Gas das Wasser allmählich entweicht.

F. Pregl gelang es zwar, bei der Temperatur von 180° C und einem bestimmten, zeitlich festgelegten Gasstrom die Wasser/Kohlendioxyd-Bindung an Bleidioxyd innerhalb der Analysenreihe konstant zu halten. Trotzdem ist es wichtig, daß der Analytiker sich dieser empfindlichen Stelle der Apparatur bewußt ist und z. B. nach längerem Ausglühen des Rohres zuerst eine ungewogene Substanz verbrennt, um das obige Gleichgewicht einzustellen.

Es fehlte nicht an Bemühungen, das Bleidioxyd durch andere Stickoxyde zerlegende oder bindende Mittel zu ersetzen. Mit Erfolg benutzen J. Unterzaucher[1], A. Bennet[2] und G. Kainz[3] das von J. Lindner[4] vorgeschlagene, auf 500° C erhitzte Kupfer. G. Kainz und F. Schöller[5] beschreiben eine Methode, bei der sie an Stelle von Kupfer das bereits von A. Kurtenacker[6] für diesen Zweck benutzte Nickel verwenden. Zur Bindung der Stickoxyde werden ferner Methoden beschrieben, bei denen Mangandioxyd[7], Aminoazobenzol[8], Diphenylamin in Schwefelsäure[9],

---

1 Unterzaucher, J.: Chem. Ing. Techn. **22**, 128 (1950); Mikrochem. **36/37**, 712 (1951).

2 Bennet, A.: Analyst **74**, 188 (1949).

3 Kainz, G.: Mikrochem. **35**, 569 (1950); **39**, 166 (1952).

4 Lindner, J.: Ber. dtsch. chem. Ges. **65**, 1696 (1932).

5 Kainz, G., u. F. Schöller: Z. analyt. Chem. **148**, 6 (1955).

6 Kurtenacker, A.: Z. analyt. Chem. **50**, 548 (1911).

7 Belcher, R., u. G. Ingram: Analyt. Chim. Acta **4**, 401 (1950); Angew. Chem. **62**, 585 (1950).

8 Dombrowsky, A.: Mikrochem. **28**, 125, 136 (1940).

9 Irimescu, J., u. B. Popescu: Z. analyt. Chem. **128**, 185 (1948).

Hopcalite[1], Amidosulfonsäure[2], Ammoniumsulfamat[3] und Trihydroxylaminphosphat[2] in der Weise Verwendung finden, daß diese Mittel zwischen das Wasser- und Kohlendioxyd-Absorptionsröhrchen eingebracht werden.

Einen anderen Weg schlug B. WURZSCHMITT[4] ein. In stickstoffhaltigen Substanzen werden in einem Rohr ohne Bleidioxyd gleichzeitig Stickstoff und Wasserstoff im Kohlendioxydstrom bestimmt. Mit dem gleichen Rohr wird mit einer weiteren Einwaage der Kohlenstoff unter Verwendung von feuchtem Stickstoff als Treibgas ermittelt. Über die hier genannten Verfahren siehe S. 77 u. 107. Diese, das Bleidioxyd vermeidenden Verfahren finden teilweise in den Laboratorien, in denen sie entwickelt wurden, Anwendung. Da jedoch von anderer Seite damit noch wenig Erfahrungen mitgeteilt wurden, und einige davon sich noch in der Weiterentwicklung befinden, hält der Verfasser den Zeitpunkt noch nicht für gekommen, diese Verfahren der bislang bewährten Kohlenstoff- und Wasserstoff-Bestimmung unter Verwendung von Bleidioxyd voranzustellen. Zumal heute noch die weitaus meisten Laboratorien der Hochschulinstitute und der Industrie mit der durch W. ZIMMERMANN automatisierten Apparatur von F. PREGL arbeiten.

Da, wie bereits gesagt wurde, gerade die manuelle Bestimmung des Kohlenstoffes und Wasserstoffes sehr geeignet ist, den Lernenden mit den Feinheiten der Mikromethodik vertraut zu machen, wird sie an erster Stelle und im Anschluß daran das Arbeiten mit dem Automaten behandelt.

Manuelle Kohlenstoff- und Wasserstoff-Bestimmung nach F. PREGL

Das Prinzip der Verbrennung ist einfach. Die organische Substanz wird in einem Rohr durch Erhitzen im Sauerstoffstrom vergast und anschließend verbrannt. Die mit dem Gasstrom mitgeführten Zersetzungsprodukte werden, sofern sie noch nicht zu Kohlendioxyd und Wasser verbrannt sind, über glühendem Kupferoxyd und Bleichromat vollkommen oxydiert. Nach Absorption an geeigneten Stoffen werden das gebildete Wasser und Kohlendioxyd, nachdem man vorher Luft durch die Absorptionsröhrchen geleitet hat, gewogen.

Für die Verbrennung von Substanzen, die nur Kohlenstoff, Wasserstoff und Sauerstoff enthalten, genügt infolgedessen ein mit Kupferoxyd beschicktes Verbrennungsrohr[5]. Zur Abbindung anderer Elemente und Verbindungen, die sonst in die Absorptionsrohre für Wasser und Kohlendioxyd gelangen würden, hat F. PREGL die Oxydationsschicht noch durch Silber und Bleidioxyd zur „Universalfüllung" ergänzt. Die Bindung der Halogene, außer Fluor, er-

---

[1] CORWIN, A. H.: 94th meeting A. C. S. Sept. 9. **1937**.

[2] GROSS, C. K., u. G. F. WRIGHT: Analyt. Chemistry **26**, 886 (1954).

[3] HUSSEY, A. S., J. K. SORENSEN u. D. D. DE FORD: Analyt. Chemistry **27**, 280 (1955).

[4] WURZSCHMITT, B.: Mikrochem. **36/37**, 614 (1951).

[5] An Stelle von Kupferoxyd verwendet A. FRIEDRICH als auswechselbare Oxydationsschicht Platinsterne.

folgt an metallisches Silber als Silberhalogenid, die der Schwefeloxyde an Bleichromat als Bleisulfat und auch an Silber als Sulfat. Bei der Verbrennung stickstoffhaltiger Substanzen entstehen je nach Bindungsart des Stickstoffes mehr oder weniger viel Stickoxyde. Vorzugsweise werden sie aus Verbindungen mit Nitro- und Nitrosogruppen gebildet. Der Amino- und Ringstickstoff ist dazu weniger befähigt. Da die Stickoxyde durch die Oxydationsschicht der Rohrfüllung hindurch gehen, würden sie in die Absorptionsröhrchen gelangen und in dem Kohlendioxydabsorptionsröhrchen gebunden werden. Um dies zu verhindern werden sie durch erhitztes Bleidioxyd gebunden und in Stickstoff und Sauerstoff zerlegt. Über Sicherheitsmaßnahmen bei Anwesenheit anderer Elemente siehe S. 64 und 65.

Das Wasser wird an Magnesiumperchlorat (Anhydrone) oder an auf Bimsstein aufgestäubtes Phosphorpentoxyd[1] und das Kohlendioxyd an Natronasbest (Ascarite) gebunden. Der verbrauchte Natronkalk ist an dem fortschreitenden Hellerwerden der Füllung (Carbonatbildung) gut zu erkennen.

Während mit der „Universalfüllung" bei der Analyse stickstoff-, chlor-, brom-, jod- und schwefelhaltiger Substanzen 200 Bestimmungen ohne Bedenken möglich sind, wird die Rohrfüllung rasch unwirksam bei Verbrennung von Arsen-, Antimon-, Wismut- und Quecksilberverbindungen.

Reagenzien[2]

Natronlauge (5%ig) zur Füllung der Druckregler: Für eine Füllung löst man 40 g Ätznatron in 760 ml Wasser.

Kalilauge (50%ig) für den Blasenzähler: Man verwendet die auf S. 92 beschriebene Lauge, mit der auch das Mikroazotometer gefüllt wird. Pipette mit dünner Spitze.

Asbest: Für die Herstellung des Bremspfropfens und der feinen Zwischenlagen benützt man das Mittelgut des käuflichen Goochtiegelasbests, das zuvor in einem Tiegel geglüht wird.

Asbest minderer Qualität wird wie folgt gereinigt: Zuerst werden die groben Fasern und die staubfreien Anteile von der Mittelsorte mechanisch entfernt und letztere in einer nicht zu feinporigen Glassinternutsche mit destilliertem Wasser gewaschen. Dann bringt man den Asbest in eine Glasschale und digeriert 5 Stunden mit konz. Salzsäure auf dem Wasserbad. In einer Nutsche wird der Asbest mit heißem destilliertem Wasser so lange gewaschen, bis das Waschwasser keine Chloridreaktion mehr zeigt. Zur Trocknung bringt man ihn in eine Kristallisierschale, lockert ihn mit einer Pinzette auf und läßt ihn einige Stunden in einem Exsiccator über Phosphorpentoxyd stehen. Die letzten Feuchtigkeitsspuren werden im Trockenschrank (120° C) entfernt und der Asbest in einem Pulverglas aufgehoben.

---

[1] BOETIUS, M.: Über die Fehlerquellen bei der mikroanalytischen Bestimmung des Kohlenstoffes und Wasserstoffes nach der Methode von F. PREGL, S. 78, Verlag Chemie G. m. b. H., Berlin 1931; W. ZIMMERMANN: Mikrochem. **31**, 149 (1944); B. WURZSCHMITT: Chem.-Ztg. **74**, 19 (1950); Mikrochem. **36/37**, 614 (1951).

[2] Sämtliche Reagenzien sind, soweit ihre Bezugsquellen nicht besonders genannt werden, bei E. Merck, Darmstadt, erhältlich.

Auf diese Weise gereinigter Asbest hat weder die Eigenschaft, Wasser festzuhalten, noch Kohlendioxyd vorübergehend aufzunehmen[1], er kommt in dieser Reinheit als Ursache für Fehler keineswegs in Betracht.

Tressensilber (Silberwolle)[2]. Es wird vor dem Gebrauch in einer Glasröhre im Wasserstoffstrom reduziert und anschließend im Sauerstoffstrom geglüht. In gleicher Weise reduziert man mit Halogen und Schwefel beladene Silberfüllungen gebrauchter Röhren für die neuerliche Benützung.

Bleichromat (p. a.).

Kupferoxyd (drahtförmig).

Das *Bleichromat-Kupferoxyd*-Gemisch wird durch Imprägnieren von drahtförmigem Kupferoxyd mit der gleichen Gewichtsmenge Bleichromat angefertigt. Das Bleichromat (käufliches) kann nach feinem Zerreiben in einer Porzellanreibschale direkt verwendet werden[3]. Das Kupferoxyd (drahtförmig) wird in der Reibschale zu kleineren Stücken (4—5 mm lang) zerdrückt, gesiebt und ohne weitere Vorbehandlung für das Oxydationsgemisch benützt.

Das Bleichromat-Kupferoxyd-Gemisch bereitet man sich in einer Nickel- oder V_2A-Stahlschale an einer kräftigen Gebläseflamme oder in einem elektrischen Öfchen. 50 g zur Rotglut erhitztes Kupferoxyd werden mit 50 g pulverisiertem Bleichromat in kleinen Portionen bestreut, wobei das Kupferoxyd dauernd mit einem Eisenstab gut durchgerührt werden muß, damit die ganze Oberfläche des Kupferoxyds mit dem geschmolzenen Bleichromat überzogen wird. Ist das Kupferoxyd richtig mit Bleichromat behandelt worden, so ist einerseits das etwas poröse Kupferoxyd mit einer kompakten Schicht von Bleichromat überzogen und andererseits das dem Kupferoxyd immer in geringen Mengen anhaftende Alkali in Chromat übergeführt worden. Die Güte dieses Oxydationsgemisches haben J. Lindner und M. Boetius[4] voll bestätigt; es fand die Anerkennung auch weiterer Autoren[5].

Bleidioxyd (granuliert Kahlbaum): Die Eigenschaften dieses Reagens waren wiederholt Gegenstand eingehender Untersuchungen[6, 7]. Sie wurden auf S. 35 behandelt.

---

[1] Vgl. M. Boetius: Über die Fehlerquellen bei der mikroanalytischen Bestimmung des Kohlen- und Wasserstoffes nach der Methode von F. Pregl, S. 44, Verlag Chemie G. m. b. H., Berlin 1931.

[2] In tadelloser Reinheit bei P. Haack, Wien, und A. Bühne & Co., Freiburg i. Br., erhältlich.

[3] F. Pregl zog es vor, das Bleichromat durch Fällen einer verdünnten Bleiacetatlösung mit Kaliumbichromat selbst herzustellen.

[4] Lindner, J.: Ber. dtsch. chem. Ges. **59**, 2806 (1926), und M. Boetius: Über die Fehlerquellen bei der mikroanalytischen Bestimmung des Kohlen- und Wasserstoffes nach der Methode von F. Pregl, S. 49, Verlag Chemie G. m. b. H., Berlin 1931.

[5] Hennig, H.: Abdruck aus den Berichten der math.-physik. Kl. sächs. Akad. Wiss. Leipzig **85**, 182 (1933).

[6] Lindner, J.: Ber. dtsch. chem. Ges. **59**, 2806 (1926) und M. Boetius: Über die Fehlerquellen bei der mikroanalytischen Bestimmung des Kohlen- und Wasserstoffes nach der Methode von F. Pregl, S. 49, Verlag Chemie G. m. b. H., Berlin 1931.

[7] Kopfer, F.: Z. analyt. Chem. **17**, 28 (1878); Weil, H.: Ber. dtsch. chem. Ges. **43**, 149 (1910); Dennstedt, M.: Z. analyt. Chem. **42**, 417 (1903); Cropper, F. R.: Mikrochim. Acta [Wien] **1954**, 25.

Bereits F. PREGL und nachher J. LINDNER[1] erkannten, daß das Bleidioxyd korrekte Wasserstoffwerte nicht beeinträchtigt, wenn es während der Analysen auf der Temperatur von 180—190° C gehalten wird. In diesem Temperaturbereich wird einerseits das aufgenommene Wasser rasch wieder abgegeben und andererseits kein so hoher Trocknungsgrad erreicht, der zur bleibenden Absorption von Kohlendioxyd führt. Es ist aus den angeführten Gründen ein unbedingtes Erfordernis, ganz einwandfreies Bleidioxyd entweder selbst darzustellen oder ein käufliches Präparat auf seine Eignung zu prüfen.

Reinigung des Bleidioxyds nach F. PREGL: 150 g käufliches Bleidioxyd werden in einer Abdampfschale mit konz. Salpetersäure (D: 1,4) 2 Stunden lang auf dem Wasserbad unter öfterem Umrühren digeriert, nach 1—2 Stunden Stehen wiederholt dekantiert und mit destilliertem Wasser so lange unter Umrühren gewaschen, bis in dem Waschwasser mit Diphenylamin-Schwefelsäure keine Salpetersäure mehr nachzuweisen ist.

Den schlammigen Rückstand befreit man durch Erwärmen in einer Abdampfschale auf dem Wasserbad nahezu vollständig von Wasser und zerschneidet ihn mit einem Spatel in kleine Würfel von etwa 2 mm Seitenlänge. Man bringt die Würfel in ein geräumiges Pulverglas, schleift durch Drehen mit der Hand oder einer langsam laufenden Drehbank die Kanten der Würfel gegenseitig rund und siebt schließlich das Abgeriebene ab. Der Staub wird nach neuerlichem Befeuchten und Trocknen wieder in Würfel geschnitten und auf obige Weise weiterbehandelt. Das schwarze[2] Präparat wird in einem Pulvergläschen aufgehoben. Man erhält damit nach 6 Stunden Erhitzen im Verbrennungsrohr ausgezeichnete Wasserstoffwerte.

Paraffin, Fp 52—53° C, zur Imprägnierung der Absorptionsschläuche (S. 46).

Krönigscher Glaskitt: Man bereitet ihn durch Zusammenschmelzen eines Teiles farblosen Wachses und vier Teilen Kolophonium und gießt die weiche Schmelze zu etwa 10 mm starken Stangen.

Benzol zum Entfernen des Krönigschen Glaskittes von den Schliffen der Absorptionsröhrchen.

Dekalin (Kp: 188° C) oder *Cymol* (Kp: 176° C); ersteres ist im allgemeinen vorzuziehen. Das handelsübliche Dekalin behält seine Brauchbarkeit in der Granate viel länger bei, wenn es nach 2—3maligem Ausschütteln mit konz. Schwefelsäure und Waschen mit Wasser vorsichtig getrocknet und dann destilliert wird. Hierbei scheidet man den Vorlauf ab, der gewöhnlich geringe Mengen Säure enthält, und sammelt die Mittelfraktion (Kp: 186—190° C) in einer entsprechenden Vorratsflasche. Dieses gereinigte Dekalin neigt viel weniger zu Verharzung als das handelsübliche Produkt.

Magnesiumperchlorat[3] (Trihydrat[4] oder Anhydrone[5]) kann ohne weitere Vorbehandlung benutzt werden.

---

[1] LINDNER, J.: Ber. dtsch. chem. Ges. **59**, 2806 (1926).

[2] Unreine Präparate sind nicht schwarz, meist bräunlich bis rotbraun.

[3] E. Merck, Darmstadt.

[4] E. Merck, Darmstadt. Ist nach H. LIEB u. A. SOLTYS: Mikrochem. Molisch-Festschrift 290 (1936) gleich brauchbar wie wasserfreies Magnesiumperchlorat.

[5] BAKER, I. T.: Chemical Co., Philippsburg, New Jersey, USA. In amerikanischen Instituten wird auch „Deritrite“ an Stelle von Anhydrone benutzt. Das Präparat zeigt die Erschöpfung durch Farbumschlag von Blau in Rosa an.

Natronasbest (Merck) oder Ascarite[1].

Verdünnte Salpetersäure (1:1) zur Reinigung der Verbrennungsschiffchen.

Kaliumbichromat (analysenrein) und

Vanadinpentoxyd (analysenrein). Beide werden, wenn erforderlich, der Analysensubstanz zugemischt (s. S. 64).

Magnesiumoxyd zur Bindung und gleichzeitigen Bestimmung des Fluors.

Wolframoxyd zur Verbrennung fluor- und phosphorhaltiger Substanzen.

Golddraht oder *Goldblättchen* (Folie) zur Bindung von Quecksilber.

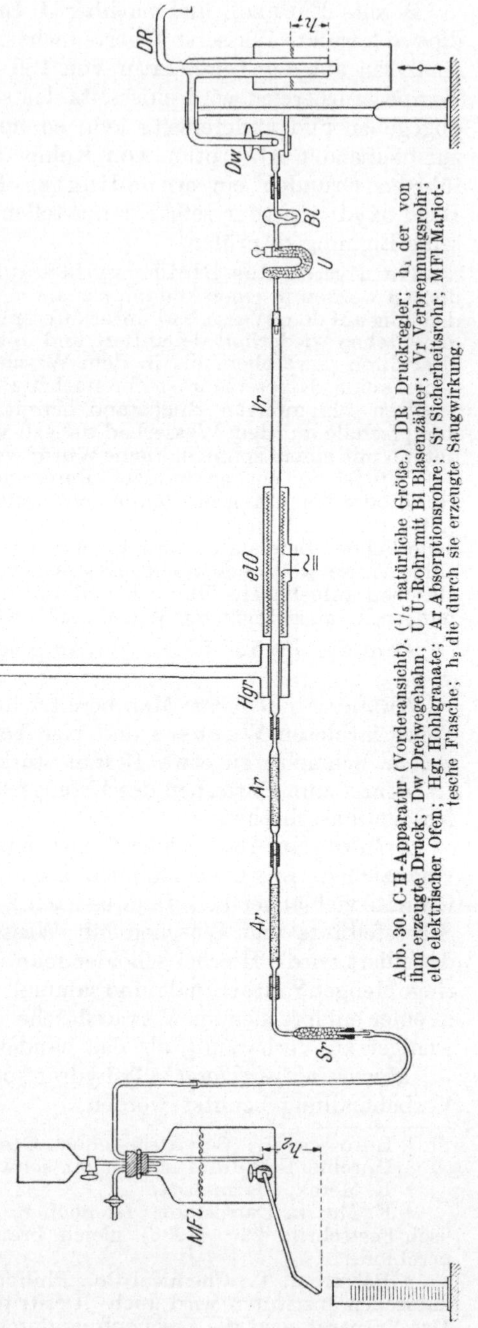

Abb. 30. C-H-Apparatur (Vorderansicht). (1/5 natürliche Größe.) DR Druckregler; h_1 der von ihm erzeugte Druck; Dw Dreiwegehahn; U U-Rohr mit Bl Blasenzähler; Vr Verbrennungsrohr; elO elektrischer Ofen; Hgr Hohlgranate; Ar Absorptionsrohre; Sr Sicherheitsrohr; MFl Mariottesche Flasche; h_2 die durch sie erzeugte Saugwirkung.

Apparatur (Abb. 30)

Sie besteht im wesentlichen aus drei Teilen: der Gasquelle (Sauerstoff und Luft) mit der Druckeinstellung (Druckreglern), dem Verbrennungsrohr und dessen Beheizung und dem Absorptionsteil (für Wasser und Kohlendioxyd) mit der Druckausgleichflasche. Da unrichtig dimensionierte und nicht sorgfältig gereinigte Apparaturen sehr oft die Ursache erheblicher Analysenfehler sein können, werden die einzelnen Teile nachstehend eingehend beschrieben.

Gasquelle für Sauerstoff und Luft: Heute benützt man fast allgemein aus flüssiger Luft hergestellten Sauerstoff, der mit Hilfe eines Reduzier- (Nadel-) Ventils direkt der Stahlflasche

[1] Baker, I. T.: Chemical Co., Philippsburg, New Jersey, USA.

(Bombe) entnommen wird. In gleicher Weise leitet man die Luft aus der Bombe der Verbrennungsapparatur zu. Sie darf nicht verflüssigter Luft, sondern auf 160—180 atü komprimierter Luft entnommen werden. Zur Absorption des in den Bombengasen in Spuren enthaltenen Kohlendioxyds genügt das dem Verbrennungsrohr vorgeschaltete U-Rohr mit Blasenzähler.

Die Gase neuer Stahlflaschen sind selbstverständlich in Blindversuchen auf ihre Eignung zu prüfen. Sie sind einwandfrei, wenn dabei das Wasserabsorptionsröhrchen eine Gewichtszunahme von weniger als 0,05 mg und das Kohlendioxydabsorptionsröhrchen von nicht mehr als 0,02 mg zeigt. Stehen nicht einwandfreie Gase zur Verfügung, reinigt man sie durch Zwischenschalten des Katalysatorröhrchens von F. BÖCK und K. BEAUCOURT[1] (Abb. 31).

Die Verbindung mit dem Druckregler stellt man tunlichst durch Glas-an-Glas-Schalten her. Die dafür verwendeten Gummischläuche sollen neu sein. Schläuche, die flüchtige, organische Stoffe abgeben können, werden in der Weise künstlich gealtert, daß man sie eine halbe Stunde ausdämpft und anschließend bei 100° C (Trockenschrank) Luft durchsaugt[2].

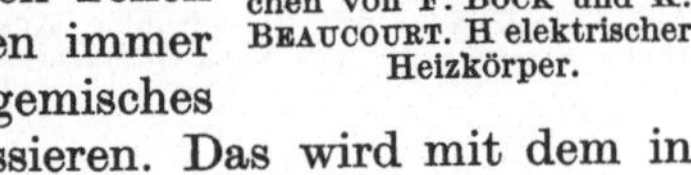

Abb. 31. Katalysator-Röhrchen von F. BÖCK und K. BEAUCOURT. H elektrischer Heizkörper.

Druckregler: Nach F. PREGL ist für das Gelingen der Analyse eine minimale Berührungsdauer der zu verbrennenden Dämpfe mit den einzelnen Teilen der Rohrfüllung unerläßlich, d. h. es sollen immer gleiche Mengen des Substanzgas-Sauerstoffgemisches den Querschnitt des glühenden Rohres passieren. Das wird mit dem in Abb. 32 gebrachten Druckregler[3] erreicht.

Er besteht aus zwei auf einem T-förmigen Messingträger befestigten Glockengasometern und den darunter befindlichen beweglichen Glaszylindern *a* (etwa 60 mm äußeren Durchmesser und 240 mm Höhe), die bis zu etwa zwei Dritteln mit 5%iger Lauge gefüllt werden. Die Glaszylinder sind in dünne Messinghülsen *b* eingekittet, die in zwei weiteren Hülsen *c* verschoben und in jeder

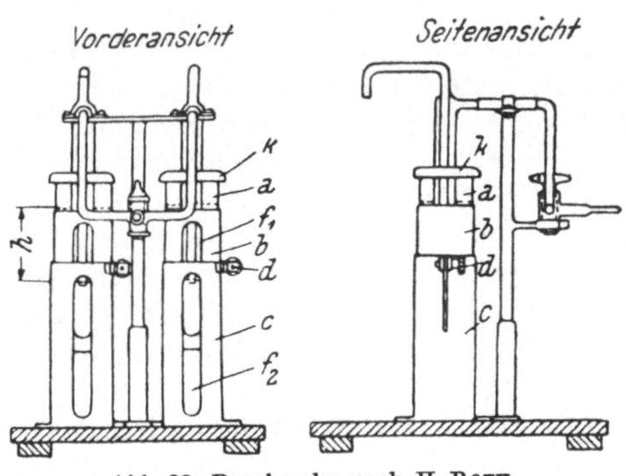

Abb. 32. Druckregler nach H. ROTH.

[1] BÖCK, F., u. K. BEAUCOURT: Mikrochem. 6, 133 (1928).

[2] Sachgemäß vorbehandelte Schläuche können bei P. Haack, Wien, bezogen werden.

[3] ROTH, H.: Mikrochem. Molisch-Festschrift 373 (1936).

beliebigen Höhe mit der Schraube *d* fixiert werden können. Zur Beobachtung der aufsteigenden Gasblasen befinden sich an beiden Messinghülsen zwei gegenüberliegende Fenster (f_1 und f_2). Auf jedem Glaszylinder liegt ein Schutzdeckel aus Holz oder Kunststoff. Die Gasometerglocken bestehen aus 200 mm langen Glasrohren von 20 mm Durchmesser, in die oben konzentrisch dünne Glasrohre (3—4 mm lichte Weite) eingeschmolzen sind und deren untere Enden 6—7 mm über das offene Ende der weiten Rohre herausragen.

Die Zuleitung der Gase zum Verbrennungsrohr erfolgt durch den Dreiwegehahn Dw (Abb. 30). Dreht man den Hahn nach der Verbrennung um 180°, wird die Sauerstoffzufuhr ausgeschaltet und es tritt Luft in die Apparatur ein. Bei schräger Stellung (45°) des Glashahnes ist beiden Gasen der Austritt aus dem Druckregler verwehrt.

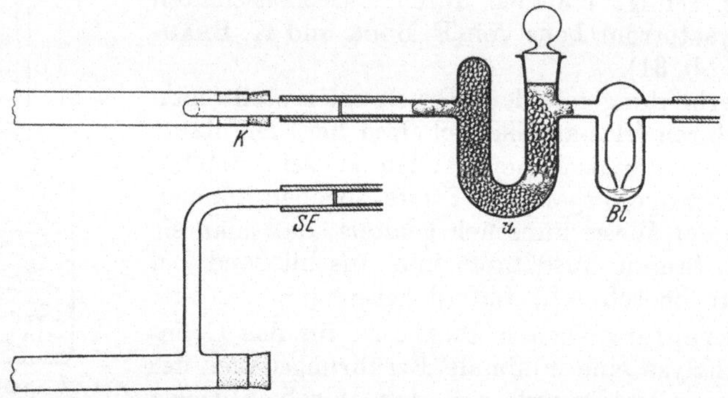

Abb. 33. U-Rohr mit Blasenzähler. Anschluß des U-Rohres U mit Blasenzähler Bl an das seitliche Einleitungsrohr SE des Verbrennungsrohres, dessen Mündung mit einem Stopfen K verschlossen ist.

Beim Einleiten von Luft oder Sauerstoff in die Druckregler wird die Niveauflüssigkeit zuerst aus dem Einleitungsrohr und dann aus der Glocke bis zu deren unterem Rand verdrängt. Das überschüssige Gas entweicht in kleinen Blasen. Ist das Einleitungsrohr entgegen den Angaben gleich lang wie der umschließende Zylinder, so bilden sich große Blasen, die zeitweise unter „Glucksen“ aufsteigen und geringe Druckschwankungen verursachen. Der im Glockengasometer erzeugte Druck ist durch die Differenz der Flüssigkeitshöhe h_1 (Abb. 30) gegeben. Diese kann bei ungenügender Gaszufuhr höchstens kleiner, niemals aber größer werden. Durch Höherstellen oder Senken der Glaszylinder kann auf einfache Weise und rasch die für die Verbrennung erforderliche Strömungsgeschwindigkeit der Gase eingestellt werden.

Es ist wohl selbstverständlich, daß man die aus den Stahlflaschen in die Druckregler eintretenden Gase mit Hilfe der Nadelventile so weit drosseln wird, daß nur alle 3 bis 5 Sekunden überschüssige Gasblasen nach außen entweichen.

U-Rohr mit Blasenzähler: Durch den Dreiwegehahn gelangen die Gase in den Blasenzähler (Abb. 33). Dessen Einleitungsrohr (5 mm lichte

Weite) ist etwa 8 mm nach der Anschmelzstelle des Mantels rechtwinklig nach unten gebogen, dann bauchig erweitert und endet in einer feinen Spitze (lichte Weite 1 mm) 3—5 mm über dem Boden des Mantels. Die aus der Spitze austretenden Gase gelangen auf ihrem weiteren Wege in das angeschmolzene U-Rohr mit Schliffstopfen, dessen Ableitungsrohr die gleichen Ausmaße wie das Einleitungsrohr besitzt. Es wird mit einem etwa 50 mm langen Verbindungsschlauch Glas-an-Glas an das seitliche Einleitungsrohr des Verbrennungsrohres angeschlossen (Abb. 33).

Verbrennungsrohr: Es besteht aus Supremaxglas[1], besser Quarz[2], und besitzt einen äußeren Durchmesser von 9,5 bis 10,5 mm und ist 500 mm lang (ohne Schnabel) (Abb. 34).

Für den Eintritt der Gase ist etwa 10 mm nach der Rohrmündung ein seitliches Einleitungsrohr[3] von 5 mm äußerem Durchmesser und 2 mm lichter Weite angeschmolzen[4]. Durch diese Anordnung braucht der Blasenzähler beim Einbringen der Substanz in das Rohr nicht mehr zur Seite geschoben zu werden. Dreiwegehahn, U-Rohr und das seitliche Einleitungsrohr können somit Glas an Glas verbunden werden. Die Mündung des Rohres dient nur noch zum Einbringen der Substanz und wird mit einem tadellosen Kork- oder Gummistopfen verschlossen[5].

An dem anderen Ende geht das Verbrennungsrohr in eine Verjüngung, einen Schnabel von 3,3 bis 3,5 mm äußerem und 2 bis 2,5 mm innerem Durchmesser über. In der Praxis hat sich eine Schnabellänge von 23 bis 25 mm am besten bewährt; bei dieser Länge des Schnabels liegt gerade an der bekanntlich empfindlichen Stelle der Apparatur das Temperaturgefälle insofern am günstigsten, als einerseits sich noch kein Kondenswasser an-

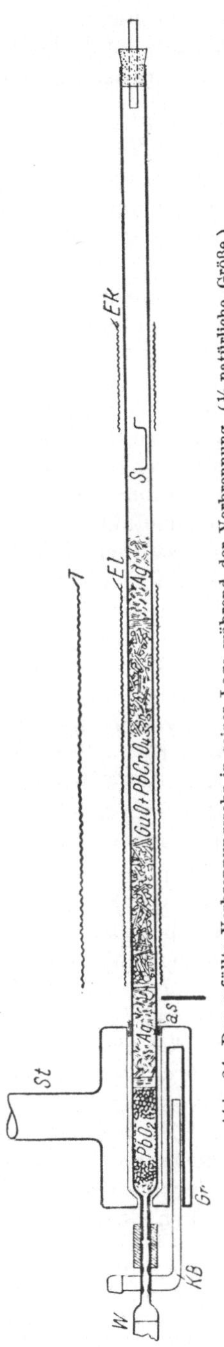

Abb. 34. Das gefüllte Verbrennungsrohr in seiner Lage während der Verbrennung. (½ natürliche Größe.) W Wasserabsorptionsrohr; KB Kupferbügel; St Steigrohr; T Drahtnetztunnel; El lange Eisendrahtnetzrolle; Ek kurze Eisendrahtnetzrolle; as Asbestpapierwicklung.

[1] Schott & Gen., Mainz.

[2] W. C. Heraeus, Hanau a. M.

[3] MÜLLER, E., u. H. WILLENBERG: J. pr. [2] **99**, 34 (1919); Z. analyt. Chem. **61**, 3 (1920); LUNDE, G.: Biochem. Z. **176**, 157 (1926).

[4] Solche Verbrennungsrohre sind erhältlich bei P. Haack, Wien.

[5] ABRAHAMCZIK, E., u. F. BLÜMEL: Mikrochem. **24**, 268 (1938), verschließen das Rohr mit einem Glasstab oder einem zugeschmolzenen Glasrohr von gleichem Durchmesser wie das Verbrennungsrohr und einer Gummimanschette, deren eine Hälfte über die Rohrmündung gezogen wird.

sammelt und andererseits der Verbindungsschlauch zum Wasserabsorptionsröhrchen durch den benachbarten Heizkörper nicht so rasch schadhaft wird.

Es empfiehlt sich, den Schnabel nicht durch Ausziehen, sondern durch Ansetzen sorgfältig in ihren Ausmaßen überprüfter Rohre anzufertigen und das Ende des Schnabels zuerst mit grobem und dann mit feinem Schmirgel- oder Carborundumpulver senkrecht zur Achse planzuschleifen.

Elektrischer Lang- und Bleidioxydofen: Wie dem Schrifttum zu entnehmen ist, sind in der letzten Zeit nahezu alle Laboratorien dazu übergegangen, die Rohrfüllung elektrisch zu erhitzen, wozu neben wenigen selbst angefertigten Heizöfen vorwiegend solche Verwendung finden, die bei verschiedenen Firmen bezogen werden können. Die beheizte Strecke des Langofens soll 170 mm betragen, um die ganze Kupferoxyd/Bleichromatfüllung und noch 10 mm des Silberpfropfens in gutem Glühen zu halten. Natürlich können ebenso gut die Langöfen von automatischen Apparaturen einschließlich des elektrisch beheizten Bleidioxydofens verwendet werden, wenn dieser die Temperatur zwischen 180—190° C auf ± 1° konstant hält. Unter Hinweis auf die automatische Kohlenstoff-Wasserstoff-Bestimmung (S. 74), bei der verschiedene Modelle von elektrisch geheizten Öfen angeführt werden, kann hier von einer ausführlichen Beschreibung abgesehen werden. Sollte die Anschaffung eines richtig dimensionierten Bleidioxydofens nicht möglich sein[1], benutzt man die nachstehend beschriebene Heizgranate. Sie in Reserve zu halten, ist zu empfehlen, falls der elektrisch beheizte Bleidioxydofen ausfällt.

Bei Inbetriebnahme eines neuen Langofens hat man darauf zu achten, daß die eingestellte Temperatur innerhalb ± 10° C konstant ist und der unvermeidliche Temperaturabfall von der Mitte bis an die seitlichen Schamotte-Isolierungen (am Anfang und Ende des Heizkörpers) nicht mehr als 30—50° C beträgt.

Den beweglichen Brenner elektrisch zu heizen bietet, wenn er von Hand vorgeschoben wird, keinen Vorteil.

Bleidioxyd-Heizgranate: Um genaue Wasserstoffwerte zu erhalten, ist es notwendig, das Bleidioxyd nicht nur während der Verbrennung, sondern schon beim Ausglühen des Rohres auf konstanter Temperatur zu halten. Dies erreicht man mit der Heizgranate, die mittels siedendem Cymol (Kp: 176° C) oder Dekalin (Kp: 188—190° C) erhitzt wird. Es kommt dabei nicht so sehr auf die für elektrische Geräte angegebene Temperatur von 180—190° C an, sondern auf Temperaturkonstanz (± 1° C).

Gegenüber den ersten Modellen aus massivem Metall oder aus einem Hohlkörper mit Steigrohr aus Glas[2] werden nur mehr Heizgranaten aus Jenaer Glas benützt, die, abgesehen von ihrer Durchsichtigkeit und damit angenehmen Kontrolle des Siedens der Heizflüssigkeit, auch das Entfernen der Verharzungsprodukte des Dekalins mit Säuren ermöglichen. Sie werden von dem Jenaer Glaswerk Schott und Gen.[3] hergestellt.

---

[1] Über die Konstruktion einer solchen Heizgranate siehe W. ZIMMERMANN: Mikrochem. **31**, 161 (1944).

[2] VERDINO, A.: Mikrochem. **9**, 123 (1931).

[3] Jenaer Glaswerk Schott & Gen.: Mikrochem. **19**, 164 (1936).

Diese Heizgranaten (Abb. 35) aus Duranglas gleichen in Form und Ausmaßen der ersten Metall-Hohlgranate von F. PREGL. Der Hohlkörper ist 70 mm lang und hat einen Durchmesser von 35 mm. Für die Aufnahme des Verbrennungsrohres ist die Granate axial in einer lichten Weite von 14 mm und an der Durchsteckstelle des Rohrschnabels von 6 mm ausgespart. In der Mitte der äußeren Mantelfläche (oben) ist das Steigrohr (350 mm lang) angeschmolzen.

Der Hohlraum faßt etwa 40 ml Heizflüssigkeit und wird beim Gebrauch bis zu zwei Dritteln mit Dekalin gefüllt. Die Granate befindet sich in einer halbzylindrischen Metallrinne, die an der Innenwand mit Asbestpapier ausgekleidet ist. Ein an der Rinne vertikal befestigter Glasstab hält mit einer Klammer die Granate am Steigrohr fest. Als Führung für den Kupferbügel an der Rinne dient ein mit Silberlot angelötetes Metallrohr. Das Erhitzen der Flüssigkeit erfolgt mit einem in das Stativ eingebauten Mikrobrenner. Die Metallrinne kann über der Flamme einen runden Ausschnitt erhalten, da das Duranglas ohne Schaden direkt erhitzt werden kann. Zur Vermeidung von Siedeverzügen werden zeitweise Siedesteinchen in die Heizflüssigkeit gebracht.

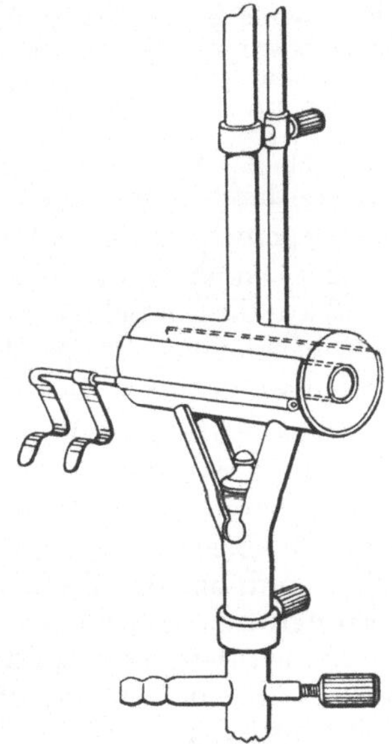
Abb. 35. Heizgranate der Jenaer Glaswerke Schott & Gen.

Verbindungsschlauch für die Absorptionsröhrchen: Die gasdichte Verbindung des Wasserabsorptionsröhrchens mit dem Schnabel des Verbrennungsrohres einerseits und dem Kohlendioxydabsorptionsröhrchen andererseits erfordert eine ganz besondere Gummiqualität, denn ungeeigneter Gummi ist 1. hygroskopisch, 2. sehr oft von Anfang an porös oder wird es im Laufe des Gebrauches und 3. ist er für Kohlendioxyd durchlässig.

Diese anfänglichen Störungen konnten durch Imprägnieren der Schläuche behoben werden. Es gelang, die angeführten Mängel auf ein solches Maß herabzusetzen, daß es möglich wäre, auch ohne Mariottesche Flasche, also ohne besondere Rücksicht auf die Druckverhältnisse, genaue Resultate zu erzielen. Man verzichtet aber nicht gerne auf diese Sicherheitsmaßnahme, weil es schwer ist festzustellen, wie lange die Schläuche ohne Druckausgleich zuverlässig sind.

In quantitativen Versuchen über die hygroskopischen Eigenschaften der Kautschukschläuche hat M. BOETIUS[1] besonders die Feuchtigkeit der Luft, namentlich an schwülen Sommertagen (hohe relative Feuchtigkeit) als Ursache für Zunahmen des Wasserabsorptionsröhrchens erkannt. M. BOETIUS empfiehlt daher, die imprägnierten Verbindungsschläuche während des Nichtgebrauches bei großer Luftfeuchtigkeit in einem Exsiccator über Phosphorpentoxyd aufzubewahren.

---

[1] BOETIUS, M.: Über die Fehlerquellen bei der mikroanalytischen Bestimmung des Kohlen- und Wasserstoffes nach der Methode von F. PREGL, S. 105, Verlag Chemie G. m. b. H., Berlin 1931.

Imprägnieren: Als Absorptionsschläuche benützt man Druckschläuche von etwa 8 mm äußerem Durchmesser und einer lichten Weite von 2 bis 2,5 mm. Engere Schläuche sind unvorteilhaft, weil sie bei zu straffem Aufziehen auf die Absorptionsröhrchen rasch schadhaft werden. Die innere Fläche muß vollkommen glatt sein. Von einem solchen Schlauch schneidet man sich für die Verbindung des Rohrschnabels mit dem Wasserabsorptionsröhrchen 20 mm lange Stücke, für die Verbindung der beiden Kohlendioxydabsorptionsröhrchen Stücke von 25 mm Länge ab, bringt sie in einen Kolben mit geschmolzenem reinem Paraffin[1] und evakuiert mit der Wasserstrahlpumpe im siedenden Wasserbade. Sobald das Schäumen nachgelassen hat, hebt man das Vakuum auf, um dem geschmolzenen Paraffin die Möglichkeit zu geben, in die feinen Hohlräume des Gummis einzudringen. Das Auspumpen und Infiltrieren wird so oft wiederholt, bis beim höchsten erzielbaren Wasserstrahlvakuum keine Blasen mehr aus den Schläuchen austreten. Hierauf läßt man die Schläuche noch warm abtropfen, wischt sie außen ab und entfernt das Paraffin im Innern mit etwas Watte, die man auf einen Stahldraht gewickelt hat. Während der Verwendung sind sie öfters mit einem auf Draht gewickelten dünnen Wattebäuschchen, das mit einer minimalen Menge Glycerin benetzt ist, innen auszuwischen. Anschließend fährt man mit einem trockenen, faserlosen Wattewickel durch, um überschüssiges Glycerin zu entfernen.

Gegenwärtig ist ein für diesen Zweck in bezug auf Qualität und Ausmaß ausgezeichnet präparierter Schlauch im Handel[2]. Vor der Verwendung muß aus diesem Schlauch das Rohvaselin zuerst mit reiner und anschließend mit benzolbefeuchteter Watte entfernt werden. In nahezu allen Laboratorien werden diese Schläuche verwendet und haben sich bestens bewährt.

Absorptionsröhrchen für Wasser und Kohlendioxyd: Neben dem Verbrennungsrohr sind die Absorptionsröhrchen die wichtigsten Teile der Apparatur. Da die bei der Analyse zu wägenden Wasser- und Kohlendioxydmengen im Vergleich zum Gewicht der Absorptionsröhrchen sehr klein sind, hat das Reinigen und Wägen der Röhrchen stets unter gleichen Bedingungen zu erfolgen. Es werden zunächst die genauen Ausmaße der Röhrchen (besonders an den kapillaren Verengungen) beschrieben, da diese leider auch von bestempfohlenen Glasfirmen nur selten mit der nötigen Sorgfalt eingehalten werden. Besonders der Anfänger muß mit unliebsamen Störungen durch unvorschriftsmäßige Absorptionsröhrchen rechnen, wenn er sich auf das gelieferte Material verläßt und die lichte Weite der Kapillaren nicht überprüft. Die Kapillaren der Absorptionsröhrchen prüfe man mit Platin- oder Silberdrähten, deren Stärke mit einer Mikrometerschraube auf $\pm$ 0,02 mm genau festgestellt wurde[3]. Der Durchmesser der Kapillaren soll bei einer Länge der kapillaren Verengung von 5 mm 0,20—0,35 mm betragen[4].

Das Wasserabsorptionsröhrchen (Abb. 36a) besteht aus einem dünnwandigen, etwa 90 mm langen Glasröhrchen von 8 bis 9 mm äußerem Durch-

[1] Paraffin vom F: 52—53°.

[2] P. Haack, Wien.

[3] Diese Art der Überprüfung sollten sich eigentlich die Glasfirmen aneignen und jeden Apparat vor dem Versand dahingehend kontrollieren. Vgl. M. Boetius: Über die Fehlerquellen bei der mikroanalytischen Bestimmung des Kohlen- und Wasserstoffes nach der Methode von F. Pregl, Verlag Chemie G. m. b. H., Berlin 1931.

[4] Zu gleichen Ergebnissen kamen H. Lieb u. A. Soltys: Mikrochem. **20**, 59 (1936).

messer. Es ist an dem einen Ende verjüngt und besitzt an dem anderen einen Schliff von 12 bis 14 mm Länge. An der Verjüngungsstelle treten das Wasser und die Gase durch die angeschmolzene Doppelkapillare in die Vorkammer[1] des Apparates ein und gelangen durch ein zentrales Loch von 0,3 bis 0,5 mm Durchmesser in den Absorptionsteil des Röhrchens. Sind nämlich die Kapillaren enger, so hat man bei der Verbrennung von Substanzen mit sehr hohem Wasserstoffgehalt oft große Mühe, das Kondenswasser auf die bei der Ausführung beschriebenen Weise in die Vorkammer zu treiben, und verliert so Zeit zur Einwaage für die nächste Bestimmung. Eine gleiche Kapillare besitzt der Hohlschliffstopfen mit Loch (0,2—0,25 mm Durchmesser), der auf der anderen Seite des Röhrchens eine Vorkammer bildet. Die Kapillaren sind wie der Schnabel des Verbrennungsrohres 3,3—3,5 mm stark. Die Doppelkapillaren mit den Vorkammern bewirken ein abgestuftes Diffusionsgefälle, das die hohe Gewichtskonstanz der Absorptionsröhrchen gewährleistet.

Abb. 36. Absorptionsapparate der Firma P. Haack, Wien.
a Wasserabsorptionsrohr, b Kohlendioxydabsorptionsrohr. (½ natürliche Größe.)

Absorptionsröhrchen von den angegebenen Ausmaßen sind auch an heißen Sommertagen bei hoher relativer Luftfeuchtigkeit gewichtskonstant.

Das Kohlendioxydabsorptionsröhrchen (Abb. 36 b) hat die gleiche Form wie das Wasserabsorptionsröhrchen. Um mit einer Füllung ohne Erneuerung des Absorptionsmittels längere Zeit auszukommen, ist der Füllraum 100 mm lang[2].

Die ersten verschließbaren Absorptionsapparate von F. BLUMER[3] besaßen rechtwinklig zum Absorptionsteil angesetzte Verbindungsröhrchen. Die Apparate verbesserte B. FLASCHENTRAEGER[4] durch Anbringung einer Rille an der Hahnspindel, die das Austreten des Hahnfettes verhinderte und dadurch den Apparaten eine bessere Gewichtskonstanz gab. Von A. FRIEDRICH wurden drei Absorptionsapparate beschrieben: 1. ein stabförmiger mit drehbaren Schliffen, Rille und einer Ausbuchtung im Schliff, durch die die Verbindung zum Absorptionsteil hergestellt wird[5], 2. ein Einschliffapparat, bestehend aus einer Hülse mit den beiden rechtwinklig dazu angesetzten Verbindungsröhrchen und dem in die Hülse eingeschliffenen Einsatzrohr, in dem sich die Absorptionsmittel befinden[6], 3. ein Einschliffapparat, der dem unter 2. beschriebenen

[1] F. PREGLS erste Absorptionsapparate besaßen an beiden Seiten Vorkammern.
[2] Auf Wunsch können Absorptionsröhrchen mit Normalschliff bei P. Haack, Wien, bezogen werden.
[3] BLUMER, F.: Ber. dtsch. chem. Ges. **50**, 1712 (1917).
[4] FLASCHENTRAEGER, B.: Z. angew. Chem. **39**, 717 (1926).
[5] FRIEDRICH, A.: Mikrochem. **10**, 329 (1931).
[6] FRIEDRICH, A.: Mikrochem. **19**, 23 (1935).

sehr ähnlich ist; lediglich der Absorptionsteil wurde vergrößert[1]. Der Apparat von E. ABRAHAMCZIK[2] besitzt an einem Ende für die Einbringung der Füllung eine Verschlußkappe. Am drehbaren Schliff befinden sich zwei kurze Verbindungsröhrchen.

Mariottesche Flasche: Sie dient zur Erzeugung eines bestimmten, leicht regulierbaren verminderten Druckes in den Absorptionsröhrchen und hat die Aufgabe, Reibungswiderstände so weit zu überwinden, daß zwischen Rohrschnabel und Wasserabsorptionsröhrchen annähernd Barometerstand herrscht. Wie aus der Zeichnung (Abb. 37) zu ersehen ist, besteht die Mariottesche Flasche[3] aus einer Abklärflasche von 1 bis 2 l Inhalt, in deren unterem Tubus mit einem durchbohrten Korkstopfen ein Glasrohr von etwa 2—3 mm lichter Weite, an dem sich ein Glashahn befindet, eingesetzt ist. Das Glasrohr ist an beiden Enden rechtwinklig so abgebogen, daß die beiden äußeren Schenkel zueinander senkrecht stehen. Der Glashahn vor dem Tubus ist nur während der saugenden Wirkung der Flasche offen. Bevor die Absorptionsröhrchen von der Apparatur abgenommen werden, schließt man den Hahn; er ist übrigens stets geschlossen, wenn die Mariottesche Flasche nicht in Tätigkeit ist, so z. B. auch beim Ergänzen des Wassers der Flasche. Der Vorteil des Glashahnes liegt darin, daß die zu Beginn einer Analysenserie mittels des „Hebels“ eingestellte Saugkraft der Flasche nicht mehr vor jeder Analyse neu einzustellen ist. Man dreht einfach vor dem Abnehmen der Absorptionsröhrchen den Hahn zu und öffnet ihn, wenn die Röhrchen für die nächste Analyse angeschlossen sind. Dabei wird allerdings vorausgesetzt, daß das zu Arbeitsbeginn erforderliche Ansaugen während der weiteren Analysen beibehalten werden kann, was auch im allgemeinen der Fall ist. Die Flasche ist mit einem dreifach durchbohrten Gummistopfen verschlossen. Durch das in der einen Bohrung befindliche zweimal rechtwinklig abgebogene Glasrohr werden die aus der Apparatur kommenden Gase angesaugt. Es ist durch einen Gummischlauch mit dem Schlußröhrchen (Abb. 38) verbunden, das an das Kohlendioxydabsorptionsröhrchen ange-

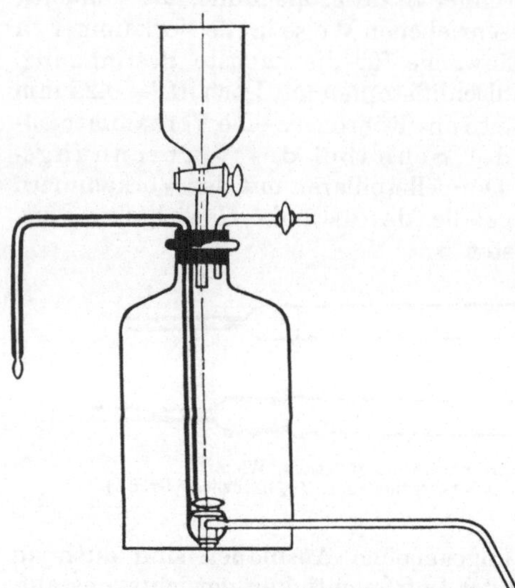
Abb. 37. Mariottesche Flasche nach O. G. BACKEBERG.

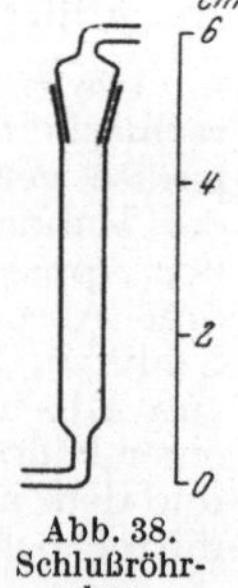

Abb. 38. Schlußröhrchen.

[1] FRIEDRICH, A., u. H. STERNBERG: Mikrochem. Molisch-Festschrift 118 (1936).
[2] ABRAHAMCZIK, E.: Mikrochem. **22**, 227 (1937).
[3] BACKEBERG, O. G.: Mikrochem. **21**, 135 (1936).

schlossen ist. In der mittleren Bohrung sitzt ein Trichter mit Glashahn zur Ergänzung des Wassers. Durch die dritte Bohrung führt ein Glasrohr mit Hahn, der beim Nachfüllen von Wasser in die Flasche geöffnet wird. Man öffnet ihn auch, wenn die Apparatur nicht in Betrieb ist, da sonst bei Erwärmung des Arbeitsraumes Wasser aus der Flasche gedrückt werden kann.

Aufstellen einer neuen Apparatur

Die Kohlenstoff-Wasserstoff-Apparatur kann auf jedem hellen Laboratoriumstisch aufgestellt werden. Neben der rechten Breitseite des Tisches sollen noch etwa 40 × 60 cm Bodenfläche für die beiden Stahlflaschen (Luft und Sauerstoff) frei sein, damit man die Gase den Druckreglern auf kürzestem Wege zuleiten kann.

Sämtliche Glasteile sind vor ihrer Füllung mit Chromschwefelsäure, Wasser und destilliertem Wasser zu reinigen und zu trocknen.

Die Druckregler werden bis etwa *zwei Drittel mit 5%iger Lauge* (S. 37) gefüllt. Die Ventile der Stahlflaschen werden mit den Druckreglern mit Hilfe von Glasrohren und möglichst kurzen, künstlich gealterten Schlauchstücken (S. 41) verbunden.

Bevor man einen neuen elektrischen Verbrennungsofen in Betrieb nimmt, hat man sich mit einem Thermoelement die Gewißheit zu verschaffen, daß die Heizwicklung den Ofen in der ganzen Länge möglichst gleichmäßig zum Glühen bringt[1]. Zur Überprüfung des Ofens wird das Stabende eines Thermoelementes an den Anfang und dann an das Ende des zweiten Drittels des Ofens gebracht, beide Enden des Ofens mit Asbest lose verschlossen und die Temperatur mit dem Schieber des Widerstandes auf 600° C eingestellt; bei dieser Einstellung beträgt die Temperatur in der Mitte des Ofens etwa 600—630° C. Man markiert die Stellung des Schiebers auf dem Widerstand, wenn der Ofen keinen Selbstregler besitzt.

Füllen des U-Rohres: Das gereinigte U-Rohr mit Blasenzähler wird in der Weise gefüllt, daß man zuerst in das Ansatzrohr am geschlossenen Schenkel ein Wattepfröpfchen einführt und hierauf durch den Schliff des U-Rohres so viel *Magnesiumperchlorat* unter Klopfen einfüllt, bis das Rohr zu etwa zwei Dritteln damit gefüllt ist. Zur Festigung der eingebrachten Füllung wird ein kleiner Wattepfropf aufgedrückt und der noch leere Teil des Rohres bis zum Schliff mit *Natronasbest* beschickt. Als Abschluß wird eine Lage Watte eingebracht, der Glasstopfen vorsichtig erwärmt, etwas *Krönigscher Glaskitt* (S. 39) auf den Stopfen gebracht und der Stopfen in den Schliff schlierenfrei eingedreht. Jetzt erst bringt man mit einem zu einer feinen Spitze ausgezogenen Glasrohr in den Blasenzähler tropfenweise so lange *50%ige Kalilauge* ein, bis das verjüngte Ende des Einleitungsrohres etwa 2 mm in die Lauge eintaucht. Nach dem Entfernen der Lauge aus dem horizontalen Teil des Einleitungsrohres mit Watte versieht man das U-Rohr mit einem Drahtbügel und hängt es an den Haken eines Stativs.

[1] In 1—2 cm Abstand von den seitlichen Schamotteisolierungen wird die Temperatur 30—50° C niedriger als im Innern des Heizkörpers sein. Diese Differenz ist aus rein technischen Gründen nicht zu vermeiden.

Füllen des Verbrennungsrohres: In das gereinigte, trockene Verbrennungsrohr (S. 43) bringt man für die Anfertigung des 6—7 mm langen Bremspfropfes eine entsprechende Menge *Asbest* auf einen Platindeckel und glüht etwa 10 Minuten mit der rauschenden Flamme eines Bunsenbrenners.

Der Bremspfropf hat die Aufgabe, am Ende des Rohres die größte Gasreibung im ganzen System hervorzurufen. Von seiner Durchlässigkeit hängt die Höhe der Wassersäule ab, auf die die Druckregler einzustellen sind, um die Gase mit einer Strömungsgeschwindigkeit von 4 ml in der Minute (gemessen an der Mariotteschen Flasche) durch die Apparatur zu leiten. Er sorgt auch dafür, daß bei zu rascher Vergasung (plötzlicher Druckanstieg) keine unvollständig verbrannten Substanzteile in die Absorptionsröhrchen gelangen.

Mit der Platin- oder Nickelspitzenpinzette bringt man in das Rohr 2—3 Bäuschchen des *Asbests* und schiebt sie mit einem scharfkantigen Glasstab von etwa 5 mm Durchmesser bis zur Ansatzstelle des Schnabels vor, verteilt den Asbest auch gegen die Wandung des Rohres und drückt ihn vorsichtig zusammen. Es ist empfehlenswert, die Stärke der Reibung, das heißt die Dichte des Pfropfes, gleich zu messen. Zu diesem Zwecke schließt man das Verbrennungsrohr an den Blasenzähler an und ermittelt, ob bei einem Druck von 40 bis 60 mm Wassersäule (im Druckregler) eine Gasmenge von 3 bis 4 ml in einer Minute durch das Rohr strömt[1]. Dabei ist zu bedenken, daß das Rohr durch die folgende Füllung und Temperaturerhöhung den Gasen eine etwas größere Reibung entgegensetzen wird, die jedoch durch eine Druckerhöhung von 10 bis 20 mm auszugleichen ist.

Auf den Bremspfropf füllt man das *Bleidioxyd* in einer Länge von 20 bis 25 mm und verteilt es durch vorsichtiges seitliches Klopfen mit der Hand auf das Rohrende. (Nicht den Rohrschnabel aufstoßen!) Vor der weiteren Füllung des Rohres wird das beim Einfüllen an der Rohrwandung haftengebliebene Bleidioxyd mit einem auf einen Draht festgedrehten Wattebausch entfernt. Dann bringt man auf das Bleidioxyd eine 2 mm starke, lockere *Asbest*-Zwischenlage. Die Länge der folgenden *Tressensilber*-Füllung hat man dem Abstand der beiden Heizöfen anzupassen. Auf der einen Seite soll sie 3 bis 5 mm in den Bleidioxydofen bzw. die Heizgranate reichen und auf der anderen etwa 5 mm in den Langofen hineinragen. Nun bringt man noch eine dünne *Asbest*-Schicht von 2 mm auf die Silberwolle und darauf das *Bleichromat-Kupferoxyd*-Gemisch in einer Länge von etwa 140 mm und festigt es mit einem 30 mm langen Pfropf *Tressensilber*. Das anschließende Tressensilber soll noch 5 mm aus dem Ofen herausragen.

Zur Fixierung des Rohres in der Hohlgranate umwickelt man es über der dem Bleidioxyd benachbarten Silberschicht mit einem Streifen Asbestpapier.

In die Glasgranate bringt man so viel (etwa zwei Drittel voll) *Dekalin*, daß es beim Sieden 10—20 mm in das Steigrohr reicht. Nachdem man den

[1] Vgl. S. 54, Das Eichen des Rohres mit dem Blasenzähler.

leeren Teil des Verbrennungsrohres mit Watte gut gereinigt hat, verschließt man das Rohr mit einem Korken. Nun verbindet man das seitliche Einleitungsrohr mittels gealtertem Gummischlauch mit dem U-Rohr und dieses mit dem Dreiwegehahn (Glas-an-Glas-Verbindung).

Das Rohr wird nun 6 Stunden ausgeglüht und die Strömungsgeschwindigkeit nach S. 54 mit Hilfe der Druckregler und der Mariotteschen Flasche eingestellt.

Bei nicht besonderer Beanspruchung der Rohrfüllung können damit durchschnittlich 200 Analysen durchgeführt werden. Werden schwefel- und halogenreiche Substanzen verbrannt, ist es zu empfehlen, die Tressensilberschicht nach 10 bis 20 Analysen durch eine neue zu ersetzen.

Füllen der Absorptionsröhrchen: Neue Röhrchen werden für einige Stunden in warme verdünnte Salzsäure gelegt[1], mit Wasser, destilliertem Wasser und Alkohol gewaschen (durchsaugen!) und im Trockenschrank bei 110° C getrocknet.

Wasserabsorptionsröhrchen: Die Füllung des Absorptionsröhrchens mit Magnesiumperchlorat wird wie folgt vorgenommen: Zuerst schiebt man ein kleines lockeres Wattebäuschchen auf die Trennungswand der Vorkammer. Auf dieses bringt man in 10 bis 15 mm hoher Schicht möglichst locker *Magnesiumperchlorat* und darauf wieder ein Wattebäuschchen (2—3 mm). Man füllt bis zum Schliff *Magnesiumperchlorat* auf, klopft es vorsichtig fest, damit beim Gebrauch keine Luftkanäle entstehen, deckt die Füllung mit einem größeren Wattebausch ab und reinigt den Schliff mit Watte. Nach vorsichtigem schwachen Erwärmen des Schliffes und des Stopfens in einer entleuchteten, kleingestellten Flamme bringt man auf den Schliffstopfen etwas Krönigschen Glaskitt und dreht ihn noch warm schlierenfrei in den Schliff ein. Den am Rande ausgetretenen Kitt entfernt man nach dem Abkühlen zuerst mechanisch und den Rest mit einem mit Benzol befeuchteten Lappen.

Durch Anschließen an die Mariottesche Flasche in Stromrichtung überzeugt man sich von der Gasdurchlässigkeit der Füllung. In einem nicht zu fest gefüllten Röhrchen macht sich erhöhte Gasreibung erst nach etwa 100 Analysen bemerkbar.

Kohlendioxydabsorptionsröhrchen: Man bringt zuerst auf die Vorkammerwand einen etwa 5—6 mm starken Wattepfropf und auf diesen eine Schicht von *30 mm Magnesiumperchlorat.* Gegen den folgenden Natronasbest grenzt man das Magnesiumperchlorat mit einer 2—3 mm starken Wattelage ab, die den Zweck hat, bei Erneuerung der Natronasbestfüllung ein Herausrollen des Magnesiumperchlorates zu verhindern. Nun wird der *Natronasbest* bis zum Schliff aufgefüllt, mit einem Wattebausch abgedeckt und der Schliff, wie beschrieben, eingekittet und gereinigt. Eine Natronasbestfüllung kann mindestens 600 mg Kohlendioxyd aufnehmen.

---

[1] Bei neuen Röhrchen werden nach dem Abwischen Gewichtsverluste beobachtet, die auf Materialverlusten der Oberfläche beruhen. A. FRIEDRICH: Z. angew. Chem. **36**, 481 (1923).

Die gefüllten Absorptionsröhrchen werden mit Schlauchkappen verschlossen und neben der Waage auf einem Metallstativ (Abb. 17) abgelegt. Zum Schluß wird noch das Schlußröhrchen (Abb. 38) der Mariotteschen Flasche mit *Magnesiumperchlorat* gefüllt. Diese Füllung braucht erst nach einigen Monaten erneuert zu werden.

Reinigen und Wischen der Absorptionsröhrchen

Bevor der Lernende die erste Kohlenstoff-Wasserstoffbestimmung ausführt, ist sehr zu empfehlen, das Reinigen und Wischen der Absorptionsröhrchen einige Male zu üben und anschließend die Röhrchen auf ihre Gewichtskonstanz zu prüfen.

Für die Reinigung der Ansatzröhrchen der Kapillaren benützt man den am Ende aufgerauhten Stahldraht (Abb. 20), auf den man Watte aufdreht.

Zum Reinigen und Abwischen der Oberfläche der Röhrchen verwendet man zwei Flanell- (Barchent-) Läppchen von etwa 6 × 10 cm und vier gleich große Rehlederläppchen. Sie werden paarweise in drei flachen geräumigen Glasschalen aufbewahrt und sind bei Nichtgebrauch durch darübergestülpte Glasschalen vor Staub zu schützen.

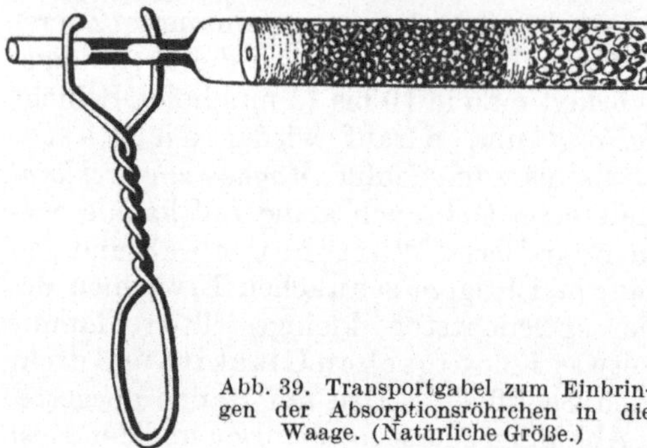

Abb. 39. Transportgabel zum Einbringen der Absorptionsröhrchen in die Waage. (Natürliche Größe.)

Bevor mit den Wischversuchen begonnen wird, befeuchtet man die beiden Flanelläppchen. Um ihnen den richtigen Feuchtigkeitsgrad zu geben, macht man sie zuerst in einer Schale mit destilliertem Wasser ganz naß, wringt dann fest aus, rollt sie in ein trockenes Handtuch ein und entfernt den größten Teil des Wassers durch festes Zusammenpressen. Man legt dann die feuchten Läppchen zusammen mit den Rehlederläppchen für kurze Zeit in eine Glasdose, damit letztere nicht zu trocken sind.

Das Reinigen der Absorptionsröhrchen muß stets in gleicher Weise erfolgen, denn nur dann sind die Wägungen gut reproduzierbar. Hierzu nimmt man, während man das Absorptionsröhrchen mit dem einen Flanellappen in der linken Hand hält, in die rechte Hand den zweiten Flanellappen und wischt, in der Mitte beginnend, unter Drehen des Röhrchens um seine Längsachse zweimal bis zum Ende des Ansatzröhrchens. Man wendet das Absorptionsröhrchen und wischt die zweite Hälfte auf gleiche Weise. Sodann wird mit dem ersten und anschließend mit dem zweiten Rehlederpaar (gleiche Handgriffe wie oben) nachgewischt und das Röhrchen auf das Metallstativ gelegt.

Genau gleich verfährt man beim Reinigen des Kohlendioxydabsorptionsröhrchens.

Nach 5 Minuten (vom Beginn des Wischens gerechnet) wird das erste Röhrchen mit der Transportgabel (Abb. 39) in die Waage gebracht und nach weiteren 5 Minuten gewogen. Darauf legt man das Kohlendioxydröhrchen in die Waage. Sein Gewicht wird 15 Minuten nach dem Beginn des Wischens abgelesen.

Die Absorptionsröhrchen können nach F. PREGL nur dann mit der erforderlichen Genauigkeit gewogen werden, wenn der Wägeraum gleich oder höher temperiert ist als der Verbrennungsraum. Werden nämlich die Absorptionsröhrchen in ein kälteres Wägezimmer gebracht, so gelangt durch die Volumsverminderung der eingeschlossenen Luft trotz der schützenden Vorkammern eine wägbare Menge Wasserdampf in die Absorptionsmittel, und man findet fehlerhafte Gewichtszunahmen bis zu 0,07 mg und darüber[1].

Druckverhältnisse in der Apparatur und Verwendung der Mariotteschen Flasche

Vergegenwärtigt man sich die Druckverhältnisse in der ganzen Apparatur, so wird der im Druckregler erzeugte Druck bis zum Bremspfropf nahezu ungeschmälert fortbestehen. Infolge der Gasreibung, die dieser Pfropf hervorruft, gestattet er in gleichen Zeiten nur gleichen Gasmengen den Durchtritt. Beim Austritt der Gase aus dem Bremspfropf fällt der Druck, wenn keine Absorptionsröhrchen angeschlossen sind, schon im Schnabel des Rohres auf Atmosphärendruck ab.

Beim Anschließen der Absorptionsröhrchen (ohne Mariottesche Flasche) wird durch die kapillaren Verengungen und durch die Gasreibung an den Absorptionsmitteln der Druck zunehmen, bis er einen Wert erreicht, der der Reibung des ganzen Systems bis zur letzten Kapillare des Kohlendioxydabsorptionsröhrchens entspricht. Es ist daraus leicht zu ersehen, unter welchem Druck die ganze Apparatur stünde und welche Anforderungen an die Dichtigkeit der Schläuche zu stellen wären, wenn die Strömungsgeschwindigkeit von 4 ml pro Minute mit dem Druckregler bis zur letzten Kapillare erzeugt werden soll. Um diesen Überdruck zu vermeiden, wird durch Anschluß der Mariotteschen Flasche am Ende des Kohlendioxydabsorptionsröhrchens ein konstant wirkender, verminderter Druck von der Größe erzeugt, daß gerade an der gefährdetsten Stelle der Apparatur, also zwischen Bremspfropf und der ersten Kapillare des Wasserabsorptionsröhrchens, Atmosphärendruck herrscht.

Diese Überlegung führte zur Anwendung der Mariotteschen Flasche, die F. PREGL mit Recht eine „Sicherheitsvorkehrung“ nannte.

Anwendung der Mariotteschen Flasche: Wie bereits gesagt wurde, ist die Mariottesche Flasche bei tadellosen Verbindungsschläuchen für das Gelingen der Analysen nicht unbedingt erforderlich. Trotzdem ist ihre Benützung sehr zu empfehlen; sie dient ferner

1. zum Eichen des Rohres mit dem Blasenzähler (S. 54),
2. zur Kontrolle der Dichtigkeit der Apparatur (S. 60),

[1] Vgl. M. BOETIUS: Über die Fehlerquellen bei der mikroanalytischen Bestimmung des Kohlen- und Wasserstoffes nach der Methode von F. PREGL, S. 91, Verlag Chemie G. m. b. H., Berlin 1931.

3. zur ständigen Überprüfung der Strömungsgeschwindigkeit während der Verbrennung und zum bequemen Messen der zum quantitativen Ausspülen des Rohres erforderlichen 100 ml Luft (S. 62).

Eichen des Rohres mit dem Blasenzähler

Für die quantitative Verbrennung der organischen Substanz zu Kohlendioxyd und Wasser ist eine gewisse Berührungsdauer der Zersetzungsprodukte mit der glühenden Rohrfüllung erforderlich; das heißt, die Gasgeschwindigkeit darf einen maximalen Wert nicht überschreiten. In zahlreichen Analysen schwer verbrennbarer Substanzen wurde ermittelt, daß bei einer Gasstromgeschwindigkeit von 4 ml in der Minute die Verbrennung vollständig ist.

Um die Gase durch ein korrekt gefülltes Rohr mit der genannten Strömungsgeschwindigkeit zu leiten, wird in den Druckreglern ein Überdruck von 50 bis 80 mm Wassersäule anzuwenden sein.

Die Strömungsgeschwindigkeit der Gase zeigt der Blasenzähler an. Wir benützen ihn, um die einmal am ausgeglühten Verbrennungsrohr eingestellte Gasgeschwindigkeit (Blasenzahl) dauernd zu überprüfen sowie um nach dem Anschluß der Absorptionsröhrchen die richtige Saugwirkung der Mariotteschen Flasche einzustellen.

Das Einstellen der Druckregler auf die Gasgeschwindigkeit von 4 ml in der Minute nimmt man an dem 6 Stunden lang ausgeglühten Rohr folgendermaßen vor:

Zuerst stellt man die Druckregler auf eine Wassersäule von etwa 50—70 mm ein und bestimmt mit der Uhr (Stoppuhr) die in 10 Sekunden im Blasenzähler aufsteigenden Gasblasen. Dann schließt man die Mariottesche Flasche an den Schnabel des Verbrennungsrohres an und senkt ihren „Hebel" so tief, bis der Blasenzähler wieder die vorher bestimmte Blasenfrequenz anzeigt. In einem unter den Hebel gestellten Meßzylinder wird das in 5 Minuten durch das Rohr geströmte Gas an dem abgetropften Wasser gemessen. Wie man aus den erhaltenen Zahlen die Strömungsgeschwindigkeit errechnet, soll ein Beispiel zeigen:

Die erste Einstellung des Druckreglers ergibt bei 9 Blasen in 10 Sekunden eine Wassermenge von 18 ml in 5 Minuten; also beträgt die Strömungsgeschwindigkeit nicht wie erforderlich 4 ml, sondern nur 3,6 ml in einer Minute. Die richtige Blasenzahl, die durch Erhöhung der Wassersäule im Druckregler einzustellen ist, errechnet man auf folgende Weise:

Gesuchte Blasenzahl = erforderliches Volumen nach 5 Minuten × festgestellte Blasenzahl in 10 Sekunden durch gemessenes Volumen.

In unserem Falle: $\frac{20 \times 9}{18} = 10$ Blasen in 10 Sekunden.

Man kontrolliert, ob bei der errechneten Blasenzahl wirklich 4 ml in der Minute durch das Rohr gehen, und stellt dann den zweiten Druckregler auf die gleiche Blasenfrequenz ein. Diese Einstellung wird man im allgemeinen für dieses Rohr beibehalten.

Schon hier sei der Ausführung der Bestimmung vorweggenommen, daß ein etwas stärkeres Saugen (5—10 mm Unterdruck) mit der Mariotteschen

Flasche weniger nachteilig ist als ein Überdruck in den Absorptionsröhrchen. Letzterer kann zu Wasserstoff- und Kohlenstoffverlusten führen, während auch bei etwas stärkerem Saugen mit tadellosen Absorptionsschläuchen weder Wasser- noch Kohlendioxydfehler auftreten.

Das Einwägen von Substanzen

Obgleich die Einwaage der Substanz in den Abschnitt: Ausführung der Analyse gehört, wird sie an dieser Stelle behandelt, um damit die Beschreibung des Analysenganges nicht zu lange zu unterbrechen. Ferner gelten die hier gebrachten Einwägeverfahren auch für die meisten der nachstehend angeführten Methoden, bei deren Beschreibung auf diesen Abschnitt verwiesen wird. Die Vorbereitung von nicht hygroskopischen und hygroskopischen Substanzen für die Analyse mit verschiedenen Trocknungseinrichtungen wurde bereits in dem Abschnitt: Vorbereiten der Substanz für die Analyse, S. 27, ausführlich beschrieben.

Dem Analytiker soll, wenn möglich, mitgeteilt werden, ob die zu analysierende Substanz außer Kohlenstoff, Wasserstoff, Sauerstoff, Chlor, Brom, Jod und Schwefel noch andere Elemente enthält, damit er die zur Verbrennung solcher Verbindungen erforderlichen Maßnahmen treffen kann, die zur Erlangung einwandfreier Kohlenstoff- und Wasserstoffwerte, zur Schonung der Substanzschiffchen und der Rohrfüllung notwendig sind. Diese Maßnahmen werden in dem Abschnitt: Verbrennung metallorganischer und störender Verbindungen angeführt (S. 64).

Für das Abwägen fester Substanzen werden die Schiffchen zuerst in einem Reagenzglas mit verdünnter Salpetersäure (1:1) ausgekocht[1], an dem Platindrahthaken des Glasstabes (S. 15) oder nach Erfassen mit einer Platin- (Nickel-) spitzenpinzette in der entleuchteten Flamme eines Brenners ausgeglüht und auf den Kupferblock des Handexsiccators gebracht[2]. Infolge der großen Wärmekapazität des Kupferblockes ist das Platinschiffchen nach einigen Sekunden auf Zimmertemperatur abgekühlt, und es kann mit der Wägung begonnen werden[3]. Aus dem Exsiccator, den man neben die Waage, deren Türen wegen des Temperaturausgleiches zuvor geöffnet wurden, stellt, bringt man das Schiffchen mit der Pinzette auf die linke Waagschale, legt auf die rechte Waagschale die dazugehörige Aluminiumtara und wägt auf $\pm$ 0,001 mg genau. Dann stellt man das Schiffchen auf das Analysenheft und bringt mit dem Mikrospatel 3—5 mg Substanz ein. Nur bei sehr kohlenstoff- und wasserstoffarmen Substanzen wird man die Einwaage auf 6—8 mg erhöhen.

Ist man bei sehr mühevoll gewonnenen kleinen Substanzmengen gezwungen, mit Substanzeinwaagen unter 2 mg in der Pregl-Apparatur zu analysieren, so ergibt sich rein rechnerisch, daß die Fehlergrenze auch in einer einwandfrei arbeitenden Apparatur auf wenigstens $\pm$ 0,4% zu er-

---

[1] Schiffchen mit Kaliumbichromat- oder Vanadinpentoxyd-Rückständen reinigt man zuvor mit heißem Wasser.

[2] In dem Handexsiccator befindet sich kein Trockenmittel.

[3] Bei Porzellan-, Quarz- und Hartglasschiffchen muß man etwa 10 Minuten warten.

höhen ist, da eine genauere Wägung des Kohlendioxydröhrchens unter 0,01 mg vor und nach der Verbrennung praktisch nicht reproduzierbar ist.

Bevor man das Schiffchen wieder auf die Waage bringt, erfaßt man es mit der Pinzette und pinselt es an der Unterseite und an den beiden Längsseiten mit einem trockenen, staubfreien Marderhaarpinsel (S. 17) ab, um außen anhaftende Substanzteilchen zu entfernen. Das Schiffchen mit der Substanz wird wie zuvor gewogen, auf den Kupferblock des Handexsiccators gelegt und der Deckel darübergestülpt.

Feste, äußerst flüchtige Substanzen, wie z. B. solche der Cyclohexanreihe, der Terpen- und Camphergruppe, können in der beschriebenen Weise nicht eingewogen werden. Es ist aber auch nicht möglich, sie in flüssiger Form in Kapillaren einzubringen.

Für solche Substanzen fertigt man sich aus einem Reagenzglas eine dünnwandige Kapillare von 2 bis 2,5 mm Durchmesser an, läßt sie etwa

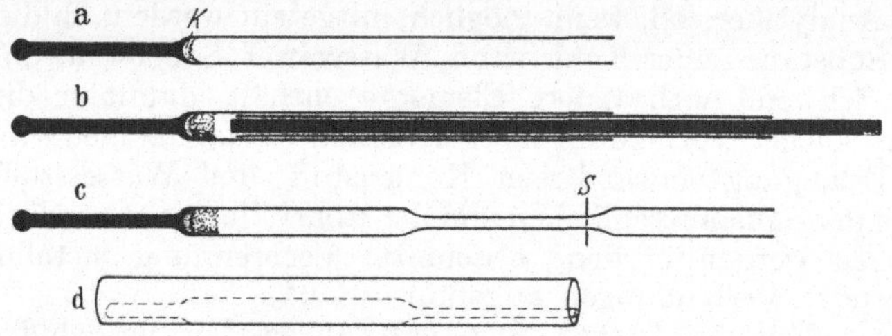

Abb. 40. Das Anfertigen von Kapillaren zur Einwaage von festen, äußerst flüchtigen Substanzen. (Natürliche Größe.)

a Wägekapillare mit festem Stiel, in der ein Kristall Kaliumchlorat (*K*) festgeschmolzen wird. b Die Substanz wird aus einer Kapillare mit einem Glasstab in die Wägekapillare gestoßen. c Das Ausziehen der Kapillare und das Abschmelzen bei *S* nach der Wägung. d Platinzylinder, in dem die Kapillare in das Verbrennungsrohr geschoben wird.

40 mm nach dem Ende in der Flamme des Mikrobrenners zusammenfließen und zieht sie zu einem festen Stiel von etwa 15 mm aus (Abb. 40). Man bringt zuerst einen Kristall *Kaliumchlorat* auf den Boden der Kapillare und schmilzt ihn dort vorsichtig fest. Dann legt man die Kapillare auf den Kupferblock des Handexsiccators und wägt sie nach einigen Minuten auf $\pm$ 0,001 mg genau. Mit einer zweiten, beiderseitig offenen, längeren Kapillare, die in die gewogene Kapillare paßt, nimmt man die Substanz (3—5 mg) von einem Uhrglas durch Einpressen oder auch mit Hilfe eines Spatels auf und entfernt außen haftengebliebene Substanzreste sorgfältig mit dem Marderhaarpinsel. Die „Wägekapillare" stellt man mit dem Stiel nach unten in ein kurzes, am Boden zugeschmolzenes Glasrohr von 25 bis 30 mm Höhe, das in einem Metallblock oder Korkstopfen senkrecht steht. Nun wird die Kapillare mit der Substanz bis etwa 5—10 mm über dem Boden eingeschoben (*b*) und letztere mit einem dünnen Glasstab in die Wägekapillare gestoßen; dann wird zuerst der Glasstab und darauf die Kapillare entfernt. In der Flamme des Mikrobrenners erweicht man die Kapillare etwa 20 mm über der Substanz, zieht sie außerhalb der Flamme zu einer feineren Kapillare aus und wägt sie nach dem Erkalten (*c*).

Es empfiehlt sich, die Wägekapillare nicht enger als auf 0,5 mm auszuziehen, denn bei höher schmelzenden Substanzen kann sonst an der verengten Stelle diese z. T. wieder auskristallisieren, und durch den bei weiterem Erhitzen entstehenden Innendruck würde die Kapillare gesprengt werden, wodurch Glassplitter in das Verbrennungsrohr fallen.

Nun schmilzt man die gewogene Kapillare zu und bringt sie zur Apparatur. In einem einseitig geschlossenen Zylinder aus Platinblech (Durchmesser 4—5 mm, Länge 45 mm) wird die Kapillare, nachdem der halbe Stiel und die zugeschmolzene Spitze abgebrochen wurden, in das Verbrennungsrohr geschoben (*d*). Beim Anheizen des verschlossenen Endes des Zylinders wird das ganze Platinblech so warm, daß die geschmolzene Substanz nicht mehr im Bereich der Kapillare fest werden kann und an der Spitze austritt. Die Spitze über den Zylinder herausragen zu lassen ist folglich unnötig und hat außerdem noch den Nachteil, daß sie sich während der Verbrennung über der Flamme abbiegt und am Verbrennungsrohr anschmilzt.

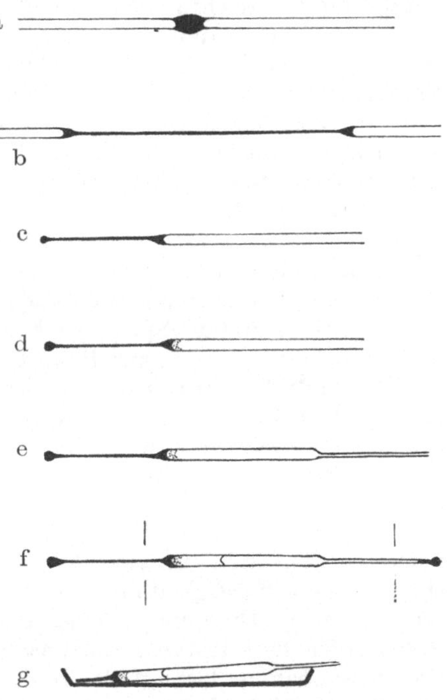

Abb. 41. Anfertigung der Kapillare zum Abwägen der Flüssigkeiten. (Natürliche Größe.) a Bildung eines Glastropfens in der Mitte; b dessen Ausziehen; c eine Hälfte des in der Mitte durchgeschmolzenen Stückes; d nachdem ein Kristall $KClO_3$ am Boden angeschmolzen und e sein offenes Ende zu einer Kapillare ausgezogen worden ist (1. Wägung); f nach dem Einfüllen der Flüssigkeit und dem Zuschmelzen; g die Kapillare nach Abschneiden des Griffes und Abbrechen der Spitze auf dem Platinblech (besser Zylinder) liegend, im Moment der Einführung in das Verbrennungsrohr.

Zähflüssige Substanzen (Öle) mit geringem Dampfdruck werden mit einem ganz dünnen Glasstab in ein Schiffchen gebracht; man hat nur darauf zu achten, daß die Außenwandung des Schiffchens nicht benetzt wird.

Für die Einwaage flüssiger Substanzen mit geringem Dampfdruck benützt man nach F. PREGL aus Reagenzgläsern angefertigte Kapillaren, die nach dem Einbringen der Substanz an der Spitze zugeschmolzen werden. Etwa 100 mm lange Kapillaren von 1 mm lichter Weite schmilzt man entsprechend der Zeichnung (Abb. 41) in der Mitte zu einem Tropfen zusammen (*a*), zieht ihn zu einem Glasstab von etwa 25 mm Länge aus (*b*) und schmilzt diesen in der Mitte durch (*c*). Die Enden der beiden Stiele läßt man zu kleinen Glaskügelchen rundlaufen. Auf den Boden einer solchen Kapillare bringt man einen Kristall *Kaliumchlorat*, den man dort anschmilzt (*d*). Etwa 20 mm vom geschlossenen Ende erweicht man das Glas der Kapillare, zieht es außerhalb der Flamme zu einer Haarkapillare aus und bricht diese nach 25—30 mm ab (*e*). Auch hier tut man gut, die Haarkapillare nicht unter 0,1 mm lichter Weite auszuziehen. Zersetzt sich nämlich schon das Kaliumchlorat, solange noch Flüssigkeit in der feinen Kapillare ist, so wird diese allzu leicht gesprengt.

Nach der Wägung der Kapillare erfaßt man sie mit einer Pinzette und drängt durch vorsichtiges Erwärmen, ohne das Kaliumchlorat zu schmelzen, die Luft aus der Kapillare. Noch warm taucht man ihre Spitze in die Substanz, die durch das allmähliche Abkühlen angesaugt wird. Die eingetretene Flüssigkeit (3—5 mg) schleudert man, indem man die Kapillare zwischen Daumen und Zeigefinger (Spitze aufwärts) hält, durch kurze Schläge nach abwärts bis zum angeschmolzenen Kaliumchlorat. Am sichersten erreicht man dies mit einer Handzentrifuge. Dabei bleiben Flüssigkeitsspuren an der Innenwandung der feinen Spitze haften, die beim Öffnen der Haarkapillare zu Verlusten führen könnten. Um diese zu vermeiden, zieht man die Haarkapillare zwei- oder dreimal rasch durch eine Flamme, schmilzt hierauf die Spitze zu (*f*) und wägt nach einigen Minuten. Nachdem man einen Teil des Stieles und die Spitze der Kapillare entfernt hat, bringt man sie am besten in dem Zylinder aus Platinblech (S. 56) in das Verbrennungsrohr.

Flüssige Substanzen mit großer Dampftension (Äther) wägt man nach J. PIRSCH[1] in eine Kapillare von 1 mm Durchmesser ein, die etwa 30 mm nach dem Stiel in eine sehr feine Haarkapillare von 30 bis 40 mm Länge übergeht. Die so angefertigte und gewogene Kapillare taucht man mit der Spitze in ein Schälchen, das die Substanz enthält. Zur Füllung erwärmt man den weiteren Teil der Kapillare einige Sekunden mit einer Metallpinzette. Wurden beim Abkühlen in den erweiterten Teil der Kapillare etwa 3—5 mg Flüssigkeit eingesaugt, wird die Kapillare mit einer Beinpinzette entfernt. Die äußerst feine Haarkapillare verhindert vollständig das Verdampfen der Substanz. Auch nach einer halben Stunde kann noch keine Gewichtsabnahme festgestellt werden. Da die Kapillare unverschlossen von der Waage in die Apparatur gebracht wird, hat man jedes Erwärmen zu vermeiden.

Substanzen, die bei oder unterhalb Raumtemperatur vergasen, wägt man am besten nach F. PREGL und P. PETRIDIS ein. An den nach S. 57 anzufertigenden Kapillaren wird die Haarkapillare und der Stiel etwa 50 mm lang ausgezogen. Zum Einsaugen der Flüssigkeit wird die Kapillare nahezu horizontal gehalten und mit einer lauwarmen Pinzette erwärmt, die man dann entfernt. Sobald 3—5 mg Substanz angesaugt sind, wird die Kapillare in einem mit Kältemischung gefüllten Gläschen zentrifugiert und die Spitze der noch kalten Kapillare zugeschmolzen und schließlich gewogen. Zur Analyse wird die geschlossene Kapillare (mit Griff) in das Rohr gebracht.

Nachdem man die Mündung des Rohres geschlossen hat und Sauerstoff durchgeleitet wird, kühlt man die Stelle des Verbrennungsrohres, an der sich die Flüssigkeit befindet, mit einer Kältemischung und öffnet nach einiger Zeit die verschlossene Spitze der Kapillare einfach dadurch, daß man die Flamme

---

[1] PIRSCH, J.: Ber. dtsch. chem. Ges. **65**, 865 (1932). Das zur Molekulargewichtsbestimmung mitgeteilte Einwägeverfahren hat sich auch zur Einwaage sehr flüchtiger Flüssigkeiten bei der Kohlenstoff-, Wasserstoff- und Stickstoff-Bestimmung sehr gut bewährt und ist dem Einwägen nach F. PREGL u. P. PETRIDIS vorzuziehen.

des Bunsenbrenners darunterstellt. Der in der Kapillare vorhandene Innendruck genügt, um bei eingetretener Erweichung der Spitze diese sanft zu öffnen. Nach dem Entfernen der Kältemischung dringt die Flüssigkeit aus der Kapillare. Zum Schluß erhitzt man noch kurz die Stelle, an der sich das Kaliumchlorat befindet, um auch die letzten Spuren Substanz der Verbrennung zuzuführen.

Sehr explosive Substanzen mischt man mit ausgeglühtem feinem Sand oder Kieselgur und erhitzt vorsichtig, damit nur kleine Teilchen nach und nach verpuffen[1]. Für diesen speziellen Fall sind längere Quarzschiffchen wegen ihrer langsameren Wärmeleitung zu empfehlen.

Für die Verbrennung von organischen Gasen beschreiben L. MARION und A. E. LEDINGHAM[2] eine Gasbürette, die an das Verbrennungsrohr angeschlossen wird und genaue Gasmengen (2 ml) zu entnehmen gestattet. Eine automatische Gasbürette wird von W. ZIMMERMANN[3] beschrieben. Da man diese nur in Spezialfällen benötigt, wird auf die Originalliteratur verwiesen.

Ausführung

Dabei hält man sich am besten an folgende, aus vielfacher Erfahrung entwickelte Handgriffe.

Zuerst werden die Türen der Waage geöffnet, um Temperaturausgleich (Klimaaustausch) mit dem Wägeraum herzustellen. Man entfernt die Verschlußkappe vom Schnabel des Verbrennungsrohres, dreht das Ventil der Sauerstoffbombe auf und stellt den Dreiwegehahn auf Durchgang für Sauerstoff. Man schaltet den Bleidioxydofen ein oder heizt die Granate zuerst mit groß gestellter Flamme an, um die Heizflüssigkeit rasch zum Sieden zu bringen und erhitzt dann die Rohrfüllung. Nun befeuchtet man die Flanelläppchen nach S. 52, legt sie für kurze Zeit zusammen mit den Rehlederläppchen in eine Glasdose und deckt diese zu.

Siedet das Dekalin, oder hat der Bleidioxydofen und der elektrische Langbrenner die richtige Temperatur erreicht, wird das Ventil der Preßluftstahlflasche geöffnet. Nun kontrolliert man die beim Ausglühen des Rohres (S. 51) für die Strömungsgeschwindigkeit von 4 ml in einer Minute ermittelte Blasenzahl sowohl beim Durchleiten von Luft als auch von Sauerstoff. Man schließt dann das Ventil der Preßluftbombe und stellt den Dreiwegehahn auf Durchgang für Sauerstoff um, damit das Rohr, während man die Einwaage macht, für die Verbrennung unter Sauerstoff steht.

Mit der Einwaage einer Testsubstanz (Alizarin, Salicylsäure, Cholesterin u. a.) beginnt man jede Analysenreihe. Nachdem man die eingewogene Substanz auf dem Kupferblock des Handexsiccators zur Apparatur gebracht hat, werden die Absorptionsröhrchen, wie bereits auf S. 52 beschrieben wurde, gereinigt und gewogen.

---

[1] FURTER, M., u. L'ORANGE: Mikrochem. **17**, 38 (1935); ALMSTROM, G. K.: J. prakt. Chem. [2] **95**, 257 (1917). Über Analyse explosiver Flüssigkeiten siehe V. L. LESCHER: Analyt. Chemistry **21**, 1246 (1949).

[2] MARION, L., u. A. E. LEDINGHAM: Ind. Eng. Chem., Analyt. Ed. **13**, 269 (1941).

[3] ZIMMERMANN, W.: Mikrochem. **31**, 149 (1944).

Die Zeit, während der sich die Absorptionsröhrchen neben und in der Waage befinden, benützt man zur Ergänzung des Wassers in der Mariotteschen Flasche und um die Absorptionsschläuche innen mit ganz wenig Glycerin zu benetzen, was mittels eines auf einen Stahldraht aufgedrehten Wattebausches erfolgt.

Das Anschalten der gewogenen Absorptionsröhrchen an die Apparatur nimmt man in der Weise vor, daß man zuerst die beiden Absorptionsröhrchen mittels des längeren Absorptionsschlauches in der Stromrichtung Glas-an-Glas verbindet (Schliffe zueinander). Sodann schiebt man auf das Ansatzrohr des Wasserabsorptionsröhrchens das kürzere Schlauchstück und stellt die Verbindung mit dem Schnabel des Verbrennungsrohres gleichfalls Glas-an-Glas her. Dabei muß der Hebel der Mariotteschen Flasche hochgestellt sein, wenn mit einer Flasche ohne Hahn am Hebel gearbeitet wird. Ist die Apparatur vollkommen dicht, dürfen im Blasenzähler nach kurzer Zeit keine Gasblasen aufsteigen. Nach Prüfung auf Dichtigkeit stellt man durch Drehen des Dreiwegehahnes um 45° den Sauerstoffstrom ab, entfernt aus dem Verbrennungsrohr den Verschlußstopfen und schiebt mit folgendem Handgriff das Schiffchen mit der Substanz in das Verbrennungsrohr: Mit der linken Hand hebt man den Kupferblock so vor die Rohrmündung, daß er den Rand des Verbrennungsrohres von unten berührt, erfaßt das Schiffchen mit einer ausgeglühten Platinspitzenpinzette und hebt es in genau horizontaler Lage in das Rohr. Mit einem reinen Glasstab (Abb. 11), dessen Ränder an der Flamme schwach abgerundet wurden, schiebt man nun das Schiffchen vorsichtig bis etwa 40—50 mm vor die Silberschicht der Rohrfüllung. Das Schiffchen näher an die Füllung heranzubringen ist bei sehr nieder schmelzenden und flüchtigen Substanzen nicht ratsam, da das Rohr sogar bei elektrischer Heizung noch 30—35 mm vor der glühenden Rohrfüllung zufolge Wärmestrahlung um einige Grade (5—8) wärmer als der Arbeitsraum ist[1]. Sobald die Substanz eingebracht ist, wird das Rohr mit dem Stopfen verschlossen.

Zeitweise ist es zweckmäßig, die Apparatur auf ihre Dichtigkeit zu prüfen. Nachdem man mit dem Dreiwegehahn die Gaszufuhr aus dem Druckregler abgestellt hat, senkt man den Hebel der Mariotteschen Flasche etwa 30° unter die Horizontale und wartet einige Sekunden, ob noch Blasen in der Mariotteschen Flasche hochsteigen. Hört der Gasstrom nicht auf, so wird die undichte Stelle (Verschlußstopfen, Absorptionsschläuche, Verbindungsschlauch zur Mariotteschen Flasche) leicht festzustellen sein.

Sodann überzeugt man sich, ob der Druckregler mit Sauerstoff gefüllt ist, und stellt durch Drehen des Dreiwegehahnes die Verbindung mit dem Blasenzähler wieder her. Der Hebel der Mariotteschen Flasche wird nun so weit gesenkt, bis der Blasenzähler die gleiche Blasenzahl wie vor dem Anschluß der Absorptionsröhrchen anzeigt. In dieser Lage bleibt der Hebel bis zum Ende der Analyse und darf keinesfalls mehr verstellt werden. Das aus der Mariotteschen Flasche abtropfende Wasser fängt man in einem Becherglas auf. Nachdem man den Kupferbügel der

[1] Es ist besser, nieder schmelzende Substanzen nur etwa 60—70 mm vor die Rohrfüllung einzuführen.

Heizgranate oder des Bleidioxydofens über die erste kapillare Verengung des Wasserabsorptionsröhrchens gelegt hat[1], wird mit der Verbrennung begonnen.

Das Verbrennen: Mit der vollen, eben entleuchteten Flamme des beweglichen Brenners beginnt man das Rohr 30—40 mm vor dem Schiffchen (Kapillare) zu erhitzen; durch die dabei auftretende Ausdehnung des Gases, das nicht so rasch durch den Bremspfropf entweichen kann, beobachtet man in dem Blasenzähler eine vorübergehende Abnahme der Blasenfrequenz, die jedoch in kurzer Zeit wieder das zu Beginn eingestellte Tempo annimmt. Nach einigen Minuten erleiden die meisten Substanzen eine Veränderung, ausgenommen solche, die erst über 300° C schmelzen, sublimieren oder destillieren. Ist diese erste Erscheinung abgeklungen, rückt man mit dem Brenner um einige Millimeter vor. Jedes Vorrücken des Brenners hat eine ganz geringe Abnahme der Blasenfrequenz zur Folge; man hat daher mindestens so lange an jeder Stelle zu verbleiben, bis die ursprüngliche Blasengeschwindigkeit wieder erreicht ist. Bei genauer Beobachtung der verbrennenden Substanz einerseits und der Blasenfrequenz andererseits ist es leicht, den Verbrennungsvorgang so zu regeln, daß die Druckverhältnisse während der Verbrennung immer gleich sind. Es besteht außerdem noch die Möglichkeit, die Flammenstärke zu regulieren.

Man hat sich ganz besonders davor zu hüten, mit dem Brenner zu rasch vorzurücken, denn dabei bilden sich sehr leicht und plötzlich größere Mengen Verbrennungsgase, deren Druck sich entgegen der Richtung des Gasstromes bis in den Blasenzähler auswirkt. In den meisten Fällen ist die Analyse verloren, wenn die Substanzdämpfe zu weit hinter die heiße Zone des beweglichen Brenners gelangen, und das Rohr muß dann vor der folgenden Analyse von der Mündung an durchgeglüht werden.

Besondere Aufmerksamkeit ist Substanzen zu schenken, die vor dem heißen Langbrenner Flüssigkeitströpfchen bilden, die, wenn man mit dem beweglichen Brenner zu rasch nahekommt, plötzlich vergasen. Sehr schwer verbrennliche Substanzen, die Kohle abscheiden, lassen sich ohne Schwierigkeit im Platinschiffchen verbrennen, wenn man nach längerem Glühen den Brenner für kurze Zeit entfernt und das abgekühlte Schiffchen wieder beheizt. Die Kohleteilchen verbrennen dann unter Aufleuchten.

Es konnte hier in Kürze nur auf einige Vorsichtsmaßregeln hingewiesen werden, die der Anfänger strengstens zu beachten hat. Der Geübte wird schon im ersten Stadium der Verbrennung erkennen, wie man diese am besten zu steuern hat.

Ist man mit dem beweglichen Brenner bis zum Langbrenner vorgerückt, so wird der Dreiwegehahn „auf Luft" umgestellt. Sodann bringt man an Stelle des Becherglases unter den Hebel der Mariotteschen Flasche einen Meßzylinder von 100 ml Inhalt, in dem von nun an die durch die Apparatur geschickte Luft an dem Volumen des abgetropften Wassers gemessen wird. Dann glüht man das Rohr innerhalb von 10 Minuten, etwa 70 mm nach dem Verschluß beginnend, nochmals mit dem beweglichen Brenner durch. Wäh-

[1] Für die Verbrennung sehr wasserstoffreicher Substanzen kann man sich auch Kupferbügel anfertigen, die beide Kapillaren wärmen.

rend dieser Zeit kocht man ein weiteres Schiffchen für die folgende Einwaage in verdünnter Salpetersäure aus, glüht es durch und bringt es im Handexsiccator zur Waage.

Man unterlasse es nicht, in kürzeren Zeitabständen die Kapillaren des Wasserabsorptionsröhrchens zu beobachten, um eventuell gebildetes Kondenswasser rechtzeitig aus der Kapillare zu treiben. In vorschriftsmäßigen Kapillaren (S. 43) wird es bei Substanzen bis zu etwa 8 % Wasserstoff (4 mg Einwaage) nur selten zu einer Wasseransammlung in der zweiten kapillaren Verengung kommen. Bei sehr wasserstoffreichen Substanzen ist es mitunter nötig, das Wasser mit einer Metallpinzette, die man in einer Flamme erwärmt hat, in die Vorkammer überzutreiben. Sollte man durch einige Zeit die Apparatur unbeobachtet gelassen haben und ist inzwischen infolge Kondenswasserbildung in den Kapillaren der Gasstrom zum Stillstand gekommen, so wird man zuerst die Kapillare mit einer heißen Pinzette erwärmen. Sind trotz dieses Handgriffes die Kapillaren noch immer verstopft, schiebt man den beweglichen Brenner einige Zentimeter zurück, doch nicht so weit, daß die Lauge bis in das horizontale Zuleitungsrohr des Blasenzählers gelangt. Der Überdruck drängt dann gewöhnlich in den nächsten Sekunden das Wasser aus der Kapillare. Des gleichen Handgriffes bedient man sich auch, wenn das Loch der Trennungswand des Wasserabsorptionsröhrchens mit einem Wasserhäutchen überzogen ist.

Bis zur Beendigung des Durchglühens sollen 40 ml Wasser in den Meßzylinder abgetropft sein. Die folgende Zeit von 15 Minuten, die weiteren 60 ml Wasser entspricht, benützt man für das Einwägen der nächsten Substanz.

Sobald 100 ml Luft durchgesaugt, d. h. 100 ml Wasser abgetropft sind, entfernt man den Kupferbügel vom Wasserabsorptionsröhrchen, stellt den Hebel der Mariotteschen Flasche aufrecht oder dreht dessen Glashahn zu und zieht zuerst den endständigen Gummischlauch vom Kohlendioxydabsorptionsröhrchen ab, wobei man das Rohr mit der rechten Hand festhält. Dann löst man die Verbindung mit dem Schnabel des Verbrennungsrohres und legt den Absorptionsschlauch neben die Apparatur. Zum Schluß wird der Absorptionsschlauch, der das Wasserabsorptionsröhrchen und das Kohlendioxydabsorptionsröhrchen verbindet, entfernt.

Das Reinigen und Wischen der Absorptionsröhrchen erfolgt nach S. 52. Sobald die Absorptionsröhrchen auf dem Metallgestell liegen, zieht man das Schiffchen mit einem Platinhaken, der in einen Glasstab eingeschmolzen ist, aus dem Rohr, überzeugt sich mit der Lupe, ob keine Asche zurückgeblieben ist (Rückwägung!), stellt die Luftzufuhr ab und leitet wieder Sauerstoff durch das Rohr. Nach der Wägung sind die Absorptionsröhrchen für die nächste Bestimmung bereit. Die Zeit vom Beginn der Verbrennung bis zum Abschluß der Wägung des Kohlendioxydabsorptionsröhrchens beträgt 50 Minuten.

Berechnung

In der letzten Zeit ist man allgemein dazu übergegangen, die Analysen mit einfachen kleinen Rechenmaschinen auszurechnen. Für die logarithmische Berechnung benutze man die auf S. 346 ff. gebrachten log F.

$$\% \text{H} = \frac{\text{mg } H_2O \cdot 0{,}1119 \cdot 100}{\text{mg Substanzeinwaage}}$$

$$\% \text{C} = \frac{\text{mg } CO_2 \cdot 0{,}2729 \cdot 100}{\text{mg Substanzeinwaage}}$$

Auffinden von Fehlerquellen in der Apparatur: Liegen die bei der Testanalyse erhaltenen Kohlenstoff- und Wasserstoffwerte außerhalb der statthaften Fehlergrenze, so wird man zu allererst an Hand des Analysenheftes feststellen, wieviel Analysen bisher mit der Rohrfüllung durchgeführt wurden und ob die Füllung durch Verbrennung stickstoff-, halogen- oder schwefelhaltiger Substanzen stark beansprucht worden ist. Diese Störungen zeigen sich allerdings nicht deutlich bei Testsubstanzen, die nur Kohlenstoff, Wasserstoff und Sauerstoff enthalten. Glaubt man, daß die Störung auf der genannten Erschöpfung der Rohrfüllung beruht, teste man mit Nitrogruppen oder Halogen enthaltenden Substanzen. Liegen die für den Wasserstoff, besonders den Kohlenstoff gefundenen Werte zu hoch, so kann, wenn das Silber nicht mehr wirksam ist, dieses durch einen neuen Pfropf aus Tressensilber ersetzt werden. Ist das Bleidioxyd „erschöpft", so muß ein neues Rohr gefüllt werden. Ursache erhöhter Analysenwerte können schadhafte und undichte Stellen an den Verbindungs- und Absorptionsschläuchen sein, die gerne dann auftreten, wenn eine Apparatur längere Zeit außer Betrieb war. Auch in einem Blindversuch (ohne Substanz), bei dem das Wasserabsorptionsröhrchen nicht mehr als 0,05 mg und das Kohlendioxydabsorptionsröhrchen höchstens 0,02 mg zunehmen darf, tritt die zuletzt genannte Störung in Erscheinung. Zu unliebsamen Schwankungen können auch die Absorptionsmittel führen, wenn man die Neufüllung des U-Rohres gleichzeitig mit dem Wasserabsorptionsröhrchen sparen will. Man scheue es nicht, wenn das Wasserabsorptionsröhrchen neu gefüllt werden muß, gleichzeitig die Füllung des U-Rohres und des Kohlendioxydabsorptionsröhrchens zu erneuern.

Es soll noch an dieser Stelle auf die unangenehmen Eigenschaften des Bleidioxyds aufmerksam gemacht werden, das Kohlendioxyd und Wasser vorübergehend aufnimmt und besonders letzteres nur langsam abgibt. Infolgedessen liegen die Zeiten für den Verbrennungsvorgang und die Austreibperiode in gewissen Grenzen fest. Vorschläge, die Analysenzeit stark zu verkürzen, haben sich nur an wasserstoffarmen Verbindungen durchgesetzt, da bei sehr wasserstoffreichen Substanzen (8—12%) hierbei zu niedrige H-Werte erhalten werden.

Aus der Praxis ist schließlich noch bekannt, daß das Bleidioxyd während der Analysenserie stets eine ganz geringe Menge Wasser festhält, die es erst langsam beim Überleiten von trockener Luft oder Sauerstoff abgibt. Aus diesem Grunde liegen nach einer Arbeitsunterbrechung von 1 bis 3 Stunden (Mittagspause), während der die Apparatur in Gang bleibt, die Wasserstoffwerte der ersten Analyse stets etwas zu tief. Nach längerem Glühen des Rohres ist zu empfehlen, vor der ersten Analyse eine Verbrennung mit einer nicht gewogenen Substanz durchzuführen, um das Gleichgewicht im ganzen System herzustellen.

Verbrennung metallorganischer und die Analyse störender Verbindungen[1]

Bei gleichzeitiger Rückstandsbestimmung: Als Metalle lassen sich Silber, Gold und Platin auch bei Anwesenheit von Chlor durch einfache Rückwägung bestimmen.

Als Metalloxyde: Unter den Metallverbindungen geben bei starkem Glühen im Sauerstoffstrom gute Werte organische Eisen-, Chrom-, Aluminium-, Kupfer-, Beryllium- und Zinnsalze, die als Eisen-III-oxyd, Chrom-III-oxyd, Aluminiumoxyd, Kupfer-II-oxyd, Berylliumoxyd und Zinn-IV-oxyd zur Wägung gelangen. Wird nicht zu heftig geglüht, so lassen sich auch Magnesium als Magnesiumoxyd und mitunter Blei als Blei-II-oxyd nach der Verbrennung auswägen.

Unter Verzicht auf Rückwägung: Alkali- und Erdalkaliverbindungen wägt man zweckmäßig in ein altes Platin- oder Porzellanschiffchen ein und überschichtet mit der etwa *5—8fachen Menge Vanadinpentoxyd* oder *Kaliumbichromat.* Bei der Verbrennung kann es vorkommen, daß das Gemisch über den Rand des Schiffchens kriecht und auf das Rohr gelangt; man schützt das Rohr, indem man das Schiffchen in einen Platinzylinder (S. 56) einbringt und diesen gleich nach der Analyse in heißem Wasser auskocht.

Auch organische Borverbindungen lassen sich nach gutem Durchmischen mit *Vanadinpentoxyd* ohne Schwierigkeiten[2] verbrennen. Die Schmelze verhindert die Bildung des Borsäureskelettes und die damit verbundenen Substanzeinschlüsse.

Sollten Silicium- und Zinn-Verbindungen bei direkter Verbrennung Schwierigkeiten bereiten, so empfiehlt es sich, da das Zinnoxyd Kohlenstoff hartnäckig festhält, diese ebenfalls in der *Vanadinpentoxyd*-Schmelze zu analysieren.

Von den organischen Metallverbindungen, die bei der Verbrennung Oxyde mehrerer Oxydationsstufen bilden, oder solche, die mehr oder weniger flüchtige Oxyde geben, sei auf Mangan-, Kobalt- und Nickelsalze hingewiesen, deren Carbonate bei der Temperatur der Verbrennung zerfallen und daher ohne Zusätze analysiert werden können. Die Metalle lassen sich aber nicht durch Rückwägung gleichzeitig bestimmen, da z. B. Mangan im Sauerstoffstrom neben Mangan-II- auch Mangan-IV-oxyd bildet, während Kobalt und Nickel in Gemische von Oxydul und Oxyd übergehen.

Zinkoxyd ist zu flüchtig, um eine Bestimmung von Zink im Glührückstand durchführen zu können; Molybdän bildet flüchtiges Molybdäntrioxyd.

Arsen-, Antimon- und Wismutverbindungen wird man zweckmäßig nicht in neuen Rohren verbrennen, da ihre Oxyde die Füllung zu sehr be-

---

[1] HEIN, FR., u. G. BÄHR: HOUBEN-WEYL: Methoden der Organischen Chemie, 4. Aufl. Herausgegeben von E. MÜLLER. Band II, S. 70ff. Gg. Thieme-Verlag, Stuttgart 1953.

[2] HERNLER, F.: Mikrochem. Pregl-Festschrift 154 (1929); vgl. H. ROTH: Angew. Chem. **50**, 593 (1937).

anspruchen. Zur Entlastung der Rohrfüllung bringen F. C. SILBERT und W. R. KIRNER[1] bei der Verbrennung von Arsen-, Antimon-, Zinn-, Wismut- und auch Phosphorverbindungen vor die Füllung einen 3 cm langen Zylinder aus Platingaze, der mit „rotem Blei" (Pb_3O_4) gefüllt ist. Dieses wird durch Glühen von Bleidioxyd im elektrischen Verbrennungsofen hergestellt. Quecksilbersalze schädigen in größerer Menge nach Untersuchungen von F. HERNLER[2] und M. FURTER[3] die Rohrfüllung ganz erheblich. Einerseits werden zu hohe Wasserstoffwerte erhalten, die vom Quecksilber stammen, das durch den Schnabel in das Wasserabsorptionsröhrchen destilliert, und andererseits wird die Rohrfüllung „vergiftet", was sich bei den folgenden Analysen in einem Kohlenstoffdefizit bemerkbar macht[3].

Wird metallisches Quecksilber in geringer Menge gelegentlich der Analyse einiger Quecksilbersalze in die Rohrfüllung gebracht, ist kein merkbarer Einfluß auf die Kohlenstoff- und Wasserstoffwerte festzustellen. Um zu hohe Wasserstoffwerte zu verhindern, bringt man in den Schnabel des Verbrennungsrohres *Golddraht* oder *Goldblättchen* und läßt sie dort für die folgenden 10—15 Analysen.

Bei der Verbrennung organischer Fluorverbindungen bildet sich Fluorwasserstoff und Siliciumtetrafluorid. Während ersterer von auf 760° C erhitztem Silber gebunden wird, bringen R. BELCHER und R. GOULDEN[4] an Stelle des Bleidioxyds zur Absorption des Siliciumtetrafluorides Natriumfluorid, das auf 270° C erhitzt wird, in das Rohr. In letzter Zeit empfehlen R. BELCHER und A. M. G. MACDONALD[5] Wolframoxyd phosphor- und fluorhaltigen Verbindungen zuzumischen.

Zur gleichzeitigen Kohlenstoff-Wasserstoff- und Fluor-Bestimmung überschichten E. GELMAN und M. O. KORSHUN[6] die Substanz mit gewogenem Magnesiumoxyd, wägen nach der Verbrennung das Magnesiumoxyd zurück und berechnen aus der Differenz das Fluor. Des weiteren bringen W. H. THROCKMORTON und G. H. HUTTON[7] Magnesiumoxydkugeln in das Rohr und R. N. MELOY und E. L. BASTIN[8] fertigen eine Rohrfüllung aus Magnesiumoxyd/Kupferoxyd/Magnesiumoxyd an. Leider liegen dabei die Kohlenstoffwerte etwas zu niedrig. L. MÁZOR[9] bringt als Oxydations- und gleichzeitiges Bindungsmittel für das Fluor Minium (Pb_3O_4) in das Rohr. Das daraus bei 550—600° C entstehende Bleioxyd (PbO) bindet den Fluorwasserstoff. Nach Ablösen des Bleifluorids (PbF_2) wird es als Bleichlorfluorid gefällt. Das Kohlendioxyd und das Wasser werden nach F. PREGL ausgewogen. Besondere Schwierigkeiten treten bei hochfluorierten Verbindungen heute noch auf.

---

1 SILBERT, F. C., u. W. R. KIRNER: Ind. Eng. Chem., Analyt. Ed. **8**, 353 (1936).

2 HERNLER, F.: Mikrochem. Pregl-Festschrift **154** (1929).

3 FURTER, M.: Mikrochem. **9**, 27 (1931).

4 BELCHER, R., u. R. GOULDEN: Mikrochem. **36/37**, 679 (1951).

5 BELCHER, R., u. MACDONALD, A. M. G.: Mikrochim. Acta [Wien] **1956**, 899.

6 GELMAN, E., u. M. O. KORSHUN: Ber. Akad. Wiss. UdSSR **89**, 685 (1953); Chem. Zbl. **1954**, 2018.

7 THROCKMORTON, W. H., u. G. H. HUTTON: Analyt. Chemistry **24**, 2003 (1952).

8 MELOY, R. N., u. E. L. BASTIN: Analyt. Chemistry **28**, 1776 (1956).

9 MÁZOR, L.: Mikrochim. Acta [Wien] **1957**, 113.

Vorerst ist das Mischen der Substanz mit Magnesium- oder Wolframoxyd noch das beste Mittel, um von nicht zu fluorreichen Substanzen brauchbare Kohlenstoff- und Wasserstoffwerte zu erhalten. Bei der Verbrennung von flüchtigen siliciumorganischen Verbindungen bringt man vor die Oxydationsschicht eine erhitzte Platinrolle[1].

Die automatische Kohlenstoff- und Wasserstoff-Bestimmung

Den Gedanken, das Verbrennen der Substanz selbsttätig zu gestalten, hat bereits F. PREGL[2] an einer Makroapparatur mit Gasheizung verwirklicht. Entsprechend der manuell ermittelten Verbrennungsgeschwindigkeit wurde der Brenner mit Hilfe eines Uhrwerkes in Richtung des Langbrenners bewegt. Die technische Entwicklung der letzten Jahrzehnte[3] führte zuerst zu den noch mit Gasheizung versehenen, sehr zuverlässigen Automaten von H. REIHLEN und E. WEINBRENNER[4]. Bei der Konstruktion der wegen ihrer Vorteile weitgehend bekannten elektrisch geheizten Verbrennungsöfen bereitete der Bau des kleinen Bleidioxydofens längere Zeit gewisse Schwierigkeiten. Unterdessen wurde auch dieses Problem gelöst. In Verbindung mit dem Reihlenschen Prinzip des Fortbewegens des Heizofens sind heute verschiedene ausgezeichnete Vollautomaten im Handel. Ein solcher der Firma Heraeus wird auf S. 73 beschrieben. Da aber ein gutes Analysenergebnis nicht allein von dem Automaten abhängt, dieser sorgt neben dem Fortbewegen des Brenners nur für das richtige Beheizen des Verbrennungsrohres, ist es unbedingt erforderlich, daß in einem Laboratorium mit automatischer CH-Verbrennung eine Person mit sämtlichen Vorgängen und Feinheiten, die bei der manuellen Methode beschrieben wurden, vertraut ist. In einem allgemein analytischen Laboratorium kommen erfahrungsgemäß ab und zu Substanzen zur Analyse, die nur vorsichtig von Hand verbrannt werden können[5]. Eine mühevoll gewonnene, in ihrem Verhalten bei der Verbrennung unbekannte Substanz empfiehlt der Verfasser „unter Beobachtung" zu verbrennen. Mit diesem Hinweis soll nur auf die nicht absolute Zuverlässigkeit der automatischen Verbrennung hingewiesen werden zwecks Anregung zur weiteren Vervollständigung[6].

Nachstehend wird die vollautomatische Kohlenstoff- und Wasserstoff-Bestimmung nach W. ZIMMERMANN[5] beschrieben, die sich in größeren mikroanalytischen Laboratorien, in denen mehrere Apparate gleichzeitig in Betrieb sind, sowie an einzelnen Automaten bewährt hat. Auf wertvolle Hinweise bezüglich Selbstanfertigung des Automaten, Vorbereitung techn.

---

[1] KAUTSKY, H., G. FRITZ, H. P. SIEBEL u. D. SIEBEL: Z. analyt. Chem. **147**, 153 (1955).

[2] PREGL, F.: Ber. dtsch. chem. Ges. **38**, 1434 (1905).

[3] ZIMMERMANN, W.: Chem. Fabrik **7**, 595 (1955).

[4] REIHLEN, H., u. E. WEINBRENNER: Chem. Fabrik **7**, 63 (1934); REIHLEN, H.: Mikrochem. **23**, 285 (1936).

[5] ZIMMERMANN, W.: Mikrochem. **31**, 149 (1944).

[6] Z. B. Einbau eines Druckmessers der bei Druckanstieg durch die Verbrennungsgase automatisch das Vorrücken des beweglichen Brenners abbremst oder bei Gasheizung die Flamme verkleinert.

Analysenproben, Einrichtung für selbsttätiges Ausglühen des Rohres vor Arbeitsbeginn und andere zeitsparende Maßnahmen kann an dieser Stelle nicht eingegangen werden; sie sind der Originalarbeit zu entnehmen. Hier soll nur die von der F. Preglschen Einrichtung und Ausführung abweichende Arbeitsweise herausgestellt werden.

Methode von W. ZIMMERMANN[1]

Die ganze Bestimmung wird nur in Sauerstoff durchgeführt, d. h. das Übertreiben von Wasser und Kohlendioxyd in die Absorptionsröhrchen und deren Wägung unter Verwendung von Luft wie bei F. PREGL fällt weg. Der Sauerstoff wird durch einen Druckregler und einen Blasenzähler mit einer Strömungsgeschwindigkeit von 5 ml je Minute[2] in die Apparatur geleitet, den Widerstand der Absorptionsröhrchen überwindet eine einfache Saugvorrichtung, die gleich der Mariotteschen Flasche wirkt. Zur Verbrennung der Substanz dient ein sich gleichmäßig fortbewegender elektrischer Rundofen mit einem Porzellandach, letzterem kommt die Aufgabe eines Vorstrahlers zu. Die Rohrfüllung ist gleich der von F. PREGL. Wegen der hohen Betriebstemperatur (800° C) wird jedoch kein Bleichromat verwendet. Das Reinigen und Wischen der Absorptionsröhrchen vor der Wägung geschieht nicht mehr von Hand, sondern mit einer Wischmaschine. Da die Maschine die Absorptionsröhrchen rasch und ohne Erwärmung reinigt, werden in diesem Teil des Analysenganges 10 Minuten eingespart. Als Tara für die Absorptionsröhrchen verwendet W. ZIMMERMANN an Stelle der Tarafläschchen verschlossene Absorptionsröhrchen, die während der Analyse möglichst gleich behandelt werden. Die Verbrennung und das Übertreiben von Kohlendioxyd und Wasser in die Absorptionsröhrchen wird „nach Zeit" beendet, d. h. nicht wie nach F. PREGL mit einer durch die Apparatur geschickten bestimmten Gasmenge.

Apparatur

Der Automat und das apparative Zubehör werden nur in jenen Teilen eingehender behandelt, in denen sie von den Preglschen Einrichtungen stärker abweichen.

Der Sauerstoff wird einer Stahlflasche entnommen. Wenn er gleichzeitig mehrere automatische Verbrennungseinrichtungen speisen soll, wird er über einen Zwischengasometer und Eisenrohre mit Zapfstellen sowie durch Bleirohrverbindungen den Apparaturen zugeleitet. Die Feineinstellung des Sauerstoffstromes von 5 ml je Minute nimmt man in dem Druckregler von H. ROTH[3] vor. Für den Fall, daß eine automatische, d. h. unbeobachtete Verbrennung zu rasch abläuft und es infolgedessen zu einem unerwünschten Druckanstieg im Verbrennungsrohr kommt, der sich wegen des Brems-

[1] ZIMMERMANN, W.: Mikrochem. **31**, 149 (1944).

[2] Wegen der rascheren Strömungsgeschwindigkeit empfiehlt W. ZIMMERMANN in der Serie Substanzen von annähernd gleichem Wasserstoffgehalt zu verbrennen (Bleidioxyd!).

[3] ROTH, H.: Mikrochem. Molisch-Festschrift 373 (1936).

pfropfes nur nach rückwärts auswirken kann, befindet sich zwischen Druckregler und Blasenzähler ein Rückschlaggefäß, das die bei der Gasausdehnung im Verbrennungsrohr aus dem Blasenzähler gedrückte Lauge aufnimmt. Das Rückschlaggefäß dient gleichzeitig als Kontrolle nach der Verbrennung. Wenn dieses leer ist, verlief die Verbrennung ohne besonderen Druckanstieg. Wurde Lauge in das Rückschlaggefäß gedrückt, so muß man damit rechnen, daß die Analyse verloren ist. Bei der Wiederholungsanalyse wird man die Substanz unter Beobachtung manuell verbrennen.

Der Sauerstoff wird in bekannter Weise über Kalilauge (Blasenzähler), Natronasbest und Phosphorpentoxydbimsstein[1] gereinigt und getrocknet. Die übliche Form des Blasenzählers wurde beibehalten. Als Einleitungskapillaren werden solche aus KPG-Glas[2] mit stets gleicher lichter Weite von 0,9 mm verwendet. Durch einen solchen Blasenzähler passieren in der Minute 5 ml Gas, wenn in 5 Sekunden 10 Blasen gezählt werden. Diese Einrichtung ist bei der schnellen Kontrolle mehrerer Apparaturen sehr vorteilhaft. Der obere Teil des Blasenzählers ist so groß gewählt, daß die gesamte Menge Kalilauge, die in den Blasenzähler bis zur Strichmarke eingefüllt ist, darin Platz finden muß, wenn es notwendig ist das Rückschlaggefäß und den Blasenzähler „auf den Kopf zu stellen“, um die Lauge in den Blasenzähler zurückzudrücken und diese nicht in das Ansatzrohr einlaufen soll.

Als Trocknungs-(Reinigungs-)rohr wird die gerade Form nach M. Boetius[1] bevorzugt, weil sie leichter als ein U-Rohr zu reinigen ist. Die Natronasbest- und Phosphorpentoxydfüllungen müssen durch Glaswollepfropfen gut in ihrer Lage festgehalten werden, um die Bildung von Gaskanälen zu vermeiden.

Das Verbrennungsrohr besteht aus Quarz in den von F. Pregl angegebenen Ausmaßen mit seitlichem Einleitungsrohr. Als Rohrverschluß wird ein von E. Abrahamczik und F. Blümel[3] empfohlener Glasstab verwendet, der mittels eines über Glasstab und Verbrennungsrohr geschobenen Gummischlauchstückes in Form einer Kappe den Verschluß bewirkt. Dadurch wird eine Verunreinigung des Rohrendes durch Reste des Gummistopfens sicher verhindert. Quarzrohre halten mindestens 500 Verbrennungen aus[4].

Die Oxydationsschicht bildet ein Gemisch von drahtförmigem Kupferoxyd und Silber. Auf die Verwendung von Bleichromat konnte dem Vorschlag von J. B. Niederl und V. Niederl[5] folgend verzichtet werden. Wenn nur Kupferoxyd benützt wird, ist es notwendig, die Temperatur des Langbrenners auf 800° C zu erhöhen. Auch aus diesem Grunde ist die Verwendung von Verbrennungsrohren aus Quarzglas unerläßlich.

---

[1] Boetius, M.: Über die Fehlerquellen bei der mikroanalytischen Bestimmung des Kohlen- und Wasserstoffs nach der Methode von F. Pregl, S. 78, Verlag Chemie G. m. b. H., Berlin 1931.

[2] Firma G. Schott & Gen., Mainz.

[3] Abrahamczik, E., u. F. Blümel: Mikrochem. **24**, 271 (1938).

[4] Natürlich nicht mit ein und derselben Rohrfüllung.

[5] Niederl, J. B., u. V. Niederl: Mikrochem. **26**, 28 (1939). Vgl. auch E. W. D. Huffman: Ind. Eng. Chem., Analyt. Ed. **12**, 53 (1940).

Silber wird in Form von Silberbimsstein[1] verwendet. Silberbimsstein zeigt gegenüber der von F. PREGL empfohlenen Silberwolle den großen Vorteil, daß das daraus entstehende Halogensilber die Rohrwandung des Verbrennungsrohres nicht angreift. Silberbimsstein wird nicht nur in der Oxydationsmischung nach J. B. NIEDERL, sondern auch noch an all den Stellen des Verbrennungsrohres benützt, an denen von F. PREGL Silberwolle vorgeschlagen worden ist.

Die Bleidioxydfüllung ist gleich der von F. PREGL.

Absorptionsröhrchen und ihre Füllung. Die von H. ROTH[2] empfohlenen Absorptionsröhrchen mit genau festgelegten Ausmaßen und Längen, insbesondere der Kapillaren und Vorkammern[3], genügen auch den erhöhten Anforderungen, die infolge der „Sofortwägung mit Sauerstoff" an sie gestellt werden müssen.

Wasserabsorptionsröhrchen: Als Füllung wird auf Bimsstein aufgestäubtes *Phosphorpentoxyd* benützt. Der fortschreitende Verbrauch der Füllung ist auch von weniger Geübten nicht zu übersehen; weiter sind infolge der chemischen Bindung des Wassers Wanderungserscheinungen ausgeschlossen.

Auf eine Besonderheit beim Arbeiten mit Phosphorpentoxyd sei noch hingewiesen: Phosphorpentoxyd geht bekanntlich bei der Absorption von Wasser quantitativ in Phosphorsäure über. Die sich nach den ersten Verbrennungen in einem neu gefüllten Absorptionsröhrchen bildende Schicht von Phosphorsäure kann weiteres Wasser nicht mehr binden. Es ist deshalb erforderlich, das Verbrennungswasser späterer Analysen durch entsprechende Erwärmung des vorderen Absorptionsröhrchenteiles durch die verbrauchte Schicht bis zu dem unverbrauchten Phosphorpentoxyd vorzutreiben. Der von F. PREGL vorgeschlagene kurze Kupferbügel genügt bei Verwendung von Phosphorpentoxyd nicht[4]. Er wird durch einen etwa 5 cm aus der Vorderfront der Granate herausragenden Silberstab ersetzt, auf den mit fortschreitender Erschöpfung des Phosphorpentoxydes immer mehr Silberbleche aufgelegt werden, derart, daß die vorderen Kapillaren und der Teil des Röhrchens, dessen Füllung verbraucht ist, bedeckt sind. Das dazugehörige Kontrolltararöhrchen liegt in der gleichen Länge auf den

---

[1] Silberbimsstein kann man nach folgender Vorschrift leicht selbst herstellen: Hirsekorngroß gesiebter, frisch ausgeglühter Bimsstein wird mit einer heißen, nahezu gesättigten Silbernitratlösung getränkt. Nach gründlichem Abtropfenlassen der überschüssigen Lösung trocknet man den getränkten Bimsstein sofort bei 110° C und glüht ihn anschließend in einem Muffelofen bei 800° C, bis keine Stickoxyddämpfe mehr auftreten. In ähnlicher Weise stellt H. HENNING einen Kupferoxydbimsstein her, der sehr gut als Ersatz für drahtförmiges Kupferoxyd verwendet werden kann, worauf auch für den Fall des zeitbedingten Mangels an Kupferoxyd hingewiesen sei. HENNING, H.: Ber. sächs. Akad. **85**, 182 (1933); Chem. Fabrik **9**, 8 (1936).

[2] PREGL, F., u. H. ROTH: Die quantitative organische Mikroanalyse, 4. Aufl., S. 30, Verlag J. Springer, Berlin 1935.

[3] LIEB, H., u. A. SOLTYS: Mikrochem. **20**, 59 (1936).

[4] Es ist auch zu bedenken, daß elektrisch beheizte Granaten eine viel kleinere Wärmestrahlung aufweisen.

Silberblechstreifen, damit die Erwärmung beider Röhrchen gleich ist. Im allgemeinen verbraucht man nur ein Drittel der Füllung, damit die Silberblechauflage auf ein vernünftiges Maß beschränkt bleibt.

Phosphorpentoxyd-bimsstein bereitet man aus gleichen Teilen hirsekorngroßem, vorher geglühtem Bimsstein und Phosphorpentoxyd.

Von dem Bimsstein und dem Phosphorpentoxyd bringt man in eine Pulverflasche abwechselnd kleine Portionen ein, schüttelt und mischt ständig gut durch.

Zur Fixierung der Füllung benutzt man an Stelle von Watte Glaswolle. Mit einer solchen Füllung können 250 mg Wasser absorbiert werden.

Die Füllung des Kohlendioxydabsorptionsröhrchens besteht, in der Strömungsrichtung gesehen, aus einem Glaswollepfropf als Abschluß, aus feuchtem *Natronkalk mit 20—30% Wasser* (Schichtlänge 4 cm), *scharf getrocknetem Natronkalk* (Schichtlänge 3 cm), *Natronasbest* (Schichtlänge 1 cm) und *Phosphorpentoxydbimsstein* (Schichtlänge 1 cm), als Abschluß wieder Glaswolle.

Das eigentliche Absorptionsmittel ist der Natronkalk. Die 1 cm lange Schicht Natronasbest soll lediglich durch ihre Farbänderung eine Erschöpfung der Füllung anzeigen. Mit einer solchen Füllung können 500 mg Kohlendioxyd absorbiert werden.

Reinigungsmaschine. Die Reinigung der Absorptionsröhrchen von Hand nach F. PREGL erfordert ein gewisses Maß an Erfahrung und Geschicklichkeit, das bei angelernten Arbeitskräften nicht immer vorausgesetzt werden kann. Aber auch die Auswahl und der Feuchtigkeitszustand des zur Verwendung gelangenden Reinigungsmaterials spielen noch eine gewisse Rolle[1].

Um das Abwischen der Absorptionsröhrchen stets gleich vorzunehmen, wurde nachstehend beschriebene Maschine entwickelt.

In den Längsschlitz einer Metallwelle (Abb. 42) wird ein Rehleder von 20 × 15 cm Fläche leicht auswechselbar so eingespannt, daß es zu beiden Seiten der Welle gleich lang herunterhängt. Ein kleiner, direkt gekuppelter Gleichstrommotor (1500 Umdrehungen/Min.) bringt die Welle und damit auch das Rehleder in schnelle Umdrehungen.

Die zu reinigenden Absorptionsröhrchen werden auf ein vernickeltes Ablagegestell in die für jedes Röhrchen vorgesehenen Rillen gelegt. Das Ablagegestell wird dann in einer Entfernung von 40 mm an dem rotierenden Rehleder vorbeigeschoben. Zwei Führungsleisten an der inneren Wandung der Blechhaube, auf die das Ablagegestell aufgelegt wird, gewährleisten die Einhaltung der richtigen Entfernung. Während des Vorbeischiebens wird bewirkt, daß das dem rotierenden „Wedel" zunächststehende Absorptionsröhrchen sich zuerst um seine Längsachse zu drehen beginnt, so daß die gesamte Oberfläche gereinigt wird[2]. Wenn alle zu reinigenden Röhrchen ein-

---

[1] BOETIUS, M.: Über die Fehlerquellen bei der mikroanalytischen Bestimmung des Kohlen- und Wasserstoffes nach der Methode von F. PREGL, S. 85, Verlag Chemie G. m. b. H., Berlin 1931.

[2] Das Röhrchen darf während der Rotation keineswegs „springen". In einem solchen Falle ist der Rehlederwedel etwas zu lang. Abhilfe kann entweder durch Kürzen des Rehleders oder durch entsprechendes Verbiegen der Drahtrillen des Ablagegestells geschaffen werden.

mal wenige Sekunden in Rotation waren, werden sie in demselben Ablagegestell sofort neben die Waage gebracht. Um beide Hände für das Halten des Ablagegestells frei zu haben, ist es zweckmäßig, das Ein- und Ausschalten des Motors durch einen Fußschalter vorzunehmen.

Ein Rehlederstreifen reicht zur Reinigung der Absorptionsröhrchen von etwa 500 C-H-Analysen, dann wird er mit Tetrachlorkohlenstoff gewaschen, in eine Spannvorrichtung gebracht und in dieser getrocknet.

Bei Nichtgebrauch der Reinigungsmaschine schützt man das Rehleder vor Verstauben durch Schließen der Einführungsklappen. Um dem Leder stets einen gewissen Feuchtigkeitsgehalt zu geben, befindet sich in dem Schutzkasten ein offenes Fläschchen mit Wasser.

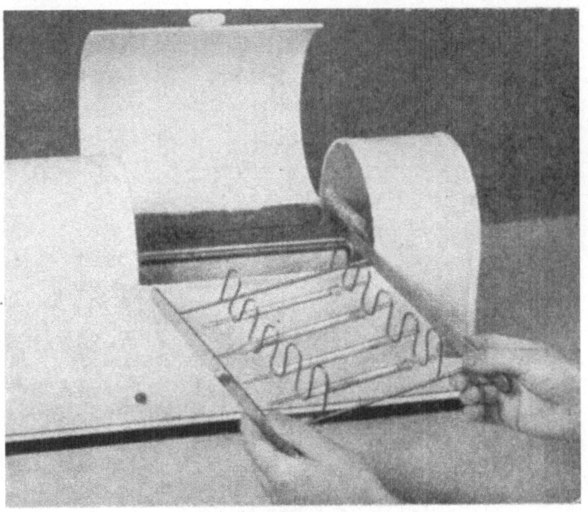
Abb. 42. Reinigungsmaschine.

Die neue Reinigungsart der Absorptionsröhrchen vermeidet nicht nur individuell bedingte Fehler in dieser Stufe des Analysenganges, sondern sie ist auch sehr rasch und ermöglicht dadurch eine weitere, im folgenden beschriebene Verkürzung der Analysenzeit.

Da das rotierende Leder beim Wischen gleichzeitig einen kühlenden Wind erzeugt, demzufolge sich die Absorptionsröhrchen kaum erwärmen, kann die Zeit bis zur Wägung wesentlich verkürzt werden, wodurch man für die Gesamtanalyse 10 Minuten weniger braucht.

Um ferner alle anderen Einflüsse irgendwelcher Art auszuschließen, werden die Kontrolltararöhrchen gleich behandelt. Es sind Absorptionsröhrchen mit den gleichen Ausmaßen und den gleichen Füllungen wie die zu wägenden Röhrchen. Die Öffnungen der Kontrolltararöhrchen sind natürlich zugeschmolzen. Durch eine lockere Füllung der Rohre mit Absorptionsmitteln wird erreicht, daß das Gewicht etwas geringer ist als das der entsprechenden Absorptionsröhrchen.

Die Kontrolltararöhrchen befinden sich während der Analyse immer in nächster Nähe der Absorptionsröhrchen, wobei besonders darauf zu achten ist, daß das Wasserabsorptionsröhrchen und das dazugehörige Kontrolltararohr die gleiche Erwärmung durch die Granate erfahren. Auch Gummischlauchverbindungen werden den Kontrollrohren übergezogen. Die Reinigung wird maschinell in derselben Weise und gleichzeitig mit den Absorptionsröhrchen vorgenommen; es sind dazu auf dem Ablagegestell noch zwei weitere Rillen vorgesehen, in die die Kontrollrohre eingelegt werden. Auf der Waage wird, wenn die Absorptionsröhrchen auf die linke und die Kontrollrohre als Tara auf die rechte Waagschale aufgelegt sind, das (möglichst klein zu haltende) fehlende Gewicht mit der automatischen Bruchgrammauflage hinzugefügt.

Vor Beginn der Analysenserie hat man durch die Röhrchen vor der ersten Wägung 3 Minuten lang trockenen Sauerstoff zu leiten.

Nach dem Reinigen werden die Absorptionsröhrchen sofort gewogen, und zwar umgekehrt wie nach F. Pregl, das Kohlendioxydröhrchen zuerst und anschließend das Wasserabsorp-

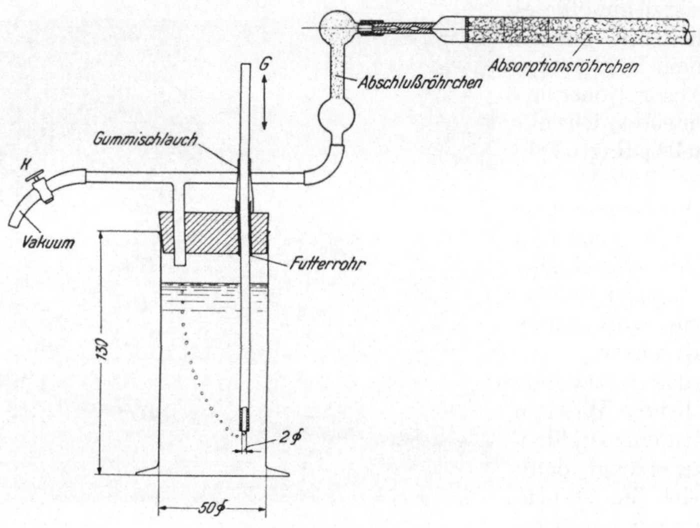

Abb. 43. Saugflasche.

tionsröhrchen. Für das Reinigen in der Maschine und das Wägen benötigt man, ohne sich dabei zu beeilen, 5 Minuten.

Saugflasche: An Stelle der Mariotteschen Flasche nach F. Pregl, in der von Zeit zu Zeit das Wasser zu ergänzen ist, wird eine einfache, im folgenden beschriebene Saugflasche verwendet. Ein Standzylinder (Abb. 43) von ungefähr 13 cm Höhe und 5 cm Breite ist bis über die Hälfte mit destilliertem Wasser gefüllt. Ein zweifach durchbohrter Gummistopfen trägt ein Glas-T-Rohr und ein einfaches Futterrohr, ebenfalls aus Glas; das T-Rohr ist einerseits mit dem Schlußröhrchen der Absorptionsröhrchen, andererseits über einen Hahn K mit der Zentralvakuumleitung oder einer anderen Saugvorrichtung[1] verbunden. Ein 20 cm langes Glasrohr G mit einer lichten Weite von etwa 2 mm ist in das Futterrohr eingesetzt, so daß es leicht nach oben und unten verschoben werden kann; ein über Futter- und Glasrohr gezogener Gummischlauch hält das Glasrohr in der eingestellten

[1] Für den gleichzeitigen Betrieb mehrerer Saugflaschen eignet sich z. B. auch sehr gut die kleine Membran-Umlaufpumpe der Firma Phywe, Göttingen.

Höhe fest und verhindert an dieser Stelle den Luftzutritt zum Zylinder. Das Glasrohr taucht je nach dem erforderlichen Vakuum 2—10 cm tief in das Wasser ein.

Vor Beginn einer Analysenserie wird mit dem Hahn K ein leichtes Vakuum eingestellt. Dann wird die andere Seite des T-Rohres an das Abschlußröhrchen der Apparatur angeschlossen. Von diesem Augenblick an perlen Luftblasen vom Ende des Glasrohres G durch das Wasser hoch. An den Absorptionsröhrchen liegt jetzt ein der Wassereintauchtiefe des Glasrohres G entsprechendes Vakuum, das durch Heben oder Senken des Glasrohres, je nach dem Widerstand in den Absorptionsröhrchen, verändert werden kann. Diese Einstellung wird nur einmal, und zwar dann vorweggenommen, wenn Verbrennungsrohr oder Absorptionsröhrchen gewechselt worden sind; sie bleibt unverändert bis zum nächsten Wechsel bestehen. Zwischen zwei Analysen wird an der Saugflasche nichts verändert; insbesondere bleibt das einmal mittels Hahnes K eingestellte leichte Vakuum bestehen, so daß beim Wiederanschließen an die Absorptionsröhrchen das richtige Vakuum, indirekt kenntlich an den aus Rohr G langsam perlenden Luftblasen, sich sofort und selbsttätig wieder einstellt.

Statt den durch die Apparatur geschickten Sauerstoff an dem abgetropften Wasser zu messen, wird hier das „Zeitmaß“ eingeführt[1].

Universalautomat

Die Entwicklung von automatischen Verbrennungsapparaturen führte in letzter Zeit zur Herstellung von Universalapparaten, die außer zur Bestimmung von Kohlenstoff und Wasserstoff auch zur Bestimmung von Stickstoff und Sauerstoff verwendet werden können.

Ein solches Universalgerät ist der in Abb. 44 gebrachte Automat der Firma Heraeus, bei dem der bewegliche, mittels Synchronmotor fortbewegte, auf 600—900° C regulierbare elektrische Brenner und der Langofen, der auf Temperaturen zwischen 600° und 1200° C eingestellt werden kann, auf der Armatur bleiben, gleichgültig ob Kohlenstoff, Wasserstoff, Stickstoff oder Sauerstoff bestimmt werden. Für die Kohlenstoff- und Wasserstoffbestimmung nach F. Pregl wird zur Beheizung des Bleidioxyds ein weiterer auf 180° C eingestellter Heizofen benötigt, der, wie aus der Abbildung zu ersehen ist, in einfacher Weise anzuschließen ist. Es dürfte von technischer Seite keine Schwierigkeiten bereiten, diese Heizgranate mit einer weiteren Heizstufe für 500° C zu versehen, mit der es dann möglich

[1] Weitere automatische Verbrennungsapparaturen werden u. a. beschrieben von Hallet, L. T.: Ind. Eng. Chem., Analyt. Ed. **10**, 101 (1938); Clark, R. O., u. Stillson, G. H.: Ind. Eng. Chem., Analyt. Ed. **19**, 423 (1947); Fischer, F. O.: Analyt. Chemistry **21**, 827 (1949); Kirsten, W.: Mikrochem. **35**, 217 (1950); Steyermark, Al.: Quantitative Organic Microanalysis, S. 95, New York Blakiston Company Toronto, Philadelphia 1951. Einige Herstellerfirmen sind: W. C. Heraeus, Hanau a. M., Janke u. Kunkel, Staufen i. Br., L. Hormuth, Inh. W. Vetter, Heidelberg, P. A. Norstedt u. Söner, Stockholm, Hösli, Zürich. Siehe auch W. Zimmermann: Chem. Fabrik **7**, 595 (1955).

wird, die Stickoxyde, die bei der Verbrennung stickstoffhaltiger Substanzen entstehen, mit Kupfer zu zerlegen.

Ohne diesen Heizofen wird der Automat zur Bestimmung von Stickstoff und Sauerstoff verwendet, für letztere Bestimmung wird noch ein Sauerstoffreinigungsofen (500° C) benötigt.

Der in Abb. 45, S. 77 gebrachte Automat (ohne Heizgranate) der Firma Janke u. Kunkel, Staufen i. Br.[1], erfüllt auch alle Voraussetzungen zur gleichzeitigen Bestimmung von Stickstoff und Wasserstoff und von Kohlenstoff mit einer weiteren Einwaage in stickstoffhaltigen Substanzen sowie von Kohlenstoff und Wasserstoff in stickstofffreien Verbindungen nach B. Wurzschmitt (vgl. S. 107).

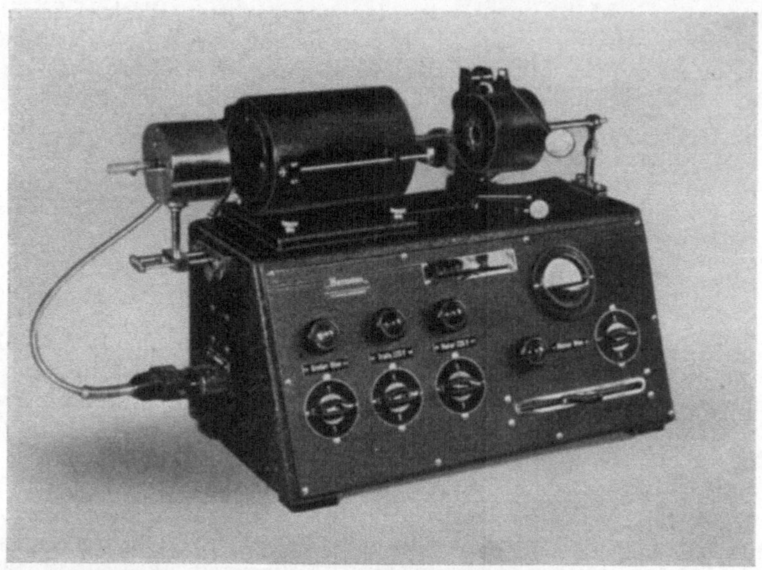

Abb. 44. Universalautomat von W. C. Heraeus, Hanau a. M.

Unter anderem werden diese Geräte mit optischen und akustischen Signalen hergestellt, wodurch der Analytiker der Beobachtung der Apparaturen enthoben wird und Zeit für andere Arbeiten gewinnt.

Verbrennung von Substanzen mit anorganischem Rückstand im Automaten

In einem Mikrolaboratorium der Industrie ist mit dem Eingang der verschiedensten Substanzen, vom analysenreinen Produkt bis zur technischen Ware, zu rechnen. In den meisten Fällen ist dem Analytiker die Zusammensetzung der zu untersuchenden Probe nicht bekannt.

[1] Auch hierzu ist ein Zusatzgerät für die Sauerstoffbestimmung erhältlich.

Bei festen Stoffen kann es deshalb vorkommen, daß erst nach der Verbrennung ein Rückstand im Schiffchen festgestellt wird, der bei der Verbrennung einen Zusatz von Kaliumbichromat oder Vanadinpentoxyd erforderlich gemacht hätte. Um nun eine solche Analyse noch zu retten, verfährt man folgendermaßen: Wenn nach der Verbrennung der bewegliche Brenner den Langbrenner erreicht hat, wird er abgeschaltet und vorsichtig wieder zurückgeschoben. Ist im Verbrennungsschiffchen ein Rückstand zu sehen (nötigenfalls Lupe!), dann wird nach weiteren 2 Minuten (17. Minute der Verbrennung) die Schlauchverbindung zur Saugflasche gelöst, das Verbrennungsrohr geöffnet und das Schiffchen bis zum Rohranfang zurückgezogen, ohne daß es dabei aus dem Rohr entfernt wird. Mit einem Nickelspatel wird man soviel getrocknetes, feinst pulverisiertes Bichromat oder Vanadinpentoxyd in das Schiffchen einbringen, daß es für eine den Boden bedeckende Schmelze reicht. Während dieser Zeit strömt Sauerstoff in größerer Geschwindigkeit durch das seitliche Einleitungsrohr des Verbrennungsrohres über das Platinschiffchen hinweg nach außen und verhindert dadurch ein Eindringen von Kohlendioxyd oder Wasser in das Rohr.

Das Schiffchen wird jetzt wieder an seinen alten Platz im Verbrennungsrohr geschoben, das Rohr verschlossen, die Verbindung zur Saugflasche wieder hergestellt und das Schiffchen durch den beweglichen Brenner — diesmal ohne Automatik — kurz und vorsichtig bis zum Schmelzen des Zusatzes erhitzt. Man spült dann nur noch weitere 13 Minuten mit Sauerstoff nach, so daß die normale Analysendauer von etwa 30 Minuten nicht überschritten wird. Die genaue Einhaltung der Gesamtanalysendauer ist aber bekanntlich von besonderer Wichtigkeit, weil davon der richtige Wasserstoffwert abhängt.

Kurzer Arbeits- und Zeitplan

Vor Analysenbeginn:

Rohr etwa 2 Stunden ausglühen (durch selbsttätige Schaltung oder Hilfskraft anheizen), zum Schluß auch Sauerstoff durchleiten (etwa 15 Minuten) und Blasenzahl in Blasenzähler kontrollieren. Eine nicht gewogene Testsubstanz mit angeschlossenen Absorptions- und Tararöhrchen, wie bereits beschrieben, verbrennen und Substanz für die Analyse einwägen. Absorptionsröhrchen von der Apparatur abnehmen.

Die Analyse:

1. Absorptions- und Tararöhrchen in der Wischmaschine reinigen (5 Sekunden).
2. Kohlendioxydröhrchen in die Waage; bei eingetretener Gewichtskonstanz Gewicht notieren.
3. Anschließend Wasserröhrchen wägen (für 1—3 werden 5 Minuten benötigt[1]).
4. Absorptionsröhrchen an Apparatur anschließen.

---

[1] Diese 5 Minuten werden nur bei der ersten Analyse in der Serie zusätzlich benötigt.

5. Sauerstoffzuleitung an Blasenzähler abstellen.
6. Substanzschiffchen in das Rohr einführen. Rohr verschließen und Sauerstoff durchleiten.
7. Saugflasche anschließen (von 4—7 werden 2—3 Minuten benötigt).
8. Beweglichen Ofen anheizen und selbsttätige Fortbewegung einschalten.
9. Akustisches Signal! . . . nach 15 Minuten.
10. Beweglichen Ofen abstellen und in Ausgangsstellung bringen; weiter Sauerstoff durch Apparatur leiten.
11. Substanzeinwaage für die folgende Analyse.
12. Signal! . . . (von 10—13 werden 15 Minuten benötigt).
13. Absorptions- und Tararöhrchen von der Apparatur nehmen und nach 1. für die nächste Analyse weiterarbeiten.

Andere Methoden: Den in den letzten Jahren entwickelten neuen Verfahren zur Bestimmung von Kohlenstoff und Wasserstoff liegt der Gedanke zugrunde, einerseits das wegen seiner vorübergehenden Bindung von Wasser und Kohlendioxyd bekannte Bleidioxyd auszuschalten[1] und gleichzeitig eine Verkürzung der Analysenzeit zu erreichen[2], andererseits Störungen durch weitere Elemente (z. B. Fluor) zu vermeiden. Schließlich soll noch auf jene Methoden hingewiesen werden, die auf teilweise oder völlig neuem Prinzip entwickelt wurden. Von den Methoden zur Vermeidung des Bleidioxyds werden bei den einen die Stickoxyde bereits vor dem Eintritt in den Absorptionsteil der Apparatur an Kupfer[3] oder Nickel[4] zerlegt. Nach den anderen Ausführungen erfolgt die Bindung der Stickoxyde mit verschiedenen Mitteln (s. S. 35), die zwischen das Wasser- und Kohlendioxyd-Absorptionsröhrchen gebracht werden.

Einen neuen Weg schlug J. UNTERZAUCHER[5] ein. Kohlenstoff und Wasserstoff werden auf der Grundlage der Mikrosauerstoffmethode bestimmt.

Das Prinzip der Methode ist folgendes: Die zu untersuchende Substanz wird im Luftstrom über Kupferoxyd verbrannt. Der mit den Verbrennungsprodukten, Wasser und Kohlendioxyd mitgeführte überschüssige Sauerstoff wird durch erhitztes Kupfer, an dem auch die Zerlegung der Stickoxyde erfolgt, bei etwa 500° C quantitativ aus dem Gasstrom entfernt. Die Gase werden über entwässertes Bariumchlorid geleitet, wobei das Wasser absorbiert und festgehalten wird, während das Kohlendioxyd nach dem Prinzip der Sauerstoffbestimmung über einem Kohlekontakt bei 1120° C in Kohlenoxyd übergeführt, mit Jodpentoxyd zur Reaktion gebracht und als Jod bestimmt wird. Unmittelbar darauf wird das inzwischen vom Ba-

---

[1] Vgl. B. WURZSCHMITT: Mitt. a. d. Gebiete d. Lebensmittelunters. u. Hygiene (Bern) **43**, 126 (1952); Chem. Zbl. **1954**, 10785.

[2] BELCHER, R., u. C. SPOONER: J. Chem. Soc. London **1943**, 313; INGRAM, G.: Mikrochim. Acta [Wien] **1956**, 877.

[3] KAINZ, G.: Mikrochem. **35**, 569 (1950); Mikrochem. **39**, 166 (1952); KAINZ, G., A. RESCH u. F. SCHÖLLER: Mikrochim. Acta [Wien] **1956**, 850.

[4] KAINZ, G., u. F. SCHÖLLER: Z. analyt. Chem. **148**, 6 (1955).

[5] UNTERZAUCHER, J.: Chem. Ing. Techn. **22**, 39 (1950).

riumchlorid festgehaltene Wasser durch Erhitzen ausgetrieben, über dem Kohlekontakt zu Kohlenoxyd umgesetzt und mittels Jodpentoxyd über das Jod durch Titration bestimmt.

Zufolge des günstigen Umrechnungsverhältnisses von Kohlenstoff und Wasserstoff:

$$1 \text{ mg C} = 19{,}98 \text{ ml } 0{,}02\ n\text{-Natriumthiosulfat}$$

und

$$1 \text{ mg H} = 59{,}52 \text{ ml } 0{,}02\ n\text{-Natriumthiosulfat}$$

weichen die erhaltenen Analysenzahlen im allgemeinen nur wenige hundertstel Prozente von den theoretischen Werten ab.

Nach einem neuen jodometrischen Mikro- und Ultramikroverfahren bestimmt J. UNTERZAUCHER[1] den Kohlenstoff und Wasserstoff. Aus dem Verbrauch der Titrierlösungen ist es ferner möglich, das C:H-Verhältnis ohne Wägung der Substanz zu bestimmen.

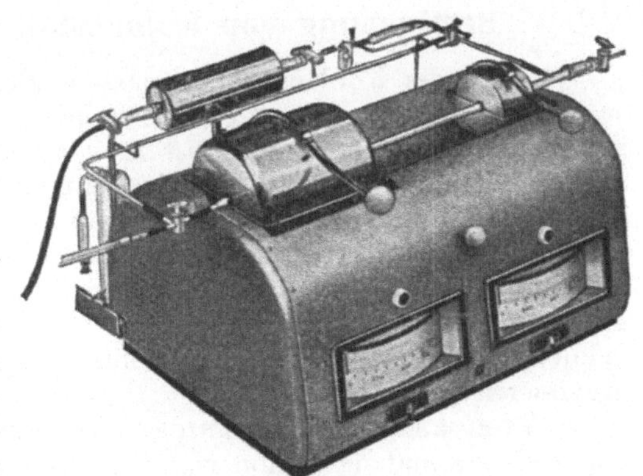

Abb. 45. IKA-Mikro-Universalautomat der Firma Janke & Kunkel.

Die Methode ist, wie aus Versuchen mit Substanzmengen von 0,1 bis 0,3 mg hervorgeht, auch für die Bestimmung des Kohlenstoffs und Wasserstoffs mit Ultra-Mikromengen geeignet.

B. WURZSCHMITT[2] bestimmt in einem Rohr mit Kupfer-Kupferoxyd-Silberfüllungen in stickstoffhaltigen Substanzen den Stickstoff und Wasserstoff gemeinsam und mit einer weiteren Substanzeinwaage den Kohlenstoff. Für die Stickstoff- und Wasserstoffbestimmung wird die mit Kupferoxyd gemischte Substanz in einem trockenen Kohlendioxydstrom verbrannt, das gebildete Wasser in einem Phosphorpentoxyd-Absorptionsröhrchen gebunden und gewogen und der Stickstoff in einem Mikro-Azotometer abgelesen. Mit der gleichen Rohrfüllung wird der Kohlenstoff mit feuchtem Stickstoff als Treibgas in Kohlendioxyd übergeführt, das in einem Absorptionsröhrchen ausgewogen wird.

Substanzen, die keinen Stickstoff enthalten, werden in einem Rohr mit Kupferoxyd-Silberfüllung mit trockenem Sauerstoff bestimmt, dessen Strömungsgeschwindigkeit nur über einen Druckregler gesteuert wird.

Die Methode liefert sehr genaue Wasserstoffwerte. Die Analysen werden mit dem in Abb. 45 gebrachten Automaten durchgeführt.

---

[1] UNTERZAUCHER, J.: Mikrochim. Acta (Wien) **1957,** 421.

[2] WURZSCHMITT, B.: Mikrochem. **36/37,** 614 (1951); Chem.-Ztg. **74,** 419 (1950).

Ein maßanalytisches Verfahren für Kohlenstoff und Wasserstoff beschreibt A. JOHANSSON[1]. Nach Verbrennung der Substanz im Sauerstoffstrom wird das Wasser mit Karl-Fischer-Reagens und das Kohlendioxyd acidimetrisch bestimmt.

Schließlich sei noch auf einige volumetrische Methoden hingewiesen[2], die auch kleinste Mengen Kohlenstoff, Wasserstoff und auch Stickstoff zu bestimmen ermöglichen. Das bei der Verbrennung gebildete Wasser und Kohlendioxyd wird in entsprechend temperierten Kühlfallen gesammelt. Nach Evakuieren der Gefäße wird erwärmt. Das Wasser wird nach Erhitzen auf 100° C und das Kohlendioxyd (Stickstoff) als Gas bestimmter Temperatur manometrisch bestimmt. Ein weiteres manometrisches Verfahren beschreibt W. SCHÖNIGER[3], sei dem neben den Prozenten auch das Atomzahlverhältnis bestimmt wird.

Bestimmung von Kohlenstoff auf nassem Wege

Obgleich der Kohlenstoff auf nassem Wege mit großer Genauigkeit bestimmt werden kann, wird der Chemiker nur in den seltensten Fällen auf die Wasserstoffwerte einer Substanz verzichten. Es dürfte daher die Anwendung der nassen Kohlenstoffbestimmung auf die Analyse hochexplosiver Stoffe und von physiologischem Material beschränkt bleiben.

H. DIETERLE[4] oxydiert die organische Substanz mit Schwefelsäure und Kaliumbichromat. Die Zersetzungsprodukte gelangen im Sauerstoffstrom in eine glühende Schicht von Bleichromat-Kupferoxyd, in der sie zu Kohlendioxyd oxydiert werden. Das Kohlendioxyd wird in einem „Blumerrohr" gravimetrisch bestimmt.

H. LIEB und H. G. KRAINICK[5] verwenden neben Schwefelsäure und Kaliumbichromat das schon von J. LINDNER empfohlene, katalytisch wirkende Silberbichromat und leiten die Verbrennungsprodukte über glühende Platinkontaktsterne in Bariumhydroxydlösung, in der das Kohlendioxyd in Anlehnung an J. LINDNER[6] maßanalytisch bestimmt wird. Für die Anwendung dieses Verfahrens auf biologische Flüssigkeiten haben E. SCHADENDORFF und M. K. ZACHERL[7] eine Änderung des Reaktionsgefäßes vorgenommen, die es ermöglicht, im kohlendioxydfreien System die Substanzkapillare mittels eines Stempels zu sprengen.

D. D. VAN SLYKE, J. FOLCH und J. PLATZIN[8] vermeiden die nachträgliche Verbrennung von Zersetzungsprodukten durch Oxydation der Substanz mit 20%igem Oleum, Kaliumjodat, Chrom-VI-oxyd und Phosphor-

---

[1] JOHANSSON, A.: Analyt. Chemistry **26**, 1183 (1954).

[2] HOLT, B. D.: Analyt. Chemistry **28**, 1153 (1956); KIRSTEN, W.: Analyt. Chemistry **26**, 1077 (1954), Vorläufige Mitteilung.

[3] SCHÖNIGER, W.: Mikrochim. Acta (Wien) **1957**, 545.

[4] DIETERLE, H.: Arch. Pharmaz. **262**, 35 (1924).

[5] LIEB, H., u. H. G. KRAINICK: Mikrochem. **9**, 367 (1931).

[6] LINDNER, J.: Z. analyt. Chem. **66**, 305 (1925); Ber. dtsch. chem. Ges. **65**, 1696 (1932).

[7] SCHADENDORFF, E., u. M. K. ZACHERL: Mikrochem. **10**, 99 (1932).

[8] VAN SLYKE, D. D., J. FOLCH u. J. PLATZIN: J. Biol. Chem. **136**, 509 (1940).

säure. Bei Fettsäuren treten leider Kohlenstoffverluste auf. Ein weiteres Verfahren, das nur für wasserlösliche Substanzen anwendbar ist, beschreiben J. KATZ, S. ABRAHAM und N. BAKER[1]. In einer Flasche mit Verschlußkappe wird die Substanz mit einem Gemisch aus Kaliumpersulfat und Silbernitrat im Vakuum bei 70° C oxydiert. Das gebildete Kohlendioxyd wird von titrierter Natronlauge gebunden.

Bestimmung von Sauerstoff nach J. UNTERZAUCHER

In den letzten Jahrzehnten gelang es, das Problem der Sauerstoffbestimmung in vollendeter Weise zu lösen. Wir sind nun in der Lage, auch den dritten Hauptbaustoff organischer Verbindungen direkt zu bestimmen und brauchen ihn nicht mehr aus der Differenz zu berechnen.

Die aus der Makro-Sauerstoffbestimmung von H. TER MEULEN[2] entwickelten Mikromethoden[3], die auf der katalytischen Hydrierung des Sauerstoffes zu Wasser und dessen Bestimmung beruhen, finden nicht mehr Anwendung.

Der Gedanke, den Sauerstoff durch Glühen mit Kohle (Graphit) in Kohlenoxyd und dieses als Kohlendioxyd nach Umsetzung mit Jodpentoxyd zu bestimmen, konnte mit den primitiven Hilfsmitteln nach der Jahrhundertwende nicht verwirklicht werden[4]. Erst M. SCHÜTZE[5] gelang es, im Jahre 1939 ein einfaches und brauchbares Verfahren (Halbmikro) auszuarbeiten. Es beruht darauf, daß die eventuell mit Kohle gemischte Substanz im Stickstoffstrom[6] vergast oder vercrackt wird und die entstehenden Gase oder Dämpfe über einen auf 1000° C erhitzten Kohlekontakt geleitet werden. Dort wird der gesamte Sauerstoff der Substanz quantitativ in Kohlenmonoxyd übergeführt, das durch Jodpentoxyd nach der Gleichung:

$$J_2O_5 + 5\,CO \rightarrow 5\,CO_2 + J_2$$

unter Ausscheidung von Jod zu Kohlendioxyd oxydiert wird. Der Sauerstoff wird dann nach M. SCHÜTZE als Kohlendioxyd gravimetrisch bestimmt. Von W. ZIMMERMANN[7] wurde das gravimetrische Verfahren in den Mikromaßstab übertragen.

---

1 KATZ, J., S. ABRAHAM u. N. BAKER: Analyt. Chemistry **26**, 1503 (1954).

2 TER MEULEN, H.: R. 1922, 509.

3 LINDNER, J., u. W. WIRTH: B. **70**, 1025 (1937); LINDNER, J., u. H. EICKHOFF: Mikrochem. **30**, 164 (1942); UNTERZAUCHER, J., u. K. BÜRGER: B. **70**, 1392 (1937); vgl. auch W. R. KIRNER: Ind. Eng. Chem., Analyt. Ed. **9**, 535 (1937).

4 MARKERT, F.: Eine neue Methode zur Bestimmung des Sauerstoffes in organischen Körpern, Inauguraldiss., Dresden 1904; BOSWELL, M. C.: Amer. Soc. **35**, 284 (1912); WALKER, W. H., u. W. A. PATRIK: Ind. Eng. Chem., Analyt. Ed. **4**, 799 (1912).

5 SCHÜTZE, M.: Z. analyt. Chem. **118**, 241 (1939).

6 WALTON, W. W., Fr. W. MCCULLOCH u. W. H. SMITH: J. Res. Nat. Bur. Stand. **40**, 443 (1948); C. 1949 II, 1325. In einer Modifikation der Methode verwenden die Autoren statt Stickstoff Helium. Das Kohlenmonoxyd wird mittels des von der Gas Chemistry Section of the Nat. Bur. Stand. entwickelten colorimetrischen Indikatorgels nachgewiesen.

7 ZIMMERMANN, W.: Z. analyt. Chem. **118**, 258 (1939).

In einer Apparatur, die zur Halbmikro-, Mikro- und Spuren-Sauerstoffbestimmung in gleicher Weise geeignet ist, hat J. UNTERZAUCHER[1], [2], [3] daraus eine blindwertfreie jodometrische Präzisionsmethode entwickelt. Die Substanz wird wie bei M. SCHÜTZE vercrackt und die Crackgase werden über auf 1120° C erhitzte Kohle geleitet. Das gebildete Kohlenoxyd wird mit Anhydrojodsäure, HJ_3O_8, oxydiert[3], die äquivalente Jodmenge in Alkali aufgefangen und nach Oxydation zu Jodat nach TH. LEIPERT[4] maßanalytisch bestimmt.

Es folgt nun die Beschreibung der jodometrischen Methode von J. UNTERZAUCHER.

Reagenzien

Reinstickstoff, in Stahlflaschen des Handels. Die beschriebene Stickstoffreinigungsanlage gestattet die Verwendung gewöhnlichen Handelsstickstoffes[5].

Paraffinöl, Paraffinum liquidum DAB.

Reduziertes Kupfer in Drahtform.

Zur Herstellung wird das in der Mikroelementaranalyse verwendete Kupferoxyd in Drahtform mit verdünnter Essigsäure in der Wärme behandelt, abfiltriert, mit destilliertem Wasser gut ausgewaschen, getrocknet und einige Stunden an der Luft geglüht. Das so erhaltene Produkt wird dann in einem Quarzrohr unter Überleiten eines langsamen Wasserstoffstromes und gerade hinreichender Erwärmung durch eine Bunsenflamme so vorsichtig reduziert, daß ein Aufglühen unter allen Umständen vermieden wird. Hierbei etwa zusammengebackene Stücke werden in einer Reibschale zerkleinert. Das frisch reduzierte Kupfer wird dann portionsweise so in das Stickstoffreinigungsrohr eingefüllt, daß keine Kanalbildung möglich ist. Nach dem Einbau des Stickstoffreinigungsrohres in die Apparatur nimmt man eine nochmalige Reduktion mit Wasserstoff vor und läßt anschließend Stickstoff nachströmen. Auf diese Weise wird eine Berührung des frisch reduzierten Kupfers mit der atmosphärischen Luft und die hierdurch bedingte Verminderung der Aktivität desselben vermieden.

Phosphorpentoxyd, wird zur Sicherung des Gasdurchganges auf ausgeglühte, hirsekorngroße Bimssteinstückchen aufgetragen.

Natronasbest, hirsekorngroß, zur Elementaranalyse.

Kontaktkohle der passenden Körnung braucht man sich heute nicht mehr auf umständliche Weise selbst zu präparieren, nachdem der von der Firma Degussa[6], Frankfurt, in Perlenform hergestellte Ruß CK 3 für den vorliegenden Zweck als vorzüglich geeignet befunden wurde. Da dieser Ruß in der zweckentsprechenden Korngröße geliefert wird, ist es nur nötig, das vorhandene feine Pulver zu entfernen und die zurückgebliebenen Kohle-

---

[1] UNTERZAUCHER, J.: B. **73**, 391 (1940).

[2] UNTERZAUCHER, J.: Mikrochem. **36/37**, 706 (1951).

[3] UNTERZAUCHER, J.: Analyst **77**, 584 (1952); Bull. soc. chim. France, C. 71 (1953).

[4] LEIPERT, TH.: Mikrochem. Pregl-Festschrift 266 (1929).

[5] Bei Versuchen mit Argon als Transportgas konnten gegenüber Stickstoff keine Vorteile festgestellt werden.

[6] Degussa, Deutsche Gold- und Silber-Scheideanstalt, vormals Roessler, Frankfurt a. M., Weißfrauenstraße 9.

körner vor dem Einfüllen in das Reaktionsrohr in einem Quarzrohr unter Durchleiten von Stickstoff etwa 8 Stunden lang bei ca. 1100° C auszuglühen. Der CK 3-Ruß ist nach dem Röntgendiagramm etwas stärker amorph als der früher verwendete Ruß VA 416 und enthält weniger Asche als dieser. Nach längerem Gebrauch nimmt die Aktivität der Kohle allmählich etwas ab. Zwecks Erreichung der hierdurch erforderlichen längeren Kontaktdauer stellt man die Geschwindigkeit des Stickstoffstromes auf etwa 8 ml pro Minute ein.

Kristallisierte Anhydrojodsäure[1]. Herstellung: Von käuflichem Jodpentoxyd (Gemisch von Anhydrojodsäure und Jodsäure) wird in Pulverform soviel in siedende 60%ige Salpetersäure portionsweise eingetragen, daß unter Fortsetzen des Kochens bei etwas ungelöst bleibendem Überschuß eine gesättigte Lösung erhalten wird. Hierbei werden von 1000 ml Salpetersäure etwa 110 g Substanz aufgenommen, wozu etwa 3 Stunden erforderlich sind. Die siedend heiße Lösung, die bei verunreinigtem Ausgangsmaterial milchig trüb erscheint, wird durch ein Glasfilter (Schott 17 G 3) filtriert und im Dunkeln bei Zimmertemperatur der Kristallisation überlassen. Das Filtrat muß vollkommen klar sein. Nach 1—2 Tagen wird die Mutterlauge abgegossen; die Kristalle werden mit 68%iger Salpetersäure gewaschen. Zwecks möglichst weitgehender Entfernung der anhaftenden Salpetersäure werden die Kristalle in einem grobporigen Glasfiltertiegel getrocknet, wozu man etwa 1 Stunde lang einen trockenen Luftstrom durch die Kristallmasse saugt. Zu diesem Zwecke werden dem Glasfiltertiegel drei Trockentürme vorgeschaltet, von denen die beiden ersten mit Chlorcalcium und der letzte mit Phosphorpentoxyd auf Bimsstein gefüllt sind. Die letzten Salpetersäurespuren entfernt man in einem Exsiccator über Phosphorpentoxyd und Ätzkali im Vakuum. Nach etwa 8 Tagen, während der man das Vakuum häufig erneuert, ist der Salpetersäuregeruch meist verschwunden. Die Trocknung ist als beendet zu betrachten, wenn eine Probe beim längeren Erhitzen auf 120° C unter Durchleiten von Stickstoff das ursprünglich reine weiße Aussehen unverändert beibehält. Eine leichte Rosatönung macht das Präparat jedoch nicht unbrauchbar. Das fertige Produkt wird in einem evakuierten Exsiccator über Phosphorpentoxyd und Ätzkali im Dunkeln aufbewahrt. Bei der Herstellung ist darauf zu achten, daß grelles Tageslicht sowie Feuchtigkeit und Staub von den Kristallen ferngehalten werden. Als Ausgangsmaterial kann auch Jodsäure oder Jodpentoxyd (J_2O_5) verwendet werden. Aus einem Ansatz mit 1000 ml 60%iger Salpetersäure werden etwa 75 g Anhydrojodsäure erhalten. Die Mutterlaugen können wieder zum Umkristallisieren verwendet werden, wobei sich die Zugabe von Ausgangsmaterial entsprechend verringert.

Zur Erzielung einer möglichst gleich großen wirksamen Oberfläche der Anhydrojodsäure in den Oxydationsrohren wird das grobe Kristallgut in einem Achatmörser zerkleinert und von der passenden Korngröße die gröberen und feineren Anteile durch zwei Siebe von 100 Maschen/qcm und 400 Maschen/qcm abgetrennt. Ein frisch beschicktes Oxydationsrohr wird in der Mikrosauerstoffapparatur solange mit dem durchströmenden Stickstoff gespült, bis sich im Leerversuch völlige Blindwertfreiheit ergibt, was 3—4 Stunden in Anspruch nimmt.

Natronlauge, verdünnt, 25 g Natriumhydroxyd werden in 100 ml Wasser gelöst.

Eisessig, p. a.

Kaliumacetat, p. a.

Brom, p. a. jodfrei.

---

[1] Siehe dazu: J. UNTERZAUCHER: Analyst **77**, 584 (1952); Bull. soc. chim. France, C. 71 (1953); Mikrochim. Acta [Wien] **1956**, 822.

Zur Herstellung der *Brom-Eisessig-Kaliumacetat-Lösung* erwärmt man 1 Liter Eisessig auf ca. 60° C und bringt darin 100 g Kaliumacetat in Lösung. Nach dem Erkalten fügt man 4 ml Brom hinzu. 10 ml-Pipette.

Ameisensäure, p. a. 98—100%.

Schwefelsäure, verdünnt aus 1 Vol. Teil Schwefelsäure und 1 Vol. Teil Wasser. 2 ml-Pipette.

Kaliumjodid, p. a. wird vor dem Einfüllen in eine braune Vorratsflasche bei ca. 120° C getrocknet.

0,02 n-Natriumthiosulfatlösung, nach S. 24 hergestellt.

Stärkelösung. Bereitung s. S. 24.

Vaseline.

Quarzfäden von ca. 0,06 mm Dicke zur Abgrenzung der Kohleschicht gegen den Crackraum des Reaktionsrohres.

Flußsäure 40%.

Watte, zum Trockenwischen des Absorptionsrohrschliffes.

Quarzwolle.

Apparatur[1]

Die in Abb. 46 gebrachte Apparatur unterscheidet sich von der ursprünglich beschriebenen durch eine vorteilhaftere Stickstoffreinigungsanlage (*1*—*7*), die es nunmehr ermöglicht, auch den gewöhnlichen Stickstoff des Handels an Stelle des früher benutzten Reinstickstoffes zu verwenden. Ferner besitzt sie für die Einstellung der Geschwindigkeit des Stickstoffstromes einen Druckregler nach F. Pregl (*3*), wodurch deren dauernde Kontrolle erspart wird und der früher verwendete Gasometer in Wegfall kommt. Außerdem wurden neuerdings das Reaktionsrohr auf 630 mm, der Kohlekontaktofen auf 200 mm verlängert.

Aus einer Stahlflasche (*1*) wird *Stickstoff* mit Hilfe des Reduzierventils (*2*) in den Druckregler (*3*) geleitet, in dem sich *Paraffinöl* als Sperrflüssigkeit befindet. Der Druckregler bietet die Möglichkeit, die gesamte Apparatur jederzeit auf ihre Dichtheit zu prüfen. Vom Druckregler gelangt der Stickstoff in das mit etwa *1,2 kg reduziertem Kupfer* in Drahtformstückchen gefüllte Stickstoffreinigungsrohr (*4*) aus Quarz. Hier werden dem Stickstoff durch eine sehr große, auf etwa 500° C erhitzte Kupferoberfläche die letzten Sauerstoffspuren entzogen. An den beiden Enden ist das Reinigungsrohr mit Dreiwegehähnen versehen, welche die Reduktion des nach längerem Gebrauch gebildeten Kupferoxydes mit Wasserstoff ermöglichen, ohne das Reinigungsrohr ausbauen zu müssen. Die Länge des Stickstoffreinigungsrohres beträgt 500 mm, der Außendurchmesser etwa 37 mm. Zur Beheizung des Stickstoffreinigungsrohres dient der elektrische Rundofen (*5*), der ununterbrochen in Betrieb gehalten wird, so daß auch während der Ar-

[1] Die Angaben der apparativen Einrichtungen entsprechen dem gegenwärtigen Entwicklungsstande der im Elementaranalysen-Laboratorium der Farbenfabriken Bayer AG., Leverkusen, im täglichen Routinebetrieb befindlichen Apparaturen.

beitspausen das Eindringen von im Stickstoff vorhandenen Sauerstoffspuren in die Apparatur vollkommen vermieden wird. Zur Erzeugung eines Temperaturgefälles ragt die Kupferfüllung an der Gasaustrittsstelle etwa 80 mm aus dem Ofen heraus. Der Ofen hat eine Länge von 380 mm, der Innendurchmesser des Heizrohres beträgt etwa 41 mm.

Vom Stickstoffreinigungsrohr gelangt der Stickstoff in den mit Paraffinöl beschickten Blasenzähler (*6*) und in das Trocken-U-Rohr (*7*), das zur ersten Hälfte mit *Natronasbest*, zur zweiten mit *Phosphorpentoxyd* auf Bimssteinstückchen aufgetragen, gefüllt ist.

Mit Hilfe dieser Stickstoffreinigungsanlage erhält man auf einfachste Weise ein absolut einwandfreies Transportgas, sofern eine maximale Ge-

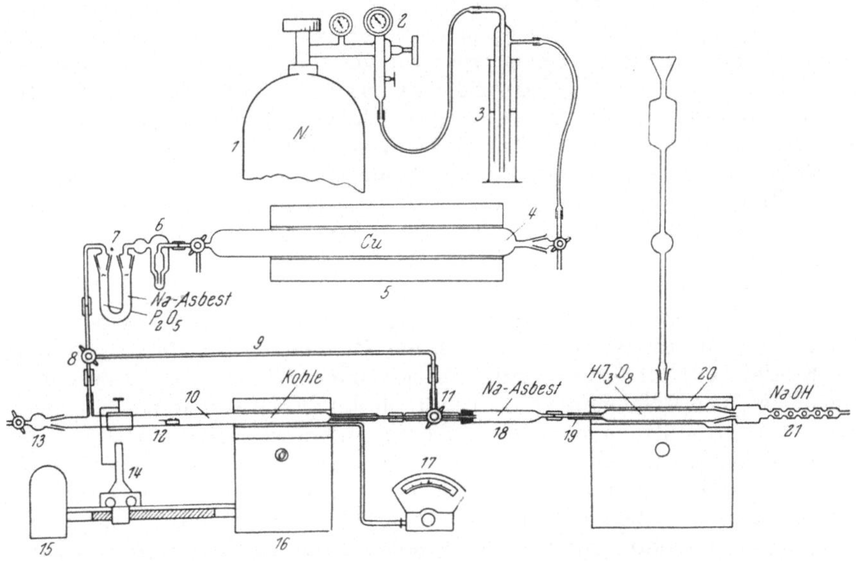

Abb. 46. Sauerstoff-Apparatur nach J. UNTERZAUCHER.

schwindigkeit des Stickstoffstromes, die weit über der angewandten Geschwindigkeit von 10 ml pro Minute liegt, nicht überschritten wird.

Der so erhaltene Reinstickstoff kann nun mittels des Dreiwegehahnes (*8*) entweder direkt durch den seitlichen Ansatz oder durch die Umkehrspülvorrichtung (*9*) und den Dreiwegehahn (*11*) in das Reaktionsrohr (*10*) geleitet werden, je nachdem, ob dasselbe von links nach rechts (Analyse) oder umgekehrt (Entlüftung) durchströmt werden soll. Diese äußerst zweckmäßige, erstmalig von H. GYSEL[1] beschriebene Einrichtung ermöglicht im Zusammenwirken mit dem Kapillarhahn der Verschlußkappe (*13*) die quantitative Entlüftung des Reaktionsrohres nach der Einführung des Substanzschiffchens (*12*) in etwa 5 Minuten.

[1] GYSEL, H.: Helv. chim. Acta **22**, 1088 (1939).

Das Reaktionsrohr (*10*) besteht aus durchsichtigem Quarzmaterial und ist an dem einen Ende mit einem Normalschliffkonus Nr. 1, an dem anderen mit einer dickwandigen Kapillare mit Schnabel[1] versehen. Vom Ansatz der Kapillare beginnend, enthält das Reaktionsrohr eine 120 mm lange und 10 mm dicke Schicht von *Kohlestückchen* in Hirsekorngröße, die an beiden Enden durch Pfropfen aus Quarzwolle bzw. Quarzfäden festgehalten wird, damit sich zwischen Rohrwandung und Kohleschicht kein Kanal bilden kann. Hier vollzieht sich bei 1120° C die quantitative Überführung des Sauerstoffes der vercrackten Substanz in Kohlenoxyd. Zwecks Reinigung werden die Reaktionsrohre vor dem Gebrauch mit *40%iger Flußsäure* behandelt, indem man dieselben mit der Säure vollgefüllt etwa 1 Stunde lang stehen läßt. Die Rohre erhalten hierdurch ein kristallklares Aussehen. Vorausgesetzt, daß zur Herstellung ein einwandfreies Quarzmaterial verwendet wurde, zeigen derart vorbehandelte Rohre bei der Arbeitstemperatur von 1120° C keine nachweisbare Reaktion des Siliciumdioxydes mit der Kontaktkohle. Reaktionsrohre, die diese Eigenschaft nicht besitzen, sind für die blindwertfreie Arbeitsweise nicht geeignet. Die Gesamtlänge des Reaktionsrohres von 630 mm verteilt sich auf den eigentlichen Rohrteil von 520 mm Länge, dessen Innendurchmesser 10 mm beträgt, auf die dickwandige Kapillare von 80 mm und auf den Schnabel von 30 mm Länge.

Wie der Autor feststellte, können durch Überhitzung bei Temperaturen um 1200° C schon in 2—3 Tagen Schädigungen an der inneren Oberfläche des Reaktionsrohres eintreten, die an der Bildung weißer Punkte entlang der Kohleschicht und gleichzeitig erscheinenden Blindwerten zu erkennen sind. Dieselben Erscheinungen, vermutlich durch Metallspuren verursacht, stellen sich zuweilen auch nach längerem Gebrauch bei der vorgeschriebenen Arbeitstemperatur von 1120° C ein. Auf die schädigende Einwirkung von Eisen auf Quarz bei hohen Temperaturen hat W. Otting[2] hingewiesen. In einzelnen Fällen gelingt es, solcherart unbrauchbar gewordene Reaktionsrohre durch mehrstündige Flußsäurebehandlung wieder gebrauchsfertig zu machen.

Die Substanzvercrackung wird vorteilhafterweise automatisch durchgeführt. Diesem Zwecke dient der mit Gas oder elektrisch geheizte bewegliche Brenner (*14*), der vom Synchronmotor (*15*) in gleichmäßigem Tempo von seinem Ausgangspunkt vor dem Substanzschiffchen zum Kohlekontaktofen (*16*) hinbewegt wird. Die Anordnung ist so getroffen, daß der Brenner die etwa 130 mm lange Strecke in 15 Minuten zurücklegt.

Der Kohlekontaktofen (*16*) dient zur Erhitzung der Kohleschicht des Reaktionsrohres auf 1120° C und besteht aus einem mit Kanthaldraht gegen die Enden zu enger umwickelten Heizrohr aus Quarz, das außen zur Verminderung der Wärmeabstrahlung mit einem dicken Asbestmantel umgeben ist.

---

[1] Reaktionsrohre für die vorliegende Methode können auch bezogen werden von der Firma Farbenfabriken Bayer AG., Leverkusen, Verkauf Chemikalien, Abt. Anorganische Pigmente.

[2] Otting W.: Mikrochem. **38**, 551 (1951).

In der Ofenmitte zwischen Heizrohr und Reaktionsrohr befindet sich die Lötstelle des Pt-PtRh-Thermoelementes, das in Verbindung mit dem Millivoltmeter (*17*) die Messung und Kontrolle der Temperatur ermöglicht. Es hat sich herausgestellt, daß die absolute Höhe der Arbeitstemperatur nicht so wichtig ist, wie die genaue Konstanthaltung derselben innerhalb eines Bereiches von $\pm$ 5° C, welche stets eingehalten werden muß. Diesem Zwecke dient am besten eine automatische Regelung, welche die Arbeitstemperatur weitestgehend konstant hält. Der von F. Pascher[1] konstruierte Energieregler, der zwischen Stromnetz und Apparatur eingebaut wird, erfüllt diese Aufgabe in sehr befriedigender Weise.

Mittlerweile sind von der Firma W. C. Heraeus, GmbH., Hanau, und anderen Apparatebaufirmen[2] Mikroverbrennungsöfen mit automatischem regulierbarem Brennervorschub auf den Markt gebracht worden, die auch mit einer selbsttätigen, für die Mikrosauerstoffbestimmung geeigneten Temperaturregelung geliefert werden können. An das Reaktionsrohr schließt sich — über den Dreiwegehahn (*11*) — das Alkalirohr (*18*) an, das mit *Natronasbest* (hirsekorngroß) gefüllt ist. Es hat den Zweck, das Kohlenoxyd von störenden Begleitgasen, wie Halogen-, Schwefel- und Stickstoffverbindungen zu befreien. Um den Übertritt von Wasser aus dem Natronasbest auf die Anhydrojodsäurefüllung des anschließenden Oxydationsrohres zu vermeiden, wird das Alkalirohr am Gasaustrittsende mit einer 20 mm langen Schicht von *Phosphorpentoxyd* auf Bimssteinstückchen beschickt. Das Alkalirohr hat eine Länge von 150 mm und einen Innendurchmesser von 10 mm.

Das anschließende Oxydationsrohr (*19*) ist mit kristallisierter *Anhydrojodsäure* gleichmäßiger Korngröße gefüllt und wird vom Eisessigheizbad (*20*) auf der Temperatur von 118° C gehalten. Hier vollzieht sich die quantitative Umsetzung des Kohlenmonoxydes mit dem Oxydationsmittel unter Entstehung von Kohlendioxyd, Wasser und Jod nach der Gleichung[3]:

$$15\,CO + 2\,HJO_3J_2O_5 = 15\,CO_2 + 3\,J_2 + H_2O$$

Die Füllung muß stets so beschaffen sein, daß keine Kanalbildung möglich ist. Das Oxydationsrohr ist an dem Gaseintrittsende mit einer dickwandigen Kapillare ausgestattet, die eine Beschleunigung des Gasstromes bewirkt, wodurch das Zurücksublimieren des freiwerdenden Jodes verhindert wird. An dem anderen Ende ist das Oxydationsrohr mit einem Normalschliffkonus Nr. 0 versehen, an den ein Röhrchen von 15 mm Länge und 3 mm Innendurchmesser angesetzt ist (Abb. 47). Dieser Röhrchenansatz reicht gerade bis zur zylindrischen Erweiterung des angeschlossenen Absorptionsrohres (*21*) (Abb. 46), worin sich ein kleiner Laugevorrat befindet, und dient dazu, das Eindringen von Joddämpfen in den Schliff auszuschließen. Das Oxydationsrohr wird so in das Eisessigheizbad gelegt, daß der erwähnte Röhrchenansatz etwa 3 mm herausragt (siehe Abb. 46). Die vorschrifts-

---

[1] Dr. F. Pascher, Mikroanalytisches Laboratorium, Bonn, Buschstr. 54.

[2] Janke und Kunkel K. G., Staufen i. Breisgau; Hans Hösli, Dr.-Ing. Chem., Bischofszell, Schweiz; Jouan, Paris. 113 Bd. St. Germain.

[3] UNTERZAUCHER, J.: Mikrochim. Acta [Wien] **1956**, 822.

mäßige Beschickung des Oxydationsrohres geht aus der Abb. 48 hervor. Da bei jeder Analyse Anhydrojodsäure verbraucht wird, kommt es allmählich infolge Verminderung der Rohrfüllung zu Kanalbildung, die Ursache zu niedriger Sauerstoffwerte sein kann. Abhilfe: rechtzeitiges Nachfüllen.

Die im Oxydationsrohr (*19*) frei werdenden Jodmengen werden vom Stickstoffstrom in das Absorptionsrohr (*21*) übergeführt und in der darin befindlichen *Natronlauge* aufgefangen. Oxydationsrohr und Absorptionsrohr werden mittels eines trockenen Normalschliffes miteinander verbunden. Zwecks besserer Verteilung der Natronlauge ist das Absorptionsrohr mit seitlichen Einbuchtungen versehen. Außerdem besitzt es eine zylindrische Erweiterung, die den Zweck hat, das Eindringen der Natronlauge in die

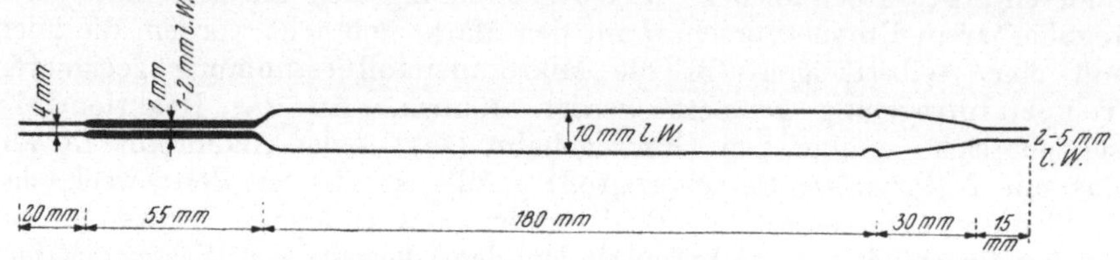

Abb. 47. Oxydationsrohr: Abmessungen.

trockene Schliffverbindung zum Oxydationsrohr zu verhindern. Die Gesamtlänge des Absorptionsrohres beträgt 230 mm. Davon entfallen auf den Schliffteil 30 mm, auf die Verlängerung des Schliffteiles bis zur zylindrischen Erweiterung 12 mm, auf die zylindrische Erweiterung 38 mm und auf das eigentliche Rohr mit Schnabel 150 mm. Der Innendurchmesser

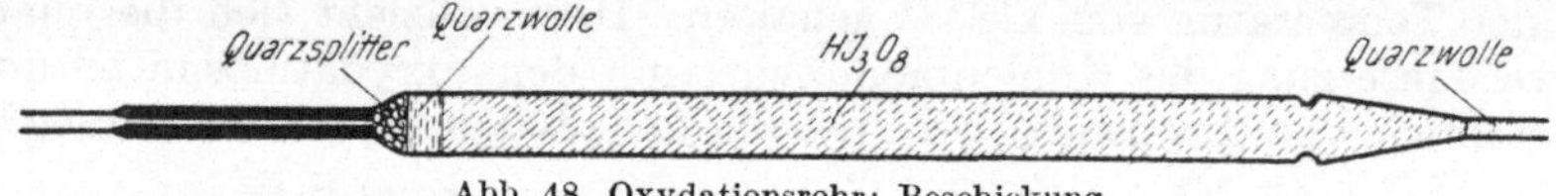

Abb. 48. Oxydationsrohr: Beschickung.

des mit den Einbuchtungen versehenen Rohrteiles beträgt etwa 9 mm, der des erweiterten Teiles etwa 14 mm.

Die einzelnen Apparateteile sind teils durch verkittete Normalschliffe, teils durch Gummischlauchstücke miteinander gasdicht verbunden. Zum Gleitendmachen der Gummischlauchstücke wird hier nicht Glycerin, sondern Vaseline verwendet.

Alle Glasteile und das Stickstoffreinigungsrohr werden vor dem Gebrauch mit Chromschwefelsäure gereinigt, mit destilliertem Wasser gewaschen und sorgfältig getrocknet. Das Reaktionsrohr dagegen wird der erwähnten Flußsäurebehandlung unterzogen. Bei der Außerbetriebsetzung der Apparatur zu Arbeitschluß wird der Dreiwegehahn (*11*) gegen das Alkalirohr (*18*) (Abb. 46) geschlossen, das Reduzierventil (*2*) abgestellt, alle Heizvorrichtungen außer dem Stickstoffreinigungsofen (*5*) ausgeschaltet und das Oxydationsrohr mit einer Schliffkappe verschlossen. In diesem Zustande kann weder beim Abkühlen noch beim automatischen Aufheizen der Öfen am Morgen des folgenden Tages Luft oder Feuchtigkeit in die Apparatur gelangen.

Inbetriebnahme und Kontrolle der Apparatur

Eine neue Mikrosauerstoffapparatur wird zunächst mit Stickstoff luftfrei gespült, wobei mit Ausnahme des Stickstoffreinigungsrohres alle Teile der Apparatur auf Zimmertemperatur belassen bleiben. Hernach werden bei eingeschalteter Stickstoffumkehrspülung die übrigen Heizvorrichtungen auf die erforderlichen Temperaturen gebracht und der leere Teil des Reaktionsrohres vom Kohlekontakt beginnend bis zum Schliffende mit einem starken Bunsenbrenner erhitzt, um alle noch aus der Kohle kommenden Fremdstoffe aus dem Rohr zu entfernen. Erst wenn dies geschehen ist, schaltet man den auf 10 ml/Minute eingestellten Stickstoffstrom auf Durchgang durch die gesamte Apparatur und führt nach 1—2 Stunden Spülens einen der Analyse analogen Leerversuch durch. Bleibt hierbei die zum Schluß der Bestimmung zu titrierende Lösung nach der Stärkezugabe mehrere Minuten lang farblos, dann ist die Apparatur als „blindwertfrei“ zu betrachten. Anderenfalls ist das Ausglühen der Kontaktkohle unter Stickstoffdurchleiten solange fortzusetzen, bis der Leerversuch Blindwertfreiheit anzeigt. Im Zustande der Blindwertfreiheit werden bei der Analyse reiner Testsubstanzen ohne jede Korrektur Sauerstoffwerte erhalten, die von den berechneten meist nicht mehr als 0,1% absolut abweichen. In keinem Falle erfolgt ein Abzug vom Resultat. Die Prüfung des Alkali- und Oxydationsrohres auf einwandfreie Funktion erfolgt durch einen Leerversuch, bei dem der Stickstoffstrom unter Umgehung des Reaktionsrohres (Abb. 46) über das Rohr (*9*) der Umkehrspülvorrichtung durch die Apparatur geleitet wird. Zwecks Vermeidung eines zu großen Jodkaliumüberschusses werden beim Leerversuch von diesem Reagens nicht 300 mg wie bei der Analyse, sondern nur 10—15 mg zur Jodfreimachung vor der Titration verwendet.

Ausführung und Substanzeinwaage

Die Menge der einzuwägenden Substanzmenge (2—5 mg) richtet sich nach dem vermuteten Sauerstoffgehalt und wird so gewählt, daß man bei der Titration mit einer einzigen Bürettenfüllung auskommt. Anderenfalls werden durch eintretende Jodverluste und Ablesefehler unbrauchbare Resultate erhalten. Feste Substanzen werden in Schiffchen und flüssige in Kapillaren eingewogen (S. 57); ein Austreibungsmittel ist nicht erforderlich. Zur Vermeidung von Substanzverlusten durch den Spülstrom wird das Reaktionsrohr bei flüssigen, leicht flüchtigen und Kristallwasser enthaltenden Substanzen während der Entlüftung an der Stelle, wo sich das Substanzschiffchen befindet, mit Trockeneis gekühlt.

Zu Beginn der Analyse wird der Stickstoffstrom mittels der Dreiwegehähne (*8* und *11*) auf Umkehrspülung des Reaktionsrohres gestellt, die Substanz eingeführt und die Verschlußkappe (*13*) mit geöffnetem Hahn aufgesetzt. Nach einer Spülzeit von 5 Minuten, während welcher das Absorptionsrohr innen mit verdünnter Natronlauge benetzt und an das Oxydationsrohr angeschlossen wird, ist das Reaktionsrohr luftfrei. Nun wird der Hahn an der Verschlußkappe geschlossen, der Stickstoffstrom auf Durchgang durch die Apparatur gestellt und der bewegliche Brenner in Betrieb gesetzt. Während sich dieser in etwa 15 Minuten zum Kontaktofen hinbewegt, findet die Vercrackung der Substanz und die Umsetzung des Kohlenoxyds statt. Anschließend wird der bewegliche Brenner abgedreht und die Apparatur zwecks quantitativer Überführung der Joddämpfe in das Absorptionsrohr noch 5 Minuten in Gang gehalten. Hernach wird das Absorptionsrohr abgenommen und sein Inhalt mit destilliertem Wasser in ein weithalsiges 200 ml fassendes Kölbchen gespült. Nun fügt man *10 ml der Brom-Eisessig-Kaliumacetat-Lösung* hinzu, schwenkt um und setzt tropfenweise soviel *Ameisensäure* zu, daß die Färbung durch das Brom unter Umschütteln verschwindet. Nach etwa 3—4 Minuten fügt man *2 ml verdünnte Schwefelsäure* und etwa *300 mg festes Kaliumjodid* hinzu, schwenkt kurz um und titriert rasch mit *0,02 n Natriumthiosulfat* bis zum schwachgelben Farbton. Anschließend titriert man mit *Stärke* als Indikator zu Ende. Zur Dosierung der Jodkaliumzugabe von 300 mg bedient man sich mit Vorteil eines an einem Glasstab angeschmolzenen Glasnäpfchens, dessen Fassungsvermögen rund 0,16 ml beträgt.

Das Volumen der zu titrierenden Lösung soll stets etwa 120 ml betragen.

Die Genauigkeit der Methode bei Mikroeinwaagen beträgt $\pm$ 0,2% absolut. Auch mit Substanzmengen bis herunter auf etwa 0,3 mg können noch brauchbare Analysen durchgeführt werden, sofern das Substanzgewicht mit hinreichender Genauigkeit bestimmt werden kann. Man titriert dann mit 0,01 *n*-Natriumthiosulfat. Bei der Bestimmung kleinster Sauerstoffmengen in an sich sauerstofffreien Substanzen werden 20 mg und mehr verwendet. Hierbei läßt sich eine Genauigkeit von etwa $\pm$ 2% relativ erreichen. Im kontinuierlichen Betrieb benötigt man für eine Analyse kaum 30 Minuten.

Berechnung:

1 ml 0,02 *n*-Natriumthiosulfat entspricht 0,1333 mg Sauerstoff

$$\% \, O = \frac{\text{ml } 0{,}02\, n\text{-}Na_2S_2O_3 \,.\, 0{,}1333 \,.\, 100}{\text{mg Substanzeinwaage}}$$

Bemerkung: Die Methode ist ohne Schwierigkeiten anwendbar auf organische Substanzen, welche die Elemente Kohlenstoff, Wasserstoff, Stickstoff, Chlor, Brom, Jod, Arsen und Quecksilber enthalten. Bei Gegenwart von Schwefel werden korrekte Sauerstoffwerte erhalten, wenn die Schwefelgehalte nicht zu hoch und die Sauerstoffgehalte nicht zu gering sind, wie z. B. bei Sulfanilsäure und Benzolsulfamid. Bei manchen Schwefel enthaltenden Substanzen dagegen werden bei Ausführung einer Analysenserie ansteigende, über die zulässige Fehlergrenze hinausgehende Sauerstoffwerte erhalten (Mercaptane, Thioharnstoff). Hierdurch wird meist eine vorübergehende Störung der Apparatur verursacht, die jedoch durch längeres Leerlaufenlassen wieder beseitigt wird. Nach Untersuchungen von A. O. Maylott[1] u. a. entstehen aus schwefelhaltigen Verbindungen Schwefelwasserstoff, Schwefelkohlenstoff und Kohlenoxysulfid, von denen

[1] Maylott, A. O., u. J. B. Lewis: Analyt. Chemistry **22**, 1051 (1950).

Schwefelkohlenstoff und Kohlenoxysulfid durch eine Natronasbest- oder Kaliumhydroxydvorlage nicht zurückgehalten werden und aus Anhydrojodsäure Jod freimachen. Die Autoren empfehlen eine mit flüssigem Stickstoff gekühlte Schlange zwischenzuschalten.

I. J. Oita und H. S. Conway[1] entfernen den Schwefel aus dem Gasgemisch, indem sie den aus dem Platin-Kohlekontakt (900° C) kommenden Gasstrom in einem anschließenden Rohr über auf 900° C erhitztes Kupfer leiten. Hierbei werden die Schwefelverbindungen zersetzt und der Schwefel durch Kupfer zurückgehalten.

Substanzen, die Phosphor oder Fluor enthalten, können nicht mit Erfolg analysiert werden. Neuerdings hat L. Mázor[2] ein Verfahren zur Sauerstoffbestimmung in Fluor enthaltenden Substanzen angegeben, wobei er die störende Wirkung des Fluorwasserstoffes dadurch beseitigt, daß er in das Reaktionsrohr eine Magnesiumnitritschicht einbringt, wodurch das Fluor in hitzebeständiger Form gebunden wird.

Die vorliegende jodometrische Methode ist auch anwendbar auf organische Metallsalze, sofern die den Salzen zugrunde liegenden Metalloxyde unter den gegebenen Bedingungen durch Kohle reduziert werden. Es gelingt auch, den Sauerstoff in Kaliumsulfat zu bestimmen, wenn entweder nach M. Schütze Kohlepulver oder nach J. Unterzaucher eine sauerstofffreie Substanz (Indulinbase) zur Analysensubstanz hinzugefügt wird, die zunächst schmilzt, hierbei die Analysensubstanz durchdringt und beim Vercracken reichlich Kohlenstoff im Substanzschiffchen abscheidet.

Bemerkung:

In verschiedenen Laboratorien gelingt es nicht, die vorstehend als blindwertfrei arbeitende Methode vollkommen blindwertfrei zu gestalten. So war es, wie Herr Prof. Dr. H. Lieb dem Verfasser mitteilt, bisher im Pregl-Institut nicht möglich, den Blindwert vollständig zu eliminieren. Vergl. auch: Report of Discussion at the Meeting of the American Chemical Society, Chicago, September 1950[3].

Weitere Methoden zur direkten Sauerstoffbestimmung: I. J. Oita und H. S. Conway[4] verwenden in einer Modifikation der Methode von M. Schütze an Stelle von reiner Kohle ein Gemisch von Kohle und Platin zu gleichen Teilen, wobei sie mit einer Arbeitstemperatur von 900° C anstatt 1120° C auskommen. Diese Neuerung ist inzwischen von F. H. Oliver[5] auf die Methode von J. Unterzaucher übertragen worden. Weitere Methoden, die sich auf die von J. Unterzaucher beziehen, siehe Anm. 6.

[1] Oita, I. J., u. H. S. Conway: Analyt. Chemistry **26**, 600 (1954).

[2] Mázor, L.: Mikrochim. Acta [Wien] **1956**, 1757.

[3] Analyt. Chemistry **23**, 530 (1951).

[4] Oita, I. J., u. H. S. Conway: Analyt. Chemistry **26**, 600 (1954).

[5] Oliver, F. H.: Analyst **80**, 593 (1955).

[6] Elving, P. J., u. W. B. Ligett: Chem. Rev. **34**, 129 (1944); Aluise, V. A., R. T. Hall, F. C. Staats u. W. W. Becker: Analyt. Chemistry **19**, 347 (1947); Chambers, W. T.: Rubber Technology Conference, London, June 23—25 (1948); Dinerstein, R. A., u. R. W. Klipp: Analyt. Chemistry **21**, 545 (1949); Berret, R., u. P. Poirier: Bull. soc. chim. France **16**, D 539 (1949); Renard, M., u. J. Jadot: Meded. Vlaamsche Chem. Ver. **12**, 48 (1950); Rubber Chem.

Kürzlich beschrieb K. Bürger[1] eine Modifikation der Schütze-Unterzaucher-Methode, die darauf beruht, daß an Stelle von Stickstoff nun Wasserstoff als Trägergas verwendet wird. Dadurch ist es möglich, bei der direkten Sauerstoffbestimmung sämtliche organische Schwefelverbindungen, Organometallverbindungen und Metallsalze, soweit die Metallkomponente überhaupt durch Wasserstoff freigesetzt werden kann, zu bestimmen. Durch diesen beachtlichen Fortschritt für schwefelhaltige Substanzen konnten Störungen durch Fluor noch nicht behoben werden.

Die Bestimmung von Stickstoff

Nach den heute gebräuchlichen Methoden bestimmt man den Stickstoff entweder nach trockener Verbrennung der Substanz als Gas volumetrisch nach Dumas-Pregl oder man reduziert die Stickstoffverbindung auf nassem Wege durch Aufschluß mit Schwefelsäure unter Zugabe von Katalysatoren (evtl. Reduktionsmittel) nach C. Kjeldahl zu Ammoniak, das maßanalytisch oder kolorimetrisch bestimmt wird. Nach H. ter Meulen und J. Heslinga[2] ist es ferner möglich, die Verbrennungsgase stickstoffhaltiger Substanzen im Wasserstoffstrom über mit Thoriumoxyd aktiviertem Nickel zu Ammoniak zu reduzieren und dieses acidimetrisch zu bestimmen. Diese Methode findet jedoch nur für besondere Untersuchungen Anwendung, wie z. B. zur Bestimmung kleiner Mengen Stickstoff in technischen Produkten.

Während nach dem Dumas-Pregl-Verfahren unter Einbeziehung ergänzender Maßnahmen und Methoden, auf die weiter unten eingegangen wird, auch sehr stickstoffreiche wie zu „Stickstoffkohlebildung" neigende Substanzen richtig analysiert werden können, führt die Mikro-Kjeldahl-Methode nur bei jenen Verbindungen zu zuverlässigen Werten, in denen die Ammoniakform in einer zur Ammoniakbildung geeigneten Bindung vorliegt oder der Stickstoff in diese durch Reduktionsmittel sicher übergeführt werden kann.

Wenn nachstehend die Pregl-Methode in der für die automatische Verbrennung erforderlichen Abänderung durch W. Zimmermann[3] beschrieben wird, so glaubt der Verfasser dazu deshalb berechtigt zu sein, weil die automatische Methode auf Pregls Grundlagen und Erkenntnissen aufgebaut ist. Daß in gewissen Fällen auf Pregls für die damalige Zeit vollendete Arbeits-

---

Technol. **23**, 727 (1950); Harris, C. C., D. M. Smith u. J. Mitchell, jun.: Analyt. Chemistry **22**, 1297 (1950); Round Table Discussion: Analyt. Chemistry **23**, 530 (1951); Levy, R.: Bull. soc. chim. France, M. **1952**, 672; Schöniger, W.: Mikrochim. Acta [Wien] **1954**, 320; Lacourt, A.: Mikrochim. Acta [Wien] **1954**, 735; Moelants, L. J., u. W. Wesenbeek: Mikrochim. Acta [Wien] **1954**, 738; Hintermaier, A., u. R. Grützner: Mikrochim. Acta [Wien] **1955**, 944; Schöniger, W.: Mikrochim. Acta [Wien] **1956**, 863.

[1] Bürger, K.: Mikrochim. Acta [Wien] **1957**, 312.

[2] ter Meulen, H., u. J. Heslinga: Neue Methoden der organisch-chemischen Analyse, Leipzig 1927; ter Meulen, H.: Bull. soc. chim. Belgique **49**, 103 (1940).

[3] Zimmermann, W.: Mikrochem. **31**, 42 (1944).

technik zurückgegriffen werden muß, wird im weiteren Teil dieses Abschnittes gezeigt.

Da aber die automatische Verbrennung rascher ist, bei den weitaus meisten Substanzen zu zuverlässigen Stickstoffwerten führt und für angelernte Hilfskräfte einfach durchzuführen ist, wird diese Methode heute allgemein angewandt. Bei der Beschreibung des Prinzips der Dumas-Pregl-Methode wird auf die für die automatische Verbrennung erforderlichen Abänderungen gegenüber der früheren manuellen Analysenvorschrift hingewiesen.

Bestimmung von Stickstoff nach DUMAS-PREGL in dem Automaten nach W. ZIMMERMANN[1]

Die Substanz wird in einem Rohr, aus dem die Luft durch Kohlendioxyd vollständig verdrängt wurde, mit Kupferoxyd gemischt verbrannt und der Stickstoff in einer Gasbürette (Azotometer) über Kalilauge gesammelt. Neben Stickstoff und Stickoxyden enthalten die Zersetzungsprodukte Kohlenoxyd, Kohlendioxyd, Sauerstoff und Wasser. Ferner können die Verbrennungsgase noch enthalten: Halogene, Halogenwasserstoff, Schwefeldioxyd und -trioxyd. Diese Gase streichen über glühendes metallisches Kupfer und Kupferoxyd. Durch das Kupfer werden die Stickoxyde in Stickstoff und Sauerstoff zerlegt, wobei letzterer mit eventuell noch anderem, in den Verbrennungsgasen enthaltenen Sauerstoff mit dem Kupfer Kupferoxyd bildet. Das Kohlenoxyd wird durch das glühende Kupferoxyd auf seinem weiteren Weg zu Kohlendioxyd oxydiert, wozu eine bestimmte Berührungsdauer mit dem Oxydationsmittel notwendig ist. Das Wasser und die Verbrennungsprodukte aus halogen- und schwefelhaltigen Verbindungen gelangen, sofern letztere nicht von der Rohrfüllung gebunden werden, in die als Sperrflüssigkeit des Azotometers verwendete Lauge, von der sie aufgenommen werden-

Die Unterschiede zwischen der früheren Analysenmethode nach F. PREGL und der zurzeit allgemein angewandten Ausführung mit selbsttätigem Vorschub des Verbrennungsofens bestehen im wesentlichen darin, daß nach F. PREGL die Substanz in einem einseitig geschlossenen Rohr verbrannt wird. Dabei muß die Verbrennung so gesteuert werden, daß in das Azotometer nicht mehr als 1 Blase in 1½ Sekunden eintritt. Auch während des anschließenden Übertreibens des Stickstoffes in das Azotometer ist, wenigstens in der ersten Zeit, diese Blasenfolge beizubehalten. Temperatur und Durchzug der Verbrennungsgase durch die glühende Rohrfüllung sind in so vollendeter Weise aufeinander abgestimmt, daß nur Stickstoff neben Kohlendioxyd in das Azotometer gelangt. Das Verbrennen der Substanz erfordert allerdings neben dauernder Beobachtung des Azotometers eine gewisse Geschicklichkeit im Vorrücken des Brenners.

Die mühevollen Erfahrungen F. PREGLS werden hier deshalb in Erinnerung gebracht, weil gelegentlich, wenn auch selten, Substanzen zur Ana-

[1] ZIMMERMANN, W.: Mikrochem. **31**, 42 (1944).

lyse kommen, die nur bei langsamer Analysendurchführung richtige Stickstoffwerte geben (siehe Bemerkungen S. 104).

Zufolge der sehr unterschiedlichen Zersetzung der Substanzen in der Kupferoxydmischung ist es nicht möglich, diese Art der Verbrennung automatisch durchzuführen.

W. ZIMMERMANN verbrennt daher die Substanz in dem verschlossenen Rohr und fängt das dabei entstehende Rohgas in einem Druckausgleichgefäß vor dem Verbrennungsrohr auf. Anschließend wird das Rohgas mit Kohlendioxyd über die glühende Rohrfüllung in das Azotometer geleitet. Um Zeit einzusparen, wird auch die Austreibperiode nach der Verbrennung verkürzt, was dadurch möglich ist, daß das Rohgas bereits bei der Verbrennung durch die glühende Kupferoxydzone des beweglichen Brenners gedrückt wird.

Reagenzien

Kohlendioxyd, frei von Luft. Man gewinnt es durch Vergasen von fester Kohlensäure (Trockeneis) des Handels. Kohlensäureschnee kann man auch aus einer Kohlensäureflasche bereiten, wenn die Flasche „auf den Kopf gestellt" wird. Bei gelegentlichem Gebrauch kann man Kohlendioxyd auch durch dessen Freisetzung aus Carbonaten[1] bzw. Carbonatlösungen[2] herstellen.

Marmor (feinporig, haselnußgroß). Über Präparieren für den Kippschen Apparat s. S. 93.

Salzsäure (1:1).

Kupferoxyd. Es werden zwei Größen benötigt, die man sich aus drahtförmigem Kupferoxyd durch Zerdrücken in einer Porzellanreibschale und anschließendes Absieben bereitet. Das grobe Kupferoxyd besteht aus 4—8 mm langen Stücken. Feines Kupferoxyd wird daraus durch Zerreiben bis zur körnigen Güte bereitet. Es wird für das Einbringen der Substanz in das Verbrennungsrohr und als bewegliche Füllung benützt.

Der nach jeder Analyse aus dem Rohr zu entfernende Teil der Füllung wird in einem Pulverglas aufbewahrt und in größeren Mengen, die aus 5—10 Rohrfüllungen gesammelt werden, in einer Nickel- oder V^2A-Stahlschale 15 Minuten lang mit einer Bunsenbrennerflamme oder in einem elektrischen Ofen geglüht[3]. Nach dem Erkalten trennt man durch ein feinmaschiges Sieb die groben von den feinen Anteilen und füllt sie in Vorratsgefäße, in denen sie für weitere Analysen bereit sind.

Metallisches Kupfer stellt man, wie beschrieben wird (S. 96), jeweils bei der Füllung des Rohres durch Reduktion groben Kupferoxydes mit Wasserstoff her. Bei großem Bedarf empfiehlt es sich, gleich die erforderliche Menge Kupferoxyd in einem Verbrennungsrohr mit Wasserstoff auf Vorrat zu reduzieren.

50%ige Kalilauge, nichtschäumend: 200 g Kaliumhydroxyd (Stangen- oder Plätzchenform) werden in 200 ml Wasser gelöst und mit 5 g feingepul-

---

[1] SCHÖLLER, A.: Z. angew. Chem. **34**, 586 (1921).
[2] REIHLEN, H.: Ber. dtsch. chem. Ges. **72**, 112 (1939).
[3] OTTING, W.: Chem. Ing. Techn. **6**, 348 (1942).

vertem Bariumhydroxyd versetzt, das den Zweck hat, Schwebeteilchen, die Schäumen verursachen und das Hochsteigen der Mikroblasen behindern, abzutrennen. Man schüttelt um und läßt eine Viertelstunde lang stehen, um die Hauptmenge der ausgeschiedenen Trübung absitzen zu lassen. Sodann gießt man die Lösung durch einen Trichter mit gewöhnlichem trockenem Filtrierpapier in eine Vorratsflasche, die man mit einem Gummistopfen verschließt. Man kann die Lauge auch zentrifugieren.

W. LANGENBECK[1] filtriert die warme Lauge durch ein Frittenfilter und dekantiert nach dem Abkühlen vom Bodensatz.

Apparatur

und ihre Beschreibung (Abb. 49): Die Apparatur besteht aus der Kohlendioxydquelle, dem Druckausgleichgefäß, dem Verbrennungsrohr mit Automaten und dem Azotometer.

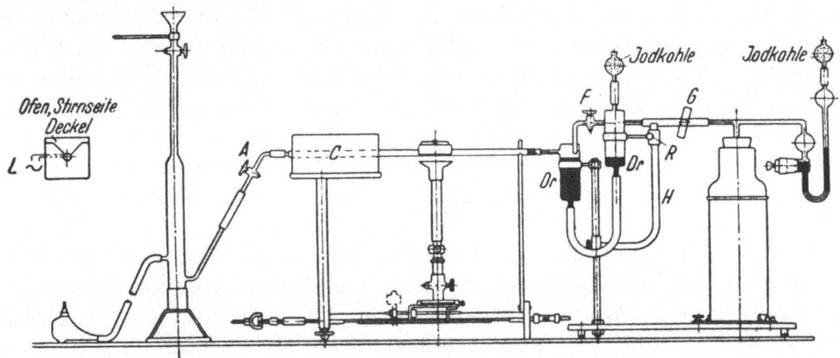

Abb. 49. Apparatur zur automatischen Stickstoffbestimmung nach W. ZIMMERMANN. A = Zwischenstück mit Hahn; C = Langofen; Dr = Druckausgleichgefäße; F = Absperrhahn; G = Schraubenquetschhahn; H = Halterung; R = Rändelschraube.

Kohlendioxydquelle: Für die Genauigkeit der Analyse ist es belanglos, ob das Kohlendioxyd einem Kippschen Apparat oder einem Dewar-Gefäß mit Kohlensäureschnee entnommen wird. Werden nur gelegentlich Stickstoffanalysen ausgeführt und steht kein Kohlensäureschnee zur Verfügung, so kann man ebenso gut das Kohlendioxyd dem Kippschen Apparat entnehmen, der, wenn er bereits in Gebrauch war, nach 3—5maligem „Entlüften" sogleich „ideale" Mikroblasen gibt. Im kontinuierlichen Betrieb hingegen wird man das feste Kohlendioxyd als Gasquelle bevorzugen, da die Füllung eines 750 ml Dewar-Gefäßes für etwa 5 Tage reicht[2].

Kippscher Apparat, seine Füllung und das Präparieren des Marmors: Das Kohlendioxyd, das praktisch frei von Luft sein muß, soll bis auf einen kaum sichtbaren Rest (Mikroblasen) durch 50%ige Kalilauge absorbiert werden. Diesem Umstand hat man sowohl bei der Füllung als auch während des Gebrauches besondere Aufmerksamkeit zu schenken.

[1] LANGENBECK, W.: Chem. Fabrik **8**, 384 (1935).
[2] ZIMMERMANN, W.: Mikrochem. **31**, 42 (1943).

Der Marmor wird auf Haselnußgröße zerklopft, mit verdünnter Salzsäure (1:1) angeätzt, gewaschen, mit Wasser überschichtet und 10 Minuten ausgekocht. Nach dem Abkühlen bringt man ihn in einen großen Exsiccator und überschichtet ihn mit Calziumchloridlösung, die man aus dem erschöpften Kippschen Apparat abgehebert und mit einigen Stücken Marmor neutralisiert hat[1]. Der Exsiccator wird an der Wasserstrahlpumpe evakuiert. Treten nach ½—1 Stunde keine Luftblasen mehr aus dem Marmor, wird das Vakuum langsam aufgehoben, wobei die Calciumchloridlösung in die Poren eindringt. Um die letzten Luftreste zu entfernen, wird noch einmal 30 Minuten lang evakuiert. Nach dem Aufheben des Vakuums ist der Marmor für die Füllung des Kippschen Apparates bereit[2].

Um alle Luft möglichst rasch aus dem Kippschen Apparat (3 Liter Inhalt) zu entfernen, bringt man an das eine Ende des Ableitungsrohres mit Glashahn ein hakenförmig gebogenes Glasrohr mittels eines kurzen Schlauchstückes so an, daß das Gas vom höchsten Punkt der mittleren Kugel entnommen wird (Abb. 50).

Um ein Herabfallen kleinerer Marmorstückchen in die untere Kugel zu vermeiden, werden auf den Boden der mittleren Kugel kurz geschnittene Glasstäbe gelegt, die einer Leder- oder Kautschukscheibe vorzuziehen sind[3]. Dann bringt man in die mittlere Kugel bis zum seitlichen Tubus den präparierten Marmor, setzt den glycerinierten Gummistopfen mit dem durchgesteckten Glasrohr in den Tubus fest ein und sichert ihn mit Draht.

Die Zuleitung des Kohlendioxyds zur Druckausgleichvorrichtung erfolgt durch das Ableitungsrohr mit Glashahn. An dem Glasrohr nach dem Glashahn befindet sich eine kugelförmige Erweiterung, die wieder in ein Glasrohr gleichen Durchmessers übergeht. Die Kugel füllt man mit Watte, um von dem Kohlendioxyd mitgerissene Salzsäuredämpfe zurückzuhalten. Der erweiterte Glasansatz einer dickwandigen Kapillare wird mit einem straff sitzenden, mit Glycerin befeuchteten, 50—70 mm langen Druckschlauch an das Ableitungsrohr des Kippschen Apparates Glas-an-Glas angeschlossen. Das andere Ende der Kapillare, das in einer konisch verjüngten Spitze endet, wird mit der Druckausgleichvorrichtung verbunden. Zur Kohlendioxydentwicklung werden in den Kippschen Apparat 1½ l rauchende Salzsäure und das gleiche Volumen Wasser gebracht. Außer der unteren Kugel soll noch etwa ein Drittel der oberen Kugel damit gefüllt sein.

Entlüften des Kippschen Apparates: Öffnet man den Hahn *H* (Abb. 50) eines frisch gefüllten Apparates, so entweicht Luft aus der mittleren Kugel und die Entwicklung von Kohlendioxyd kommt in Gang. Dieses Gas entspricht zunächst noch bei weitem nicht den hohen Anforderungen zur Stickstoffbestimmung, denn die Salzsäure enthält stets Luft gelöst, die sich dem entwickelten Kohlendioxyd beimengt. Um die Säure möglichst rasch mit Kohlendioxyd zu sättigen, läßt man zwei oder drei haselnußgroße Marmorstücke von der oberen Kugel aus in das Steigrohr gleiten, wo sie

---

[1] Zur Füllung neuer Kippscher Apparate bereitet man sich die Lösung aus verdünnter Salzsäure und Marmor.

[2] Eine sehr ähnliche Vorbehandlung des Marmors empfiehlt auch A. FRIEDRICH: Mikrochem. **10**, 358 (1932).

[3] Die Firma P. Haack, Wien, liefert einen durchlochten Glaszylinder, der am Boden der mittleren Kugel über das Steigrohr gezogen wird.

vorübergehend steckenbleiben und hinreichende Mengen Kohlendioxyd entwickeln. Hierbei werden die in der Salzsäure gelösten Anteile der Luft namentlich dann vollständig entfernt, wenn man durch wiederholtes Öffnen und Schließen des Hahnes immer neue Säure in die obere Kugel hochsteigen läßt.

Vorläufige Prüfung auf Mikroblasen: Läßt man nach Ablauf der Wartezeit Kohlendioxyd aus dem Kippschen Apparat in das Azotometer eintreten, so werden die Blasen fast vollständig von der Kalilauge absorbiert, das heißt, die eintretenden Blasen verschwinden bis auf einen kaum sichtbaren Rest. Leitet man die Mikroblasen eine halbe Stunde lang mit der Geschwindigkeit von einer Blase je Sekunde in das Azotometer ein, so darf noch keine Gasblase unter dem Azotometerhahn sichtbar sein.

Von verschiedenen Kippschen Apparaten[1] ist der von FR. HEIN[2] sehr brauchbar. Er ermöglicht, die ständige Berührung der Säure mit der atmosphärischen Luft auszuschließen (Abb. 50). Einerseits wird der Gasraum der oberen Kugel gegen die Zimmerluft durch ein Quecksilberventil abgeschlossen und andererseits der Gasraum der mittleren Kugel mit dem der oberen Kugel durch eine Rohrleitung mit Glashahn verbunden. Bei sachgemäßer Bedienung kann man sehr rasch zu luftfreier Kohlensäure kommen, ja solche gewissermaßen auf Vorrat halten. Die Handhabung erfordert jedoch Umsicht und Erfahrung.

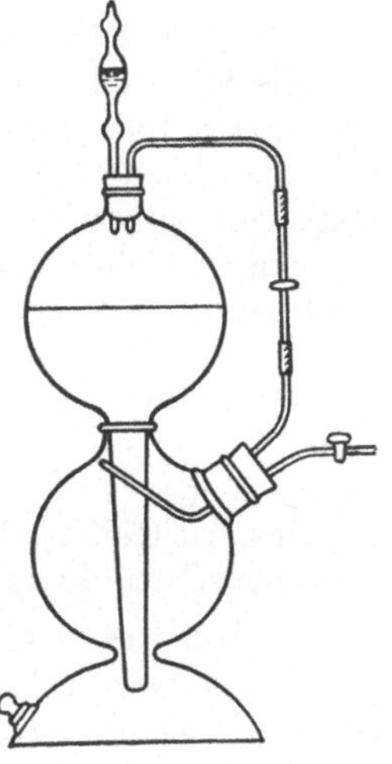

Abb. 50. Kippscher Apparat nach FR. HEIN mit Quecksilber-Glassinter-Ventil.

Ein weiteres Gerät zur Kohlendioxydentwicklung beschreibt H. REIHLEN[3], das aus dem Apparat von E. J. POTH[4] entwickelt wurde. Das Kohlendioxyd wird dabei in einem gegen Luft abgeschlossenen Apparat aus Kaliumhydrogencarbonat mit Schwefelsäure frei gemacht.

Das Dewar-Gefäß. Als Kohlendioxydentwickler dient eine Thermosflasche von 750 ml Inhalt[5]. Sie wird fast bis zum Rande mit pulverförmigem oder aus Preßstangen zerstoßenem Kohlendioxyd gefüllt. Den Verschluß bildet ein einfach durchbohrter Gummistopfen, der ein T-Rohr trägt. Der eine kapillare Schenkel des T-Rohres ist mittels eines Schlauches (Quetschhahn) mit dem Druckausgleichgefäß verbunden. An den anderen Schenkel ist ein Quecksilbermanometer angeschmolzen.

Um die durch das vergasende feste Kohlendioxyd auftretende unerwünschte Drucksteigerung im Manometer sicher zu verhindern, befinden sich an dem Schenkel des Quecksilbermanometers zwei hintereinander geschaltete Glasfritten[6]. Sie bewirken, daß bei steigendem Gasdruck durch

---

[1] FURTER, M., u. G. BUSSMANN: Helv. Chim. Acta **32**, 993 (1949).
[2] HEIN, FR.: Z. angew. Chem. **40**, 864 (1927).
[3] REIHLEN, H.: Ber. dtsch. chem. Ges. **72**, 112 (1939).
[4] POTH, E. J.: Ind. Eng. Chem., Analyt. Ed. **3**, 202 (1931).
[5] HERSHBERG, E. W., u. G. W. WELLWOOD: Ind. Eng. Chem., Analyt. Ed. **9**, 303 (1937).
[6] Jenaer Glaswerk Schott & Gen., Mainz.

das Sinken des Quecksilbermeniskus im linken Manometerschenkel die Frittenoberfläche für den Durchgang von Kohlendioxydgas mehr freigelegt wird, wodurch der Gasdruck wieder sinkt. Es wird durch diese Vorrichtung ein konstanter Gasdruck von etwa 10 bis 20 mm, entsprechend dem Wasserdruck eines Kippschen Apparates von etwa 250 mm erzielt. Die Porengröße der Fritten (Schott Nr. 2—3) muß der Verdampfungsgeschwindigkeit des Kohlendioxyds entsprechend ausgewählt werden. Zum Schutz gegen Quecksilberdämpfe wird zwischen Fritten und Manometer Jodkohle gebracht[1].

An Stelle des Quecksilbermanometers bringt W. SCHÖNIGER[2] eine Bremskapillare an, die so geeicht wird, daß die in ihr erzeugte Gasreibung den oben genannten erforderlichen Kohlendioxyd-Überdruck gewährleistet.

Derart gefüllte Kohlendioxydentwickler liefern schon nach 2 Stunden luftfreies Kohlendioxyd.

Die Druckausgleichvorrichtung (Abb. 49). Sie besteht aus zwei mittels Schlauch verbundenen Glasgefäßen, die so dimensioniert sind, daß das aus der Substanz bei der Verbrennung entstehende Gasvolumen (Rohgas) darinnen leicht Platz findet. Bei einer normalen Mikroeinwaage ist in der Regel mit bis zu 15 ml Rohgas zu rechnen, so daß der Inhalt eines jeden Druckausgleichgefäßes von 30 ml bei weitem ausreicht. Das während der Verbrennung entstehende Rohgas drückt das Quecksilber aus dem einen in das andere Gefäß. Die dadurch aufsteigende Drucksteigerung im Innern des Verbrennungsrohres wird am Schluß des Verbrennungsvorganges durch Senken des höheren Gefäßes mit Hilfe der Rändelschraube am Zahntrieb aufgehoben.

Das Austreiben des Stickstoffes nach der Verbrennung geht, wenn die Blasengeschwindigkeit einmal eingestellt ist, ohne jede Aufsicht vonstatten.

Füllen und Herrichten des Verbrennungsrohres: Man verwendet am besten Rohre aus Quarzglas von den gleichen Ausmaßen (500 mm lang) wie bei der Kohlenstoff-Wasserstoff-Bestimmung, jedoch ohne seitliches Einleitungsrohr. In das gereinigte Mikroverbrennungsrohr schiebt man mit einem Glasstab ein ausgeglühtes Asbestbäuschchen bis zum Schnabel vor und drückt es dort zu einem 5—6 mm starken Pfropfen mäßig zusammen. Dann füllt man *grobes Kupferoxyd in einer Länge von 130 mm* auf, klopft zwecks gleichmäßiger Verteilung seitlich gegen das Rohr und festigt diese „bleibende Füllung" mit einem Asbestpfropfen (2—3 mm stark).

Nun schiebt man eine kurze (40 mm lange) Drahtnetzrolle über das Rohr und spannt es in ein Stativ ein. Leitet Wasserstoff durch eine zwischengeschaltete Waschflasche mit saurer Permanganatlösung in das Rohr und reduziert durch Erhitzen, beim Kupferoxyd beginnend und mit dem Brenner langsam gegen den Schnabel vorrückend, eine etwa *40 mm lange Kupferoxydschicht zu metallischem Kupfer*.

Wird öfter metallisches Kupfer für Rohrfüllungen benötigt, reduziert

---

[1] STOCK, A.: Angew. Chem. **47**, 64, 184 (1934); PÜTTER, K. F., u. M. HIRSCH: Angew. Chem. **47**, 184 (1934).

[2] SCHÖNIGER, W.: Mikrochem. **34**, 201 (1948).

man, wie bereits gesagt wurde, gleich eine größere Menge Kupferoxyd und bewahrt das reduzierte Kupfer unter Ausschluß von Sauerstoff auf.

Es empfiehlt sich, das Rohr mit der „bleibenden Füllung" vor der Verwendung etwa 2 Stunden in seiner ganzen Länge in einem schwachen Kohlendioxydstrom auszuglühen und darin erkalten zu lassen. Bei Nichtgebrauch bewahrt man es mit Kohlendioxyd gefüllt auf.

Auf die bleibende Füllung folgt die bei jeder Analyse neu anzufertigende „bewegliche Füllung"; sie wird bei der Ausführung der Analyse beschrieben.

Auf das Kupfer kann man auch eine bleibende Füllung von grobem Kupferoxyd aufbringen, die 30—40 mm aus dem Langofen herausragt. Man spart dadurch das Ausglühen dieses Teiles der Füllung nach jeder Analyse. Erneuerung ist nur nötig, wenn reduzierte Stellen festgestellt wurden.

Der Verbrennungsofen. Er besteht aus dem Verbrennungsgestell mit elektrisch geheiztem Langofen und einer an dem Verbrennungsgestell befestigten Transportspindel, die über ein Getriebe mittels eines Elektromotors in Gang gehalten wird. Der bewegliche, mit Gas oder elektrisch beheizte Brenner sitzt auf einem Transportschlitten, der an jeder beliebigen Stelle mittels eines Schlosses in die Transportspindel eingeklinkt werden kann. Sobald der bewegliche Brenner den Langofen erreicht, wird er nicht mehr von der Spindel weiterbewegt. Spindel und Getriebe sind so aufeinander abgestimmt, daß der Heizofen oder Gasbrenner je Minute 20 mm in Richtung Langofen fortbewegt wird.

Als Langöfen mit einer auf 650—700° C beheizten Strecke von 160—170 mm benutzt man ausschließlich elektrische Öfen, die sehr rasch die Betriebstemperatur erreichen sollen und auch rasch abkühlen, wozu Einrichtungen wie abnehmbarer Deckel oder ausfahrbarer Schlitten sehr zustatten kommen. Auf dem gasbeheizten Brenner wird ein 40 mm langer Brenneraufsatz mit zwei Brennerschlitzen gebracht; es wird damit erreicht, daß das Verbrennungsrohr von der Flamme gut umhüllt wird. Diese Wirkung wird noch durch ein auf dem Brenner angebrachtes kippbares Abdeckdach aus Stahlblech erhöht. In gleicher Weise wie der Gasofen wird der elektrische Wanderofen, dessen Temperatur auf 750—800°C eingestellt wird, weiterbewegt.

Mikroazotometer: Es besteht, wie aus Abb. 49 zu ersehen ist, aus dem Absorptionsteil für das Kohlendioxyd und einem kalibrierten engen Meßrohr, das mit einem Glashahn verschlossen ist. Über dem Fuß des Azotometers befindet sich an der einen Seite das Gaseinleitungsrohr, das an das Zwischenstück, das zum Verbrennungsrohr führt, angeschlossen ist, und an der anderen Seite (etwas höher) das Anschlußrohr für die Niveaubirne. Bei neuen Azotometern hat man darauf zu achten, daß die lichte Weite an der Anschmelzstelle des Gaseinleitungsrohres nicht mehr als 0,8—1,0 mm beträgt, denn sonst treten zu große Blasen ein, die leicht in der Meßröhre hängenbleiben.

Zu jedem Präzisions-Mikroazotometer wird heute ein Eichschein geliefert, ferner ein passender Metallfuß und ein unter dem Trichter angeschraubter Haltering aus rostfreiem Stahl für die Niveaubirne. Einen weiteren wichtigen Teil des Azotometers bildet das Zwischenstück mit Hahn *A*, das den Anschluß an den Schnabel des Verbrennungsrohres vermittelt. Es ist zweckmäßig, zur Feinregulierung der Gasblasen in den Hahn mit der Feile senkrecht zur Hahnspindel, an der Bohrung beginnend, etwa 4 mm lange feine Rillen einzuritzen.

Das Meßrohr des Azotometers ist so unterteilt, daß sich der Nullpunkt am Hahn befindet. Die Skala beginnt erst bei 0,05 ml und reicht meist bis 1,5 ml. Durch die Unterteilung der Bürette in 0,01 ml können mit einer Lupe 0,001 ml geschätzt werden.

Die Mikroazotometer[1] sind von der Hahnbegrenzung bis zu den betreffenden Teilstrichen mit Quecksilber im umgekehrten Azotometer geeicht. Der konvexe Quecksilber- und der konkave Laugemeniskus sind nahezu kongruent. Die Physikalisch-Technische Reichsanstalt in Berlin-Charlottenburg hat die Differenz der beiden Menisken mit etwa 0,001 ml bestimmt, wobei das mit Quecksilber gefundene Volumen kleiner ist.

Vor der Verwendung reinigt man das Azotometer durch wiederholtes Spülen mit Chromschwefelsäure und Wasser und läßt es umgekehrt hängend trocknen. Dann erst schließt man die ebenfalls gereinigte und getrocknete Birne mittels eines Kunststoffschlauches[2] an. Es ist empfehlenswert, beide Schlauchenden mit Draht zu befestigen. Von der Birne aus wird Quecksilber bis etwa zur Mitte zwischen Einleitungsrohr und dem höher gelegenen seitlichen Ansatz in das Azotometer eingefüllt. Vor dem Einbringen der 50%igen Kalilauge ist der Hahn sorgfältig mit wenig Vaseline gleitend zu machen. Es wird soviel Lauge eingebracht, daß damit das Azotometer ganz und überdies noch etwa ein Drittel der Birne gefüllt sind.

Bei Azotometern, die mit tadellos reinem Quecksilber und reiner 50%iger Kalilauge frisch gefüllt werden, kommt es mitunter vor, daß die Gasblasen an der Grenzfläche zwischen Quecksilber und Lauge hängen bleiben und erst nach mühsamem Schütteln aufsteigen. Diese Erscheinung hört nach den ersten Bestimmungen auf, sobald sich an der erwähnten Trennungsfläche feinster Quecksilberoxydstaub angesammelt hat[3]. AL. STEYERMARK[4] bringt auf das Quecksilber gleich einige Milligramm Kalomel (Hg_2Cl_2).

H. LIEB und W. SCHÖNIGER[5] verunreinigen das Quecksilber künstlich mit einer dünnen Schicht Quecksilberoxyd. Eine Laugefüllung reicht für 25—30 Analysen. Ihre Erschöpfung gibt sich in dem nur langsamen Kleinerwerden der aufsteigenden Blasen zu erkennen. Bei älteren oder zu schwach gefetteten Azotometerhähnen sickert mitunter Lauge durch den Hahn und erscheint in der Meßkapillare. Bei etwas höher gestellter Birne und unter vorsichtigem Öffnen des Hahnes gelingt es, ohne Gasverlust die Lauge aus dem Meßrohr in den Trichter zu drücken.

---

[1] P. Haack, Wien.

[2] Erhältlich bei P. Haack, Wien.

[3] NICKOLS, M. L.: Ind. Eng. Chem., Analyt. Ed. **5**, 149 (1933) behebt das Hängenbleiben der Blasen durch Zusatz von etwas Quecksilberoxyd.

[4] STEYERMARK, AL.: Quantitative Organic Microanalysis. The Blakiston Company New York, Toronto/Philadelphia 1951.

[5] LIEB, H., u. W. SCHÖNIGER (HOPPE-SEYLER/THIERFELDER): Hdb. physiol. u. patholog.-chem. Analyse, 10. Aufl. 3. Bd. S. 229, Springer, Berlin.

Um Störungen durch bislang benutzte Gummischläuche, die zur Verunreinigung der Lauge führten, zu vermeiden, wurden von C. WEYGAND[1] und besonders von A. MÜLLER[2] sehr brauchbare Azotometer beschrieben.

Die einzelnen Teile der Apparatur werden nach Abb. 49 miteinander verbunden, wobei man für den Anschluß des Zwischenstückes an den Schnabel des Verbrennungsrohres und an das Azotometereinleitrohr den bei der Kohlenstoff-Wasserstoffbestimmung (S. 45) beschriebenen Absorptionsschlauch verwendet. Wird die Apparatur nicht benutzt, läßt man sie stets unter Kohlendioxyddruck des Kippschen Apparates oder des Dewar-Gefäßes stehen, wobei das Zwischenstück (gestützt) mit verschlossenem Hahn angeschlossen ist.

Für das Einbringen fester Substanzen und von Kupferoxyd für die „bewegliche Füllung" benötigt man noch ein Mischröhrchen und einen Einfülltrichter.

Das Mischröhrchen fertigt man sich am besten aus einem Mikrobombenrohr (S. 127) an. Man schneidet es 70—80 mm über dem Boden ab, schleift den Rand mit Glaspapier ab und läßt ihn an einer Flamme glattlaufen.

Aus einem dickwandigen Reagenzglas wird durch Ausziehen der in Abb. 51 gebrachte Einfülltrichter hergestellt. Länge des Trichterschaftes etwa 60 mm und lichte Weite 5 mm.

Abb. 51. Einfülltrichter. (Natürl. Größe.)

Ausführung

Einwaage: Feste Substanzen werden mit dem Wägeröhrchen mit langem Stiel (S. 15) eingewogen; sind sie hygroskopisch, benutzt man gleiche Wägeröhrchen mit Schliffstopfen (S. 15).

Für zähflüssige Öle sowie klebrige feste Proben werden Porzellan- oder Platinschiffchen verwendet.

Flüssigkeiten bringt man entsprechend ihrem Dampfdruck nach F. PREGL (S. 57) oder J. PIRSCH (S. 58) in Kapillaren zur Wägung.

Das Einbringen der verschiedenen Substanzen in das Verbrennungsrohr nimmt man bei festen Substanzen in der Weise vor, daß man das Wägeröhrchen in die linke Hand nimmt und in das Mischröhrchen, das in seinem oberen Drittel mit Watte von Kupferoxydstaub gereinigt wurde, schiebt. Man neigt beide Röhrchen so weit, bis die Substanz in das Mischröhrchen fällt. Haftet die Substanz fest, so klopft man vorsichtig auf den Stielansatz oder dreht das Wägeröhrchen um seine Längsachse. Dann werden die noch ineinander geschobenen Röhrchen wieder horizontal gehalten und die an der Mündung haftenden Substanzspuren vorsichtig in das Mischröhrchen geklopft. Die eingewogene Substanz wird 20 mm hoch mit feinem Kupferoxyd überschichtet und das Röhrchen mit einem porenfreien Kork verschlossen.

Nach 5 Minuten wird das entleerte Wägeröhrchen zur Ermittlung der Substanzmenge zurückgewogen.

---

[1] WEYGAND, C.: Die chemische Technik **16**, 15 (1943).
[2] MÜLLER, A.: Mikrochem. **33**, 192 (1948).

Für die Beschickung des Verbrennungsrohres zieht man den Absorptionsschlauch vom Schnabel des Verbrennungsrohres ab, löst die Verbindung mit dem Druckausgleichgefäß und schüttet das Kupferoxyd der beweglichen Füllung der vorangegangenen Bestimmung in ein Vorratsgefäß. Aus dem Pulverglas mit grobkörnigem Kupferoxyd wird durch schöpfende Bewegung mit dem Verbrennungsrohr frisches Kupferoxyd in einer Länge von 90 bis 100 mm in das Rohr gebracht[1]. Auf diese Füllung bringt man noch feines Kupferoxyd in einer Länge von 5 bis 10 mm, um zu verhindern, daß Teilchen der Substanz, die anschließend eingefüllt wird, in das grobe Kupferoxyd fallen und dort vorzeitig verbrannt werden.

Die im Mischröhrchen mit Kupferoxyd überschichtete Substanz wird mit diesem durch kräftiges Schütteln innig gemischt. Nachdem man den Korken unter langsamem Drehen und fortwährendem Klopfen entfernt hat, läßt man das Gemisch durch den Einfülltrichter (Abb. 51) in das Rohr gleiten. Zum weiteren Überspülen der Substanz aus dem Mischröhrchen schöpft man mit diesem aus dem Vorratsgefäß etwa die früher angewandte Menge feines Kupferoxyd, verschließt neuerlich mit dem Korken und schüttelt gut durch. Um mit Sicherheit die ganze Substanz in das Rohr zu bringen, wird das Ausspülen noch dreimal wiederholt. Nach der letzten Füllung befindet sich im Verbrennungsrohr eine Schicht von feinem Kupferoxyd, die insgesamt etwa 90 mm lang ist. Als Abschluß der Füllung bringt man noch eine 10—20 mm lange Schicht grobes Kupferoxyd in das Rohr.

Wurde die Substanz im Platin- oder Porzellanschiffchen eingewogen, so werden auf das grobe Kupferoxyd 50 mm feines eingebracht. Auf diese Schicht läßt man das Schiffchen entlang der Rohrwandung gleiten, bringt 30 mm feines Kupferoxyd darauf, dreht zur Benetzung des Kupferoxydes mit der Substanz das Rohr und füllt dann noch 40—50 mm feines und schließlich 10—20 mm grobes Kupferoxyd auf.

Bei der Füllung des Verbrennungsrohres mit Flüssigkeitskapillaren nach F. Pregl oder J. Pirsch bringt man an die Stelle, an der sich sonst die mit feinem Kupferoxyd gemischte Substanz befindet, die Kapillare ein, die sich in einem zylindrischen, frisch oxydierten Kupferoxyddrahtnetzröllchen von etwa 40 mm Länge und 5 mm innerem Durchmesser befindet. Nachdem man zuerst wie oben grobes und darauf 50 mm feines Kupferoxyd eingefüllt hat, bricht man den Griff und die Spitze der Kapillare ab, schiebt die Kapillare in das Kupferoxydröllchen und läßt dieses mit der Spitze der Kapillare nach vorne in das Verbrennungsrohr gleiten. Nun werden noch 50—60 mm feines und 10—20 mm grobes Kupferoxyd aufgefüllt.

Das mit der Substanz beschickte Rohr wird so in den kalten Langofen geschoben, daß es (ohne Schnabel) 20 mm aus dem Ofen herausragt[2]. In die Rohrmündung wird zuerst der Gummistopfen gebracht und dann in

[1] Hat man die bleibende Füllung bis an das feine Kupferoxyd angefertigt, fällt diese Füllung weg.

[2] Über gasbeheizte Langbrenner soll es 30—40 mm hinausragen.

diesen das Ansatzröhrchen der Druckausgleichvorrichtung eingeführt. Die Druckausgleichvorrichtung wird in Stellung I (Abb. 52) gebracht. Das Quecksilber befindet sich hierbei in dem linken Gefäß 1—2 mm unter der Einleitkapillare, die zum Verbrennungsrohr führt. Bei geöffneten Hähnen *A*, *F* und Schraubenquetschhahn *G* wird die Luft 1 Minute aus dem Rohr gedrängt. Um die Lauge des Azotometers zu schonen und das Durchspülen zu beobachten, schließt man an das Zwischenstück *A* ein Ersatzgefäß an, das mit Wasser gefüllt ist (Abb. 53). Man schließt nun das Azotometer in üblicher Weise Glas-an-Glas an das Zwischenstück an, spült noch einige Sekunden und dreht dann den Schraubenquetschhahn *G* zu. Das Azotometer wird durch Heben der Birne und Schließen des Hahnes gefüllt. Mit dem Schraubenquetschhahn wird bereits jetzt der Kohlendioxydstrom für die spätere Austreibperiode eingestellt. Dazu wird der Schraubenquetschhahn soweit geöffnet[1], daß in das Azotometer in 1 Sekunde 2 Blasen eintreten.

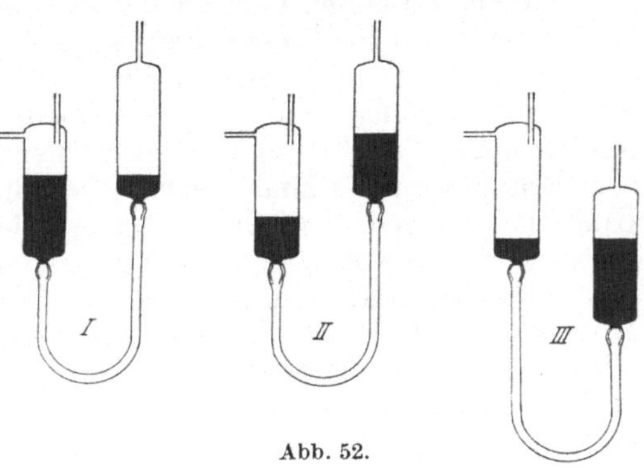

Abb. 52.

Für die Verbrennung werden die Hähne *A* und *F* geschlossen. Der Langofen wird auf dunkle Rotglut angeheizt und der bewegliche Brenner unter den Beginn der Kupferoxydfüllung, 140—150 mm vor den Langofen, gebracht und angeheizt. Elektrische Wanderöfen erhitzt man auf 750—800° C. Gasbrenner werden auf volle rauschende Flamme eingestellt. Das Erhitzen an dieser Stelle erfolgt so lange, bis etwa 40 mm der Rohrfüllung durch und durch Rotglut zeigen. Der Brenner wird nun mit der Spindel verbunden und bewegt sich gegen den Langofen. Es ist darauf zu achten, daß stets 40 mm der Rohrfüllung im Glühen sind. Wenn der Gasbrenner den Langofen erreicht hat, wird er abgedreht. Bei der Benutzung elektrischer Wanderöfen schiebt man diese nach Erreichen des Langofens etwa 50 mm zurück und beheizt das Verbrennungsrohr an der Eintrittsstelle in den Langofen 1 Minute mit einer kräftigen Gasflamme und schaltet dann die Heizung des Wanderofens aus.

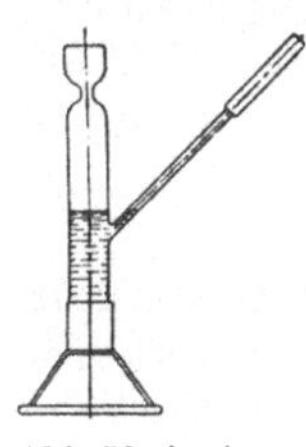
Abb. 53. Azotometer-Ersatzgefäß.

Das bei der Verbrennung gebildete Rohgas hat inzwischen das Quecksilber zum Teil in das rechte Druckausgleichgefäß gedrückt. Stellung II. Um den Hahn *A* ohne weitere Vorsichtsmaßnahme öffnen zu können, wird das rechte Ausgleichgefäß so tief gesenkt, daß das Quecksilber 2 bis 3 mm tiefer steht als in dem linken (Stellung III). Die Austreibperiode wird durch

[1] Die Feineinstellung erleichtert ein an dieser Stelle in den Schlauch eingebrachter Zwirnfaden.

volles Öffnen zuerst von Hahn *A* und dann von Hahn *F* eingeleitet. Wurde das rechte Ausgleichgefäß zu tief eingestellt, kann es vorkommen, daß nicht gleich nach dem Öffnen der Hähne (*A* und *F*) Blasen in das Azotometer eintreten. Der Unterdruck wird durch das aus der Kohlendioxydquelle eintretende Gas in einigen Sekunden von selbst aufgehoben. Mit dem Schraubenquetschhahn wurde die Austreibgeschwindigkeit bereits vor der Verbrennung eingestellt. Aus der Größe der in das Azotometer eintretenden Gasblasen und besonders an ihrem Kleinerwerden während des Hochsteigens in der Lauge merkt man, ob die Analysensubstanz viel oder wenig Stickstoff enthält. Im ersten Falle ist das Austreiben zu verlangsamen, während im zweiten von einer Beschleunigung des Austreibens abzuraten ist, denn es liegt noch nicht das reine Gemisch aus Stickstoff und Kohlendioxyd vor, sondern das „Rohgas", das in der glühenden Rohrfüllung noch verbrannt werden muß. Die Drosselung des Kohlendioxydstromes nimmt man mit dem Schraubenquetschhahn vor. Wenn nur noch „Mikroblasen" in der Lauge hochsteigen, wird das rechte Ausgleichsgefäß wieder in Stellung I gebracht und damit bereits in Anfangsstellung für die nächste Analyse. Als „Mikroblasen" sind jene kleinen, kaum sichtbaren Bläschen anzusprechen, die sich im Meßbereich des Azotometers einholen und in kurzen Abständen voneinander langsam hochsteigen; ihr Durchmesser soll unter der Lupe betrachtet nicht mehr als etwa ein Fünftel eines Teilstrichabstandes betragen.

Bevor man die Verbindung des Azotometers mit dem Zwischenstück löst, überzeugt man sich, ob sich auf der Lauge oder in dem mit Stickstoff gefüllten Teil des Meßrohres Schaumbläschen befinden, die die Ablesung des Stickstoffvolumens stören. Wird Schaum festgestellt, klemmt man den Azotometerschlauch in der Mitte zwischen Daumen und Zeigefinger ab und führt auf den Verbindungsschlauch zum Azotometer, der auf dem Tisch aufliegt, mit der anderen Hand einige kurze Schläge aus. Durch die dabei in den Stickstoffraum hochspritzende Lauge zerspringen die Schaumbläschen[1].

Das Azotometer stellt man an einen geschützten Ort — im Sommer muß man es mitunter in einen kühleren Raum bringen, um mit der Reduktionstabelle auszukommen — und hängt ein Thermometer so über den Trichter, daß dieser berührt wird, das Thermometer jedoch nicht in die Lauge taucht.

15 Minuten nach Abnahme des Azotometers von der Apparatur wird die Temperatur ($\pm$ 0,5°), der Barometerstand ($\pm$ 1 Torr) und das Stickstoffvolumen im Azotometer auf 0,001 ml genau abgelesen. Zu diesem Zweck schiebt man die Lupe in die Höhe des Meniskus, erfaßt das Azotometer am Trichter mit der rechten Hand, während man mit der linken die Birne mit dem Laugenniveau in die Höhe des Meniskus hält, und liest am frei hängenden Azotometer ab. Vielen fällt es leichter, die Ablesung vorzunehmen, wenn das Azotometer in seinem Fuß auf dem Tisch steht. Dabei ist zu beachten,

[1] Nach A. Müller: Mikrochem. **33**, 192 (1948) kann man den Schaum auf der Lauge mit einem in Glas eingeschmolzenen, 20 mm langen Eisenstab mechanisch zerstören. Mit einem Magnet wird der Eisenstab in dem Meniskus auf und ab bewegt.

daß man zur Vermeidung der Parallaxe erst dann ablesen darf, wenn die Lupe jene Stellung erhalten hat, bei der sich die dem Meniskus benachbarten Teilstriche mit ihren um die Meßröhre gezogenen Kalibrierungen decken. Man vermeide es, während der Ablesung die Meßröhre anzugreifen oder einer Lichtquelle zu nahe zu kommen, denn die dadurch verursachte Erwärmung kann zu fehlerhafter Volumszunahme führen.

An dieser Stelle sei, wie schon erwähnt wurde, darauf hingewiesen, daß infolge mangelhaften Schmierens des Azotometerhahnes mit Vaseline Kalilauge aus dem Trichter durch den geschlossenen Hahn in den obersten Teil der Meßröhre sickern kann. Läßt man die Lauge an dem Hahnansatz, werden zu hohe Volumina abgelesen. Durch Hochhalten der Birne über das Niveau der Lauge im Trichter und sehr vorsichtiges Öffnen des Hahnes gelingt es, die eingetretene Lauge ohne den geringsten Gasverlust in den Trichter zu drücken. Man kann sie aber auch, nachdem man den Hahn fest in den Schliff gedrückt hat, wie bereits beschrieben, durch kurze Schläge auf den Schlauch herunterklopfen.

Berechnung

Unter Berücksichtigung des konstanten „Blindvolumens"[1] von 1 bis 1,2%, der raumbeschränkenden Wirkung der Lauge von 0,5% und ihrer Dampftension von 0,3% werden vom abgelesenen Volumen (v_A) 2% in Abzug gebracht. Das auf diese Weise erhaltene Volumen ist das wahre Stickstoffvolumen (v) unter den jeweils herrschenden Bedingungen.

Die Berechnung des Stickstoffgehaltes ohne Verwendung von Logarithmen erfolgt nach:

$$\% \mathrm{N} = \frac{\mathrm{v\ in\ ml} \cdot F_N \cdot 100}{\mathrm{mg\ Substanzeinwaage}}$$

F_N entnimmt man der Tabelle V, S. 349 u. ff.

Über logarithmisches Ausrechnen der Analysen nach: $\log \% \mathrm{N} = \log \mathrm{v} + \log F_N + (1 - \log \mathrm{s})$ siehe Abschnitt: Berechnung von Mikroanalysen, S. 345.

s = mg Substanzeinwaage.

Kurzer Arbeits- und Zeitplan

(In der Analysenreihe)

1. Mit Substanz beschicktes Verbrennungsrohr anschließen, CO_2 durchleiten (*A*, *F* und *G* offen), Ersatzgefäß . .	3 Minuten
2. Azotometer anschließen, mit Lauge füllen; mit *G* Blasenfolge einstellen	1—2 Minuten
3. Langofen und beweglichen Brenner anheizen, bis erforderliche Temperatur	4 Minuten

[1] TRAUTZ, O. P.: Mikrochem. **9**, 300 (1931).

4. Selbsttätige Verbrennung, dann beweglichen Brenner abstellen .... 7 Minuten
Druckausgleichgefäße in Stellung III; zuerst *A*, dann *F* öffnen, evtl. Blasenfolge mit *G* korrigieren. Wenn Mikroblasen erscheinen, *A* schließen.
Druckausgleichgefäße wieder in Stellung I bringen, Langofen abstellen; Deckel abnehmen .... 10—20 Minuten
5. Azotometer abnehmen. N-Volumen ablesen nach .... 10—15 Minuten
Unterdessen: Laugemeniskus in Azotometer schaumfrei machen. Nächste Analysensubstanz einwägen. Rohr damit beschicken. Rohr anschließen und mit CO_2 spülen. (Hier kann Zeit für I eingespart werden.)

Bemerkungen: Mit dem beschriebenen Verfahren werden bei den weitaus meisten Analysensubstanzen Stickstoffwerte erhalten, die innerhalb der Fehlergrenze von 0,3% liegen. Es kommen aber gelegentlich, wenn auch selten, Substanzen zur Analyse, die erhebliche Schwierigkeiten bereiten können. Abgesehen von Diazoketonen, die bei der Berührung mit Kupferoxyd bereits Stickstoff abspalten[1] und deshalb z. B. in einem Zinnhütchen in das Verbrennungsrohr eingebracht werden müssen, gibt es auch Verbindungen, bei denen fälschlich erhöhte oder zu niedrige Stickstoffgehalte gefunden werden. Von Verbindungen, die bei der thermischen Zersetzung gesättigte Kohlenwasserstoffe, z. B. Methan bilden, werden mitunter zu hohe Gasmengen erhalten, weil die bei der DUMAS-Methode herrschenden Oxydationsbedingungen nicht die der Kohlenstoff-Wasserstoff-Bestimmung erreichen und deshalb neben Stickstoff Fremdgase (Kohlenwasserstoffe, Kohlenoxyd) in das Azotometer gelangen. Abhilfe: Sehr langsame Verbrennung von Hand nach F. PREGL (s. S. 91). Das Austreiben des Stickstoffes nach Verbrennung stickstoffarmer Substanzen zu sehr zu beschleunigen, kann auch hierbei zufolge eines größeren Anteiles an Fremdgasen die Stickstoffwerte nicht unerheblich erhöhen, da man wegen des abzulesenden Stickstoffvolumens bei solchen Substanzen mit höheren Einwaagen arbeitet. Bei dem allgemeinen Bestreben „auf das Tempo zu drücken" sollen F. PREGLS Grundversuche nicht übersehen werden, denn bei Verwendung von grobem Kupferoxyd/Kupfer/Kupferoxyd als Rohrfüllung sind mit Rücksicht auf das CO_2/CO-Gleichgewicht in dem glühenden Rohrteil der Temperaturerhöhung Grenzen gesetzt[2].

Zu niedrige Stickstoffgehalte, die bei sehr stickstoffreichen Verbindungen (30—50% N) gefunden werden, sind zum Teil auf zu rasches Austreiben des Rohgases zurückzuführen, wobei das Kupfer nicht in der Lage ist, die relativ großen Mengen Stickoxyde zu reduzieren.

---

[1] ROTH, H.: Mikrochem. Molisch-Festschrift **1936**, S. 375.

[2] Benutzt man an Stelle des groben Kupferoxydes ein feinkörniges Präparat, soll es nach G. KAINZ (Österr. Chem.-Ztg. **57**, 242 [1956]) möglich sein, die Temperatur der Rohrfüllung über 850° C zu erhöhen. Die damit erreichte erhöhte Oxydationswirkung würde wesentlich zur Vervollkommnung der Automatik beitragen.

Bei der Stickstoffbestimmung von Tetrazol-Derivaten[1] werden nur dann richtige Stickstoffwerte erhalten, wenn die Verbrennung der Substanz in einem längeren Rohr (60 cm), einer längeren permanenten Füllung mit frisch reduziertem Kupfer (15—20 cm) durchgeführt wird und das Rohgas langsamer als sonst durch die glühende Rohrfüllung in das Azotometer übergetrieben wird.

Mit zu niedrigen Analysenergebnissen ist bei der Verbrennung von Verbindungen zu rechnen, die zur Bildung von „Stickstoffkohle" neigen. Empfohlene Zusätze von Chlorat, Bichromat und Vanadat zur Substanz sind nicht immer von Erfolg. Die beiden letzteren verunreinigen außerdem das Verbrennungsrohr. Durch möglichst starkes Beheizen des mit der Substanz beschickten Rohrteiles mit dem Gasbrenner, zwischendurch kurzes Abkühlen des Rohres im Bereiche des beweglichen Brenners, vorsichtiges Klopfen gegen die Rohrwandung, um das Kupferoxyd zu verlagern, wodurch neue Berührungsflächen mit der vercrackten Substanz entstehen und nochmaliges Glühen des Rohres gelingt es sehr oft, von solchen schwer analysierbaren Substanzen den Stickstoff genau zu bestimmen. Diese Behelfsmaßnahmen erübrigen sich, wenn man die Substanz in einem feuchten Sauerstoff-Kohlendioxydstrom nach J. UNTERZAUCHER verbrennt. Die Methode wird im Anschluß an diesen Abschnitt kurz beschrieben. Für Laboratorien, die mit derartigen Substanzen zu tun haben, ist die Einrichtung der Unterzaucher-Methode sehr zu empfehlen.

Schließlich sei noch auf die Analyse von festen oder flüssigen Substanzen mit hohem Dampfdruck hingewiesen. Schon während des nur einige Minuten dauernden Austreibens der Luft aus dem Rohr mit Kohlendioxyd können je nach Flüchtigkeit der Substanz Verluste auftreten, die die Analyse unbrauchbar machen. In Anlehnung an das Verfahren von F. PREGL und P. PETRIDIS kühlt W. ZIMMERMANN[2] die Stelle des Rohres, an der sich die Substanz befindet, mit Trockeneis und öffnet dann mit einer starken Flamme die Kapillare an der Spitze. Diese Manipulation ist kompliziert und erfordert Übung. Wir schlagen folgenden einfachen Weg ein, der ein verlustloses Austreiben der Luft aus dem Rohr ermöglicht. Etwas mehr als die zur Bereitung der beweglichen Füllung erforderliche Menge Kupferoxyd und das Kupferoxydröllchen, in das später die Kapillare eingebracht wird, kühlt man in einem verschlossenen dünnwandigen Reagenzglas mit fließendem Leitungswasser[3] etwa 10 Minuten lang. Nachdem man die festen und flüssigen, flüchtigen Substanzen mit dem dafür bei der Kohlenstoff- und Wasserstoffbestimmung beschriebenem Verfahren (S. 56, S. 58) eingewogen hat, entfernt man die bewegliche Füllung der vorherigen Analyse aus dem Rohr. Wenn der Rohrteil, aus dem man das Kupferoxyd herausgeschüttet hat, noch warm ist, wird er mit einem feuchten Tuch auf Raumtemperatur gekühlt. Nun wird, wie es für das Einbringen von Flüssigkeiten beschrieben wurde (S. 57), die Substanz mit dem gekühlten Kupferoxyd und dem gekühlten Kupferoxydröhrchen in das Rohr eingeführt. Kapillare und

---

[1] KUHN, R., u. H. KAINER: Angew. Chem. **65**, 442 (1953).
[2] ZIMMERMANN, W.: Mikrochem. **31**, 149 (1944).
[3] Ist dieses wärmer als 10—12° C, verwendet man eine Kältemischung.

Kupferoxydröllchen dürfen dabei nur mit Pinzetten erfaßt werden. Das vorgekühlte Kupferoxyd verhindert Substanzverluste sicher 5 Minuten. Diese Zeit genügt für das Einbringen der Substanz in das Rohr nach S. 100 und das folgende Durchspülen des Rohres (2 Minuten) mit Kohlendioxyd.

Bestimmung von Stickstoff in schwer verbrennbaren Verbindungen nach J. UNTERZAUCHER[1]

Das Verfahren besitzt gegenüber der Dumas-Pregl-Methode den Vorteil, daß damit auch Substanzen, die sogenannte ,,Stickstoffkohle" bilden, zuverlässig analysiert werden können. Es ist, wie bereits gesagt wurde, für Laboratorien, in denen solche Analysensubstanzen einlaufen, zu empfehlen.

Die in ein Platinschiffchen eingewogene Substanz wird in einem kontinuierlichen feuchten Kohlendioxyd-Sauerstoffstrom verbrannt. Durch das am Ende des Verbrennungsrohres befindliche erhitzte Kupfer, das noch ein Stück aus dem Ofen herausragt, wird der überschüssige Sauerstoff quantitativ aus dem Gasstrom entfernt. Der entbundene Stickstoff wird wie bisher in einem Azotometer über Kalilauge aufgefangen und aus dem Volumen bestimmt.

Das Wesentliche dieses Verfahrens besteht vor allem darin, daß in jedem Augenblick der Analyse für die Verbrennung schwer verbrennbarer, stickstoffhaltiger Substanzreste freier Sauerstoff zur Verfügung steht, so daß die Möglichkeit zur restlosen Verbrennung zu Wasser und Kohlendioxyd gegeben ist. Das durch den Kohlendioxyd-Sauerstoffstrom mitgeführte Wasser wirkt auf die hinterbliebene Stickstoffkohle im Sinne der Reaktionen des Wassergasgleichgewichtes, wodurch die Verbrennung gefördert und beschleunigt wird. Vorteilhaft ist ferner, daß die sonst nach jeder Analyse nötige Erneuerung der beweglichen Füllung wegfällt und daher alle Apparaturteile, einschließlich Azotometer, dauernd miteinander in Verbindung bleiben.

Zur Erzeugung des Kohlendioxyd-Sauerstoffgemisches wird das aus Trockeneis entwickelte Kohlendioxyd durch eine Flasche mit 30%igem Wasserstoffperoxyd geleitet, in die zur Beschleunigung des Peroxydzerfalles Platinstückchen gebracht werden. Hierbei belädt sich das Kohlendioxyd mit der entwickelten Sauerstoffmenge, die einerseits zur Substanzverbrennung und andererseits zur Regenerierung des durch die Substanz reduzierten Kupferoxydes dient. Das Eindringen von Luft in das Verbrennungsrohr während der Substanzeinführung wird dadurch vermieden, daß man den reinen Kohlendioxydstrom mit Hilfe einer Umkehrspülung in entgegengesetzter Richtung durch das Verbrennungsrohr leitet[2].

---

[1] UNTERZAUCHER, J.: Chem. Ing. Techn. **22**, 128 (1950); Mikrochem. **36/37**, 706 (1951).

[2] Das Prinzip der Umkehrspülung wendet auch G. MANGONEY (Bull. soc. chim. France **19**, 74 [1950], C **1950** II, 1987) an. Die Substanz wird in einem Quarzglas-Schiffchen im Pregl-Rohr verbrannt. Die Methode gleicht der von H. GYSEL (Helv. Chim. Acta **22**, 1088 [1939]), bei der die Substanz unter Verwendung der Umkehrspülung im Schiffchen mit Kaliumbichromat und Kupferoxyd verbrannt wird.

Die Genauigkeit beträgt ± 0,2%, die Dauer etwa 25 Minuten.

Das beschriebene Verfahren haben A. DIRSCHERL, W. PADOWETZ und H. WAGNER[1] dahin modifiziert, daß das Kohlendioxyd durch ein Gefäß mit verstellbarem Niveau geleitet wird, wodurch es möglich ist, das Kohlendioxyd je nach Bedarf mit mehr oder weniger Sauerstoff zu beladen. Ferner wird durch ein vor das Azotometer geschaltetes Hopkaliteröhrchen (95% Mangandioxyd und 5% Kupferoxyd) verhindert, daß Kohlenoxyd in das Azotometer gelangt.

Gleichzeitige Bestimmung von Stickstoff und Wasserstoff nach B. WURZSCHMITT[2]

Trotz der bekannten Nachteile des Bleidioxyds und der noch laufenden Versuche, dieses durch andere zuverlässige Mittel (S. 35) zu ersetzen, hat man sich seit über einem Jahrhundert daran gewöhnt, den Kohlen- und Wasserstoff mittels einer Universalfüllung gleichzeitig und den Stickstoff allein mit einer weiteren Analyse zu bestimmen.

Dem Gedanken folgend, die Bestimmung des Wasserstoffes mit der des Stickstoffes zu koppeln, hat B. WURZSCHMITT ein Verfahren folgenden Prinzips ausgearbeitet.

Die Substanz wird, mit Kupferoxyd gemischt, in trockenem Kohlendioxyd verbrannt. In der glühenden Rohrfüllung, die aus Kupferoxyd/Silberbimssteingemisch-Kupfer-Kupferoxyd/Silberbimssteingemisch besteht, werden Halogene und Schwefel zurückgehalten, während Stickoxyde durch das Kupfer quantitativ in Stickstoff und Sauerstoff zerlegt und der Wasserstoff zu Wasser oxydiert wird. Das vom Kohlendioxyd mitgeführte Wasser wird nach seinem Austritt aus dem Verbrennungsrohr in einem mit Phosphorpentoxyd/Bimsstein beschickten Absorptionsröhrchen gebunden, das gewogen wird. In dem angeschlossenen Mikroazotometer erfolgt in üblicher Weise die volumetrische Messung des Stickstoffes. Die Wasserstoffwerte liegen um etwa 0,1% zu hoch. Dieser Mehrwert, der von geringen Spuren Wasser, das dem Kupferoxyd der beweglichen Füllung anhaftet, herrührt, ist genau bekannt. Nach dessen Abzug vom ausgewogenen Wasser werden ausgezeichnete Wasserstoffwerte erhalten. Die hierbei erreichte Genauigkeit der Wasserstoffwerte ist höher als die bei der üblichen Kohlenstoff-Wasserstoffbestimmung, wenn Bleidioxyd Verwendung findet. Man könnte den Blindwert eliminieren, wenn man die Substanz statt mit dem Mischverfahren unter Verwendung der Rückspülung im Schiffchen oder in einer Kapsel einbringen würde. Damit wäre aber die Methode ihrer Einfachheit beraubt und der Preis für Vermeidung der absolut statthaften Korrektur zu teuer erkauft. Das Verfahren ist ebenso für Makro- und Halbmikroanalysen geeignet. Die Gesamtdauer der Verbrennung beträgt 44 Minuten.

Bezüglich Rohrfüllung und Einzelheiten der einfachen Ausführung, die entweder in dem vorstehend beschriebenen Dumas-Automaten oder in dem IKA-Mikro-Universalautomaten (Abb. 45) erfolgt, s. Originalarbeit.

---

[1] DIRSCHERL, A., W. PADOWETZ u. H. WAGNER: Mikrochem. **38**, 271 (1951).

[2] WURZSCHMITT, B.: Mikrochem. **36/37**, 614 (1951); Chem.-Ztg. **74**, 419 (1950).

Zur Bestimmung des Kohlenstoffes in stickstoffhaltigen Verbindungen, auf die der Chemiker nur in wenigen Fällen verzichten wird, können die üblichen Methoden zur nassen Kohlenstoffbestimmung herangezogen werden. B. WURZSCHMITT zieht es vor, den Kohlenstoff in der für den Stickstoff und Wasserstoff beschriebenen automatischen Apparatur zu bestimmen. Treibgas ist hierbei Stickstoff, der durch eine Waschflasche mit Wasser geleitet wird, die er feucht verläßt. Der Wasserdampf bewirkt eine vollständige Verbrennung auch schwerverbrennlicher Substanzen. Zunächst erfolgt die Verbrennung ebenfalls im geschlossenen Rohr, der sich eine Nachverbrennung mit feuchtem Stickstoff anschließt. Dem gewogenen Kohlendioxydröhrchen ist ein nicht gewogenes Wasserabsorptionsrohr vorgeschaltet.

Substanzen, die keinen Stickstoff enthalten, verbrennt B. WURZSCHMITT in einem Rohr mit Kupferoxyd und Silberbimssteinfüllung im trockenen Sauerstoffstrom. Die Gasgeschwindigkeit wird nur über einen Druckregler gesteuert.

Weitere Methoden. Eine Schnellmethode nach Dumas-Pregl hat W. SCHÖNIGER[1] entwickelt, mit der in 1 Stunde bis zu 4 Analysen möglich sind. Die Apparatur ist mit einer Umkehrspülung versehen. Durch Benutzung von zwei Verbrennungsrohren ist es möglich, nach beendeter Analyse das eine Verbrennungsrohr auszutauschen. Eine weitere Schnellmethode, bei der die Substanz im Schiffchen verbrannt wird, beschreiben G. D. SHAH u. Mitarbeiter[2].

W. KIRSTEN[3] hält die Reaktion $C + CO_2 \longrightarrow 2\,CO$ zur Verbrennung schwer zersetzlicher Substanzen für sehr wichtig. Die Substanz wird in einem Platinschiffchen bei 1050° C verbrannt. Zur Zerlegung der Verbrennungsgase dient eine auf 1000° C erhitzte Zone von Nickeloxyd/Nickel/Nickeloxyd, der eine auf 100° C erhitzte Asbest- (Hopcalite-) Füllung folgt, an der das Kohlenmonoxyd gebunden wird. Das Kohlendioxyd wird mit einer Geschwindigkeit von 10 ml je Minute durch das Rohr geleitet.

Eine nach dem Prinzip von J. UNTERZAUCHER entwickelte Schnellmethode, bei der das feuchte Kohlendioxyd/Sauerstoffgemisch über eine lange Kupferfüllung mit einer Strömungsgeschwindigkeit von 15 bis 20 ml geleitet wird, beschreibt G. INGRAM[4]. Analysendauer 20 Minuten.

Bei Ultra-Mikromethoden werden entweder verkleinerte Azotometer benutzt[5,6] oder man wägt das dem gebildeten Stickstoffvolumen entsprechende Quecksilbervolumen aus[7].

---

[1] SCHÖNIGER, W.: Mikrochem. **39**, 229 (1952).

[2] SHAH, G. D., V. S. PANSARE u. V. N. MULEY: Mikrochim. Acta [Wien] **1956**, 1140.

[3] KIRSTEN, W.: Analyt. Chemistry **19**, 925 (1947); Mikrochem. **39**, 245 (1952). Vgl. eine weitere Schnellmethode von W. KIRSTEN: Analyt. Chemistry **29**, 1084 (1957).

[4] INGRAM, G.: Mikrochim. Acta [Wien] **1953**, 131.

[5] KUCK, J. K., u. P. L. ALTIERI: Mikrochim. Acta [Wien] **1954**, 14.

[6] KIRSTEN, W.: Mikrochem. **36/37**, 609 (1951).

[7] KOCH, C. W., T. R. SIMONSON u. W. H. TASHINAN: Analyt. Chemistry **21**, 1133 (1949).

Maßanalytische Bestimmung von Stickstoff nach dem Prinzip von C. KJELDAHL

Die Substanz wird mit Schwefelsäure unter Zusatz von Katalysatoren, evtl. noch von Reduktionsmitteln, verascht, wobei der Stickstoff in Ammoniumsulfat übergeführt wird. Dann treibt man das durch Alkalisieren frei gesetzte Ammoniak mit Wasserdampf in gemessene überschüssige Säure über und titriert den Säureüberschuß mit Lauge zurück. Aus der Differenz wird der Stickstoff berechnet. Sehr kleine Ammoniakmengen werden mit 0,005 *n*-Lösungen jodometrisch oder mit Neßlers Reagens colorimetrisch bestimmt.

Wie bereits gesagt wurde (S. 90), sind wir noch nicht in der Lage, Stickstoff jeder Bindungsart nach Kjeldahl genau zu bestimmen. Allein die immer wieder erscheinenden Arbeiten in der Literatur, die darauf hinauszielen, ein universelles Aufschlußverfahren zu entwickeln, besagen, daß diese Methode noch nicht in jeder Beziehung als zuverlässig angesehen werden kann. Entsprechend dem Verhalten bei der Veraschung hat G. KAINZ[1] vier Gruppen von Verbindungen aufgestellt, die die Grenzen der Methode zeigen (siehe die Originalarbeit).

Die gebräuchlichsten Aufschlußverfahren sind: Zerstören der Substanz in Schwefelsäure unter Zusatz von Kaliumsulfat (zur Erhöhung des Siedepunktes des Gemisches) und Quecksilber[2]. Nach Untersuchungen von C. O. WILLITS und C. L. OGG[3] soll Quecksilber der geeignetste Katalysator sein; auch die Konzentration des Kaliumsulfats, die Temperatur (340° C) und die Aufschlußzeit (4 Stunden) sind maßgebende Faktoren. F. PREGL schließt mit Schwefelsäure, Kaliumsulfat und wiederholter Zugabe von Perhydrol auf. In manchen Fällen führen Zusätze von Reduktionsmitteln (Glucose u. a. m.) sowie deren Kombination mit Katalysatoren zu guten Analysenergebnissen.

Zur Reduktion von Nitroverbindungen empfehlen R. BELCHER und M. K. BHATTY[4] Cer-II-Salze und P. R. W. BAKER[5] 50 mg Thiosalicylsäure oder Glucose der Schwefelsäure zuzusetzen.

Nach dem Prinzip des bekannten Makroverfahrens, aromatische Nitroverbindungen mit Zink und Salzsäure zu reduzieren, haben T. S. MA, R. E. LANG und J. D. MCKINLEY[6] eine Mikromethode beschrieben. Die Methode wurde vom Verfasser auch bei Nitromethan und einigen Nitroso- und Azoverbindungen mit Erfolg angewandt. Die in Eisessig und Methanol gelöste Substanz wird zuerst mit Zink und Salzsäure reduziert und anschließend nach dem Abdunsten des Lösungsmittels mit Selen, Kaliumsulfat und Schwefelsäure aufgeschlossen. Liegt der zu reduzierende Stick-

---

[1] KAINZ, G.: Österr. Chem.-Ztg. **57**, 242 (1956).

[2] PILCH, F.: Mh. Chem. **32**, 21 (1921).

[3] WILLITS, C. O., u. C. L. OGG: J. Assoc. Off. Agric. Chemists **31**, 565, 661, 663 (1948); **32**, 118 (1949).

[4] BELCHER, R., u. M. K. BHATTY: Analyst **81**, 124 (1956).

[5] BAKER, P. R. W.: Analyst **80**, 481 (1955).

[6] MA, T. S., R. E. LANG u. J. D. MCKINLEY: Mikrochim. Acta [Wien] **1957**, 368.

stoff über 0,5 mg, werden leicht zu niedrige Werte erhalten (Bemerkung des Verfassers).

Das bislang beste Aufschlußverfahren ist das von A. FRIEDRICH[1], bei dem die Substanz zuerst mit Jodwasserstoffsäure reduziert und anschließend mit Schwefelsäure zerstört wird. Da dieses Verfahren neben Nitro-, Nitroso- und Azoverbindungen auch Hydrazine, Dinitrohydrazone, Osazone, Oxime und andere, ja selbst gewisse Diazoverbindungen mit großer Genauigkeit erfaßt, wird es hier ausführlich beschrieben.

Es sei jedoch bemerkt, daß trotz Reduktion mit Jodwasserstoffsäure die Mikro-Kjeldahl-Methode noch nicht jene allgemeine Anwendbarkeit besitzt wie das Dumas-Verfahren. Sie versagt z. B. bei Diazoketonen $R - CO - CHN_2$, die mit Jodwasserstoffsäure schon in der Kälte Stickstoff abspalten.

Die Kjeldahl-Methode findet jedoch mit Erfolg Anwendung zur Stickstoffbestimmung in physiologischem Material und Pflanzen. In diesen Untersuchungsproben befindet sich der Stickstoff einerseits bereits zum größten Teil in der zur Ammoniakbildung begünstigten Form (Eiweiß), andererseits liegt im allgemeinen ein günstiges Verhältnis von Stickstoff zu reduzierenden Substanzen von vornherein vor. Schließlich besitzt die Kjeldahl-Methode den Vorteil für Reihenuntersuchungen.

Von den verschiedenen zum Abdestillieren des Ammoniaks zur Verfügung stehenden Apparaturen wird die von H. ROTH[2] an Stelle der bislang verwendeten Parnas-Wagner-Apparatur[3] beschrieben, da sie in der Handhabung einfacher ist und rascheres Arbeiten ermöglicht. Mit mehreren an eine Druckluftleitung (Stahlflasche) angeschlossenen Apparaturen können hohe Tagesserien erzielt werden. Das Ammoniak kann ebenso gut mit der bei der Acetylbestimmung (S. 240) beschriebenen Apparatur von W. SCHÖNIGER, H. LIEB und M. G. EL DIN IBRAHIM[4] oder mit der Destillationseinrichtung von P. L. KIRK[5] oder W. KIRSTEN[6] überdestilliert werden.

Reagenzien

Phosphor, roter.

Jodwasserstoffsäure (D: 1,7), 1 ml-Pipette.

Schwefelsäure (D : 1,4), 2 ml-Pipette.

Quecksilberacetat, p. a.

Kaliumsulfat, p. a.

Phenol, p. a.

[1] FRIEDRICH, A.: Z. physiol. Chem. **216**, 68 (1933).

[2] ROTH, H.: Mikrochem. **31**, 287 (1944).

[3] PARNAS, J. K., u. R. WAGNER: Biochem. Z. **125**, 253 (1921); Z. analyt. Chem. **114**, 261 (1938).

[4] SCHÖNIGER, W., H. LIEB u. M. G. EL DIN IBRAHIM: Mikrochim Acta [Wien] **1954**, 96; vgl. W. SCHÖNIGER u. A. HAACK: Mikrochim. Acta [Wien] **1956**, 1369.

[5] KIRK, P. L.: Ind. Eng. Chem., Analyt. Ed. **8**, 223 (1936).

[6] KIRSTEN, W.: Analyt. Chemistry **24**, 1078 (1952).

Kalilauge, 30%ig. Sie wird durch Lösen von 60 g *Kaliumhydroxyd* (Plätzchenform) in 140 g Wasser hergestellt. Wurde der Aufschluß der Substanz unter Zusatz von Quecksilberverbindungen vorgenommen, sind der Lauge noch 10 g *Natriumthiosulfat* zuzusetzen. Das Thiosulfat hat die Aufgabe, die beim Aufschluß der Substanz gebildeten Quecksilber-Ammonium-Verbindungen zu zerlegen. Meßzylinder.

0,01 n-Salzsäure, Bereitung s. S. 21. Bürette.

0,01 n-Natronlauge, wird nach S. 22 hergestellt. Bürette.

Methylrot (p-Dimethylamino-azobenzol-o-carbonsäure), 0,01%ige methylalkoholische Lösung. Herstellung s. S. 21, oder *Methylrot — Methylenblau — Mischindikator*. Bereitung s. S. 21.

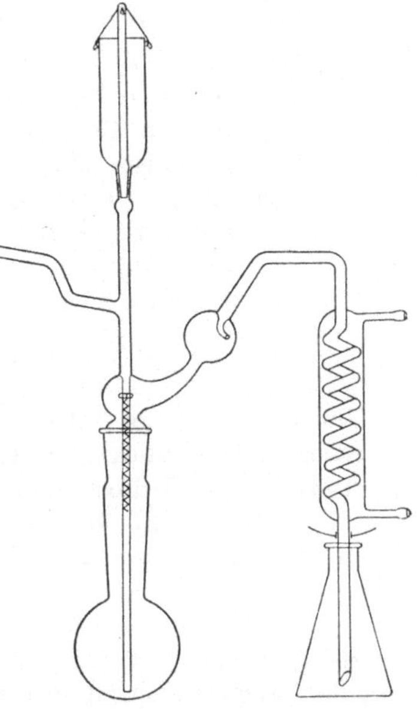

Abb. 54. Kjeldahl-Apparatur nach H. ROTH.

Apparatur

Die aus Jenaer Geräteglas angefertigte Apparatur (Abb. 54) besteht aus dem Aufschluß- und Destillierkölbchen[1] von 45 bis 50 ml Inhalt mit Normalschliff. Der Kolbenhals mit Schliff ist 9,5 cm lang. Der Destillieraufsatz mit Tropfenfänger und angeschmolzenem Schlangenkühler besitzt über dem Schliff eine kugelförmige Erweiterung, durch die das vom Innenschlifftrichter kommende Glasrohr von 0,3 bis 0,4 cm lichter Weite führt, das etwa 0,3 bis 0,4 cm über dem Kolbenboden enden soll, damit die austretenden Luftblasen Siedeverzüge verhindern. Mittels zweier Stahlfedern wird die Schliffverbindung gesichert. Der Innenschlifftrichter, in dessen Verbindungsrohr zum Normalschliff das Lufteinleitungsrohr A eingesetzt ist, besteht aus einem trichterförmig erweiterten Glasrohr von etwa 2,8 cm Durchmesser und 7 cm Höhe. Der in den Trichterboden eingeschliffene Glasstab wird durch ein über das obere Ende gezogenes und an den Haken des Trichterrandes befestigtes Gummiband gesichert. Über den horizontalen Teil des vom Trop-

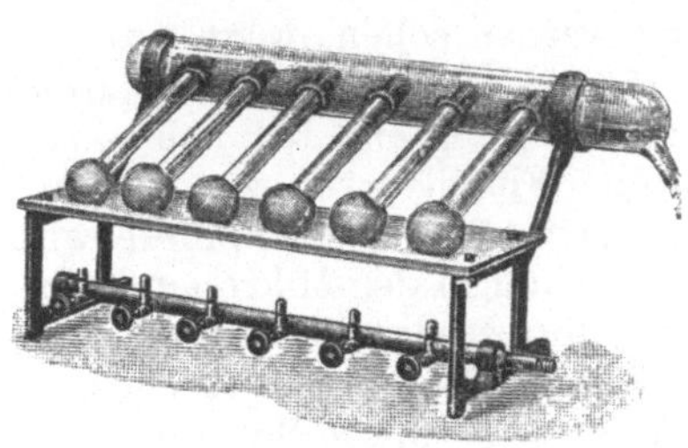

Abb. 55. Aufschlußgestell mit Absaugvorrichtung.

[1] Ein mit Normalschliff versehenes Aufschlußkölbchen benutzte unter Beibehaltung des Wasserdampfentwicklers J. UNTERZAUCHER: Mikrochem. Molisch-Festschrift 436 (1936).

fenfänger zum Kühler führenden Glasrohres wird ein durchbohrter und in der Mitte durchschnittener Kork geschoben und mit Draht befestigt, um an dieser Stelle den Apparat in eine Stativklammer einzuspannen. Das Destillierkölbchen erhitzt man am besten in einem kleinen Babo-Trichter.

Als Vorlagegefäß wird ein Erlenmeyer-Kolben aus Quarz von 100 ml Inhalt oder ein ausgedämpfter Kolben aus Jenaer Glas benützt.

Zersetzungs- oder Aufschlußgestell: Für Serienbestimmungen verwendet man ein Zersetzungsgestell (Abb. 55), das mit sechs kleinen Brennern versehen ist. Die Aufschlußkölbchen liegen in Löchern einer Eternitplatte frei über den Brennern und ragen mit dem Hals in eine Absaugvorrichtung, die mit einer Wasserstrahlpumpe verbunden ist. Diese Einrichtung des gleichzeitigen Absaugens ist namentlich für Laboratorien, die keine oder schlechte Abzüge besitzen, sehr zweckmäßig.

Ausführung

Um Mißerfolge zu vermeiden, ist es sehr wünschenswert zu wissen, wie der Stickstoff gebunden ist, ferner ob die Substanz unter dem Siedepunkt der Jodwasserstoffsäure flüchtig ist oder mit Jodwasserstoffsäure entweichende Spaltprodukte liefert. Bei gewissen heterocyclischen Verbindungen (Antipyrin) und flüchtigen Substanzen ist die Veraschung in der Mikrobombe vorzunehmen. Diazoverbindungen, die leicht elementaren Stickstoff abspalten, können mitunter durch Kuppeln mit Phenol (Bildung beständiger Azoverbindungen) der Kjeldahl-Methode zugänglich gemacht werden. Dazu löst man die Substanz in der 3—4fachen Menge Phenol im Wasserbad und behandelt sie nach dem Erkalten wie nachstehend beschrieben wird weiter. Alle anderen Substanzen können ohne Vorbehandlung über offener Flamme im Kjeldahl-Kölbchen aufgeschlossen werden.

Einwaage der Substanz: Feste Substanzen, die in der Bombe oder auch im Kjeldahl-Kölbchen aufgeschlossen werden sollen, wägt man mit dem Wägeröhrchen mit langem Stiel (S. 15) ein. Zähflüssige Substanzen bringt man in einem Porzellanschiffchen zur Wägung und läßt dieses entlang der Wandung in das Kölbchen gleiten. Flüssigkeiten werden nach S. 57 in Kapillaren ohne Kaliumchlorat eingewogen. Die Kapillare wird mit der geöffneten Spitze nach unten in die schon in der Mikrobombe befindliche Jodwasserstoffsäure geschoben und dort zerdrückt. Ist die Flüssigkeit sehr flüchtig, so muß beim Zuschmelzen der Bombe mit Eis gekühlt werden; das Zerdrücken der Kapillare erübrigt sich, da die Substanz beim Erwärmen sicher in die Aufschlußlösung destilliert.

Veraschung: Vorbehandlung der Substanz im Mikrobombenrohr: Zur eingewogenen Substanz läßt man *1 ml* der *Jodwasserstoffsäure* (D: 1,7) entlang der Wandung fließen und dreht dabei das Rohr um seine Längsachse, um hängengebliebene Substanzteilchen herunterzuspülen. Kapillaren werden erst nach der Jodwasserstoffsäure in das Bombenrohr eingeführt. Wie bei der Carius-Bestimmung (S. 129) schmilzt man nun die Bomben zu und erhitzt sie im Bombenofen 1 Stunde lang auf 200° C; Verbindungen, die in ihrem Ring benachbarte Stickstoffatome enthalten, erhitzt man besser auf 300° C. Nach dem Erkalten wird die in der Spitze befindliche Jodwasserstoffsäure durch schwaches Erwärmen mit einer entleuchteten Flamme vertrieben, die Bombe geöffnet und der Inhalt mit wenig Wasser quantitativ in ein Kjeldahl-Kölbchen gespült. Der nun folgende Aufschluß wird in gleicher Weise wie bei den nicht vorbehandelten Substanzen ausgeführt.

Aufschließen: Die in das Kjeldahl-Kölbchen eingewogene Substanz wird mit *einigen Körnchen roten Phosphors* und mit *1 ml Jodwasserstoffsäure* (D: 1,7) versetzt. Auf dem Veraschungsgestell, dessen Absaugrohr mit der Wasserstrahlpumpe zu verbinden ist, erhitzt man mit kleiner Flamme, bis die Jodwasserstoffsäure siedet. Nach ½ Stunde ruhigen Kochens wird längs der Halswandung so lange Wasser in das Kölbchen gespritzt, bis dieses etwa halb voll ist. Aus einer Pipette gibt man *2 ml konzentrierte Schwefelsäure* zu, schüttelt um und erhitzt mit kräftiger Flamme zum lebhaften Sieden. Nach etwa einer Stunde ist das Jod und der größte Teil der Jodwasserstoffsäure abdestilliert und die Lösung vollkommen klar. Ist auch der Kölbchenhals frei von sublimiertem Jod, bringt man eine kleine *Spatelspitze Quecksilberacetat* und etwa die *2—3fache Menge Kaliumsulfat* in das Kölbchen, legt es wieder auf das Verbrennungsgestell und kocht noch ½ Stunde. Man dreht dann die Flamme ab, läßt die Flüssigkeit abkühlen und verdünnt vorsichtig mit 2—3 ml destilliertem Wasser auf 15—20 ml.

Destillation des Ammoniaks: Sobald der Aufschluß der Substanz beendet ist, wird der Destillationsapparat ausgedämpft und gleichzeitig die einer Stahlflasche oder einer Druckluftleitung entnommene Luft so eingestellt, daß etwa 2 Blasen in 1 Sekunde im Destillierkölbchen hochsteigen[1]. Bevor man das Kölbchen an die nun zur Bestimmung bereite Apparatur anschließt, spritzt man bei gutem Befeuchten des Schliffes mit der Spritzflasche längs der Innenwandung so lang destilliertes Wasser in das Kölbchen, bis sich in diesem etwa 20—25 ml Flüssigkeit befinden. Dann werden die Schliffe verbunden, die Sicherungsfedern eingehakt, und der Babotrichter wird unter das Destillierkölbchen gebracht.

In ein Erlenmeyer-Kölbchen von 100 ml Inhalt bringt man aus der Bürette etwa *8 ml* der genau geprüften *0,01 n-Säure*[2] und fügt mit einem Glasfaden ganz wenig *Methylrot* hinzu. Das Kölbchen wird etwas schräg unter den Kühler gebracht, so daß das Kühlerende in die Säure eintaucht.

Sodann werden mit einem Meßzylinder in den Innenschlifftrichter *18 ml* der *30%igen Lauge* gebracht und davon durch vorsichtiges Heben des Glasstabes etwa 15 ml zu der Lösung in das Destillierkölbchen abgelassen. Ohne auf die dabei eintretende Erwärmung Rücksicht zu nehmen, beginnt man gleich mit dem Erhitzen des Destillierkölbchens, dessen Inhalt nach 1—2 Minuten zu sieden anfängt. Von dem Zeitpunkt des Eintretens der allmählich sich vorschiebenden Kondensringe in den Kühler wird 4 Minuten

[1] Hat man nicht einwandfreie Luft zur Verfügung, wird sie in einer mit verdünnter Schwefelsäure (1 : 1) beschickten Waschflasche gereinigt.

[2] Im Bedarfsfalle muß mehr Säure vorgelegt werden.

lang destilliert. Je nach der Stärke des Erhitzens erhält man während dieser Zeit 7—10 ml Destillat. Es ist wichtig, die angegebene Verdünnung einzuhalten, denn mit dem Ansteigen der Salzkonzentration im Destillierkölbchen beginnt gegen Ende der Destillation das vorher ruhige Sieden stoßend zu werden.

Sollte aus irgendeinem Grunde das Stoßen schon nach kurzer Zeit auftreten, so ist dies auf die Analyse ohne Einfluß, da der Tropfenfänger ein Überspritzen der Lauge in den Kühler sicher verhindert und außerdem auf Grund von Versuchen über das Austreiben des Ammoniaks die Destillation schon nach 2 Minuten beendet werden kann.

Nun senkt man die Vorlage, bis sich das Kühlerende etwa 2 cm über der Lösung im Kölbchen befindet, spült mit einer Spritzflasche das Kühlerende mit 2—3 ml Wasser ab und entfernt hierauf das Vorlagekölbchen. Bevor man die Titration vornimmt, zieht man die Flamme unter dem Babo-Trichter weg.

Titration: Man kocht die saure Lösung, die zur scharfen Erkennung des Endpunktes nur mit wenig Indikator versetzt sein darf, kurz auf und titriert mit der 0,01 *n*-Lauge bei Verwendung von Methylrot von rot kommend bis zur kanariengelben Färbung, die 2 Minuten bestehen bleiben soll. Die Differenz aus vorgelegter und zurücktitrierter Säure entspricht dem als Ammoniak übergegangenen Stickstoff.

Inzwischen hat sich der Schliff des Destillationsaufsatzes auf etwa Handwarm abgekühlt. Nun entfernt man das Kölbchen, spült das Einleitungsrohr außen ab, bringt 15 ml 30%ige Lauge in den Innenschlifftrichter und schließt das nächste Destillationskölbchen an.

Von neuen und längere Zeit unbenutzten Reagenzien ist der Blindwert vor jeder Analysenserie zu bestimmen, der von dem in der Analysensubstanz gefundenen Ammoniak abzuziehen ist.

Berechnung

1 ml 0,01 *n*-Salzsäure entspricht 0,14008 mg Stickstoff

$$\% \, N = \frac{\text{ml } 0{,}01 \; n\text{-Salzsäure} \cdot 0{,}14008 \cdot 100}{\text{mg Substanzeinwaage}}$$

Zur Kjeldahl-Bestimmung physiologischen Materials erübrigt sich die vorherige Reduktion mit Jodwasserstoffsäure. Man schließt die Untersuchungsprobe mit Schwefelsäure und Kaliumsulfat unter Zugabe von etwas Selen als Katalysator auf. Feste Analysenproben bringt man mit dem Wägeröhrchen ein, während Flüssigkeiten (Harn, Blut u. a. m.) mit Präzisionsauswaschpipetten nach F. Pregl sehr genau abgemessen werden können.

Die Präzisionsauswaschpipette wird heute für 0,1, 0,2, 0,5, 1,0 und 2,0 ml hergestellt[1]. Wie aus der Abb. 56 zu ersehen ist, besteht sie aus einem trichterförmig erweiterten Ansaugschaft, durch den sie auch ausgewaschen wird. Im Bereich der Marke ist die Pipette kapillar verengt und mit einer Millimeterunterteilung auf weißem Untergrund versehen. Wegen der ge-

[1] Zu beziehen bei P. Haack, Wien.

eichten Millimeterteilung ist es nicht nötig, die Flüssigkeit auf die Marke einzustellen, da sich auch aus jeder anderen Stelle innerhalb der Kapillare das genaue Volumen aus dem Eichschein auf 0,001 bis 0,002% genau, also praktisch fehlerfrei ergibt. Durch die kapillar verengte Spitze und einfache Ansaugpumpe (s. Abb. 56) wird eine Flüssigkeit von annähernd dem spezifischen Gewicht des Wassers in der Pipette so fest gehalten, daß an der Spitze außen haftende Lösung mit Filtrierpapier entfernt werden kann. Das Aufsaugen wie Herausdrücken von Lösungen mit der Pumpe ist sehr einfach: Bei zusammengedrücktem Gummiballon taucht man die mittels eines Gummistopfens an die Pumpe angeschlossene Pipette in die Lösung ein und reguliert das Hochsaugen mit der Mikrometerschraube. Nach Reinigen der Spitze von außen und nach Ablesen des Volumens im Bereich der Marke wird die Lösung in das Analysengefäß gedrückt. Dann wird die Pumpe entfernt und die Pipette, die auf Einguß geeicht ist, mit der jeweils benötigten Lösung von der trichterförmigen Erweiterung nach der Spitze ausgewaschen.

Weitere Meßgeräte für kleine Volumina beschreiben G. GORBACH und A. HAACK[1].

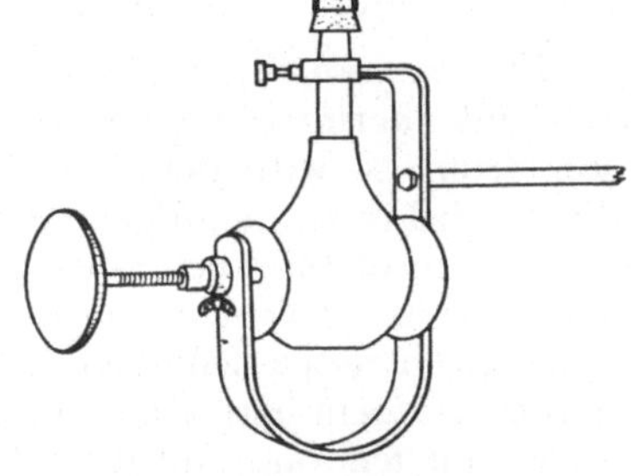
Abb. 56. Präzisionsauswaschpipette von P. Haack.

Bemerkung. Bei stickstoffarmen Substanzen kann die Titration der vorgelegten 0,01 n-Salzsäure vorteilhaft nach I. BANG[2] jodometrisch erfolgen. Hierzu darf der Aufschluß der organischen Substanz nicht mit Perhydrol vorgenommen werden[3]. Als Vorlage für die jodometrische Bestimmung kann ein unausgedämpftes Jenaer Schliffkölbchen von 100 ml verwendet werden. Man beschickt es mit etwa 5 ml 0,01 n-Säure (ohne Indikator). Sobald das Kohlendioxyd ausgekocht (3 Sekunden) und das Kölbchen abgekühlt ist, werden 2 ml einer 5%igen Kaliumjodidlösung und 2 Tropfen einer 4%igen Kaliumjodatlösung zur Salzsäure gebracht. Nach 5 Minuten Stehen (verschlossen) titriert man das ausgeschiedene Jod mit 0,005 n-Thiosulfat zurück. J. P. DIXON[4] bestimmt das übergetriebene Ammoniak mit überschüssigem Natriumhypobromit jodometrisch. Es werden noch 5 μg erfaßt.

Eine Mikromethode zur Bestimmung des Ammoniaks ohne Destillation

---

[1] GORBACH, G., u. A. HAACK: Mikrochim. Acta [Wien] **1956**, 1751.
[2] BANG, I.: Methoden zur Mikrobestimmung einiger Blutbestandteile, J. E. Bergmann, Wiesbaden 1916.
[3] FRIEDRICH, A.: Die Praxis der quantitativen organischen Mikroanalyse, S. 84, 1933.
[4] DIXON, J. P.: Analyt. Chim. Acta **13**, 12 (1955).

beschreiben R. Belcher u. M. K. Bhatty[1]. Die Substanz wird mit Schwefelsäure, Natriumsulfat und Quecksilbersulfat aufgeschlossen. In der neutralisierten Lösung wird das Ammoniak mit Hypochlorit oxydiert, dann mit einer bekannten Menge arseniger Säure versetzt und der Überschuß mit gestellter Hypochlorit-Lösung zurücktitriert. Substanzen, deren Stickstoff unter Zugabe von Reduktionsmitteln in Ammoniak übergeführt werden müssen, können auf diese Weise nicht analysiert werden.

Zur Bestimmung kleinster Ammoniakmengen benutzt man colorimetrische Verfahren, wie das nach J. K. Parnas und J. Heller[2] mit Neßler-Reagens, nach P. A. Hansen und V. Nielsen[3] mit Thymolhypobromit-Reagens. Weitere Methoden zur Bestimmung kleinster Mengen Stickstoff werden von H. Roth[4] beschrieben.

Nach Al. Steyermark[5] werden bei Verbindungen des Typs der Folinsäure mit kondensierten Pyrimidin- und Pyrazinringen in der Molekel nach der Kjeldahlmethode bessere Werte als nach Dumas erhalten. Ebenso geben Verbindungen mit mehreren Stickstoff-Methylgruppen nach Dumas zu niedrige Stickstoffwerte, während sie nach Kjeldahl genau waren. Der Autor erklärt die zu niedrigen Werte damit, daß Methylamin zum Teil unverbrannt durch die Rohrfüllung gelangt. (Vgl. Bemerkungen zur automatischen Verbrennung S. 104.)

Maßanalytische Bestimmung von Stickstoff durch Hydrierung nach H. ter Meulen und J. Heslinga[6] (Methode von A. Lacourt)[7]

Erhitzt man eine organische Verbindung in Gegenwart von fein verteiltem, mit Thoriumdioxyd aktiviertem Nickel bei ungefähr 250° C im Wasserstoffstrom, so wird der Stickstoff quantitativ in Ammoniak übergeführt; dieses wird in Säure aufgefangen und titriert. Die Methode ist ziemlich allgemein anwendbar, besonders für die Bestimmung kleiner Stickstoffmengen in Benzin usw. leistet sie in Industrielaboratorien wertvolle Dienste. Schwierigkeiten bereiten lediglich Aminosäuren und Stoffe, die beim Erhitzen schwer verbrennbare Kohle bilden. Auch in halogen- und schwefelhaltigen Verbindungen kann auf diese Weise der Stickstoff bestimmt werden; hierbei ist lediglich das Vorschalten von gekörntem Natronkalk vor den Hydrierkontakt nötig.

Reagenzien

Wasserstoff aus einer Stahlflasche.

Nickeloxyd, reinst, fein gepulvert.

---

[1] Belcher, R., u. M. K. Bhatty: Mikrochim. Acta [Wien] **1956**, 1183.

[2] Parnas, J. K., u. J. Heller: Biochem. Z. **152**, 1 (1924).

[3] Hansen, P. A., u. V. Nielsen: J. Biol. Chem. **131**, 309 (1939).

[4] Houben-Weyl: Methoden der Organischen Chemie, 4. Aufl. Herausgegeben von E. Müller. Band II, S. 246. Gg. Thieme-Verlag, Stuttgart 1953.

[5] Steyermark, Al.: Quantitative Organic Microanalysis, S. 134, New York, The Blakiston Company, Toronto/Philadelphia 1951.

[6] ter Meulen, H., u. J. Heslinga: Neue Methoden der organisch-chemischen Analyse. Verlag Akadem. Verlagsgesellschaft, Leipzig 1927; ter Meulen, H.: Bull. soc. chim. Belgique **49**, 103 (1940).

[7] Lacourt, A., u. Ch. F. Chang: Bull. soc. chim. Belgique **49**, 167 (1940).

Thoriumnitrat.

Natronkalk, gekörnt.

Asbest, kurzfaserig.

0,02 n-Schwefelsäure und 0,02 *n-Natronlauge*, mit Methylrot als Indikator eingestellt. Bereitet nach S. 21. Büretten.

Methylrot, 0,1%ige methylalkoholische Lösung (s. S. 21).

Apparatur

Sie besteht aus zwei gewöhnlichen Waschflaschen (Denog 42; 100 ml Inhalt), die alkalische und schwefelsaure, etwa 5%ige Kaliumpermanganatlösung enthalten und zur Reinigung des Wasserstoffs dienen. An diese schließt sich das Katalysatorrohr aus Bergkristall oder schwer schmelzbarem Glas an, das bei 10 mm lichter Weite mit dem angeschmolzenen Schnabel eine Länge von 400 mm besitzt. An dieses ist durch eine Gummiverbindung ein kleines, längliches Waschfläschchen (150 mm lang, 15 mm lichte Weite, Inhalt etwa 20 ml), das zur Aufnahme der vorzulegenden Säure dient, angeschlossen. Der Kontaktteil des Rohres wird in einem Aluminiumblock mittels eines Mikrolangbrenners auf 250° C erhitzt. Der Aluminiumblock ist 220 mm lang, 60 mm breit und 40 mm hoch und zur Aufnahme des Rohres der Länge nach durchbohrt (18 mm Durchmesser); eine zweite kleinere Bohrung nimmt ein Thermometer auf. Der Block ruht auf einem passenden Eisengestell; zur Wärmeisolierung ist er außen mit Asbestpappe umwickelt. Für die Substanzeinwaage wird ein Porzellanschiffchen (40 × 5 × 6) oder besser ein entsprechendes Nickelschiffchen benötigt.

Ausführung

Herstellung des Hydrierkontaktes und Füllung des Rohres: Man mischt in einer Porzellanschale Nickeloxyd mit dem zehnten Teil seines Gewichtes Thoriumnitrat, fügt eine zur Lösung des letzteren genügende Menge Wasser hinzu und dampft das Gemisch auf dem Wasserbad zur Trockene ein. Nach erneutem Verreiben zu feinem Pulver wird dieses in ein gewöhnliches Verbrennungsrohr gebracht und im elektrischen Ofen bei etwa 250—300° C im Wasserstoffstrom reduziert. Sobald die Abgabe von Ammoniak (hervorgerufen durch das Thoriumnitrat) aufgehört hat, ist die Reaktion beendet. Die Masse läßt man im Wasserstoffstrom erkalten und gibt sie in eine mit Kohlendioxyd gefüllte Glasstopfenflasche, wo sie nach einigen Tagen ihre pyrophoren Eigenschaften verliert. Zur Herstellung des Katalysators mischt man in einem geräumigen Pulverglas etwa ein Teil kurzfaserigen Asbest mit zwei Teilen des Thoriumdioxyd-Nickel-Pulvers durch kräftiges Schütteln.

Zur Füllung des Rohres bringt man zuerst einen losen Asbestwollpfropfen ein und drückt diesen mit einem Glasstab an den Schnabelansatz fest. Auf diesen Pfropfen wird in etwa *200 mm Länge der Thoriumdioxyd-Nickel*-Asbest eingeführt und lose eingedrückt; anschließend folgt noch eine Schicht von *Natronkalk von etwa 20 mm Länge*, auf die wieder ein *Asbest*pfropfen zu sitzen kommt.

Das Rohr wird nun in den Aluminiumblock eingesetzt; an das Schnabelende wird als Vorlage das Waschfläschchen angeschlossen, während die Mündung des Rohres mit einem durchbohrten Gummistopfen verschlossen wird, durch den mittels Glasrohres und ausgedämpften Gummischlauches die Verbindung mit den Permanganat-Waschflaschen und der Wasserstoffbombe (Druckregler wie bei Kohlenstoff-Wasserstoffbestimmung) hergestellt wird.

Hydrierung: Man leitet nun Wasserstoff mit einer Geschwindigkeit von 2 Blasen in der Sekunde durch die Apparatur, wobei der Kontakt auf etwa 250° C erhitzt wird, und legt *10,00 ml 0,02 n-Schwefelsäure* in dem Waschfläschchen vor. Der Blindversuch muß nach einstündigem Durchleiten von Wasserstoff praktisch Nullwerte ergeben. In das Porzellan- (Nickel-)

Schiffchen wägt man 5—10 mg der fein gepulverten Probe ein, fügt eine Messerspitze (etwa 0,5 g) des *Thoriumdioxyd-Nickel-Katalysators* hinzu und mischt mit einem Platindraht gut durch[1]. Flüssigkeiten wägt man nach S. 57 in Kapillaren ab und legt die geöffnete Kapillare so in das Schiffchen, daß die Probe beim Herauslaufen von dem Nickelpulver aufgesaugt wird. Das Schiffchen wird nun in die vorbereitete Apparatur eingeschoben (bis etwa 30 mm vor die Natronkalkfüllung) und das Rohr mittels des Gummistopfens wieder geschlossen. Je nach dem zu erwartenden Stickstoffgehalt werden bis *20 ml 0,02 n-Schwefelsäure*, der man möglichst *wenig Methylrot* zusetzt, in die Vorlage gebracht und diese angeschlossen. Nachdem der Wasserstoff wieder auf zwei Blasen je Sekunde eingestellt worden ist, beginnt man mit kleiner Flamme unter Zuhilfenahme eines Drahtnetzröllchens die Substanz zu erhitzen. Bildet sich in dem zwischen Schiffchen und Natronkalk befindlichen Teil des Rohres ein Kondensat oder Sublimat, so darf dieses durch Erhitzen nicht vertrieben werden; man würde dann Gefahr laufen, daß durch zu schnelle Gasbildung die Menge des Wasserstoffes zur Hydrierung nicht ausreichen würde; man soll den erhitzten Wasserstoff die abgesetzte Substanz ruhig mitführen lassen. Zuletzt wird das Schiffchen mit der vollen Flamme des Bunsenbrenners stark erhitzt. Anschließend wird noch die Natronkalkschicht durch kräftiges Erhitzen von etwa dort festgesetzten Spuren der Probe befreit. Die Hydrierung ist im allgemeinen in 20 Minuten beendet. Nun nimmt man das Waschfläschchen ab, spült den Inhalt in ein Erlenmeyerkölbchen, kocht auf und titriert mit *0,02 n-Lauge*[2] in gleicher Weise wie bei der Mikro-Kjeldahl-Bestimmung (s. S. 114).

Nachdem die Analyse beendet ist, wird das Schiffchen aus dem Rohr genommen, und der Apparat ist für die folgende Bestimmung bereit. Durch Kohleteilchen, die im Laufe der Analyse im Katalysator zurückbleiben, läßt dessen Wirksamkeit allmählich nach; immerhin kann die Rohrfüllung für wenigstens 25—30 Analysen benützt werden. Nach Ausglühen und Reduzieren ist der Thorium-Nickel-Asbest-Katalysator wieder gebrauchsfähig.

Berechnung

1 ml 0,02 *n*-Schwefelsäure entspricht 0,28016 mg Stickstoff

$$\% \, \mathrm{N} = \frac{\text{ml } 0{,}02\, n\text{-Schwefelsäure} \cdot 0{,}28016 \cdot 100}{\text{mg Substanzeinwaage}}$$

Andere Stickstoffbestimmungsmethoden. Gasvolumetrische Kjeldahl-Methode von F. ZINNEKE[3]. Die für Halbmikromengen beschriebene Methode ermöglicht nach der einen Ausführung den gesamten Stickstoff als Gas zu bestimmen. Dazu wird die Substanz mit Schwefelsäure in Gegenwart von Platinmohr aufgeschlossen und der elementar abgespaltene Stickstoff mit Kohlendioxyd in ein Azotometer übergetrieben. Nach der anderen Ausführung erfolgt das Aufschließen der Substanz nur in Schwefelsäure. Je nach Bindungsart des Stickstoffes entstehen Ammoniak und elementarer Stickstoff, die zusammen dem Gesamtstickstoff der Substanz entsprechen. Auf Grund des Stickstoff-Ammoniak-Verhältnisses lassen sich an Hand

---

[1] Um eine besonders gute Durchmischung der Probe mit dem Nickelpulver zu erreichen, empfiehlt P. M. HEERTJES: Chem. Weekbl. **34**, 827 (1937), die Probe im Schiffchen in einigen Tropfen eines passenden Lösungsmittels (Wasser, Äthanol, Aceton) zu lösen und dann mit dem Nickelpulver zu versetzen.

[2] Über die Verwendung von Borax und Kaliumbijodat zur Titration des bei der Hydrierung entstehenden Ammoniaks s. LACOURT, A., u. CH. F. CHANG: Bull. soc. chim. Belgique **49**, 103 (1940).

[3] ZINNEKE, F.: Angew. Chem. **64**, 220 (1952).

der in der Originalarbeit gebrachten Tabellen bei unbekannten Verbindungen wertvolle Aussagen über die Art der Stickstoffbindung machen.

Reduktiver Magnesiumaufschluß. W. SCHÖNIGER[1] reduziert die Substanz in einem Aufschlußröhrchen unter Kohlendioxyd mit überschüssigem Magnesiumpulver, wobei Magnesiumnitrid entsteht. In einem Kjeldahl-Destillierapparat wird aus dem Magnesiumnitrid das Ammoniak abdestilliert und maßanalytisch bestimmt. Das Verfahren ist sehr rasch und wäre besonders für Laboratorien wertvoll, in denen Dumas-Analysen nicht laufend durchgeführt werden. Weitere Versuche, um Einblick bezüglich der allgemeinen Anwendbarkeit der Methode zu erhalten, wären sehr erwünscht. Wir fanden, daß mit Zusätzen von Glucose auch anorganische Stickstoffverbindungen (Nitrate) in Ammoniak übergeführt werden können. Bei einigen organischen Verbindungen (z. B. Harnstoff) fanden wir trotz Glucosezusatz zu niedrige Stickstoffwerte.

Bestimmung der Halogene

Zur Bestimmung der Halogene stehen heute verschiedene ausgezeichnete Methoden zur Verfügung, die teils aus den alten klassischen Makromethoden entwickelt wurden, teils auf völlig neuem Prinzip beruhen. Es ist selbstverständlich, daß der Analytiker bestrebt sein wird, dort, wo es möglich ist, mit Schnellmethoden zu arbeiten, auch wenn die Methoden nicht die universelle Anwendbarkeit besitzen sollten, wie beispielsweise die Verbrennung der Substanz im Platinschiffchen, bei der gleichzeitig der Rückstand erfaßt wird. Zur Analyse von Substanzen, für die es keine geeigneten Schnellmethoden gibt, wird man ergänzende Methoden in Reserve halten und davon jene anwenden, die für die zu analysierende Substanz am geeignetsten sind (sehr explosive Substanzen, technische Produkte, Spurenbestimmung, flüchtige Substanzen u. a. m.). Damit soll gleichzeitig herausgestellt werden, daß trotz Bevorzugung von Schnellmethoden die älteren noch nicht als überholt anzusehen sind, zumal sie sich infolge wertvoller Ergänzungen lediglich im Tempo von den in der letzten Zeit entwickelten unterscheiden. Sie werden nachstehend neben Schnellmethoden gebracht.

Sofern man nicht spezielle Analysen durchführt, um z. B nur bestimmte Halogene (Halogenwasserstoffe) der Molekel zu bestimmen oder Hydrochloride, Hydrobromide und Jodmethylate von Basen titrieren will[2], wird man in allen Fällen mit Hilfe energischer Reaktionen die Bindung zwischen Halogen und der organischen Substanz zerstören.

Dazu benutzt man Oxydations- und Reduktionsverfahren.

Die **oxydative Zerstörung** der Substanz läßt sich auf *trockenem* Wege durch Verbrennung mit Sauerstoff[3] + Platin als Katalysator[4],

[1] SCHÖNIGER, W.: Mikrochim. Acta [Wien] **1955**, 44.

[2] KAINZ, G., u. M. PÖHM: Mikrochem. **35**, 189 (1950).

[3] SCHÖNIGER, W.: Mikrochim. Acta [Wien] **1955**, 123; **1956**, 869.

[4] PREGL, F.: 1. Auflage dieses Buches, Verlag Springer, Berlin 1916; GROTE, W., u. H. KREKELER: Angew. Chem. **46**, 106 (1933); WURZSCHMITT, B.: Z. analyt. Chem. **114**, 321 (1938).

in der Knallgasflamme (Lampenmethode)[1], Aufschluß mit Natriumperoxyd[2] und auf *nassem* Wege mit Salpetersäure[3] und mit Chromschwefelsäure[4] erreichen, wobei hohe Temperaturen und teils erhöhte Drucke Anwendung finden. Ebenso benutzt man *trokkene* und *nasse* **Reduktionsverfahren** wie die Verbrennung im Wasserstoffstrom + Katalysator[5], den Aufschluß mit Kalium oder Natrium[6] und Magnesium[7], ferner mit Natrium in Alkoholen[8].

Während nach reduktivem Aufschluß der Substanz das Halogen als entsprechendes Halogenid vorliegt, entsteht bei der oxydativen Zerstörung neben Halogenid elementares Halogen, das z. B. bei der Bestimmung von Chlor und Brom durch Zugabe eines Reduktionsmittels (Sulfit, Perhydrol) zur Absorptionsvorlage in Chlorid bzw. Bromid übergeführt wird.

Die Bestimmung der nach Zerstörung der organischen Substanz vorliegenden Halogene kann auf verschiedene Weise erfolgen, man wird sie entsprechend dem Halogengehalt der Probe wählen. Es finden gravimetrische, maßanalytische, potentiometrische Methoden und für ganz kleine Mengen gelegentlich Trübungsmessungen Anwendung (siehe dazu den Abschnitt: Weitere Methoden).

Wenn auch die gravimetrischen Methoden langsamer als die maßanalytischen sind, scheint, außer den bereits dargelegten Gründen ihre ausführliche Beschreibung deshalb wichtig, weil sie sehr geeignet sind, den Lernenden mit dem Behandeln, Filtrieren, Waschen und Trocknen kleiner Mengen von Niederschlägen vertraut zu machen.

Zuerst wird die Bestimmung von Chlor, Brom sowie von Chlor und Brom nebeneinander beschrieben. Anschließend werden die Methoden zur Analyse von organisch gebundenem Jod und Fluor gebracht.

Bestimmung von Chlor und Brom

a) Perlenrohrmethode von F. Pregl

Prinzip: Die Substanz wird, gleichgültig ob fest oder flüssig, im Sauerstoffstrom in einem Platinschiffchen vergast. Die vom Sauerstoffstrom mitgeführten Zersetzungsprodukte werden an glühenden Platinsternen

---

[1] Wickbold, R.: Angew. Chem. **64**, 133 (1952).

[2] Elek, A., u. D. W. Hill: J. Amer. Chem. Soc. **55**, 2550, 3479 (1933); Wurzschmitt, B.: Chem.-Ztg. **74**, 356 (1950); Mikrochem. **36/37**, 769 (1951); Kainz, G., u. A. Resch: Mikrochem. **39**, 292 (1952).

[3] Emich, F., u. J. Donau: Mh. Chem. **30**, 745 (1909); Pregl, F.: 1. Auflage dieses Buches, Verlag Springer, Berlin 1916; Kirsten, W.: Analyt. Chemistry **25**, 74 (1953).

[4] Dieterle, H.: Arch. Pharmaz. **261**, 73 (1925); Zacherl, M. K., u. H. G. Krainick: Mikrochem. **11**, 61 (1932) (Mikro-Baubigny u. Chavanne).

[5] ter Meulen, H.: Rec. trav. chim. Pays-Bas **47**, 698 (1928); Lacourt, A.: Mikrochem. **23**, 308 (1938).

[6] Bürger, K.: Angew. Chem. **54**, 479 (1941); Kainz, G.: Mikrochem. **35**, 469 (1950); **38**, 124 (1951).

[7] Schöniger, W.: Mikrochim. Acta [Wien] **1954**, 74.

[8] Stepanow, A.: Ber. dtsch. chem. Ges. **39**, 4056 (1906); Rauscher, W. H.: Ind. Eng. Chem., Analyt. Ed. **9**, 296 (1937); Irimescu, J., u. E. Chirnoaga: Z. analyt. Chem. **125**, 32 (1942).

katalytisch zerlegt. Der Chlor- oder Bromwasserstoff gelangt in eine alkalische oder sodaalkalische Vorlage, die noch ein reduzierendes Reagens (Sulfit oder Perhydrol) enthält, um elementares Chlor oder Brom in das Halogenid überzuführen. Die Halogenide werden in der Wärme aus salpetersaurer Lösung als Silber-chlorid-bromid ausgefällt und nach quantitativem Überführen in ein Filterröhrchen mittels eines Ansaugröhrchens getrocknet und gewogen.

Reagenzien

Halogenfreie gesättigte Sodalösung wird nach B. REINITZER[1] durch öfteres Umkristallisieren und Waschen von käuflichem Natriumhydrogencarbonat mit halogenfreiem destilliertem Wasser hergestellt.

Das erhaltene Salz hat die Zusammensetzung Na_2CO_3, $NaHCO_3$, H_2O. Es ist halogenfrei, wenn 1 g nach Ansäuern mit Salpetersäure und Zusatz von Silbernitrat nach 5 Minuten langem Erwärmen im Wasserbade keine Opaleszenz zeigt.

Von 20 bis 25 g dieses Carbonat-Hydrogencarbonat-Gemisches, das man nach dem Trocknen gut verschlossen aufbewahrt, bereitet man sich eine heiß gesättigte Lösung mit etwa 100 ml destilliertem Wasser und gießt sie in eine Flasche aus Jenaer Glas. Von der überstehenden kaltgesättigten Lösung entnimmt man für die Analyse. Ist die Lösung verbraucht, löst man für weitere Bestimmungen den größten Teil des am Flaschenboden ausgeschiedenen Salzes in kaltem Wasser. 1-ml-Pipette.

Halogenfreie Hydrogensulfitlösung bereitet man aus der konz. halogenfreien Sodalösung durch sehr langsames Einleiten von halogenfreiem Schwefeldioxyd unter Kühlung.

Steigt dabei die Temperatur, so kommt es zur Bildung oft nicht unbeträchtlicher Mengen von Thiosulfat, das beim späteren Ansäuern zu Schwefelabscheidung führt. Das Schwefeldioxyd bereitet man aus konz. Natriumhydrogensulfitlösung durch langsames Zutropfen von konz. Schwefelsäure p. a. und leitet das Gas, bevor es in die vorgelegte halogenfreie, gekühlte Sodalösung eintritt, durch eine Röhre, die mit konz. halogenfreier Sodalösung befeuchtete Glaswolle enthält.

Mit der Hydrogensulfitlösung füllt man Reagenzgläser halb voll und zieht sie zu einer langen Kapillare aus, die am Ende zugeschmolzen wird. Auf diese Weise kann man einen größeren Vorrat an reiner Hydrogensulfitlösung bereiten. Bei Gebrauch schneidet man die ausgezogene Spitze der Kapillare ab, entnimmt daraus durch Erwärmen mit der Hand tropfenweise die Lösung und schmiltzt die Spitze wieder zu.

Zur Prüfung der Hydrogensulfitlösung (20—40 Tropfen) auf Halogenfreiheit wird sie mit halogenfreier Sodalösung alkalisch gemacht, mit 3—5 Tropfen Perhydrol versetzt und 5 Minuten lang im Wasserbad erwärmt. Nach dem Abkühlen wird mit 1—2 ml halogenfreier Salpetersäure und 0,5 ml 5%iger Silbernitratlösung versetzt. Nach 5 Minuten langem Erhitzen im siedenden Wasserbad darf keine Trübung auftreten.

Perhydrol (säurefrei).

Wäßrige Natronlauge, 5%ig.

Silbernitratlösung, 5%ig, 2-ml-Pipette.

Salpetersäure konz. halogenfrei. Halogenfreie Salpetersäure stellt man sich durch Destillation über Silbernitrat aus einer Glasapparatur her. 1-ml-Pipette.

---

[1] B. REINITZER, Z. analyt. Chem. **34**, 574 (1895).

Salpetersäurehaltiges Wasser (1:200), 250-ml-Spritzflasche[1].

Äthanol, 250-ml-Spritzflasche.

Kaliumcyanid.

Apparatur

Die Verbrennung der Substanz wird in der zur Bestimmung von Jod S. 138 beschriebenen Apparatur durchgeführt. Für das Überführen des Niederschlages auf das Filterröhrchen wird eine Absaugvorrichtung und für das Trocknen ein Trocken- (Regenerierungs-) Block benötigt.

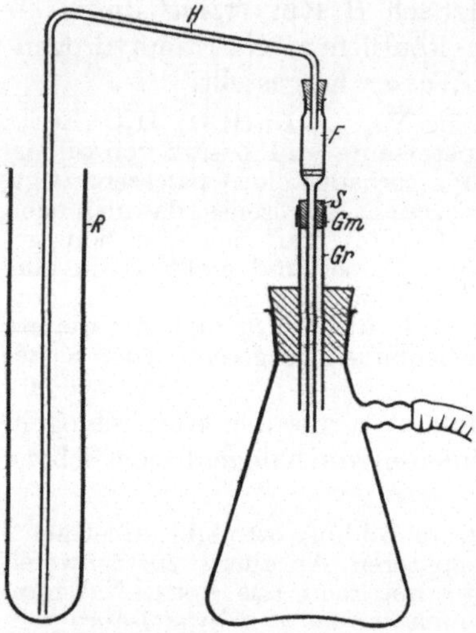

Abb. 57. Absaugvorrichtung zur Halogen- und Phosphorbestimmung. (⅓ natürliche Größe.)
R weites Reagenzglas; H Ansaugröhrchen; F Filterröhrchen; S Gummistopfen; Gm Gummimanschette; Gr verschiebbares Glasrohr.

Absaugvorrichtung (Abb. 57): Sie besteht aus einer Saugflasche von 250 ml Inhalt mit weitem Hals, in den ein gutsitzender, durchbohrter Gummistopfen gebracht wird. In die Bohrung des Stopfens wird ein 80 mm langes Glasrohr von 8 mm lichter Weite geschoben. Über das obere Ende des Glasrohres zieht man ein 20 mm langes Schlauchstück, das 10 mm über den Rand hinausragen soll. In diese Gummimanschette wird der Gummistopfen, durch den man den Schaft des Filterröhrchens steckt, eingesetzt.

Die Halogensilberniederschläge werden mit Hilfe eines Ansaugröhrchens in das Filterröhrchen gesaugt. Dieses fertigt man sich aus einem dünnen Glasrohr von 3 mm lichter Weite über einem Schwalbenschwanzbrenner an. Der lange, vertikale Teil, mit dem die Niederschläge hochgesaugt werden, ist 200—250 mm lang und oben etwas über 90 ° abgebogen, damit der Niederschlag längs der Wandung weitergleiten kann. Nach 80—100 mm ist das Rohr unter einem stumpfen Winkel wieder parallel zum ersten Schenkel gebogen und etwa 40 mm lang.

Filterröhrchen: Das ursprüngliche Absaugen und Wägen der Halogenniederschläge in Mikro-Gooch- wie auch in Neubauer-Tiegeln hat man inzwischen ganz verlassen und verwendet dazu nahezu ausnahmslos Filterröhrchen.

Die in Abb. 58 gebrachten Filterröhrchen unterscheiden sich voneinander lediglich dadurch, daß das Filterröhrchen nach H. Lieb und A. Soltys[2] knapp über der Glasfritte leicht ausgebuchtet ist, um der Asbestauflage mehr Halt zu geben[3].

---

[1] Mit sehr feiner Ausflußspitze.

[2] Lieb, H., u. A. Soltys: Mikrochem. Molisch-Festschrift 290 (1936).

[3] Beide Formen sind bei P. Haack, Wien, erhältlich.

Die Filterröhrchen haben eine Gesamtlänge von 150 mm. Das obere Glasrohr von 10 mm lichter Weite und 45 mm Länge dient zur Aufnahme der zu filtrierenden Lösung. Eine 2—3 mm starke Glassinterplatte 154 G 1 schließt diesen Teil ab. Etwa 10 mm unter der Filterschicht ist das Röhrchen konisch verjüngt und geht in einen Schaft von etwa 100 mm Länge und 3 mm lichter Weite über. Zum Absaugen von Niederschlägen eignen sich auch sehr gut die Filterstäbchen nach F. Emich[1]. Ebenso können die Filterbecher nach F. Emich und E. Schwarz-Bergkampf[2] benützt werden, die inzwischen durch F. Hecht[3] und E. Abrahamczik und F. Blümel[4] weiter vervollständigt wurden.

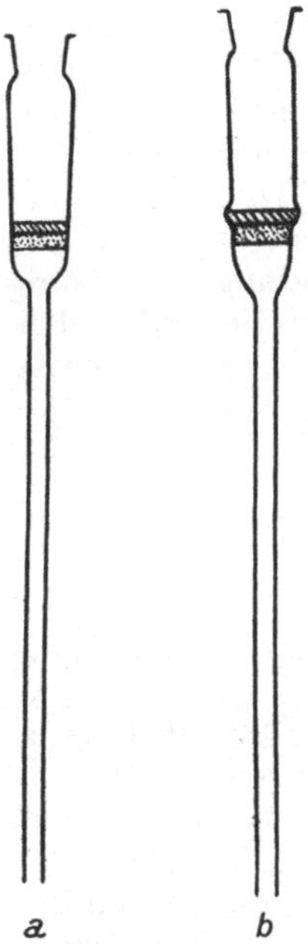

Abb. 58. Glassinter-Filterröhrchen zum Sammeln von Halogensilber- und Phosphorammoniummolybdat-Niederschlägen. *a* zylindrische Form; *b* mit Ausbuchtung nach H. Lieb u. A. Soltys von Schott & Gen., Mainz. (⅔ natürl. Größe.)

Präparieren des Filterröhrchens: Nachdem man das zuvor mit warmer Chromschwefelsäure, Wasser, destilliertem Wasser gereinigte Filterröhrchen mittels eines passenden Gummistopfens in die befeuchtete Gummimanschette der Saugflasche eingesetzt hat, wird unter langsamem Saugen an der Wasserstrahlpumpe eine Aufschlämmung von mittelfeinem Gooch-Tiegelasbest in einer Höhe von 1 bis 1,5 mm auf die Sintermasse gebracht, mit einem scharfkantigen Glasstab gleichmäßig verteilt und festgedrückt. Diese Operation wird noch zweimal mit ganz feinen Aufschlämmungen wiederholt, bis die festgepreßte Asbestschicht bei ganz ebener Oberfläche eine Höhe von 2,5 bis 3 mm erreicht hat. Dann wäscht man mit viel Wasser, dreimal mit heißer Chromschwefelsäure und wieder mit Wasser. Schließlich werden salpetersäurehaltiges Wasser und Alkohol durchgesaugt. Das nun reine Filterröhrchen wird im Trocken- und Regenerierungsblock bei 120° C unter gleichzeitigem Durchsaugen eines schwachen Luftstromes nach dem Aufsetzen eines Luftfilters (Abb. 59) getrocknet.

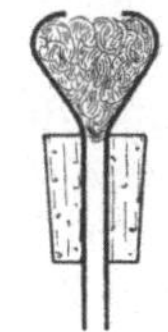
Abb. 59. Luftfilter mit Korkstopfen.

Trockenblock (Regenerierungsblock): Dieser besteht, wie aus Abb. 60 hervorgeht, aus zwei genau aufeinander passenden Kupferblöcken, deren jeder zwei rinnenförmige Bohrungen besitzt, die sich zu einem Zylinder ergänzen. Die eine Bohrung hat einen Durchmesser von 12 mm und dient zur Aufnahme des weiten Teiles des Filterröhrchens, während die andere, engere Bohrung für den Schaft des Filterröhrchens einen Durchmesser von 8 mm besitzt. Der Kupferblock wird mit

[1] Emich, F.: Lehrbuch der Mikrochemie, 2. Aufl., S. 84—88. Verlag Bergmann, München 1926.
[2] Schwarz-Bergkampf, E.: Z. analyt. Chem. **69**, 321 (1926).
[3] Hecht, F.: Mikrochim. Acta **1**, 284 (1937).
[4] Abrahamczik, E., u. F. Blümel: Mikrochem. **3**, 185 (1938).

der Flamme eines Mikrobrenners erwärmt. Die Temperaturkontrolle erfolgt an einem in einer weiteren Bohrung der unteren Kupferplatte angebrachten Thermometer. Mit Hilfe der feinen Regulierschraube des Mikrobrenners ist es möglich, die Temperatur auf 2—3° C genau einzuhalten.

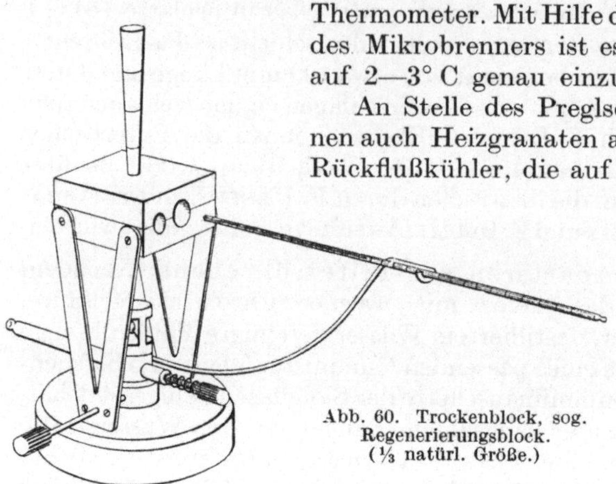

Abb. 60. Trockenblock, sog. Regenerierungsblock. (⅓ natürl. Größe.)

An Stelle des Preglschen Trockenblockes können auch Heizgranaten aus Jenaer Glas (S. 30) mit Rückflußkühler, die auf Vorschlag von F. Reuter von der Fa. Schott & Gen., Jena[1], hergestellt werden, benützt werden. Die Vorrichtung hat den Vorteil, daß die gewünschte Temperatur durch die Anwendung entsprechender Siedeflüssigkeiten leicht einzuhalten ist.

Ausführung

Nachstehend wird nebeneinander die Verwendung der Hydrogensulfit-Soda-Absorptionslösung nach F. Pregl und die heute übliche Lauge-Perhydrol-Lösung beschrieben. Die Verwendung von Lauge + Perhydrol ermöglicht ferner gleichzeitig Schwefel zu bestimmen, den man vor dem Halogen mit Bariumnitrat ausfällt.

Von der auf S. 136 beschriebenen Bestimmung von Jod weicht die Ausführung in folgenden Punkten ab.

In den Perlen- oder Spiralteil des Rohres werden aus einem Reagenzglas *2 ml der gesättigten Sodalösung*, der man *2—3 Tropfen der Hydrogensulfitlösung* zugesetzt hat, hochgesaugt. Dann läßt man die Sodalösung aus dem Rohrschnabel ablaufen und verseift sie. Das leere Reagenzglas wird über das Rohrende geschoben. Verwendet man statt der Hydrogensulfitlösung *5%ige Natronlauge*, so saugt man diese, nachdem man *5—10 Tropfen Perhydrol* zugesetzt hat, in der beschriebenen Weise in die Perlenschicht hoch und läßt sie wieder abfließen. Der Sauerstoffstrom beträgt 4 ml in der Minute[2]. Die Verbrennung soll in 30 Minuten beendet sein. Nachdem aus dem ausgekühlten Rohr das Schiffchen und die Platinsterne entfernt wurden, spannt man das Rohr, wie bei der Jodbestimmung (S. 139) beschrieben, in eine Stativklammer ein, bringt *2—3 Tropfen Hydrogensulfitlösung* von oben in das Rohr und spült es dreimal mit destilliertem Wasser in das darunter befindliche Reagenzglas. Wurde zur Adsorption perhydrolhaltige Lauge verwendet, entfällt die Zugabe von Sulfit. Bei jedem Ausspülen des Rohres spritzt man unter gleichzeitigem Drehen des Rohres so viel Wasser in ununterbrochenem Strahl ein, daß der Spiral- oder Perlenteil von der Spitze bis zum oberen

[1] Jenaer Glaswerk Schott & Gen.: Mikrochem. **21**, 131 (1936/37).
[2] Eingestellt mit Hilfe der Mariotteschen Flasche und des Blasenzählers.

Rand mit Wasser gefüllt ist. Zum Schluß spült man noch den Rohrschnabel von außen ab.

Zur Sodalösung mit den Waschwässern werden zur Oxydation des Sulfits *2—3 Tropfen Perhydrol* zugegeben. Sowohl die Lauge- als auch die Soda-Lösung werden 5 Minuten lang in ein kochendes Wasserbad gebracht.

Zur Fällung des Silberhalogenids bereitet man sich unterdessen ein Gemisch aus *1 ml konzentrierter Salpetersäure* und *2 ml der Silbernitratlösung* und gießt dieses vorsichtig zu der heißen Lösung, wobei zuerst nur eine opaleszierende Trübung auftritt. Bringt man das Reagenzglas anschließend 5 bis 10 Minuten in das Wasserbad, so wird die Ausscheidung des Niederschlages quantitativ. Nach dem Erkalten der Lösung wird das Halogensilber abfiltriert und gewogen. Kommt man nicht dazu, den Niederschlag zu filtrieren, stellt man das Reagenzglas ins Dunkle. Für das Überführen des Halogensilberniederschlages hat man zuerst das Gewicht des leeren Filterröhrchens unter gleichen Bedingungen wie später mit dem Halogensilber festzustellen.

Das nach S. 123 präparierte leere Filterröhrchen wird mit dem Schaft in die Bohrung eines vorher mit Wasser befeuchteten Gummistopfens gesteckt, der in die Gummimanschette der Filtriervorrichtung gut paßt. Sobald man mit Hilfe eines Quetsch- oder Glashahnes an der Vakuumeinrichtung (Hausvakuum, Wasserstrahlpumpe) ein schwaches Vakuum in der Saugflasche erzeugt hat, wird das Filterröhrchen zweimal mit salpetersäurehaltigem Wasser und hernach zwei- bis dreimal mit Alkohol gewaschen. Man bringt auf das Filterröhrchen das Luftfilter (Abb. 59), das aus einem mit Watte gefüllten Trichterchen besteht, das vermittels eines durchbohrten Korkes auf das Filterröhrchen gesetzt wird.

Nach Aufheben des Vakuums zieht man das Filterröhrchen aus dem Gummistopfen, wischt es mit einem Tuch außen ab und steckt das Schaftende in einen Gummischlauch, der durch ein Zwischenstück mit dem Druckschlauch des Vakuums verbunden wird. Unter Durchsaugen eines schwachen Luftstromes wird das Filterröhrchen in die weite Bohrung des auf 120° C erhitzten Trockenblockes gelegt, in der man es 5 Minuten lang trocknen läßt. Anschließend bringt man noch den Schaft für 5 Minuten in die enge Bohrung, um die letzten Feuchtigkeitsspuren zu entfernen. Das getrocknete Filterröhrchen wird hierauf von der Saugleitung entfernt und nach Abnehmen des Luftfilters gewischt. Dabei mache man es sich zur Gewohnheit, das Röhrchen stets schräg nach oben zu halten, denn nicht immer haften die Silberhalogenidniederschläge vorheriger Analysen auf dem Asbest fest. Das Wischen wird wie bei den Absorptionsröhrchen (S. 52) zuerst mit zwei feuchten Flannelläppchen und dann mit zwei Paar Rehlederläppchen vorgenommen. Auf dem Auflagegestell für die Absorptionsapparate läßt man das Röhrchen 15 Minuten neben der Waage auskühlen, legt es hierauf gleich wie die Absorptionsapparate mit der Transportgabel in die Waage und bestimmt nach 5 Minuten das Gewicht auf $\pm$ 0,002 mg genau. Neue Filterröhrchen sind gegen Tarafläschchen (S. 12) auszutarieren.

Wenn sich im Laufe des Gebrauches auf der Asbestschicht 60—80 mg Halogensilber angesammelt haben, beginnt die Filtriergeschwindigkeit allmählich nachzulassen. In diesem Falle ist zu empfehlen, durch warme Kaliumcyanidlösung die Niederschläge aus dem Filterröhrchen zu lösen und das Röhrchen wie bereits beschrieben mit Wasser, Chromschwefelsäure, salpetersäurehaltigem Wasser und Alkohol zu reinigen.

Das gewogene Filterröhrchen wird wieder in die Gummimanschette gebracht und das Ansaugröhrchen so eingesetzt, daß es etwa 2 cm durch den Stopfen hinausragt. Um die Lösung aufzusaugen, taucht man den langen Schenkel des Ansaugröhrchens bis knapp über den Niederschlag in das Reagenzglas ein und stellt das Vakuum vorsichtig an, bis allmählich 2 Tropfen in der Sekunde aus dem Ansaugröhrchen auf die Asbestauflage fallen. Sobald die ganze Lösung bis auf einen kleinen Rest abgesaugt ist, spritzt man die Innenwand des Reagenzglases von oben beginnend mit dem salpetersäurehaltigen Wasser ab, schwenkt das Reagenzglas ein wenig, um den Niederschlag aufzuwirbeln und saugt dann die ganze Lösung mit dem Silberhalogenid ab. Haften davon noch Teilchen an der Wandung, so spült man sie zunächst soweit es möglich ist mit dem feinen Strahl der Spritzflasche mit verdünnter Salpetersäure auf den Boden des Reagenzglases. Sollten noch an irgendeiner Stelle Niederschlagteilchen haften, spritzt man in feinem Strahl Alkohol längs der Wandung in das Reagenzglas und entfernt auf diese Weise, unter Ausnutzung der Oberflächenerscheinung der Grenzflächen von Alkohol und Wasser, die letzten Spuren Niederschlag. Das abwechselnde Abspritzen mit salpetersäurehaltigem Wasser und Alkohol wird noch zweimal wiederholt. Nur in den seltensten Fällen wird man das Federchen (Abb. 61) zum Loslösen des Niederschlages benötigen.

Befindet sich der Niederschlag quantitativ auf dem Filter, wird der Gummistopfen mit dem Ansaugröhrchen vorsichtig vom Filterröhrchen abgenommen und mit Alkohol abgespritzt. Um das Waschwasser aus dem Filterröhrchen zu verdrängen, wird dieses bis zum oberen Rand mit Alkohol gefüllt. Sobald der Alkohol durchgelaufen ist, wird das Luftfilter aufgesetzt. Die Trocknung und Wägung des Röhrchens mit dem Silberhalogenidniederschlag erfolgt genau so wie die des leeren Filterröhrchens.

Abb. 61. Das „Federchen". (2/3 natürliche Größe.)

Berechnung

1 mg AgCl entspricht 0,2474 mg Cl;
1 mg AgBr entspricht 0,4255 mg Br.

$$\% \, \mathrm{Cl} = \frac{\text{mg AgCl} \cdot 0{,}2474 \cdot 100}{\text{mg Substanzeinwaage}}$$

$$\% \, \mathrm{Br} = \frac{\text{mg AgBr} \cdot 0{,}4255 \cdot 100}{\text{mg Substanzeinwaage}}$$

Bemerkungen: Wie schon eingangs gesagt wurde, besitzt diese Methode universelle Anwendbarkeit. Durch Rückwägung des Schiffchens werden gleichzeitig erwünschte und auch unerwünschte Rückstände mitbestimmt.

Sehr flüchtige, hochchlorierte Verbindungen müssen sehr langsam vergast werden, wobei außerdem die Platinsterne auf helle Rotglut zu erhitzen sind. Solche Substanzen verbrennt man sicherer in der Mikroapparatur[1] nach dem Prinzip von W. GROTE und H. KREKELER[2], wobei der Rohrteil mit den Quarzfritten elektrisch auf 1000° C erhitzt wird.

Statt die Halogene in einer Absorptionslösung zu binden, bringen H. W. SAFFORD und G. L. STRAGAND[3] ein Röhrchen mit Silberwolle an das Rohrende und bestimmen die Gewichtszunahme. Verbrennungs- und Absorptionsteil sind hierbei durch einen Schliff verbunden. An Stelle des Platinkontaktes verwenden die Autoren Quarzwolle. Nach dem Ausspülen und Aufsaugen von neuer Absorptionslösung in den abnehmbaren Rohrteil kann gleich die nächste Substanz verbrannt werden.

Die hier angeführten Verbrennungseinrichtungen können ebenso gut zur Bestimmung von Schwefel verwendet werden.

Außer nach der beschriebenen gravimetrischen Bestimmung ist es ferner möglich, das in der Absorptionsvorlage befindliche Chlorid oder Bromid nach Wegkochen des Wasserstoffsuperoxyds acidimetrisch, argentometrisch, mercurimetrisch oder potentiometrisch zu bestimmen. Verwendet man als Vorlage destilliertes Wasser mit säurefreiem Perhydrol, kann der Halogenwasserstoff mit Lauge titriert werden; allerdings nur bei schwefel- und stickstofffreien Substanzen.

b) Bestimmung von Chlor und Brom im Bombenrohr

1. Nach CARIUS-PREGL

Die Substanz wird in einem Einschmelzrohr (Mikro-Bombenrohr) unter Zugabe von Silbernitrat mit konzentrierter Salpetersäure bei 250—300° C zerstört und das gebildete Chlor- oder Bromsilber ausgewogen.

Reagenzien

Silbernitrat krist., p. a.

Salpetersäure konz., halogenfrei. Bereitet durch Vakuumdestillation unter Zugabe von Silbernitrat aus einer Schliffapparatur. 0,5-ml-Pipette.

Salpetersäurehaltiges Wasser (1:200) in 250 ml Spritzflasche.

Äthanol in 250-ml-Spritzflasche.

Apparative Einrichtung

Zur Anfertigung der Mikrobombenrohre soll nur bestes Hart- oder Geräteglas verwendet werden. Die Rohre besitzen einen Innendurchmesser von 10 bis 12 mm und eine Wandstärke von 1 bis 1,3 mm. Um sie öfter benützen zu können, fertigt man sie in einer Länge von 250 mm an. Vor der Verwendung werden die Bombenrohre mit Chromschwefelsäure gefüllt,

---

[1] SCHÖBERL, A., R. JARCZYNSKI u. P. RAMBACHER: Angew. Chem. **50**, 334 (1937).

[2] GROTE, W., u. H. KREKELER: Angew. Chem. **46**, 106 (1933).

[3] SAFFORD, H. W., u. G. L. STRAGAND: Analyt. Chemistry **23**, 520 (1951).

15 Minuten in ein siedendes Wasserbad (hohes Becherglas) gebracht, anschließend mit Wasser, destilliertem Wasser sorgfältig gereinigt und im Trockenschrank bei 110° C getrocknet. Gründliches Trocknen ist im Hinblick auf die Technik der Substanzeinwaage wichtig.

Heiz- oder Bombenofen: Das Erhitzen der Mikrobombe kann in jedem Bombenofen erfolgen. Von den Öfen mit Gasheizung ist der von F. Pregl sehr zu empfehlen[1], bei dem die Einlegerohre den Dimensionen der Mikrobombenrohre angepaßt sind. Der Ofen besitzt den Vorzug, daß er die gewünschte Temperatur rasch erreicht und ebenso rasch wieder abkühlt. Um die Temperatur leicht kontrollieren zu können, stellt man ihn vorteilhaft in den Abzug des Mikrolaboratoriums und bringt als Splitterschutz vor das Hängetürchen ein starkes Brett. Bei elektrisch geheizten Bombenöfen[2] ist es vorteilhaft, zwischen Relais und Ofen ein Uhrwerk (Zeitschalter) einzuschalten, das die Heizung nach 5 Stunden automatisch abstellt.

Absaugvorrichtung s. S. 122.

Filterröhrchen s. S. 123.

Trocken- oder Regenerierungsblock s. S. 123.

Ausführung

Feste Substanzen (3—5 mg) bringt man in dem Wägeröhrchen mit langem Stiel (S. 15) möglichst tief in das Bombenrohr ein und klopft eventuell an der Wandung hängengebliebene Teilchen mit einem Holzgriff bis auf den Boden des Rohres herunter. Pastenartige Substanzen und solche von Sirupkonsistenz werden in Wägeschiffchen und Flüssigkeiten in Mikrobechergläschen (Abb. 62) eingewogen.

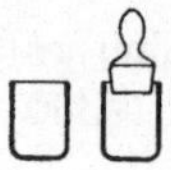

Abb. 62. Mikrobechergläschen mit und ohne Schliffstopfen. (Natürl. Größe.)

Zur Einwaage von flüchtigen Flüssigkeiten bedient man sich des Einwägeverfahrens von J. Pirsch (S. 58). Man fertigt den Stiel der Kapillare aus einem verhältnismäßig schweren (3 mm starken und 10—15 mm langen) Glasstab an. Die mit der Substanz gefüllte Kapillare wird bis auf den Boden des mit Silbernitrat und Salpetersäure beschickten Rohres — mit der Haarkapillare nach unten — geschoben und das Rohr sogleich zugeschmolzen. Zur Sprengung der Kapillare wird das Rohr einigemale rasch auf eine nicht zu harte Unterlage gestoßen; dabei zerbricht der schwere Glasstab die Kapillare. Im vorliegenden Falle muß der Halogensilberniederschlag, der mit feinen Glassplittern (den Glasstab der Kapillare entfernt man mit einem Platinhaken) durchsetzt ist, zuerst in einem frisch präparierten Filterröhrchen gewogen werden. Nach Herauslösen des Halogensilbers mit Kaliumcyanid wird das Filterröhrchen noch einmal gewogen. Hat man öfter in derart flüchtigen Substanzen Chlor oder Brom zu bestimmen, verbrennt man sie besser im Perlen- (Spiral-) Rohr.

Zur eingewogenen Substanz bringt man *1—2 Kristalle Silbernitrat* (10—20 mg) und *0,5 ml konzentrierte Salpetersäure*. Um an der Rohrwandung

[1] Zu beziehen bei P. Haack, Wien.

[2] W. C. Heraeus, Hanau a. M.

hängengebliebene Substanzteilchen herunterzuspülen, führt man die Spitze der Pipette etwa 5 cm in das schräggehaltene Bombenrohr ein und läßt unter ständigem Drehen des Rohres um seine Längsachse die Salpetersäure langsam aus der Pipette fließen.

Das Zuschmelzen des Mikrobombenrohres wird in der Weise vorgenommen, daß man zuerst in der leuchtenden Flamme eines Gebläses einen starken Glasstab und das offene Ende des Bombenrohres vorwärmt und anschließend mit der rauschenden Flamme den Glasstab am inneren Rand des Rohres anschmilzt. Nun wird das Rohr in dem heißesten Flammenteil 2—3 cm vor dem offenen Ende unter langsamem Drehen so lange erhitzt, bis das Glas zu schmelzen beginnt und zusammenfließt. Nicht ausziehen! Ist schließlich die Rohrwandung bis zu einer starken Kapillare zusammengefallen, zieht man die weiche Schmelzstelle außerhalb der Flamme zu einer dickwandigen Kapillare aus und schmilzt diese zu. Um Glasspannungen zu vermeiden, läßt man anschließend die Schmelzstelle in der kleingestellten leuchtenden Flamme 2 Minuten lang abkühlen.

Zur Zerstörung der organischen Substanz wird das Rohr in der Regel bei 280° C 5 Stunden erhitzt; bei aromatisch gebundenem Halogen empfiehlt es sich, die Temperatur auf 300° C zu erhöhen.

Das Öffnen des Bombenrohres nimmt man wie folgt vor: Das im Schießofen auf Raumtemperatur erkaltete Rohr wird in schräger Lage mit der Spitze nach oben etwa 50 mm aus dem Ofen herausgezogen. Bevor man die Bombe öffnet, wird die Salpetersäure mit der eben entleuchteten Flamme vorsichtig aus der Kapillare und dem oberen Teil des Rohres vertrieben. Dann bringt man die rauschende Flamme des Brenners unter die Spitze der Kapillare, wobei sich diese beim Erweichen des Glases durch den schwachen Innendruck selbst öffnet. Nun wird die geöffnete Bombe 2 cm unter der Verjüngungsstelle mit einem Glasmesser in einer Länge von 1 cm angeritzt und mit einem glühenden Glastropfen abgesprengt. Um Herabfallen von Glassplittern in die Salpetersäure zu verhindern, hält man dabei das Bombenrohr nahezu horizontal und zieht, ohne die Lage zu verändern, die abgesprengte Spitze vorsichtig ab. In der Gebläseflamme wird schließlich der scharfe Rand des Rohres rund geschmolzen und das Rohr noch 2—3 cm weiter nach unten erweicht, um allenfalls daran haftende Glassplitter festzuschmelzen. Auf diese Vorsichtsmaßnahme ist strengstens zu achten, denn zu hohe Halogenwerte sind nahezu immer auf mitgewogene Glassplitter zurückzuführen.

Splitterfreies Öffnen der Bomben nach J. UNTERZAUCHER und P. RÖSCHEISEN[1]: Die abgekühlte, noch im Ofen befindliche Bombe wird zunächst in der beschriebenen Weise geöffnet und dann die Öffnung an der Spitze durch einfaches Zusammenlaufenlassen in einer Sauerstoff-Leuchtgasflamme wieder geschlossen.

Nun macht man sich das Gebläse zurecht, indem man in der Leuchtgasflamme durch entsprechende Sauerstoffzufuhr eine 2—3 cm lange Sauerstoffstichflamme erzeugt. Das zu öffnende Bombenrohr wird nun in einer Ent-

[1] UNTERZAUCHER, J., u. P. RÖSCHEISEN: Mikrochem. **18**, 312 (1935).

fernung von 3—4 cm vom Gebläse unter beständigem Drehen in der die Sauerstoffstichflamme umgebenden Leuchtgasflamme erwärmt, wobei man die Berührung mit der ersteren zunächst vermeidet. Hat man genügend vorgewärmt, bringt man das Rohr in tangentiale Berührung mit dem blauen Kegel der Sauerstoffflamme. Nach einigen Umdrehungen, wobei man etwas weiter in die Sauerstoffflamme gehen kann, kommt es alsbald zu einer ringförmig um das Rohr führenden Erweichung des Glases. Nun hält man mit dem Drehen inne und erhitzt an einer Stelle des erweichten Ringes mit direkt darauf gerichteter Stichflamme, bis der durch die Erwärmung entstandene Innendruck die Rohrwandung unter Knall und Bildung einer ovalen Öffnung durchbrochen hat, wie aus der Zeichnung in Abb. 63 (*a* von vorne, *a'* von der Seite) zu sehen ist.

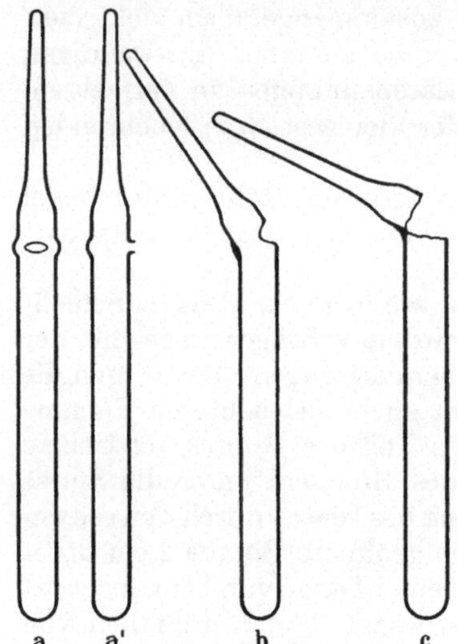

Abb. 63. Splitterfreies Öffnen der Mikro-Bombenrohre nach J. UNTERZAUCHER und P. RÖSCHEISEN.

Die Sauerstoffflamme richtet man nun auf das seitliche Ende der ovalen Öffnung und dreht das Rohr unter gleichzeitigem Biegen nach rückwärts in dem Maße, als das Glas zum Erweichen und Einreißen kommt (*b*), so daß die seitliche Erweiterung der ovalen Öffnung wie ein Schnitt um das ganze Rohr geführt wird (*c*).

In der abgekühlten Bombe wird die Salpetersäure mit *2 ml salpetersäurehaltigem Wasser* verdünnt, das man aus der Spritzflasche längs der Wandung unter Drehen des Rohres zufließen läßt. Bei größeren Mengen Halogensilber kann es vorkommen, daß sich in dem zusammengeballten Niederschlag Einschlüsse von Silbernitrat befinden, die Ursache falscher Analysenergebnisse sein können. Um einem solchen Fehler zu entgehen, zerdrückt man den zu Klümpchen zusammengeballten Niederschlag mit einem abgeschmolzenen, sorgfältig gereinigten Glasstab und spült diesen nachher in dem Bombenrohr mit salpetersäurehaltigem Wasser ab. Wurde die Substanz im Porzellanschiffchen (Mikrobechergläschen) eingewogen, so zieht man dieses mit dem Platinhakenglasstab (Abb. 11) bis an den oberen Rand des schräg eingespannten Rohres heraus, erfaßt es mit einer Platin- oder Nickelspitzenpinzette und spült es innen und außen mit verdünnter Salpetersäure gut ab.

Um den Niederschlag fein zu verteilen, wird die Bombe für 5 Minuten in ein kochendes Wasserbad gebracht. Sobald die Lösung abgekühlt ist, saugt man den Niederschlag aus dem Bombenrohr mit der Absaugvorrichtung in das Filterröhrchen ab.

Zur quantitativen Überführung der letzten Niederschlagsreste bedient man sich des abwechselnden Ausspülens mit salpetersäurehaltigem Wasser und Alkohol (s. S. 126). Das Trocknen und Wägen des Filterröhrchens wird nach S. 123 durchgeführt. Wurde die Substanz in der Kapillare eingewogen, ist, wie bereits angeführt wurde (S. 125), der Halogenniederschlag mit Kaliumcyanid herauszulösen.

Berechnung s. S. 126.

2. Nach W. KIRSTEN[1]

Eine sehr zweckmäßige Modifikation der CARIUS-Methode beschreibt W. KIRSTEN, die als Serienmethode gut geeignet ist.

Prinzip und Ausführung

Die Substanz (2—5 mg) wird ohne Silbernitrat in ein Mikrobombenrohr von etwa 12 ml Inhalt, wie auf S. 128 beschrieben wurde, eingewogen. Es werden *0,3 ml konz. Salpetersäure* zugegeben. Das Mikrobombenrohr wird, wie aus Abb. 64 zu ersehen ist, unter Einleiten von Sauerstoff so zugeschmolzen, daß eine dünnwandige Kapillare entsteht. Das Füllen des Bombenrohres mit Sauerstoff hat den Zweck, das bei der Zersetzung der Substanz entstehende Stickstoffmonoxyd zu Stickstoffdioxyd zu oxydieren, das gekühlt keinen so hohen Dampfdruck wie bei Raumtemperatur besitzt. Nach beendetem Aufschluß bei 270° C wird die Bombe in einer Trockeneis-Alkohol-Kühlmischung gekühlt; es entsteht dabei in der Bombe ein geringes Vakuum[2]. Das Bombenrohr wird aus dem Kühlbad genommen und sogleich auf den Boden eines dickwandigen Glasgefäßes, in dem sich 10 bis 12 ml *n*-Natronlauge befinden, mit der Kapillare nach unten aufgestoßen. Mit dem Abbrechen der Kapillare saugt der in dem Bombenrohr herrschende Unterdruck die Lauge ein, die die sauren Dämpfe absorbiert; es treten keine Halogenverluste auf. Das Bombenrohr wird anschließend geöffnet und ausgespült. Die Bestimmung von Chlor und Brom kann auf verschiedene Weise durchgeführt werden (s. S. 135).

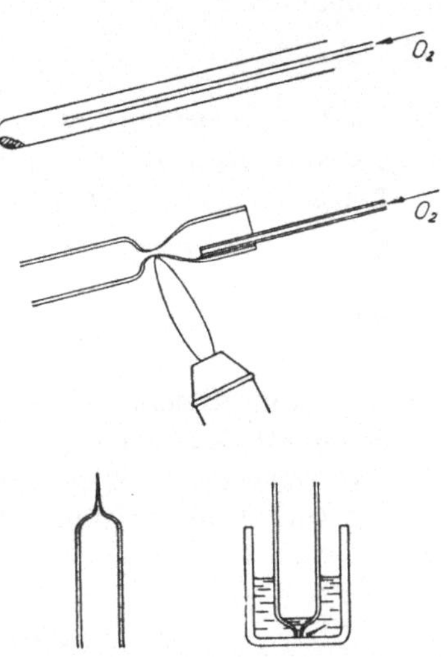

Abb. 64. Zuschmelzen des Mikro-Bombenrohres unter Sauerstoff und Abbrechen der Kapillare des gekühlten Bombenrohres nach W. KIRSTEN.

Bemerkung: Mit den angeführten Carius-Methoden gelingt es, alle organischen Chlor- und Bromverbindungen vollständig aufzuschließen und genau zu bestimmen. Nur wenige Substanzen mit kernsubstituierten Halogenen benötigen längere Aufschlußzeiten (6—8 Stunden) bei 280—300° C. Stehen 1 oder 2 Bombenöfen[3] zur Verfügung, eignet sich das Carius-Verfahren

[1] KIRSTEN, W.: Analyt. Chemistry **25**, 74 (1955).
[2] WHITE, L. M., u. M. D. KILPATRIK: Analyt. Chemistry **22**, 1049 (1950).
[3] Es können ebenso gut Makroöfen verwendet werden.

sehr gut für Serienanalysen. Werden z. B. zwei Öfen bei Arbeitsschluß mit 20 Mikrobombenrohren beschickt, die Öfen mit Hilfe eines Zeitschalters 5 Stunden erhitzt, können am nächsten Morgen die Rohre geöffnet und die Halogen-Silberniederschläge der Reihe nach ausgewogen, titriert oder potentiometrisch bestimmt werden.

c) Schnellmethode zur Bestimmung der Halogene nach W. SCHÖNIGER[1]

Das Prinzip ist sehr einfach. Die in ein aschefreies Filtrierpapier eingewogene Substanz wird an einem Platinnetz befestigt und in einen Erlenmeyer-Kolben, der mit Sauerstoff gefüllt ist, verbrannt. Die Verbrennungsgase werden von verdünntem Alkali adsorbiert und Chlor und Brom nach Zugabe von Quecksilberoxychlorid zur neutralen Lösung nach F. VIEBÖCK[2] acidimetrisch bestimmt. Das Jod wird über das Jodat (S. 140) erfaßt.

Reagenzien

2 n-Kaliumhydroxydlösung, 1 ml-Pipette.

2 n-Schwefelsäure, 3 ml-Pipette.

Wasserstoffsuperoxyd, p. a., 30%ig.

Quecksilberoxycyanidlösung, kaltgesättigt, wird in brauner Flasche aufbewahrt.

Sauerstoff aus einer Stahlflasche.

0,01 n-Schwefelsäure, bereitet aus 0,1 *n*-Standardsäure durch Verdünnen mit kohlesäurefreiem destilliertem Wasser (s. S. 21).

Methylrot, 0,1%ige methylalkoholische Lösung.

Methylenblau, 0,1%ige methylalkoholische Lösung. Das richtige Mischungsverhältnis der Indikatorlösungen ist vorher zu ermitteln (Reinheit der Indikatoren). Es soll im sauren Bereich violett, im alkalischen grün und im neutralen grau sein.

Apparative Erfordernisse

Mehrere Erlenmeyer-Schliffkolben von 250 bis 300 ml Inhalt aus Jenaer- oder Pyrexglas, deren über den Schliff verlängerter oberer Rand etwas nach außen gebogen ist (Abb. 65)[3]. In dem Schliffstopfen ist ein Platindraht (etwa 100 mm lang) eingeschmolzen, an dessen unterem Teil ein Platindrahtnetz befestigt ist. Mit dem Platinnetz wird die in das Filterpapier (Abb. 66 a) eingewogene Substanz festgehalten. Es findet nur aschefreies Papier, Schleicher & Schüll Nr. 589_2 oder Nr. 1575 (qualitatives Papier der gleichen Firma), Verwendung.

Ausführung

In das Wägeröhrchen mit langem Stiel werden 4—8 mg feste Substanz abgewogen. Die Substanz bringt man dann als möglichst kleines Häufchen

[1] SCHÖNIGER, W.: Mikrochim. Acta [Wien] **1955**, 123; **1956**, 869.

[2] VIEBÖCK, F.: Ber. dtsch. chem. Ges. **65**, 496 (1932).

[3] Der über dem Schliff angebrachte „Kragen“ ist nicht unbedingt erforderlich, wenn auf den Schliff etwas Wasser aufgebracht werden kann. Seine Anbringung verteuert die Anschaffung.

auf das Filtrierpapier (Abb. 66 a) und wägt das Wägeröhrchen zurück. Flüssigkeiten mit Siedepunkten über 100° C werden in Kapillaren der in Abb. 66 b gebrachten Form eingewogen.

Das Filtrierpapier wird dann nach der punktierten Linie zusammengelegt, von unten nach oben eingerollt und als „Paketchen" so in das Platinnetz geschoben, daß der Papierstreifen unten heraussteht. Bei Flüssigkeiten wird die Kapillare erst unmittelbar vor der Verbrennung zerdrückt. Feste, sehr flüchtige Substanzen wickle man zur Sicherheit in ein zweites Papier ein.

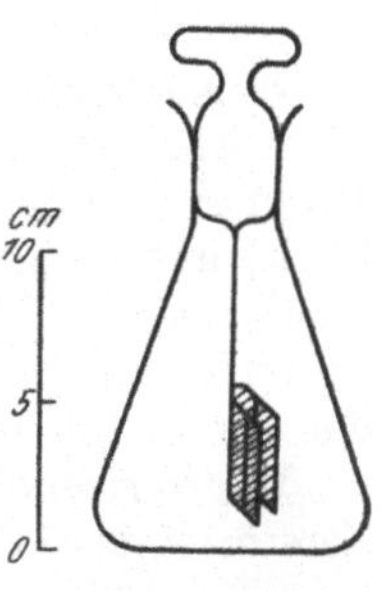

Abb. 65. Halogen-Aufschlußkolben nach W. SCHÖNIGER.

In den Erlenmeyer-Kolben werden für die Verbrennung und Absorption der Verbrennungsprodukte 10 ml destilliertes Wasser, *1 ml 2 n-Kaliumhydroxydlösung* und *3 Tropfen Wasserstoffsuperoxyd* gegeben. Man leitet in den Kolben *einige Sekunden Sauerstoff*, den man einer Stahlflasche entnimmt, entzündet den Papierstreifen des „Paketchens" und setzt den Schliffstopfen sofort in den Schliff gut ein (Schutzbrille!). Um zufolge des bei der Verbrennung auftretenden Druckes ein Herausspringen des Stopfens zu vermeiden, drückt man ihn mit der einen Hand in den Schliff, mit der anderen Hand hält man den Kolben. Nach Absorption der Verbrennungsgase entsteht ein geringer Unterdruck im Kolben und der Stopfen wird im Schliff festgehalten. Damit bei der Verbrennung herabfallende Filterteilchen auf der trockenen Kolbenwand verglimmen können, halte man den Kolben etwas schräg. Zur vollständigen Absorption der Verbrennungsgase wird der abgekühlte Kolben kräftig geschüttelt. Nach 10 Minuten bringt man auf den Schliff destilliertes Wasser und zieht den Stopfen heraus. Das dabei eingesaugte Wasser spült den Rand des Stopfens ab. Mit weiterem Wasser wird der Stopfenboden, das Platinnetz und die Innenwandung des Kolbens abgespült. Für die Titration wird die Lösung zur Zerstörung des Wasserstoffsuperoxydes 5 Minuten gekocht und anschließend mit *3 ml 2 n-Schwefelsäure* angesäuert. Man läßt die Lösung noch 2 Minuten kochen und kühlt dann den Kolben unter fließendem Wasser. Nun wird die Lösung mit *2 n-Lauge* gegen *Methylrot-Methylenblau* als Indikator zuerst neutralisiert (Graufarbe des Mischindikators) und nach Abspülen der Kolbenwandung mit *0,01 n-Schwefelsäure* auf genauen Neutralpunkt eingestellt.

Abb. 66 a.

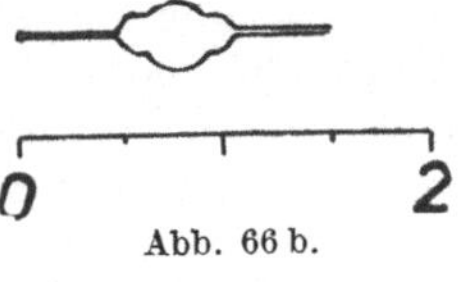

Abb. 66 b.

Von der *neutralen Quecksilberoxycyanidlösung* werden nun *10 ml* zugegeben und die nach

$$Hg(OH)CN + Cl^- \longrightarrow HgClCN + OH^-$$

gebildeten OH-Ionen mit der *0,01 n-Schwefelsäure* titriert.

1 ml 0,01 n-H_2SO_4 entspricht 0,3546 mg Chlor
1 ml 0,01 n-H_2SO_4 entspricht 0,7992 mg Brom

Berechnung

$$\% \mathrm{Cl} = \frac{\mathrm{ml}\ 0{,}01\ n\text{-}\mathrm{H_2SO_4} \cdot 0{,}3546 \cdot 100}{\mathrm{mg\ Substanzeinwaage}}$$

$$\% \mathrm{Br} = \frac{\mathrm{ml}\ 0{,}01\ n\text{-}\mathrm{H_2SO_4} \cdot 0{,}7992 \cdot 100}{\mathrm{mg\ Substanzeinwaage}}$$

Bemerkung: Flüssigkeiten mit Siedepunkten unter 100° C können nicht analysiert werden. In der Aufschlußlösung ist es ferner möglich, das Brom als Bromat, das Jod als Jodat, das Fluor mit Cer-III-Salz und Schwefel komplexometrisch zu bestimmen. Siehe genaue Angaben in den Originalarbeiten. Für Brom ist der Umrechnungsfaktor zu ungünstig, um die erforderliche Analysengenauigkeit einhalten zu können. Man wird deshalb das Brom besser jodometrisch über das Bromat[1] bestimmen.

Wir verwenden als Absorptionslösung perhydrolhaltiges Wasser. Nach Zerstören des Peroxydes durch Kochen werden Chlor oder Brom mit Lauge titriert. Falls Nitrat- oder Sulfationen vorliegen, wird merkurimetrisch titriert. Die Anwendung beider Titrationen nacheinander ist eine wertvolle Kontrolle bei stickstofffreien Substanzen. Enthält die Analysenprobe Schwefel, wird dieser neben dem Halogen durch Laugetitration und anschließend das Halogen allein merkurimetrisch erfaßt.

Weitere Methoden für Chlor und Brom: Schnellmethoden, die auf der Reduktion mit Kalium beruhen, beschreiben K. Bürger[2], G. Kainz und A. Resch[3], wobei Chlor und Brom argentometrisch bestimmt werden. G. Kainz[4] hat ein weiteres Verfahren zur jodometrischen Bestimmung von Brom als Bromat entwickelt. Ebenso gut läßt sich die Substanz mit Magnesium aufschließen, dabei bestimmt W. Schöniger[5] in der Aufschlußlösung die Halogene argentometrisch und den Schwefel jodometrisch. Über eine weitere Schnellmethode nach Peroxydaufschluß der Substanz in der Bombe berichten G. Kainz und A. Resch[6]. In der salzreichen Aufschlußlösung, in der bislang die Halogene nur potentiometrisch bestimmt werden konnten, ist es nun möglich, durch Jodstärkeindikation Chlor und Brom argentometrisch zu bestimmen.

Die alte Stepanow-Methode[7], die auf der Umsetzung der in Äthanol gelösten organischen Substanz mit metallischem Natrium zu Natriumhalogenid beruht, wird mit Erfolg auch als Mikromethode ausgeübt. I. Irimescu und E. Chirnoaga[8] zersetzen die Probe durch Kochen mit absol. Äthanol und Natrium unter Rückfluß und bestimmen in dem Natriumhalogenid die Halogene gewichtsanalytisch oder maßanalytisch nach J. Vol-

---

1 Kolthoff, I. M., u. H. Yutzy: Ind. Eng. Chem., Analyt. Ed. **9**, 75 (1937).
2 Bürger, K.: Angew. Chem. **54**, 479 (1941).
3 Kainz, G., u. A. Resch: Mikrochem. **39**, 1, 75 (1952).
4 Kainz, G.: Mikrochem. **38**, 124 (1951).
5 Schöniger, W.: Mikrochim. Acta [Wien] **1954**, 74.
6 Kainz, G., u. A. Resch: Mikrochem. **39**, 292 (1952).
7 Stepanow, A.: Ber. dtsch. chem. Ges. **39**, 4056 (1906).
8 Irimescu, J., u. E. Chirnoaga: Z. analyt. Chem. **125**, 32 (1942).

HARD. Die Methode ist allerdings nur für feste und flüssige Substanzen von geringem Dampfdruck geeignet. W. H. RAUSCHER[1] benützt Monoäthanolamin im Gemisch mit Dioxan und zersetzt die Probe durch Kochen unter Rückfluß oder in einem Mikrobombenrohr in einem Bad von siedendem Diäthanolamin (Kp: 268° C); das Natriumhalogenid wird gewichtsanalytisch bestimmt. Aliphathische Halogenverbindungen (z. B. Chloroform, Tetrachlorkohlenstoff, Acetylentetrachlorid, Hexachloräthan und andere) lassen sich sogar ohne Zusatz von Natrium nur durch Erhitzen mit Monoäthanolamin im Rohr quantitativ aufschließen.

Auch die Methode von BUSCH, bei der die Substanz in alkohol. Lauge mit katalytisch aus Hydrazin und Palladium entwickeltem Wasserstoff behandelt und das Halogenion als Silberhalogenid gefällt und gewogen wird, wurde von C. WEYGAND und A. WERNER[2] zu einer Mikromethode ausgestaltet. Das Verfahren ist ziemlich allgemein anwendbar; bei Substanzen, die neben Halogen noch Schwefel, Phosphor, Arsen oder Quecksilber enthalten, können infolge Kontaktvergiftung Schwierigkeiten auftreten.

Schließlich sei noch auf die H. Baubigny-G. Chavanne-Methode[3] hingewiesen, die von H. DIETERLE[4] zuerst für Mikromengen modifiziert wurde. Die Methode wurde später von M. K. ZACHERL und H. G. KRAINICK[5] zu einem sehr genauen Verfahren weiterentwickelt. Die Substanz wird mit Schwefelsäure, Kaliumbichromat und Silberchromat als Katalysator zerstört. Das mit Sauerstoff in eine Vorlage mit gestellter Lauge übergetriebene Chlor oder Brom wird aus der Rücktitration der unverbrauchten Lauge berechnet. Die Anwendbarkeit der Methode unterliegt gleichen Einschränkungen wie die übrigen Naß-Aufschlußverfahren.

Bestimmungsformen für Chlor und Brom

Abgesehen von der Carius-Pregl-Methode ist es möglich, in den nach den vorstehend angeführten Methoden erhaltenen Aufschlußlösungen Chlor und Brom außer gravimetrisch auch acidimetrisch[6], argentometrisch[7], jodometrisch[8], merkurimetrisch[9], potentiometrisch[10] und amperometrisch[11] ge-

[1] RAUSCHER, W. H.: Ind. Eng. Chem., Analyt. Ed. **9**, 296 (1937).
[2] WEYGAND, C., u. A. WERNER: Mikrochem. **26**, 177 (1939).
[3] BAUBIGNY, H., u. G. CHAVANNE: C. r. acad. sci. Paris **136**, 1197 (1903).
[4] DIETERLE, H.: Arch. Pharmaz. **261**, 73 (1925).
[5] ZACHERL, M. K., u. H. G. KRAINICK: Mikrochem. **11**, 61 (1932).
[6] VIEBÖCK, F.: Mikrochem. **11**, 465 (1932); BELCHER, R., M. A. G. MACDONALD u. A. J. NUTTON: Mikrochim. Acta [Wien] **1954**, 104; SCHÖNIGER, W.: Mikrochim. Acta [Wien] **1955**, 123.
[7] BÜRGER, K.: Angew. Chem. **54**, 479 (1951); KAINZ, G., u. A. RESCH: Mikrochem. **39**, 1, 75 (1952); SCHÖNIGER, W.: Mikrochim. Acta [Wien] **1954**, 74.
[8] Nur Brom: WHITE, L. M., u. M. D. KILPATRICK: Analyt. Chemistry **22**, 1049 (1950); KAINZ, G.: Mikrochem. **38**, 124 (1951).
[9] DUBSKY, J. V., u. J. TRTILEK: Mikrochem. **12**, 315 (1933); **15**, 302 (1934); KIRSTEN, W.: Mikrochem. **34**, 149 (1949); CLARKE, E.: Analyt. Chemistry **22**, 553 (1950).
[10] NORTHROP, J. A.: J. Gen. Physiol. **31**, 213 (1948); KUCK, J. A., M. DAUGHERTY u. D. K. BATDORF: Mikrochim. Acta [Wien] **1954**, 297.
[11] LAITINEN, H. A., W. P. JANNINGS u. T. D. PARKS: Ind. Eng. Chem., Analyt. Ed. **18**, 355 (1946).

nau zu bestimmen. Ferner ist auch die Analyse von Brom[1] neben Chlor einfach durchzuführen.

Die Bestimmung von Chlor und Brom nebeneinander nach L. MOSER und R. MIKSCH[2]

Die Methode beruht auf der abgestuften thermischen Dissoziation der einzelnen Ammoniumhalogenide. Wird ein Gemisch von Chlor- und Bromsilber mit überschüssigem Jodammonium (Bromammonium) bei 300° C abgeraucht, so geht das gesamte Halogensilber in Jodsilber (Bromsilber) über.

Ausführung

Die organische Substanz wird nach F. PREGL oder CARIUS zerstört, der Halogensilberniederschlag aber nicht wie sonst in einem Filterröhrchen, sondern in einem Mikro-Neubauer-Tiegel, wie er zur Schwefelbestimmung (S. 151) verwendet wird, gesammelt, bei 150° C getrocknet und gewogen. Nun bringt man in den Tiegel ungefähr die sechsfache Gewichtsmenge trockenes, analysenreines Ammoniumjodid[3] und erhitzt den zuerst bedeckten, später offenen Tiegel in einem Muffelofen oder Aluminiumheizblock auf 250—300° C, bis sich alles Ammoniumsalz verflüchtigt hat. Nachdem der Tiegel auf dem Kupferblock erkaltet ist, wird er gewogen. Zur Prüfung auf Gewichtskonstanz ist das Abrauchen mit Ammoniumjodid zu wiederholen.

Aus dem Gewicht des Chlorsilber- und Bromsilberniederschlages (1. Wägung) und dem des gebildeten Jodsilbers (2. Wägung) wird der Chlor- und Bromgehalt der Substanz unter Benützung der logarithmischen Rechentafel[4] berechnet. Die indirekte Bestimmung von Chlor und Brom nebeneinander läßt sich mit einer Genauigkeit von $\pm$ 0,5% durchführen. Weitere Möglichkeiten zur Bestimmung von Chlor und Brom ergeben sich aus den auf S. 135 angeführten Methoden. Man bestimmt zuerst die Summe Chlor- + Bromsilber gravimetrisch oder maßanalytisch und anschließend das Brom allein über das Bromat jodometrisch.

Bestimmung von Jod

Wegen des ungünstigen Umrechnungsfaktors von Jod zu Jodsilber bestimmt man das Jod nicht gravimetrisch. Die Bindung mit der organischen Substanz zerstört man entweder oxydativ oder durch reduktiven Aufschluß. Nach beiden Verfahren wird das Jod nach Oxydation zu Jodat maßanalytisch bestimmt. Es werden zwei Methoden beschrieben. Bei der ersten

---

[1] WHITE, L. M., u. M. D. KILPATRICK: Analyt. Chemistry **22**, 1049 (1950).
[2] MOSER, L.: Pregl-Festschrift 293 (1929).
[3] Man kann auch Ammoniumbromid verwenden und den gesamten Niederschlag in Silberbromid verwandeln. Es ist zu empfehlen, die Ammoniumsalze vor Benützung auf Rückstand zu prüfen.
[4] KÜSTER, W. F., u. A. THIEL: Logarithmische Rechentafeln.

wird die organische Substanz in dem Preglschen Perlenrohr verbrannt und bei der zweiten mit Kalium aufgeschlossen.

1. Methode von TH. LEIPERT[1]

Das bei der Verbrennung im Preglschen Spiral- oder Perlenrohr gebildete freie Jod wird in verdünnter Natronlauge aufgefangen und mit Brom zu Jodsäure oxydiert. Das überschüssige Brom wird nach F. VIEBÖCK und C. BRECHER[2] mit Ameisensäure zersetzt und das von der Jodsäure nach Zusatz von Kaliumjodid ausgeschiedene Jod mit 0,02 *n* Natriumthiosulfat titriert.

Reaktionsverlauf:

$$J^- + Br_2 \quad JBr + Br^-$$
$$JBr + 2\,Br_2 + 3\,H_2O = JO_3^- + 6\,H^+ + 5\,Br^-$$
$$JO_3^- + 5\,J^- + 6\,H^+ = 3\,J_2 + 3\,H_2O.$$

Reagenzien

Natronlauge, 5%ig: In 100 ml Wasser[3] werden 5 g Natriumhydroxyd (Plätzchenform) gelöst.

Natriumacetatlösung, wäßrig: Hergestellt durch Lösen von 40 g Natriumacetat (+ 3 H_2O) p. a. in 200 ml Wasser. 5 ml-Pipette.

Natriumacetat in *Eisessig*: Man löst 10 g Natriumacetat (+ 3 H_2O) in 100 g Eisessig, p. a., 4 ml-Pipette.

Brom (jodfrei) bewahrt man in einer Tropfflasche auf.

Ameisensäure (80—100%ig). Tropfpipette.

Kaliumjodid, jodatfrei, 10%ige Lösung in Wasser. 2 ml-Pipette.

0,02 n-Natriumthiosulfat: Bereitung s. S. 24.

2 n-Schwefelsäure. 5 ml-Pipette.

Stärkelösung, 1%ig. 1 g Stärke (löslich) wird in 10 ml kaltem Wasser gelöst und hernach in 90 ml heißes Wasser gegossen.

Methylrot: 0,1%ige methylalkoholische Lösung. Tropfflasche.

Apparatur

Zur apparativen Einrichtung gehört: die Sauerstoffgasquelle mit Waschflasche, das Verbrennungsrohr mit dem Platinkontakt, der Verbrennungsofen und das Titriergefäß.

Den Sauerstoff entnimmt man mittels eines Ventils einer Stahlflasche und leitet ihn durch eine Waschflasche mit Sodalösung; er wird auf eine Strömungsgeschwindigkeit von 3 ml/Minute eingestellt.

---

[1] Mikrochem. Pregl-Festschrift 266 (1929).

[2] VIEBÖCK, F., u. C. BRECHER: Ber. dtsch. chem. Ges. **63**, 3207 (1930).

[3] Das dest. Wasser ist auf seine Eignung sorgfältig zu prüfen: 50 ml dürfen kein Thiosulfat verbrauchen. Es wird empfohlen, zur Jodometrie doppelt dest. Wasser zu verwenden.

Die Verbrennung der Substanz erfolgt in den in Abb. 67 wiedergegebenen „Perlen"- oder „Spiral"-Rohren, in die noch Platinkontakte (Abb. 68) gebracht werden. Die Rohre bestehen aus Jenaer Hartglas und sind 500, besser 600 mm lang. An dem einen Ende ist das Rohr zu einer dickwandigen Spitze ausgezogen, deren lichte Weite 0,5 mm betragen soll. Die verjüngte Spitze bewirkt, daß die Waschwässer nur langsam abfließen und demzufolge die Perlen oder die Spirale gut abgespült werden. Dadurch ist es möglich, mit kleinen Flüssigkeitsmengen das Rohr quantitativ auszuspülen. In dem 200 mm langen Absorptionsteil des Rohres befinden sich Glasperlen (3,5 mm Durchmesser) oder Spiralen[1], die durch Einbuchtungen in ihrer Lage festgehalten werden.

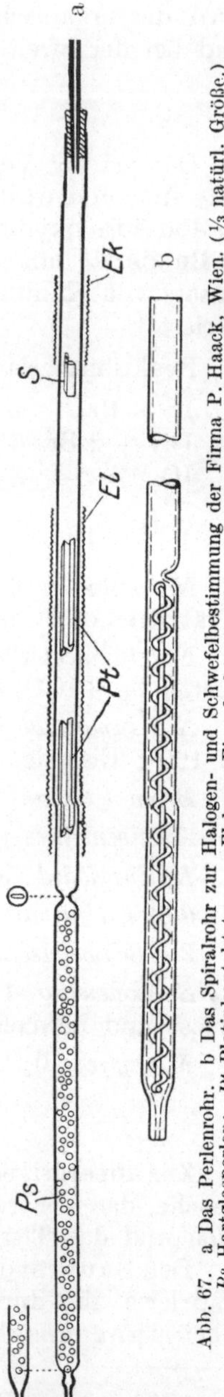

Abb. 67. a Das Perlenrohr. b Das Spiralrohr zur Halogen- und Schwefelbestimmung der Firma P. Haack, Wien. (1/3 natürl. Größe.) *Ps* Hartglasperlen; *Pt* Platinkontaktsterne; *El* lange Eisendrahtnetzrolle; *Ek* kurze Eisendrahtnetzrolle; *S* Schiffchen.

Die Platinkontaktsterne[2] (Abb. 68) bestehen aus 70 mm langen Platinzylindern, die stellenweise durchlocht sind. Ihre Durchmesser von etwa 7 mm

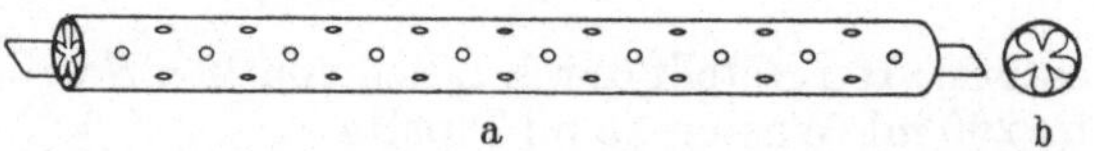

Abb. 68. a Platinkontaktstern aus zwei durchlochten, ineinandergeschobenen Zylindern und angeschweißten Bügeln der Platinschmelze W. C. Heraeus, Hanau a. M. b Schnitt durch den Platinzylinder. (2/3 natürl. Größe.)

sollen nur einige Zehntelmillimeter kleiner als die lichte Weite des Verbrennungsrohres sein. Um die Platinzylinder nach der Verbrennung aus dem Rohr herausziehen zu können, sind an beiden Enden der verstärkten Ränder kleine Bügel aus Platindraht angebracht. In dem äußeren Zylinder sitzt der eigentliche Platinstern, der im Querschnitt die Form eines fünfblättrigen Kleeblattes hat. Streichen die mit Sauerstoff gemischten Verbrennungsprodukte langsam durch die glühenden Sterne, so wird auch bei flüchtigen Substanzen vollständige Oxydation erreicht.

Vor dem Gebrauch werden die Platinsterne in verdünnter Salpetersäure ausgekocht und gut ausgeglüht.

Es kann vorkommen, daß die Sterne infolge „Vergiftung" ihre katalytische Wirksamkeit verlieren. Durch vorsichtiges Anätzen in heißer verdünnter Salpetersäure, der wenige Tropfen Salzsäure zugesetzt werden, läßt sich ihre Wirksamkeit wiederherstellen.

---

[1] Perlenrohre sind bei der Firma P. Haack, Wien, erhältlich und den Spiralrohren nach A. Friedrich ebenbürtig. Im allgemeinen werden Spiralrohre bevorzugt.

[2] W. C. Heraeus, Hanau a. M.

Man bewahrt die Sterne in einer bedeckten Schale auf und fasse sie nur mit einer Platin- oder Nickelspitzenpinzette an.

Zum Erhitzen des Rohrteiles, in dem sich die beiden Platinkontakte befinden, benützt man die gleichen Langöfen wie bei der Kohlenstoff-, Wasserstoff- oder Stickstoffbestimmung. Mit Rücksicht auf das Durchbiegen der hier verwendeten langen Glasrohre soll die Temperatur nicht über 600° C, besser 550° C betragen. Hat man nur gelegentlich Jodbestimmungen durchzuführen, können ebenso gut Langbrenner mit Gasheizung verwendet werden.

Ausführung

Das Spiral- oder Perlenrohr wird sorgfältig gereinigt und getrocknet. Zur Absorption des Jods werden aus einem Reagenzglas *4—5 ml 5%ige Natronlauge* durch den Schnabel des Rohres bis zum oberen Rand der Spirale (Perlenschicht) aufgesaugt. Höheres Ansaugen ist zu vermeiden. Sodann läßt man die Lauge wieder durch den Schnabel ausfließen, gießt sie weg und stülpt das leere Reagenzglas über das Rohrende. Man legt das Verbrennungsrohr so in den Verbrennungsofen, daß die Spirale (Perlenschicht) und noch 4 cm des leeren Rohrteiles aus dem Ofen herausragen, und stützt es mit einem Mikrostativ, damit sich das heiße Rohr nicht durchbiegt. Die in der Salpetersäure ausgekochten und ausgeglühten Platinkontaktsterne werden mit der Platin- oder Nickelspitzenpinzette in das Rohr gebracht und mit einem Glasstab bis in die Mitte des Langbrenners geschoben. Nun bringt man das Schiffchen oder die Kapillare (Spitze abbrechen) mit der eingewogenen Substanz bis etwa 5 cm vor den Langbrenner ein und verschließt das Rohr mit einem durchbohrten Gummistopfen, in den man die Glaskapillare der Sauerstoffzuleitung einführt. Der Sauerstoff wird nun mit der vorher ermittelten Blasenzahl, die einer Geschwindigkeit von 3 ml in 1 Minute entspricht, in das Rohr geleitet. Sobald mit dem Langofen die Kontakte auf Rotglut erhitzt sind, beginnt man mit der Verbrennung der Substanz. Dazu bringt man eine kurze über das Rohr geschobene Drahtnetzrolle[1] 1 cm vor das Schiffchen und erhitzt sie mit der entleuchteten Flamme eines Brenners in der Mitte. Die Verbrennung nimmt man in der Weise vor, daß man zuerst mit der Rolle vorrückt und mit der Flamme folgt; sie soll in 25 Minuten beendet sein, wobei man darauf zu achten hat, daß besonders während der Zersetzung der Substanz kein Jod hinter den beweglichen Brenner gelangt. In solchen Fällen muß der Jodbelag, wenn er sich nicht in der Nähe des Gummistopfens befindet, unter vorsichtigem Erwärmen vorgetrieben werden.

Bevor man das Rohr im Sauerstoffstrom erkalten läßt, hat man sich zu überzeugen, ob alles Jod von der Lauge absorbiert wurde. An der kalten Rohrwandung zwischen Langbrenner und Spirale abgeschiedenes Jod treibt man vorsichtig mit einem Brenner in die Absorptionslösung vor. Während das Rohr im Sauerstoffstrom abkühlt, macht man die Einwaage für die nächste Bestimmung und bereitet die Titration vor.

---

[1] Bei etwas Übung kann man auf die als Vorwärmer dienende Drahtnetzrolle verzichten.

In ein 100 ml Erlenmeyer-Kölbchen mit Schliffstopfen, in dem die Titration ausgeführt wird, werden *5 ml der 20%igen wäßrigen Natriumacetatlösung* gebracht. Zum Ausspülen des Rohres gibt man in ein Reagenzglas *4 ml der 10%igen Natriumacetatlösung* in Eisessig und fügt aus der Tropfflasche *2—3 Tropfen Brom* hinzu (Brom-Eisessig-Lösung).

Dann füllt man die Bürette mit der *0,02 n-Thiosulfatlösung*. Aus dem abgekühlten Rohr werden das Schiffchen und die Platinkontaktsterne herausgezogen, die Drahtnetzrolle entfernt und das Rohr mit dem Reagenzglas vom Verbrennungsofen genommen. In das Reagenzglas, das während der Verbrennung über den Schnabel des Rohres gestülpt war, gießt man die vorbereitete Brom-Eisessig-Lösung und saugt sie in das Rohr bis 1 cm über die Spirale oder Perlenschicht. Indem man die Mündung des Rohres mit dem Finger verschließt, bringt man den Schnabel des Rohres in das Erlenmeyer-Kölbchen mit der wäßrigen Natriumacetatlösung, spannt das Rohr unter einem Winkel von 60 bis 70° (gegen die Horizontale) in ein Stativ und läßt die Lösung ausfließen. Das leere Rohr wird aus der Klammer genommen, aus dem inzwischen mit etwa 6 ml Wasser gefüllten Reagenzglas wird das Wasser wie vorher aufgesaugt und zur Lösung in das Erlenmeyer-Kölbchen abgelassen. Zuletzt spritzt man durch die Mündung des Rohres mit der Spritzflasche zweimal 6 bis 8 ml Wasser, wobei man das Rohr um seine Längsachse dreht.

Zur Zerstörung des Broms gibt man *2—3 Tropfen Ameisensäure* in das Kölbchen und schüttelt vorsichtig um. Die entfärbte Lösung prüft man auf freies Brom, zunächst durch den Geruch, wartet 2 Minuten und bringt zur letzten Kontrolle einen *ganz kleinen Tropfen Methylrot* mit einem Glasfaden in die Lösung. Wird der Indikator entfärbt, so ist noch Brom vorhanden, und man muß noch 1 Tropfen Ameisensäure zugeben. Bleibt die schwache Rosafärbung der Lösung bestehen, fügt man *2 ml der 10%igen Jodkaliumlösung* und *5 ml 2 n-Schwefelsäure* hinzu und läßt 5 Minuten verschlossen stehen. Schließlich titriert man das ausgeschiedene Jod in rascher Tropfenfolge mit der *0,02 n-Thiosulfatlösung* bis zu schwacher Gelbfärbung, fügt *4 bis 6 Tropfen Stärkelösung* hinzu und titriert auf schwache Rosafärbung (Methylrot) zu Ende.

1 ml 0,02 *n*-Thiosulfat entspricht 0,4231 mg Jod.

Berechnung

$$\% \, J = \frac{\text{ml } 0{,}02 \; n\text{-}Na_2S_2O_3 \cdot 0{,}4231 \cdot 100}{\text{mg Substanzeinwaage}}$$

Die Genauigkeit der Methode beträgt $\pm$ 0,2%.

Bei Verwendung analysenreiner Reagenzien und von doppelt destilliertem Wasser erübrigt sich eine Blindwertkorrektur.

2. Jodbestimmung durch Aufschluß mit Kalium nach G. Kainz[1]

Die organische Jodverbindung wird nach Vohl mit Kalium aufgeschlossen. Nach Zersetzen des Kaliums wird mit kochendem Wasser eluiert und

[1] Kainz, G.: Mikrochem. **35**, 466 (1950).

filtriert. Bei niedrig gehaltener Jodkonzentration wird mit einem reichlichen Überschuß von Brom das Jod zu Jodat oxydiert. Stickstoffhaltige Substanzen bilden zum Teil Kaliumcyanid, das die Bestimmung stören würde, weshalb die Blausäure aus vorher angesäuerter Lösung auszutreiben ist.

Reagenzien

Kalium wird, wie bei der Schwefelbestimmung (S. 153), mit Ligroin oder Petroläther, dem einige Tropfen Amylalkohol zugesetzt werden, gereinigt, in Stücke von $3 \times 3 \times 7$ mm zerschnitten und in Petroläther aufbewahrt.

Methanol. 1 ml-Pipette.

Methyl- oder Äthylalkohol. Wasser, 1:1. 1 ml-Pipette.

Essigsäure, 10%ig. Bürette.

Brom, entnimmt man einer Tropfflasche.

Natriumacetat-Eisessig. Lösung, 10%ig, 3 ml-Pipette, und

Natriumacetatlösung, 50%ig, wäßrig. 2 ml-Pipette.

Kaliumjodidlösung, 10%ig, wäßrig. 2 ml-Pipette.

Ameisensäure, konz., Tropfpipette.

2 n-Schwefelsäure. 5 ml-Pipette.

0,02 n- oder 0,01 n-Natriumthiosulfatlösung. Bereitung s. S. 24.

Phenolphthaleinlösung. Nach S. 21 hergestellt.

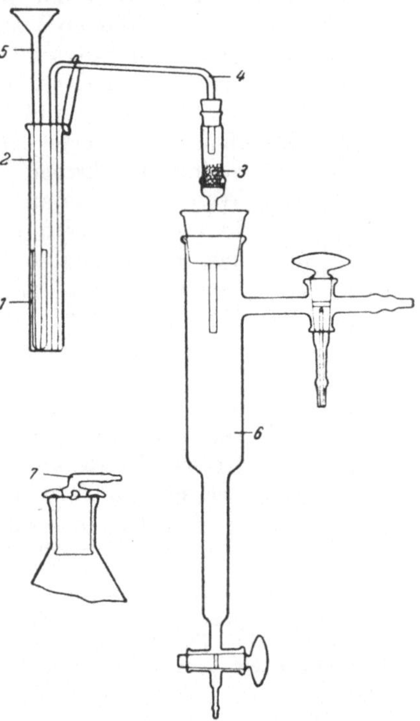

Abb. 69. *1* Glasröhrchen, *2* Zersetzungseprouvette, *3* Filterröhrchen mit flachem Boden nach F. PREGL, *4* Heberrohr, *5* Glastrichter, *6* Absaugeprouvette, *7* Absaugröhrchen.

Ausführung

In Aufschlußröhrchen, wie sie bei der Schwefelbestimmung (S. 157) benutzt werden, wird die eingewogene Substanz mit dem Kalium in gleicher Weise, wie dort beschrieben, aufgeschlossen. Die Spitze des abgekühlten Schmelzröhrchens öffnet man zuerst über einer Flamme, ritzt sodann über dem Kaliumring das Röhrchen an und sprengt mit einem glühenden Glastropfen den oberen Teil ab. Man bringt das Röhrchen in die Zersetzungseprouvette der in Abb. 69 gebrachten Apparatur und läßt aus einem kleinen Tropftrichter *1 ml Methanol* zutropfen. Damit das Kalium vollständig durchreagiert, führt man den Trichter in das Aufschlußröhrchen ein und bringt durch diesen noch *1 ml Alkohol-Wasser* hinzu. Nachdem man die Zersetzungseprouvette mittels eines Gummibandes an die Absaugvorrichtung angeschlossen hat, läßt man durch den Trichter soviel ausgekochtes destilliertes Wasser, das *in 200 ml Wasser 1 Tropfen Phenolphthalein* enthält, in die Eprouvette zufließen, bis dieses über dem Aufschlußröhrchen steht, und saugt die Lösung nach 2 Minuten durch ein grobporiges Preglsches Filterröhrchen (Abb. 58). Die sich dabei auf der Filterschicht sammelnden Kohleflocken brauchen erst nach etwa 5 Bestimmungen entfernt zu werden. Es wird durch den Trichter so lange mit kochendem Wasser nachgespült, bis das Waschwasser nicht mehr von Phenolphthalein gerötet wird.

Das alkalische Filtrat wird mit *10%iger Essigsäure* neutralisiert (dazu sind etwa 1,5 ml notwendig) und ein Überschuß von 0,5 ml zugegeben. Bei Abwesenheit von Cyanidionen kann das Filtrat sofort in die vorbereitete *Bromeisessiglösung* (3 ml Natriumacetat-Eisessig und 10 bis 15 Mikrotropfen Brom) tropfenweise und unter Umschütteln abgelassen werden. Aus stickstoffhaltigen Substanzen muß man vorher zur Entfernung der Cyanidionen die wie oben angesäuerte Lösung 1 bis 2 Minuten lang kochen (Siedesteinchen). Dabei wird in den Titrierkolben das mit einer Wasserstrahlpumpe verbundene Absaugröhrchen eingehängt und schwach Luft durchgesaugt. Die Oxydation kann in diesem Falle auch so vorgenommen werden, daß das Oxydationsgemisch in einem Guß zur Jodidlösung zugegeben wird. Nach Hinzufügen von *2 ml gesättigter Natriumacetatlösung* zerstört man das Brom noch (S. 140) mit *Ameisensäure*. Hierauf setzt man *2 ml Kaliumjodidlösung* und *5 ml Schwefelsäure* zu und titriert das ausgeschiedene Jod mit *Thiosulfat* unter Zusatz von *Stärke*. Da Brom gelegentlich nicht völlig blindwertfrei ist, ist dessen Jodgehalt für die bei der Bestimmung verwendete Tropfenanzahl zu ermitteln.

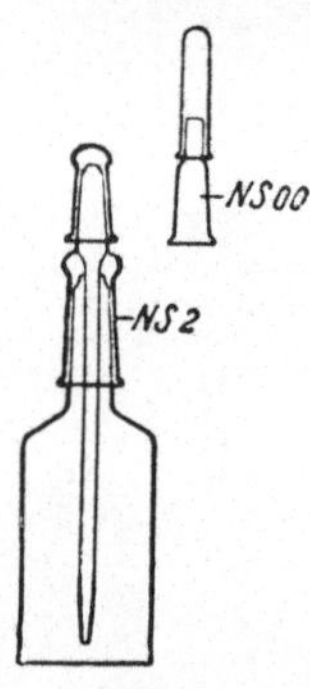

Abb. 70. Tropfflasche.

Für die Aufbewahrung und Dosierung des Broms hat sich eine Tropfflasche mit eingeschmolzener Pipette in der in Abb. 70 gebrachten Form bewährt. Die Kappenschliffe sind mit Paraffin gefettet und daher vollkommen dicht. Zur Bromentnahme wird die Glaskappe gegen eine Schliffhülse, die mit einer Gummikappe versehen ist, ausgetauscht. Die Pipettenspitze der Tropfflasche hat einen Außendurchmesser von etwa 2 mm, und ein Mikrotropfen Brom entspricht etwa 10 bis 15 mg.

Bei Substanzen mit geringem Jodgehalt ist Chlor in einer Eisessig-Natriumacetatlösung ein gut geeignetes Oxydationsmittel. Dazu wird die Lösung mit Chlor gesättigt, das man sich aus Kaliumpermanganat und Salzsäure bereitet. Zur Gehaltsbestimmung setzt man zu 0,1 ml der Chlorlösung Kaliumjodid zu und titriert mit 0,02 *n* Thiosulfat. Unter Zugrundelegung des Titrationsergebnisses wird eine dem oben ausgeführten Bromgehalt äquivalente Menge der Oxydationslösung verwendet. Man läßt, wie vorher beschrieben, das jodidhaltige Filtrat in das Oxydationsgemisch eintropfen, fügt 3 ml gesättigte wäßrige Natriumacetatlösung und 3—4 Tropfen Ameisensäure zu und läßt unter Umschwenken eine gesättigte Kaliumbromidlösung zutropfen. Schließlich werden Kaliumjodid und Schwefelsäure zugegeben und wie üblich titriert. Bei der Berechnung erübrigt sich eine Korrektur.

Fehlergrenze der Bestimmung: ± 0,1% Jod.

Berechnung s. S. 140.

Zeitdauer bei nicht stickstoffhaltigen Substanzen: 20—30 Minuten, bei stickstoffhaltigen Substanzen: 30—35 Minuten.

Entsprechend dem Dezigrammverfahren von H. DOERING[1] kann nach der daraus von C. WEYGAND und A. WERNER[2] entwickelten Mikromethode das Jod nach dem Aufschluß der Substanz im Bombenrohr maßanalytisch bestimmt werden. Nach Abscheidung des Jods als Quecksilberjodid (HgJ_2) wird dieses in das Jodat übergeführt und schließlich mit Thiosulfat titriert. Die Methode ist besonders für Reihenuntersuchungen zu empfehlen.

Zur Bestimmung kleinster Jodmengen, besonders in biologischem Material, hat TH. LEIPERT[3] ein Verfahren auf folgender Grundlage entwickelt:

Die organische Substanz wird mit Chromschwefelsäure und Cer-IV-sulfat als Katalysator zerstört; dabei wird das Jod in nicht flüchtige Jodsäure umgewandelt. Hernach wird die Jodsäure mit arseniger Säure quantitativ zu Jod reduziert und dieses mit Wasserdampf im Vakuum in eine alkalische Absorptionslösung übergetrieben, mit Bromwasser zu Jodat oxydiert und mit 0,005 n bis höchstens 0,0033 n-Thiosulfat (Stärke) titriert.

M. K. ZACHERL und W. STÖCKL[4] vereinfachten und verbesserten das Verfahren dadurch, daß das Jod nicht mehr mit Wasserdampf im Vakuum, sondern im Stickstoff- oder Kohlendioxydstrom aus der reduzierten Veraschungslösung gleich in die Brom-Eisessiglösung übergetrieben wird und die mit Ameisensäure entfärbte Bromlösung vor der Winkler-Titration erhitzt wird. Mit dieser Modifikation konnte der bisherige Blindwert beseitigt werden. Unter Anwendung des bekannten Potenzierungsverfahrens, bei dem die 36fache Menge Jod titriert wird, kann noch 1 μg Jod mit hinreichender Genauigkeit bestimmt werden.

Die vorstehend beschriebenen Verfahren versagen, wenn man aus Organo-Metallverbindungen gebildetes Silberbromid, Silberjodid oder Bleijodid zu bestimmen hat. Nach R. KUHN und H. SCHRETZMANN[5] werden zunächst AgBr und AgJ mit Kaliumcyanid gelöst und das Silber aus dem Cyanidkomplex an Zink niedergeschlagen. Anschließend werden die Halogene zu BrO_3^- bzw. JO_3^- oxydiert und wie üblich bestimmt. Aus Bleijodid setzt man in einer geeigneten Apparatur das Jod mit heißer konzentrierter Schwefelsäure in Freiheit, das, in einer Vorlage gesammelt, zu Jodat oxydiert und dann titriert wird.

Bestimmung von Fluor

Das steigende Interesse von Wissenschaft und Industrie für genaue Methoden zur Bestimmung von Fluor führte neben Vervollständigung der Makromethoden, die vorwiegend auf der Fällung von schwerlöslichen Fluo-

---

1 DOERING, H.: Ber. dtsch. chem. Ges. **70**, 1887 (1937).

2 WEYGAND, C., u. A. WERNER: Mikrochem. **26**, 177 (1939); vgl. L. M. WHITE u. G. E. SECOR: Analyt. Chemistry **22**, 1047 (1950).

3 LEIPERT, TH.: Biochem. Z. **261**, 436 (1933); **270**, 448 (1934); **280**, 416 (1935).

4 ZACHERL, M. K., u. W. STÖCKL: Mikrochem. **38**, 278 (1951).

5 KUHN, R., u. H. SCHRETZMANN: Ber. dtsch. chem. Ges. **90**, 554 (1957).

riden[1] beruhen, auch zur Entwicklung von einfachen und raschen Mikromethoden. Die Zerstörung der F-C-Bindung erfolgt wie bei den anderen Halogenen mittels Oxydations- oder Reduktionsverfahren. Hochfluorierte Verbindungen erfordern sehr energische Reaktionen.

Den Aufschluß führt man mit Natriumsuperoxyd,[2] Calciumhydroxyd[3], Kalium (Natrium)[4] oder in der Knallgasflamme[5] durch. Mit Ausnahme der Fällung des Fluors mit Triphenylzinnchlorid[6] werden zur Bestimmung maßanalytische Methoden benutzt.

Für den Aufschluß der Substanz bevorzugt man heute rasche Aufschlußverfahren, wobei das entsprechende Fluorid entsteht. Diese sind: das Verfahren von B. WURZSCHMITT[2] in der Universalbombe mit Natriumperoxyd, das Schmelzen mit Kalium nach K. BÜRGER-ZIMMERMANN[7] oder das Glühen mit Calciumhydroxyd[8]. Letzteres Verfahren wird beschrieben, weil es nicht allein für fluororganische Verbindungen, sondern auch für pflanzen- und tierphysiologisches Material in den letzten Jahren mit bestem Erfolg benutzt wurde und sehr einfach ist.

Der nachstehend beschriebene maßanalytische Analysengang wurde auf Grund von Erfahrungen mit den Methoden von TH. v. FELLENBERG[9], H. H. WILLARD und CH. H. HORTON[10], H. BALLCZO und O. KAUFMANN[11], S. GERICKE und B. KURMIES[12], J. W. HAMMOND und W. H. MCINTIRE[13], H. H. WILLARD und O. B. WINTER[14] vom Verfasser entwickelt. Es lassen sich noch 20 μg Fluor bestimmen.

Prinzip: Die organische Substanz wird in einem geschlossenen Glasröhrchen unter kräftigem Glühen mit überschüssigem Calciumhydroxyd

---

[1] HOUBEN-WEYL: Methoden der Organischen Chemie. 4. Aufl. Herausgegeben von E. MÜLLER. Band II, S. 134 u. 217. Gg. Thieme-Verlag, Stuttgart 1953.

[2] WURZSCHMITT, B.: Mikrochem. **36/37**, 769 (1951).

[3] GAUTIER, A., u. P. CLAUSMANN: C. r. acad. sci. Paris **162**, 105 (1916); v. FELLENBERG, TH.: Mitt. Lebensmittelunters. Hygiene **39**, 124 (1948).

[4] KAINZ, G., u. F. SCHÖLLER: Mikrochim. Acta [Wien] **1956**, 843; BELCHER, R., u. A. M. G. MACDONALD: Mikrochim. Acta [Wien] **1956**, 890. MA, T. S., u. J. GWIRTSMAN: Analyt. Chemistry **29**, 140 (1957).

[5] WICKBOLD, R.: Angew. Chem. **64**, 133 (1952).

[6] BALLCZO, H., u. H. SCHIFFNER: Z. analyt. Chem. **152**, 3 (1956); vgl. N. ALLEN u. N. H. FURMAN: J. Amer. Chem. Soc. **54**, 4625 (1932).

[7] BÜRGER, K.: Angew. Chem. **54**, 479 (1941); ZIMMERMANN, W.: Mikrochem. **31**, 15 (1944).

[8] Unveröffentlicht. Vom Verfasser in HOUBEN-WEYL: Methoden der Organischen Chemie. 4. Aufl. Herausgegeben von E. MÜLLER. Band II. Gg. Thieme-Verlag, Stuttgart 1953, S. 135, beschrieben.

[9] v. FELLENBERG, TH.: Mitt. Lebensmittelunters. Hygiene **39**, 124 (1948).

[10] WILLARD, H. H., u. CH. H. HORTON: Analyt. Chemistry **22**, 1190 (1950).

[11] BALLCZO, H., u. O. KAUFMANN: Mikrochem. **38**, 237 (1951); BALLCZO, H.: Österr. Chem.-Ztg. **50**, 146 (1949).

[12] GERICKE, S., u. B. KURMIES: Landwirtsch. Forschung **3**, 46 (1950); Z. analyt. Chem. **132**, 335 (1951).

[13] HAMMOND, J. W., u. W. H. MCINTIRE: J. Assoc. Off. Agric. Chemists **23**, 398 (1940); C. **1940**, II, 3672.

[14] WILLARD, H. H., u. O. B. WINTER: Ind. Eng. Chem., Analyt. Ed. **5**, 7, (1933).

aufgeschlossen. Um Fremdionen auszuschalten, die die maßanalytische Bestimmung stören, wird anschließend der Fluorwasserstoff aus perchlorsaurer Lösung abdestilliert und bei pH = 3,5—3,8 mit Thoriumnitrat titriert. Der Farbumschlag beruht auf der Beobachtung von J. H. DE BOER[1], nach der die Farblackbildung zwischen Thoriumnitrat und alizarinsulfosaurem Natrium erst dann eintritt, wenn das ganze Fluorid zur Bildung des beständigen Thoriumtetrafluorids verbraucht ist.

Reagenzien

Überchlorsäure, p. a., etwa 70%ig (D: 1,67), Merck. 5 ml-Pipette.

Calciumhydroxyd, p. a., pulverisiert.

0,5 n-Natronlauge. Tropfpipette.

Natriumfluorid, p. a.

0,01 n- oder *0,001 n-Thoriumnitrat*-Titrierlösung: bereitet durch Lösen von 1,3805 bzw. 0,13805 g Thorium-IV-nitrattetrahydrat in 1000 ml Wasser. Zur Prüfung der Thoriumnitratlösung benutzt man gleich starke Natriumfluoridlösungen, wozu man 0,42 bzw. 0,042 g Natriumfluorid in 1000 ml Wasser löst. Bürette.

Indikatorlösungen:

Stammlösung: a) 0,125 g *alizarinsulfosaures Natrium* wurden in 100 ml Wasser gelöst
b) 0,01 *g Methylenblau* in 100 ml Wasser.

Vor Gebrauch werden, je nach Erfordernis, einige ml den Stammlösungen entnommen und mit destilliertem Wasser auf das fünffache Volumen gebracht. 2 Stück 1 ml-Pipetten.

Pufferlösung: In einem 1 Liter-Meßkolben werden 95 g Monochloressigsäure und *20 g Natriumhydroxyd* mit destilliertem Wasser bis zur Marke verdünnt.

Die Titration des Fluors verläuft nach der Gleichung:

$$4\,NaF + Th(NO_3)_4 \rightarrow ThF_4 + 4\,NaNO_3$$

Apparative Erfordernisse

Aufschlußröhrchen, wie sie zur Schwefelbestimmung S. 157 benutzt werden; wenn möglich aus fluorfreiem Glas (Blindversuch!). Röhrchen aus Jenaer Glas legt man vor Gebrauch einige Stunden in warme 1:1 verdünnte Salzsäure.

Apparatur (Abb. 71)

Sie ist sehr einfach und kann ohne besondere Kosten angefertigt werden. Sie besteht aus dem Wasserdampfentwickler und dem Claisenkolben von 50 ml Inhalt mit angeschmolzenem absteigendem Kühler. Durch den Kolbenhals wird mittels eines doppelt durchbohrten Gummistopfens das Dampfeinleitungsrohr und ein Thermometer eingeführt; beide reichen bis

[1] DE BOER, J. H.: Chem. Weekbl. **46**, 130 (1923).

knapp an den Boden des Kolbens. Der Fraktionieransatz ist mit einem Gummistopfen verschlossen. Das Destillat wird in einem Meßzylinder aus Jenaer Glas von 50 ml Inhalt gesammelt.

Ausführung

In das Aufschlußröhrchen wägt man von Substanzen, die etwa 10% Fluor enthalten, ungefähr 1 mg, von fluorärmeren entsprechend mehr ein und bringt etwa *60 mg Calciumhydroxyd* dazu. Der Calciumhydroxydzusatz kann, wenn erforderlich, ohne Bedenken auf 500 mg erhöht werden, da auch diese Menge auf den geringen Blindwert ohne Einfluß ist. Das Röhrchen wird 20—25 mm über der Substanz zugeschmolzen und die Spitze zu einem etwa 40 mm langen Stiel ausgezogen. Röhrchen, in die flüssige Substanzen in Kapillaren gebracht wurden, schmilzt man entsprechend höher zu. Nach dem Abkühlen erhitzt man das Röhrchen, wobei man es am Stiel erfaßt unter Drehen von oben nach unten zuerst in der Flamme eines Mikrobrenners bis zur vollständigen Zersetzung der Substanz und glüht es anschließend in einer stärkeren Flamme nach. Nun teilt man das abgekühlte Röhrchen, nach Anritzen in der Mitte, mit einem glühenden Glastropfen, bricht den Stiel ab und bringt die beiden Hälften in den Claisenkolben (lange Pinzette). Zum Substanzaufschluß werden *3 ml Wasser* und *5 ml Überchlorsäure* gegeben. Man erhitzt bei noch geschlossener Wasserdampfzuleitung zuerst die Lösung im Kolben auf 125° C und leitet erst dann Wasserdampf ein. Das Einströmen des Wasserdampfes und die Flammenstärke unter dem Kölbchen hat man so zu regulieren, daß im Kölbchen die Temperatur von 125° C tunlichst eingehalten wird und 50 ml in rascher Tropfenfolge (etwa 10 Minuten) überdestillieren. Ohne die Destillation zu unterbrechen, wird der Meßzylinder mit dem gesammelten Destillat (50 ml) entfernt und ein anderer unter den Kühler gebracht.

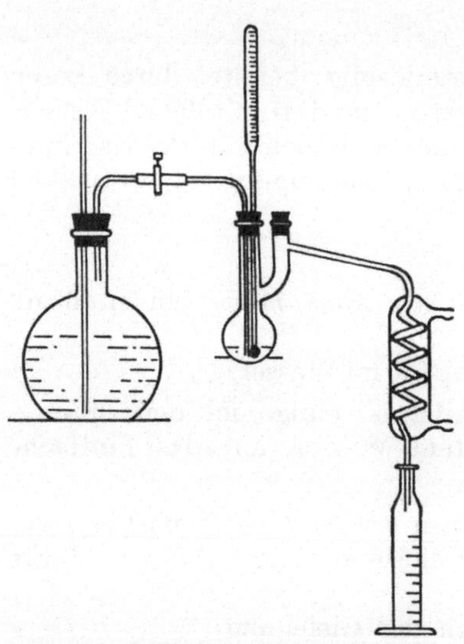

Abb. 71. Apparatur zur Fluorbestimmung.

Für die Titration bringt man zum Destillat *1 ml der verdünnten Lösung von alizarinsulfosaurem Natrium* und neutralisiert durch tropfenweise Zugabe von *0,5 n-Natronlauge*, bis der Indikator nach rot umzuschlagen beginnt. Sodann gibt man noch *1 ml des Methylenblauindikators* und *12 Tropfen* des *Puffers* dazu und prüft, ob das pH der Lösung 3,5—3,8 beträgt (Lyphanpapier). Bei der Titration mit Thoriumnitrat, die etwas Übung für das Erkennen des Farbumschlages erfordert, geht man am besten in der Weise vor, daß man unter den Meßzylinder eine weiße Unterlage bringt und in der Aufsicht (mit dem Blick von oben auf die Lösung) langsam titriert, bis die erste Verfärbung von grün nach grauviolett zu erkennen ist.

Vor jeder Analysenserie hat man eine Blindwertbestimmung durchzuführen, die bei der Berechnung zu berücksichtigen ist. Unter unseren Arbeitsbedingungen beträgt der Blindwert 0,03—0,04 ml 0,01 *n*-Thoriumnitrat.

Nach beendeter Titration prüft man noch das zweite Destillat von 50 ml auf Fluorwasserstoff; es zeigt nahezu ausnahmslos den vorher bestimmten Blindwert, der folglich unberücksichtigt bleibt und nur ein Beweis dafür ist, daß mit der ersten Destillation und Titration das ganze Fluor erfaßt wurde. Es gibt einige Aufschlüsse physiologischen Materials, die den Fluorwasserstoff zögernd abgeben. In diesem Falle ist eine dritte Destillation nötig.

Wie auch von anderer Seite gefunden wurde, ist die Farblackbildung nur in bestimmten Grenzen der Fluorionenkonzentration proportional. In konzentrierteren Lösungen tritt die Färbung früher auf als in verdünnteren, d. h. im ersten Falle wird weniger Thoriumnitrat verbraucht und es werden infolgedessen niedrigere Fluorwerte erhalten als in der verdünnten Lösung. Aus dieser Tatsache ergibt sich für die analytische Praxis die Möglichkeit, mit Hilfe einer einmal für die verschiedenen Fluorkonzentrationen aufgestellten Titrationskurve (für Thoriumnitrat) zu arbeiten oder alle Titrationen innerhalb eines Bereiches durchzuführen, in dem sich Konzentrationseinflüsse noch nicht auswirken. Da wir letztere Arbeitsweise für genauer halten, stellen wir den Faktor der zu benutzenden 0,01 *n*- oder 0,001 *n*-Thoriumnitratlösungen gegen genaue 0,01 *n*- bzw. 0,001 *n*-Natriumfluoridlösungen innerhalb eines begrenzten Bereiches ein, wobei wir uns auf 1 ml der Natriumfluorid-Standardlösung beziehen.

Auf diese Weise ist es möglich, bei einem Verbrauch von 0,5—1,5 ml Titrierlösung ohne jede Korrektur zu arbeiten. Da die Destillation des Fluorwasserstoffes stets gleich erfolgt, was für die Genauigkeit der Analyse nicht bedeutungslos ist, lohnt es sich, die Substanzeinwaage entsprechend dem zu titrierenden Fluor zu wählen.

Die Genauigkeit der Methode beträgt $\pm$ 0,2%. Bei halogenhaltigen Substanzen (Chlor und Brom) bringt man in den Claisenkolben eine kleine Spatelspitze Silbersulfat.

1 ml 0,01 *n*-Thoriumnitrat entspricht 0,190 mg Fluor,
1 ml 0,001 *n*-Thoriumnitrat entspricht 0,0190 mg Fluor.

Berechnung

Nach Abzug des Blindwertes ist:

$$\%\,F = \frac{\text{ml } 0{,}01\ n\text{-Th}(NO_3)_4 \cdot 0{,}190 \cdot 100}{\text{mg Substanzeinwaage}}$$

Bemerkungen: Die Erkennung des Farbumschlages bei der Titration mit Thoriumnitrat bereitet deshalb gewisse Schwierigkeiten, weil die erste Rosafärbung (von gelb kommend) nicht leicht wahrzunehmen ist. Bei konzentrierteren als 0,05 *n*-Lösungen oder wenn zu rasch titriert wird, tritt nach H. Ballczo und O. Kaufmann[1] die Erscheinung ein, daß der gebildete Farblack durch die noch vorhandenen Fluorionen nicht mehr ausgebleicht wird, weshalb zu niedrige Werte erhalten werden. Infolgedessen sind der Verwendung stärkerer Titrierlösungen Grenzen gesetzt.

In dem Bestreben, kleinste Mengen Fluor mit scharf ansprechenden Indikatoren zu titrieren, wurde in der Literatur eine größere Zahl Farblacke bildender Substanzen beschrieben, sie sind in der Arbeit von H. H. Willard und Ch. A. Horton[2] zusammengestellt. Den von H. Ballczo[3] vorgeschlagenen Mischindikator aus alizarinsulfosaurem Natrium und Methylenblau fanden auch wir allen bisher von uns geprüften Indikatoren an Umschlagschärfe überlegen. Er wird allerdings durch Quercetin als Fluoreszenzindikator[2] bei der Titration mit Thoriumnitrat an Empfindlichkeit übertroffen.

Wie schon gesagt wurde, kann der Aufschluß der Substanz auch mit Natriumperoxyd oder Kalium durchgeführt werden. Bei ersterem wird die Schmelze aus der Wurzschmittbombe mit wenig Wasser in den Claisenkolben übergespült und, wie beschrieben, der Fluorwasserstoff nach Zugabe von Überchlorsäure abdestilliert. Wird mit Kalium aufgeschlossen, bringt man das zerschnittene Röhrchen in den Claisenkolben, zersetzt das Kalium mit 1 ml Methanol und Wasser und destilliert vor dem Zugeben der Perchlorsäure das Methanol und den größten Teil des Wassers ab.

Weitere Methoden: Es ist auch möglich, den Fluorwasserstoff nach Verbrennung der Substanz in einem Quarzrohr bei 900—1250° C aufzufangen und mit Lauge zu titrieren[4] oder mit Titansulfat und Wasserstoffperoxyd colorimetrisch zu bestimmen[5]. R. Wickbold[6] verbrennt die Substanz in einer Sauerstoff/Wasserstoff-Flamme bei 2000° C. Die Bestimmung des Fluorids in der Absorptionsvorlage erfolgt maßanalytisch. In einem mit Sauerstoff gefüllten Erlenmeyerkolben verbrennt W. Schöniger[7] die Substanz und titriert das Fluorid nach G. Brunisholz und J. Michod[8] mit Cer-III-chlorid und Murexid als Indikator. Ohne den Fluorwasserstoff vorher abzudestillieren, titrieren G. Kainz und F. Schöller[9] das Fluorid direkt in der Aufschlußlösung mit Thoriumnitrat. Um dabei Störungen durch Fremdionen zu vermeiden, wird die Substanz mit nur 50—60 mg Kalium aufgeschlossen. In der letzten Zeit ist G. Kainz[10] dazu übergegangen, die Aufschlußlösung vorher durch eine Austauschersäule (H-Form) zu schicken, um die bisherigen geringen Störungen anderer Ionen auszuschalten. Einen Aufschluß mit Natrium in der Nickelbombe und Anwendung eines

---

[1] Ballczo, H., u. O. Kaufmann: Mikrochem. **38**, 237 (1951).
[2] Willard, H. H., u. Ch. A. Horton: Analyt. Chemistry **22**, 1190 (1950).
[3] Ballczo, H.: Österr. Chem.-Ztg. **50**, 146 (1949).
[4] Clark, S.: Analyt. Chemistry **23**, 659 (1951).
[5] Schumb, W. C., u. K. J. Radimar: Analyt. Chemistry **20**, 871 (1948).
[6] Wickbold, R.: Angew. Chem. **66**, 173 (1954). Vgl. Swetser, P. P.: Analyt. Chemistry **28**, 1766 (1956).
[7] Schöniger, W.: Mikrochim. Acta [Wien] **1956**, 869.
[8] Brunisholz, G., u. J. Michod: Helv. Chim. Acta **37**, 598 (1954).
[9] Kainz, G., u. F. Schöller: Mikrochim. Acta [Wien] **1956**, 843.
[10] Kainz, G.: Österr. Chem.-Ztg. **58**, 8 (1957).

Rücktitrationsverfahrens mit Thoriumnitrat beschreiben R. Belcher und A. M. G. Macdonald[1]. Es ist ferner möglich, in den Aufschlußlösungen das Fluorid als Triphenylzinnfluorid zwischen der wäßrigen und Chloroformschicht nach H. Ballczo und H. Schiffner[2] durch „Zwischenphasenfällung" abzutrennen und auszuwägen. Eine kombinierte Destillations- und Absorptionsmethode, mit der das Fluor rasch colorimetrisch bestimmt wird, beschreiben H. Ballczo, G. Doppler u. A. Lanik[3].

Bestimmung von Schwefel

Ebenso wie bei der Bestimmung der Halogene ist zur Analyse des organisch gebundenen Schwefels dessen Bindung mit der organischen Substanz zu zerstören, wozu man die auf S. 119 beschriebenen Oxydations- oder Reduktionsaufschlußverfahren benutzt. Je nach dem verwendeten Verfahren liegt der Schwefel entweder als Schwefelsäure bzw. Sulfat oder Sulfid vor. Ist die Analysensubstanz frei von Stickstoff und Halogenen, ist es nach Verbrennung mit Sauerstoff möglich, in der wäßrigen Absorptionslösung die gebildete Schwefelsäure mit Lauge zu titrieren. Da man bei den meisten Substanzen mit Ionen zu rechnen hat, die die direkte Titration der Schwefelsäure stören, ist diese Art der Bestimmung nur gelegentlich anwendbar. Zur Bestimmung des mit den Oxydationsverfahren erhaltenen Sulfations benutzte man früher ausnahmslos die Fällung als Bariumsulfat, die durch Fremdionen nicht gestört wird. Dem günstigen Umrechnungsfaktor S:$BaSO_4$ steht das einige Zeit beanspruchende Filtrieren und Glühen des Bariumsulfates gegenüber. Weitere vorgeschlagene Fällungsreagenzien sind Benzidin und 4-Amino-4-chlordiphenyl[4], von denen sich das erstere wegen der teilweisen Löslichkeit des Benzidinsulfates nicht durchgesetzt hat. Um das Sulfat rascher zu bestimmen, wurden maßanalytische Methoden entwickelt. Dabei wird das Sulfat mit überschüssiger gestellter Bariumchloridlösung gefällt und das unverbrauchte Bariumchlorid jodometrisch[5], ferner komplexometrisch[6] oder argentometrisch[7] bestimmt. R. Belcher und A. M. G. Macdonald[8] setzen gefälltes Bariumsulfat mit überschüssigem Aethylendiamintetraessigsäure um und titrieren den Überschuß mit Magnesiumchlorid zurück.

Eine sehr genaue jodometrische Methode hat F. Zinneke[9] entwickelt. Die Substanz wird in einem Quarzrohr verbrannt und die Schwefeloxyde an Silber gebunden. Nach Ablösen des Sulfats vom Silber mit Wasser wird

---

[1] Belcher, R., u. A. M. G. Macdonald: Mikrochim. Acta [Wien] **1956**, 899.
[2] Ballczo, H., u. H. Schiffner: Z. analyt. Chem. **152**, 3 (1956).
[3] Ballczo, H., G. Doppler u. A. Lanik: Mikrochim. Acta [Wien] **1957,** 809.
[4] Belcher, R., A. J. Nutten u. W. J. Stephen: Mikrochim. Acta [Wien] **1953**, 51.
[5] Werner, A.: Angew. Chem. **52**, 139 (1939).
[6] Tettweiler, K., u. W. Pilz: Naturwiss. **41**, 332 (1954); Schöniger, W.: Mikrochim. Acta [Wien] **1956**, 869.
[7] Padowetz, W.: Mikrochem. **36/37**, 648 (1951).
[8] Belcher, R., u. A. M. G. Macdonald: Mikrochim. Acta [Wien] **1956**, 1187.
[9] Zinneke, F.: Z. analyt. Chem. **132**, 75 (1951).

es mit Kaliumjodid titriert. Diese leistungsfähige Methode wird auf S. 161 beschrieben. Rasch und genau kann das Sulfat auch durch Leitfähigkeitsmessung mit Bariumacetat nach A. SCHÖBERL[1] bestimmt werden.

Bei den nach dem Prinzip von H. TER MEULEN entwickelten Hydriermethoden treten zufolge von Schwefeleinschlüssen durch die im Verbrennungsschiffchen verbleibende Kohle leider stets geringe Verluste ein, die trotz Bemühungen nicht restlos behoben werden konnten. Seit K. BÜRGER[2] fand, daß der bislang benutzte Schwefelnachweis mit Kalium (Natrium) nach H. VOHL auch zur quantitativen Reduktion von Schwefelverbindungen geeignet ist, waren die Voraussetzungen für eine einfache und rasche Bestimmung des Schwefels über Schwefelwasserstoff gegeben. K. BÜRGERS Methode wurde von W. ZIMMERMANN[3] zu einer heute viel angewandten, sehr genauen Methode verbessert. Sie wird nachstehend beschrieben.

Als weitere reduktive Aufschlußmittel werden von W. SCHÖNIGER[4] Magnesium und von W. RADEMACHER und P. MOORHAUS[5] Lithium empfohlen.

Für Laboratorien, die nicht für die nachstehend beschriebenen Methoden eingerichtet sind, weil nur gelegentlich Schwefelanalysen durchzuführen, aber Einrichtungen zur Bestimmung für Halogene vorhanden sind, ebenso für den Lernenden werden vorerst kurz die einfachen Oxydationsmethoden und die Behandlung von Bariumsulfat-Niederschlägen angeführt.

Bestimmung durch oxydativen Aufschluß der Substanz[6]

1. Katalytische Verbrennung im Perlenrohr von F. PREGL

Sie wird gleich wie bei der Bestimmung von Jod (S. 139) durchgeführt, nur mit der Abänderung, daß der Sauerstoffstrom mit einer Strömungsgeschwindigkeit von 3 ml je Minute durch das Rohr geleitet wird und die Schwefeloxyde in wäßriger Perhydrollösung Wasser:Perhydrol = 4:1 absorbiert werden. Ebenso gut eignet sich die Mikro-Grote-Krekeler-Apparatur nach A. SCHÖBERL[7]. Werden metallorganische Verbindungen verbrannt, deren Sulfate bei der Verbrennungstemperatur (700° C) nicht zersetzt werden, ist das Schiffchen in der Absorptionslösung auszukochen, wenn erforderlich, ist die Lösung zu filtrieren.

Die aus stickstoff- und halogenfreien Substanzen erhaltene Schwefelsäure kann nach Zerstören des Perhydrols durch Kochen gleich mit Lauge titriert werden.

---

[1] SCHÖBERL, A.: Z. analyt. Chem. **128**, 210 (1948).
[2] BÜRGER, K.: Angew. Chem. **54**, 479 (1941); Chemie **55**, 245 (1952).
[3] ZIMMERMANN, W.: Mikrochem. **31**, 15 (1944); **33**, 122 (1948); **35**, 80 (1950); **40**, 162 (1952).
[4] SCHÖNIGER, W.: Mikrochim. Acta [Wien] **1954**, 74.
[5] RADEMACHER, W., u. P. MOORHAUS: Z. analyt. Chem. **141**, 419 (1954).
[6] Die benötigten Reagenzien werden hier nicht gesondert gebracht, sie werden bei der Beschreibung der Methoden angeführt.
[7] SCHÖBERL, A.: Angew. Chem. **50**, 334 (1937).

2. Nach CARIUS-PREGL (S. 127)

An Stelle von Silbernitrat bringt man außer der konz. Salpetersäure *3—5 mg Kaliumnitrat*[1] zur Bindung der Schwefelsäure in das Aufschlußrohr. Nach dem Aufschluß wird hier das Mikrobombenrohr ebenso wie das „Perlenrohr" mit *salzsäurehaltigem Wasser* (1:100) vor der Bariumsulfatfällung ausgespült. Den Aufschluß nach Carius-Kirsten (S. 131) führt man gleich wie bei der Halogenbestimmung durch (ohne Zugabe von Kaliumnitrat).

3. Direkte Verbrennung in Sauerstoff nach W. SCHÖNIGER[2]

Die Methode wurde auf S. 132 beschrieben. Das Sulfat wird mit Bariumchlorid gefällt und ausgewogen; man kann auch die überschüssigen Bariumionen komplexometrisch[3] bestimmen.

Für die Bestimmung des Schwefels als Bariumsulfat nach den genannten Methoden bringt man zu den in einer Kristallisierschale gesammelten Absorptionslösungen + Waschwasser *15 bis 20 mg Bariumchlorid* und dampft die Lösung auf einem Wasserbade auf ein kleines Volumen ein, wobei grobkristallines Bariumsulfat entsteht.

Das Filtrieren von Bariumsulfatniederschlägen mit dem Neubauer-Tiegel

Der Neubauer-Platintiegel[4] besitzt die gleichen Ausmaße wie der gewöhnliche Mikrotiegel (Abb. 13). Der Boden des Tiegels ist aus einem porösen gepreßten Platin-Iridium-Schwamm angefertigt. Zum Tiegel gehören noch eine Bodenkappe und ein Deckel. Der Filterboden des Tiegels soll beim Ansaugen mit dem Munde in 1 Minute 4 ml Wasser durchlassen. Zur Reinigung des Filterbodens von Bariumsulfat aus vorherigen Analysen entfernt man zuerst den Niederschlag mit auf ein Holzstäbchen aufgedrehter Watte und bringt dann den Tiegel 3 bis 5 Minuten in heiße konzentrierte Schwefelsäure. Vor Gebrauch filtriert man einen ganz dünnen Belag Bariumsulfat auf den Tiegelboden, wozu man den Tiegel in die Gummimanschette der Absaugvorrichtung (Abb. 57) bringt. Es können auch Tiegel der Berliner Porzellan-Manufaktur verwendet werden, deren Glasur zur Vermeidung von Abriebverlusten etwas über den Rand in die Bodenplatte hineinreichen soll.

Der gereinigte, zum Schluß mit salzsäurehaltigem Wasser und anschließend mit destilliertem Wasser gewaschene Tiegel wird mit locker aufgesetzter Bodenkappe und Deckel auf einen größeren Platindeckel (30—40 mm Durchmesser) gebracht, zuerst mit kleiner und dann mit kräftiger Flamme 3 Minuten zum Glühen erhitzt. Um auch den Tiegeldeckel zum Glühen zu bringen, erfaßt man ihn mit der Platin- oder Nickelspitzenpinzette und hält ihn kurz in die Flamme. Dann wird die Flamme weggezogen, der Tiegel, der auf mindestens 50° C abgekühlt sein soll, mit der

---

[1] ROTH, H.: Mikrochem. **36/37**, 379 (1951); STEYERMARK, AL.: Quantitative Organic Microanalysis. The Blakiston Comp. New York, Toronto/Philadelphia 1951, 156.

[2] SCHÖNIGER, W.: Mikrochim. Acta [Wien] **1955**, 123; **1956**, 869.

[3] ANDEREGG, G., H. FLASCHKA, R. SALLMANN u. G. SCHWARZENBACH: Helv. Chim. Acta **37**, 113 (1954).

[4] Zu beziehen bei W. C. Heraeus, Hanau a. M.

Pinzette auf den Kupferblock des Handexsiccators gestellt und in diesem neben die Waage gebracht.

Die vor der Wägung notwendige Wartezeit kann verkürzt werden, wenn man nach einigen Minuten mit der Pinzette den Tiegel auf einen zweiten Kupferblock bringt. Durch diese Maßnahme kann er 10 Minuten nach dem Glühen gewogen werden[1].

Den Tiegel stellt man dann wieder auf den Kupferblock des Handexsiccators, indem man ihn zur Absaugvorrichtung (Abb. 57) trägt. Für das Filtrieren werden Deckel und Kappe abgenommen, auf den Kupferblock gelegt und der Tiegel in die mit Wasser benetzte Gummimanschette der Filtriervorrichtung gebracht. Um den Bariumsulfatniederschlag, der sich inzwischen auf dem Boden der Kristallisierschale abgesetzt hat, in den Tiegel zu bringen, erfaßt man die Schale mit der linken Hand und läßt, ohne den Niederschlag darin aufzurühren, die klare Lösung an dem Federchen (S. 16) oder einer Gummifahne entlang in den Tiegel fließen, bis er fast gefüllt ist. Man saugt jetzt mit dem Munde mittels eines Schlauches mit Quetschhahn oder der Pumpe an und gießt erst dann neue Lösung zu, wenn nahezu alles durchgelaufen ist.

Bei diesen etwas Übung erfordernden Arbeiten ist es von Vorteil, 1. den Schnabel der Schale am äußeren Rand mit dem Finger schwach zu fetten; 2. während des Aufgießens beide Ellbogen fest an den Körper zu drücken, damit man den Schalenrand und das Federchen stets über der Mitte des Tiegels halten kann, und 3. mit der Spitze des Federchens das Flüssigkeitsvolumen im Tiegel nicht zu berühren, weil sonst der schon im Tiegel befindliche Niederschlag auf dem Federchen wieder hochkriecht.

Nachdem so die überstehende Flüssigkeit abgesaugt wurde, spritzt man in dünnem Strahl, an den Rändern beginnend, die Schale mit dem salzsäurehaltigen Wasser (1—2 ml) ab, rührt mit der Spitze des Federchens den Niederschlag auf und bringt ihn sofort in den Tiegel. Nach neuerlichem Abspritzen der Innenfläche der Schale reibt man diese mit dem Federchen allseits vom Rande gegen die Mitte zu ab und bringt die Lösung in den Tiegel. Nun spritzt man mit feinem Strahl die ganze innere Fläche der Schale mit Alkohol ab und führt die gesammelte Flüssigkeit in den Tiegel über. Man wiederholt das Abspritzen der Schale mit einem feinen Wasserstrahl und unterstützt das Ablösen der letzten kaum sichtbaren Niederschlagsteilchen durch Reiben mit dem Federchen. Die geschilderte abwechselnde Reinigung der Schale mit Alkohol und Wasser wiederholt man noch einmal. Bei einiger Übung gelingt es leicht, nach zweimaliger Ausnutzung der Oberflächenspannung zwischen Alkohol und Wasser die letzten Niederschlagsreste aus der Schale zu entfernen. Immer hat als letzte Waschflüssigkeit salzsäurehaltiges Wasser zu gelten; bleibt nämlich der Niederschlag und die Filterschicht alkoholfeucht, so kann es zu Beginn des Glühens des Tiegels zu Verspritzen des Niederschlages und unter Umständen sogar zu einer Schädigung der Filterschicht kommen. Schließlich wird der Tiegel, wie auf S. 151 beschrieben, geglüht und gewogen.

---

[1] Der Tiegel wird immer mit Deckel und Kappe gewogen.

Zur Entfernung von etwa im Bariumsulfat eingeschlossenen Bariumchlorids wird der Tiegel nach dem Glühen noch einmal in die angefeuchtete Gummimanschette gebracht und mit salzsäurehaltigem Wasser gefüllt. Nachdem dieses durchgesaugt ist, wird noch zweimal mit salzsäurehaltigem Wasser gewaschen, der Deckel und die Bodenkappe aufgesetzt, geglüht und nach dem Abkühlen wie oben auf 0,005 mg genau gewogen.

Eine automatische Filtriervorrichtung, mit der die Bariumsulfatniederschläge durch ein Ansaugröhrchen in den Tiegel übergeführt werden, beschreibt O. WINTERSTEINER[1].

Berechnung

1 mg Bariumsulfat entspricht 0,1373 mg Schwefel

$$\% \, S = \frac{\text{mg } BaSO_4 \cdot 0{,}1373 \cdot 100}{\text{mg Substanzeinwaage}}$$

Bemerkung: Gegenüber der maßanalytischen Bestimmung beansprucht die gravimetrische Ausführung mehr Zeit. Da aber für 1 mg Schwefel 7,28 mg Bariumsulfat zur Wägung kommen, ist sie sehr genau.

Bestimmung durch reduktiven Aufschluß nach BÜRGER-ZIMMERMANN[2]

K. BÜRGER[3] fand, daß sich die Vohlsche Nachweisreaktion[4], bei der durch Schmelzen der organischen Substanz mit Kalium der Schwefel jeder Bindungsart in Kaliumsulfid übergeht, auch zur quantitativen Bestimmung eignet. W. ZIMMERMANN entwickelte daraus das nachstehend beschriebene Verfahren, bei dem der aus dem Kaliumsulfid mit Salzsäure freigemachte Schwefelwasserstoff in eine Vorlage mit Cadmiumacetat übergetrieben und als Cadmiumsulfid gebunden wird. Die Titration des Sulfids erfolgt jodometrisch.

Reagenzien

Kalium (metallisch in Kugeln): Ohne vorherige mechanische Reinigung werden 2 oder 3 Kugeln für einige Minuten in Ligroin gebracht, dem einige Tropfen Amylalkohol zugesetzt sind. Sobald die Kugeln blank sind, bringt man sie in reines Ligroin und zerschneidet sie mit einem Messer zu 120—150 mg, bei Spurenuntersuchungen[5] zu 200 mg schweren Stückchen, die zur Entnahme für die Analysen in einer Vorratsflasche (Pulverglas) unter Ligroin aufbewahrt werden.

Titantrichlorid-Lösung, 15%ig, wäßrig.

Natriumhydroxyd, Plätzchenform.

---

[1] WINTERSTEINER, O.: Mikrochem. **2**, 14 (1924).

[2] ZIMMERMANN, W.: Mikrochem. **31**, 15 (1944); **33**, 122 (1947); **35**, 80 (1950); **40**, 162 (1952).

[3] BÜRGER, K.: Angew. Chem. **54**, 479 (1941); Chemie **55**, 245 (1942).

[4] VOHL, H.: Dinglers polytechn. J. **168**, 49 (1863).

[5] ZIMMERMANN, W.: Mikrochem. **33**, 122 (1948).

Zersetzungssäure: Stellt man sich aus einem Teil konz. Salzsäure und 1 Teil destilliertem Wasser her. Der Zusatz von Titantrichlorid verhindert, daß Spuren Sauerstoff mit der Salzsäure in das Zersetzungskölbchen gelangen. Der Zersetzungssäure gibt man soviel Titantrichloridlösung zu, bis sie eine hellviolette Farbe angenommen hat.

Absorptionslösung: In 1 l destilliertem Wasser werden *50 g Cadmiumacetat* (+ 2 H_2O, p. a.) und *400 g Natriumacetat* (+ 3 H_2O, p. a.) gelöst. Damit der Schwefelwasserstoff möglichst in den unteren 2 Kugeln absorbiert wird, wurde die Cadmiumacetat-Konzentration hoch gewählt. Das zugesetzte Natriumacetat soll überdestillierte Salzsäure abpuffern; es bewirkt auch zusammen mit der Salzsäure, daß das Cadmiumsulfid schleimig abgeschieden wird und dadurch nicht an der Glaswand haftet, und so leicht in das Titriergefäß heruntergespült werden kann. 10 ml-Pipette.

0,02 n-Kaliumjodat- oder *Kaliumbijodat*-Lösung: 0,71339 g Kaliumjodat oder 0,64991 g Kaliumbijodat werden in einen 1 l Meßkolben gebracht und der Kolben bis zur Marke mit destilliertem Wasser aufgefüllt. Die Lösungen (Urtiterlösungen) sind ausgezeichnet haltbar. Bei genauer Einwaage sind keine Faktoren zu berücksichtigen. Bürette.

Kaliumjodid, 10%ige wäßrige Lösung. 2 ml-Pipette. Man kann auch festes Kaliumjodid verwenden.

Stärke, löslich, in Körnchen.

Methylalkohol. Tropfpipette.

Salzsäure, verd. (1 Teil Salzsäure + 1 Teil Wasser). 10 ml-Pipette.

Wasserstoff oder *Kohlendioxyd*[1].

Apparatur[2]

Für das Schmelzen der Substanz benötigt man Reaktionsröhrchen aus Hartglas. Im allgemeinen wird man mit 2 Röhrchengrößen auskommen. Für Substanzeinwaagen bis etwa 5 mg finden mindestens 80 mm lange Reagenzröhrchen von 6 mm lichter Weite und 1 mm Wandstärke Verwendung. Der Boden soll rundgeschmolzen und gut verblasen sein. Für Substanzen mit Schwefelgehalten unter 1%, die höhere Einwaagen (bis zu 25 mg) erfordern, und mit einem etwa 200 mg schweren Kaliumstückchen aufgeschlossen werden müssen, verwendet man besser Reagenzröhrchen gleicher Länge, aber von 8 mm lichter Weite und 1,2 mm Wandstärke.

Die Reinigung des Wasserstoffes erfolgt in der in Abb. 72 gebrachten Anordnung. Der einem Kippschen Apparat oder einer Stahlflasche entnommene Wasserstoff wird durch eine Schraubenflasche (*A*), die mit 15%iger wäßriger Titantrichloridlösung beschickt ist, und einen mit Natriumhydroxyd (Plätzchenform) gefüllten Trockenturm (*B*) geleitet. Der aus der Reinigungsanlage austretende Wasserstoff kann durch ein Zweiwegestück entweder direkt über ein Schlauchstück mit Schraubenquetschhahn (*D*) (Abb. 72) in das Zersetzungskölbchen (*a*) geleitet werden oder man benutzt

---

[1] Bussmann, G.: Helv. Chim. Acta **33**, 1566 (1950).
[2] Kann bei P. Haack, Wien, bezogen werden.

ihn, um nach Öffnen des Hahnes (E[1]) die Zersetzungssäure aus der Waschflasche (C), die hier entgegen der üblichen Weise anzuschließen ist, in das Zersetzungskölbchen zu drücken.

Die eigentliche Apparatur aus Jenaer Geräteglas, deren genaue Maße in Abb. 73 gebracht sind, besteht aus dem Zersetzungskölbchen mit Kühler, der Absorptionsvorlage und dem Titriergefäß.

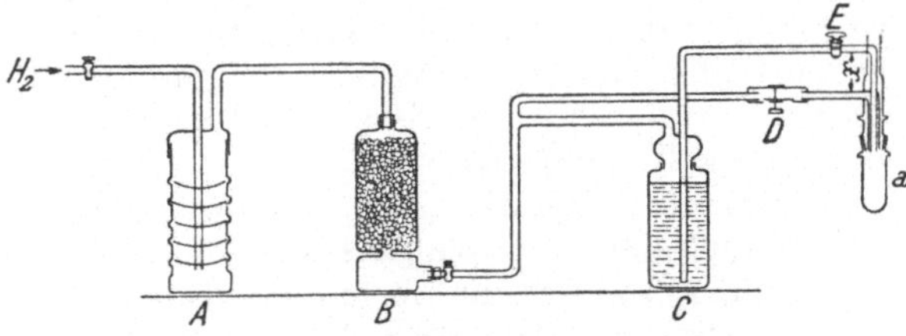

Abb. 72. Reinigungsanlage zur Schwefelbestimmung nach W. ZIMMERMANN.

Bei der Analyse werden nur das Zersetzungskölbchen und die Absorptionsvorlage abgenommen; alle übrigen Teile bleiben immer mit der Reinigungsanlage verbunden.

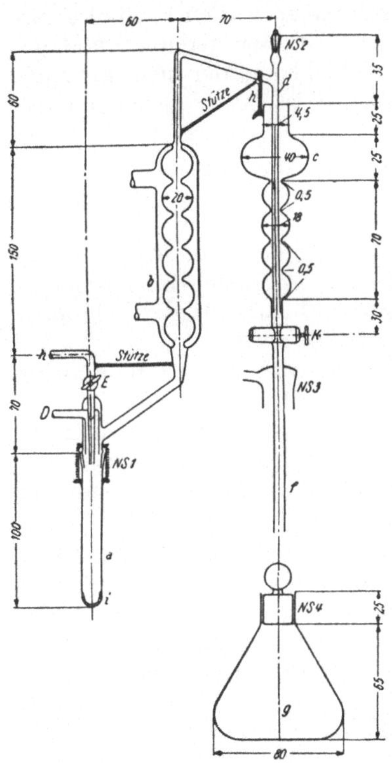

Abb. 73. Apparatur zur Schwefelbestimmung nach W. ZIMMERMANN.

Das Zersetzungskölbchen (a), durch dessen zugehörigen Normalschliff ($NS\,1$) das Einleitungsrohr für den Wasserstoff und die Zersetzungssäure eintritt, besteht aus Quarzglas. Um Siedeverzüge zu verhindern, ist an die Innenwandung des Bodens, bis zu einer Höhe von 10 mm, Quarzgrieß aufgeschmolzen. Der angeschlossene Rückflußkühler (b) besitzt 6 Kugeln von je 20 mm Durchmesser. An dem nun folgenden Gaseinleitungsrohr ist oben ein Normalschliffstopfen ($NS\,2$) angebracht, nach dessen Entfernung das Rohr innen ausgespült werden kann.

Die Absorptionsvorlage (c), von deren genauen Ausmaßen die quantitative Absorption des Schwefelwasserstoffes abhängt, besteht aus 5 Kugeln. Die 4 unteren gleich großen Kugeln haben einen Durchmesser von 18 mm und fassen zusammen 10 ml Absorptionslösung. Die obere Kugel von 40 mm Durchmesser ist zu Beginn der Analyse noch leer. Beim Hochperlen des Wasserstoffes wird aus jeder Kugel etwa $^1/_3$ des Volumens der Absorptionslösung in die obere Kugel gedrängt. Damit sich beim Hochsteigen der Bla-

[1] Bringt man an Stelle von Hahn E einen Patenthahn (P. Haack, Wien) an, tritt während der Zugabe der Säure kein Wasserstoff in das Zersetzungskölbchen ein.

sen in allen 5 Kugeln noch Absorptionslösung befindet, ist es wichtig, daß der Spielraum zwischen dem Gaseinleitungsrohr (*d*) und den Verjüngungsstellen der 4 kleinen Kugeln 0,5 mm beträgt. Bei zu engem Spielraum würde die ganze Absorptionslösung in die oberste Kugel gedrängt werden, bei zu weitem könnte der Wasserstoff, ohne genügend gewaschen zu werden, ungehindert durchperlen. Es ist also dem bereits genannten Spielraum größte Bedeutung beizumessen.

Um die Absorptions- und die Spüllösungen direkt in das Titriergefäß (*g*) mit Normalschliff (*NS 3*) ablassen zu können, befindet sich unter den Kugeln ein Glashahn (*K*) und die Normalschliffkappe für das Titriergefäß. Das Einleitungsrohr ist so bemessen, daß es etwa 0,5 mm über dem Boden des Titriergefäßes endet. An der Schliffkappe befindet sich ein kurzes Entlüftungsröhrchen.

Ausführung

Die neue Apparatur und die Reaktionsröhrchen werden sorgfältig mit Chromschwefelsäure, Wasser und destilliertem Wasser gereinigt und getrocknet. Nachdem die Reinigungsanlage beschickt und der nicht abnehmbare Teil der Apparatur in Stative eingespannt ist, kann gleich mit der Analyse begonnen werden.

Einwaage: 3—5 mg feste Substanz werden im langstieligen Wägeröhrchen, dessen Stiel länger als das Reaktionsröhrchen ist, abgewogen. In einfacher Weise kann die Substanz verlustlos auf den Boden des Reaktionsröhrchens gebracht werden, wenn man dieses senkrecht mit der Mündung nach unten hält und das Wägeröhrchen bis an den Boden hineinschiebt. Nach Kippen des Reaktionsröhrchens um 180° und vorsichtigem Abklopfen zieht man das Wägeröhrchen heraus und wägt es zurück.

Zur Einwaage öliger oder pastenartiger Substanzen benützt man kleine Glasnäpfchen.

Flüssigkeiten mit hohem und niedrigem Dampfdruck wägt man in Kapillaren ein (S. 57 und 58). Dazu eignet sich Phosphatglas ausgezeichnet, da sich die Kapillare, wenn sie nicht zu starkwandig hergestellt wird, in der Zersetzungssäure löst.

Aufschluß[1]: Die Aufschlußtechnik erfordert ein gewisses Maß an Aufmerksamkeit, die darauf gerichtet sein muß, zunächst nur das Kalium zum Schmelzen zu bringen, ohne dabei die Analysensubstanz mitzuerhitzen. Das Kalium soll deshalb beim Schmelzbeginn so weit von der Analysensubstanz entfernt gehalten werden, daß ein Wärmeübergang dorthin zunächst nicht stattfindet[2].

Der Vorratsflasche entnimmt man mittels Pinzette ein etwa 120—150 mg schweres *Kalium*stückchen (bei Spurenbestimmungen 200 mg), befreit es flüchtig von anhaftendem Ligroin durch leichtes Pressen zwischen Filtrierpapier und formt es dabei so, daß es bequem in das Reaktionsröhrchen hineinpaßt. Das gepreßte Kaliumstückchen wird, wenn es sich um die Ana-

---

[1] Man gewöhne sich daran, sobald man mit Kalium zu arbeiten beginnt, die Schutzbrille aufzusetzen.

[2] ZIMMERMANN, W.: Mikrochem. **33**, 122 (1948).

lyse fester Substanzen handelt, auf ein etwa 25 mm langes und 0,5 mm starkes Glasstäbchen (keine Kapillare) aus gewöhnlichem schwefelfreiem Glas aufgespießt und mit dem Glasstäbchen voran vorsichtig zur Substanz gleiten gelassen (Abb. 74 b). Bei Flüssigkeiten wird das Kalium auf den Stiel der Kapillare aufgespießt (Abb. 74 a), nachdem man zuvor die Spitze abgebrochen hat.

Das Reaktionsröhrchen wird nun, ohne daß dabei das Kalium zum Schmelzen kommen darf, vor einer kleinen Gebläseflamme zugeschmolzen und der obere, kürzere Teil des Röhrchens mit einer Pinzette abgezogen. Das zugeschmolzene Reaktionsröhrchen soll eine Länge von 60 bis 70 mm haben[1].

Den Aufschluß leitet man damit ein, daß das Kalium bei nahezu waagrecht gehaltenem Reaktionsröhrchen mittels einer Mikroflamme zum Schmelzen gebracht wird. Durch ständiges Drehen des Reaktionsröhrchens wird erreicht, daß das Kalium an dieser Stelle einen Ring an der Glaswandung bildet. Dabei auftretende organische Dämpfe sind ohne Belang, sie rühren noch nicht von der Analysensubstanz her, sondern von Ligroin, das aus dem Kalium herausdestilliert.

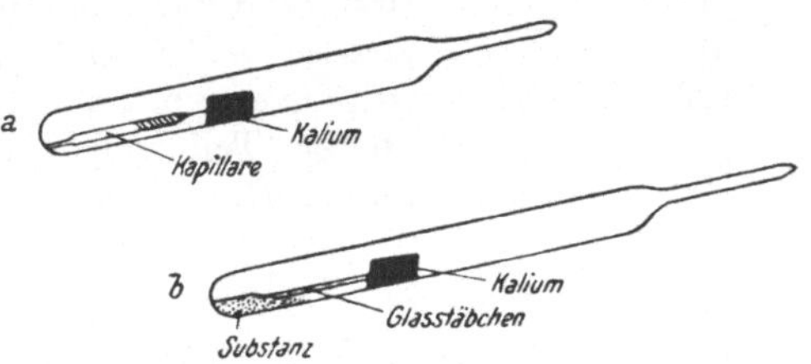

Abb. 74. Reaktionsröhrchen zum Aufschluß schwefelhaltiger Substanzen. *a* für Flüssigkeiten; *b* für feste Substanzen.

Wenn man ein zu großes Kaliumstück genommen hat, kann es vorkommen, daß sich kein Ring, sondern ein Pfropf bildet, der bei der Weiterverarbeitung zu einem Ring geöffnet werden muß, noch bevor die später auftretenden Substanzdämpfe den Kaliumpfropf nach oben treiben, wodurch die quantitative Reaktion zwischen beiden erschwert wird.

Das Kalium erhitzt man so stark, bis Kaliumdämpfe auftreten. Unter dauerndem weiteren Drehen und Erhitzen wird dann das Reaktionsröhrchen langsam senkrecht gestellt, wodurch das geschmolzene Kalium, von da ab die gesamte Reaktionsröhrenwandung benetzend, in Form eines sich verbreiternden Ringes auf die am Boden des Reaktionsröhrchens liegende Substanz (oder dort aus der Flüssigkeitskapillare austretende Flüssigkeit) zuläuft. Wenn der heiße Kaliumring sich der Analysensubstanz nähert — ein Pfropf muß sich spätestens jetzt öffnen — beginnt die Substanz, ohne daß sie bis jetzt schon direkt erhitzt worden wäre, zu verdampfen. Die Dämpfe dringen durch den Kaliumring und werden dort fast unmerklich umgesetzt.

Unter stetem weiteren Drehen und Erhitzen wird der Kaliumring bis zum Röhrchenboden heruntergeschmolzen, damit auch die dort noch befindlichen, unvergasbaren Substanzrückstände mit dem heißen Kalium zur Reaktion kommen. Das Reaktionsröhrchen muß in der Nähe des Röhrchenbodens so lange erhitzt werden, bis die Substanzrückstände auch vollständig

[1] Kürzere Röhrchen werden zwar nicht durch den Druck zertrümmert, es könnten aber später beim Ablassen des Druckes Verluste eintreten.

mit der Kaliumschmelze durchsetzt sind. Die Hauptmenge der Schmelze darf nicht an der obersten Stelle des Schmelzringes hängen bleiben, sondern soll sozusagen „heruntergeholt“ werden. Die Reaktion ist beendet, wenn das Kalium den Boden des Reaktionsröhrchens erreicht hat. Das Öffnen des Reaktionsröhrchens durch Erhitzen der Spitze in einer Mikroflamme nimmt man erst vor, wenn das Kalium erstarrt ist. Das geöffnete Reaktionsröhrchen wird nun mit einer Pinzette erfaßt und von allen Seiten bis zur Spitze nochmals kräftig durchgeglüht. Es wird dabei waagrecht gehalten, damit das Kalium nicht zu einem Klumpen zusammenschmilzt, der sich später nur langsam in Methylalkohol löst. Zum Schluß wird die Kapillare über der Flamme wieder geschlossen und das Reaktionsröhrchen zum Abkühlen bis zur weiteren Verarbeitung abgelegt.

Öffnen des Reaktionsröhrchens: Wie aus Abb. 75 a zu ersehen ist, wird nach Anritzen mit einem Glasmesser zuerst die Kapillare des abgekühlten Reaktionsröhrchens bei *a*—*b* angebrochen. Nun ritzt man das Röhrchen etwas oberhalb der Reaktionsmasse (*c*—*d*) an und sprengt es mit einem glühenden Glastropfen durch. Nach dem Durchbrechen bringt man den oberen Teil umgekehrt, wie einen Trichter, in das untere Röhrchen (Abb. 75 b).

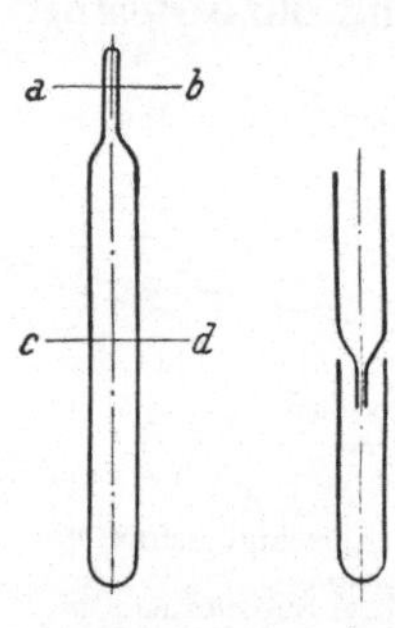

Abb. 75. Reaktionsröhrchen. a Anritzstellen; b Lage während der Zersetzung.

Zersetzung des Reaktionsgemisches und Destillation des Schwefelwasserstoffes: Das ineinandergestülpte Reaktionsröhrchen läßt man in das Zersetzungskölbchen gleiten und bringt so lange *Methylalkohol* tropfenweise in das Reaktionsröhrchen, bis das ganze Kalium in das Alkoholat übergeführt ist. In der Regel wird man mit 0,5 ml Methanol auskommen. Nun wird der Schliff mit Vaseline gefettet, das Zersetzungskölbchen an den Destillationsapparat angeschlossen und mit 2 Stahlfedern gesichert. In das schräg gehaltene Absorptionsgefäß bringt man mit einer Pipette *10 ml Absorptionslösung* so ein, daß die 4 unteren Kugeln luftfrei gefüllt sind. Mit Hilfe eines Gummiringes wird die Absorptionsvorlage an dem vom Kühler zum Einleitungsrohr führenden Schenkel sofort angehängt, das Kühlwasser angestellt und der Normalschliffstopfen des Einleitungsrohres unter „Wasserdichtung“ eingesetzt. Um die Luft aus der Apparatur zu verdrängen, wird durch das Zuleitungsrohr (*i*) der Reinigungsanlage Wasserstoff eingeleitet. Die Geschwindigkeit des Gasstromes reguliert man mit dem Schraubenquetschhahn so ein, daß die in der Absorptionsvorlage aufsteigenden Blasen gerade noch zu zählen sind.

Nach 2 Minuten langem Durchleiten steht die ganze Apparatur unter Wasserstoff. Nun wird der Wasserstoffstrom abgestellt und durch Öffnen des Glashahnes *E* zunächst langsam[1] und dann rascher werdend *Zersetzungssäure* in das Zersetzungskölbchen gedrückt, bis der obere Rand des

[1] Das anfänglich langsame Zugeben der Zersetzungssäure ist lediglich eine Vorsichtsmaßnahme, um eventuell noch vorhandene Spuren Kalium zu zersetzen.

unteren Teiles des Reaktionsröhrchens unter Säure steht, also bis das Zersetzungskölbchen etwa halb voll ist. Die dabei auftretenden weißen Nebel, die sich bis zur Absorptionsvorlage hinziehen können, beeinflussen die Bestimmung nicht. Sodann wird der Wasserstoff wieder in der zuvor eingestellten Geschwindigkeit durch die Apparatur geleitet und das Zersetzungskölbchen mit der spitzen Flamme eines Mikrobrenners seitlich am Boden erhitzt, wodurch ein ruhigeres Sieden erreicht wird; denn Siedeverzüge führen zu Verlusten, sobald dabei Absorptionslösung verspritzt, in der sich schon Cadmiumsulfid abgeschieden hat.

Während der Schwefelwasserstoff übergetrieben wird, bereitet man sich die Jodid-Jodatlösung. Dazu bringt man in das Titriergefäß *2 ml der 10%igen Kaliumjodidlösung*, aus der Bürette etwa *8 ml der 0,02 n- oder 0,01 n-Jodatlösung* und setzt unter Abdichten mit Wasser sofort den Schliffstopfen auf.

Nach 5 Minuten langem Sieden der Zersetzungssäure wird der Wasserstoffstrom abgestellt, der Wasserverschluß *(NS 2)* abgenommen und der Gummiring, an dem die Absorptionsvorlage aufgehängt wurde, entfernt. Während man die Absorptionsvorlage senkt, spritzt man gleichzeitig das Einleitungsrohr zuerst außen und dann innen mit Wasser gut ab. Das Waschwasser sammelt sich dabei in der obersten Kugel. Am Ende des Einleitungsrohres bleiben je nach der Menge des abgeschiedenen Cadmiumsulfids kleine Teilchen hängen.

Nun läßt man die Absorptionslösung in der Weise in das Titriergefäß ab, daß man zuerst den Schliffstopfen vom Titriergefäß abnimmt und den Schliff des Absorptionsröhrchens unter Wasserverschluß in das Titriergefäß einsetzt. Der Inhalt der Vorlage wird nun, ohne jede besondere Vorsicht, durch Öffnen des Hahnes in die Jodid-Jodatlösung einlaufen gelassen und durch kurzes Schütteln darin verteilt. Die linke Hand hält dabei die oberste Kugel der Absorptionsvorlage, um Spritzen zu vermeiden.

Sobald die Absorptionslösung abgelaufen ist, spült man zunächst unter langsamem Drehen die oberste Kugel mehrmals mit destilliertem Wasser aus. Sind die letzten Teilchen Cadmiumsulfid entfernt, führt man die Spitze der Spritzflasche in die oberste Kugel ein und spült so lange, bis auch aus der untersten Kugel möglichst alles Cadmiumsulfid in das Titriergefäß abgelaufen ist. Wenn man dabei so lange wartet, bis das jeweils zugegebene Spülwasser abgelaufen ist, benötigt man nicht viel Wasser.

Zur Entfernung etwa am Einleitungsrohr und in der Absorptionsvorlage hängen gebliebener Cadmiumsulfidteilchen wird der Hahn (K) der Absorptionsvorlage, ohne die Verbindung mit dem Titriergefäß zu lösen, geschlossen. Die 4 unteren Kugeln der Absorptionsvorlage füllt man zuerst mit Wasser, fügt *einige Tropfen der 10%igen Kaliumjodidlösung* und *aus der Bürette*, der man bereits 8 ml Jodat entnommen hat, noch etwa 1 ml hinzu und säuert sofort mit etwa *20 Tropfen der 1:1 verdünnten Salzsäure* an[1].

---

[1] Das Ansäuern hat möglichst rasch zu erfolgen, da in Spuren vorhandenes Cadmiumsulfid durch das Jodid-Jodatgemisch unter gewissen Bedingungen zu Cadmiumsulfat oxydiert werden kann, wodurch zu hohe Schwefelwerte gefunden werden. Im Hinblick darauf wird man das vorher beschriebene Ausspülen der Absorptionsvorlage sehr sorgfältig vornehmen.

Die noch mit dem Titriergefäß verbundene Absorptionsvorlage schiebt man von unten über das Gaseinleitungsrohr und hebt und senkt es so lange, bis keine Cadmiumsulfidteilchen mehr zu sehen sind. Nach Ablassen der Lösung in das Titriergefäß wäscht man das Gaseinleitungsrohr und die Absorptionsvorlage mit einigen Millilitern Wasser nach, schließt wieder den Glashahn und bringt in die Absorptionsvorlage *10 ml Salzsäure* 1:1. Um die letzten Spuren aus dem Einleitungsrohr zu entfernen, verfährt man, wie bereits beschrieben, indem man die Absorptionsvorlage hebt und senkt und spült schließlich das Einleitungsröhrchen innen und außen mit Wasser ab. Sobald die Salzsäure (+ Waschwasser) in das Titriergefäß abgelaufen ist, spült man die Vorlage, ohne den Hahn zu schließen, mit *weiteren 10 ml Salzsäure* nach. Nachdem man die Lösung im Titriergefäß vorsichtig umgeschüttelt hat, wird die Absorptionsvorlage unter gleichzeitigem Abspülen des Einleitungsrohres *S* mit Wasser von innen und außen abgenommen und der Glasstopfen aufgesetzt.

Um Oxydation des Sulfids in einem ungünstigen pH-Bereich völlig zu vermeiden, säuert A. DIRSCHERL[1] die Absorptionslösung im Titrierkolben bereits vor dem Ablassen der Reinigungslösung mit 20 ml Schwefelsäure (1:3) an, die durch ein erweitertes Entlüftungsrohr rasch zugegeben wird.

Für die folgende Analyse kann bereits frische Absorptionslösung in das Absorptionsgefäß eingebracht werden. Ebenso ist das inzwischen erkaltete Zersetzungskölbchen nach dem Herauskippen des Inhalts und Nachspülen mit Wasser und Methylalkohol (ohne es vorher zu trocknen) zur Beschickung mit dem nächsten Reaktionsröhrchen bereit. Kohleteilchen, die sich von vorherigen Analysen in der Apparatur befinden, stören die Analysen nicht. Eine Reinigung der gesamten Apparatur ist nur nach längerem Gebrauch nötig.

Titration: Das Zurücktitrieren des unverbrauchten Jods mit der *0,02 n- oder 0,01 n-Thiosulfatlösung* wird genau gleich wie beim Einstellen der Lösungen durchgeführt. Um den Endpunkt scharf zu erkennen, titriert man zuerst bis zur Entfärbung der mit *einigen Stärke*körnern versetzten Lösung, fügt noch *1—2 Tropfen Thiosulfat* hinzu und bestimmt nun den Endpunkt (auf weißem Untergrund) durch vorsichtiges Zugeben der Jodatlösung, bis deutliche blaßlila Färbung eintritt. Es kann ruhig langsam titriert werden, da ein Nachbläuen frühestens nach 1 Stunde zu erwarten ist.

Berechnung

1 ml 0,02 *n*-Jod entsprechen 0,3206 mg Schwefel

1 ml 0,01 *n*-Jod entsprechen 0,1603 mg Schwefel

$$\% \text{ S} = \frac{\text{ml } 0{,}02\ n\text{-Jod} \cdot 0{,}3206 \cdot 100}{\text{mg Substanzeinwaage}}$$

[1] DIRSCHERL, A.: Mikrochim. Acta [Wien] **1957**, 421.

Die automatische, maßanalytische Bestimmung des Schwefels nach F. ZINNEKE[1]

Schon M. DENNSTEDT[2] hatte darauf hingewiesen, daß bei der Verbrennung schwefelhaltiger organischer Substanzen im Rohr der Schwefel quantitativ von metallischem Silber als Silbersulfat gebunden wird. Gravimetrische Methoden, die auf dieser Beobachtung beruhen, haben E. W. D. HUFFMANN[3], R. BELCHER und C. SPOONER[4] sowie G. L. STRAGAND und H. W. SAFFORD[5] beschrieben. F. ZINNEKE hat die Bestimmung in eine titrimetrische und automatische umgewandelt, die hinsichtlich Schnelligkeit der Ausführung und der universellen Anwendbarkeit den derzeitigen Anforderungen entspricht.

Prinzip: Die Substanz wird in einem Quarzrohr im Sauerstoffstrom verdampft bzw. zersetzt. Die Gase werden an einem glühenden Platinkontakt vollkommen verbrannt. Beim Passieren eines erhitzten Silberdrahtnetzes lagert sich der Schwefel auf dessen Oberfläche als Silbersulfat ab. Dieses wird mit heißem Wasser von dem Drahtnetz heruntergelöst und mit 0,02 *n*-Kaliumjodidlösung bei Gegenwart von Stärke und sehr wenig elementarem Jod titriert. In der ursprünglichen Veröffentlichung wurde die Titration in Gegenwart von Nitrit und Stärke ausgeführt. Die Ausführung hatte den Nachteil, daß eine gewisse zusätzliche Menge Kaliumjodid zugegeben werden mußte, um die Blaufärbung hervorzurufen. Dieses Volumen war bei der Berechnung in Abzug zu bringen[6]. Nach einer privaten Mitteilung von F. ZINNEKE gelang es unterdessen, die Titration dadurch wesentlich zu verbessern, daß freies Jod in einem Lösungsmittel zugegeben wird, das schwerer als Wasser und mit diesem nicht mischbar ist. In der Praxis hat sich Chlorbenzol gut bewährt. Das Jod bleibt überwiegend im Chlorbenzol und nur ein kleiner, aber ausreichender Teil geht in wäßrige Lösung über. Jeder Abzug von dem titrierten Volumen der Kaliumjodidlösung fällt hierbei fort.

Reagenzien

0,02 n-Kaliumjodidlösung: Man löst 3,32 g reinstes, bei 100° C getrocknetes Kaliumjodid in 1000 ml destilliertem Wasser. Bürette.

0,02 n-Silbernitratlösung: Man verdünnt 0,1 *n*-Silbernitratlösung auf das 5fache Volumen. 5 ml-Pipette.

Schwefelsäure 25%ig, chlorfrei. Meßpipette.

Jodlösung in Chlorbenzol: 0,1 g sublimiertes Jod wird in 100 ml Chlorbenzol gelöst. Das Chlorbenzol wird vorher mit Wasser ausgeschüttelt und darf keine Fällung mit Silbernitratlösung geben. 3 ml-Pipette.

---

1 ZINNEKE, F.: Z. analyt. Chem. **132**, 175 (1951).

2 DENNSTEDT, M.: Ber. dtsch. chem. Ges. **30**, 1590 (1897).

3 HUFFMANN, E. W. D.: Ind. Eng. Chem., Analyt. Ed. **12**, 53 (1940).

4 BELCHER, R., u. C. SPOONER: J. Chem. Soc. London **1943**, 313.

5 STRAGAND, G. L., u. H. W. SAFFORD: Analyt. Chemistry **21**, 625 (1949).

6 Diesen Nachteil beheben G. KAINZ u. A. RESCH: Mikrochem. **39**, 292 (1952) bei der Titration von Silber durch Zugabe von Jod in Alkohol.

Ammoniak, 10%ige Lösung.

Natriumthiosulfatlösung, 10%ig.

Stärkelösung, 1%ig. Bereitung s. S. 27. 2 ml-Pipette.

Vanadinpentoxyd.

Die Überprüfung der 0,02 *n*-Kaliumjodidlösung wird mit der 0,02 *n*-Silbernitratlösung vorgenommen. Man verdünnt 5,0 ml der letzteren in einem 100 ml-Kölbchen auf etwa 50 ml, säuert mit 5 ml Schwefelsäure an, versetzt mit 2 ml Stärkelösung und 3 ml der Jod-Chlorbenzollösung und titriert mit der 0,02 *n*-Kaliumjodidlösung unter leichtem Schütteln, bis die Farbe der trüb-gelblichen Lösung in Grünblau umschlägt. Der nächste Tropfen der Kaliumjodidlösung muß schon eine kräftige Blaufärbung hervorrufen. Gegen Ende der Titration schüttelt man etwas stärker.

Apparatur

Sie ist in Abb. 76 gebracht. Der einer Stahlflasche entnommene Sauerstoff wird zur Reinigung durch den mit konzentrierter Kalilauge ge-

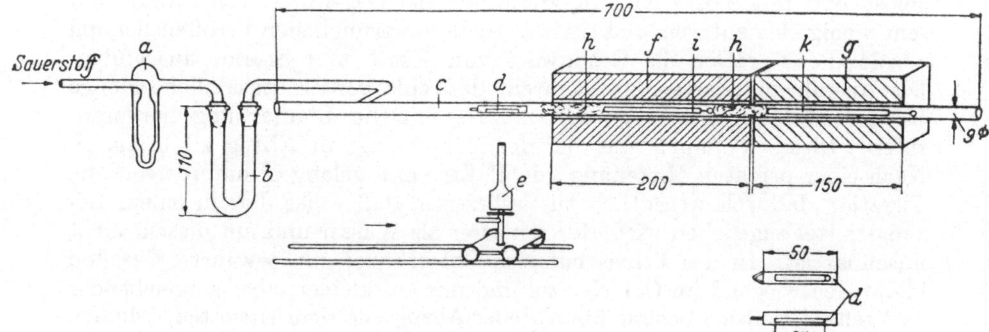

Abb. 76. Schwefelbestimmungsapparatur.
a Blasenzähler; *b* Reinigungsrohr; *c* Verbrennungsrohr; *d* Schutzröhrchen mit Schiffchen; *e* beweglicher Brenner; *f* Platinofen; *g* Silberofen; *h* Quarzwolle; *i* Platindrahtnetzrolle; *k* Silberdrahtnetzrolle.

füllten Blasenzähler (*a*) und das Reinigungsrohr (*b*) mit Natronasbest in das Verbrennungsrohr (*c*) geleitet. Das Verbrennungsrohr aus Quarz hat eine Gesamtlänge von 700 mm und eine lichte Weite von 9 mm. Das vordere Ende des beiderseits offenen Rohres wird durch einen Korkstopfen verschlossen, während das hintere offen bleibt. Es wird bei Nichtgebrauch durch ein übergeschobenes kurzes Rohr vor Eindringen von Staub geschützt. Das Reaktionsrohr ruht auf dem Verbrennungsgestell mit elektrisch vorwärts bewegtem Gasbrenner (*e*) und den beiden elektrischen Langöfen. Der bewegliche Brenner wird auf 4 Rädern, die auf zwei Schienen laufen, mittels eines Synchronmotors und einer Spindel vorwärts bewegt. Vom Brenner wird die für die Analyse erforderliche Strecke von 8,5 cm in 24 Minuten zurückgelegt. Der Langofen (*f*), in dem das Platindrahtnetz (*i*) erhitzt wird (Platinofen), ist 20 cm lang und auf die Temperatur von 650 bis 700° C eingestellt; der Ofen (*g*), der das Silberdrahtnetz (*k*) beheizt (Silberofen), besitzt eine Länge von 15 cm und wird auf

450 bis 500° C erhitzt. Um Verpuffung während der Verbrennung auszuschalten, befindet sich vor und hinter der Platinnetzrolle eine Quarzwolleschicht (*h*). Der vorne etwas aus dem Langofen herausragenden kalten Quarzwolle kommt die Aufgabe zu, die geschmolzene Substanz aufzusaugen und als Dampf langsam mit dem Sauerstoffstrom in den Verbrennungsraum abzugeben. Durch eine automatische Vorrichtung (Schaltschütz) können die beiden Langöfen vor Arbeitsbeginn eingeschaltet werden.

Die zur Absorption des Schwefels dienende Silberdrahtnetzrolle stellt man sich aus einem Drahtnetz von 0,1 mm Drahtstärke und 120 mm Breite her, das auf einen Silberdraht von 1 mm Stärke aufgewickelt wird, bis die Rolle den erforderlichen Durchmesser hat. Der Silberdraht wird auf der einen Seite umgebogen, auf der anderen läßt man ihn 20 mm aus der Drahtnetzrolle herausragen und biegt ihn zu einer kreisförmigen Schlaufe um. Zum Schutz gegen Abrieb an der Rohrwandung wird die Rolle noch mit einem dünnen Platinband umwickelt, der Abstand der einzelnen Windungen soll ungefähr 5 mm betragen. Die fertige Rolle muß sich leicht in das Rohr einschieben lassen.

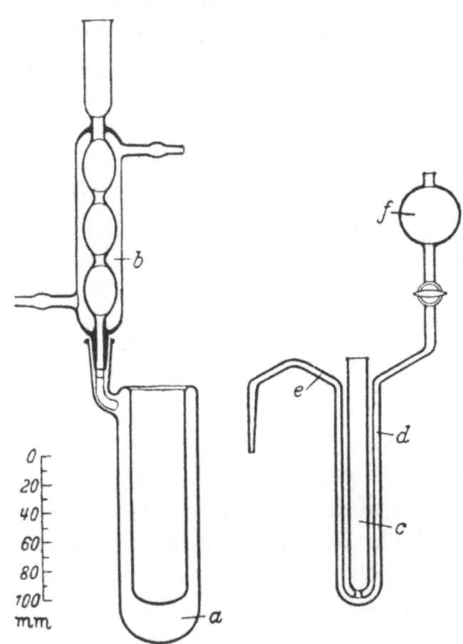

Abb. 77. Extraktionsapparat. *a* Siedegefäß; *b* Rückflußkühler; *c* Extraktionszylinder; *d* Zuflußrohr; *e* Entleerungsrohr; *f* Vorratsgefäß.

Die Extraktion des Silbersulfates von der Silberspirale erfolgt am zweckmäßigsten in einem kleinen Extraktionsapparat (Abb. 77). Das Siedegefäß (*a*), das einem Dewargefäß ähnlich ist, trägt oben einen kleinen Schliffkühler (*b*). In das innere Gefäß paßt das Extraktionsgefäß, das aus dem Extraktionszylinder (*c*), dem Zufluß- (*d*) und dem Entleerungsrohr (*e*) besteht. Das Zuflußrohr besitzt oben einen Hahn und das Vorratsgefäß (*f*) für das Wasser. Das Entleerungsrohr ist nach unten abgebogen. Der Extraktionszylinder ist so bemessen, daß die Silberdrahtnetzspirale darin Platz findet. Zur Entleerung setzt man einen Stopfen mit Glasrohr und anschließendem Schlauch auf und bläst mit dem Munde den Inhalt des Zylinders durch das Entleerungsrohr aus. Durch das Zuflußrohr wird anschließend frisches Wasser zugegeben. Um die günstigste Extraktionstemperatur von etwa 90° C zu erreichen, verwendet man *n*-Propylalkohol (Sp. = 97° C) als Siedeflüssigkeit. Im Extraktionszylinder beträgt dann die Temperatur 90 bis 92° C, sofern der Raum zwischen diesem und dem Innenraum des Siedegefäßes zur besseren Wärmeübertragung mit einer Flüssigkeit (Wasser oder dgl.) ausgefüllt ist.

Ausführung

Bevor man mit der ersten Analyse beginnt, wird in das gereinigte Verbrennungsrohr die bleibende Füllung gebracht. Dazu wird zuerst eine Quarzwolleschicht von 5 cm Länge soweit in das Rohr geschoben, daß sie vorne einige Millimeter aus dem Platinofen herausragt; anschließend wird die 10 cm lange Platindrahtnetzrolle vom Rohrende aus eingeschoben und darauf noch eine etwa 4,5 cm lange Quarzwolleschicht gebracht, die mit dem Platinofen abschließen soll.

Die Silberdrahtnetzrolle wird vor der ersten Benutzung mit konzentrierter Schwefelsäure bis zur Schwefeldioxydentwicklung erwärmt und mit heißem Wasser solange ausgewaschen, bis das Waschwasser keine Silberreaktion mehr zeigt. Nach dem Eintauchen in Methanol und Äther und anschließendem Trocknen ist sie zum Gebrauch bereit.

Sobald man das gefüllte Rohr in die Apparatur gebracht hat, werden die beiden Öfen angeheizt, und der Sauerstoffstrom wird auf die Geschwindigkeit von 11 bis 12 ml je Minute (Blasenzähler) eingestellt. Nun schiebt man zuerst die vorbereitete Silberdrahtnetzrolle bis in die Mitte des Silberofens und bringt hierauf das Platinschiffchen mit der Substanz bis 5 cm vor den Platinofen ein. Metall-, fluor- und phosphorhaltige Verbindungen werden in einem langen Schiffchen abgewogen, mit Vanadinpentoxyd[1] überschichtet und in einem Schutzröhrchen[2] in das Verbrennungsrohr geschoben. Nachdem man das Rohr wieder mit dem Stopfen verschlossen hat, wird der bewegliche Brenner angeheizt und 8,5 cm vor der Endstellung mit der Spindel verbunden und der Motor eingeschaltet, worauf die Verbrennung ohne weitere Aufsicht abläuft. Ist der Brenner am Endpunkt angekommen, so wird er abgestellt. Das Innere des hinteren Endes des Rohres wird nunmehr durch Auswischen mit Kongopapier sorgfältig von allen sauren Kondensaten befreit. (Das Kongopapierstreifchen wickelt man um einen Glasstab, über den ein Schlauchstückchen gezogen ist.)

Nach Abstellen des Sauerstoffstromes zieht man das Silberdrahtnetz aus dem Rohr und bringt es in den vorher angeheizten Extraktionsapparat. In den Extraktionszylinder läßt man soviel Wasser einfließen, daß die Drahtnetzrolle ganz bedeckt ist. Nach 3 Minuten langem Extrahieren drückt man das Wasser mit dem abgelösten Silbersulfat in das Titriergefäß (Erlenmeyer-Kölbchen von 100 ml Inhalt) und läßt frisches Wasser aus dem Vorratsgefäß in den Zylinder ablaufen, wobei der Erlenmeyer-Kolben sich unter der Mündung des Entleerungsrohres befinden muß, um einen eventuell abfallenden Tropfen aufzufangen. In gleicher Weise geht man bei den weiteren Extraktionen vor. Während das zweitemal auch 3 Minuten extrahiert wird,

[1] Nach der Analyse entfernt man das geschmolzene Vanadinpentoxyd, indem man etwas Soda-Salpetergemisch zugibt und über einer kleinen Flamme vorsichtig schmilzt. Die Schmelze läßt sich dann leicht mit heißem Wasser herauslösen.

[2] Das Schutzröhrchen ist ein dünnwandiges, 5 cm langes Quarzröhrchen, das an einem Ende mit einem Griff versehen ist. Es verhindert Verunreinigung des Verbrennungsrohres durch überschäumendes Vanadinpentoxyd.

genügt für die 3. und 4. Extraktion je 1 Minute. Die in dem Kölbchen vereinigten Auszüge werden etwas abgekühlt, mit *4 bis 5 ml verdünnter Schwefelsäure, 2 ml Stärkelösung* und *3 ml Jod-Chlorbenzollösung* versetzt und unter leichtem Schütteln mit *0,02 n-Kaliumjodidlösung* titriert, wie bei der Titerstellung angegeben wurde (s. Reagenzien).

Die nun von Silbersulfat befreite Silberrolle wird aus dem Extraktionsapparat genommen und, sofern eine halogenfreie Substanz verbrannt wurde, mit Methanol und Äther gewaschen; sie ist nach dem Trocknen für die nächste Bestimmung bereit. Nach Verbrennung halogenhaltiger Substanzen muß die Silberhalogenidschicht entfernt werden. Bei Chlor- und Bromsilber genügt ein Eintauchen der Spirale in 10%iges Ammoniak. Bei jodhaltigen Substanzen muß das Silberjodid mit Thiosulfatlösung entfernt werden. Das anhaftende Thiosulfat muß von der Drahtnetzrolle sehr sorgfältig heruntergewaschen werden, wobei das letzte Waschwasser eine verdünnte Stärkelösung, die mit einer Spur 0,1 *n*-Jodlösung blau angefärbt ist, nicht entfärben darf. Zum bequemen Handhaben der Silberrollen benutzt man aus einem dünnen Glasstab selbst hergestellte Haken.

Bei Serienbestimmungen kann man mit 3 Silberrollen zu hohen Tagesleistungen kommen, wenn man während der automatischen Verbrennung die Titration der vorhergehenden Analyse durchführt und die folgende Analyse vorbereitet. Dabei geht man wie folgt vor: Nach Beendigung der ersten Verbrennung und Herausnehmen der Spirale I wird die Spirale II in das Rohr gebracht und das Schiffchen mit der neuen Einwaage gegen das leere ausgetauscht. Der Sauerstoff wird wieder durch das Rohr geleitet und die neue Bestimmung begonnen. Während der 24 Minuten, in denen der Brenner die Strecke durchläuft, wird die Extraktion der Spirale I, die Titration des Silbersulfats und die Einwaage für die nächste Analyse vorgenommen. Wenn diese Verbrennung beendet ist, wird die Spirale II gegen die Spirale III ausgewechselt, die neue Einwaage in das Rohr gebracht und die nächste Verbrennung durchgeführt. Auf diese Weise ist es möglich, alle 26 Minuten eine Bestimmung auszuführen.

Berechnung

1 ml 0,02 *n*-Kaliumjodidlösung entspricht 0,3206 mg Schwefel.

$$\% \, S = \frac{\text{ml } 0{,}02 \; n\text{-KJ} \cdot 0{,}3206 \cdot 100}{\text{mg Substanzeinwaage}}$$

Bemerkung: M. VEČEŘA[1] hat die Schwefelbestimmung von F. ZINNEKE nachgeprüft und unter Beibehaltung der Arbeitsfolge zwei Abänderungen vorgenommen:

1. An Stelle der Silberdrahtnetzrolle wird ein mit Silberspänen gefülltes Quarzrohr verwendet, das mittels eines Schliffes mit dem Verbrennungsrohr verbunden ist. Das Silbersulfat wird durch Eingießen von

[1] VEČEŘA, M.: Mikrochim. Acta [Wien] **1955**, 90.

heißem Wasser in das Rohr ausgewaschen, dessen Ende eng ausgezogen ist, um langsames Abtropfen zu ermöglichen.

2. Die Titration des Silbers wird entweder potentiometrisch mit 0,01 *n*-Jodkaliumlösung oder visuell mit 0,01 *n*-Rhodanammoniumlösung vorgenommen.

Es ist möglich, den Schwefel noch mit Einwaagen von 1 bis 3 mg genau zu bestimmen. M. VEČEŘA konnte die allgemeine Anwendbarkeit der Methode bestätigen.

Nur Silber-, Blei- und Bariumsalze von Sulfosäuren konnten bisher nicht analysiert werden. Gute Resultate konnten bei flüssigen und schwefelreichen Substanzen erhalten werden.

Weitere Methoden zur Bestimmung von Schwefel: W. KIRSTEN[1] verbrennt die Substanz in einer automatischen Apparatur in einem Quarzrohr bei 1100° C, das so gebaut ist, daß die bei der Verbrennung mit Sauerstoff gebildeten Verbrennungsgase durch eine Kapillare in eine Wasserstoff-Sauerstoffflamme eintreten, in der die Schwefeloxyde zu Schwefelwasserstoff reduziert werden. Die in einer alkalischen Vorlage absorbierten Sulfide (Polysulfide) werden mit Hypochlorit oxydimetrisch bestimmt.

Das nach dem Grote-Krekeler-Verfahren erhaltene Sulfat titriert R. N. WALTER[2] mit Bariumchloridlösung unter Verwendung von Tetraoxychinon oder Di-natrium-rhodizonat als inneren Indikator.

Um die weitgehend bekannten Störungen, die beim Aufschluß der Substanz nach Carius unter Zusatz von Bariumchlorid auftreten, zu vermeiden, verwendeten K. HOREISCHY und F. BÜHLER[3] Quarzrohre und schließen mit einem Gemisch von Salpeter- und Salzsäure auf. Die Bestimmung der Schwefelsäure erfolgt acidimetrisch nach Abdampfen der Aufschlußsäuren.

Als brauchbarste Mikro-Cariusmethode ist die Modifikation von Al STEYERMARK[4] anzusehen, nach der der Aufschluß unter Zusatz einer kleinen Menge eines Alkalisalzes[5] in üblicher Weise durchgeführt und das Sulfat mit Bariumchlorid gegen Tetrahydrochinon titriert wird.

Ein Verfahren, um Schwefel in Ölen, Benzinen, Lösungsmitteln u. dgl. zu bestimmen, wurde von R. LUCAS und FR. GRASSNER[6] ausgearbeitet und von FR. GRASSNER[7] weiter entwickelt. Die Substanz wird in einer besonders konstruierten Bergkristall-Apparatur im Wasserstoffstrom vergast und an Platin in Sauerstoff verbrannt. Die Schwefelsäure wird dann als Bariumsulfat nephelometrisch bestimmt.

Ultramengen bestimmt W. KIRSTEN[8] nach trockener Verbrennung der Substanz und anschließender Hydrierung der Schwefeloxyde zu Sulfid.

---

[1] KIRSTEN, W.: Mikrochem. **35**, 174 (1950).
[2] WALTER, R. N.: Analyt. Chemistry **22**, 1332 (1950).
[3] HOREISCHY, K., u. F. BÜHLER: Mikrochem. **33**, 231 (1948).
[4] STEYERMARK, AL.: Quantitative Organic Microanalysis, S. 156, The Blakiston Comp. New York, Toronto/Philadelphia 1951.
[5] Vgl. H. ROTH: Mikrochem. **36/37**, 379 (1951).
[6] LUCAS, R., u. FR. GRASSNER: Mikrochem. **6**, 617 (1928).
[7] GRASSNER, FR.: Z. analyt. Chem. **135**, 186 (1952).
[8] KIRSTEN, W.: Mikrochim. Acta [Wien] **1956**, 836.

Durch Oxydation des Sulfids in alkalischer Lösung mit Jodat wird eine äquivalente Menge Jod frei. Die Farbe des aus saurer Lösung in Schwefelkohlenstoff aufgenommenen Jods wird photometriert.

Zur Bestimmung kleinster Mengen Schwefel (0,5 μg) beschreibt H. ROTH[1] eine Methode, die auf der Methylenblau-Reaktion beruht. Bei dem auch für physiologisches Material entwickelten Verfahren wird der Schwefel zuerst in das Sulfat und anschließend mit Jodwasserstoff-Ameisensäure nach J. S. LORANT[2] in Schwefelwasserstoff übergeführt. Nach Absorption an Zinkacetat wird der Schwefelwasserstoff mit p-Phenylendiamin und Eisen-III-salz in Methylenblau übergeführt, dessen Farbe in einem Photometer zur Messung kommt.

Bestimmung von Selen nach G. KAINZ[3]

Zur Bestimmung des Selens in organischen Substanzen wird zuerst der organische Anteil zerstört, wobei das Selen als Selenat vorliegt. Dieses wird entweder jodometrisch bestimmt oder nach Reduktion zu Selen ausgewogen. Da die maßanalytische Bestimmung nicht nur rascher, sondern auch genauer ist, wird sie beschrieben.

Prinzip: Der Aufschluß der Substanz wird mit Natriumperoxyd in der Universalbombe von B. WURZSCHMITT (S. 17) durchgeführt. Dabei geht das Selen in Selenat über, das nach Entfernen anderer die jodometrische Titration störender Substanzen nach:

$$SeO_4^{--} + 6\,J^- + 6\,H^+ \rightarrow Se + 3\,J_2 + 4\,H_2O$$

titriert wird.

Reagenzien

Natriumperoxyd, möglichst feinkörnig.

Äthylenglycol, Tropfpipette.

Pyridin, rein, Tropfpipette.

Phenolphthaleinlösung, 0,1%ig, alkoholisch.

2 n-Schwefelsäure, 4 ml-Pipette.

Schwefelsäure 1:1, Meßpipette.

Kaliumjodidlösung, 10%ig, 2 ml-Pipette.

Absorptionslösung. In einen Meßkolben von 200 ml Inhalt werden *4 g Kaliumjodid*, *8 g Natriumacetat* und *40 ml Äthanol* gebracht und mit Wasser bis zur Marke verdünnt. 25 ml-Pipette.

2 n-Natronlauge, Meßzylinder.

Salzsäure 1:1.

Äthanol 96%ig, Tropfpipette.

0,02 n-Natriumthiosulfatlösung. Bereitung s. S. 24.

---

[1] ROTH, H.: Mikrochem. **36/37**, 379 (1951).
[2] LORANT, J. S.: Z. physiol. Chem. **185**, 245 (1929).
[3] KAINZ, G., u. A. RESCH: Mikrochem. **40**, 332 (1952).

0,02 n-Kaliumjodatlösung. Herstellung s. Schwefelbestimmung S. 154.
Stärkelösung. Bereitet nach S. 24.

Apparatur

Für die Analyse benötigt man eine Kohlendioxydgasquelle (Dewar-Gefäß mit Trockeneis oder Kippscher Apparat), die Universalbombe nach B. WURZSCHMITT und die in Abb. 78 gebrachte Destillationsapparatur.

Die Destillationsapparatur besteht aus einem Claisen-Kolben von 60 ml Inhalt (*1*) mit dem Einleitungsrohr (*2*), das mittels eines Normalschliffes (*NS 0*) in dem Kolbenhals sitzt und 5 mm über dem Kolbenboden endet. Die lichte Weite des Einleitungsrohres soll wenigstens 4 mm betragen. In dem zweiten Schenkel des Kolbens befindet sich der auch mit Normalschliff (*NS 0*) eingepaßte Tropftrichter (*3*), der eine Marke bei 10 ml besitzt. Das zum absteigenden Kühler führende Verbindungsrohr ist 140 mm lang und nach 120 mm entsprechend der Abbildung gewinkelt. Der absteigende Kühler (*5*) mit 90 mm langem Kühlmantel besitzt über dem Verbindungsrohr einen Normalschliff (*NS 000*) mit Stopfen und endet unten in einem Normalschliff (*NS 00*). Die lichte Weite des Kühlerrohres beträgt 6 mm. Das an den Normalschliff *NS 00* angeschlossene Verlängerungsrohr (*6*) ist 120 mm lang; nach 100 mm ist es abgebogen (s. Abb. 78). Die Schliffverbindung hält ein Gummiband fest. Als Absorptionsvorlagegefäß dient ein Erlenmeyer-Kolben von 100 mm Inhalt.

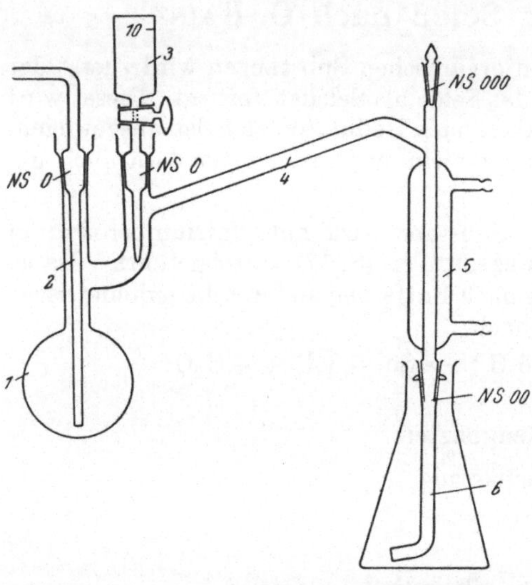

Abb. 78. Destillationsapparatur nach G. KAINZ.

Ausführung

Aufschluß der Substanz: Je nach Selengehalt werden 1 bis 4 mg der festen Probe mit dem Wägeröhrchen (S. 15) in die Universalbombe eingewogen. Zur Einwaage pastenartiger Substanzen benützt man Glasnäpfchen und für Flüssigkeiten Kapillaren (S. 57 und 58). Zur Substanz werden, besonders bei leicht flüchtigen Proben *1 bis 2 Tropfen Pyridin* gebracht. Nach Zugabe von *5 bis 6 Tropfen Äthylenglycol* wird mit *1,5 bis 2 g Natriumperoxyd* überschichtet. Die verschlossene Bombe wird von unten mit einer Mikroflamme erwärmt. Nach einigen Sekunden erfolgt Zündung, und man entfernt die Flamme. Unter gelindem Erwärmen wird die Aufschlußmasse mit 20 bis 25 ml Wasser aus der Bombe gelöst und in einen Erlenmeyer-Kolben von 100 ml Inhalt gebracht.

Zur Zersetzung des Peroxydes bringt man einige Glaskugeln zur Verhinderung von Siedeverzügen in den Erlenmeyer-Kolben und kocht die Lösung 10 bis 15 Minuten, wobei sie auf etwa 10 ml eingeengt wird. Das Überschäumen der Lösung zu Beginn des Kochens verhindert man durch Aufbringen eines Pulvertrichters auf den Erlenmeyer-Kolben.

Um aus der Lösung oxydierende Substanzen zu entfernen, neutralisiert man sie nach dem Abkühlen mit der *Schwefelsäure* (1:1) gegen *Phenolphthalein* auf einen Tropfen genau und spült sie unter Nachwaschen mit Wasser in die Destillationsapparatur quantitativ über. Endvolumen etwa 30 ml.

Zur Reduktion werden *2 ml der 10%igen Kaliumjodidlösung* und *4 ml 2 n-Schwefelsäure* zugegeben. Nach Befeuchten der Schliffe mit Wasser setzt man das Einleitungsrohr (*2*) und den Tropftrichter (*3*) ein. Man bringt den Kühler in Gang und leitet Kohlendioxyd mit einer Strömungsgeschwindigkeit von 20 bis 30 Blasen in 10 Sekunden durch die Apparatur. Die Lösung wird zum Sieden erhitzt, um das bei der Reduktion gebildete Jod zu entfernen. Damit dieses nicht in den Arbeitsraum gelangt, bringt man einen Erlenmeyer-Kolben mit *25 bis 30 ml 2 n-Natronlauge* unter den Kühler. Nach etwa 5 Minuten Kochzeit ist das Jod ausgetrieben und die Lösung in dem Claisen-Kolben klar. Man nimmt den Glasstopfen des Schliffes *NS 000* ab, entfernt den Brenner, senkt die Vorlage und spült die Rohre *5* und *6* mit Wasser und Alkohol gründlich durch.

Zur Bestimmung des Selenats bringt man in einen Erlenmeyer-Kolben von 100 ml Inhalt *25 ml Absorptionslösung* und aus der Mikrobürette *5 bis 10 ml der gestellten 0,02 n-Natriumthiosulfatlösung*. Der Erlenmeyer-Kolben wird als Vorlage unter den Kühler gebracht und Kohlendioxyd zunächst etwas rascher durch die Apparatur geleitet, um die Luft sicher zu entfernen. Nach 2 Minuten wird der Kohlendioxydstrom auf die vorherige Geschwindigkeit zurückgestellt und aus dem Tropftrichter werden *10 ml Salzsäure* (1:1) zugegeben. Während man den Kolben erhitzt, bemerkt man neben dem durch Reduktion freigesetzten Jod eine gleichzeitige Ausscheidung von rotem Selen. Das Jod setzt sich zuerst teilweise im Kühler und in dem Ansatzrohr (*6*) in feinen Kristallen ab, die allmählich in die Absorptionslösung weiterwandern. Nach 10 Minuten ist alles Selenat reduziert und das Jod übergetrieben. Das Erhitzen der Lösung ist so zu regulieren, daß sie zu Ende der Destillation auf nicht weniger als 20 ml eingeengt ist. Um aus den Rohren (*5* und *6*) Jodspuren zu entfernen, wird der Schliffstopfen *NS 000* abgenommen und die Flamme abgestellt. Zuerst spült man mit 0,5 ml Äthanol und dann mit Wasser die Rohre durch, nimmt das Rohr (*6*) aus dem Schliff und spült es auf gleiche Weise innen und außen ab.

Titration: Die Lösung in dem Erlenmeyer-Kolben wird mit *1 ml Schwefelsäure* (1:1) angesäuert, mit *5 bis 8 Tropfen Stärkelösung* versetzt und das unverbrauchte Natriumthiosulfat mit *0,02 n-Jodatlösung* bis zur auftretenden Blaufärbung zurücktitriert. Man fügt nun bis zur Entfärbung

0,02 n-Natriumthiosulfatlösung zu und liest beide Büretten ab. Analysendauer: 50 Minuten. Genauigkeit: 0,4%.

Berechnung

1 ml 0,02 *n*-Natriumthiosulfat entspricht 0,2632 mg Selen.

$$\%\ \mathrm{Se} = \frac{\mathrm{ml}\ 0{,}02\ n\text{-}\mathrm{Na_2S_2O_3} \cdot 0{,}2632 \cdot 100}{\mathrm{mg\ Substanzeinwaage}}$$

Weitere Methoden: Diese beruhen auf der Zerstörung der organischen Substanz mittels trockener oder nasser Aufschlußverfahren und nachfolgender Reduktion des Selenits bzw. Selenats zu Selen, das gewogen wird. Wegen der verhältnismäßig geringen Mengen Selen, die zur Wägung kommen, wird man mit etwas größeren Substanzmengen (10 bis 20 mg) arbeiten.

H. K. ALBER und P. R. HARAND[1] verbrennen die Selenverbindung mit Sauerstoff in einem Spiralrohr nach F. PREGL und reduzieren die selenige Säure mit schwefeldioxydgesättigter Salzsäure zu Selen, das in einem Filterröhrchen ausgewogen wird. Die Genauigkeit beträgt 0,3%.

Auf nassem Wege schließt A. FREDGA[2] die Substanz in einer einfachen Apparatur mit Schwefel- und Salpetersäure auf. Die Reduktion wird mit Hydrazinsulfat durchgeführt und das Selen nach Waschen und Trocknen in einem Glasfilterröhrchen gewogen. Das auch für Mikromengen geeignete Verfahren hat noch bei keinem Verbindungstyp versagt. Es wurde vom Verfasser an anderer Stelle[3] ausführlich beschrieben.

Zur Reduktion von Selenit und Selenat eignet sich auch Tetraäthylthiuramdisulfid[4]. Gegenüber Sulfit und Hydrazin besitzt dieses Reagens den Vorteil, daß gleichzeitig anwesendes Tellur nicht reduziert wird.

Bestimmung von Tellur

Die gravimetrische Bestimmung wird gleich der des Selens durchgeführt. Die beim Aufschluß der Substanz mit Salpetersäure oder Schwefelsäure gebildete tellurige Säure wird in salzsaurer Lösung mit Sulfit oder Hydrazin zu Tellur reduziert und als solches ausgewogen.

Reagenzien

Salpetersäure (D:1,5), oder

Schwefelsäure, konzentriert, 0,3- bzw. 3,0 ml-Pipette.

Salzsäure, 10%ig, 3 ml-Pipette.

---

[1] ALBER, H. K., u. P. R. HARAND: J. Franklin Inst. **228**, 243 (1939); vgl. S. UMEZAWA: Bl. chem. Soc. Japan **14**, 155 (1939).

[2] FREDGA, A.: J. prakt. Chem. **121**, 56 (1929).

[3] HOUBEN-WEYL-E. MÜLLER: Methoden d. org. Chemie Band II, S. 175, G. Thieme-Verlag, Stuttgart 1953.

[4] MICHAL, J., u. J. ZYKA: Chem. Listy **48**, 1338 (1954).

Schwefeldioxydlösung, gesättigt. Meßpipette.

Hydrazinhydrochloridlösung, 15%ig, 2 ml-Pipette.

Alkohol.

Ausführung[1]

Etwa 10 mg Substanz werden entweder mit *0,3 ml Salpetersäure* in einem Mikrobombenrohr oder mit *3 ml konzentrierter Schwefelsäure* in einem Kjeldahl-Kölbchen aufgeschlossen. Die Lösung wird mit Wasser in eine Porzellanschale übergespült und auf dem Wasserbad zur Trockene eingedampft, mit *3 ml 10%iger Salzsäure* gelöst und wiederum eingedampft. Zur Fällung des Tellurs löst man den Rückstand mit *3 ml 10%iger Salzsäure*, versetzt zuerst mit *3 ml frisch bereiteter, gesättigter Schwefeldioxydlösung* und anschließend mit *2 ml 15%iger Hydrazinhydrochloridlösung*. Man bringt die Lösung für 10 Minuten auf ein Wasserbad und setzt während dieser Zeit tropfenweise *2 ml Schwefeldioxydlösung* zu. In einem Filterröhrchen (S. 123) wird schließlich das Tellur gesammelt, mit Wasser und Alkohol gewaschen, bei 100° C getrocknet und gewogen.

$$\%\ \text{Te} = \frac{\text{mg Te} \cdot 100}{\text{mg Substanzeinwaage}}$$

Kleinste Mengen Tellur bestimmt man nach Aufschluß der Substanz mit Thioharnstoff. Der dabei in phosphor- oder schwefelsaurer Lösung entstehende Thioharnstoff-Farbkomplex, dessen Maximum bei 310 bzw. 320 mμ liegt, wird photometriert. Je nach verwendetem Photometer können 0,2 bis 40 μg in einem Milliliter bestimmt werden[2].

Bestimmung von Phosphor

Organisch gebundenen Phosphor bestimmt man nach Aufschluß der Substanz entweder gravimetrisch (Mikro-Lorenz), wobei eine Analysengenauigkeit von 0,1 Prozent leicht zu erreichen ist, oder colorimetrisch mit der Molybdänblau-Reaktion. Letztere Ausführung ist besonders in der Serie sehr rasch und findet nahezu ausnahmslos für tier- und pflanzenphysiologische Untersuchungen Anwendung. Sie ermöglicht ferner, kleinste Mengen Phosphor zu bestimmen. Den Aufschluß der Substanz führt man im allgemeinen auf nassem Wege mit Schwefel- und Salpetersäure durch. Will man die Probe in der Soda-Salpetermischung zerstören, arbeitet man nach F. Pregl und H. Lieb[3].

a) Gravimetrische Methode von H. Lieb und O. Wintersteiner[4]

Prinzip: Die organische Substanz wird mit Schwefel- und Salpetersäure (Perhydrol) aufgeschlossen, die Phosphorsäure mit Ammonium-

[1] Drew, H. D. K., u. C. R. Porter: Soc. **1929**, 2093.

[2] Nielsch, W., u. L. Giefer: Z. analyt. Chem. **145**, 347 (1955); **155**, 401 (1957).

[3] Ausführliche Beschreibung siehe Hoppe-Seyler/Thierfelder: Handb. physiol.- u. pathol.-chem. Analyse, 10. Aufl., Bd. III, 1955, S. 262.

[4] Lieb, H., u. O. Wintersteiner: Mikrochem. **2**, 78 (1924).

molybdat gefällt, der Phosphorammoniummolybdat-Niederschlag getrocknet und gewogen.

Die große Genauigkeit wird dadurch erreicht, daß der zu wägende Niederschlag 63mal so schwer wie Phosphor oder 30mal schwerer als Phosphorpentoxyd ist.

Reagenzien

Die Herstellung der Reagenzien und die Fällungsbedingungen sind genauestens einzuhalten, denn nur für die angegebene Arbeitsweise gilt der von N. v. LORENZ[1], H. LIEB und O. WINTERSTEINER[2] und R. KUHN[3] empirisch ermittelte Faktor.

Sulfat-Molybdänsäure-Reagens: In einem 1-Liter-Meßkolben löst man *50 g Ammoniumsulfat* in *500 ml Salpetersäure* (D: 1,36), ferner in einem Becherglas *150 g* zerkleinertes *Ammoniummolybdat* in 400 ml siedend heißem Wasser. Nach dem Erkalten gießt man unter ständigem Schütteln die Ammoniummolybdatlösung in dünnem Strahl langsam zur Ammoniumsulfatlösung und füllt schließlich mit Wasser bis zur Marke auf. Nach 3 Tagen wird die Lösung durch ein gewöhnliches Filter in eine braune Vorratsflasche gegossen und gut verschlossen aufbewahrt. Zur Entnahme dient eine 15 ml-Pipette.

Verdünnte Salpetersäure (1:1).

Schwefelsäurehaltige Salpetersäure. Man gießt 30 ml Schwefelsäure (D: 1,84) zu 1 Liter Salpetersäure (D: 1,19—1,21), die man durch Vermischen von 420 ml Salpetersäure (D: 1,40) mit 580 ml Wasser erhält. 2 ml-Pipette.

2%ige wäßrige Ammoniumnitratlösung. Zeigt die Lösung nicht saure Reaktion, ist sie mit einigen Tropfen Salpetersäure ganz schwach anzusäuern. Spritzflasche.

Reiner Äthylalkohol (95—96%ig). Spritzflasche.

Äther (alkohol- und wasserfrei). 150 ml Äther sollen bei Zimmertemperatur 1 ml Wasser klar lösen.

Aceton, p. a. Es muß frei von Aldehyden sein.

Schwefelsäure (D: 1,84). 0,5 ml-Pipette.

Salpetersäure (D: 1,4). Tropfpipette.

Perhydrol (absolut säurefrei)[4], Tropfpipette.

Ausführung

Der Aufschluß: In ein mit Chromschwefelsäure gereinigtes, trockenes Kjeldahl-Kölbchen (S. 111) wägt man mit dem Wägeröhrchen 3—5 mg der Substanz ein, fügt *0,5 ml konz. Schwefelsäure* und *4—5 Tropfen konz. Salpetersäure* hinzu und erhitzt entweder auf dem Aufschlußgestell (S. 111)

---

[1] LORENZ, N. v.: Z. analyt. Chem. **51**, 161 (1912).
[2] LIEB, H. u. O. WINTERSTEINER: Mikrochem. **2**, 78 (1924).
[3] KUHN, R.: Z. physiol. Chem. **129**, 64 (1923).
[4] E. Merck, Darmstadt.

oder mittels einer Holzklammer über einer kleinen Flamme, bis die ersten Schwefelsäureschwaden auftreten, und wiederholt das Aufkochen noch zweimal nach Zugabe von Salpetersäure. Ist nach dem Erkalten die Lösung noch nicht farblos, bringt man *4 bis 5 Tropfen Perhydrol* hinzu und beendet das Erhitzen mit dem Auftreten von Schwefelsäureschwaden. Man wiederholt die Perhydrolzugabe, bis die Lösung vollkommen klar ist. Nach dem Erkalten bringt man etwa 3 ml destilliertes Wasser in das Kölbchen, kocht 2—3 Minuten lang (Hydrolyse) und läßt wieder abkühlen. Nun werden *2 ml schwefelsäurehaltige Salpetersäure* zugesetzt und der Inhalt mit destilliertem Wasser in ein weithalsiges Reagenzglas quantitativ übergespült und bis zu einer vorher bei 15 ml angebrachten Marke aufgefüllt.

Das Ausfällen: Man bringt das Reagenzglas mit der Lösung in ein kochendes Wasserbad (1-Liter-Becherglas) und filtriert inzwischen — wenn nötig — das Molybdatreagens. Zur Fällung nimmt man das Reagenzglas aus dem Wasserbad und läßt *15 ml Reagens* in feinem Strahl aus der Pipette in die Mitte der Lösung zufließen. Nach 2—3 Minuten schwenkt man um und stellt das Reagenzglas zur vollständigen Ausscheidung des Phosphorammoniummolybdats mindestens 6 Stunden bei Seite. Nach R. Kuhn[1] sind zur quantitativen Abscheidung des Niederschlages bei weniger als 0,5 mg Phosphor 6 bis 18 Stunden und unter 0,05 mg Phosphor bis zu 36 Stunden Stehen erforderlich.

Das Filtrieren: Während sich der Niederschlag abscheidet, präpariert man ein neues Filterröhrchen (S. 123) in der Absaugvorrichtung (S. 122) oder reinigt ein schon benütztes durch Herauslösen des Phosphorammoniummolybdat-Niederschlages mit Ammoniak. Man wäscht es, gleichgültig, ob ein neues oder schon benütztes Filterröhrchen verwendet wird, mit Wasser, heißer, verdünnter Salpetersäure und destilliertem Wasser und verdrängt schließlich das Wasser durch zweimaliges Auffüllen mit Alkohol und Äther oder Aceton. Das Filterröhrchen wird zuerst mit feuchten Flanell-, dann mit trockenen Rehlederläppchen gereinigt und in einen leeren Exsiccator gebracht, der kein Trockenmittel enthält. Sodann evakuiert man mit der Wasserstrahlpumpe und läßt das Filterröhrchen mindestens $^1/_2$ Stunde im evakuierten Exsiccator. Ist nach Ablauf dieser Zeit an dem Filterröhrchen kein Äther- oder Acetongeruch mehr festzustellen, so ist es für die Wägung bereit.

Unmittelbar bevor man zum Absaugen des Niederschlages schreitet, entnimmt man das Filterröhrchen dem Exsiccator und notiert die Zeit, die zwischen der Entnahme und der Wägung verstreicht, was zweckmäßig in 5 Minuten geschehen soll. Nach genau gleicher Zeit hat man später auch die Wägung des Niederschlages durchzuführen.

Der Niederschlag wird mit der auf S. 122 beschriebenen Halogenabsaug-Vorrichtung in das Filterröhrchen gebracht. Zuerst saugt man die überstehende Flüssigkeit bis auf einen kleinen Rest ab, wäscht den Niederschlag gründlich mit der 2%igen Ammoniumnitratlösung und bringt ihn dann erst auf das Filter. Zur Entfernung der letzten Niederschlagsreste

[1] Kuhn, R.: Z. physiol. Chem. **129**, 64 (1923).

spritzt man die Wandung des Reagenzglases unter Drehen abwechselnd mit Ammoniumnitratlösung und Alkohol gut ab und füllt schließlich zur Verdrängung des Wassers das Filterröhrchen zweimal mit Alkohol und Äther oder Aceton. Nach dem Wischen und Trocknen wird das Filterröhrchen wie vorher gewogen. Da das Gewicht des Ammoniumphosphormolybdats zu dem des darin enthaltenen Phosphors sehr groß ist, genügt es, auch bei geringem Phosphorgehalt der Substanz, die Wägung auf ± 0,01 mg genau vorzunehmen.

Berechnung

Das Gewicht des Ammoniumphosphormolybdats, mit dem empirisch ermittelten Faktor F = 0,014524 multipliziert, ergibt die Phosphormenge in Milligramm.

$$\% \, P = \frac{\text{mg Auswaage} \cdot 0{,}014524 \cdot 100}{\text{mg Substanzeinwaage}}$$

b) Colorimetrische Bestimmung nach H. Roth[1]

Die Molybdänblaureaktion geht auf die Beobachtung von A. E. Taylor und C. W. Miller[2] zurück, die festgestellt hatten, daß in einem Gemisch von Molybdänsäure und Phosphormolybdänsäure nur aus letzterer durch Reduktionsmittel Molybdänblau entsteht. Als Reduktionsmittel eignet sich sehr gut Photorex[3] (p-Methylaminophenolsulfat). Die Farbstärken der Molybdänblaulösungen folgen streng dem Lambert-Beerschen Gesetz und sind mindestens 1 Stunde beständig.

Reagenzien

Molybdatlösung: 100 ml einer 5%igen wäßrigen Ammonmolybdatlösung $[(NH_4)]_6Mo_7O_{24} \cdot 4\,H_2O$ werden mit 100 ml 10 *n*-Schwefelsäure (arsenfrei) gemischt. 5 ml-Pipette.

Photorexlösung: 0,5 g p-Methylaminophenolsulfat werden in 195 ml 15%ige Natriumbicarbonat- + 5 ml 20%ige Natriumsulfitlösung gebracht.

Schwefelsäure (D: 1,84), 0,5 ml-Pipette.

Salpetersäure (D: 1,4) oder

Aufschlußgemisch aus 97 ml Schwefelsäure (D: 1,84) und 3 ml Salpetersäure (D: 1,4), Meßpipette.

10 n-Natronlauge. Meßpipette.

1 n-Natronlauge. Meßpipette.

Phenolphthalein, 0,1%ige alkoholische Lösung.

Ausführung

Die Farbreaktion ist sehr empfindlich; 0,2 μg Phosphor je Milliliter lassen sich im Stufenphotometer oder in einem lichtelektrischen Colorimeter

[1] Roth, H.: Mikrochem. **31**, 290 (1944).
[2] Taylor, A. E., u. C. W. Miller: J. Biol. Chem. **18**, 215 (1914).
[3] Boratynski, K.: Z. anorg. Chem. **235**, 225 (1938).

bestimmen. Man wird daher im allgemeinen nicht mehr als 0,5 mg Substanz für eine Bestimmung verwenden. Lediglich wenn der Phosphorgehalt der Substanz unter 1% liegt, ist eine etwas größere Einwaage erforderlich, da man sonst auch bei Verwendung von 5 cm langen Küvetten die für die Ablesung der Extinktion erforderliche Farbstärke nicht erreicht.

Die Substanz wird wie zur gravimetrischen Bestimmung S. 171 mit *0,5 ml konzentrierter Schwefelsäure und 3—5 Tropfen Salpetersäure* aufgeschlossen; bei Serienuntersuchungen erwies sich die Zugabe des fertigen Schwefelsäure-Salpetersäuregemisches (0,5 ml) als sehr brauchbar. Sollte mit dem Gemisch der Aufschluß nicht farblos werden, gibt man so lange Salpetersäure oder Perhydrol zu, bis die Lösung entfärbt ist. Man hat aber stets darauf zu achten, daß diese beiden Oxydationsmittel vor der nun folgenden Hydrolyse ausgetrieben werden. Zur Überführung eventuell noch vorhandener anderer Phosphate in Orthophosphat wird nach Zusatz von 3 ml destilliertem Wasser noch 2—3 Minuten lang gekocht. Sobald die Hydrolyse beendet ist, bringt man die abgekühlte Lösung in ein Meßkölbchen von 25 ml Inhalt (Trichter) und spült dreimal mit 3 ml destilliertem Wasser nach. Zur Einstellung auf schwach alkalische Reaktion gibt man nach Zusatz *eines Tropfens Phenolphthalein* aus einer Bürette *10 n-Natronlauge tropfenweise* bis zum Umschlag des Indikators zu. Man benötigt dazu etwa 1,5 ml. Ein Überschuß von 2 bis 3 Tropfen der starken Lauge stört die Bestimmung nicht, da der nun folgende Zusatz von *5 ml schwefelsaurer Molybdänlösung* zum Ansäuern der Lösung durchaus genügt. Nun werden noch *0,5 ml der Photorexlösung* zugegeben und mit destilliertem Wasser bis zur Marke aufgefüllt. Zur vollständigen Farbentwicklung wird das Meßkölbchen 7 Minuten lang in ein Wasserbad von 37 bis 40° C gebracht und anschließend in einem Bad mit Leitungswasser gekühlt.

Für die Ablesung des Farbwertes im Stufenphotometer von Zeiss unter Verwendung des Filters „S 72“ benützt man je nach Farbstärke der Lösung 0,5, 1 oder 2 cm-Küvetten. Welche Küvette am besten zu wählen ist, kann man nach einiger Übung schon an der Farbstärke der Lösung abschätzen. Vorwiegend wird man mit der 1 cm-Küvette arbeiten. Um den Extinktionswert zu bestimmen, bringt man die Küvette mit der Lösung in den linken Küvettenhalter und eine mit destilliertem Wasser gefüllte in den rechten. Bei geöffneter linker Trommel (100 D%) werden mit Hilfe der rechten Trommel die beiden Gesichtsfelder auf gleiche Helligkeit gebracht und der entsprechende Extinktionswert abgelesen. Bei einiger Übung kann man die Extinktion auf 0,003 genau feststellen.

Die Ablesung der Molybdänblaufärbung in lichtelektrischen Colorimetern bietet, besonders wenn noch Durchlaufküvetten verwendet werden, bei Reihenuntersuchungen Vorteile.

Die Genauigkeit der Phosphorbestimmung mit beiden Instrumenten beträgt $\pm$ 0,1%.

Zur Berechnung des Phosphorgehaltes der Substanz aus der Photometerablesung benützt man die für die beschriebenen Bedingungen aufgestellte Extinktionskurve der Abb. 79, wenn in 1 cm-Küvetten gemessen wird. Die Kurve kann auch zur Auswertung von Messungen herangezogen werden, die mit 0,5 und 2 cm-Küvetten vorgenommen werden. Man hat nur die der abgelesenen Extinktion entsprechenden Milligramme Phosphor bei der 0,5 cm-Küvette mit 2 zu multiplizieren, bzw. bei der 2 cm-Küvette durch 2 zu dividieren.

$$\% \text{ P} = \frac{\text{mg P (aus Extinktionskurve abgelesen)} \cdot 100}{\text{mg Substanzeinwaage}}$$

Bemerkung: Enthält die organische Substanz neben Phosphor noch Arsen, so liegt im Aufschluß ein Gemisch von Phosphorsäure und Arsensäure vor. Letztere muß vor der gravimetrischen wie colorimetrischen Bestimmung entfernt werden; hierfür hat R. KUHN[1] eine Mikrotrennung von Phosphor und Arsensäure ausgearbeitet. Das fünfwertige Arsen wird mit Hydrazin in salzsaurer Lösung reduziert und das Arsentrichlorid in einem langsamen Chlorwasserstoffstrom abdestilliert. Je nachdem man den Phosphor gravimetrisch in salpetersaurer, colorimetrisch in schwefelsaurer oder nephelometrisch in salzsaurer Lösung bestimmt, hat man den Aufschluß salpeter- oder schwefelsauer vorzunehmen. Die salzsaure Lösung wird aus dem Salpetersäurerückstand hergestellt.

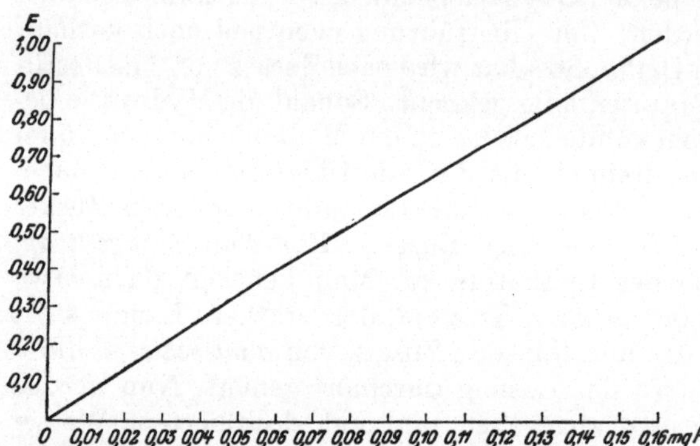

Abb. 79. Extinktionskurve von Phosphormolybdänblau im Stufenphotometer für 25 ml Lösung, 1 cm-Küvette, Filter „S 72".

Weitere Methoden: Nach P. IVERSEN[2] ist es auch möglich, den Phosphor nach vorheriger Fällung als Phosphorammoniummolybdat maßanalytisch zu bestimmen. Hierbei entsprechen 1 Atom Phosphor 28 Äquivalente Lauge. Ein weiteres maßanalytisches Verfahren beschreibt W. DIEMAIR[3]. Das aus dem Phosphorammoniummolybdat mit Lauge ausgetriebene Ammoniak wird mit Säure titriert.

Sehr kleine Mengen Phosphor können durch Trübungsmessung (Strychninphosphormolybdat) nach E. RAUTERBERG[4] bestimmt werden.

Weitere Mikro-Phosphor-Bestimmungen werden in Sammelreferaten von R. STREBINGER und K. BARRENSCHEEN[5] wie von G. BERGOLD und E. PISTER[6] behandelt.

---

[1] KUHN, R.: Z. physiol. Chem. **129**, 64 (1923); vgl. M. W. FEDOSSOW: C **1951** I, 3093 (Orig. russ.).
[2] IVERSEN, P.: Biochem. Z. **104**, 22 (1920).
[3] DIEMAIR, W.: Angew. Chem. **63**, 80 (1951).
[4] RAUTERBERG, E.: Mikrochem. **10**, 22 (1922).
[5] STREBINGER, R., u. K. BARRENSCHEEN: Mikrochem. **7**, 116 (1929).
[6] BERGOLD, G., u. E. PISTER: Z. Naturforsch. **32**, 332 (1948).

Gleichzeitige Bestimmung von Stickstoff und Phosphor

Infolge der großen Empfindlichkeit der Molybdänblaureaktion benötigt man, wie bereits gesagt, zur Phosphorbestimmung nur etwa den zehnten Teil einer normalen Mikroeinwaage, der Rest kann zur Stickstoffbestimmung verwendet werden. Man verfährt dabei wie folgt:

Nach dem Aufschluß der Substanz mit Schwefelsäure unter Zusatz von etwa 0,1 g eines Selen-Kaliumsulfatgemisches (1 Teil Selen und 7 Teile Kaliumsulfat)[1], eventuell auch von Perhydrol und anschließender Hydrolyse wird die Lösung mit destilliertem Wasser in ein Meßkölbchen von 25 ml Inhalt übergespült und damit bis zur Marke aufgefüllt. Zur Phosphorbestimmung werden davon 2 ml entnommen und in ein anderes Meßkölbchen von 25 ml Inhalt gebracht, 6—8 ml destilliertes Wasser zugegeben, die Schwefelsäure in gleicher Weise wie auf S. 175 beschrieben, jedoch hier mit 1 *n*-Natronlauge schwach alkalisch gemacht und anschließend die Molybdänblaureaktion durchgeführt.

Zur Bestimmung des Stickstoffes wird zuerst die restliche Aufschlußlösung (23 ml) aus dem Meßkölbchen in das vorher benützte Kjeldahl-Kölbchen zurückgespült. Sodann bringt man die 2 ml-Pipette, mit der man die Lösung für die Phosphorbestimmung entnommen hat, über das Meßkölbchen, spült sie mit einigen Millilitern destilliertem Wasser durch und spritzt anschließend noch die Spitze ab[2]. Die im Meßkölbchen gesammelten Waschwasser (etwa 3—4 ml) werden nun zu der Lösung in das Kjeldahl-Kölbchen gebracht und das Meßkölbchen noch zweimal mit 3 ml destilliertem Wasser ausgespült. Das Kjeldahl-Kölbchen wird an den Destillieraufsatz des Apparates (S. 111) angeschlossen, die Säure vorgelegt und das Ammoniak in beschriebener Weise (S. 113) übergetrieben, nachdem man aus dem Innenschlifftrichter 5 ml der 30%igen Lauge zugegeben hat.

Bei der Berechnung des Phosphor- und Stickstoffgehaltes hat man die Teilung der Probe zu berücksichtigen. Soll in der Substanz gleichzeitig Barium bestimmt werden, so trennt man dieses, wie nachstehend beschrieben wird, als Sulfat ab und benützt das Filtrat zur Phosphor- und Stickstoffbestimmung.

Bestimmung von Barium, Phosphor und Stickstoff mit einer Einwaage

In Bariumsalzen organischer Phosphorverbindungen kann das Barium wegen der gleichzeitig entstehenden Phosphorsäure nicht nach S. 193 durch Abrauchen mit Schwefelsäure bestimmt werden. Nach folgendem Analysengang lassen sich mit einer Einwaage Barium, Phosphor und Stickstoff bestimmen.

Ausführung

In ein sorgfältig gereinigtes und trockenes Kjeldahl-Kölbchen werden mit dem Wägeröhrchen mit langem Stiel (S. 15) 2—5 mg Substanz einge-

[1] Roth, H.: Angew. Chem. **51**, 120 (1938).
[2] Sehr geeignet dafür sind Auswaschpipetten von P. Haack (Wien).

wogen und mit einer Meßpipette 0,5 ml konz. Schwefelsäure (D: 1,84) hinzugefügt. Mit Hilfe einer Holzklammer nimmt man die Zerstörung der Substanz über der kleingestellten Flamme eines Bunsenbrenners vor. Für Serienbestimmungen benützt man das Veraschungsgestell (S. 111). Hat man den Kölbcheninhalt langsam bis zum Auftreten der Schwefeltrioxydschwaden erhitzt, läßt man abkühlen und fügt aus einer Tropfpipette 5—8 Tropfen Perhydrol hinzu. Man erhitzt neuerdings, bis das Perhydrol zerstört ist und Schwefeltrioxydschwaden aus dem Kölbchenhals austreten. Dieser Vorgang wird so lange wiederholt, bis die Lösung vollkommen klar ist; im allgemeinen genügt dreimaliger Zusatz von Perhydrol.

Man stellt das Kölbchen beiseite, läßt erkalten und spritzt vorsichtig und unter Umschwenken 3 ml destilliertes Wasser in feinem Strahl entlang der Kölbchenwandung zur Schwefelsäure. Dabei fällt das Bariumsulfat aus. Mit weiteren 3 ml Wasser spült man schließlich den Kölbcheninhalt quantitativ in eine mit Chromschwefelsäure gereinigte Kristallisierschale aus Jenaer Glas und bedeckt diese mit einem Uhrglas.

Unterdessen wird für das Filtrieren des Bariumsulfates der Platin-Neubauer-Tiegel (S. 151) gereinigt, geglüht und gewogen. Man reinigt die Saugflasche der Absaugvorrichtung sorgfältig und setzt den Tiegel in die befeuchtete Gummimanschette ein. Der Niederschlag wird nach S. 151 in den Tiegel gebracht und mit 2 ml destilliertem Wasser nachgewaschen.

Man hebt dann den Tiegel etwas aus der Manschette und spritzt seinen Boden außen und die Manschette innen mit 1 bis 2 ml Wasser ab. Mit Bodenkappe und Deckel wird der Tiegel wie vorher geglüht und gewogen.

Für die Phosphor- und Stickstoffbestimmung spült man das Filtrat mit Waschwasser aus der Saugflasche mit destilliertem Wasser in ein Meßkölbchen von 25 ml Inhalt über und ergänzt das Volumen mit Wasser bis zur Marke. Nach S. 174 bestimmt man in 2 ml der Lösung den Phosphor colorimetrisch und in den verbleibenden 23 ml den Stickstoff.

Bestimmung von Arsen nach O. Wintersteiner[1]

In Arsenverbindungen kann der organische Rest der Substanz im Bombenrohr mit Salpetersäure zerstört oder in gleicher Weise wie bei der Phosphorbestimmung mit Schwefelsäure und Salpetersäure (Perhydrol) aufgeschlossen werden. Dabei entsteht in beiden Fällen Arsensäure (H_3AsO_4), deren Bestimmung gravimetrisch nach H. Lieb[2] durch Fällen mit Magnesiamixtur als Magnesiumammonium-Arseniat, das beim Glühen in Magnesiumpyroarseniat übergeht, erfolgen kann, oder die bei „nassem Aufschluß" entstehende Arsensäure wird nach O. Wintersteiner entsprechend der Gleichung:

$$H_3AsO_4 + 2\,HJ \longrightarrow H_3AsO_3 + H_2O + J_2$$

jodometrisch bestimmt. Obwohl das Zerstören der Substanz im Bomben-

[1] Wintersteiner, O.: Mikrochem. 4, 155 (1926).

[2] Lieb, H., u. E. Abderhalden: Handbuch der biochemischen Arbeitsmethoden, Bd. 1, 3, S. 388, Verlag Urban u. Schwarzenberg, Berlin, Wien 1921; Lieb, H., u. O. Wintersteiner: Mikrochem. 2, 80 (1924).

rohr und die Wägung des Magnesiumpyroarseniats zu ebenso genauen Ergebnissen führt, wie der Aufschluß im Kjeldahl-Kölbchen mit darauffolgender Titration des ausgeschiedenen Jods, findet in der analytischen Praxis, sofern es sich nicht um flüchtige Arsenverbindungen handelt, der von O. WINTERSTEINER empfohlene kürzere und einfachere Substanzaufschluß Anwendung. Aus diesem Grunde kann hier von der Beschreibung des Aufschlusses der Substanz im Bombenrohr, der in bekannter Weise mit Salpetersäure durchgeführt wird (S. 128), und der gravimetrischen Bestimmung abgesehen werden. Bei der maßanalytischen Methode, die nun beschrieben wird, hat man besonders auf die richtige Salzsäurekonzentration zu achten, denn die Reaktion verläuft nur unter bestimmten Bedingungen im Sinne der oben angeführten Gleichung streng quantitativ, d. h. von links nach rechts.

Reagenzien

Schwefelsäure (30%ig) 1 ml-Pipette.

Salpetersäure (D: 1,4) Tropfpipette.

Perhydrol, Merck (absolut säurefrei).

Salzsäure, konz.: In einem 100 ml Erlenmeyer-Kölbchen mit Schliffstopfen werden etwa 25 ml konz. Salzsäure zur Entfernung von freiem Chlor und gelöster Luft genau 2 Minuten in mäßigem Sieden gehalten. Dann wird der Stopfen sogleich aufgesetzt, um Eindringen von Luft zu vermeiden, und das Kölbchen unter fließendem Leitungswasser gekühlt. Die kalte Salzsäure wird zur Entnahme für die Bestimmungen in eine Makrobürette gebracht.

Kaliumjodidlösung (4%ig), wird am besten immer frisch hergestellt. 2 ml-Pipette.

0,01 n-Thiosulfatlösung und ihre Faktorbestimmung zur Titration der Arsensäure: In einem Meßkolben von 250 ml Inhalt werden 25 ml gealterte 0,1 *n*-Thiosulfatlösung gebracht, 2,5 ml Amylalkohol, p. a., oder 200 mg Natriumcarbonat zugegeben und mit ausgekochtem Wasser zur Marke aufgefüllt. Die Lösung bewahrt man in einer braunen Flasche auf und bestimmt gegen Kaliumbijodat nach 1—2 Tagen den Faktor. Dazu wägt man in ein Erlenmeyer-Kölbchen mit Schliffstopfen 2,5 bis 3 mg Kaliumbijodat ein, löst es in 5 ml ausgekochtem Wasser und gibt 3 ml der ausgekochten konz. Salzsäure und 2 ml der 4%igen Kaliumjodidlösung hinzu. Nach 2 Minuten titriert man die Hauptmenge des Jods mit der zu prüfenden Thiosulfatlösung, verdünnt mit ausgekochtem Wasser auf 20 ml, setzt Stärke zu und titriert zu Ende. Mikrobürette.

Stärkelösung wird nach S. 24 hergestellt.

Ausführung

7—12 mg Substanz werden in ein trockenes Kjeldahl-Kölbchen eingewogen und etwa an der Wand haftende Substanzteilchen mit *1 ml 30%iger Schwefelsäure* in die Kugel des Kölbchens gespült. Nach Zusatz von *4—5*

Tropfen konzentrierter Salpetersäure wird das Kölbchen mit einer Holzklammer erfaßt und über einer klein gestellten Flamme erhitzt. Für Serienbestimmungen oxydiert man vorteilhaft auf dem Veraschungsgestell, das bei der Kjeldahlbestimmung (S. 111) beschrieben ist. Sobald Schwefeltrioxydschwaden auftreten, wird dieser Vorgang nach nochmaligem Zusetzen der gleichen Menge Salpetersäure wiederholt. Schließlich werden noch *5 Tropfen Perhydrol* zugegeben. Im allgemeinen wird die Lösung nach dem Erkalten klar sein. Bei sehr schwer aufschließbaren Substanzen ist die Perhydrolzugabe so lange zu wiederholen, bis die Lösung farblos ist.

Nach dem Abkühlen gibt man zur völligen Zersetzung des Wasserstoffperoxydes, besonders aber zur Zerstörung der entstandenen Sulfomonopersäure, zwei- bis dreimal je 1 ml Wasser zu und verdampft jedesmal bis zum Auftreten der Schwefeltrioxyddämpfe und des „Siederinges" der Schwefelsäure. Nach neuerlichem Zusatz von 1 ml Wasser kocht man einmal kurz auf und gießt den Inhalt in ein Pulvergläschen oder besser in ein weithalsiges Erlenmeyer-Kölbchen mit Schliffstopfen von 100 ml Inhalt. Für das quantitative Überspülen benützt man *5 ml der ausgekochten Salzsäure.*

Zur Titration fügt man *2 ml der Kaliumjodidlösung* hinzu, schwenkt um und läßt 10 Minuten verschlossen stehen. Nun wird das ausgeschiedene Jod mit *0,01 n-Thiosulfat* titriert. Ist die Lösung nur noch schwach gelb gefärbt, ergänzt man ihr Volumen mit ausgekochtem Wasser auf 20 ml (Marke). Dann fügt man *4—5 Tropfen Stärkelösung* hinzu und titriert vorsichtig weiter. Als Endpunkt gilt ein schwach rötlicher Farbton; Nachbläuen tritt erst nach etwa 5—10 Minuten ein.

Bei jodhaltigen Arsenverbindungen werden infolge der Bildung von Jodsäure zu hohe Werte erhalten. Zur Entfernung der Jodsäure bringt man nach beendeter Oxydation und Zerstörung der Sulfomonopersäure in das Kjeldahl-Kölbchen 0,3 ml der *4%igen Kaliumjodidlösung* und 1 ml Wasser und erhitzt, bis alles ausgeschiedene Jod verflüchtigt ist. Anschließend muß man zur Oxydation der teilweise gebildeten arsenigen Säure noch einmal mit Perhydrol bis zum Auftreten der Schwefeltrioxydschwaden erhitzen und zur Zerstörung des Perhydrols und der Sulfomonopersäure wiederum zweimal nach Zugabe von je 1 ml Wasser abdampfen.

Blindwertbestimmung: Obgleich nur mit ausgekochtem destilliertem Wasser hergestellte Lösungen verwendet werden, findet man doch meist einen kleinen Jodüberschuß, der auf die Oxydation der verwendeten Reagenzien durch Luftsauerstoff zurückzuführen ist. Es empfiehlt sich daher, vor jeder Analysenserie den Blindwert zu bestimmen, wobei man folgendermaßen vorgeht: In ein Reagenzglas bringt man 1 ml der 30%igen Schwefelsäure und 1 ml Wasser, kocht auf und spült den Inhalt mit 5 ml der ausgekochten Salzsäure in das Titriergefäß, fügt 2 ml der 4%igen Jodkaliumlösung hinzu und läßt 10 Minuten verschlossen stehen. Dann füllt man gleich bis zur Marke (20 ml) mit ausgekochtem Wasser auf, setzt Stärke zu und titriert mit 0,01 *n*-Natriumthiosulfat auf schwache Rotfärbung.

Der Thiosulfatverbrauch schwankt zwischen 0,04—0,08 ml und ist von dem bei der Analyse benötigten abzuziehen.

Berechnung

Nach der angegebenen Reaktionsgleichung scheidet 1 Atom Arsen 2 Atome Jod aus. 1 ml 0,01 *n*-Thiosulfat entspricht daher 0,37455 mg Arsen.

$$\% \text{ As} = \frac{\text{ml } 0{,}01\ n\text{-}Na_2S_2O_3 \cdot 0{,}37455 \cdot 100}{\text{mg Substanzeinwaage}}$$

Weitere Verfahren zur Bestimmung des Arsens sind unter Anmerkung 1 angeführt.

Bestimmung von Antimon neben Arsen

Antimonverbindungen analysiert man am besten nach E. SCHULEK und R. WOLSTADT[2]. Mit dem Verfahren, das für 2—8 mg Antimon und 1—4 mg Arsen ausgearbeitet ist, lassen sich die beiden Elemente mit einer Einwaage bestimmen. Nach dem Aufschluß der Substanz mit Schwefelsäure und Perhydrol wird das nach R. KUHN[3] mit Hydrazin reduzierte Arsen als Arsentrichlorid abdestilliert. Die Titration des Antimons erfolgt nach Zugabe von Kaliumbromid mit 0,01 *n*-Kaliumbromat unter Verwendung von α-Naphtholflavon (0,5%ige alkoholische Lösung) als Indikator. Nach Oxydation des im Destillat befindlichen Arsentrichlorids mit Schwefelsäure und Perhydrol zu Arsensäure kann diese nach S. 178 jodometrisch oder auch, wie das Antimon, mit Bromat bestimmt werden.

Bestimmung von Bor

Neben der maßanalytischen Bestimmung des Bors als Borsäure, die nach Zerstören der organischen Substanz mit Alkali als Borat vorliegt, wurden in den letzten Jahren sehr empfindliche Farbreaktionen beschrieben, die auf der Bildung von organischen Borsäurefarbkomplexen beruhen[4]. Die intensive Färbung dieser Lösungen ermöglicht einerseits, kleinste Mengen Bor (bis zu 0,1 μg) zu bestimmen, und erfordert andererseits, daß die verwendeten Reagenzien und Geräte absolut frei von Bor sind. Im mikroanalytischen Laboratorium wird man folglich, wenn zur Bestimmung des Bors mehrere Milligramme Substanz zur Verfügung stehen, dieses durch Titration bestimmen und colorimetrische Verfahren nur bei äußerstem Substanzmangel und für Spurenuntersuchungen heranziehen.

---

[1] HELLER, K.: Mikrochem. **14**, 369 (1934); ROTH, H.: Angew. Chem. **53**, 441 (1940); STEYERMARK, AL.: Quantitative Organic Microanalysis, S. 205, New York, The Blakiston Company, Toronto/Philadelphia 1951; JUREČEK, M., u. J. JENIK: Chem. Listy **50**, 84 (1956), ref. Z. analyt. Chem. **155**, 290 (1957).

[2] SCHULEK, E., u. R. WOLSTADT: Z. analyt. Chem. **108**, 400 (1937); vgl. auch Magy. Gyógysz. Társ. Ért. **13**, 314 (1937).

[3] KUHN, R.: Z. physiol. Chem. **129**, 64 (1923).

[4] HOUBEN-WEYL: Methoden der Organischen Chemie, 4. Aufl. Herausgegeben von E. MÜLLER. Band II, S. 26. Gg. Thieme-Verlag, Stuttgart 1953; GROB, R. L., u. J. H. VOE: Analyt. Chim. Acta (Amsterdam) **14**, 253 (1956).

Maßanalytische Bestimmung nach H. ROTH[1]

Die organische Borverbindung wird mit Soda aufgeschlossen, wobei das Bor als Natriumtetraborat vorliegt. Nach Neutralisation der Sodalösung bildet die Borsäure in wäßriger Lösung mit mehrwertigen Alkoholen symmetrische Di-Diol-Komplexe, wie aus Gleichgewichtsuntersuchungen von J. BÖESEKEN, N. VERMAAS und A. T. KÜCHLIN[2] hervorgeht, die später von H. SCHÄFER[3] bestätigt wurden:

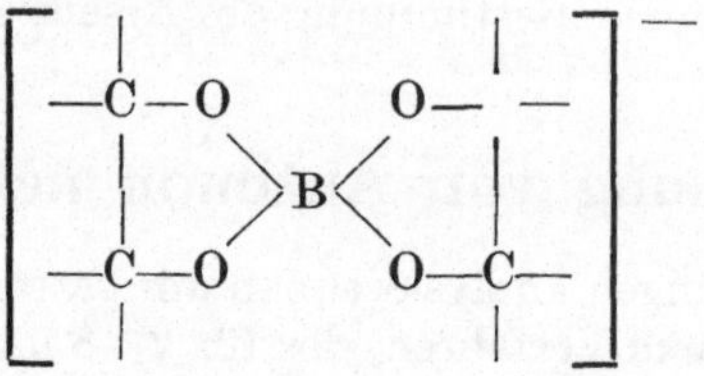

```
 ┌  |          |  ┐ —
   —C—O      O—  —
    |  \    /  |
    |    >B<    |
    |  /    \  |
   —C—O      O—C—
 └  |          |  ┘
```

Reagenzien

Natriumcarbonat (geschmolzen).

0,2 n-Salzsäure, Bürette.

0,1 n- und 0,01 n-Natronlauge.

Mannit oder Invertzucker.

Bromkresolpurpur (Dibrom-o-kresolsulfophthalein, pH = 5,2—6,8), 0,1%ige alkoholische Lösung.

Ausführung

5—10 mg Substanz werden in einen Platintiegel (ohne Deckel) eingewogen, mit etwa *150 mg Natriumcarbonat* überschichtet und der Tiegel auf einen größeren Platindeckel gestellt. Man beginnt den Tiegel, um ein Verpuffen der Substanz zu vermeiden, vorsichtig von unten zu erwärmen und steigert allmählich die Temperatur, wobei die Soda zu schmelzen beginnt. Nach 3—5 Minuten kräftigem Glühen bis zur hellen Rotglut entfernt man die Flamme und überzeugt sich, ob die Schmelze rein weiß ist; sonst muß das Glühen fortgesetzt werden. Zur Neutralisation der Soda bringt man den Tiegel in ein Titrierkölbchen aus Quarz von 100 ml Inhalt, läßt aus einer Bürette *15 ml 0,2 n-Salzsäure* zufließen und fügt *2—3 Tropfen 0,1%ige alkoholische Bromkresolpurpurlösung*[4] hinzu. Zur rascheren Lösung des Natriumcarbonats erwärmt man das Kölbchen über kleiner Flamme. Im allgemeinen genügt die vorgelegte Säure; sonst muß noch etwas zugesetzt werden. Die nun saure Lösung wird mit *0,1 n-Natronlauge* neutralisiert. Zum Austreiben der restlichen Kohlensäure säuert man mit *1—2 Tropfen 0,2 n-Salzsäure* an, kocht 5—7 Sekunden (vom Beginn des Siedens) und neutralisiert mit *0,01 n-Natronlauge* bis zum eben beginnenden Indikatorumschlag

---

[1] Vgl. H. ROTH u. W. BECK: Z. analyt. Chem. **141**, 404, 414 (1954).

[2] BÖESEKEN, J., N. VERMAAS u. A. T. KÜCHLIN: Rec. trav. chim. Pays-Bas **49**, 711 (1930).

[3] SCHÄFER, H.: Z. anorg. Chem. **247**, 96 (1941).

[4] SCHÄFER, H., u. A. SIEVERTS: Z. analyt. Chem. **121**, 470 (1941).

nach rot. Um beim Abkühlen der Lösung unter Leitungswasser Absorption von Kohlendioxyd zu vermeiden, verschließt man das Titrierkölbchen sogleich mit einem Gummistopfen, der mit einem Natronkalkrohr versehen ist. Zu der gut gekühlten Lösung wird zur Aktivierung der Borsäure so lange *Mannit*[1] eingebracht, bis ein Überschuß ungelöst bleibt[2]. Sodann titriert man bis zum eben beginnenden Farbumschlag mit Lauge und erwärmt, wobei sich der Mannit löst (Lösung alkalisch). Beim Abkühlen in Eiswasser oder fließendem Leitungswasser wird die Lösung wieder sauer, ohne daß dabei aus der übersättigten Lösung Mannit ausfällt. Nun läßt sich die Borsäure mit scharfem Umschlagspunkt genau titrieren.

Berechnung

1 ml 0,01 *n*-NaOH entspricht 0,1082 mg Bor

$$\% \, B = \frac{\text{ml } 0{,}01 \; n\text{-NaOH} \cdot 0{,}1082 \cdot 100}{\text{mg Substanzeinwaage}}$$

Bemerkung: Bei der Titration mit anderen Indikatoren wie z. B. Phenolphthalein (pH = 8,3 — 10) und Phenolrot (pH = 6,8 — 8,4) sind empirische Korrekturen notwendig; auch die Anwendung des Mischindikators Methylrot—Naphtholphthalein besitzt gegenüber dem Bromkresolpurpur keine Vorteile.

Flüchtige Borverbindungen schließt man wie bei der Fluorbestimmung (S. 143) hier in einem kleinen Quarzröhrchen mit Calciumhydroxyd auf, glüht nach dem Öffnen des Röhrchens nach, um auch die Kohle zu verbrennen und verfährt wie oben beschrieben weiter.

Enthält die Schmelze Ionen, die die direkte Titration mit Mannit stören, führt man die Borsäure in schwefelsaurer Lösung mit Methanol in den Methylester über, destilliert den Ester ab und bestimmt nach dessen Verseifung und Entfernung des Methanols die Borsäure wie beschrieben nach Zusatz von Mannit. Von der Bestimmung der Borsäure über den Ester macht man bei Untersuchungen in Nahrungsmitteln und landwirtschaftlichen Produkten Gebrauch. Kleinste Mengen Bor (bis zu 0,5 µg) bestimmt man am besten colorimetrisch mit 1,1'-Dianthrimid nach H. Roth und W. Beck[3].

Bestimmung von Quecksilber

Das Quecksilber gehört zu jenen Metallen, die bei der Kohlenstoff-Wasserstoff-Analyse nicht als Rückstand in dem Schiffchen bestimmt werden können. Es destilliert mit dem Gasstrom durch die Rohrfüllung. Diese Eigenschaft des Quecksilbers macht man sich zunutze, wenn es als Metall bestimmt werden soll, während es nach nassem Aufschluß als Quecksilber-(2)-nitrat oder -sulfat für die weitere Analyse vorliegt.

---

[1] Der Mannit von E. Merck bedarf keiner vorherigen Neutralisation.

[2] An Stelle von Mannit kann auch Invertzucker verwendet werden.

[3] Roth, H., u. W. Beck: Z. analyt. Chem. **141**, 401, 414 (1954); vgl. Houben-Weyl: Methoden der Organischen Chemie, 4. Aufl. Herausgegeben von E. Müller. Bd. II, S. 26. Gg. Thieme-Verlag, Stuttgart 1953.

Da das nach letzterem Verfahren ionogen vorliegende Quecksilber sehr einfach und genau zu bestimmen ist, wird diese Methode an erster Stelle beschrieben.

a) Die maßanalytische Bestimmung mit Carbat nach H. ROTH und W. BECK[1]

Die organische Quecksilberverbindung wird zuerst in einem Mikrobombenrohr mit Salpetersäure zersetzt. Anschließend titriert man das Quecksilbernitrat mit Natrium-diäthyldithiocarbaminat nach R. WICKBOLD[2].

$$2\ \frac{C_2H_5}{C_2H_5}\!\!>\!NC\!\left\langle{}^{S}_{S-Na}\right. + Hg(NO_3)_2 =$$

$$= \frac{C_2H_5}{C_2H_5}\!\!>\!NC\!\left\langle{}^{S}_{S-Hg-S}\right.\!\!\!\left.{}^{S}\right\rangle CN\!<\!\frac{C_2H_5}{C_2H_5} + 2\,NaNO_3$$

Die Titration beruht darauf, daß aus einer ammoniakalischen Lösung (pH = ~ 9), die Quecksilber- und Kupferionen enthält, bei Zugabe einer Natrium-diäthyldithiocarbaminat[3]-Lösung zufolge des geringen Löslichkeitsproduktes des Quecksilbercarbates zuerst dieses quantitativ ausfällt und erst dann das gelbbraune Kupfercarbat gebildet wird. Bei der Titration geht man dabei so vor, daß man der Quecksilberlösung ein Kupfersalz als Indikator zusetzt und noch einige Milliliter Chloroform zur Lösung bringt. Sobald beim Titrieren mit der Natriumcarbatlösung alles Quecksilber als weißer Niederschlag ausgefallen und teilweise in Chloroform farblos gelöst ist, tritt schon mit dem nächsten Tropfen einer 0,005 *n*-Natriumcarbatlösung die gelbbraune Färbung des Kupfercarbates auf, die besonders gut in Chloroform zu erkennen ist.

Reagenzien

Salpetersäure, 65%ig (D: 1,40), 0,5 ml-Pipette.

Weinsäure, 10%ige wäßrige Lösung. 10 ml-Pipette.

Ammoniak, 25%ig.

Schwefelsäure, 20%ig. 2,5 ml-Pipette.

Kupfer-(2)-acetatlösung. 0,1 g Kupferacetat werden in einen Meßkolben von 100 ml Inhalt zuerst mit 2,5 ml 20%iger Schwefelsäure in Lösung gebracht und dann mit destilliertem Wasser bis zur Marke ergänzt.

0,01 n-Quecksilbersulfatlösung. In einen 1 l-Meßkolben werden 1,4834 g $HgSO_4$ eingewogen. Der Kolben wird mit destilliertem Wasser bis zur Marke aufgefüllt. Mit dieser Lösung wird täglich der Faktor der nicht titerbeständigen Carbatlösung bestimmt.

---

[1] Unveröffentlicht.

[2] WICKBOLD, R.: Z. analyt. Chem. **152**, 261 (1956).

[3] Im folgenden Text „Carbat" genannt.

Etwa 0,01 n-Natriumdiäthyldithiocarbamatlösung[1]: 2,253 g des Carbats ($C_5H_{10}NS_2Na + 3\,H_2O$) werden in einem 1 l-Meßkolben mit destilliertem Wasser gelöst und mit diesem bis zur Marke ergänzt. Da die Carbatlösung infolge Zersetzung nur 1 bis 2 Tage titerfest ist, bestimmt man ihren Faktor vor jeder Analysenreihe mit der 0,01 *n*-Quecksilbersulfatlösung unter den bei der Ausführung der Analyse beschriebenen Titrationsbedingungen, d. h. mit sämtlichen Reagenzien einschließlich der für den Substanzaufschluß erforderlichen 0,5 ml Salpetersäure.

Ausführung

In das Mikrobombenrohr werden, wie bei der Chlor- und Brombestimmung beschrieben wurde (S. 128), 2—5 mg der Analysensubstanz eingewogen und *0,5 ml der konzentrierten Salpetersäure* zugegeben. Das zugeschmolzene Rohr wird 5 Stunden in einem Heizofen oder Aluminiumblock auf 250° C erhitzt. Nach dem Abkühlen wird aus dem schräg gestellten Rohr zuerst durch Fächeln mit schwacher Flamme die Flüssigkeit aus der Spitze getrieben. Dann läßt man den Innendruck ab, indem man das Glas am Ende der Spitze mit einer kräftigen Flamme erweicht. Nun wird die Spitze des Bombenrohres abgesprengt. Man setzt sie wie einen Trichter auf das Bombenrohr und wäscht sie mit etwa 5 ml destilliertem Wasser aus. Die Spitze wird entfernt und der Inhalt des Bombenrohres mit 20—30 ml destilliertem Wasser in einen Erlenmeyer-Kolben von 250 ml Inhalt mit Schliffstopfen quantitativ übergespült. Für die Titration bringt man zur Lösung in den Erlenmeyer-Kolben der Reihe nach: *10 ml Weinsäurelösung*, *1 ml Kupferacetatlösung*, *Ammoniak* bis zur deutlich alkalischen Reaktion (ein geringer Überschuß schadet nicht) und *5 ml Chloroform*. Bei Zugabe der *Natriumcarbatlösung* beobachtet man, wie mit jedem Tropfen weißes Quecksilbercarbat ausfällt, das beim Umschütteln eine Emulsion bildet, die teilweise von dem Chloroform aufgenommen wird. Das sich nach dem Durchschütteln absetzende Chloroform bleibt dabei farblos. Gegen Ende der Titration kann man an der Eintropfstelle vorübergehend gelbbraune Färbung feststellen, die aber rasch verschwindet, solange noch Quecksilberionen in der Lösung sind. Sobald alles Quecksilber reagiert hat, bleibt die gelbbraune Farbe bestehen, die besonders gut im Chloroform sichtbar ist. Bei etwas Übung ist der Farbumschlag auf 1 Tropfen 0,005 *n*-Natriumcarbat genau festzustellen.

Berechnung

1 ml 0,01 *n*-Natriumdiäthyldithiocarbatlösung entspricht 1,003 mg Quecksilber

[1] Natriumdiäthyldithiocarbamat ist bei E. Merck, Darmstadt, erhältlich. Bei Selbstherstellung arbeitet man nach K. Gleu u. R. Schwab: Angew. Chem. **62**, 320 (1950). In 100 ml Äthanol bringt man 0,1 Mol Diäthylamin und 0,1 Mol Schwefelkohlenstoff (6 ml). Es entsteht ein weißer Niederschlag, der auf Zugabe von 15 ml 8 *n*-Natronlauge (0,12 Mol) verschwindet. Beim Stehen unter Kühlen kristallisiert das Natriumdiäthyldithiocarbat aus. Man wäscht es auf der Nutsche mit Alkohol und Essigester. Die gleichen Lösungsmittel benutzt man auch zum Umkristallisieren. Beim Trocknen bis 80° C behält das Präparat 3 Molekeln Kristallwasser.

$$\% \, Hg = \frac{ml\ 0{,}01\ n\text{-}C_5H_{10}NS_2Na \cdot 1{,}003 \cdot 100}{mg\ Substanzeinwaage}$$

Bemerkungen: Chlor, Brom, Jod in Mengen, wie sie in organischen Substanzen vorkommen, stören die Bestimmung nicht. Auch bei der Oxydation mit Salpetersäure eventuell gebildetes Bromat und Jodat beeinflussen die Titration des Quecksilbers nicht. Sollte gleichzeitig Silber zugegen sein, ist es vor der Titration auszufällen und abzutrennen. Die von R. WICKBOLD empfohlene Titration mit Hilfe eines Emulgators bringt bei der beschriebenen Ausführung keine Vorteile. Auf Grund einer großen Zahl untersuchter, auch flüchtiger Quecksilberverbindungen beträgt die Genauigkeit der Methode ± 0,2 Prozent.

b) Bestimmung als Goldamalgam nach M. BOËTIUS[1]

Die organische Quecksilberverbindung wird in einem der üblichen Verbrennungsrohre im Porzellanschiffchen verbrannt. Die von dem Gasstrom mitgeführten Quecksilberdämpfe werden auf Gold niedergeschlagen und kommen als Goldamalgam zur Wägung.

Elemente und Verbindungen, die beim Austritt aus dem Verbrennungsrohr mit Gold reagieren, müssen von der Rohrfüllung adsorbiert oder so zerlegt werden, daß sie die Analysengenauigkeit nicht beeinflussen.

Zur Adsorption von Chlor, Brom und Schwefel dient erhitztes Bleioxyd. Das Jod wird an Silber gebunden. Die bei der Verbrennung stickstoffhaltiger Substanzen entstehenden Stickoxyde werden an metallischem Kupfer zerlegt, das schon F. HERNLER[2] bei seiner Quecksilberbestimmung benützte. Um die Wirksamkeit des Kupfers zu erhalten, erfolgt die Verbrennung der Substanz in einer sauerstofffreien Atmosphäre (Kohlendioxyd). Damit aber die zur vollständigen Verbrennung der Substanz notwendige Oxydationskraft des Rohres erhalten bleibt, bringt man eine Schicht Bleichromat ein, die gleichzeitig die Hauptmenge des Chlors und Broms sowie die Verbrennungsprodukte des Schwefels bindet. Da sich bei der Analyse von stickstofffreien Substanzen die Verwendung von Kupfer und folglich auch das Kohlendioxyd erübrigt, benützt man für solche Substanzen eine einfachere Rohrfüllung.

Reagenzien

Natriumhydrogencarbonat. Aufschlämmung in destilliertem Wasser (Tropfpipette).

Bleioxyd (p. a.), ausgeglüht.

Silbertonscherben. Sie werden wie folgt hergestellt: Tonteller werden zerkleinert und gesiebt. Die zweckmäßige Korngröße liegt bei 2 mm. Auf 10 g Tonscherben wird in einem Porzellantiegel 1 g Silbernitrat in 1,5 ml Wasser gelöst aufgegossen; es wird durchgemischt, bis die Lösung vollkommen aufgesaugt ist, im Trockenschrank unter öfterem Umrühren getrocknet und so lange ge-

---

[1] BOËTIUS, M.: J. prakt. Chem. **151**, 279 (1938).
[2] HERNLER, F.: Mikrochem. Pregl-Festschrift 154 (1929).

glüht, bis keine braunen Dämpfe mehr entweichen. Die Tonscherben besitzen dann eine 5—6%ige Silberauflage; sie sind von graugrüner Farbe.

Bleichromat (p. a.), gekörnt, von etwa 2 mm Durchmesser.

Kupfer, metallisch, feinkörnig. Es wird durch Reduktion von zerkleinertem, stabförmigem Kupferoxyd (S. 92) hergestellt.

Gold. In feinen Streifen geschnittene Goldfolie, feiner Golddraht oder vergoldetes Tressensilber (S. 38).

Die Apparatur und ihre Herrichtung

a) Für stickstofffreie Substanzen (Abb. 80a). Als Sauerstoff-Gasquelle benutzt man einen Gasometer oder eine Stahlflasche. Die Gasgeschwindigkeit wird mit Hilfe eines Schraubenquetschhahnes bzw. mit dem Nadelventil eingestellt. Die Kontrolle des Gasstromes erfolgt in einem Blasenzähler, der mit einer wäßrigen Natriumhydrogencarbonataufschlämmung gefüllt ist. Das Verbrennungsrohr ohne seitliches Einleitungsrohr aus Supremaxglas hat die gleichen Ausmaße wie das bei der Kohlenstoff-Wasserstoff-Bestimmung beschriebene, nur der Rohrschnabel ist länger (45—50 mm). In dem Rohr befindet sich, der Stromrichtung folgend, zuerst ein Diffusionsrohr aus Supremaxglas (*Df*), das den Zweck hat, die Strömungsgeschwindigkeit zu vergrößern. Es ist 60—80 mm lang; der Außendurchmesser soll etwa 0,2—0,3 mm kleiner

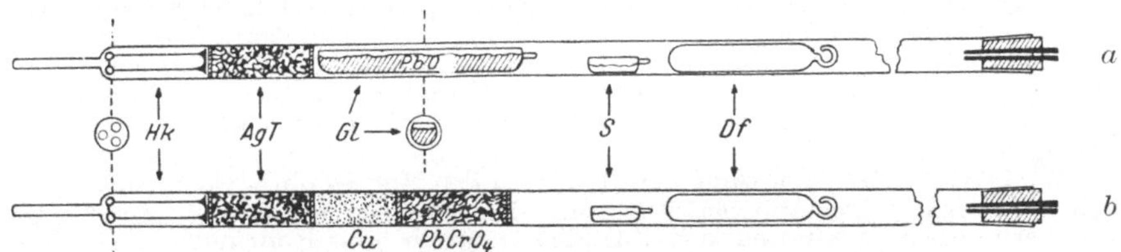

Abb. 80. Verbrennungsrohr für die Quecksilberbestimmung nach M. Boëtius. *a* für stickstofffreie Substanzen; *b* für stickstoffhaltige Substanzen.

sein als die lichte Weite des Verbrennungsrohres. Auf das Substanzschiffchen (*S*) folgt das Bleioxydschiffchen (*Gl*) aus Supremaxglas, das den gleichen Durchmesser wie das Diffusionsrohr hat und 80 mm lang ist. Es folgt eine 40 mm lange Schicht Silbertonscherben (*AgT*), die zwischen 1 mm starken Asbestlagen festgehalten wird. In dem über das Verbrennungsgestell hinausragenden Teil des Rohres, der zur Kondensation des Quecksilbers bestimmt ist, befindet sich schließlich ein 35—40 mm langer Hohlkörper (*Hk*) aus Supremaxglas. Die Rohrfüllung wird in einem Verbrennungsofen auf etwa 750° C erhitzt. Das Absorptionsröhrchen mit *Gold*, das zur Aufnahme des Quecksilbers über den Rohrschnabel geschoben wird, ist aus Supremaxglas. Seine lichte Weite ist so bemessen, daß es mit möglichst kleinem Spielraum über den Schnabel des Rohres geschoben werden kann. Das Absorptionsröhrchen ist 70—75 mm lang, davon entfallen auf den Griff 20—25 mm. Es wird mit einer 17—18 mm hohen Schicht in Streifen geschnittener Goldfolie, feinem Golddraht oder vergoldetem Tressensilber gefüllt. Für das Durchsaugen von Luft durch das Absorptionsröhrchen benutzt man eine Mariottesche Flasche (S. 48).

b) Für stickstoffhaltige Substanzen. Hierbei wird das Quecksilber mit Kohlendioxyd in das Absorptionsröhrchen übergetrieben. Die abgeänderte Rohrfüllung besteht, wie aus Abb. 80b zu ersehen ist, darin, daß an Stelle des Bleioxyds eine 50 mm lange Schicht ausgeglühtes Bleichromat und eine Lage von 25 mm feinkörnigem, metallischem Kupfer eingebracht und von Asbestzwischenlagen festgehalten werden. Sonst ist die Apparatur gleich der für Analysen von stickstofffreien Substanzen. Um Oxydation des Kupfers zu vermeiden, bewahrt man das Rohr mit Kohlendioxyd gefüllt auf.

Ausführung

Die Analyse beginnt man mit dem Ausglühen des Rohres (eben beginnende Rotglut) unter Durchleiten von Sauerstoff bzw. Kohlendioxyd, wobei man das Rohr so in den Heizofen legt, daß das Rohrende (ohne Schnabel) etwa 10 mm herausragt. Die Gasgeschwindigkeit wird auf 3,3—3,6 ml je Minute eingestellt. Nun wird das Absorptionsröhrchen gleich den Absorptionsapparaten bei der Kohlenstoff-Wasserstoff-Bestimmung (S. 52) gereinigt und gewischt, zum Temperaturausgleich auf ein Metallgestell neben die Waage abgelegt und nach 12 Minuten gewogen. Wegen der hier erforderlichen sehr genauen Wägung ist eine Veränderung des Nullpunktes bei der Wägung des leeren und beladenen Absorptionsröhrchens zu berücksichtigen. Inzwischen werden in ein gereinigtes und ausgeglühtes Porzellanschiffchen 3—6 mg der Analysensubstanz eingewogen. Das gewogene Absorptionsröhrchen wird nun mit Hilfe eines Gummischlauches an die Mariottesche Flasche angeschlossen und so über den Schnabel des Rohres geschoben, daß die Goldfüllung vom Schnabelende noch 4—5 mm entfernt ist. Über den Teil des Absorptionsröhrchens, in dem sich das Gold befindet, wird zur Kühlung eine vierfache Lage eines mit destilliertem Wasser befeuchteten Baumwollflanells so gelegt, daß die ersten 3—4 mm der Goldschicht noch zu sehen sind.

Nun wird das Schiffchen mit der Substanz und das Diffusionsrohr in das Rohr geschoben, dieses durch den Gummistopfen mit der Gaseinleitungskapillare wieder verschlossen und der Hebel der Mariotteschen Flasche so weit gesenkt, daß in der gleichen Zeit etwas mehr Luft durch das Absorptionsröhrchen gesaugt wird, als aus dem Rohrschnabel Gas austritt. Die Sauggeschwindigkeit der Mariotteschen Flasche soll etwa 4,5—5,0 ml je Minute betragen.

Zunächst beginnt man mit dem Erhitzen des Rohres unter dem Diffusionsrohr und rückt in der üblichen Weise mit dem Brenner langsam bis zum Langbrenner in etwa 10 Minuten vor. Zur Sicherheit wird das Rohr noch ein zweites Mal, unter dem Diffusionsrohr beginnend, 10 Minuten lang erhitzt. Während dieser Zeit hat sich das Quecksilber vor dem Schnabel im Rohr abgesetzt und muß nun vorsichtig in das Absorptionsröhrchen übergetrieben werden. Dazu beginnt man das Verbrennungsrohr an der Austrittsstelle aus dem Ofen mit der Flamme eines Mikrobrenners vorsichtig zu erhitzen und rückt langsam bis zum Schnabel vor. Nun wird das Absorptionsröhrchen noch bis zum vordersten Rand der Goldfüllung erwärmt. Nachdem das ganze Quecksilber übergetrieben ist, läßt man das Absorptionsröhrchen 3 Minuten lang abkühlen, entfernt das Kühlläppchen und zieht das Absorptionsröhrchen, ohne die Verbindung mit der Mariotteschen Flasche zu unterbrechen, vom Schnabel des Verbrennungsrohres ab. Zur Entfernung der von der Verbrennung der Substanz herrührenden Kondenswasserspuren werden 100 ml trockene Luft bei unveränderter Saugwirkung der Mariotteschen Flasche durch das Absorptionsröhrchen gesaugt, wobei ein Chlorcalciumrohr mit einem Gummistopfen aufgesetzt wird. Nun werden die Verbindungen gelöst und das Absorptionsröhrchen wie vor der Bestimmung gewischt und gewogen.

Eine Goldfüllung kann ohne Bedenken zur Aufnahme von etwa 25 mg Quecksilber verwendet werden. Aus längere Zeit unbenützten oder mit Quecksilber voll beladenen Absorptionsröhrchen entfernt man das Quecksilber durch Erhitzen. Um zu vermeiden, daß die Dämpfe in den Arbeitsraum gelangen, treibt man das Quecksilber in den vorderen Teil des Absorptionsröhrchens, das man dann zur Lösung des Quecksilbers in verdünnte Salpetersäure (1 : 1) taucht.

Die Gewichtszunahme des Absorptionsröhrchens entspricht der Quecksilbermenge der Analysenprobe

$$\% \text{ Hg} = \frac{\text{mg Hg ausgewogen} \cdot 100}{\text{mg Substanzeinwaage}}$$

Weitere Methoden: Nach Zerstören des organischen Anteiles der Substanz mit Salpetersäure bestimmen A. VERDINO[1] wie auch F. HERNLER und R. PFENINGBERGER[2] das Quecksilber elektrolytisch. Die erstere Methode wird auf S. 196 beschrieben.

Kleinere und kleinste Mengen Quecksilber können nach den bekannten Methoden von A. STOCK und Mitarbeitern[3] durch Überführen des Quecksilbers in einer Kapillare in Quecksilberjodid und Vergleich mit bekannten Quecksilberjodidmengen bestimmt werden. P. K. SCHULITZ[4] setzt das Quecksilberjodid mit Jodmonochlorid um und titriert das ausgeschiedene Jod mit Jodat

$$HgJ_2 + 2\,JCl = HgCl_2 + 2\,J_2$$

Kleinste Mengen Quecksilber (unter 1 μg) lassen sich sehr genau mit der Dithizon (Diphenylthiocarbazon)-Methode von H. FISCHER[5] als gelbes Dithizonat colorimetrisch bestimmen.

Weitere Verbindungen, die mit Quecksilber gefärbte Komplexverbindungen bilden (Di-β-naphthylthiocarbazon, Diphenylcarbazon u. a. m.) werden von E. B. SANDELL[6] beschrieben.

Bestimmung von Metallen in metall-organischen Verbindungen

Es handelt sich hier um die einfachsten Mikromethoden, die sich prinzipiell nicht von den Makroverfahren unterscheiden. Die organischen Metallsalze werden, soweit die Metalle nicht schon gleichzeitig mit dem Kohlenstoff und Wasserstoff der Substanz als Rückstand bestimmt wurden, in einem Platin- oder Porzellantiegel oder in einem Schiffchen geglüht. Dabei wird je nach den vorliegenden Elementen

a) nach direktem Glühen das Metall (Metalloxyd) als Rückstand gewogen,

b) durch Abrauchen mit Schwefelsäure das Metall in das Sulfat übergeführt und als solches zur Wägung gebracht.

Reagenzien

Salpetersäure (D: 1,4).

Schwefelsäure, verd., 1:5.

---

[1] VERDINO, A.: Mikrochem. **6**, 5 (1928).

[2] HERNLER, F., u. R. PFENINGBERGER: Mikrochem. **21**, 116 (1937).

[3] STOCK, A., u. Mitarbeiter: Z. angew. Chem. **39**, 466 (1926); **39**, 791 (1926); **41**, 546 (1928); **42**, 429 (1929); **44**, 200 (1931); **47**, 641 (1934); STOCK, A.: Mikrochem. **30**, 128 (1941).

[4] SCHULITZ, P. K.: Arch. Pharmaz. **286**/58, 506 (1953).

[5] FISCHER, H.: Angew. Chem. **42**, 1025 (1929); Mikrochem. **8**, 319 (1930).

[6] SANDELL, E. B.: Colorimetric Determination of Traces of Metals, Sec. Ed., Interscience Publishers, Inc., New York, Interscience Publishers Ltd., London 1950.

Ausführung der Bestimmung im Tiegel

Rückstandsbestimmung: Der gereinigte und 5 Minuten lang geglühte Tiegel wird auf dem Kupferblock des Handexsiccators zur Waage gebracht. Platintiegel können nach 5 Minuten, Porzellantiegel nach 20 Minuten gewogen werden. Um besonders beim Porzellantiegel einen raschen Temperaturausgleich zu erreichen, wechsle man den Kupferblock des Handexsiccators nach einigen Minuten gegen einen anderen aus. Der Tiegel mit Deckel wird mit der Platin- oder Nickelspitzenpinzette auf die Waagschale gebracht und auf $\pm$ 0,001 mg genau gewogen. Sodann bringt man in den Tiegel 2—5 mg Substanz mit einem Mikrospatel ein und pinselt ihn vorsichtig mit dem Marderhaarpinsel von oben nach unten ab. Zur Einwaage hygroskopischer Substanzen dient das Stickstoffwägeröhrchen mit Schliff (S. 15). Öle werden mit einem Glasfaden auf den Boden des Tiegels gebracht. Man setzt den Deckel wieder auf, stellt den Tiegel nach der Wägung auf den Kupferblock und dann auf einen großen Platindeckel oder in den Porzellanschutztiegel.

Zum Veraschen der Substanz wird zuerst der Deckel mit der entleuchteten Flamme eines Bunsenbrenners von oben vorsichtig erhitzt. Sobald die Substanz verkohlt ist, beginnt man allmählich immer stärker werdend von unten zu heizen. Nach etwa 5 Minuten wird die Flamme entfernt, der Deckel abgenommen und, wenn noch Kohle im Tiegel beobachtet wird, *1 Tropfen Salpetersäure* mit einem Glasfaden auf den Rückstand gebracht. Bei sehr resistenten Substanzen muß die Zugabe der Salpetersäure öfter wiederholt werden.

Nun bringt man den Tiegel auf dem Kupferblock zur Waage und wägt ihn wie vorher. Bei schwer veraschbaren Substanzen wird nach Zusatz von noch einem Tropfen Salpetersäure das Glühen wiederholt und der Tiegel auf Gewichtskonstanz überprüft.

Auch chlorhaltige Gold- und Platinverbindungen können bei einiger Vorsicht durch direktes Glühen im Platintiegel sehr genau analysiert werden. Man erhitzt zunächst die Substanz vorsichtig mit der normalen Flamme eines Mikrobrenners, wobei sich zuerst die entweichende Salzsäure und dann die Verbrennungsprodukte der organischen Substanz durch den Geruch unschwer erkennen lassen. Hierauf entfernt man den Mikrobrenner und erhitzt den Tiegel mit der eben entleuchteten Flamme des Bunsenbrenners 3 Sekunden auf dunkle Rotglut. Dann hebt man den Deckel mit der Platinspitzenpinzette ab und sieht nach, ob noch Kohle im Tiegel ist; sollte dies der Fall sein, so ist das Glühen mit dem Bunsenbrenner zu wiederholen. Die nach dieser Arbeitsweise erhaltenen Ergebnisse liegen höchstens 0,2% unter der Theorie.

Abrauchen mit Schwefelsäure: Auf die wie zur Rückstandsbestimmung eingewogene Substanz wird aus einer etwa 200 mm langen Kapillare (1—2 mm Durchmesser), die zu einer feinen Spitze ausgezogen ist, *1 Tropfen verdünnte Schwefelsäure* so fallen gelassen, daß die ganze Substanz damit benetzt wird. Nachdem man den Deckel aufgesetzt hat, beginnt man diesen von oben durch kurzes Berühren (1—2 Sekunden) mit der Flamme eines Bunsenbrenners zu erhitzen, so daß nach jedem Erhitzen ganz schwache Schwefeltrioxydschwaden entweichen. Ist die Schwefelsäure abgeraucht, so glüht man schließlich den Tiegel von unten 3 Minuten mit kräftiger Flamme, um alles Hydrogensulfat in Sulfat überzuführen. Sodann hebt man den Deckel ab und überzeugt sich, ob noch Kohle zurückgeblieben ist. Wird diese festgestellt, fügt man einen Tropfen konz. Salpetersäure hinzu und glüht wieder. Dieser Vorgang ist so lange zu wiederholen, bis der Rückstand kohlefrei ist. Dann bringt man noch einen Tropfen Schwefelsäure hinzu und glüht wie vorher. Es ist sehr zu empfehlen, bei jeder Bestimmung zweimal mit Schwefelsäure abzurauchen und auf Gewichtskonstanz zu prüfen.

Das Abrauchen im Schiffchen in der Mikromuffel von F. PREGL[1]

Die Mikromuffel (Abb. 81) besteht aus einem Supremaxrohr von 200 mm Länge und 10 mm äußerem Durchmesser. Das Rohr wird in eine Stativklammer horizontal so hoch über dem Arbeitstisch eingespannt, daß es sich in dem heißesten Flammenteil eines daruntergebrachten Bunsenbrenners befindet. Über das eine Rohrende wird der kürzere Schenkel eines rechtwinklig gebogenen Hartglasrohres von 12 bis 14 mm Innendurchmesser geschoben, am besten mit einer Zwischenlage von Asbestpapier. Der kurze Schenkel des rechtwinklig gebogenen Rohres ist 50 mm und der lange (vertikale) 150 mm lang. Über den vertikalen Schenkel wird eine zweifach gewickelte Drahtnetzrolle von 80 mm Länge geschoben. Mit der Flamme eines schräg befestigten Bunsenbrenners wird diese Drahtnetzrolle erhitzt, wodurch im Innern des Rohres ein aufsteigender Luftstrom entsteht, der durch die Querschnittsverengung am hineingeschobenen horizontalen Rohr an Geschwindigkeit zunimmt. Um diesen Luftstrom gleichmäßig mit einem zweiten Brenner erhitzen zu können, ist über das horizontale Glasrohr eine 50 mm lange Drahtnetzrolle gezogen, die leicht verschiebbar ist.

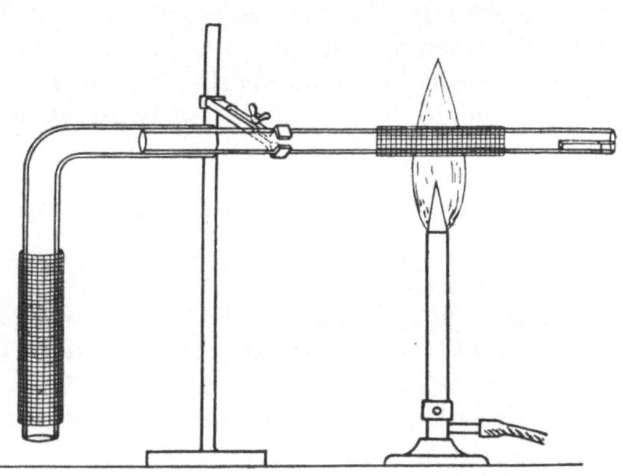

Abb. 81. Mikromuffel. (⅓ natürl. Größe.)

Ausführung

Auf die in einem Platin- oder Porzellanschiffchen eingewogene Substanz läßt man aus einer fein ausgezogenen Kapillare, die vertikal gehalten wird, *1 Tropfen verdünnte Schwefelsäure* frei herabfallen, ohne dabei die Wandung des Schiffchens zu berühren. Dann schiebt man das

[1] PREGL, F.: Mikrochem. **2**, 75 (1923/24).

Schiffchen mit der Pinzette in das horizontale Rohr (Abb. 81), bringt die Drahtnetzrolle etwa 30 mm vor das Schiffchen und stellt einen Bunsenbrenner unter die Mitte der Rolle. Man rückt allmählich mit der Rolle und der Flamme näher an die Substanz und beobachtet genau die Reaktion. Bei zu raschem Vorrücken kommt es leicht zum Überkriechen oder Schäumen der Schwefelsäure, was zu Substanzverlusten führen kann. Rückt man mit der Drahtnetzrolle und dem Brenner vorsichtig vor, so sieht man aus dem Rohr ganz schwache Schwefeltrioxydschwaden austreten. Ist man mit dem Brenner unter dem Schiffchen angelangt, so entfernt man die Rolle und heizt schließlich eine Minute mit voller Flamme unter das Schiffchen, um die primären Sulfate in sekundäre überzuführen. Sollten danach noch Kohleteilchen sichtbar sein, so erfaßt man das Schiffchen mit der Pinzette und glüht es einmal kurz in der rauschenden Flamme, stellt es sodann auf den Kupferblock und wägt das Platinschiffchen nach 5 und das Porzellanschiffchen nach 10 Minuten.

Bemerkung: Es gibt Substanzen, die sich beim Abrauchen im Schiffchen aufblähen und voluminöse Massen bilden[1] oder über den oberen Rand des Schiffchens kriechen. Verbindungen mit solchen Eigenschaften gelingt es, im Tiegel in der beschriebenen Weise ohne Schwierigkeiten abzurauchen oder als Rückstand zu bestimmen.

Bestimmungsformen von Metallen

Durch direktes Glühen, wenn nötig unter Zusatz von Salpetersäure, werden bestimmt:

Im Platintiegel. Eisen als Eisen-III-oxyd, Aluminium als Aluminium-III-oxyd, Kupfer als Kupfer-II-oxyd, Zinn als Zinn-IV-oxyd, Silicium als Siliciumdioxyd[2], Magnesium als Magnesiumoxyd[3], Lanthan als Lanthan-III-oxyd und Vanadin als Vanadinpentoxyd.

Im Porzellantiegel. Chrom als Chrom-III-oxyd, Silber[4], Gold und Platin.

Hat man öfter Edelmetallsalze zu analysieren, so empfiehlt es sich, einen eigens dafür bestimmten Platintiegel zu verwenden. Der Platintiegel behält sein Gewicht besser bei als der Porzellantiegel und gestattet rascher zu arbeiten. Sind einige hundert Milligramme Edelmetalle angereichert worden, so reinigt man den Tiegel elektrolytisch von Silber und Gold, indem man ihn als Anode in ein Elektrolysengefäß bringt.

Im Schiffchen. Das Glühen im Wasserstoffstrom wird bei Kobalt-

[1] Vgl. A. Meixner u. F. Kröcker: Mikrochem. **5**, 130 (1927).

[2] Flüchtige Siliciumverbindungen, wie Dimethyldichlorsilan u. a. m. werden nach G. F. Gilliam, H. A. Liebkafsky u. A. F. Winslow (Am. Soc. **63**, 801 [1941]) mit Natriumperoxyd aufgeschlossen und als Siliciumdioxyd ausgewogen.

[3] Magnesium läßt sich nach E. Abrahamczik: Angew. Chem. **61**, 96 (1949), colorimetrisch mit Titangelb bestimmen. Störende Elemente werden durch Ausschütteln mit Acetylaceton entfernt.

[4] Sind andere Metalle zugegen, so wird das Silber nach A. Friedrich u. F. Rappaport: Mikrochem. **18**, 227 (1935), elektrolytisch abgeschieden.

und Nickelsalzen in Platin- (Porzellan-) Schiffchen vorgenommen[1], wozu man das Schiffchen in ein kurzes Verbrennungsrohr bringt.

Das Erhitzen im Wasserstoffstrom wendet man auch für Substanzen an, bei denen die Gefahr des Verpuffens (Nitrogruppen) oder des Aufblähens besteht. Während das Platin selbst, wie bereits gesagt, durch direktes Glühen in wägbares Metall übergeht, bilden sich bei den Platinmetallen Rhodium, Iridium, Ruthenium, Osmium und Palladium leicht Metalloxyde. J. MEYER und K. HOEHNE[2] glühen zuerst im Wasserstoff-, dann im Kohlendioxyd- und Sauerstoffstrom, verdrängen den Sauerstoff durch Kohlendioxyd und glühen schließlich im Wasserstoffstrom.

Durch *Abrauchen mit Schwefelsäure* (+ Salpetersäure) werden im Platintiegel in Sulfate übergeführt: Magnesium, Calcium, Strontium, Barium, Cadmium, Mangan, Beryllium[3] und Blei. Bei organischen Bleisalzen ist unbedingt Salpetersäure zuzugeben, da es sonst zu Schädigungen des Tiegels kommt, wenn elementares Blei ausgeschieden wird. F. PREGL fügt dem Bleisalz 1 Tropfen konzentrierte Schwefelsäure zu und fährt mit dem Zugeben von konzentrierter Salpetersäure so lange fort, bis sich der Rückstand nicht mehr dunkel färbt.

Ferner gehen sämtliche Elemente der Alkaligruppe, Lithium, Natrium, Kalium, Rubidium und Caesium, in Sulfate über. Da das Lithiumsulfat hygroskopisch ist, raucht man die Substanz in einem Platinschiffchen ab und bringt das Sulfat unter Ausschluß von Feuchtigkeit (S. 28) zur Wägung. Aus Rubidium und Caesium bilden sich zuerst Pyro- und primäre Sulfate, die erst allmählich in reine Sulfate übergehen. Nach H. ROTH[4] raucht man die Schwefelsäure in einem Platintiegel, vorsichtig von oben beginnend, ab und erhitzt, sobald keine Schwefeltrioxydschwaden mehr entweichen, den Tiegel (auf einem Platindeckel) mit der rauschenden Flamme eines Bunsenbrenners 12 Minuten lang. Nach der Wägung glüht man weitere 3 Minuten. Zeigt der Tiegel Gewichtskonstanz von $\pm$ 0,002 mg, liegt alles Pyro- bzw. Hydrogensulfat als Sulfat vor. Über weitere Möglichkeiten zur Bestimmung von Metallen s. Anmerkung 5.

Mikroelektrolyse nach F. PREGL

Die elektrolytische Bestimmung von Metallen wird man namentlich dann heranziehen, wenn sich das Metall nach den vorher beschriebenen

[1] FRIEDRICH, A.: Die Praxis der quantitativen organischen Mikroanalyse, S. 125, Verlag Deuticke, Leipzig, Wien 1933.

[2] MEYER, J., u. K. HOEHNE: Mikrochem. **19**, 64 (1935).

[3] TETTAMANZI, ANGELO: Ann. chim. analyt. chim. appl. **30**, 269 (1940); C **1940** II, 2348.

[4] ROTH, H.: Mikrochem. **21**, 227 (1936).

[5] EMICH, F.: Mikrochemisches Praktikum, Verlag Bergmann, München 1931, und Lehrbuch der Mikrochemie, Verlag Bergmann, München 1926; ferner F. HECHT u. J. DONAU: Anorgan. Mikrogewichtsanalyse, J. Springer, Wien 1940. Überdies wird auf die Sammelreferate der Mikrochem. verwiesen: Aluminium, Chrom, Eisen: HELLER, K.: Mikrochem. **12**, 327 (1933); Zinn, Arsen, Antimon, Wismut: HELLER, K.: Mikrochem. **14**, 369 (1934); Quecksilber: CUCUEL, F.: Mikrochem. **13**, 321 (1933); Kobalt, Nickel, Mangan, Zink:

Methoden nicht bestimmen läßt. Die Elektrolyse kann auch zur indirekten Bestimmung der Halogene nebeneinander benützt werden. Dazu bestimmt man zuerst die Summe des Halogensilbers, löst den Niederschlag in 3—4%iger Cyankaliumlösung und scheidet das Silber elektrolytisch ab.

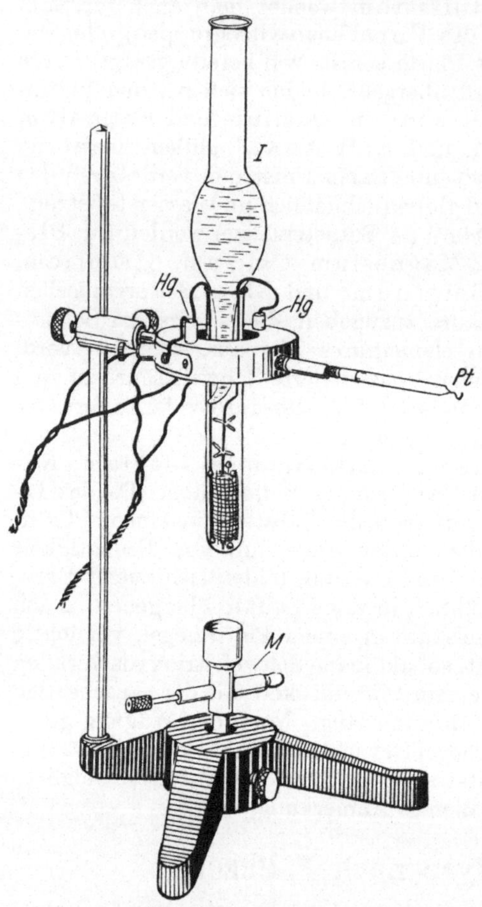

Abb. 82. Apparat zur elektrolytischen Kupfer- und Quecksilberbestimmung. (⅓ natürl. Größe.) *I* Innenkühler; *Hg* Quecksilbernäpfchen; *Pt* Platinhäkchen; *M* Mikrobrenner.

Die Einhaltung der bekannten Bedingungen, die erfüllt sein müssen, um eine rasche quantitative Abscheidung auf der Kathode zu erzielen, hat sich bei der Abscheidung geringer Kupfermengen als weit einfacher erwiesen, als von vornherein anzunehmen war; denn anstatt durch einen Rührer kann man die Flüssigkeit durch lebhaftes Sieden in Bewegung halten, wobei die Elektrolyse eine wesentliche Beschleunigung erfährt; allerdings darf die Unterbrechung des Stromes erst nach vollständiger Abkühlung erfolgen, um zu verhindern, daß das abgeschiedene Metall von der sauerstoffhaltigen verdünnten Schwefelsäure wieder in Lösung gebracht wird.

Der Mikroelektrolysenapparat (Abb. 82)

Das Elektrolysengefäß besteht aus einem einfachen Reagenzglas von 16 mm äußerem Durchmesser und einer Länge von 105 mm, das in einem Hartgummiring durch

Heller, K.: Mikrochem. **12**, 375 (1933); Nickel, Kobalt: Stary, Z.: Mikrochem. **15**, 140 (1934); Kobalt, Nickel, Eisen, Chrom, Vanadin: Meyer, J., u. K. Hoehne: Mikrochem. **16**, 187 (1934); Thallium: Berg, R., u. E. S. Fahrenkamp: Mikrochem. **1**, 64 (1937); Calcium: Manly, R. S.: Mikrochem. **27**, 145 (1939); Zink: Dubrowski, J., u. L. Marchlewski: Bl. Acad. polon. **1935**, 479; Anwendung organischer Komplexbildner zur Trennung und Bestimmung von Metallen mit Hilfe von Ausschüttelungsreaktionen: Abrahamczik, E.: Mikrochem. **36/37**, 104 (1951); Angew. Chem. **63**, 494 (1951); Belcher, R. u. a.: Ind. Eng. Chem., Analyt. Ed. **26**, 475 (1950); Colorimetrische Bestimmung von Metallen: Sandell, E. B.: Colorimetric Determination of Traces of Metals, Sec. Ed., Interscience Publishers, Inc., New York, Interscience Publishers Ltd., London 1950.

Metallfedern festgehalten wird. Der Hartgummiring ist durch eine Klemme mit Schraube an dem Stativ befestigt und kann dadurch seitlich und nach oben verschoben werden. Die Elektroden werden mit ihren umgebogenen Enden in zwei am Hartgummiring angebrachte Quecksilbernäpfchen (*Hg*) gehängt, durch die die Stromzuleitung erfolgt.

Als Kathode dient eine zylindrische Netzelektrode aus Platin (Abb. 83, *K*) mit einem Durchmesser von 10 mm und einer Höhe von 30 mm. An diese ist, wie aus der Abbildung hervorgeht, ein 100 mm langer Platindraht angeschweißt. Um zu vermeiden, daß die Elektrode beim Herausziehen aus dem Elektrolysengefäß die Wand berührt, sind an dem oberen und unteren Zylinderrand je drei Hartglastropfen von 1,5 mm Durchmesser angeschmolzen. Es sei bemerkt, daß sich für diesen Zweck sog. Schmelzglas nicht eignet, weil es durch das Kochen während der Elektrolyse merklich in Lösung geht und fälschliche Gewichtsabnahmen verursacht.

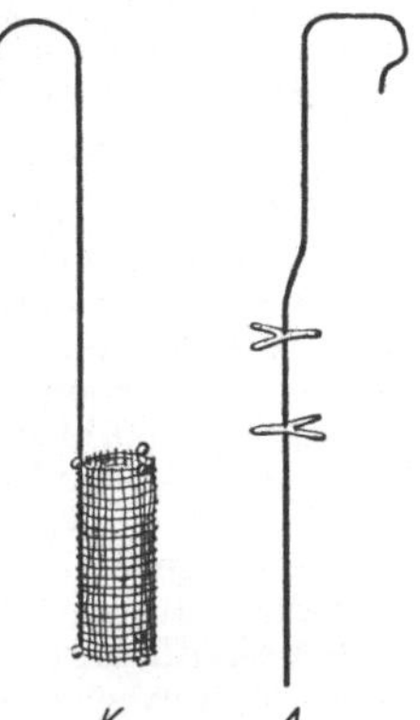

Abb. 83. Platinelektroden. (⅔ natürl. Größe.) *K* Netzelektrode; *A* Anode.

Als Anode (Abb. 83, *A*) dient ein Platindraht von 130 mm Länge, der der Zeichnung entsprechend abgebogen ist und an zwei Stellen übereinander zwei Y-förmig gestaltete, angeschmolzene Glasteile trägt, die der Anode eine genau axiale Lage innerhalb der Kathode vorschreiben und verhindern, daß sie die Kathode beim Herausziehen berührt. Die beiden Elektroden sollen im Elektrolysengefäß, ohne sich gegenseitig zu berühren, eben Platz finden.

Um Verluste durch Flüssigkeitströpfchen an der Wand des leeren Teiles des Elektrolysengefäßes zu vermeiden, wird in das Elektrolysengefäß ein lose sitzender Innenkühler (Abb. 82) gebracht, dessen seitlicher Schnabel an der Innenwand anliegt. Der Innenkühler wird mit Wasser gefüllt, nachdem vorher seine Außenwandung mit Chromschwefelsäure gereinigt wurde.

Als Stromquelle benützt man am besten zwei hintereinandergeschaltete 2-Volt-Akkumulatoren.

In den Stromkreis werden 1. ein Schiebewiderstand (6 Ohm), 2. ein Stromwender und 3. ein Voltmeter (bis 10 Volt) eingeschaltet. Die Anordnung ist aus dem Schaltschema (Abb. 84) zu ersehen.

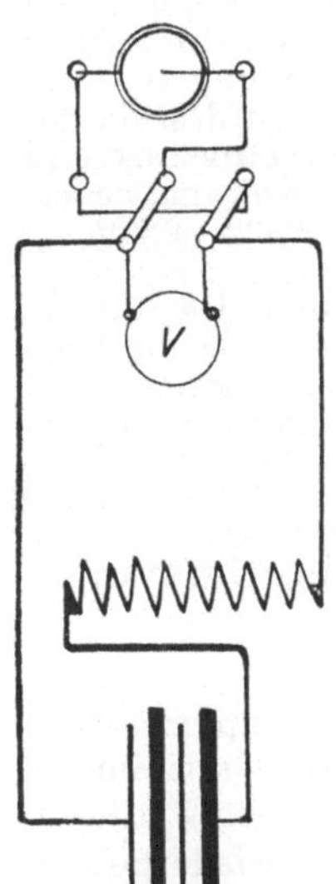

Abb. 84. Schaltschema zur elektrolytischen Kupferbestimmung. *E* Elektrolysengefäß; *V* Voltmeter; *Akk* Akkumulatoren.

a) Ausführung der elektrolytischen Kupferbestimmung

Die organische Substanz wird nach A. FRIEDRICH[1] entweder mit konz. Salpetersäure im Mikrobombenrohr (evtl. Makrobombenrohr) nach S. 127 oder im Kjeldahl-Kölbchen (S. 111) mit konz. Schwefelsäure, konz. Salpetersäure und Perhydrol aufgeschlossen. Zu Ende des Aufschlusses darf die Lösung nur Schwefelsäure enthalten. Dann engt man die Schwefelsäure über freier Flamme weitestgehend ein und bläst gleichzeitig Luft in den Kölbchenhals. Man verdünnt die Schwefelsäure mit Wasser, kocht zur Vertreibung von Nitrosylschwefelsäure und nitrosen Gasen einige Male tüchtig auf und spült die Lösung quantitativ in das Elektrolysengefäß, das mit heißer Chromschwefelsäure und Wasser gründ-

[1] FRIEDRICH, A.: Die Praxis der quantitativen organischen Mikroanalyse, S. 128.

lich gereinigt wurde. Das Flüssigkeitsvolumen soll nicht mehr als 7 ml betragen.

Während die Substanz aufgeschlossen wird, verbindet man die Apparatur nach Abb. 84 so mit der Stromquelle, dem Widerstand und dem Voltmeter, daß nach dem Einsetzen der Elektroden in die Quecksilbernäpfchen der Stromkreis geschlossen ist.

Nun wird die Netzelektrode, gleichgültig, ob bereits mit Kupfer beladen oder nicht, der Reihe nach in konz. Salpetersäure, destilliertes Wasser, Alkohol und schließlich in reinen Äther getaucht und etwa 1 m über der Flamme eines Bunsenbrenners kurz (3—5 Sekunden) getrocknet. Die Kontaktstelle der Elektrode wird in der Flamme ausgeglüht, um haftengebliebene Quecksilbertröpfchen zu entfernen.

Zum Auskühlen hängt man die Elektrode an das in den Glasstab eingeschmolzene Platinhäkchen *Pt* des Mikroelektrolysenapparates.

Die geringe Wärmekapazität des Platins wie auch sein gutes Wärmeleitungsvermögen gestatten es, die Elektrode schon nach 5 Minuten zu wägen. Sie wird dazu auf die linke Waagschale gestellt. Nun bringt man die Elektroden in das Gefäß und taucht ihre Enden in die entsprechenden Quecksilbernäpfchen. Sodann setzt man den mit kaltem Wasser gefüllten Innenkühler so ein, daß sein Schnabel die Gefäßwand berührt. Nach Stromschluß stellt man mittels des Widerstandes die Spannung auf 2 Volt ein und erhitzt mit der Mikroflamme bis zum Sieden.

Ändert sich im Verlaufe der Bestimmung die Spannung, so stellt man sie mit Hilfe des Widerstandes wieder auf 2 Volt ein.

Nach 20 Minuten taucht man das Elektrolysengefäß bei noch geschlossenem Stromkreis in ein mit kaltem Wasser gefülltes Becherglas, das nach einigen Minuten gegen ein zweites ausgetauscht wird. Sobald das Elektrolysengefäß abgekühlt ist, entfernt man den Kühler und zieht zuerst die Anode und sofort darauf die Kathode unter Vermeidung jeglicher seitlicher Berührung aus dem Elektrolysengefäß heraus[1]. Die Kathode wird der Reihe nach in destilliertes Wasser, Alkohol und Äther getaucht, wie vorher beschrieben getrocknet und gewogen. Wird das abgeschiedene Kupfer wieder in Lösung gebracht und neuerdings niedergeschlagen, so lassen sich die Werte leicht auf 0,002—0,005 mg reproduzieren.

A. A. Benedetti-Pichler[2] hat die elektrolytische Bestimmung des Kupfers auch für schwach salpetersaure Lösungen ausgearbeitet. Dadurch ist die Möglichkeit gegeben, Legierungen mit Salpetersäure in Lösung zu bringen und direkt bis zur Marke in einem größeren Meßkolben zu verdünnen, um den 100.—500. Teil zur Analyse zu benützen.

b) Ausführung der elektrolytischen Quecksilberbestimmung nach A. Verdino[3]

Die Bestimmung des Quecksilbers wird in dem bei der Kupferbestimmung beschriebenen Apparat (Abb. 82) ausgeführt. Es ist jedoch notwendig, die Netzelektrode vorher zu vergolden. 50 mg reines Goldblech werden in Königswasser gelöst und auf dem Wasserbad nach wiederholtem Hinzufügen von destilliertem Wasser zur Trockene eingedampft. Der Rückstand wird in 5 ml Wasser gelöst, mit 0,65 g reinem Kaliumcyanid versetzt

[1] Die von F. Hernler u. R. Pfeningberger (Mikrochem. **21**, 116 [1937], **25**, 208 [1938]) beschriebene Modifikation des Pregl-Apparates gestattet das Waschen der Elektroden ohne Stromunterbrechung.

[2] Benedetti-Pichler, A. A.: Z. analyt. Chem. **62**, 321 (1923).

[3] Verdino, A.: Mikrochem. **6**, 5 (1928).

und bei 3,5 Volt Spannung und einer Temperatur von 55° während 2 Stunden der Elektrolyse unterworfen.

Ausführung

3—8 mg Substanz bringt man mit dem Stickstoffwägeröhrchen mit langem Stiel (S. 15) in ein Bombenrohr, fügt etwa 10 Tropfen konz. Salpetersäure (D: 1,40) hinzu und zerstört die Substanz in der zugeschmolzenen Bombe 2 Stunden bei 270—280° C im Bombenofen. Nach dem Erkalten wird der kondensierte Flüssigkeitstropfen aus der Kapillare durch Erwärmen zurückgetrieben und die Bombe nach neuerlichem Erkalten in der üblichen Weise geöffnet. Über dem Elektrolysengefäß spült man zuerst die abgesprengte Spitze aus und führt dann den Inhalt der Bombe quantitativ in das Gefäß über. Die gesamte, auf diese Weise angesammelte Flüssigkeit soll etwa 5 ml betragen. Nun setzt man die beiden Elektroden ein und elektrolysiert 40 Minuten bei 3,5 Volt, wobei das Elektrolysengefäß in ein mit Wasser gefülltes Becherglas eintaucht, dessen Temperatur auf 40° C gehalten wird. Zur Beendigung der Elektrolyse tauscht man das Becherglas gegen ein mit kaltem Wasser gefülltes aus und entfernt nach 5 Minuten bei geschlossenem Stromkreis die beiden Elektroden aus der erkalteten Elektrolysenflüssigkeit. Man wäscht nun die Netzkathode der Reihe nach in Wasser, Alkohol, Äther und trocknet sie, ohne zu erwärmen, nur durch Schwenken an der Luft. Schließlich zieht man noch den umgebogenen Griff zweimal kurz durch eine Flamme und wägt die Elektrode nach 5 Minuten.

Bei dieser Bestimmung ist es notwendig, die Nullpunktschwankungen der Waage zu berücksichtigen; denn geringste Abweichungen beeinflussen die Genauigkeit der Analyse sehr. Die Genauigkeit des Verfahrens ist so groß, daß die Abweichungen nicht mehr als $\pm$ 0,005 mg betragen. Es muß noch bemerkt werden, daß das derart aufgeladene Quecksilber nur durch schwaches Ausglühen der Netzkathode, nicht aber durch Eintauchen in konz. Salpetersäure völlig entfernt werden kann.

Weitere mikroelektrolytische Bestimmungsmethoden

Der Preglsche Mikroelektrolysenapparat wurde von A. Okáč[1] mit einer Vorrichtung zum Rühren des Elektrolyten mittels eines inerten Gasstromes ausgestattet; man erzielt auf diese Weise eine erhebliche Abkürzung der Analysendauer. Die Apparatur kann zur mikroelektrolytischen Bestimmung verschiedener Elemente in ammoniakalischer Lösung benützt werden (Kupfer, Nickel, auch Kobalt[2], Silber, Quecksilber und Cadmium[3] sowie von Kupfer, Nickel und Kobalt in Gegenwart organischer Stoffe[3].

F. Hernler und R. Pfeningberger[4] benützen für die Mikroelektroanalyse eine modifizierte Preglsche Apparatur, die neben sonstigen Vorzügen vor allem ein einfaches Waschen der Elektroden ohne Stromunterbrechung gestattet. Sie bestimmen mit dieser Apparatur Kupfer in schwefelsaurer, salpetersaurer, cyankalischer und ammoniakalischer Lösung, ferner Gold in cyankalischer Lösung; Silber[5] läßt sich am besten aus schwefelsaurer oder ammoniakalischer Lösung abscheiden.

Der Mikroelektrolysenapparat von H. Brantner und F. Hecht[6] dient

[1] Okáč, A.: Z. analyt. Chem. **88**, 109 (1932); Mikrochem. **12**, 205 (1933).
[2] Okáč, A.: Z. analyt. Chem. **88**, 189 (1932).
[3] Okáč, A.: Z. analyt. Chem. **89**, 107 (1932).
[4] Hernler, F., u. R. Pfeningberger: Mikrochem. **21**, 116 (1937).
[5] Hernler, F., u. R. Pfeningberger: Mikrochem. **25**, 208 (1938).
[6] Brantner, H., u. F. Hecht: Mikrochem. **14**, 27 (1943); **14**, 30 (1934).

zur mikroelektrolytischen Abscheidung des Bleis als Bleisuperoxyd; er kann auch für andere Zwecke Verwendung finden.

Die Methode der mikroelektrolytischen Quecksilberbestimmung von F. PATAT[1], bei der das Quecksilber an einem gewogenen Golddraht abgeschieden wird, und die Bestimmug des Zinks, nach P. WENGER, CH. CIMERMAN und G. TSCHANUN[2] durch Abscheidung aus alkalischer Lösung an verkupferter Kathode im Preglschen Apparat seien erwähnt.

Schließlich sei noch auf die Elektrolysenapparaturen von J. DONAU[3] zur Abscheidung von Metallen aus kleinen Flüssigkeitsmengen und von F. HERNLER und R. PFENINGBERGER[4] und von B. L. CLARKE und H. W. HERMANCE[5] zur Metallabscheidung aus großen Flüssigkeitsvoluminas kurz verwiesen.

---

[1] PATAT, F.: Mikrochem. **11**, 16 (1932).

[2] WENGER, P., CH. CIMERMAN u. G. TSCHANUN: Mikrochim. Acta [Wien] **1**, 51, (1937).

[3] DONAU, J.: Mikrochem. **27**, 14 (1939).

[4] HERNLER, F., u. R. PFENINGBERGER: Mikrochem. Molisch-Festschrift 218 (1936).

[5] CLARKE, B. L., u. H. W. HERMANCE: Mikrochem. **20**, 126 (1936).

Bestimmung von Atomgruppen

Bestimmung von C-Methylgruppen nach R. KUHN und H. ROTH

Läßt man auf organische Verbindungen, die C-ständige Methylgruppen besitzen, unter bestimmten Bedingungen Oxydationsmittel einwirken, so entsteht Essigsäure. Die Bildung der Essigsäure ebenso wie ihre Ausbeute hängen in erster Linie von der Oxydierbarkeit des der Methylgruppe benachbarten C-Atoms und von den Reaktionsbedingungen ab.

Während C-Methylgruppen der Formulierung $=CH-\overset{\overset{\displaystyle CH_3}{|}}{C}=$ bereits mit Permanganat glatt 1 Molekel Essigsäure liefern[1], ist das Permanganat für resistentere Substanzen ein zu schwaches Oxydationsmittel. Solche Verbindungen baut man nach R. KUHN und F. L'ORSA[2] mit Chromsäure und Schwefelsäure zu Essigsäure ab. Aber auch durch Oxydation mit diesem Gemisch wird nicht bei allen Substanzen die erwartete Menge Essigsäure erhalten. Die Gründe dafür sind einerseits darin zu sehen, daß der Einwirkungszeit, der Temperatur und der Konzentration des Oxydationsgemisches Grenzen gesetzt sind, damit nicht bereits gebildete Essigsäure zerstört wird, andererseits gewisse Verbindungen (Paraffine, höhere Fettsäuren und Fettalkohole, Hydroaromaten u. a. m.) nur langsam durch das Oxydationsmittel abgebaut werden. Ferner ist beim Abbau der Molekel mit Nebenreaktionen und, wenn nicht im Einschmelzrohr gearbeitet wird, mit der Bildung von flüchtigen Spaltprodukten zu rechnen.

Der C-Methylgruppen-Bestimmung kommt zur Klärung von Konstitutionsfragen große Bedeutung zu, weshalb die von R. KUHN und H. ROTH[3] entwickelte Methode unterdessen Gegenstand eingehender Versuche

---

[1] KUHN, R., A. WINTERSTEIN u. L. KARLOWITZ: Helv. Chim. Acta **12**, 64 (1929); ZECHMEISTER, L., u. L. v. CHOLNOCKY: Ann. Chem. **478**, 99 (1930); KÖGL, F., u. K. ERXLEBEN: Ann. Chem. **484**, 79 (1930); KARRER, P., u. H. WEHRLI: Helv. Chim. Acta **13**, 1084 (1930); KARRER, P., A. HELFENSTEIN, H. WEHRLI, B. PIEPER u. R. MORF: Helv. Chim. Acta **14**, 630 (1931).

[2] KUHN, R., u. F. L'ORSA: Ber. dtsch. chem. Ges. **64**, 1732 (1931); Z. angew. Chem. **44**, 847 (1931).

[3] KUHN, R., u. H. ROTH: Ber. dtsch. chem. Ges. **66**, 1274 (1933).

wurde[1, 2, 3]. Die Untersuchungen zeigten, daß das bisher nur für flüchtige Substanzen benutzte Oxydieren der Substanz im Einschmelzrohr, wobei noch zusätzlich geschüttelt wird, als allgemein anwendbar zu empfehlen ist. Bei der Reaktionstemperatur von 120° C kann man das Oxydationsgemisch von R. KUHN und H. ROTH bis zu 20 Stunden ohne Zerstörung der gebildeten Essigsäure einwirken lassen[2]. Wird z. B. die Schwefelsäuremenge verdoppelt[3], treten bei gleicher Temperatur bereits nach 7 Stunden Essigsäureverluste auf[2]. Wenn nachstehend die Oxydation in dem Mikrobombenrohr wegen der universellen Anwendung an erster Stelle beschrieben wird, so soll damit nicht in Frage gestellt werden, daß der bislang benutzte Oxydationsabbau der Substanz durch Kochen unter Rückfluß bei vielen Substanzen zu quantitativen Essigsäureausbeuten führt.

Bei Substanzen unbekannter Konstitution und solchen, die schwer von dem Chromsäure-Schwefelsäuregemisch angegriffen werden oder wenn mit der Bildung flüchtiger Abbauprodukte (Aceton) zu rechnen ist, bevorzugt man das Erhitzen im Einschmelzrohr.

Reagenzien

5 n-Chromsäure. Man löst 168 g Chromsäureanhydrid (zur Kohlenstoffbestimmung von E. Merck) in 1 Liter dest. Wasser und filtriert durch eine engporige Glassinternutsche. Meßpipette (4 ml).

Schwefelsäure (D : 1,84). 1 ml-Pipette.

Kaltgesättigte wäßrige *Natriumsulfatlösung.* Meßpipette.

Apparatur

a) Oxydation im Einschmelzrohr:

Mikro-Bombenrohre aus Hartglas, 250 mm lang und 8—10 mm lichte Weite.

Elektrisch geheizter Schüttelofen. Wie aus Abb. 85 zu entnehmen ist, besteht der Ofen aus einem Heizbehälter mit Deckel und dem an der Stirnseite angebrachten Temperaturregler. In dem Heizofen befindet sich ein Aluminiumblock[4] mit 7 Bohrungen von 13 mm lichter Weite für die Mikro-Bombenrohre und 2 Bohrungen für Kontrollthermometer. Die Bombenrohre werden durch Asbestzwischenlagen, Stahlfedern und den mittels Flügelschrauben befestigten Verschlußdeckel in dem Heizblock festgehalten. Der Heizofen wird auf einer stabilen Exzenterschüttelmaschine, die von Wendepunkt zu Wendepunkt etwa ½ Sekunde benötigt, geschüttelt[5].

---

[1] WIESENBERGER, E.: Mikrochem. **33**, 51 (1947); KIRSTEN, W.: Acta Chem. Scand. **6**, 682 (1952).

[2] TASHINIAN, V. H., M. J. BAKER u. CH. W. KOCH: Analyt. Chemistry **28**, 1304 (1956).

[3] GINGER, L. G.: J. Biol. Chem. **156**, 452 (1944); CAMPBELL, A. D., u. J. F. MORION: J. Chem. Soc. **1952**, 1693.

[4] 310 mm lang, 140 mm breit und 30 mm hoch.

[5] Einen weiteren Heizofen, der in einem Winkel von 45° C schaukelt, beschreiben V. H. TASHINIAN, M. J. BAKER u. CH. W. KOCH: Analyt. Chemistry **28**, 1304 (1956).

b) Oxydation unter Rückfluß: Dazu eignet sich am besten ein Mikro-Kjeldahl-Aufschlußkölbchen von 50 ml Inhalt mit Normalschliff[1], auf das ein gut wirkender Rückflußkühler gebracht wird.

Das Abdestillieren der Essigsäure nimmt man in den dafür bei der Acetylbestimmung S. 240 angeführten Apparaturen vor, die gleichzeitig auch zur Bestimmung des Ammoniaks und anderer wasserdampfflüchtiger Verbindungen verwendet werden können. Es sind dies die Apparaturen von W. SCHÖNIGER, H. LIEB und M. G. EL DIN IBRAHIM[1] und von H. ROTH[2]. Sehr genaue Essigsäuredestillationen lassen sich auch mit der Apparatur von E. WIESENBERGER[3] durchführen. Sie ist in Bau und Handhabung nicht so einfach wie die beiden vorhergenannten.

Für Laboratorien, die für Acetylbestimmungen spezialisiert sind, kann sie jedoch bestens empfohlen werden.

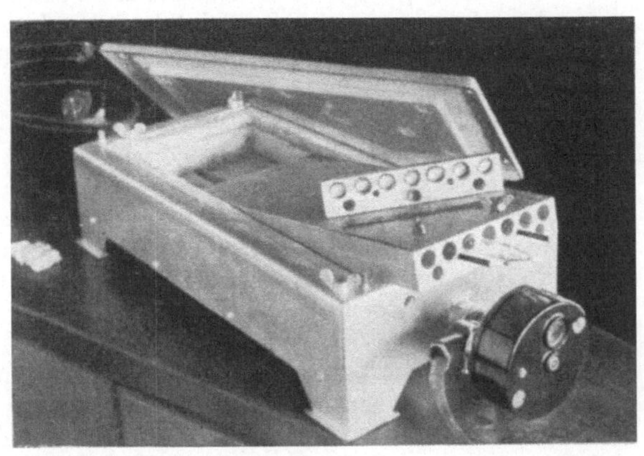

Abb. 85. Schüttelbarer Heizofen mit Aluminiumblock zur C-Methyl-Bestimmung.

Ausführung

Genaue Angaben, ob feste und ölige Substanzen im Mikro-Bombenrohr oder durch Erhitzen unter Rückfluß zu oxydieren sind, lassen sich nicht machen. Sind die Substanzen in der Wärme in dem Oxydationsgemisch löslich oder werden sie von diesem rasch angegriffen, genügt sehr wahrscheinlich das Erhitzen unter Rückfluß. Hierzu kann man das Verhalten von Modellsubstanzen bei gleichen Reaktionsbedingungen mit Erfolg heranziehen. Analysensubstanzen, die auf dem heißen Oxydationsgemisch schwimmen, sich an der Kolbenwandung festsetzen oder in den höheren kühleren Teil des Kolbens hochkriechen, wird man wie flüchtige und solche unbekannter Konstitution am besten gleich in dem Einschmelzrohr oxydieren.

Für den Abbau zu Essigsäure unter Rückfluß wägt man 5—10 mg der Probe mit dem Wägeröhrchen (S. 14) in einen Schliff-Kjeldahl-Kolben von 50 ml ein (S. 111) und bringt *5 ml des vorher bereiteten Gemisches aus 1 ml Schwefelsäure und 4 ml Chromsäure* dazu. Nach Aufsetzen des Rückflußkühlers hält man die Lösung 90 Minuten im Sieden (Siedesteinchen).

Zur Zersetzung der Substanz in dem Mikro-Bombenrohr werden feste Proben mit dem Wägeröhrchen und dickflüssige in einem Schiffchen

[1] SCHÖNIGER, W., H. LIEB u. M. G. EL DIN IBRAHIM: Mikrochim. Acta [Wien] **1954**, 96.

[2] ROTH, H.: Mikrochem. **31**, 287 (1944).

[3] WIESENBERGER, E.: Mikrochim. Acta [Wien] **1954**, 127.

in das Bombenrohr gebracht und mit der gleichen Menge Oxydationsgemisch wie oben versetzt. Flüssigkeiten und besonders solche mit hohem Dampfdruck (Diäthyläther) werden in offenen Kapillaren nach J. PIRSCH (S. 58) eingewogen. Hier wird zuerst das Chromsäure-Schwefelsäuregemisch in das Rohr gegeben und in einem Eisbad gut abgekühlt. Dann schiebt man die Kapillare mit der Spitze nach unten mit Hilfe eines Glasstabes in die Lösung und schmilzt das Rohr rasch mit der Gebläseflamme zu einer dicken, möglichst spannungsfreien Spitze zu. Die Bombenrohre mit festen und öligen Substanzeinwaagen werden auf gleiche Weise zugeschmolzen.

Man bringt die Bombenrohre in die Bohrungen[1] des Aluminiumblockes und spannt sie mit Hilfe von Asbestpfropfen[2] und kurzen Stahlfedern gerade so fest ein, daß sie kein Spiel besitzen. Dann wird der Deckel mit zwei Schrauben befestigt und der Aluminiumblock in den Heizofen gelegt. Dieser wird, nachdem man den Verschlußdeckel aufgesetzt hat, auf der Schüttelmaschine befestigt, angeheizt, die Temperatur auf 120° C eingestellt und die Schüttelmaschine in Gang gesetzt. Nach etwa einer Stunde erreicht der Ofen die Reaktionstemperatur, die er auf $\pm$ 1° C konstant beibehält.

Wie bereits gesagt wurde, werden Substanzen von dem Oxydationsgemisch sehr unterschiedlich rasch angegriffen, weshalb eine bestimmte Schüttelzeit nicht angegeben werden kann. Da die Essigsäure erst nach etwa 20 Stunden langer Einwirkung des Oxydationsgemisches bei 120° C merkbar zersetzt wird, schüttelt man in ihrer Oxydierbarkeit unbekannte Substanzen 8 bis 10 Stunden. Bei leicht oxydierbaren Substanzen genügt es, nur einige Stunden zu erhitzen.

Nach beendetem Schütteln hebt man den Aluminiumblock aus dem abgekühlten Heizofen heraus (Schutzbrille!) und legt ihn mit dem Verschlußdeckel nach oben schräg geneigt (etwa 30°) auf den Rand des Heizofens (siehe Abbildung). Nachdem man den Verschlußdeckel und die Halterung der Bombenrohre entfernt hat, zieht man die Rohre soweit aus der Bohrung, daß die zugeschmolzenen Enden etwa 5 cm aus dem Aluminiumblock herausragen. Durch vorsichtiges Fächeln mit einer Flamme treibt man die Flüssigkeit aus der Spitze des Bombenrohres. Dann wird die Rohrspitze mit einer kräftigen Flamme erweicht, wobei sich das Rohr durch den geringen Innendruck öffnet.

Nach Absprengen der Spitze wird zuerst das Oxydationsgemisch aus dem Bombenrohr in eine der bei der Acetyl-Bestimmung angeführten Destillationsapparaturen übergespült. Bombenrohr und Spitze werden anschließend für das Abdestillieren der Essigsäure in der Apparatur von W. SCHÖNIGER, H. LIEB und M. G. EL DIN IBRAHIM (S. 240) mit *gesättigter Natriumsulfatlösung* bis zu einem Endvolumen von 15 ml nachgewaschen. Für die Destillation aus der Apparatur von H. ROTH spült man das Oxydationsgemisch in den Kjeldahl-Schliffkolben über und wäscht das Bombenrohr und die Spitze mit *15 ml Natriumsulfatlösung* nach (Endvolumen 19 ml).

---

[1] Auf dem Boden des Bohrloches befindet sich eine 5 mm hohe Schicht von festgedrücktem Asbest.

[2] Aus Asbestplatten geschnitten.

Wurde die C-Methylgruppe unter Rückfluß in Essigsäure übergeführt, spült man bei Benutzung der Destillationsapparatur von W. SCHÖNIGER und Mitarbeiter zuerst den Kühler mit *5 ml Natriumsulfatlösung* durch und bringt dann die Lösung, unter Nachwaschen mit *Natriumsulfatlösung* bis zu dem oben genannten Volumen in die Destillationsapparatur. Für das Abdestillieren der Essigsäure aus der Apparatur von H. ROTH fügt man zu der Oxydationslösung durch den Kühler *15 ml Natriumsulfatlösung* hinzu, wobei man den etwas schräg gestellten Kühler um seine Längsachse dreht, entfernt den Kühler, schließt den Kolben an den Destillationsaufsatz an und sichert die Schliffverbindung.

Aus beiden Apparaturen wird die Essigsäure, wie bei der Acetyl-Bestimmung (S. 242 und 243) beschrieben, abdestilliert und titriert.

Berechnung

1 ml 0,01 n-NaOH entspricht 0,1503 mg CH_3 oder 0,6005 mg CH_3COOH

$$\% \, CH_3 = \frac{\text{ml } 0{,}01 \; n\text{-NaOH} \cdot 0{,}1503 \cdot 100}{\text{mg Substanzeinwaage}}$$

Bemerkungen: Ausbeuten an Essigsäure in Prozenten der Theorie[1].

C_2H_5—OH 100%	C_2H_5—O—C_2H_5 100%	C_2H_5O—CO—R 95—100%
CH_3—CO—OR 100%	CH_3—CO—CH_2—R 85%	CH_3—CHOH—CHOH—R 95%
CH_3—CH=CH—R 85%	=CH—C(CH_3)=CH— 90%	$(CH_3)_2$C< mit >C— und —C< (quartäres C zwischen zwei C) 40 %

Acetophenon 0,1 Mol = 10% d. Th.; m-Xylol 0,24 Mol = 12% d. Th.; 1,3-Dimethyl-2-oxybenzol 1,1 Mol = 55% d. Th.; Thymol 1,4 Mol = 70% d. Th.; o-Methylamin 0,7 Mol; 1-Oxy-4-methyl-2-benzoesäure 0,75 Mol; p-Toluidin 0,60 Mol; m-Xylidin 1,2 Mol = 60% d. Th.; 6, 8, 9-Trimethyl-(iso)-alloxazin (m-Xylol-Derivat) 1, 40 Mol = 70% d. Th.; 6, 7, 9-Trimethyl-(iso)-alloxazin 0,9 Mol = 45% d. Th.; N-Äthylanilin 0,9 Mol.

Beispiel für die „Additivität" der Ausbeuten: Nach obiger Tabelle sind bei α-Jonon zu erwarten: 0,4 + 0,85 + 0,85 = 2,1 Mole Essigsäure. Gefunden wurden 2,0 Mole.

Es sei hier noch darauf aufmerksam gemacht, daß unter Rückfluß höhere Fettsäuren nicht immer glatt bis zur Essigsäure abgebaut werden. Zur Prüfung bringt man zu der in einem zweiten Versuch mit größerer Einwaage abdestillierten Säure p-Bromphenacylbromid und identifiziert die Säure durch den Mischschmelzpunkt mit dem entsprechenden p-Brom-

[1] Ermittelt nach Kochen unter Rückfluß.

phenacylester[1]. Auch der Schmelzpunkt des Natriumacetats (Fp = 324° C) kann herangezogen werden[2].

Im Einschmelzrohr liefern höhere Fettsäuren und Fettalkohole Ausbeuten von 90 bis 100%. Aus Verbindungen der Gruppierung

$$>C\begin{matrix}\diagup CH_3\\ \diagdown CH_3\end{matrix} \quad \text{und} \quad -C\begin{matrix}\diagup CH_3\\ -CH_3\\ \diagdown CH_3\end{matrix}$$

erhält man 1 Molekel Essigsäure. Brenztraubensäure bildet beim Aufschluß im Einschmelzrohr glatt 1 Molekel Essigsäure, während bei Oxydation unter Rückfluß Verluste eintreten (Acetaldehyd).

Außer zur Klärung von Konstitutionsfragen, wozu man zum Vergleich Modellsubstanzen bekannten Molekelbaues heranziehen wird, wird man die Oxydation mit Chromsäure in speziellen Fällen bei der Alkoxyl- und Acetylbestimmung mit Erfolg heranziehen.

Da die Äthoxylgruppe bei der Oxydation 1 Molekel Essigsäure bildet und die Methoxylgruppe zu Kohlendioxyd und Wasser abgebaut wird, ist es nach positiver Zeisel-Reaktion (S. 245) auf einfachere Weise als über die Tetraalkylammoniumjodide (S. 254) möglich, quantitativ nachzuweisen, ob die bestimmten Alkoxyle CH_3O- oder C_2H_5O-Gruppen sind. Ebenso sind Methoxyl- und Propoxylgruppen nebeneinander bestimmbar. Mit der Chromsäure-Methode können in Substanzen, die Äthoxyl- und Acetylgruppen besitzen, beide Gruppen in einer Analyse als Essigsäure bestimmt werden. So erhält man aus Tetra-acetylschleimsäure-diäthylester 6 Molekeln Essigsäure (4 Acetyl + 2 Äthoxyl).

An Stelle der Acetylbestimmung wird man das Chromsäure-Verfahren bei allen jenen Substanzen heranziehen, die bei der Verseifung wasserdampfflüchtige saure Spalt- oder Zersetzungsprodukte bilden. Bei der Acetylbestimmung von z. B. Acetylsalicylsäure (Aspirin) werden 2 Molekeln Säure titriert, während nach der Chromsäureoxydation nur die Acetylgruppe erfaßt wird.

Wenn man die hier herausgestellte Anwendung der Chromsäuremethode zur Bestimmung von Äthoxyl- und Acethylgruppen benutzt, muß man sich die Gewißheit verschaffen, ob die Molekel noch weitere C-Methylgruppen besitzt. Sind solche vorhanden, muß ihre Essigsäureausbeute bekannt sein.

Bestimmung von Isopropylidengruppen nach R. Kuhn und H. Roth[3]

Ebenso wie die Bestimmung der C-Methylgruppe leistet der Nachweis der Isopropylidengruppe bei der Konstitutionsermittlung von Acetonverbindungen und Kohlenstoffketten (Lycopin, Terpene) wertvolle Dienste.

---

[1] Judefind, W. L., u. E. E. Reid: J. Amer. Chem. Soc. **42**, 1043 (1920) und C. G. Moses u. E. E. Reid: J. Amer. Chem. Soc. **54**, 2101 (1932).

[2] Kuhn, R., A. Winterstein u. L. Karlowitz: Helv. Chim. Acta **12**, 64 (1929).

[3] Kuhn, R., u. H. Roth: Ber. dtsch. chem. Ges. **65**, 1285 (1932).

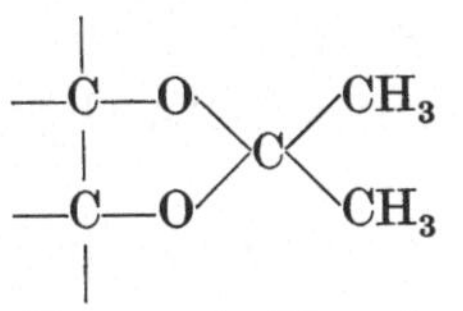

$$\begin{array}{l} | \\ -\mathrm{C}-\mathrm{O} \\ | \\ -\mathrm{C}-\mathrm{O} \\ | \end{array} \!\!> \mathrm{C} <\!\! \begin{array}{l} \mathrm{CH_3} \\ \mathrm{CH_3} \end{array} \quad \text{(I)} \qquad\qquad > \mathrm{C} = \mathrm{C} <\!\! \begin{array}{l} \mathrm{CH_3} \\ \mathrm{CH_3} \end{array} \quad \text{(II)}$$

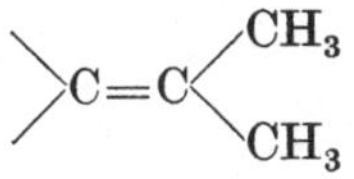

An Sauerstoff gebundene Isopropylidengruppen (Acetonverbindungen von Zuckern, Oxysäuren u. a., Formel I) lassen sich durch verdünnte Säuren quantitativ abspalten[1]. Das dabei gebildete Aceton wird jodometrisch bestimmt. Die an Kohlenstoff gebundenen Isopropylidengruppen (Formel II) werden mit Ozon behandelt und nach hydrolytischer Aufspaltung des Ozonids auch als Aceton bestimmt.

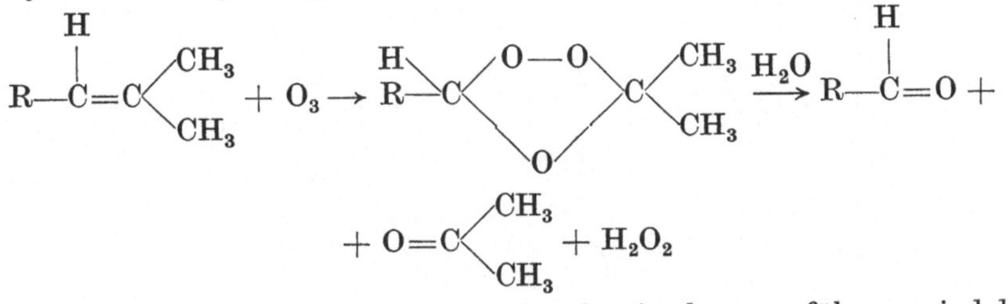

$$\mathrm{R}-\overset{\mathrm{H}}{\overset{|}{\mathrm{C}}} = \mathrm{C} <\!\! \begin{array}{l} \mathrm{CH_3} \\ \mathrm{CH_3} \end{array} + \mathrm{O_3} \rightarrow \begin{array}{l} \mathrm{H} \\ \mathrm{R} \end{array}\!\!> \mathrm{C} <\!\! \begin{array}{c} \mathrm{O}-\mathrm{O} \\ \mathrm{O} \end{array} \!\!> \mathrm{C} <\!\! \begin{array}{l} \mathrm{CH_3} \\ \mathrm{CH_3} \end{array} \xrightarrow{\mathrm{H_2O}} \mathrm{R}-\overset{\mathrm{H}}{\overset{|}{\mathrm{C}}} = \mathrm{O} +$$

$$+ \mathrm{O} = \mathrm{C} <\!\! \begin{array}{l} \mathrm{CH_3} \\ \mathrm{CH_3} \end{array} + \mathrm{H_2O_2}$$

Unter den Bedingungen der nachstehenden Analysenausführung sind die bereits gebildeten Ozonide gegen weiteres Ozon beständig. Bei ihrer Spaltung ist mit der Bildung von Verbindungen zu rechnen (z. B. Aldehyde), die gleich dem Aceton mit Hypojodit reagieren. Sie werden durch Kochen unter Rückfluß mit Permanganat in essigsaurer Lösung zerstört, wobei Aceton nicht angegriffen wird. Das anschließend abdestillierte Aceton titriert man nach:

$$3\,\mathrm{J_2} + 6\,\mathrm{KOH} = 3\,\mathrm{KJ} + 3\,\mathrm{KOJ} + 3\,\mathrm{H_2O}$$
$$\mathrm{CH_3COCH_3} + 3\,\mathrm{KOJ} = \mathrm{CHJ_3} + \mathrm{CH_3COOK} + 2\,\mathrm{KOH}$$

Unter den später beschriebenen Arbeitsbedingungen sind die gebildeten Ozonide gegen Ozon und das Aceton gegen essigsaures Kaliumpermanganat beständig.

Reagenzien[2]

Essigsäure, 99—100%ig, E. MERCK, indifferent gegen Chromsäure zur Bestimmung der Jodzahl nach WIJS. 3 ml-Pipette.

2 n-Natronlauge, 20 ml-Meßpipette.

2 n-Schwefelsäure, 5 und 10 ml-Meßpipette.

1 n-Schwefelsäure, 10 ml-Meßpipette.

0,05 n-Jodlösung: In einem 1 l-Meßkolben löst man 12 g jodatfreies Kaliumjodid in wenig Wasser, fügt 4,6 g Jod hinzu und füllt bis zur Marke auf; man bewahrt die fertige Lösung in einer braunen Flasche auf.

---

[1] SVANBERG, O., u. K. SJÖBERG, Ber. dtsch. chem. Ges. **56**, 1452 (1923); FREUDENBERG, K., W. DÜRR u. H. v. HOCHSTETTER, Ber. dtsch. chem. Ges. **61**, 1735 (1928); ELSNER, H., Ber. dtsch. chem. Ges. **61**, 2364 (1928); GRÜN, A., Ber. dtsch. chem. Ges. **62**, 473 (1929).

[2] Zur Herstellung der Lösungen sowie für das Spülen und Reinigen verwende man doppelt dest. Wasser.

0,05 n-Natriumthiosulfatlösung: Herstellung s. S. 24.

Kaliumjodidlösung, 5%ig oder körniges Kaliumjodid. 2 ml-Pipette.

Stärkelösung: Herstellung s. S. 24.

1 n-Kaliumpermanganatlösung: 16 g Kaliumpermanganat in 500 ml Wasser. 5 ml-Pipette.

Phosphorsäure, bereitet aus Phosphorpentoxyd und einigen Tropfen Wasser.

Apparatur

Sie setzt sich zusammen aus dem Ozonapparat[1], zwei Rundkölbchen mit Normalschliffen und einem Schliffkühler (Abb. 86).

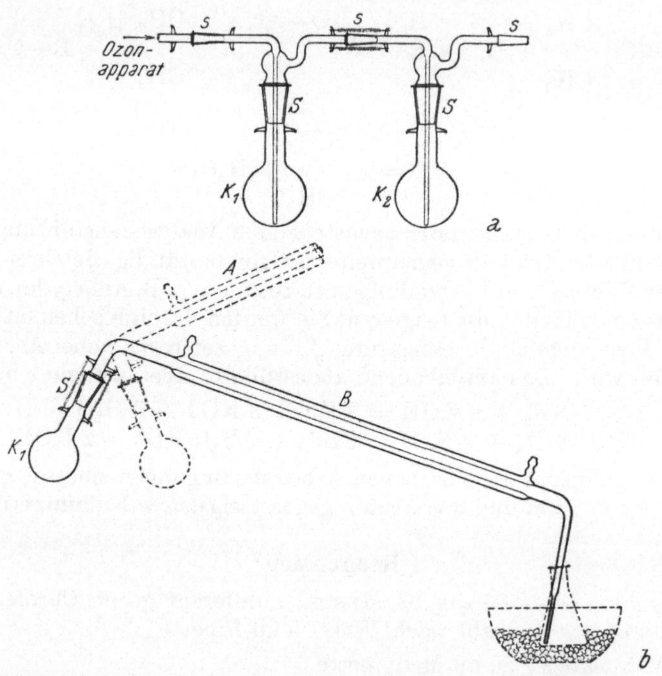

Abb. 86. Apparatur zur Bestimmung von Isopropylidengruppen nach R. KUHN und H. ROTH. *a* Anschalten der Kölbchen an den Ozonapparat; *b* Stellung *A* Erhitzen unter Rückfluß für die Hydrolyse oder Oxydation. Nach Neigen in Lage *B* Abdestillieren des Acetons.

Ozonapparat: Jeder in den Laboratorien übliche Apparat kann für den Ozonabbau benützt werden. Mit einem Normalschliff *s* wird er mit dem Ozonzuleitungsrohr des Kolbens K_1 verbunden.

Die Ozonierungsrundkölbchen K_1 und K_2 von 100 ml Inhalt sind mit Normalschliffen S versehen. In den zugehörigen Schliffen sitzen die

[1] Der Ozonapparat wird nur für an Kohlenstoff gebundene Isopropylidengruppen benötigt.

Ozonzuleitungsrohre, die kurz über dem Boden der Kölbchen enden, und die Ozonableitungsrohre. Durch Normalschliffe *S* werden sie miteinander verbunden. An Haken befestigte starke Stahlfedern drücken die Schliffe, die zuvor mit Phosphorsäure befeuchtet werden, gasdicht ineinander.

Der Kühler ist 50 cm lang (Länge des Mantels) und trägt bei *S* den zu dem Kölbchen passenden Normalschliff. 6 cm nach dem Schliff ist der Kühler um 80° abgebogen. In Stellung *A* wird er als Rückflußkühler zur Hydrolyse oder Oxydation benutzt. Zum Abdestillieren des Acetons neigt man ihn in die Lage *B*, ohne dabei die Verbindung mit dem Kölbchen zu lösen. Um Acetonverluste durch einen zweiten Schliff zu vermeiden, ist der Kühler an dem anderen Ende zu einem Vorstoß ausgezogen.

Ausführung

Hydrolyse von an Sauerstoff gebundenen Isopropylidengruppen: In das sorgfältig gereinigte und trockene Kölbchen K_1 wägt man mit dem Wägeröhrchen mit langem Stiel (S. 15) zweckmäßig so viel Substanz ein, daß 1,5—2,5 mg Aceton titriert werden. Man bringt *10 ml 1 n-Schwefelsäure* dazu (2—3 Siedesteinchen), befeuchtet den Schliff mit Phosphorsäure, paßt den Kühler gut ein und sichert die Schliffverbindung durch Stahlfedern. Der Kühler wird in Stellung *A* in eine Stativklammer eingespannt und das Kölbchen mit einem Asbestdrahtnetz, das auf einem Ring aufliegt, gestützt. Kühlwasser anstellen! Dann wird die Lösung 10 Minuten bei schwachem Sieden gehalten. Das Abdestillieren des Acetons und die Titration erfolgt nach S. 208.

Ozonabbau von an Kohlenstoff gebundenen Isopropylidengruppen

Die Substanz wird, wie vorstehend beschrieben, in das eine Kölbchen eingewogen und in *3 ml 99—100%iger Essigsäure* gelöst. Für die Ozonisierung ist es wichtig, daß die Substanz gelöst ist. Zur Lösung kann die Essigsäure erwärmt werden. In Essigsäure unlösliche Substanzen werden in einer Achatreibschale feinst zerrieben und in der Essigsäure gut verteilt ozonisiert.

Zur Einwaage von Ölen und Flüssigkeiten verwendet man entweder das Mikrobechergläschen nach S. 128 oder ein Platinschiffchen. Flüssigkeiten mit hohem Dampfdruck werden nach J. PIRSCH eingewogen (S. 58) und die Kapillare in der Essigsäure mit einem Glasstab zerdrückt.

Zusammensetzen der Apparatur und Ozonisieren: Man schaltet den Ozonapparat ein und reguliert die Strömungsgeschwindigkeit des Sauerstoffs auf 20 ml in der Minute. Unter diesen Bedingungen soll der Ozonapparat Sauerstoff mit 3—4% Ozon liefern. Auf das Kölbchen K_1 bringt man den Schliffaufsatz *S*, dessen Schliff zuvor mit Phosphorsäure befeuchtet wurde, und sichert ihn durch eine Stahlfeder. Das zweite Kölbchen K_2 wird mit 3 ml Wasser beschickt, der Schliff wie oben eingesetzt, das Einleitungsrohr (Abb. 86) mit dem Ableitungsrohr des ersten Kölbchens verbunden und die Schliffe durch Stahlfedern gesichert. Dann schließt man die Kölbchen mit dem Schliff S an den Ozonapparat an und kühlt das zweite Kölbchen K_2 mit Eis. In der Regel ist eine Ozonisierungsdauer von 2 bis 3 Stunden ausreichend.

Oxydation: Unter vorsichtigem Abspülen der Einleitungsrohre mit ungefähr 10 ml Wasser werden die Schliffe aus beiden Kölbchen entfernt. Sodann spült man den Inhalt des Kölbchens K_2 mit etwa 10 ml destilliertem Wasser zur Essigsäurelösung des Kölbchens K_1, stumpft in diesem die Essigsäure mit *16 ml 2 n-Natronlauge* ab und bringt noch *5 ml 1 n-Kaliumpermanganatlösung* dazu (Siedesteinchen!). Dann schließt man den Schliff des Kühlers, der mit Phosphorsäure benetzt wurde, an das Kölbchen an, sichert die Schliffe, bringt den Kühler in Lage A und spannt ihn in eine Stativklammer. Auf dem Drahtnetz wird nun die Lösung zur Spaltung der Ozonide und zur Oxydation der die Titration störenden Abbauprodukte 10 Minuten unter Rückfluß gekocht. Dabei ist darauf zu achten, daß das Kühlwasser gut läuft (sonst Acetonverlust!). Nach Entfernen der Flamme überzeugt man sich, ob noch unverbrauchtes Permanganat vorhanden ist. Sollte alles verbraucht sein, werden zur abgekühlten Lösung noch 5 ml Permanganat zugegeben und das Erhitzen wird wiederholt.

Destillation: Ohne das Kölbchen vom Schliff zu lösen, wird der Kühler durch Neigen in die Stellung B gebracht und eingespannt. Schon während der Oxydation bringt man 10 ml Wasser in einen 100 ml Erlenmeyer-Kolben mit Schliffstopfen und kühlt mit Eis (s. Abb. 86). Man setzt den Erlenmeyer-Kolben so unter den Kühler, daß der Vorstoß zunächst noch nicht in die Vorlage eintaucht, denn sonst würde, während das Kölbchen abkühlt, das vorgelegte Wasser in dem Kühler hochsteigen. Sobald man mit dem Erhitzen für die Destillation beginnt, taucht man den Kühlervorstoß in die Vorlage. Sind etwa 20 ml Destillat übergegangen, wird die Vorlage gesenkt, der Kühlervorstoß mit 2—3 ml Wasser abgespült und das Erlenmeyer-Kölbchen verschlossen.

Titration: Das Destillat, dessen Essigsäuregehalt höchstens 30 ml 0,1 *n*-Natronlauge entsprechen soll, wird sogleich für die Jodoformreaktion mit *5 ml 2 n-Natronlauge* auf alkalische Reaktion eingestellt und aus der Mikrobürette mit *10 ml 0,05 n-Jodlösung* versetzt[1], die man unter Schwenken des Kölbchens in rascher Tropfenfolge zufließen läßt. Da die Jodoformbildung in der Kälte nur langsam verläuft, läßt man das verschlossene Kölbchen 15 Minuten bei Zimmertemperatur unter öfterem Umschütteln stehen. Dann säuert man mit *10 ml 2 n-Schwefelsäure* an und titriert nach 2 Minuten mit *0,05 n-Natriumthiosulfatlösung* (*Stärke*) das unverbrauchte Jod.

Neue wie auch längere Zeit unbenützte Reagenzien sind unter Verwendung von doppelt destilliertem Wasser durch einen Blindversuch zu überprüfen.

---

[1] Man arbeite stets mit 50—100% Überschuß an Jodlösung.

Berechnung

Da 1 Mol Aceton 6 Atome Jod verbraucht, entspricht 1 ml 0,05 n-Jodlösung 0,484 mg Aceton oder 0,3507 mg C_3H_6 (Isopropyliden).

$$\% \, C_3H_6 = \frac{\text{ml } 0{,}05 \, n\text{-J} \cdot 0{,}3507 \cdot 100}{\text{mg Substanzeinwaage}}$$

Bemerkung: Während sauerstoffständige Isopropylidengruppen mit großer Genauigkeit bestimmt werden können, erhält man nach Ozonisation von Verbindungen mit C-ständigem Isopropyliden nur in wenigen Fällen die theoretischen Acetonmengen. Bei allen Terpenen, denen man „Acetongruppen“ zuschreibt, bleiben die Acetonwerte hinter der Erwartung zurück. Da der Fehlbetrag vielfach durch Ameisensäure und Formaldehyd gedeckt wird, hat man mit der Möglichkeit zu rechnen, daß beim oxydativen Abbau durch Ozon und durch Permanganat β-Formen (III) teilweise Spaltprodukte von α-Formen (IV) liefern können[1].

$(CH_3)_2\,C{=}CH{-}$	(β-Form) III
Isopropylidenverbindung	
$CH_2 = C(CH_3)CH_2{-}$	(α-Form) IV
Methylenverbindung	

Die Fehlbeträge an Aceton beim Ozonabbau von Isopropylidengruppen hängen vermutlich mit Vorgängen zusammen, die der bekannten Umlagerung von Acetonperoxyd in Essigsäuremethylester nahestehen. Eine sichere Auswertung der Ergebnisse an unbekannten Substanzen fordert daher zahlenmäßige Vergleiche mit Acetonausbeuten aus Verbindungen bekannter Konstitution. Hierin gleicht das Verfahren dem zur Bestimmung C-ständiger Methylgruppen (S. 199).

Für die Bewertung der Ergebnisse sind noch folgende Umstände wichtig: Wie Aceton setzen sich auch andere Methylketone mit Hypojodit unter Bildung von Jodoform quantitativ um; und da diese durch Permanganat nur zum geringen Teil zerstört werden, ist es nötig, an Substanzen unbekannter Konstitution in einer Kontrollbestimmung das Aceton als Aceton-p-nitrophenylhydrazon (F: 149,5° C) durch den Mischschmelzpunkt zu identifizieren[2].

Es ist ferner zu beachten, daß Aceton auch in beträchtlicher Menge aus Verbindungen entsteht, die keine Isopropylidengruppen, sondern Isopropylgruppen besitzen (Thymol, Terpinhydrat, Isopropylalkohol). Zur Acetonbildung neigen namentlich Isopropylgruppen, in deren Nachbarschaft sich Hydroxylgruppen und Doppelbindungen befinden.

---

[1] Vgl. die Untersuchungen an der Dehydrogeraniumsäure von R. KUHN u. H. ROTH: Ber. dtsch. chem. Ges. **65**, 1285 (1932).

[2] Dazu werden die ersten 5 ml Destillat mit 7 ml p-Nitrophenylhydrazinreagens (hergestellt durch Lösen von 0,07 g p-Nitrophenylhydrazin in 7 ml 50%iger wäßriger Essigsäure) versetzt. Das Aceton-p-nitrophenylhydrazon kristallisiert sofort in gelben Nadeln aus. Empfindlichkeitsgrenze 0,004%. Ist die Lösung verdünnter, fällt allmählich ein bräunlicher Stoff aus, der nicht den Schmelzpunkt von 149,5° hat.

Bestimmung der C=C-Doppelbindung

Zur Bestimmung der Anzahl von Doppelbindungen in C=C ungesättigten Verbindungen benutzt man Additions- oder Anlagerungs-Reaktionen, wozu vorwiegend Wasserstoff in Gegenwart geeigneter Katalysatoren verwendet wird. Ebenso lassen sich Halogene, Sauerstoff von Persäuren, Rhodan und Quecksilberacetat anlagern. Diesen Reaktionen kommt, abgesehen bei besonders gelagerten Fällen und bei Arbeiten auf speziellen Gebieten (z. B. Jodzahl) und, da sie auch Störungen durch andere Einflüsse unterliegen, auf die hier nicht weiter eingegangen werden kann, nicht diese universelle Bedeutung zu wie der katalytischen Hydrierung. Das Gelingen der quantitativen Hydrierung der C=C-Doppelbindung hängt neben der absoluten Dichtigkeit der Apparatur von der Wahl des geeigneten Katalysators und dessen Darstellung ab. Um unerwünschte Nebenreaktionen auszuschließen, müssen Analysenprobe und Wasserstoff von höchster Reinheit sein. Die Messung des bei der Hydrierung mit Katalysatoren von der Substanz aufgenommenen Wasserstoffs kann auf zweierlei Weise erfolgen: 1. durch volumetrische Messung des Wasserstoffverbrauches bei konstantem Druck, 2. durch manometrische Feststellung der Druckabnahme.

Beide Verfahren werden beschrieben. Während die erstere Methode im allgemeinen zur Ermittlung von einigen Doppelbindungen hinreichend genau ist, wird man letzterer den Vorzug geben, wenn längere Hydrierzeiten notwendig sind und sehr große Genauigkeit, wie bei hochungesättigten Verbindungen, erforderlich ist.

Die richtige Wahl der Versuchsbedingungen (Katalysator, Lösungsmittel, Temperatur) erfordert für manche Verbindungen eine gewisse Erfahrung. Einerseits sollen alle Doppelbindungen durchhydriert werden und andererseits ist zu berücksichtigen, daß z. B. Verbindungen mit Hydroxylgruppen zu hohe Werte liefern. So erhielten W. Hückel[1] und G. Schröter[2] bei der Hydrierung von β-Naphthol je nach Versuchsbedingungen (Nickel-Katalysator) wechselnde Mengen Tetralol-2, Tetralol-6, Tetralin und Dekalin. Bei der katalytischen Hydrierung von Oxybenzolen mit Platin in Eisessig wird außer dem zur Hydrierung des aromatischen Kernes erforderlichen Wasserstoff zur Eliminierung von 1 bis 2 Hydroxylgruppen noch zusätzlicher Wasserstoff verbraucht[3]. Mit einem die Sättigung der C=C-Bindung überschreitenden Wasserstoffverbrauch ist auch bei halogenhaltigen Verbindungen zu rechnen. Nach Heraushydrieren von Chlor, Brom und Jod aus organischen Halogenverbindungen lassen sich in alkoholischer oder alkoholisch-alkalischer Lösung unter Verwendung von Palladium diese Halogene nach Volhard quantitativ bestimmen[4]. Davon wird man Gebrauch machen, um den für das heraushydrierte Halogen benötigten Wasserstoff vom Gesamtwasserstoffverbrauch in Abzug zu bringen.

---

[1] Hückel, W.: Ann. Chem. **441**, 18 (1925).
[2] Schröter, G.: Ann. Chem. **426**, 89 (1922).
[3] Müller, K.: Angew. Chem. **64**, 357 (1952).
[4] Busch, M., u. H. Stöve: Ber. dtsch. chem. Ges. **49**, 1063 (1916).

Sehr leicht und quantitativ läßt sich auch das Chlor aus einem Gemisch von Benzylchlorid, Chlortoluol, Chlorcycloheptatrien heraushydrieren. Fluorbenzol und Fluorcycloheptatrien werden unter Eliminierung des Fluors hydriert.

Volumetrische Methode von C. Weygand und A. Werner[1]

Die Anlagerung des Wasserstoffs erfolgt bei 1 Atm. Überdruck, wodurch die Reaktionszeit verkürzt wird. Das Schütteln des Katalysators und der Substanz wird durch magnetisches Rühren ersetzt. Der verbrauchte Wasserstoff wird wie üblich an einer Bürette bei konstanter Temperatur abgelesen.

Reagenzien

Wasserstoff: Sofern man keinen elektrolytisch hergestellten Wasserstoff zur Verfügung hat, kann auch gewöhnlicher reiner Flaschenwasserstoff verwendet werden, der besonders von Spuren Schwefelwasserstoff und Sauerstoff befreit werden muß.

Die Reinigung nach R. Willstätter, E. W. Mayer[2] und F. W. Semmler, J. Rosenberg[3] dürfte für den heute verfügbaren Wasserstoff nicht nötig sein, man kann aber bei schlechter Qualität des Wasserstoffs gezwungen werden, auf die absolut zuverlässigen Reinigungen zurückzugreifen. Dazu leitet man den Wasserstoff zunächst durch drei Waschflaschen, die Kalilauge (2:1), gesättigtes Permanganat und konzentrierte Schwefelsäure enthalten, dann durch ein Rohr mit Phosphorpentoxyd und durch eines mit stark geglühtem Asbest und schließlich über eine erhitzte Spirale aus reduziertem Kupfer. A. Skita[4] empfiehlt Kaliumpermanganat, Kalilauge, Schwefelsäure und Palladiumasbest. Nach Gattermann-Wieland[5] wird der Wasserstoff aus der Bombe durch eine Waschflasche mit Permanganat geleitet. Die Reinigung des Wasserstoffs mit alkalischer Plumbitlösung nach R. Kuhn und E. F. Möller wird auf S. 216 beschrieben.

Katalysatoren: *Platinschwarz.*

Herstellung nach R. Willstätter und D. Hatt[6]: In einem Porzellantiegel werden 8 ml einer etwas salzsäurehaltigen Lösung von Platinchlorwasserstoffsäure, die aus 2 g Platin[7] bereitet wurde, mit 15 ml 23%igem Formaldehyd vermischt und unter gutem Rühren bei —10° C tropfenweise mit 42 g 50%iger Kalilauge versetzt, wobei die Temperatur nicht über — 6° bis — 4° C ansteigen soll. Nun wird unter weiterem Rühren ½ Stunde auf 55—60° C erwärmt. Nach gründlichem Waschen mit destilliertem Wasser und Dekantieren wird das Platinschwarz, das stets unter Wasser bleiben muß, möglichst rasch zwischen zwei Filtrierpapieren getrocknet und in einen Exsiccator gebracht. Man trocknet das Platinschwarz 10 Stunden im Hochvakuum und läßt es noch

---

[1] Weygand, C., u. A. Werner: J. prakt. Chem. [2] **149**, 330 (1937).

[2] Willstätter, R., u. E. W. Mayer: Ber. dtsch. chem. Ges. **41**, 1475, 2200 (1908).

[3] Semmler, F. W., u. J. Rosenberg: Ber. dtsch. chem. Ges. **46**, 769 (1913).

[4] Skita, A.: Ber. dtsch. chem. Ges. **45**, 3313 (1912); **48**, 1685 (1915); **62**, 1145 (1926).

[5] Gattermann-Wieland: Die Praxis des organischen Chemikers, 24. Aufl., S. 370, Verlag Walter de Gruyter & Co., Berlin und Leipzig 1936.

[6] Willstätter, R., u. D. Hatt: Ber. dtsch. chem. Ges. **45**, 1472 (1912).

[7] Heraeus, W. C., Hanau/Main; Degussa, Hanau/Main.

einige Tage im Exsiccator. Das Vakuum wird unter Einleiten von Kohlendioxyd aufgehoben.

Platinoxyd[1]: Ein heute wegen der bequemen Darstellung, Handhabung und seiner guten Eignung zum Nachweis von Doppelbindungen viel benutzter Katalysator ist das Platinoxyd nach R. ADAMS[2]. Es wird vor der Benützung im Schüttelgefäß mit Wasserstoff zu sehr fein verteiltem Platin reduziert.

2,1 g Platinchlorid[3] werden in einem großen Porzellantiegel in 5 ml Wasser gelöst und mit 20 g reinem Natriumnitrat vermischt. Unter ständigem Rühren mit einem Glasstab dunstet man zuerst das Wasser mit einer darunter gestellten kleinen Flamme ab und steigert allmählich die Temperatur bis zur Schmelze des Tiegelinhaltes. Während man mit zwei Bunsenbrennern die Temperatur bis zur dunklen Rotglut (500—600° C) steigert, entweichen Stickoxyde. Sobald die Abspaltung der Stickoxyde aufhört (5—10 Min.), läßt man erkalten. Nun wäscht man den schweren Bodensatz öfter mit destilliertem Wasser aus, dekantiert mehrere Male, saugt ab und trocknet das Platinoxyd im Exsiccator. Der Katalysator soll eine mittelbraune Farbe besitzen.

Paladium-Tierkohle-Katalysator[4]:

In einer Schüttelbirne (Abb. 87) von 300 ml Inhalt werden 2 g Tierkohle in 100 ml Wasser suspendiert. Mit Hilfe eines Gummistopfens wird in den Tubus der Birne ein Tropftrichter eingesetzt und bei geöffnetem Hahn des Trichters so lange Wasserstoff durch die Birne geleitet, bis der austretende Wasserstoff in einem Reagenzglas mit ruhiger Flamme brennt. Nachdem man die Birne mit einem Niveaugefäß verbunden hat, schließt man den Hahn des Tropftrichters und senkt das Niveaugefäß. Unter dauerndem Schütteln (maschinell) läßt man nun aus dem Trichter allmählich eine Lösung von 0,1 g Palladium-II-chlorid in 10 ml 0,1 *n*-Salzsäure zutropfen. Wenn die Lösung entfärbt ist, wird der Katalysator auf einer Filterplatte mit viel Wasser so gewaschen, daß er immer damit bedeckt bleibt. Sobald das Filtrat frei von Säure ist, wäscht man den Katalysator zweimal mit Alkohol und absolutem Äther, bringt ihn noch ätherfeucht in einen Exsiccator und evakuiert. Nach 24 Stunden wird das Vakuum durch Einleiten von Stickstoff oder Kohlendioxyd aufgehoben. Der vollständig trockene Katalysator verglimmt an der Luft nicht mehr und ist gut haltbar.

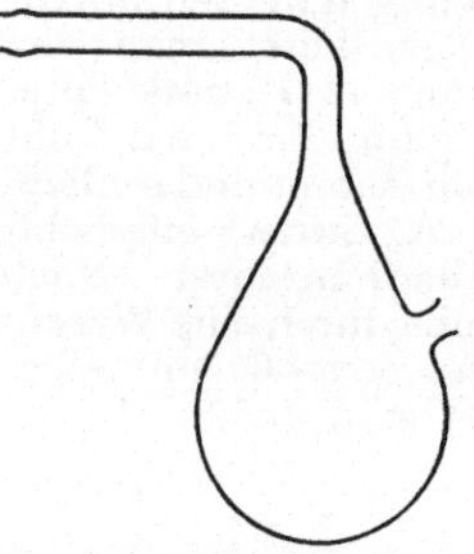

Abb. 87. Schüttelbirne nach L. GATTERMANN.

Nickel-Katalysator: Wird bereitet durch Niederschlagen von Nickelnitrat auf Tonscherben oder Asbest und anschließender Reduktion des durch Glühen erhaltenen Nickeloxyds[5].

---

[1] Schering AG., Berlin und Frankfurt; Th. Schuchardt, München; Heyl & Co., Berlin-Steglitz und Hildesheim.

[2] ADAMS, R.: J. Amer. Chem. Soc. **44**, 1397 (1922); **45**, 2171 (1923).

[3] E. Merck, Darmstadt; Th. Schuchardt, München.

[4] E. Merck, Darmstadt; Th. Schuchardt, München; Schering AG., Berlin und Frankfurt; Heyl & Co., Berlin-Steglitz und Hildesheim.

[5] Darstellung siehe GATTERMANN-WIELAND, Die Praxis des organischen Chemikers, 24. Aufl., S. 372, Verlag Walter de Gruyter & Co., Berlin u. Leipzig 1936, und BAUER, Die organische Analyse, 2. Aufl., S. 10, Akademische Verlagsgesellschaft Geest u. Portig KG., Leipzig 1950.

Hierher gehört auch das Raney-Nickel[1] (Nickel-Aluminiumlegierung), das milder als Platinoxyd wirkt. Da es die Doppelbindungen des Benzolringes nicht hydriert, kann es zur Absättigung labilerer Doppelbindungen verwendet werden.

Lösungsmittel: Zur Lösung der Substanz kann praktisch jedes Lösungsmittel (auch Gemische), das keinen Wasserstoff aufnimmt, verwendet werden. Das beste Lösungsmittel für Hydrierungen ist Eisessig. Es finden ferner Anwendung: *wäßrige Essigsäure, Essigester, Äther, Amyl- und Butyläther, Dioxan, Hexahydrotoluol, Dekalin, Cyclohexan, Methylcyclohexan, 80%iges Methanol, 95—100%iges Äthanol, Cyclohexanol, Octanol, Isobutanol, Äther-Alkohol 1:1.*

Apparatur

Das Hydrierkölbchen *H* (Abb. 88) besitzt 3 Normalschliffe. Des Kapillarhahnes *E* bedient man sich beim Durchspülen der Apparatur mit

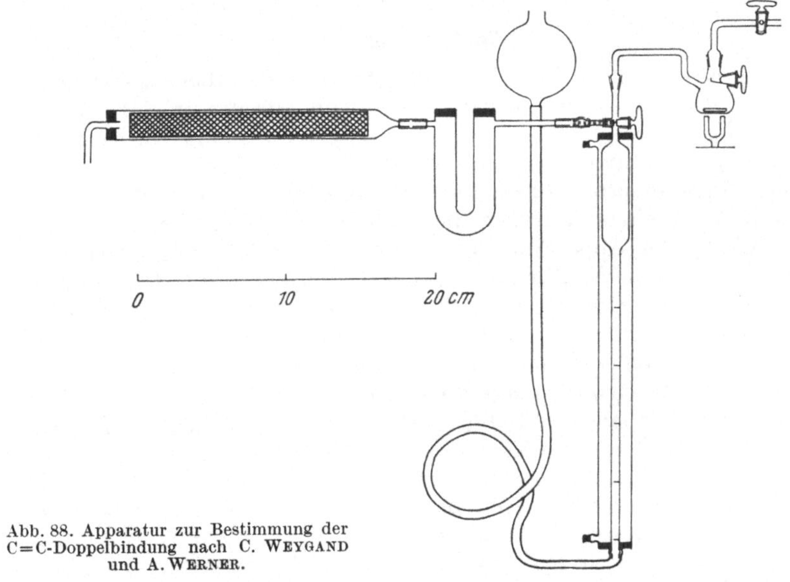

Abb. 88. Apparatur zur Bestimmung der C=C-Doppelbindung nach C. WEYGAND und A. WERNER.

Wasserstoff und beim Evakuieren. Bei eingesetzten Schliffen beträgt der Inhalt des Hydrierkölbchens 14 ml. Der Vollschliffstopfen *S* trägt, während der Katalysator mit Wasserstoff gesättigt wird, ein Glasschälchen *G* mit der eingewogenen Substanz. Durch Drehung des Vollschliffstopfens fällt das Schälchen mit der Substanz in das Lösungsmittel mit dem Katalysator.

Die Meßbürette *B* ist durch den Dreiwegehahn *M* einerseits mit dem

[1] HOUBEN-WEYL, Methoden der Organischen Chemie, IV. Aufl. Bearbeitet von E. MÜLLER, Bd. IV, Kap. K. WIMMER, Herstellung von Katalysatoren und Mischkatalysatoren, Gg. Thieme-Verlag, Stuttgart 1953.

Hydrierkölbchen, andererseits mit der Reinigungsanlage für den Wasserstoff verbunden. Der obere Teil der Meßbürette hat einen Inhalt von 25 ml und ist in Milliliter unterteilt. Die kalibrierte Meßstrecke ist 30 cm lang, von 5 ml Inhalt und ist in 0,01 ml unterteilt. Der obere Raum ermöglicht die Herstellung eines Überdruckes bis zu 1 Atmosphäre. Die Bürette ist vom Wassermantel *W* umgeben.

Die Reinigungsanlage *T* besteht aus dem mit Magnesiumperchlorat gefüllten U-Rohr *U* und dem Supremax-Glasrohr *V*, das mit Kupferdrahtnetzrollen gefüllt ist und elektrisch beheizt wird.

Die Rühreinrichtung besteht aus dem Elektromagneten *EM*, dessen Wicklung bei einer Klemmenspannung von 4 V 1,2 Amp. aufnimmt, und aus dem Rührstift *RS*. Der Eisenkern hat einen Durchmesser von 3 mm, eine Länge von 10 mm und wiegt etwa 0,5 g. Die Hülle ist aus Jenaer Glas gefertigt. Bei einer Tourenzahl von 200 bis 250 Umdrehungen/Minute folgt der Rührstift am besten dem rotierenden Magneten. Die Schliffe werden mit Apiezonfett N (E. Leybold, Köln) gedichtet.

Ausführung

In das reine trockene Hydriergefäß gibt man die abgewogene Menge *Katalysator*[1] und das Rührstäbchen, schließt die Bürette an, läßt je nach den Löslichkeitsverhältnissen *2—3 ml Lösungsmittel* zufließen, dreht den Stopfen *S* ein und bringt auf dessen Standfläche das Glasschälchen mit der gewogenen Substanzprobe (2—5 mg). Dann setzt man das Winkelstück mit dem Hahn *E* ein und sichert die Schliffe durch Stahlfedern.

Die *Füllung* der Apparatur mit *Wasserstoff* verläuft folgendermaßen: Man öffnet den Hahn *E*, läßt mit mäßiger Geschwindigkeit (Blasenzähler: 2—3 Blasen je Sekunde) Wasserstoff durch die Apparatur strömen und heizt zugleich das Rohr *V* an. Nach 2 Minuten beginnt man zu rühren. Nach 10 Minuten schließt man durch Drehen des Hahnes *M* das Hydriergefäß gegen die Reinigungsanlage ab und evakuiert bei *E* mit dem Wasserstrahlvakuum. Sobald das Gefäß evakuiert ist, verschließt man wieder bei *E*, füllt von neuem mit Wasserstoff und wiederholt die Operation noch zweimal. Zuletzt läßt man in die bisher mit Quecksilber völlig gefüllte Bürette Wasserstoff eintreten, schließt sie wieder ab und beendet bei einem mit der Bombe hergestellten Druck von etwa 1 Atü die Wasserstoffsättigung des Katalysators in wenigen Minuten. Bei Verwendung von Platinoxyd beobachtet man das Klarwerden des Lösungsmittels und das Zusammenballen des Platins. Jetzt unterbricht man die Verbindung mit der Reinigungsanlage, stellt die Verbindung zwischen Bürette und Hydriergefäß her, hebt durch kurzes Öffnen von *E* den Überdruck auf, stellt mit

[1] Über die zu verwendende Menge lassen sich keine genauen Aussagen machen. Während nach K. H. Slotta u. E. Blanke (J. prakt. Chem. [2] **143**, 3 [1935]) 2 mg Naphthalin in 5 ml Eisessig mit etwa 1 mg Platinoxyd nach 4½ Stunden noch keinen Wasserstoff aufnehmen, war mit etwa der 10fachen Menge Katalysator die Hydrierung der gleichen Substanzmenge bereits nach ½ Stunde beendet.

der Niveaubirne Atmosphärendruck her und läßt 15 Minuten lang stehen. Durch das Rotieren des Magneten im Hydrierkölbchen steigt die Temperatur um einige Grade, und zwar um etwa 3° in der Flüssigkeit und um etwa 0,5° im Gasraum. Man kann vor den beiden entscheidenden Bürettenablesungen den Magneten nach der Seite schwenken und das Kölbchen im Wasserbad temperieren. Verzichtet man auf diese Maßregel, so erhält man keine merklich schlechteren Resultate, da die Temperatur, wie durch Versuche festgestellt wurde, bei rotierendem Magneten genügend konstant bleibt und die Volumabnahme auf die Temperatur der Meßstrecken bezogen wird.

Eigentliche Hydrierung: Hat sich nach 15 Minuten nichts geändert, so liest man die Stellung des Meniskus auf 0,001 ml und die Temperatur auf 0,1° C ab, läßt die Substanz in das Lösungsmittel fallen und hebt die Niveaubirne, bis der gewünschte Überdruck vorhanden ist. Steigt das Quecksilber nicht mehr, was sich meistens schon nach wenigen Minuten zeigt, so geht man wieder auf Atmosphärendruck zurück, wartet 15 Minuten, ob sich der Stand des Meniskus noch ändert und liest wieder Volumen und Temperatur ab.

Will man das Hydriergefäß mit Wasser temperieren, so unterbricht man während der Wartezeit das Rühren, andernfalls liest man bei rotierendem Magneten ab.

Bei der Untersuchung von Flüssigkeiten wird das Glasschälchen mit der Substanzprobe erst dann in den Kolben gebracht, wenn der Katalysator völlig durchhydriert und die Meßbürette gefüllt ist. Unter dauerndem Durchleiten eines mäßigen Wasserstoffstromes entfernt man das Winkelstück mit dem Hahn *E*, bringt das Schälchen ein, setzt die Teile wieder zusammen, stellt die Verbindung mit der Bürette her, bringt die Apparatur auf Atmosphärendruck und verfährt im übrigen wie oben.

Berechnung

Aus den verbrauchten ml Wasserstoff v bei p mm Druck und t° C läßt sich die Anzahl der Mole Wasserstoff, die für die Hydrierung der eingewogenen Substanzmenge gebraucht wird, berechnen. Nach der Zustandsgleichung der Gase $\frac{v_0 \cdot p_0}{T_0} = \frac{v \cdot p}{T}$ ist das auf Normalbedingungen reduzierte Volumen des verbrauchten Wasserstoffs:

$$v_0 = \frac{v \cdot p \cdot T_0}{p_0 \cdot T} = \frac{v \cdot p \cdot 273{,}2}{760 \cdot (273{,}2 + t)} \text{ ml}$$

Da 1 Mol Wasserstoff unter Normalbedingungen den Raum von 22412 ml einnimmt, muß man das reduzierte Volumen durch 22412 dividieren, um die Anzahl der verbrauchten Mole Wasserstoff unter Normalbedingungen zu erhalten.

$\frac{v_0}{22\,412} = \frac{v \cdot p \cdot 273{,}2}{22\,412 \cdot 760 \cdot (273{,}2 + t)}$ Mole Wasserstoff sind also verbraucht worden, um die Einwaage von E g Substanz vom Molekulargewicht M, also E/M Mole Substanz zu hydrieren. Wenn aber E/M Mole Substanz

$\frac{v_0}{22\,412} = \frac{v \cdot p \cdot 273{,}2}{22\,412 \cdot 760 \cdot (273{,}2 + t)}$ Mole Wasserstoff aufnehmen, so nimmt 1 Mol der zu hydrierenden Substanz:

$\frac{M \cdot v_0}{E \cdot 22\,412} = \frac{M \cdot v \cdot p \cdot 273{,}2}{E \cdot 22\,412 \cdot 760 \cdot (273{,}2 + t)}$ Mole Wasserstoff auf, d. h. die Anzahl Mole Wasserstoff, die 1 Mol Substanz aufgenommen hat und die mit „x" bezeichnet wird, ist:

$$x = \frac{M \cdot v \cdot p \cdot 1{,}604 \cdot 10^{-5}}{E \cdot (273{,}2 + t)}$$

Benutzt man die Gasreduktionstabelle von Küster zur Umrechnung der Gasvolumina auf 0° C und 760 mm Druck, so ergibt sich folgendes: die dort abzulesende Zahl bedeutet den Logarithmus eines Faktors f, mit dem das in Millilitern abgelesene Gasvolumen v (bei t° C und p mm Druck) multipliziert das Gewicht einer gleich großen Gasmenge Stickstoff in Milligrammen ergibt. Da 1,2505 mg Stickstoff, auf den sich diese Tabelle bezieht, bei Normalbedingungen den Raum von 1 ml einnehmen, so muß der Wert $v \cdot f$ noch durch 1,2505 dividiert werden, wenn man das jetzt auf Normalbedingungen reduzierte Gasvolumen v_0 in Millilitern zu erhalten wünscht. Für annähernd ideale Gase, also auch für Wasserstoff ist:

$$v_0 = \frac{v \cdot f}{1{,}2505} \text{ ml}$$

Wie oben berechnet wurde, nimmt 1 Mol der zu hydrierenden Substanz $\frac{M \cdot v_0}{E \cdot 22\,412}$ Mole Wasserstoff auf; setzt man den für v_0 abgeleiteten Wert ein, so ergibt sich:

$$x = \frac{M \cdot v \cdot f}{E \cdot 22412 \cdot 1{,}2505} = \frac{M \cdot v \cdot f \cdot 3{,}5682 \cdot 10^{-5}}{E}$$

Andere Apparaturen: Wie H. LIEB und W. SCHÖNIGER[1] an der Mikro-Zerewitinoff-Apparatur von A. SOLTYS[2] zur Bestimmung des aktiven Wasserstoffs zeigen konnten, ist es möglich, an Stelle des Gefäßes, in dem die Grignard-Reaktion durchgeführt wird, ein Hydriergefäß (Abb. 89) an die Bürette anzuschließen und den Wasserstoffverbrauch volumetrisch zu bestimmen. Zur Reaktion des Katalysators wird das Hydriergefäß maschinell geschüttelt oder magnetisch gerührt. Das Gefäß, das ebenso gut an die Mikroapparatur von H. ROTH (S. 233) angeschlossen werden kann, ermöglicht es, die Einrichtung für die Bestimmung des aktiven Wasserstoffs auch zur volumetrischen Bestimmung der Doppelbindungszahl zu verwenden.

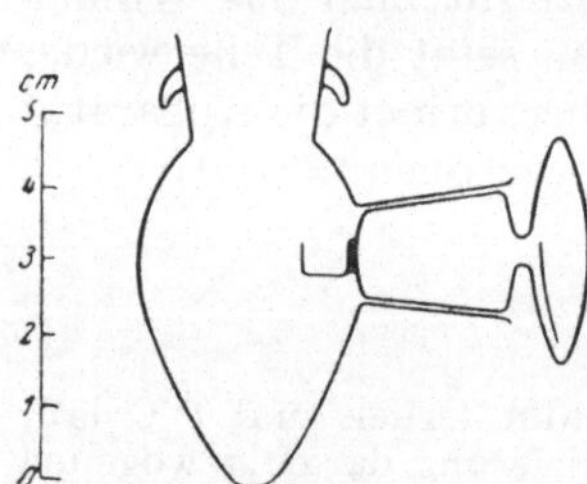

Abb. 89. Hydriergefäß von H. LIEB und W. SCHÖNIGER.

Manometrische Bestimmung der Doppelbindungszahl nach R. KUHN und E. F. MÖLLER[3]

Die für die manometrische Messung der Druckabnahme, die bei konstantem Volumen durch den Wasserstoffverbrauch eintritt, benützten

[1] LIEB, H., u. W. SCHÖNIGER: Mikrochem. **35**, 400 (1950).
[2] SOLTYS, A.: Mikrochem. **20**, 107 (1936).
[3] KUHN, R., u. E. F. MÖLLER: Angew. Chem. **47**, 145 (1934).

Manometer lehnen sich an die von O. Warburg[1] für Stoffwechseluntersuchungen eingeführten einfachen und Differentialmanometer an. Die einfachen Manometer messen die Druckabnahme gegen die Atmosphäre und sind infolge der Luftdruckschwankungen, besonders bei lang dauernden Messungen, selbst bei Anwendung eines Kontrollmanometers, nur auf einige Prozent genau. Die Differentialmanometer dagegen, die die Druckabnahme gegen ein zweites ungefähr gleich großes Gefäß messen, gestatten ohne weiteres eine um mehr als eine Größenordnung höhere Genauigkeit.

Bei der differentialmanometrischen Methode wird der Wasserstoffverbrauch der Substanz gegen eine Vergleichssubstanz unter genau gleichen Bedingungen gemessen. Es wird eine Genauigkeit erreicht, die selbst bei 40stündiger Hydrierdauer einen Fehler von ± 0,5% nicht überschreitet. Diese Methode wird hier beschrieben. Auf einige Verbesserungen, die sich bei fortgesetztem Gebrauch als wesentlich herausstellten, wird besonders hingewiesen. Die beschriebene Apparatur kann bei Substanzen, die nur wenige Doppelbindungen enthalten, jederzeit auch für direkte manometrische Mikrohydrierungen verwendet werden. Dazu bringt man in das Vergleichsgefäß genau gleiche Lösungsmittel- und Katalysatormengen wie in das Hydriergefäß, jedoch ohne Vergleichssubstanz, und führt die Bestimmung nach S. 220 aus. Die Genauigkeit ist jedoch etwas geringer (± 1—2%).

Reagenzien

Wasserstoff, elektrolytisch hergestellt, eignet sich ausgezeichnet; man kann ihn auch selbst herstellen, z. B. in der Apparatur von Paneth[2]. Zur Reinigung von Spuren von Schwefelwasserstoff und Sauerstoff wird der einer Stahlflasche mittels eines Reduzierventils entnommene Wasserstoff durch eine große Spiralwaschflasche mit *alkalischer Plumbitlösung* geleitet[3]. Zur Trocknung dient ein Rohr mit gekörntem *Calciumchlorid*, zum Zurückhalten von Calciumchloridstaub ein Rohr mit *Watte*[4]. Zur Regulierung des Wasserstoffstroms wird ein Kapillarensatz eingeschaltet, zur Messung des Druckes ein Quecksilberbarometer. Die Reinigungs- und Trocknungsanlage wird soweit wie möglich zusammengeblasen, um Gummiverbindungen zu vermeiden.

Lösungsmittel: *Eisessig* (Merck p. a.) und *Alkohol* (Merck p. a.) können ohne weitere Reinigung verwendet werden. *Hexahydrotoluol* (Schuchardt, für wissenschaftliche Zwecke) muß so lange mit *Schwefelsäure* (Merck p. a., für forensische Zwecke) geschüttelt werden, bis es im Mikroversuch gegen Platin und Wasserstoff praktisch beständig ist[5]. *Dekalin* wird wiederholt kurze Zeit mit 5%igem Oleum (Merck p. a.) ausgeschüttelt. Die Säure färbt sich immer noch etwas, auch wenn das Dekalin gegen Platinoxyd und Wasserstoff bereits gesättigt ist. Die Kohlenwasserstoffe werden zuletzt unter vermindertem Druck sorgfältig frak-

---

[1] Warburg, O.: Über den Stoffwechsel der Tumoren, Berlin: J. Springer, 1926. Ferner H. W. Knipping u. P. Rona: Praktikum der physiologischen Chemie, 3. Teil, S. 199, Berlin: J. Springer, 1928.

[2] Zu beziehen durch Hanff u. Buest, Berlin.

[3] In 100 ml 20%iger Lauge werden 3—4 g *Bleichlorid* (Merck p. a.) gelöst.

[4] Die Vorschaltung eines Rohres mit Palladiumasbest, der auf dunkle Rotglut erhitzt wird, hat sich als unnötig erwiesen. Die letzten Spuren Sauerstoff werden dann in der Apparatur selbst während der Zeit, in der sich der Katalysator mit Wasserstoff absättigt, zu Wasser reduziert.

[5] Die Säure wird anfangs halbtäglich, später täglich, zweitäglich und zuletzt wöchentlich erneuert.

tioniert. In letzter Zeit wurden mit Erfolg auch *Cyclohexan*, das auf gleiche Weise wie Hexahydrotoluol gereinigt wird, ferner *Chloroform* (Merck p. a.), *Tetrachloräthylen* (Merck puriss. med.), *Cyclohexanol* (Schering-Kahlbaum) und *Octanol* (Heyl & Co.), die einer Perhydrierung mit Kieselgelplatin Nr. 17 (Membranfilter-Gesellschaft m. b. H. Göttingen) unterworfen werden, als Lösungsmittel herangezogen.

Katalysatoren: Als geeignet haben sich *Platinoxyd* und *Palladiumoxyd* erwiesen, die man genau nach der Vorschrift von R. ADAMS und R. L. SHRINER[1] selbst herstellt, ferner *Trägerkatalysatoren* der Membranfilter-Gesellschaft m. b. H. Göttingen (Platin auf Kieselgel)[2]. Für die vorteilhafte Verwendung der einzelnen Katalysatoren, ihrer Konzentration, der Lösungsmittel und vor allem der Lösungsmittelgemische muß auf die Originalarbeit[3] und die von K. H. SLOTTA und E. BLANKE[4] nachdrücklichst verwiesen werden. Es kann hier nur erwähnt werden, daß es sehr schwierig ist, im voraus zu sagen, welche Bedingungen für eine Verbindungsklasse, ja für eine einzelne Verbindung geeignet oder gar am günstigsten sind. Bei unbekannten Substanzen können deshalb meist nur mehrere Hydrierungen unter verschiedenen Verhältnissen, vielleicht noch unter Heranziehung ähnlicher Verbindungen zum Ziele führen.

Apparatur

Die *Gefäße* (*G*) sind aus Duranglas hergestellt. An den breiten und langen Außenschliff schließen sich, wie aus Abb. 90[5] ersichtlich ist, zwei im Winkel von 30° zur Mittelachse liegende Schenkel an (von etwa 6 mm Durchmesser), von denen der eine geschlossen ist und als Anhang (*Ga*) bezeichnet wird. Der andere mündet in die horizontal liegende Wanne (*Gb*) von den Ausmaßen $20 \times 10 \times 70$ mm. Die Übergänge müssen so geblasen sein, daß sich das Überspülen von Flüssigkeit vom Anhang zur Wanne und umgekehrt durch Kippen der ganzen Apparatur um etwa 45° spielend vollziehen läßt. Auf dem Schliff sitzt die Schliffhaube (*S*) mit dem Verdrängungskörper (*Sa*), der dazu dient, das große Schliffvolumen möglichst zu verkleinern. Die Schliffe müssen unbedingt in dieser Weise ausgeführt sein, da bei umgekehrter Ausführung (Gefäß mit Innenschliff) die Gefahr zu groß ist, daß das Lösungsmittel beim Überspülen von der Wanne in den Anhang und umgekehrt mit dem Hahnfett in Berührung kommt.

Die Schliffhauben (*S*) sind durch die zweimal rechtwinklig gebogenen Verbindungskapillaren (*Ka*) mit den Meßkapillaren (*Kb*) des Manometers verbunden, das auf einem Holzbrett befestigt ist. Mittels eines Bajonettstückes wird das Brett in das Gegenstück an der Exzenterstange der Schütteleinrichtung eingeschoben. Die Meßkapillaren (*Kb*), die eine in Millimeter eingeteilte Graduierung von 0,0 bis 30,0 cm besitzen, sind durch die U-förmig gebogene Kapillare (*Kd*) miteinander zum Manometer verbunden. In der Mitte der Kapillare (*Kd*) zweigt ein etwas schräg nach unten gerichtetes, möglichst kurzes Kapillarenstück zum Schliffteil (*Hc*) des absperrbaren Einfüllrohres (*R*)

---

[1] ADAMS, R., u. R. L. SHRINER: J. Amer. Chem. Soc. **45**, 1071 (1923); **46**, 1683 (1924). Natürlich kommen die Oxyde nur in reduziertem und mit Wasserstoff gesättigtem Zustand, nicht als solche zur Einwirkung auf die Substanz.

[2] KÖPPEN, R.: Z. Elektrochem. **38**, 938 (1932).

[3] KUHN, R., u. E. F. MÖLLER: Angew. Chem. **47**, 145 (1934).

[4] SLOTTA, K. H., u. E. BLANKE: J. prakt. Chem. [2] **143**, 3 (1935).

[5] Die Apparatur wird von der Firma L. Hormuth, Inh. W. Vetter, Heidelberg, hergestellt. Sie unterscheidet sich von den üblichen Differentialmanometern nach O. WARBURG erstens durch den Dreiwegehahn (*Ha*) mit aufgesetztem Ablaßhahn (*Hb*), zweitens durch das absperrbare Einfüllrohr (*R*) für die Manometerflüssigkeit, drittens durch die Konstruktion der Gefäße (*G*).

ab, das in einer etwas vorgebogenen Schlauchtülle (*Ra*) endet. Schließlich stehen die beiden Meßkapillaren (*Kb*) noch kurz oberhalb des Teilstrichs 30 und die Kommunizierkapillare (*Kc*) durch den Dreiwegehahn (*Ha*) miteinander in Verbindung. Die Kapillare (*Kc*) hat einen Querschnitt von 2 mm², während alle übrigen nur einen solchen von 1 mm² besitzen. Der dritte Weg des Hahnes (*Ha*) führt durch die Verlängerung des Hahnkükens in den Ablaßhahn (*Hb*), der die Verbindung mit der Atmosphäre herstellt. Diese beiden Hähne (*Ha* und *Hb*) sind mit Bohrungen von ebenfalls 2 mm² Querschnitt versehen.

Eichen der Apparatur: Man schneidet die Verbindungskapillare (*Ka*) kurz oberhalb der Schliffhauben (*S*) durch und nimmt zwei Teileichungen vor. 1. Gefäß (*G*) mit Schliffhaube (*S*) und anschließendem Teil der Verbindungskapillare (*Ka*) mit Wasser; 2. Verbindungskapillare (*Ka*), Meßkapillare (*Kb*) bis zum Teilstrich 15,0 cm einschließlich des horizontalen, zum Dreiwegehahn (*Ha*) führenden Kapillarenstücks (*Kc*) mit Quecksilber. Teileichung 1 gestaltet sich wie folgt: Zuerst wird das Gefäß (*G*) mit der Schliffhaube (*S*) leer gewogen, dann die Schliffhaube (*S*) abgenommen, das Gefäß (*G*) mit Wasser bis zum Rande gefüllt und die Haube (*S*) sehr schnell, aber doch mit großer Vorsicht wieder aufgesetzt. Jetzt muß das Gefäß (*G*) mit Schliffhaube (*S*) und die sich anschließende Kapillare völlig mit Wasser angefüllt sein[1]. Sodann entfernt man noch etwas Wasser aus der Kapillare, bezeichnet den Stand des Meniskus mit einer Marke und wägt das Ganze. Nach dem Zusammenschmelzen erfolgt die zweite Teileichung: Man füllt bei umgekehrt stehender Apparatur und geschlossenem, aber nicht gefettetem Dreiwegehahn (*Ha*) Quecksilber durch die Schliffhaube (*S*) ein, bis die Marke erreicht und das Kapillarenstück (*Kc*) zum Dreiwegehahn (*Ha*) gefüllt ist, liest auf der Meßkapillare (*Kb*) den Quecksilberstand ab und wägt das ausgefüllte Quecksilber. Die Differenz bis zum Teilstrich 15,0 cm wird schließlich aus dem Kapillarquerschnitt berechnet. Den letzteren bestimmt man ebenfalls durch Auswägen mit Quecksilber. Die Genauigkeit der Gefäßeichung läßt sich leicht auf ± 0,1% bringen, die des Kapillarquerschnittes ist etwas geringer.

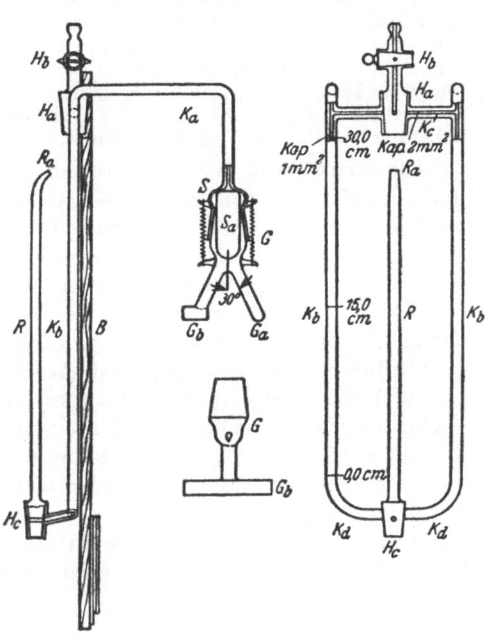

Abb. 90. Hydrierungsapparatur nach R. Kuhn und E. F. Möller.

[1] Sollte dies nicht der Fall sein, so erwärmt man das Gefäß (*G*) unter Klopfen in einem siedenden Wasserbad und läßt, wenn alle Luft entwichen ist und das Wasser aus der Kapillare austritt, während des Erkaltens durch ein gebogenes Kapillarrohr Wasser nachsaugen. Bei richtiger Konstruktion der Schliffhaube (*S*) und einiger Übung ist dies jedoch unnötig; es ist jedenfalls vorteilhaft, das Erhitzen zu unterlassen, da während des Erkaltens die Schliffe leicht zu fest ineinandergepreßt werden und auch sonst andere Eichfehler eintreten können.

Ausführung

Von größter Bedeutung ist die Reinheit der zu hydrierenden Substanz. Es ist häufig beobachtet worden, daß Substanzen, die eine tadellose Verbrennung geben, sich erst nach weiterer Reinigung, die die Werte der Verbrennung nicht mehr verändert, befriedigend hydrieren lassen.

Als Vergleichssubstanz wird fast ausschließlich Sorbinsäure verwendet. Die Reinigung der Handelsware geschieht durch mehrfache abwechselnde Kristallisation aus verdünntem Alkohol und Sublimation im Hochvakuum. Das Präparat wird im Hochvakuum über Kaliumhydroxydplätzchen aufbewahrt.

An eine Vergleichssubstanz sind folgende Anforderungen zu stellen. Sie muß erstens mit einem ganz schwachen Katalysator schon mit mittlerer Geschwindigkeit und möglichst linear perhydriert werden. Zweitens darf sie selbst mit einem sehr starken Katalysator keine erhöhte Wasserstoffaufnahme zeigen. Das von H. WILLSTAEDT[1] vorgeschlagene Azobenzol könnte deshalb wohl als Eichsubstanz zur Ermittlung der Gefäßkonstanten, nicht aber als Vergleichssubstanz in diesem Verfahren Verwendung finden.

Die Einwaage der Substanz hat sich nach dem Wasserstoffverbrauch der Vergleichssubstanz zu richten, damit kein zu großer Druckunterschied am Ende der Hydrierung auftritt. Die Anfangshydriergeschwindigkeit von Substanz und Vergleichssubstanz soll in derselben Größenordnung liegen; dann kann man die Substanzmenge so groß wählen, daß ihr Wasserstoffverbrauch bis zu 50 cm Druckunterschied entspricht. (Das ist also mehr als der Meßbereich; gemessen wird ja auch nur der Druckunterschied, welcher der Differenz aus dem Wasserstoffverbrauch der beiden Substanzen entspricht.) Sind die Anfangshydriergeschwindigkeiten der beiden Substanzen jedoch zu sehr verschieden, so müssen die Substanzmengen entsprechend kleiner gewählt werden, so daß die anfänglichen Druckunterschiede noch in den Meßbereich fallen. Vorteilhafter ist es jedoch, in solchen Fällen die Vergleichssubstanz überhaupt wegzulassen. Dies gilt sinngemäß auch dann, wenn man nur über sehr kleine Substanzmengen verfügt. Durch das Weglassen der Vergleichssubstanz wird aber an den weiteren Handhabungen nichts geändert.

Substanz (etwa 0,5—20 mg) und Vergleichssubstanz (etwa 2—3 mg Sorbinsäure) werden in dem Wägeröhrchen mit langem Stiel (S. 15) abgewogen und in die Anhänge (*Ga*) der Gefäße gefüllt. Der Katalysator wird in die Wannen (*Gb*) eingewogen (bei kleinen Mengen ebenfalls mit der Mikrowaage). Beide Gefäße sollen möglichst mit derselben Menge ($\pm$ 2%) beschickt werden. Darauf wird das Lösungsmittel (1,50—3,00 ml, am günstigsten 2,00 ml) mit einer Pipette in die Wannen (*Gb*) gegeben. Sodann werden die Schliffe mit zähem *Apiezonfett* (Sorte N)[2] eingefettet, in die Schliffhauben (*S*) eingesetzt und durch gute Spiralfedern festgehalten. Das vor jeder Messung frisch mit Apiezon gefettete Füllrohr (*R*)[3] wird nun so gestellt, daß es durch den Schliff (*Hc*) mit der Kapillare (*Kd*) verbunden ist. Nun wird die Tülle (*Ra*) mit einem Schlauch[4] an das oben beschriebene System angeschlossen, welches gestattet, abwechselnd

[1] WILLSTAEDT, H.: Ber. dtsch. chem. Ges. **68**, 333 (1935).

[2] Zu beziehen durch E. Leybolds Nachf., Köln a. Rh.

[3] Es ist darauf zu achten, daß die enge Schliffbohrung ganz frei von Fett ist, damit sie später glatt von der Manometerflüssigkeit passiert wird.

[4] Im Vakuum paraffinierter Druckschlauch.

zu evakuieren (etwa 20 mm Hg) und den gereinigten Wasserstoff einzulassen. Vorher wird der Dreiwegehahn (*Ha*) so gestellt, daß beide Gefäße kommunizieren, der Ablaßhahn (*Hb*) jedoch geschlossen ist. Während des Evakuierens wird von Hand kräftig geschüttelt, um auch alle gelöste Luft zu entfernen. Das Evakuieren und Zulassen des Wasserstoffs wird etwa 5—6mal wiederholt. Beim letzten Einfüllen des Wasserstoffs soll schließlich ein geringer Überdruck (etwa 50 mm Hg) in den Gefäßen herrschen. Zuletzt wird das Einfüllrohr (*R*) durch Drehen um 180° gegen die Kapillare (*Kd*) geschlossen und der Schlauch von der Tülle abgezogen. Bei leicht flüchtigen Lösungsmitteln (bei Eisessig und Dekalin z. B. unnötig) müssen die Gefäße in geeigneter Weise gekühlt werden, da eine Volumsveränderung durch Lösungsmittelverlust nicht eintreten darf.

Die vollständig beschickte Apparatur wird nun in den Thermostaten eingesetzt (25° C ± 0,02 oder besser) und etwa 1 Stunde kräftig geschüttelt (bei Trägerkatalysatoren ist die zur Absättigung mit Wasserstoff erforderliche Zeit meist kürzer, bei Platin- und Palladiumoxyd kann sie mehrere Stunden betragen). Das Schütteln muß so stark sein, daß nicht nur das Lösungsmittel, sondern auch der Katalysator kräftig gegen die obere Wand der Wanne (*Gb*) geschleudert wird. Durch schnelles Drehen des Ablaßhahns (*Hb*) wird der Überdruck an Wasserstoff abgelassen; erst jetzt wird das Füllrohr (*R*) mit einer vorher genau gemessenen Menge absolutem Äthylalkohol p. a.[1] als Manometerflüssigkeit gefüllt und durch sehr vorsichtiges Öffnen der Alkohol durch den Schliff (*Hc*) in die Kapillaren eingelassen. Bei richtiger Konstruktion und einiger Vorsicht treten dabei keine Gasblasen in den Kapillaren auf. Danach ist der Ablaßhahn (*Hb*) nochmals schnell zu öffnen und zu schließen, damit die Meßkapillaren (*Kb*) etwas über den Teilstrich 15 gefüllt sind. Die genaue Einstellung geschieht schließlich durch Abnehmen von Flüssigkeit mittels Einführung eines Wattefadens in das Füllrohr (*R*). Jetzt darf keine wesentliche Druckänderung gegen die Atmosphäre eintreten. Hat man sich davon überzeugt, so schließt man durch Drehen um 180° das Füllrohr (*R*) gegen die Kapillare (*Kd*) und dichtet es durch Überschichten mit Quecksilber. Dies ist unbedingt erforderlich, da der Alkohol das Apiezonfett langsam erweicht[2]. Den Dreiwegehahn (*Ha*) dreht man schließlich um 90°, so daß die Gefäße nicht mehr kommunizieren und die Apparatur als Differentialmanometer wirken kann. Endlich wird die entscheidende Prüfung auf Konstanz des Druckes vorgenommen.

Man nimmt die Apparatur aus dem Thermostaten und kippt die ganze Apparatur in der Weise, daß die Substanz und die Vergleichssubstanz aus dem Anhang herausgelöst werden und zum Katalysator in die Wannen (*Gb*) kommen. Die Reste der Substanz werden durch erneutes Kippen zu einem späteren Zeitpunkt in die Wanne gespült. Die erste Ablesung wird vorgenommen, wenn die Vergleichssubstanz fast durchhydriert ist, was bei Sorbinsäure im allgemeinen in kurzer Zeit der Fall ist. Man liest dann die Druckunterschiede in entsprechenden Zeitabschnitten ab, bis wieder Druckkonstanz erreicht ist. Der Begriff Druckkonstanz ist natürlich relativ, und die Prüfung auf Druckkonstanz hat sich nach der Hydriergeschwindigkeit zu richten.

Berechnung der Doppelbindungszahl

Zu Beginn des Versuches sind die Drucke in den beiden Gefäßen gleich, der Niveauunterschied $h = 0$; die Gasvolumina V_x und V_t jedoch verschieden.

[1] E. Merck, Darmstadt.

[2] Dies war auch der Grund, weswegen die Hähne an der hier beschriebenen Apparatur gegenüber jenen der Originalarbeit geändert wurden. Wurde zur Entfernung des vorher eingefüllten Alkohols am Dreiwegehahn (*Ha*) evakuiert, so verschmierte das im Alkohol teilweise gelöste Fett den Hahn, und durch Mangel an Hahnfett im Schliff trat allzu leicht Undichtigkeit auf. Ist die Bestimmung beendet, so hebt man das Füllrohr (*R*) aus dem Schliff (ohne den Apparat neigen zu müssen) und läßt das Quecksilber und den Alkohol in eine daruntergebrachte Glasschale abfließen.

Zur Vereinfachung der Ableitung wird angenommen, daß das von der x-Substanz aufgenommene Wasserstoffvolumen das größere und ihre Hydriergeschwindigkeit viel geringer sei (letzteres ist auch praktisch der durchschnittliche Fall). Hat nun die Vergleichssubstanz das Wasserstoffvolumen v_t aufgenommen, wobei sie aushydriert sein soll, und sind die Drucke wieder gleich, also der Niveauunterschied $h = 0$, dann hat die x-Substanz das Wasserstoffvolumen v'_x aufgenommen. Dann gilt die Beziehung:

$$\frac{v'_x}{V_x} = \frac{v_t}{V_t} \tag{1}$$

Hydriert man nun die x-Substanz zu Ende, so wird der Niveauunterschied h in bezug auf V_x positiv. Nennt man das diesem Niveauunterschied entsprechende Wasserstoffvolumen v_h, so ist die Summe von v'_x und v_h gleich dem von der x-Substanz am Ende ihrer Hydrierung aufgenommenen Wasserstoffvolumen v_x; also auch:

$$v'_x = v_x - v_h \tag{2}$$

(2) in (1) eingesetzt, ergibt:

$$\frac{v_x - v_h}{V_x} = \frac{v_t}{V_t}$$

oder

$$v_x = \frac{V_x \cdot v_t}{V_t} + v_h \tag{3}$$

Nun werden noch v_t und v_x als Funktion der Doppelbindung ausgedrückt. Das aufgenommene Volumen v steht zum Molvolumen W des Wasserstoffs in gleichem Verhältnis wie die Einwaage E zum Molekulargewicht M der zu hydrierenden Substanz, d. h. $v : W = E : M$ bei einer Doppelbindung pro Mol. Hat die Substanz F Doppelbindungen pro Mol, so ergibt sich:

$$\frac{v}{W} = \frac{E \cdot F}{M}, \text{ also } v = \frac{W \cdot E \cdot F}{M}$$

$$v_t = \frac{W \cdot E_t \cdot F_t}{M_t}$$

und

$$v_x = \frac{W \cdot E_x \cdot F_x}{M_x}$$

In (3) eingesetzt:

$$\frac{W \cdot E_x \cdot F_x}{M_x} = \frac{V_x}{V_t} \cdot \frac{W \cdot E_t \cdot F_t}{M_t} + v_h$$

und nach F_x aufgelöst:

$$F_x = \frac{M_x}{E_x} \left[\frac{V_x}{V_t} \cdot \frac{E_t \cdot F_t}{M_t} + \frac{v_h}{W} \right]$$

Es gilt nun noch, v_h aus dem Niveauunterschied h selbst in den Apparaturausmaßen zu berechnen. Wenn man bedenkt, daß v_h/W nur ein Korrektionsglied ist — es soll nur 20% des ersten Gliedes in der Klammer betragen —, daß ferner der Gesamtdruck am Ende nur wenig kleiner ist als am Anfang — der Unterschied soll nicht größer als 5% sein —, dann kann man für v_h den von O. Warburg[1] für sein Differentialmanometer angegebenen Ausdruck für

[1] Warburg, O.: Über den Stoffwechsel der Tumoren, S. 10, Berlin: J. Springer, 1926. Der Ausdruck von Warburg lautet:

$$v_h = h \left[\left(1 + \frac{\frac{A}{2} \cdot \frac{273}{T}}{\frac{V_t \cdot \frac{273}{T} + V \cdot \alpha'}{P_0}} \right) \left(\frac{V_x \cdot \frac{273}{T} + V'_x \cdot \alpha}{P_0} + \frac{A}{2} \cdot \frac{273}{T} \right) \right]$$

das aufgenommene Volumen einsetzen. V_x ist dann das Gasvolumen des „Versuchsgefäßes“, V_t das des „Kompensationsgefäßes“. Unter den angegebenen Bedingungen ist die Genauigkeit der Näherungsformel größer als $\pm$ 0,3%. Da ferner die Absorptionskoeffizienten von Wasserstoff in den verwandten Lösungsmitteln sehr gering sind und dabei die Menge des Lösungsmittels im Höchstfalle 6% des Gasraumes ausmacht, so brauchen die entsprechenden Glieder der Warburgschen Formel nicht berücksichtigt zu werden. Man erhält dann den Ausdruck:

$$F_x = \frac{M_x}{E_x}\left[\frac{V_x}{V_t}\cdot\frac{E_t\cdot F_t}{M_t} + \frac{h}{W}\left(1+\frac{A\cdot P_0}{2\,V_t}\right)\cdot\left(\frac{V_x}{P_0}\cdot\frac{273}{T}+\frac{A}{2}\cdot\frac{273}{T}\right)\right]$$

worin A der Querschnitt der Kapillare, T die absolute Temperatur und P_0 der Normaldruck der verwandten Manometerflüssigkeit bedeuten. [P_0 = = 76 cm Hg = 1033 g/cm² (Dichte des Hg bei 0° und 1 Atm. = 13,5951 g/cm³)]. Hat die verwandte Manometerflüssigkeit bei 0° C nicht die Dichte 1, sondern ϱ, dann ist für P_0 einzusetzen: $P_0 = 1033/\varrho$. Dabei wird die Formel durch Ausklammern noch weiter vereinfacht:

$$F_x = \frac{M_x}{E_x}\left[\frac{V_x}{V_t}\cdot\frac{E_t\cdot F_t}{M_t} + h\cdot\frac{273}{T\cdot W}\left(1+\frac{A\cdot 1033}{2\cdot\varrho\cdot V_t}\right)\left(\frac{\varrho\cdot V_x}{1033}+\frac{A}{2}\right)\right] \quad (4)$$

Für negative h-Werte, also für den Fall, daß v_x kleiner als v_t ist, muß der Ausdruck für v_h noch so verändert werden, daß V_x und V_t gegeneinander vertauscht werden, da h jetzt von V_t aus betrachtet positiv wird, V_t also jetzt Gasvolumen des „Versuchsgefäßes“ und V_x Gasvolumen des „Kompensationsgefäßes“ nach O. Warburg ist. Die numerische Änderung des Ausdrucks ist nicht groß, fällt jedoch bei großen h-Werten und großen Differenzen zwischen V_x und V_t in die Größenordnung einiger Prozente und muß dann berücksichtigt werden. Der Ausdruck bei negativen h-Werten lautet also:

$$F_x = \frac{M_x}{E_x}\left[\frac{V_x}{V_t}\cdot\frac{E_t\cdot F_t}{M_t} - h\cdot\frac{273}{T\cdot W}\left(1+\frac{A\cdot 1033}{2\cdot\varrho\cdot V_x}\right)\left(\frac{\varrho\cdot V_t}{1033}+\frac{A}{2}\right)\right] \quad (5)$$

Hydriert man ohne Vergleichssubstanz, so wird der erste Summand in der Klammer gleich Null (denn $E_t = 0$), und man erhält:

$$F_x = \frac{M_x}{E_x}\cdot h\cdot\frac{273}{T\cdot W}\left(1+\frac{A\cdot 1033}{2\cdot\varrho\cdot V_t}\right)\left(\frac{\varrho\cdot V_x}{1033}+\frac{A}{2}\right)$$

Beispiel: Hydrierung von reinstem *β-Carotin* mit Platinoxyd (10,1 mg) als Katalysator und Dekalin-Eisessig 1 : 1 als Lösungsmittel gegen Sorbinsäure als Vergleichssubstanz.

Allgemeine Versuchsbedingungen:

T = 25,00° C $\pm$ 0,02
W = 22 504 ml
ϱ = 0,80 625 (Äthylalkohol absol. O° C)
V_x = 33,169 ml — 2,00 ml* = 31,169 ml
V_t = 31,618 ml — 2,00 ml* = 29,618 ml
A = 0,01016 cm²

Einsetzen dieser Werte in die Endformeln (4) und (5) für Hydrierungen gegen eine Vergleichssubstanz ergibt:

$$F_x = \frac{M_x}{E_x}\left[1{,}052\cdot\frac{E_t\cdot F_t}{M_t} + h\cdot\begin{cases}+\,0{,}001\,445\\ -\,0{,}001\,373\end{cases}\right]$$

worin E-Werte in Milligrammen, h in Zentimetern zu rechnen sind.

* Volumen des Lösungsmittels.

Spezielle Versuchsbedingungen:

$E_x = 2{,}342$ mg	$M_x = 536{,}4$	$F_t = 2{,}00$
$E_t = 2{,}338$ mg	$M_t = 112{,}06$	
nach 3 Min.	$h = + 0{,}15$ cm	$F_x = 10{,}09$
nach 4½ Stdn.	$h = + 2{,}65$ cm	$F_x = 10{,}94$
nach 8 Stdn.	$h = + 2{,}65$ cm	$F_x = 10{,}94$

Ber.: $F_x = 11{,}00$; Gef.: $F_x = 10{,}94$

Bestimmung der C≡C-Dreifachbindung nach H. Roth[1]

Verbindungen mit Acetylenverbindungen lassen sich mit Hilfe von Additionsreaktionen, wie sie bei der Bestimmung der C=C-Doppelbindung angeführt wurden, bestimmen. Unter diesen ist besonders die katalytische Wasserstoffanlagerung zu empfehlen. Zur vollständigen Hydrierung der —C≡C-Bindung sind 4 H-Atome notwendig.

Monosubstituierte Acetylene sind sehr einfach mit dem Grignard-Reagens zu bestimmen.

$$HC{\equiv}CR + CH_3 \cdot MgJ \rightarrow JMgC{\equiv}CR + CH_4$$

Da viele Acetylenverbindungen erst bei höherer Temperatur vollständig reagieren, wird man die Bestimmung des auf S. 228 beschriebenen aktiven Wasserstoffs bei 80—100° C Badtemperatur durchführen. Die Zerewitinoff-Reaktion (S. 228) ist jedoch nur dann spezifisch, wenn die Substanz keine anderen Gruppen mit aktiven Wasserstoffatomen besitzt.

Das Wasserstoffatom der Dreifachbindung läßt sich durch Silber, Kupfer und Quecksilber ersetzen, wobei je nach Versuchsbedingungen unlösliche oder lösliche Metallacetylide oder deren Komplexverbindungen entstehen. Mit Acetylen selbst bilden sich die bekannten Metallcarbide.

Mit Silbernitrat erhält man die Verbindung

$$2\,AgNO_3 + HC{\equiv}CR \rightarrow AgC{\equiv}CR \cdot AgNO_3 + HNO_3$$

und mit Kupfer-(I)-chlorid

$$Cu_2Cl_2 + 2\,HC \equiv CR \rightarrow 2\,CuC \equiv CR + 2\,HCl$$

Gleichzeitig wird die einer C≡C-Dreifachbindung äquivalente Menge Säure freigesetzt. Man kann entweder diese mit Alkali titrieren oder z. B. eine bekannte überschüssige Silbernitratlösung zugeben, den für die Reaktion nicht benötigten Anteil mit Rhodanid zurücktitrieren und aus der Differenz die C≡C-Dreifachbindung berechnen. Die ausgefällten Metallacetylide gravimetrisch zu bestimmen, ist nicht zu empfehlen, da die meisten im trockenen Zustand explosiv sind.

Nachstehend wird eine einfache Mikromethode beschrieben, die von uns aus der Makromethode von L. Barnes, jr., und L. J. Molinini[2] entwickelt wurde.

Die Genauigkeit beträgt ± 1 Prozent.

---

[1] Unveröffentlicht.

[2] Barnes, L. jr., u. L. J. Molinini: Analyt. Chemistry **27**, 1025 (1955).

Prinzip: Die Substanz wird mit überschüssiger wäßriger Silbernitratlösung versetzt. Entsprechend der obenstehenden Gleichung bildet sich sogleich die Komplexverbindung unter Freisetzung von Salpetersäure. Letztere wird mit Lauge unter Verwendung von Methylrot als Indikator titriert. In den meisten Fällen bleibt die Komplexverbindung in Lösung oder kolloidal verteilt, so daß ohne zu filtrieren titriert werden kann.

Reagenzien

0,1 n-wäßrige Silbernitratlösung. In 500 ml destilliertem Wasser werden 8,494 g Silbernitrat gelöst und in einer dunklen Flasche aufbewahrt. Vor der Benutzung ist die Lösung zu prüfen, ob sie neutral ist, sonst ist sie mit verdünnter Säure oder Lauge zu neutralisieren. 10 ml-Pipette.

0,02 n-Natronlauge. Herstellung entsprechend der 0,01 *n*-Lauge nach S. 22. Bürette.

0,1%ige Methylrotlösung. Man löst 0,1 g Methylrot in 100 ml Methanol.

Ausführung

Von der festen Substanz wägt man 5—10 mg mit dem Wägeröhrchen (S. 15) in einen Erlenmeyer-Kolben mit Schliffstopfen von 100 ml Inhalt ein. Flüssige Substanzen und solche mit hohem Dampfdruck werden in Kapillaren nach F. PREGL (S. 57) oder J. PIRSCH (S. 58) eingewogen. Nach Zugabe von *10 ml 0,1 n-Silbernitratlösung* und *1 Tropfen Methylrotlösung* können feste Substanzen sofort mit der *0,02 n-Lauge* bis zur deutlichen gelben Färbung titriert werden. Die Kapillaren mit den Flüssigkeiten müssen zuerst auf dem Kolbenboden mit einem Glasstab zerdrückt werden. Der Stopfen wird aufgesetzt und der Kolben 5 Minuten vorsichtig umgeschwenkt, damit in den Luftraum gelangte Substanzdämpfe von der Silbernitratlösung adsorbiert werden. Dann wird nach Zugabe des Indikators die Salpetersäure gleich wie bei festen Substanzen titriert[1].

Berechnung

1 ml 0,02 *n*-NaOH entspricht 0,48044 mg C≡C.

$$\% \, C{\equiv}C = \frac{\text{ml } 0{,}02 \; n\text{-NaOH} \cdot 0{,}48044 \cdot 100}{\text{mg Substanzeinwaage}}$$

Bemerkungen: Nicht alle Substanzen bilden lösliche Komplexverbindungen. Die Ausfällungen lassen sich einerseits dadurch vermeiden, daß man die Reaktion mit 1 *n*-Silbernitratlösung (2 ml) durchführt oder die Substanz vorher in 1 bis 2 ml Äthanol (95%ig) löst. Besitzt die Analysensubstanz saure oder basische Gruppen oder ist sie mit solchen Verbindungen verunreinigt, hat man in einem gesonderten Ansatz den Säure- bzw. Alkaliverbrauch zu bestimmen und bei der Berechnung des C≡C-Gehaltes der Substanz in Rechnung zu setzen. Die Methode wurde für Acetylenkohlenwasserstoffe, Acetylencarbonsäuren und Acetylenamine geprüft. Aldehyde

[1] Eine zweckmäßige Bürette zur Analyse gasförmiger Substanzen wird von L. BARNES jr. u. L. J. MOLININI (Analyt. Chemistry **27**, 1025 [1955]) beschrieben.

und Halogene stören nicht. Zur Reduktion der ersteren sind Reaktionszeit und Konzentration zu gering.

Bestimmung der Hydroxylgruppe

Die gebräuchlichsten Methoden zur Mikrobestimmung der Hydroxylgruppe sind:

1. Acetylierung der Hydroxylgruppe mit Essigsäureanhydrid und Titration des unverbrauchten Reagens oder des bei Acylierung gebildeten Wassers mit Karl-Fischer-Reagens (S. 228).

2. Reaktion des H-Atoms der Hydroxylgruppe mit Methylmagnesiumjodid und volumetrische Bestimmung des freigesetzten Methans (Zerewitinoff-Reaktion). Siehe Bestimmung des aktiven Wasserstoffs S. 228.

3. Verseifung aus Hydroxylverbindungen hergestellter Acetyl-(Benzoyl-)ester und Titration der mit Wasserdampf abdestillierten Säuren. Siehe Acetyl-(Benzoyl-)Bestimmung S. 239.

In diesem Zusammenhang sei noch auf die Bestimmung von Hydroxylgruppen in Polyalkoholen mit Perjodsäure nach L. Malaprade[1] hingewiesen, für die F. Rapaport, J. Reifer und H. Weinmann[2] eine Mikromethode beschreiben. Bei der Bestimmung der Carboxylgruppe wird schließlich noch gezeigt, daß stark saure Hydroxylgruppen wie Carbonsäuren titriert werden können (s. S. 271).

1. Bestimmung durch Acetylierung mit Essigsäureanhydrid[3]

Die Hydroxylverbindung wird mit einer bekannten überschüssigen Menge Essigsäureanhydrid acetyliert. Das unverbrauchte Anhydrid wird, nach Hydrolyse zu Essigsäure, titriert und der OH-Gehalt der Substanz aus der Differenz berechnet.

Reagenzien

Essigsäureanhydrid p. a. Wird durch Destillation unter Ausschluß von Feuchtigkeit von Essigsäurespuren befreit.

Pyridin p. a. (Merck, Darmstadt). Zur Entfernung von Feuchtigkeit wird das Pyridin mit Bariumoxyd 1 Stunde unter Rückfluß gekocht und anschließend abdestilliert. Die zwischen 114—115° C übergehende Fraktion wird unter Ausschluß von Feuchtigkeit aufgefangen und aufbewahrt.

Acetylierungsgemisch wird durch Mischen von 1 Vol. Teil Essigsäureanhydrid mit 4 Vol. Teilen Pyridin bereitet. Trotz Verfärbung (gelb) ist die Mischung einige Wochen haltbar. Auswaschpipette von 0,1 ml Inhalt nach F. Pregl[4].

---

[1] Malaprade, L.: Bull. soc. chim. France [4] **39**, 325 (1926); [4] **43**, 683 (1928); [5] **1**, 833 (1934).

[2] Rappaport, F., J. Reifer u. H. Weinmann: Mikrochim. Acta [Wien] **1**, 290 (1937).

[3] Stodola, F. H.: Mikrochem. **21**, 180 (1936/37).

[4] Kann bei P. Haack, Wien, bezogen werden. Beschreibung s. S. 115.

Äthanol. Nach kurzem Kochen mit Natriumhydroxyd wird der neutrale Alkohol abdestilliert.

0,02 n-alkoholische Natronlauge. 0,8 g Natriumhydroxyd (Plätzchenform) werden in einem 1 Liter-Meßkolben mit 95—96%igem Äthylalkohol gelöst. Der Faktor wird mit 0,02 *n*- oder 0,01 *n*-Salzsäure gegen Phenolphthalein unter den bei der Ausführung beschriebenen Bedingungen bestimmt. Automatische Bürette (S. 20).

Phenolphthaleinlösung. Bereitung s. S. 21.

Magnesiumperchlorat oder *Calciumchlorid.*

Apparatur

Sie besteht aus einem Rundkölbchen von 25—35 ml Inhalt mit Schliffkühler und einem auf den Kühler aufgesetzten Trockenrohr. Kölbchen und Kühler sind aus Quarz oder absolut alkalifestem Glas.

Ausführung

5—8 mg Substanz werden, wenn sie fest sind, mit dem Wägeröhrchen (S. 15), flüssige in einem Mikrobechergläschen (S. 128) in das Kölbchen gebracht. Aus der Auswaschpipette[1] werden *0,1 ml des Acetylierungsgemisches* zugegeben und die Pipette mit einer *gemessenen Menge Pyridin* (1—2 ml) nachgewaschen. Der Kühler mit Trockenrohr wird aufgesetzt und das Kölbchen 1 Stunde in einem elektrischen Heizbad oder einem Ölbad auf 95—100° C erhitzt. (Kein Wasserbad.) Nach dem Abkühlen bringt man in einen Titrierkolben aus Quarz *2 ml Pyridin,* nimmt das Kölbchen vom Kühler und gießt den Inhalt in den Titrierkolben. Man bringt den Schliff über den Titrierkolben und spült den Kühler mit *1 ml Pyridin* durch. In das Kölbchen werden tropfenweise 3 ml kohlendioxydfreies Wasser gebracht und dieses zu der Lösung in den Titrierkolben gegossen. Nun wird noch das Kölbchen mit *5 ml Äthanol* ausgespült und das Äthanol in den Titrierkolben übergespült. Nach Zugabe von *3 Tropfen Phenolphthaleinlösung* wird die überschüssige Essigsäure mit der *0,02 n-alkoholischen Natronlauge* titriert. Um Verblassen des Indikators zu vermeiden, leitet man kohlendioxydfreie Luft in das Titrierkölbchen.

Unter genau gleichen Bedingungen wird ein Blindversuch durchgeführt. Aus der Differenz des Laugeverbrauches in dem Blindversuch (*a*) abzüglich des Verbrauches für das überschüssige Anhydrid bzw. die Essigsäure bei der Analyse (*b*) wird der OH-Gehalt berechnet.

Berechnung

1 ml 0,02 *n*-NaOH entspricht 0,3402 mg OH.

$$\%\,\mathrm{OH} = \frac{\mathrm{ml}\ 0{,}02\ n\text{-NaOH}\ (a-b)\cdot 0{,}3402\cdot 100}{\mathrm{mg\ Einwaage}}$$

[1] Mit der gleichen Menge ist die Pipette bei dem Blindversuch auszuwaschen.

Bemerkung: Primäre und sekundäre, jedoch nicht tertiäre Hydroxylgruppen werden vollständig acetyliert. Ebenso Aminogruppen. Voraussetzung für die Bestimmung ist die Beständigkeit der Acetylkörper bei den Versuchsbedingungen.

2. Bestimmung mit Karl-Fischer-Reagens

Das 1935 von KARL FISCHER[1,2] zur Bestimmung von Wasser beschriebene Reagens kann mit gewissen Einschränkungen, da es auch mit anderen Atomgruppen reagiert[3], zur Bestimmung von Hydroxylgruppen herangezogen werden. Wegen seiner vielseitigen Verwendung ist es ein für analytische Laboratorien unentbehrliches Reagens, denn neben kleineren Mengen Wasser lassen sich alle Reaktionen, die unter Aufnahme oder Abgabe von Wasser ablaufen, damit überprüfen.

Es besteht bekanntlich aus einer Lösung von Jod und Schwefeldioxyd in einem Pyridin-Methanol-Gemisch und ist einige Monate haltbar. Es reagiert mit Wasser:

$$2\,H_2O + SO_2 + J_2 = H_2SO_4 + 2\,HJ$$

Von der Beschreibung der Darstellung des Reagens wird unter Hinweis auf die angeführte Literatur abgesehen; es ist auch im Handel erhältlich[4]. Zur Titration von gefärbten Lösungen sei auf die Verwendung von Methylenblau[5] als Indikator ergänzend hingewiesen.

Um die Hydroxylgruppe in aliphatischen Alkoholen und Oxysäuren zu bestimmen, wird die Analysenprobe nach W. M. D. BRYANT, J. MITCHELL jr. und D. M. SMITH[6] unter Zusatz von Bortrifluorid als Katalysator mit überschüssigem Eisessig in Dioxan acetyliert. Unter Berücksichtigung eines Blindversuches wird die Hydroxylgruppe aus dem für das gebildete Wasser verbrauchten Jod berechnet.

Bestimmung des aktiven Wasserstoffs nach H. ROTH[7]

Methylmagnesiumjodid, in Lösung Grignard-Reagens genannt, reagiert mit Verbindungen, die aktive Wasserstoffatome besitzen unter Freisetzung von Methan

$$RH + CH_3\text{—}Mg\text{—}J = RMgJ + CH_4$$

[1] FISCHER, K.: Angew. Chem. **48**, 394 (1935); EBERIUS, E.: Wasserbestimmung mit Karl-Fischer-Lösung. Monographien zu Angew. Chem. u. Chem. Ing. Techn. Nr. 65, Verlag Chemie GmbH., Weinheim 1954.

[2] Eine umfassende Zusammenstellung befindet sich in der Monographie von J. MITCHELL jr. u. D. M. SMITH, Aquametry, New York 1948.

[3] Vgl. HOUBEN-WEYL: Methoden der Organischen Chemie. 4. Aufl. Herausgegeben von E. MÜLLER. Band II, S. 357. Gg. Thieme-Verlag, Stuttgart 1953.

[4] E. Merck, Darmstadt.

[5] FISCHER, E.: Angew. Chem. **64**, 592 (1952).

[6] BRYANT, W. M. D., J. MITCHELL jr. u. D. M. SMITH: J. Amer. Chem. Soc. **62**, 1 (1940).

[7] ROTH, H.: Mikrochem. **11**, 140 (1932).

Mit dem Grignard-Reagens können sonach Substanzen mit Hydroxyl-, Carboxyl-, Sulfhydril-(Thiole), Amino- und Amidogruppen, ferner monosubstituierte Acetylene, Sulfonsäuren und Wasser bestimmt werden.

Von diesen setzen die Verbindungen R—OH, $R \cdot C\langle{}^{O}_{OH}$, R—SH, $R \cdot C{\equiv}CH$ und $—SO_3H$ eine Molekel Methan frei. Die Verbindungen $R \cdot NH_2$, $RCONH_2$ und H_2O reagieren unter Bildung von 2 Molekeln Methan.

Diese zuerst von L. TSCHUGAEFF[1] beobachtete Reaktion der Alkylmagnesiumhalogenide mit aktiven Wasserstoffatomen wurde von TH. ZEREWITINOFF[2] für die erste analytische Methode unter Verwendung von Methylmagnesiumjodid benutzt.

Das Methylmagnesiumjodid bildet ferner mit verschiedenen Substanzen Additionsverbindungen, wobei kein Methan entsteht, so z. B. mit Aldehyden, Ketonen, Nitrilen, Isonitrilen, Estern u. a. m. Laufen beide Reaktionen, nämlich die Freisetzung von Methan und die Addition oder Kupplung gleichzeitig ab, ist es möglich, aus der Bestimmung des unverbrauchten Methylmagnesiumjodids die auf den aktiven Wasserstoff und die Additionsverbindung entfallenden Anteile Methylmagnesiumjodid zu berechnen. Die Ermittlung des für die Additionsverbindung benötigten Reagens vereinfacht sich wesentlich, wenn die Analysensubstanz keine aktiven Wasserstoffatome besitzt. Bei der Auswertung der beiden gleichzeitig ablaufenden Reaktionen kann man in gewissen Fällen außer über aktiven Wasserstoff auch wertvolle Hinweise über die zur Addition fähigen Gruppierungen in der Molekel erhalten. Es ist ferner möglich, die Additionsreaktionen zur Bestimmung einiger einfacher oben genannter Verbindungen zu benutzen. Vorausgesetzt muß allerdings werden, daß die Additionsverbindung intakt bleibt, wenn man zur Bestimmung des unverbrauchten Methylmagnesiumjodids dieses z. B. mit Anilin zersetzt. Da man in der allgemeinen analytischen Praxis von den Additions- und Kupplungsreaktionen nur gelegentlich Gebrauch machen wird, wird auf die diesbezüglichen Arbeiten verwiesen[3,4,5] und hier nur die Bestimmung des aktiven Wasserstoffs ausführlich beschrieben.

Prinzip: Die in einem geeigneten Lösungsmittel gelöste Substanz wird in einer Apparatur, aus der die Luft durch Stickstoff verdrängt wurde, mit dem Grignard-Reagens, wenn erforderlich auch bei höherer Temperatur, zur

---

[1] TSCHUGAEFF, L.: Ber. dtsch. chem. Ges. **35**, 3912 (1902).

[2] ZEREWITINOFF, TH.: Ber. dtsch. chem. Ges. **40**, 2023 (1907); **41**, 2233 (1908); **42**, 4802 (1909); **43**, 3590 (1910); **47**, 1659, 2417 (1914).

[3] SOLTYS, A.: Mikrochem. **20**, 107 (1936).

[4] NIEDERL, J. B., u. V. NIEDERL: Micromethods of Quantitative Organic Analysis, 2nd Ed., pp. 263—272, John Wiley and Sons, New York 1942.

[5] SIGGIA, S.: Quantitative Organic Analysis via Functional Groups, 2nd Ed., New York, John Wiley & Sons, Inc. London, Chapman & Hall, Ltd., p. 78, 1954.

Reaktion gebracht. Das freigesetzte Methan wird in einer Gasbürette gemessen.

Für Hydroxylgruppen läuft die Reaktion ab:

$$ROH + CH_3—Mg—J = RO—MgJ + CH_4$$

Reagenzien

Will man die Analysen ohne Blindwertkorrektur ausführen, sind sehr reine Reagenzien notwendig. Ihre Herstellung und Reinigung wird beschrieben, da käufliche nicht immer den Anforderungen entsprechen. Hat man z. B. zu entscheiden, ob eine Substanz mittleren Molekulargewichtes 0, 1 oder 2 aktive Wasserstoffatome besitzt, so ist es möglich, auf Reagenzien höchster Reinheit sowie auf das Verdrängen der Luft durch Stickstoff zu verzichten. In letzterem Falle wird man infolge Absorption des Luftsauerstoffs durch das Grignard-Reagens eine „negative Blindwertkorrektur" vornehmen müssen. Andererseits ist es selbstverständlich, daß es nur mit einer in jeder Hinsicht absolut störungsfrei arbeitenden Methode möglich ist, zu entscheiden, ob beispielsweise eine Substanz, die eventuell noch Kristallwasser enthält, 7, 8 oder 9 aktive H-Atome besitzt.

Stickstoff.
Isoamyläther.
Magnesiumband.
Methyljodid.
Anisol, 3 ml-Pipette.
Pyridin, 0,5 ml-Pipette.
Jod, kristallisiert.
Phosphorpentoxyd, als Trockenmittel.
Grignard-Reagens, siehe S. 232, 0,3 ml-Pipette.

Hilfsmittel zur Reinigung der Reagenzien usw.:

Reduziertes Kupfer.
Natrium.
Verd. Essigsäure. 1 Teil Essigsäure und 9 Teile Wasser.
Salzsäure, 31—32%ig (D: 1, 16).
Selendioxyd.
Phenolphthaleinlösung, s. S. 21.
Natriumhydroxyd, fest, techn.
Bariumoxyd.
0,1 *n*-Salzsäure.
0,1 *n*-Natronlauge.
Salzsäurehaltiges Wasser.
Alkohol.
Aceton.
Äther.
Benzol.

Reinigung der Reagenzien

Stickstoff: Steht nicht ganz reiner Stickstoff (99,9%) zur Verfügung, leitet man technischen über glühendes Kupfer und trocknet ihn anschließend in einem Phosphorpentoxydröhrchen.

Enthält nämlich der Stickstoff Sauerstoff, nehmen 3 Molekeln Methylmagnesiumjodid 3 Atome Sauerstoff auf[1]:

$$3\ CH_3\text{—}MgJ + 3\ O = CH_3J + MgO + 2\ CH_3OMgJ$$

Es tritt folglich Volumsabnahme ein („negativer Blindwert").

Das nach obiger Gleichung frei gewordene Methyljodid setzt sich weiter nach dem Schema der Wurtzschen Reaktion zu Kohlenwasserstoffen R — R um[2]. In Übereinstimmung mit der Theorie kommt der Volumsverminderung quantitativ größere Bedeutung zu.

Isoamyläther wird einige Tage mit Natrium stehen gelassen und nach Zugabe von frischem Natrium abdestilliert (Kp_{750}: 171—172° C).

Magnesium findet in Bandform Anwendung. 30 mm lange Stücke Magnesiumband werden mit verdünnter Essigsäure, Alkohol und Äther gereinigt. Die käuflichen Späne bilden bei der Darstellung des Grignard-Reagens einen feinen Schlamm, der beim Abnutschen die Poren der Glassinterplatte verlegt; von ihrer Verwendung ist abzuraten.

Methyljodid: Technisches Methyljodid wird durch Destillation gereinigt (Kp: 43° C) und leistet dann gleiche Dienste wie ein analysenreines Präparat.

Anisol wird über Natrium abdestilliert (Kp_{761}: 152,5—153° C) und über Natrium aufbewahrt.

Pyridin, das nahezu vollkommen frei von Begleitsubstanzen ist, die mit dem Grignard-Reagens reagieren, erhält man durch Oxydation mit Selendioxyd. Dabei gehen D. JERCHEL und E. BAUER[3] wie folgt vor:

Handelsübliches Pyridin wird nach Vortrocknung über Kaliumhydroxyd in einer wirksamen Destillierkolonne abdestilliert. Die bei 114—116° C übergehende Fraktion wird für die weitere Reinigung benutzt. Um zu erfahren, welche Menge Selendioxyd dem Destillat zuzugeben ist, bringt man zu 1 ml des Destillats 0,5 g Selendioxyd, erhitzt 5 Minuten zum Sieden und wägt das gebildete Selen. Sind z. B. zu 500 ml Pyridin-Destillat 30 g Selendioxyd zuzugeben, so wird man, um sicher zu gehen, mit 45 g oxydieren. Zunächst bringt man die ganze Menge Selendioxyd zu 125 ml, kocht 1 Stunde unter Rückfluß und gleichzeitigem Rühren und destilliert anschließend das Pyridin — aber nicht bis zur Trockene — ab. Die restlichen 375 ml werden anschließend in drei Portionen entsprechend angesetzt. Die gesammelten Fraktionen werden nach Zugabe von gekörntem Bariumoxyd vorsichtig abdestilliert. Der Vorlauf von 15 ml wird abgetrennt und zu dem Ausgangs-Pyridin gegeben.

Die Hauptfraktion kann nach 48 Stunden Trocknen mit Bariumoxyd bereits für die Bestimmung des aktiven Wasserstoffs benutzt werden. Sie liefert allerdings noch bei Verwendung von 0,5 ml Pyridin einen Blindwert

---

[1] MEISENHEIMER, J., u. W. SCHLICHENMAYER: Ber. dtsch. chem. Ges. **61**, 708 (1928); B. **61**, 2029 (1928).

[2] Diese Reaktion wird nach J. HOUBEN und K. BÖDLER durch Spuren Wasser stark katalysiert.

[3] JERCHEL, D., u. E. BAUER: Angew. Chem. **68**, 61 (1956).

von etwa 0,08 ml Methan. Dieser läßt sich auf die Hälfte reduzieren (0,04 ml), wenn man das Pyridin ein zweitesmal in der beschriebenen Weise mit Selendioxyd behandelt. Da der geringe Blindwert auf Spuren Wasser zurückzuführen ist, wird er nach wochenlangem Stehen des Pyridins über Bariumoxyd erfahrungsgemäß noch geringer, so daß man für die Reaktion bei Raumtemperatur praktisch blindwertfreies Pyridin zur Verfügung hat. Man bewahrt das Pyridin in einem Standzylinder mit Außenschliffstopfen über Bariumoxyd auf. 0,5 ml-Pipette.

Die hier beschriebene Reinigung des Pyridins ist wegen ihrer einfachen und gefahrlosen Durchführung dem bislang benutzten Perchloratverfahren[1] vorzuziehen.

Grignard-Reagens und seine Darstellung[2].

In einen 150 ml-Rundkolben mit Schliffkühler und aufgesetztem Chlorcalciumrohr werden *4,5 g blankes Magnesiumband* (Stücke von etwa 30 mm Länge), *50 g Isoamyläther* und *18 g Methyljodid* gebracht. Damit die Reaktion rasch einsetzt, werden einige *Jodkristalle* zugegeben. Die Reaktion leitet man auf einem angewärmten Wasserbad ein; wird sie zu heftig, so entfernt man dieses vorübergehend. Sobald die Reaktion in Gang ist, wird ½ Stunde auf dem Wasserbad erhitzt.

Nach dem Abkühlen wird das unverbrauchte Methyljodid unter Stickstoff auf dem Wasserbad abdestilliert (½ Stunde). Das abgekühlte trübe Reagens wird anschließend unter Stickstoff durch eine Sinternutsche (G 4 Schott) filtriert. Das Durchsaugen kann mitunter ½—1 Stunde dauern. Ein unnötiger Luftzutritt wird vermieden, wenn man den Schlauch der Pumpe abzieht, solange sich noch etwas Grignard-Lösung in der Nutsche befindet. Ungeachtet des beim Aufheben des Vakuums gebildeten feinen Häutchens auf dem Reagens wird die klare Lösung in eine ebenfalls durch Einleiten von Stickstoff gekühlte, scharf getrocknete, 100 ml fassende Flasche mit Schliffstopfen abgegossen.

Dieses Reagens enthält noch Spuren von Methyljodid, die entfernt werden müssen. Wird nämlich der aktive Wasserstoff bei höherer Temperatur bestimmt, tritt ein Blindwert infolge Äthanbildung auf: $CH_3MgJ + CH_3J = C_2H_6 + MgJ_2$. Zu diesem Zweck wird das Reagens in einem Claisenkolben von 100 ml Inhalt, der mit Stickstoff gefüllt wurde, im Vakuum bei 50° C (Wasserbad) behandelt. Nach ½ Stunde wird das Wasserbad entfernt und das Vakuum unter Einleiten von Stickstoff aufgehoben. Das nun fertige Grignard-Reagens füllt man in Ampullen ab. Dazu werden Reagenzgläser, die man dem Trockenschrank (110° C) entnimmt, unter Einleiten von Stickstoff in einem Reagenzglasgestell auf Raumtemperatur abgekühlt und mit einem Korkstopfen verschlossen. Mittels eines langen Trichters werden 5—10 ml des Grignard-Reagens in die Reagenzgläser gebracht, diese sogleich zugestopft und anschließend in der Gebläseflamme 60—80 mm über der Lösung zugeschmolzen.

Zuweilen bilden sich unter der Schmelzstelle schwarze Ringe, die ohne Einfluß sind, da die Ampulle beim Öffnen knapp über dem Reagens abgesprengt wird. Das Reagens ist vollkommen klar und schwach gelbgrün gefärbt. Seine Haltbarkeit ist unbegrenzt. Die so hergestellte Grignard-Lösung ist 1,2—1,4 *n*. Man bestimmt ihre Stärke, indem man 1 ml mit überschüssiger 0,1 *n*-Salzsäure versetzt und mit 0,1 *n*-Natronlauge (Phenolphthalein) zurücktitriert.

---

[1] Arndt, F., u. P. Nachtwey: Ber. dtsch. chem. Ges. **59**, 448 (1926); Arndt, F., u. T. Severge: Chem.-Ztg. **74**, 140 (1950).

[2] Fertiges Grignard-Reagens in Ampullen nach Zerewitinoff-Roth ist bei E. Merck, Darmstadt, erhältlich (in Packungen mit 5 oder 10 Ampullen zu je 5 ml).

Apparatur

Das Reaktionsgefäß (Abb. 91) aus Jenaer Geräteglas (etwa 17 ml Inhalt) besteht aus den Schenkeln *A* und *B*. In dem hohlen Schliffkern befindet sich das Stickstoffzuleitungsrohr (lichte Weite 2 mm) sowie das Stickstoff- bzw. Methanableitungsrohr (lichte Weite 1 mm). Der Hahn *Ha* dient nach erfolgter Luftverdrängung zum Schließen des Systems. Das Stickstoffeinleitungsrohr gabelt sich am Ende; dadurch wird ein rasches Verdrängen der Luft aus den Schenkeln *A* und *B* möglich.

Die erforderliche Dichtigkeit der Stickstoffzuleitung und der Verbindung des Reaktionsgefäßes mit der Bürette wird durch im Vakuum paraffinierte Druckschläuche erreicht.

In den Schenkel *B* kommt die Substanz und das Lösungsmittel. Der kurze Schenkel *A* dient zur Aufnahme des Grignard-Reagens. Bei vertikaler Stellung des Reaktionsgefäßes vermag er 2,5 ml Reagens aufzunehmen. Neigen um 60° genügt, um das Grignard-Reagens mit der in Schenkel *B* befindlichen Substanz zur Reaktion zu bringen.

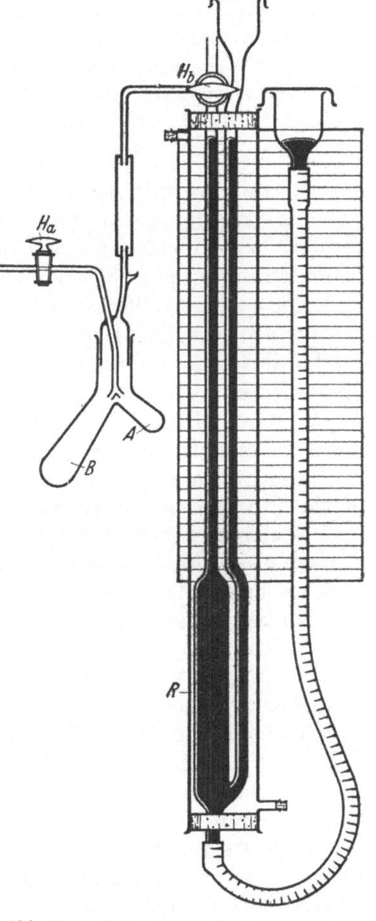

Abb. 91. Apparatur zur Bestimmung des aktiven Wasserstoffs von H. ROTH.

Die Mikrobürette ist durch ein rechtwinklig nach unten gebogenes seitliches Ansatzröhrchen und durch einen 70 mm langen Absorptionsschlauch (S. 45) mit dem Reaktionsgefäß verbunden. Der Stickstoff oder das Methan gelangen durch den Dreiwegehahn (oder ein T-Stück mit darüber befindlichem Hahn) in die Bürette. Diese ist 37 cm lang, in 0,01 ml unterteilt und hat ein Fassungsvermögen von 4 ml. Für Reaktionen bei höherer Temperatur muß das Reaktionsgefäß mitunter bis auf 95° C erwärmt werden. Um den dabei entstehenden Überdruck durch Senken der Quecksilberbirne beheben zu können, ist am Ende der Bürette ein Gas- bzw. Quecksilber-Reservoir *R* von 10 ml Inhalt angeschmolzen, von dessen tiefstem Punkt seitlich der Vergleichsschenkel abzweigt. Als Sperrflüssigkeit wird Quecksilber verwendet. Ein mit Wasser gefüllter Zylinder umgibt die ganze Bürette.

Zur Ablesung des Gasvolumens werden die drei Quecksilberkuppen auf gleiche Höhe gebracht. Ein hinter der Bürette angebrachter Karton mit Linien erleichtert das Abschätzen von 0,001 Milliliter.

Da das abzulesende Volumen Methan im Verhältnis zum Volumen des Reaktionsgefäßes klein ist, müssen die Ablesungen vor und nach der Bestimmung bei genau gleicher Temperatur vorgenommen werden. Um sie immer bei konstanter Temperatur (Raumtemp.) vornehmen zu können, soll sich in dem Arbeitsraum ein Behälter mit 20 bis 30 Liter Wasser befinden. Aus diesem entnimmt man mit einem 1 Liter-Becherglas vor und nach der Reaktion Wasser, in das man das Reaktionsgefäß bis zum Schliff eintaucht. Für Reaktionen bei höheren Temperaturen dienen entsprechende Wasserbäder.

Ausführung

Das tadellos mit salzsäurehaltigem Wasser, destilliertem Wasser, Alkohol und Aceton gereinigte Reaktionsgefäß, der Schliffaufsatz und die erforderlichen Pipetten werden in einen Trockenschrank (110° C) gebracht. Nachdem man die Stickstoffentnahme aus der Stahlflasche auf 20 bis 30 ml je Minute eingestellt hat, entnimmt man dem Trockenschrank das Reaktionsgefäß, setzt den Schliff ein, sichert ihn durch eine Stahlfeder und verbindet ihn mit der Stickstoffzuleitung und der Bürette. Man dreht den Hahn *Ha* ein (schwach fetten) und verdrängt die Luft aus dem Reaktionsgefäß und der Bürette. Sobald ersteres erkaltet ist, bringt man es mit einem Korken verschlossen neben die Waage. Während der Wägung läßt man die für das Einbringen des Lösungsmittels und des Grignard-Reagens erforderlichen Pipetten unter Durchleiten von Stickstoff abkühlen.

Wie allgemein bei volumetrischen Bestimmungen wird auch hier die Einwaage nach Möglichkeit entsprechend dem zu erwartenden Gasvolumen gewählt.

Die vor der Analyse im Achatmörser fein verriebene und in der Trockenpistole über Phosphorpentoxyd scharf getrocknete Substanz[1] wird im Wägeröhrchen mit langem Stiel in den Schenkel *B* des Reaktionsgefäßes gebracht. Zum Einwägen von Ölen und Flüssigkeiten verwendet man am besten das Mikrobechergläschen (S. 128), Flüssigkeiten mit hohem Dampfdruck wägt man nach J. Pirsch (S. 58) in eine Kapillare und schiebt diese mit der Spitze nach unten in den Schenkel *B*. Hierbei ist schon vorher das Lösungsmittel in das Reaktionsgefäß zu bringen. Kurz vor der Analyse wird die Kapillare mit einem Glasstab zerdrückt.

Die Substanz wird entweder in *0,5 ml Pyridin* oder *3 ml Anisol*[2] gelöst. Ist die Substanz vollkommen gelöst[3], werden in Schenkel *A 0,3 ml Grignard-Reagens*[4] vorsichtig pipettiert. Nun wird die obere Hälfte des Schliffes gut

---

[1] Ausgenommen Substanzen, die auf Kristallwasser oder Kristallalkohol zu untersuchen sind.

[2] Die für die Analyse erforderliche Menge Anisol wird 1—2 Stunden vor der Bestimmung in ein kleines Fläschchen gebracht, mit einer Spatelspitze *Phosphorpentoxyd* versetzt und gut durchgeschüttelt.

[3] Ungelöste Substanz wird man durch vorsichtiges Erwärmen unter Stickstoff zu lösen versuchen.

[4] Es ist zweckmäßig, das Grignard-Reagens vor Beginn der Bestimmung aus der Ampulle in ein kleines braunes Fläschchen mit Schliffstopfen, aus dem man die Luft mit Stickstoff verdrängt hat, überzugießen.

gefettet (Vaseline), das Reaktionsgefäß mit dem Schliff verbunden und durch Stahlfedern gesichert. Dann bringt man unter das Reaktionsgefäß ein Becherglas, das man mit Wasser aus dem Behälter gefüllt hat und stellt die Quecksilberhöhen der Bürette zwischen die Marken 0,0 und 0,1 ein. Während man 5 Minuten lang Stickstoff durch die Apparatur leitet, wird das Wägeröhrchen zurückgewogen. Die Pipetten werden für die nächste Bestimmung mit Spülalkohol und Aceton[1] gereinigt und in den Trockenschrank gelegt. Nun werden die Hähne *Ha* und *Hb* geschlossen, die Verbindung zur Stickstoffzuleitung gelöst und der Stickstoffstrom abgestellt. Ist nach 3 Minuten noch nicht Druckausgleich eingetreten, so wird durch Öffnen des Hahnes *Hb* Atmosphärendruck hergestellt. Nach weiteren 3 Minuten soll keine Druckdifferenz mehr festzustellen sein[2].

Sind Quecksilberhöhe, Barometerstand und Wassertemperatur abgelesen und notiert, so wird die Grignardsche Reaktion wie folgt durchgeführt:

Zuerst entfernt man das Wasserbad und läßt durch Neigen des Reaktionsgefäßes um 60—70° das Grignard-Reagens zur Substanz fließen. Man schüttelt so lange, bis in der Bürette keine Gaszunahme mehr festzustellen ist[3]. Sodann hebt man den Überdruck durch Senken der Quecksilberbirne auf und bringt das Reaktionsgefäß wieder in das Wasserbad. Nach 5 Minuten wird das Volumen bei gleicher Höhe der drei Quecksilbermenisken auf 0,005 ml genau abgelesen. Ist die Reaktion bei höherer Temperatur auszuführen, wird das Reaktionsgefäß in ein entsprechendes Wasserbad gebracht und zwischendurch öfter geschüttelt. Nach 5 Minuten wechselt man das Wasserbad gegen eines von Raumtemperatur aus, kontrolliert die Temperatur und liest nach 10 Minuten das Gasvolumen ab.

Für die folgende Analyse wird das Reaktionsgefäß abgenommen, die Vaseline mit Benzol entfernt und die Apparatur wie vorher gereinigt. In 15 Minuten sind Reaktionsgefäß und Pipetten wieder trocken. Der ersten Bestimmung hat stets eine Testanalyse oder eine Blindwertbestimmung voranzugehen. Wird nicht mehr analysiert, ist die Bürette mit einem Phosphorpentoxydröhrchen gegen Feuchtigkeit zu schützen. Neue Reagenzien sind im Blindversuch zu prüfen. Bei einwandfreien Reagenzien arbeitet die Methode blindwertfrei. Für eine Analyse werden 25—30 Minuten benötigt. Die Genauigkeit beträgt $\pm 3\%$.

Berechnung

Unter Benützung des wahren Litergewichtes des Methans 0,7168 ergibt sich der Prozentgehalt aktiven Wasserstoffs zu

$$\% \mathrm{H} = \frac{1{,}008 \cdot 100 \cdot 1000 \cdot v_0}{22\,365 \cdot s} = 4{,}507 \cdot \frac{v_0}{s} \qquad (1)$$

v_0 = reduziertes Volumen in Millilitern,
s = eingewogene Substanzmenge in Milligrammen.

[1] Die Pipette für die Grignard-Lösung ist zuvor noch mit verd. Salzsäure und destilliertem Wasser zu reinigen.

[2] Beobachtet man Volumverminderung (Sauerstoff), so kann diese durch erneutes Stickstoffdurchleiten behoben werden.

[3] Im allgemeinen ist die Reaktion in 1 Minute beendet.

Wenn man für die Umrechnung auf 0° C und p = 760 Torr die Faktoren der Stickstofftabellen f_N benützt, so kann man die Ausrechnung von v_0 sparen. Demnach ist

$$\% \, H = 3{,}604 \cdot f_N \cdot \frac{v}{s} \qquad (2)$$

Von f_N ist noch der in der folgenden Tabelle angegebene Dampfdruck des Pyridins bei entsprechender Temperatur abzuziehen. Wurde bei höheren Temperaturen gearbeitet, ist außerdem der bei der entsprechenden Temperatur ermittelte Blindwert in Abzug zu bringen. Bei Raumtemperatur ist der Dampfdruck des Anisols so gering, daß er vernachlässigt werden kann.

Dampfdruck des Pyridins[1]

$t^{(o)}$	$p^{(Torr)}$	$t^{(o)}$	$p^{(Torr)}$	$t^{(o)}$	$p^{(Torr)}$
10	7,7	18	13,4	26	20,8
12	9,0	20	14,9	28	23,2
14	10,2	22	16,7	30	25,7
16	11,8	24	18,6	32	29,0

Bemerkungen: Außer den bereits genannten Lösungsmitteln können zum Lösen der Substanz wie auch des Methylmagnesiumjodids verwendet werden: *Dibutyläther*, *Dioxan*, *Benzin*, *Mesitylen*, *Dichloräthan* und Gemische dieser Verbindungen. Die Reaktionsgeschwindigkeit des Methylmagnesiumjodids in diesen Lösungsmitteln ist unterschiedlich, sie ist teils von der Konzentration abhängig, teils wird sie durch Ausfällungen der Reaktionsprodukte vermindert. Besonders starke Unterschiede werden bei höheren Temperaturen und keto-enol-tautomeren Verbindungen festgestellt. R. A. Lehman und H. Basch[2] stellten bei höheren Temperaturen Absorption von Methan in Pyridin fest, weshalb sie an Stelle von Stickstoff als inertes Gas Methan benutzen.

Das gute Lösungsvermögen des Pyridins für die weitaus meisten Substanzen und die Tatsache, daß damit bei nahezu allen Substanzen die Reaktionen sehr rasch ablaufen, berechtigen dieses Lösungsmittel als das am besten geeignete zu nennen, obgleich seine Reinigung mühevoll ist. Ist die Analysensubstanz z. B. in Anisol gut löslich, so wird man dieses, das einfach zu reinigen ist, bevorzugen.

Obgleich die Reaktionsfähigkeit des aktiven Wasserstoffs mit Methylmagnesiumjodid von seiner Stellung in der Molekel und der anderer Substituenten stärker beeinflußt wird als bei dem energischer wirkenden Lithium-Aluminiumhydrid, gelingt es, wenn nicht bei Raumtemperatur, dann bei höherer Temperatur, die aktiven Wasserstoffatome stets quantitativ zu bestimmen. Dabei darf nicht übersehen werden, daß bei höheren Tempera-

---

[1] Entnommen aus: Jahrestabellen chemischer, physikalischer, biologischer und technologischer Konstanten und Zahlenwerte, Bd. 9, S. 179 (1929).

[2] Lehman, R. A., u. H. Basch: Ind. Eng. Chem., Analyt. Ed. **17,** 428 (1945).

turen mitunter Nebenreaktionen auftreten, die zu Gasentwicklung führen können.

Es reagieren in Pyridin bei Raumtemperatur Hydroxyl-, Sulfhydryl-, Carboxyl-Sulfongruppen, Oxime und monosubstituierte Acetylene mit einem und Wasser (z. B. Kristallwasser) mit zwei aktiven Wasserstoffatomen, aliphatische Amine und Amide in der Kälte mit einem, in der Wärme (95° C) mit zwei aktiven Wasserstoffatomen. Eine Ausnahme ist das Trichloracetamid, das in der Kälte mit zwei Wasserstoffatomen reagiert.

Ferner reagieren Harnstoff in der Kälte mit zwei und in der Wärme (95° C) mit 3,5—3,8 aktiven Wasserstoffatomen, Anilin in der Kälte und in der Wärme (95° C) mit einem aktiven Wasserstoffatom, o-Phenylendiamin in der Kälte und in der Wärme (95° C) mit zwei aktiven Wasserstoffatomen.

Bei Azobenzol wurde weder bei Raumtemperatur noch nach dem Erhitzen auf 95° C Gasentwicklung (Äthan) festgestellt.

Sind Nitrogruppen am Aufbau der Molekel beteiligt, so stören diese im allgemeinen die Grignard-Reaktion bei Raumtemperatur nicht; wird aber erwärmt, so tritt Gasentwicklung ein, die die Ergebnisse unbrauchbar macht.

Die Halogenatome in der Chlorbenzoesäure (o-), Brombenzoesäure (m-) und Jodbenzoesäure (p-) stören bei Raumtemperatur und bei 95° C die Grignard-Reaktion nicht.

Zur Bestimmung der enolischen Hydroxylgruppe ist Pyridin weniger geeignet, da es die Bildung der Enolform katalysiert. Man verwendet daher Anisol als Lösungsmittel. Zu hohe Werte werden bei tertiären Alkoholen erhalten, die teilweise Wasser abspalten, das, wie gesagt wurde, zwei Molekeln Methan bildet.

Wie die wenigen Beispiele zeigen, läuft die Grignard-Reaktion infolge verschiedener Einflüsse bei komplizierter gebauten Molekeln nicht immer so glatt wie bei einfachen Verbindungen ab. Bei der Analyse solcher Substanzen führt man die Reaktion bei Raumtemperatur und 95° C und wenn möglich in zwei Lösungsmitteln durch. Hat man Modellsubstanzen ähnlicher Konstitution zur Verfügung, so ist ihr Verhalten bei der Grignard-Reaktion für die Auswertung der Analyse zu empfehlen.

Auf apparative Modifikationen, die z. B. darauf beruhen, daß das Reaktionsgemisch magnetisch gerührt oder das Reagens mit einer Injektionsspritze zugegeben wird, soll, solange diese Arbeitsweise nur auf wenige Laboratorien begrenzt ist, an dieser Stelle nicht weiter eingegangen werden.

Weitere Methoden: a) Solche, die auf der Verwendung von Methylmagnesiumjodid beruhen. R. N. EVANS, J. E. DAVENPORT und A. J. REVUKAS[1] leiten das Methan oder Butan (bei Verwendung von Butylmagnesiumjodid) in eine Verbrennungsapparatur und wägen das gebildete Wasser und Kohlendioxyd. A. P. TERENT'EV, K. D. SHCHER-

---

[1] EVANS, R. N., J. E. DAVENPORT u. A. J. REVUKAS: Ind. Eng. Chem., Analyt. Ed. **12**, 301 (1940).

BAKOVA und N. KREMENSKAJA[1] verdrängen zuerst die Luft mit Kohlendioxyd aus der Apparatur und treiben nach der Reaktion das Methan- + Kohlendioxydgemisch in ein Azotometer über, wie es bei der Stickstoffbestimmung nach Dumas Verwendung findet. In diesem wird das Methan (Butan) über Kalilauge gemessen. Da Kohlendioxyd mit dem Grignard-Reagens reagiert, ist es hierbei nicht möglich, Addition oder Kupplung des Reagens durch die Substanz festzustellen.

b) Mit Lithium-Aluminiumhydrid. Das von A. E. FINHOLT, A. C. BOND und H. J. SCHLESINGER[2] im Jahre 1946 dargestellte Lithium-Aluminiumhydrid reagiert mit aktiven Wasserstoffatomen nach der Gleichung:

$$4\,RH + LiAlH_4 = LiAlR_4 + 4\,H_2$$

Ein aktives Wasserstoffatom der Substanz bildet 1 Molekel Wasserstoff. Mit Wasser reagiert das Lithium-Aluminiumhydrid:

$$LiAlH_4 + 4\,H_2O = Li(OH) + Al(OH)_3 + 4\,H_2$$

Das Lithium-Aluminiumhydrid reagiert gleich dem Methylmagnesiumjodid mit aktivem Wasserstoff. Die Reaktion verläuft tiefergreifend und rascher. Letztere Eigenschaft ist z. B. für keto-enol-tautomere Substanzen wertvoll.

Die bisherigen Untersuchungen lassen erkennen, daß das Lithium-Aluminiumhydrid bei Verbindungen mit phenolischen Hydroxylgruppen, aromatischen Carbonsäuren, Amino- und Iminogruppen sich gleich dem Grignard-Reagens verhält. Der hohen Reduktionskraft des Lithium-Aluminiumhydrids zufolge werden Nitrogruppen, Ester, Aldehyde, Ketone, Säureanhydride und Säurechloride reduziert. Selbst freie Carbonsäuren werden in primäre Alkohole übergeführt. Wegen seiner Reduktionskraft wird das Aluminiumhydrid zur Bestimmung primärer, sekundärer und tertiärer Alkohole benutzt. Halogenverbindungen werden zu Kohlenwasserstoffen reduziert. Aus Nitrilen entstehen Amine, ebenso gelingt es, Säureamide und Lactame in Amine überzuführen. Azoxymethine lassen sich in substituierte Amine überführen[3]. Bei der Reduktion mit Lithium-Aluminiumhydrid gehen einige Verbindungen, die keine aktiven Wasserstoffatome besitzen, in solche mit aktiven Wasserstoffatomen über. Sofern bei der Reduktion selbst kein Wasserstoff abgespalten wird, ist es möglich, derartige Verbindungen über den vom Reduktionsprodukt abgespaltenen Wasserstoff zu bestimmen. Hierbei wird allerdings vorausgesetzt, daß die funktionelle Gruppe, die ein wasserstoffaktives Reduktionsprodukt bildet, bekannt ist. Für Nitrogruppen, die durch Lithium-Aluminiumhydrid zu Aminen reduziert werden, ist dieser Weg nicht zu empfehlen, solange nicht quantitative Ergebnisse über die Wirkung des Lithium-Aluminiumhydrids auf Nitrogruppen vorliegen. Erhöhte Temperatur führt zu Nebenreaktionen, die zu Gasentwicklung führen. So kann z. B. Kohlendioxyd zu Methan reduziert werden. Es ist daraus ersichtlich, daß vorläufig bei Stoffen unbekannter Konstitution Wasserstoffabspaltung mit Lithium-Aluminiumhydrid noch kein zwingender Beweis für das Vorhandensein von aktivem Wasserstoff ist.

---

[1] TERENT'EV, A. P., K. D. SHCHERBAKOVA u. N. KREMENSKAJA: J. Gen. Chem. USSR **17**, 919 (1947).

[2] FINHOLT, A. E., A. C. BOND u. H. J. SCHLESINGER: J. Amer. Chem. Soc. **69**, 1199 (1947).

[3] NYSTROM, R. F., u. W. G. BROWN: J. Amer. Chem. Soc. **70**, 3738 (1948).

In Anbetracht der starken Wirksamkeit des Lithium-Aluminiumhydrids und dessen reduzierenden Einflusses auf den noch nicht geklärten Verlauf der Reaktion bei einigen Atomgruppen erscheint es zweckmäßig, den aktiven Wasserstoff nach Zerewitinoff zu bestimmen und daneben die Reaktion mit Lithium-Aluminiumhydrid durchzuführen.

Wie H. Lieb und W. Schöniger[1] und D. S. Rao und G. D. Shah[2] zeigten, können die von A. Soltys und von H. Roth für die Reaktion mit dem Grignard-Reagens entwickelten Apparaturen ebenso gut für Lithium-Aluminiumhydrid verwendet werden. Es ist auch möglich, den Wasserstoff manometrisch zu messen[3] oder ihn zu Wasser zu verbrennen und dieses über Kohlenoxyd jodometrisch zu bestimmen[4]. Als Lösungsmittel finden Anwendung:

Äthyl-, *n*-Prophyl- und *n*-Buthyläther, Tetrahydrofuran und Dioxan. Die Stärke des Reagens wird durch Freisetzung des Wasserstoffs mittels Wasser, Anilin oder Amylalkohol bestimmt.

Bestimmung der Acetyl- (Benzoyl-) Gruppe

In den durch Acetylierung (Benzoylierung) gewonnenen Acylverbindungen kann die Acylgruppe an Sauerstoff oder Stickstoff gebunden sein. Zur Bestimmung dieser Gruppen werden die Acylkörper mit geeigneten Verseifungsmitteln, gegebenenfalls unter Zusatz eines Lösungsmittels, entsprechend der Haftfestigkeit der Acylgruppe hydrolysiert. Die wasserdampfflüchtige Säure wird anschließend aus saurer Lösung abdestilliert und in dem Destillat, nach Austreiben des Kohlendioxyds, mit 0,01 *n*-Lauge (Phenolphthalein) titriert.

Zur Abspaltung der Essig-(Benzoe-)säure benutzt man die von R. Kuhn und H. Roth[5] empfohlenen Verseifungsmittel. Das Abdestillieren der Essigsäure (Benzoesäure) wird in der von W. Schöniger, H. Lieb und M. G. El Din Ibrahim[6] zur Acetyl- und von W. Schöniger und A. Haack[7] zur Ammoniakbestimmung beschriebenen absolut „betriebssicheren" Apparatur durchgeführt. Wie neue Versuche zeigten, ist es auch möglich, die Säuren in der Kjeldahl-Apparatur von H. Roth[8] bei gleicher Destillierzeit mit der halben Menge Wasserdampf überzutreiben, weshalb auch diese Destillation kurz beschrieben wird. Ebensogut eignet sich die für diesen Zweck von E. Wiesenberger[9] entwickelte Apparatur.

---

[1] Lieb, H., u. W. Schöniger: Mikrochem. **35**, 400 (1950).

[2] Rao, D. S., G. D. Shah u. V. S. Pansare: Mikrochim. Acta [Wien] **1954**, 81.

[3] Krynitsky, J. A., J. E. Johnson u. H. W. Cahart: J. Amer. Chem. Soc. **70**, 486 (1948).

[4] Schöniger, W.: Z. analyt. Chem. **133**, 4 (1951).

[5] Kuhn, R., u. H. Roth: Ber. dtsch. chem. Ges. **66**, 1274 (1933).

[6] Schöniger, W., H. Lieb u. M. G. El Din Ibrahim: Mikrochim. Acta [Wien] **1954**, 96.

[7] Schöniger, W., u. A. Haack: Mikrochim. Acta [Wien] **1956**, 1369.

[8] Roth, H.: Mikrochem. **31**, 287 (1944).

[9] Wiesenberger, E.: Mikrochim. Acta [Wien] **1954**, 127.

Reagenzien

1 n-Natronlauge. Meßpipetten für 5 und 10 ml.

Methylalkoholische Natronlauge (1 *n*): Man löst 4 g Natriumhydroxyd (Plätzchenform) in 50 ml destilliertem Wasser + 50 ml Methanol. Zur Entfernung der im gewöhnlichen Methanol meist in geringen Mengen enthaltenen Säuren kocht man zunächst das Methanol etwa 10 Minuten unter Rückfluß über festem Kaliumhydroxyd und destilliert es dann ab. Meßpipette (4 ml).

Schwefelsäure nach Wenzel[1]: 200 ml Wasser werden mit 100 ml Schwefelsäure (D : 1,84) versetzt. 1 ml-Pipette.

p-Toluolsulfosäure (für wissenschaftliche Zwecke): 25%ige Lösung in Wasser. 1 ml-Pipette.

Natriumsulfatlösung, kaltgesättigte wäßrige Lösung. Meßpipette.

0,01 n-Natronlauge und

0,01 n-Salzsäure in Mikrobüretten mit automatischer Nullpunktseinstellung (S. 21).

Phenolphthalein, 1%ige Lösung (S. 21).

Apparative Erfordernisse

Zur Verseifung der Substanz wird ein Rundkölbchen von 40—50 ml Inhalt mit Schliff und Rückflußkühler benötigt.

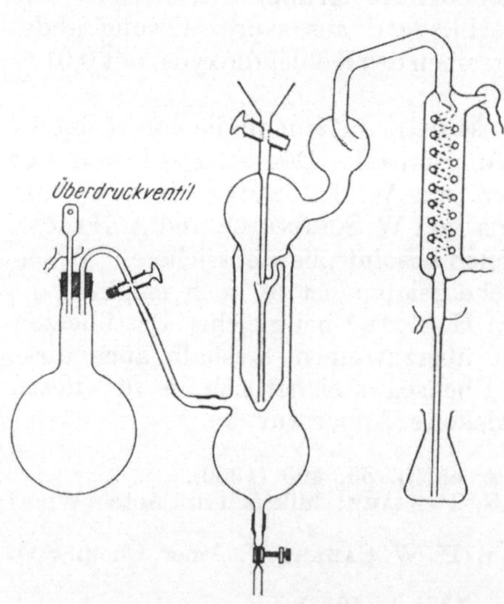

Abb. 92. Destillationsgerät.

Für das Abdestillieren der Essigsäure (Benzoesäure) benutzt man das Destillationsgerät von W. Schöniger, H. Lieb und M. G. El Din Ibrahim[2] oder den Kjeldahl-Apparat (S. 111).

Das Destillationsgerät (Abb. 92) besteht aus dem Dampfentwickler (1 Liter-Rundkolben), der mit einem sehr kräftigen Gasbrenner oder in einem elektrischen Heizkorb erhitzt wird. Ein Überdruckventil sorgt für Betriebssicherheit und auch gleichzeitig dafür, daß der Dampf mit genügend Druck durch den zwischengeschalteten Glashahn in das Destilliergefäß einströmt. Bevor der Dampf in den eigentlichen Destillierteil

[1] Wenzel, Fr.: Mh. Chem. **18**, 659 (1899).

[2] Schöniger, W., H. Lieb u. M. G. El Din Ibrahim: Mikrochim. Acta [Wien] **1954**, 96, vgl. Schöniger, W. u. A. Haack: Mikrochim. Acta [Wien] **1956**, 1369.

gelangt, strömt er in das als Vorwärmer dienende Mantelgefäß, das einen Ablaßstutzen mit Quetschhahn besitzt. Aus dem Mantel gelangt der Dampf durch ein Einleitungsrohr bis an den Boden des Destilliergefäßes. In das Einleitungsrohr reicht der Trichter, durch den die Analysenlösung eingebracht wird. Der aus dem Destillationsgefäß austretende Wasserdampf gelangt über einen Tropfenfänger in den Schlangenkühler. Das die Säure enthaltende Kondenswasser wird in einem Quarz-Erlenmeyer-Kolben (200 ml Inhalt) aufgefangen.

Ausführung

Wahl des Verseifungsmittels: Entscheidend für das Gelingen der Analysen ist es, die Löslichkeit der Substanz und Bindungsfestigkeit der Acetyl- (Benzoyl-) Gruppen zu kennen. Ferner wird man nach Möglichkeit ein Verseifungsmittel meiden, das zur Bildung von sauren, wasserdampfflüchtigen Spaltstücken führt. Um sich über die Löslichkeit der Substanz Gewißheit zu verschaffen, prüft man zunächst eine ganz kleine Probe davon in einem Reagenzglas mit den verfügbaren Verseifungsmitteln, evtl. unter Zusatz von Pyridin, in der Kälte und auch bei der Temperatur eines kochenden Wasserbades und wählt das geeignete aus.

Haften die Acyle an Sauerstoff, so wird es im allgemeinen genügen, die Substanz 20 Minuten mit Schwefelsäure oder p-Toluolsulfosäure oder 15 Minuten mit Natronlauge oder mit methylalkoholischer Natronlauge im siedenden Wasserbad zu verseifen. Sehr labile Substanzen, die sich auch leicht verfärben, wird man, einem Vorschlag von K. W. Merz und K. G. Krebs[1] entsprechend, sauer mit p-Toluolsulfosäure, alkalisch mit 0,5 *n*-Kalilauge verseifen. Es gibt aber auch O-Acetylverbindungen, die bis zu 2½ Stunden mit methylalkoholischer Natronlauge verseift werden müssen (z. B. Triacetyl-cholsäure-methylester).

Acetylierte Catechine, Anthocyanidine u. a. liefern bei alkalischer Verseifung zu hohe Werte; Acetylsalicylsäure gibt genau den doppelten Wert der Theorie, weil neben der Essigsäure auch die Salicylsäure zur Titration gelangt. In diesen und ähnlichen Fällen, wo andere C-ständige Methylgruppen fehlen, ist unbedingt das auf S. 199 beschriebene Chromsäureverfahren zu wählen, bei dem die neben Essigsäure auftretenden flüchtigen sauren Spaltprodukte oxydativ zerstört werden.

Verbindungen, in denen das Acetyl oder Benzoyl an Stickstoff gebunden ist, wird man, um eine zu lange Verseifungsdauer zu vermeiden, im allgemeinen mit methylalkoholischer Natronlauge hydrolysieren.

Nur ganz selten wird man Substanzen antreffen, die in den verfügbaren Verseifungsmitteln unlöslich sind. In solchen Fällen wird die Substanz zunächst in 1 ml reinstem Pyridin gelöst, methylalkoholische Natronlauge wie sonst zugegeben und nach erfolgter Versei-

[1] Merz, K. W., u. K. G. Krebs: Ber. dtsch. chem. Ges. **71**, 302 (1938).

fung das Pyridin und der Methylalkohol abdestilliert. Das noch im Verseifungskölbchen in Spuren zurückgebliebene Pyridin wird beim Ansäuern als Sulfat gebunden und stört die Bestimmung nicht.

Einwaage der Substanz und Verseifung: Wie die Praxis gezeigt hat, wägt man am besten so viel Substanz ein, daß 3—6 ml 0,01 n-Säure zur Titration gelangen. Die in dem Wägeröhrchen mit langem Stiel (S. 15) eingewogene feste Substanz wird bis auf den Boden des Kölbchens eingeführt. Schwer lösliche Substanzen sind zuvor im Achatmörser feinst zu pulverisieren. Substanzen, die vorher quantitativ getrocknet wurden, läßt man im Schiffchen bei schräg gehaltenem Kölbchen auf den Boden gleiten, ebenso sirupartige Substanzen. Flüssigkeiten werden nach J. Pirsch (S. 58) eingewogen. Die Kapillare schiebt man mit der Spitze nach unten in das schon im Kölbchen befindliche Verseifungsmittel, zerdrückt sie mit einem Glasstab, spült den Glasstab mit 0,5 ml destilliertem Wasser ab und bringt zur Verhütung von Siedeverzügen zwei Platintetraeder ein. Zu der Substanz im Kölbchen läßt man das gewählte Verseifungsmittel aus entsprechenden Pipetten zufließen, und zwar: bei saurer Verseifung 1 ml Wenzelsche Schwefelsäure oder 1 ml 25%ige p-Toluolsulfosäure; bei alkalischer Verseifung 5 ml 1 n-Natronlauge oder 4 ml methylalkoholische Natronlauge. Dann setzt man den Kühler auf und bringt das Kölbchen in ein Becherglas mit kochendem Wasser.

Über Verseifungszeiten siehe vorstehenden Abschnitt: Wahl des Verseifungsmittels.

Destillation und Titration in der Apparatur von W. Schöniger, H. Lieb und M. G. El Din Ibrahim[1]: Während die Substanz verseift, bestimmt man den Faktor der 0,01 n-Lauge unter möglichster Annäherung an die späteren Titrationsbedingungen. In das 100 ml-Quarz-Erlenmeyer-Kölbchen (S. 17) werden 3—4 mg reinste Oxalsäure ($C_2O_2H_2 \cdot 2\,H_2O$) gebracht. Sodann gibt man in das Kölbchen 100 ml destilliertes Wasser, 2—4 Tropfen Phenolphthaleinlösung und titriert mit der Lauge bis zum Auftreten der ersten rosa Färbung, läßt noch aus der Bürette 1 ml 0,01 n-Salzsäure zufließen und kocht unter Schwenken über freier Flamme zur Entfernung des Kohlendioxyds nach E. Wiesenberger[2] 20 Sekunden auf (vom Beginn des Siedens)[3]. Nun wird in der Hitze bis zum gleichen Farbton wie zuvor die Säure zurücktitriert. Die Farbe soll wenigstens 30 Sekunden bestehen bleiben.

Vor jeder Analysenreihe ist der Apparat durch Ausdämpfen und Durchspülen gründlich zu reinigen. Das Ausdämpfen wird (wie in der Parnas-Wagner-Apparatur) vom Dampfentwickler aus vorgenommen. Es ist zweckmäßig, den Apparat zeitweise vom Kühler her auszuspülen. Dazu unterbricht man die Dampfzufuhr mit dem Glashahn und bringt unter das Kühlerende destilliertes Wasser. Durch den Unterdruck wird das Wasser durch

[1] Schöniger, W., H. Lieb u. M. G. El Din Ibrahim: Mikrochim. Acta [Wien] **1954**, 96.

[2] Wiesenberger, E.: Mikrochem. **33**, 51 (1947).

[3] Kainz, G.: Mikrochem. **35**, 89 (1950).

den Kühler in das Destillationsgefäß gesaugt. Nach dem Ausdämpfen wäscht man noch das Destillationsgefäß mit ausgekochtem destilliertem Wasser, das man bei geschlossenem Quetschhahn durch den Trichter in das Destillationsgefäß gießt. Beim Schließen des Trichterhahnes wird das Waschwasser in das Mantelgefäß gesaugt und aus diesem anschließend durch den Stutzen abgelassen.

Wurde die Substanz mit methanolischer Lauge verseift (eventuell unter Zugabe von Pyridin), spritzt man durch den etwas aus dem Kölbchen gehobenen Kühler 3 ml destilliertes Wasser, spült noch das Kühlerende außen mit 1 ml Wasser ab, schließt einen absteigenden Kühler an und destilliert 5 ml aus der Lösung. Zu den alkalischen Hydrolysaten werden *2 ml Wenzelsche Schwefelsäure* zugegeben. Anschließend wird diese Lösung gleich den sauren Verseifungslösungen bei offenem Quetschhahn durch den Trichter in das Destillationsgefäß gebracht. Für das quantitative Nachspülen benutzt man am besten *kleine Volumina der Natriumsulfatlösung*, bis sich in dem Destillationsgefäß 15 ml Gesamtlösung befinden (gekennzeichnet durch eine vorher angebrachte Marke). Nun wird der Glashahn des Trichters und der Quetschhahn geschlossen. Unter das Kühlerende bringt man ein Quarz-Erlenmeyer-Kölbchen oder ein ausgedämpftes Jenaer Glaskölbchen und setzt dann durch Einleiten eines kräftigen Wasserdampfstromes die Destillation in Gang. Vom Erscheinen des ersten Destillattropfens an wird 10 Minuten destilliert. Die Beheizung des Dampfentwicklers hat man vorher so einzustellen, daß in 10 Minuten 100 ml Destillat übergehen.

Die Titration der Essigsäure wird gleich der Faktorbestimmung durchgeführt. Anschließend hat man unter gleichen Bedingungen den Blindwert zu bestimmen, der von der gefundenen Essigsäure abzuziehen ist; er beträgt etwa 0,38 ml 0,01 *n*-Lauge.

Das Abdestillieren der Essigsäure in der Apparatur von H. Roth[1]

Wie wir feststellen konnten, gelingt es in der einfachen Kjeldahl-Apparatur, die Essigsäure und Benzoesäure in der gleichen Zeit, jedoch nur mit 50 ml Wasserdampf überzutreiben. Daraus ergibt sich für die Titration der Essigsäure der Vorteil, daß der Indikatorumschlag in dem nur halb so großen Volumen schärfer zu erkennen ist.

Nach beendeter Verseifung bringt man, wenn alkalisch[2] hydrolysiert wurde, in das Kölbchen *2 ml Schwefelsäure nach Wenzel* und *15 ml Natriumsulfatlösung*. Wurde die Verseifung mit p-Toluolsulfosäure vorgenommen, werden *1 ml der Schwefelsäure* (1:2) und *15 ml Natriumsulfatlösung* zugegeben. Nachdem man ein Siedesteinchen (Tonsplitter) eingebracht hat, wird das Kölbchen an den vorher gründlich ausgedämpften Destillieraufsatz angeschlossen, der Luftstrom auf 1 bis 2 Blasen je Sekunde

[1] Roth, H.: Mikrochem. **31**, 287 (1944).

[2] Nach alkoholisch alkalischer Verseifung hat man den Alkohol vorher abzudestillieren.

eingestellt und ein ausgedämpfter Meßzylinder (50 oder 100 ml) aus Jenaer Glas unter das Kühlerende gebracht. Etwa 1 Minute nach dem Erhitzen des Kölbchens setzt die Destillation ein. Sind 10 ml Destillat übergegangen, läßt man durch den Innenschlifftrichter 10 ml destilliertes Wasser in das Kölbchen fließen und wiederholt die Wasserzugabe noch dreimal. In den so gesammelten Destillaten befindet sich die Essigsäure (Benzoesäure). Nach Überspülen des Destillates und Nachwaschen mit 3—5 ml destilliertem Wasser in einen Titrierkolben aus Quarz oder vorher ausgedämpftem Jenaer Geräteglas wird nach Austreiben des Kohlendioxyds, wie vorstehend beschrieben wurde, die Essigsäure gegen *Phenolphthalein* mit *0,01 n-Natronlauge* titriert.

Auch hierbei ist der Blindwert zu berücksichtigen. Er beträgt etwa 0,30 ml 0,01 *n*-NaOH.

1 ml 0,01 *n*-Natronlauge entspricht 0,4304 mg CH_3CO

1 ml 0,01 *n*-Natronlauge entspricht 1,0511 mg C_6H_5CO

Berechnung

$$\%\ CH_3CO = \frac{\text{ml } 0{,}01\ n\text{-NaOH} \cdot 0{,}4304 \cdot 100}{\text{mg Substanzeinwaage}}$$

$$\%\ C_6H_5CO = \frac{\text{ml } 0{,}01\ n\text{-NaOH} \cdot 1{,}0511 \cdot 100}{\text{mg Substanzeinwaage}}$$

Bemerkungen: Von der Wiedergabe der in den drei vorherigen Auflagen dieses Buches gebrachten Verseifungs- und Destillier-Apparatur wurde deshalb abgesehen, weil die hier beschriebenen Destilliereinrichtungen auch in der Hand des Ungeübten „betriebssicherer" sind. Dies gilt besonders von der Apparatur von W. Schöniger, H. Lieb und M. G. El Din Abrahim, aus der es unmöglich ist, Schwefel- oder Chromsäure mit überzudestillieren. Bei vorschriftsmäßigem Arbeiten[1] ist auch die Apparatur von H. Roth als sehr zuverlässig anzusehen und besitzt den Vorteil, daß die Essigsäure nur in 50 ml Destillat titriert wird. Bei gleicher Genauigkeit, die für Gruppenanalysen ausreichend ist, besitzen beide Apparaturen den Vorzug, daß zufolge ihrer Einfachheit angelernte Laborkräfte in kurzer Zeit damit vertraut sind und beide Einrichtungen außerdem für die Stickstoffbestimmung nach Kjeldahl und zur Bestimmung anderer mit Wasserdampf flüchtiger Substanzen benutzt werden können, wodurch Zeit, um andere Apparaturen „in Gang zu bringen", und Arbeitsfläche eingespart werden.

Bei der Verseifung sauerstoffempfindlicher Substanzen leitet man mittels eines durch den Kühler eingeführten Glasrohres Stickstoff in das Verseifungskölbchen ein. Diese Vorsichtsmaßnahme erübrigt sich beim Abdestillieren in der Wasserdampfatmosphäre[2].

---

[1] Es dürfen nicht mehr als 10 ml bei jeder Destillation übergetrieben werden.

[2] Erforderlichenfalls leitet man durch die Apparatur von H. Roth statt Luft Stickstoff.

Wie schon unter „Wahl des Verseifungsmittels" darauf hingewiesen wurde, können Substanzen, die gleichzeitig wasserdampfflüchtige saure Hydrolysen- oder Spaltprodukte bilden, mit dieser Methode nicht bestimmt werden. In einem solchen Falle wird das Acetyl nach dem Verfahren für C-Methylgruppen bestimmt (S. 199).

Andere Methoden: E. WIESENBERGER[1] hat die Methode von K. FREUDENBERG und E. WEBER[2] zu einer zuverlässigen Mikromethode entwickelt. Die bei der Verseifung mit p-Toluolsulfosäure frei werdende Essigsäure setzt sich mit dem gleichzeitig zugegebenen Äthanol zu Essigester um, der abdestilliert und verseift wird. Aus der Rücktitration der zur Verseifung des Esters im Destillat nicht benötigten vorgelegten Lauge wird der Acetylgehalt der Probe berechnet. Das Verfahren ist auf die Verwendung von p-Toluolsulfosäure begrenzt, es leistet auf dem Gebiet der Catechine, Gerbstoffe und Zucker wertvolle Dienste.

Eine weitere Methode beschreibt der gleiche Autor[3], bei der Acetylgruppen nach der bislang üblichen alkalischen und sauren Verseifung und außerdem nach dem Veresterungsverfahren von K. FREUDENBERG und E. WEBER[2] bestimmt werden. Mit einbezogen ist auch die Bestimmung der C-Methyl-Gruppe. Um besonders nach alkalischer Verseifung beim Ansäuern auftretende flüchtige, saure Spaltprodukte zu entfernen, wird der Wasserdampf noch durch einen auf 135—140° C erhitzten Wäscher mit Chrom- und Schwefelsäure geleitet. Bei Pentaacetylglucose konnten mit dieser Anordnung überhöhte Acetylwerte beseitigt werden. Weitere diesbezügliche Versuche stehen noch aus. Es wäre zu prüfen, ob nicht z. B. niedere Aldehyde (Form- und Acetaldehyd) teilweise oxydiert werden. Für Laboratorien, die speziell für Acetylbestimmungen von Kohlehydraten eingerichtet sind, ist die Apparatur zu empfehlen.

Eine colorimetrische Methode für 0,2—3 mg Substanz beschreiben E. BAYER und K. H. REUTHER[4]. Die Acylester werden mit Hydroxylamin zu Hydroxamsäuren umgesetzt. Letztere bilden mit Eisen-(III)-Salz einen rotvioletten Eisenhydroxamsäurekomplex, dessen Extinktion gemessen wird. Unter den beschriebenen Versuchsbedingungen werden N-Acetylgruppen und Säuren nicht erfaßt.

Bestimmung der Alkoxyl- (S-Methyl-) Gruppen

Alkoxylverbindungen sind Substanzen, in denen Wasserstoffatome von Hydroxyl- oder SH-Gruppen durch Alkyl-Radikale ersetzt sind. Solche Verbindungen kommen nicht nur in der Natur vor, sondern sie werden auch sehr oft im Laboratorium präparativ und zur Klärung von Konstitutionsfragen hergestellt. Sie können Äther (Enoläther), Acetale, Orthosäureester und Carbonsäureester sein.

---

[1] WIESENBERGER, E.: Mikrochem. **30**, 241 (1942).
[2] FREUDENBERG, K., u. E. WEBER: Z. angew. Chem. **38**, 280 (1925).
[3] WIESENBERGER, E.: Mikrochim. Acta [Wien] **1954**, 127.
[4] BAYER, E., u. K. H. REUTHER: Ber. dtsch. chem. Ges. **89**, 2541 (1956).

Um in diesen Verbindungen die Alkoxylgruppe zu bestimmen, führt man letztere nahezu ausnahmslos durch Hydrolyse mit kochender Jodwasserstoffsäure in die Alkyljodide über, wobei folgende Reaktionen ablaufen:

$$ROR' + HJ = ROH + R'J$$
$$RSR' + HJ = RSH + R'J$$
$$HOR' + HJ = H_2O + R'J$$
$$ArOR' + HJ = ArOH + R'J$$
$$RCOOR' + HJ = RCOOH + R'J$$

Sofern es sich bei den abgespaltenen Jodiden um Methyl-, Äthyl-, Propyl-, Isopropyl-, (aus Glycerin) und Butyljodid handelt, treibt man diese mit Kohlendioxyd oder Stickstoff in eine Vorlage über. In dieser wird das Jod des Alkyljodides mit einer Brom-Natriumacetat-Eisessig-Lösung zu Jodat oxydiert.

$$RJ + Br_2 = RBr + JBr$$
$$JBr + 2\,Br_2 + 3\,H_2O = HJO_3 + 5\,HBr$$

Das Jodat setzt aus Jodid 6 Atome Jod frei

$$HJO_3 + 5\,HJ = 3\,J_2 + 3\,H_2O$$

die mit Thiosulfat bestimmt werden.

Während Methyl- und Äthyljodid wegen der niedrigen Siedepunkte (42,2° und 72,3° C) aus der kochenden Jodwasserstoffsäure mit dem schwachen Gasstrom in kurzer Zeit quantitativ in die Vorlage übergehen, erfordert das Übertreiben der höher siedenden Alkyljodide einen rascheren Gasstrom bei gleichzeitiger Kondensation der von dem Gasstrom mitgeführten Jodwasserstoffdämpfe.

Da von den Alkoxylbestimmungen eines mikroanalytischen Laboratoriums die weitaus größte Zahl Methoxyl- und Äthoxylanalysen sind, soll zuerst deren Bestimmung in der einfachen Apparatur von F. Pregl und anschließend die Bestimmung von Propoxyl- und Butoxylgruppen in einer Apparatur mit Kühler beschrieben werden. Letztere Apparatur kann natürlich auch für die Bestimmung der Methoxyl- und Äthoxylgruppen (ohne Kühlwasser) benutzt werden; sie ist aber im täglichen Gebrauch nicht so einfach und handlich wie der Pregl-Apparat.

Beiden Methoden liegt das Prinzip von S. Zeisel und R. Fanto[1] zu Grunde, nachdem F. Pregl die erste gravimetrische Mikromethode entwickelt hat. Später wurde sie mit der maßanalytischen Jodatmethode von F. Vieböck und C. Brecher[2] kombiniert und in den letzten Jahrzehnten durch wertvolle Beiträge von Fachkollegen[3–10] bereichert.

---

[1] Zeisel, S., u. R. Fanto: Z. f. d. Landw. Versuchswesen in Österreich **5**, 729 (1902).

[2] Vieböck, F., u. C. Brecher: Ber. dtsch. chem. Ges. **63**, 3207 (1930).

[3] Clark, E. P.: J. Assoc. Off. Agric. Chemists **22**, 622 (1939).

[4] Elek, A.: Ind. Eng. Chem., Analyt. Ed. **11**, 174 (1939).

[5] Steyermark, Al.: Quantitative Organic Microanalysis New York. The Blakiston Comp. Toronto/Philadelphia 1951.

[6] Steyermark, Al.: J. Assoc. Off. Agric. Chemists **39**, 401 (1956).

Bestimmung der Methoxyl-, Äthoxyl- und S-Alkylgruppe in der Apparatur von F. PREGL

In dieser Apparatur können die meisten festen und flüssigen Substanzen analysiert werden. Substanzen, die sich wegen ihres niedrigen Siedepunktes oder hohen Dampfdruckes der Reaktion mit der Jodwasserstoffsäure entziehen, müssen in einem geschlossenen Gefäß mit Jodwasserstoffsäure hydrolysiert werden. Eine solche Einrichtung wird auf S. 252 beschrieben.

Reagenzien

Jodwasserstoffsäure (D: 1,70) mit konstantem Siedepunkt von 126—127° C „Zur Methoxylbestimmung nach Zeisel". Durch Luft- und Lichteinwirkung tritt leicht Zersetzung der Jodwasserstoffsäure unter Ausscheidung von Jod ein. Bei zu geringer Jodwasserstoffsäurekonzentration können zu niedrige Analysenergebnisse erhalten werden. Man hält sich am besten kleine Packungen vorrätig oder destilliere selbst hergestellte Jodwasserstoffsäure aus einer Glasapparatur bei 126—127° C ab. 2 ml-Pipette.

Phenol p. a.

Essigsäureanhydrid p. a. Tropfpipette.

Phosphorsuspension. Es werden 10 g roter Phosphor (p. a.) in 25 ml destilliertem Wasser suspendiert. Tropfpipette.

Natriumacetat-Eisessiglösung (10%ig). 2 ml-Pipette.

Brom (jodfrei). Tropfflasche.

Ameisensäure (80—100%ig). Tropfflasche.

Wäßrige Natriumacetatlösung (20%ig). 5 ml-Pipette.

Zinnfolie.

Kaliumjodidlösung (10%ig). 2 ml-Pipette.

0,02 n-Natriumthiosulfatlösung, hergestellt nach S. 24. Mikrobürette.

Stärkelösung, bereitet nach S. 24.

Platintetraeder.

Chrom-Schwefelsäure zur Reinigung der Apparatur, falls Substanzreste in dem Siedekölbchen verblieben sind.

Spritzflasche mit destilliertem Wasser.

Apparatur

Sie besteht aus der Kohlendioxydquelle und dem Methoxyl-(Äthoxyl-) Apparat (Abb. 93) mit Absorptionsgefäß B.

Das Kohlendioxyd wird einem Kippschen Apparat oder einer Kohlendioxydflasche oder einem Dewar-Gefäß mit fester Kohlensäure entnommen.

---

[7] FRANZEN, FR., W. HEGEMANN u. W. DISSE: Mikrochem. **39,** 277 (1952).

[8] FRANZEN, FR., K. EYSELL u. H. HACK: Mikrochim. Acta [Wien] **1954,** 708.

[9] KIRSTEN, W., u. S. EHRLICH-ROGOZINSKY: Mikrochim. Acta [Wien] **1955,** 786.

[10] HERON, A. E., E. REED, R. H. STAGY u. A. H. E. WATSON: Analyst **79,** 671 (1954).

Zur Reinigung leitet man das Kohlendioxyd durch eine Waschflasche mit gesättigter Sodalösung. In den Schlauch (4—6 mm Innendurchmesser), der von der Waschflasche zum Apparat führt, schiebt man einige Bindfadenstücke etwa 10 cm weit ein und bringt an dieser Stelle den Schraubenquetschhahn an. Auf diese Weise läßt sich der Gasstrom außerordentlich fein regulieren.

Der Apparat ist aus Jenaer Geräteglas angefertigt. Er besteht aus dem olivenförmigen Siedekölbchen *SK* von 4 bis 5 ml Inhalt mit Steigrohr *SR* und dem seitlichen Ansatz- (Einleitungs-) Röhrchen *A*, durch das man das Kölbchen beschickt und während der Analyse das Kohlendioxyd einleitet. Um zu vermeiden, daß während der Bestimmung Dämpfe in das Ansatzröhrchen hochsteigen, wird sein Volumen durch ein an beiden Enden geschlossenes, lose sitzendes Verdrängungsrohr verringert. Dieses besitzt zwei Einbuchtungen, die dem Kohlendioxyd den Durchtritt ermöglichen.

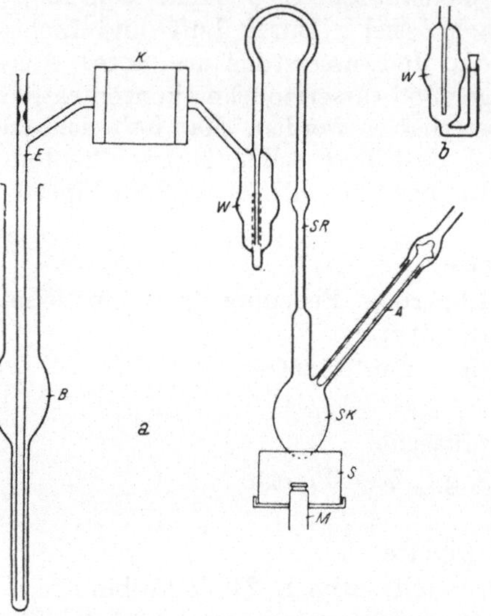

Abb. 93. *a* Mikro-Methoxyl-Bestimmungsapparat; *b* Waschvorrichtung mit hochgezogenem Füllröhrchen.
M Mikrobrenner mit Schornstein aus Glimmer *S*; *SK* Siedekölbchen mit Steigrohr *SR* und seitlichem Ansatzröhrchen *A*; in seinem Innern befindet sich das Verschlußröhrchen und darüber ist der Verbindungsschlauch gezogen; *W* Waschvorrichtung; *E* Gaseinleitungsrohr; *B* Absorptionsgefäß; *K* Kork zum Einspannen in die Stativklammer.

Das Steigrohr *SR* ist nach etwa 4 cm zu einer kleinen Kugel erweitert, die zusammen mit diesem als Luftkühler wirkt. Etwa 6—8 cm über der Kugel ist das Steigrohr, wie aus der Zeichnung zu entnehmen ist, abgebogen und geht in den Wäscher *W* über. Wie aus Abb. 93 b zu ersehen ist, befindet sich an dem Wäscher ein seitlich hochgeführtes Einfüllrohr, wodurch das Einbringen der Waschflüssigkeit in den bereits eingespannten Apparat möglich ist. Das Einfüllrohr wird mit einem Korkstopfen verschlossen.

An dem Verbindungsstück vom Wäscher zum Gaseinleitungsrohr *E* wird der Apparat mittels eines Korkes in ein Stativ eingespannt. Den Kork befestigt man in der Weise um das Steigrohr, daß man ihn in der Stärke des Glasrohres durchbohrt, axial durchschneidet und die beiden Hälften, nachdem man die Bohrungen um das Glasrohr gelegt hat, mit Draht zusammenbindet. Über der Ansatzstelle des Verbindungsrohres ist das Gaseinleitungsrohr *E* zweimal kapillar verengt. Vor Beginn der Analyse wird ein kleines Wassertröpfchen auf die Mündung des Röhrchens gebracht. Dann wird das Röhrchen von oben mit einem kleinen Kork verschlossen. Mit diesem „Wasserverschluß“ wird in einfachster Weise ein für Jodalkyldämpfe absolut sicherer Verschluß erreicht. Nach Beendigung des Überdestillierens des Alkyljodids läßt sich das Gaseinleitungsrohr nach Entfernen des Korkes von innen gut ausspülen.

Als Absorptionsgefäß (*B*) dient ein ausgebauchtes Reagenzglas, das unter der Erweiterung in ein etwa 50 mm langes Rohr von 7 bis 8 mm Innendurchmesser übergeht. In dem verhältnismäßig engen Raum zwischen Gaseinleitungsrohr und Absorptionsgefäß steigen die flachgedrückten Blasen nur langsam hoch, wodurch quantitative Absorption und Umsetzung der Alkyljodide in der Bromeisessiglösung erfolgt.

Ausführung

Vor jeder Bestimmung muß der Apparat gereinigt und sorgfältig getrocknet werden. Dazu schließt man ihn an den Schlauch einer Wasserstrahlpumpe an, taucht das Gaseinleitungsrohr in ein mit Leitungswasser gefülltes Becherglas und saugt etwa 200 ml Wasser durch, wobei man mit dem Finger das Einfüllrohr des Wäschers zuhält. Anschließend saugt man 100 ml destilliertes Wasser durch, wischt den Apparat außen ab und legt ihn in den Trockenschrank (110° C). Das Trocknen kann wesentlich beschleunigt werden, wenn man nach dem destillierten Wasser Aceton durchsaugt. Inzwischen macht man die Einwaage.

Lösungsversuch vor der Einwaage der Substanz. Für den quantitativen Ablauf der Reaktion ist es unbedingt erforderlich, daß die Substanz vollkommen gelöst ist. Man scheue es nicht, vorher einen Lösungsversuch anzustellen: In ein Reagenzglas bringt man mit dem Spatel 2—3 Kristalle der Substanz, dazu etwa die Hälfte der für die Analyse angegebenen Mengen Phenol und Essigsäureanhydrid (S. 250)[1], taucht dann das Reagenzglas in ein Wasserbad von 50 bis 60° C und überzeugt sich, ob die Substanz in Lösung geht. Ist dies der Fall, so kann die Bestimmung ohne weiteres ausgeführt werden. Bleibt die Substanz ungelöst, so erwärmt man das Reagenzglas über der klein gestellten Flamme eines Mikrobrenners, bis der Inhalt zu kochen beginnt. Geht dabei die Substanz in Lösung, so hat man die Einwaage im Siedekölbchen auf gleiche Weise zu lösen und erst nach dem Erkalten die Jodwasserstoffsäure zuzusetzen. Ist die Substanz in den der üblichen Ausführung entsprechenden Lösungsmittelmengen auch beim Kochen ganz oder teilweise ungelöst geblieben, so versucht man, sie mit mehr Phenol (2 bis 3 Spatelspitzen) und mehr Essigsäureanhydrid (3 bis 5 Tropfen) zu lösen. Mitunter hilft es, die Substanz in einer Achatreibschale feinst zu pulverisieren und sie dann erst zu lösen.

Nach den vorstehenden Angaben war es bisher immer möglich, auch äußerst schwer lösliche Substanzen in Lösung zu bringen. Schließlich ist nicht zu übersehen, daß auch die Jodwasserstoffsäure gute Lösungseigenschaften besitzt.

Einwaage fester Substanzen. Mit dem Wägeröhrchen mit langem Stiel wägt man 3—5 mg Substanz ab und führt das Röhrchen durch das Einleitungsrohr der schräg gehaltenen Apparatur bis an den Boden des

[1] Als weiteres Lösungsmittel empfiehlt N. Bruckner: Mikrochem. **12**, 153 (1932), Propionsäurehydrid.

Siedekölbchens ein. Man zieht das Wägeröhrchen vorsichtig heraus und wägt es zurück.

Zum Einwägen von Flüssigkeiten, soweit diese, ohne sich zu verflüchtigen, bestimmt werden können, verwendet man am besten das Glasnäpfchen (Mikrobechergläschen) mit oder ohne Schliffstopfen (S. 128). In dieses bringt man dickflüssige Substanzen mit einem dünnen Glasstab ein. Flüssigkeiten saugt man in eine feine Kapillare hoch, läßt daraus ein Tröpfchen in das Mikrobechergläschen fallen und stopft letzteres für die Wägung zu. Dann läßt man das Bechergläschen bis auf den Boden des Siedekölbchens gleiten.

Um Siedeverzüge zu verhindern, die besonders mit ganz reiner Jodwasserstoffsäure leicht auftreten, bringt man zur eingewogenen Substanz 2 Platintetraeder oder wie bislang eine etwa 10 mg schwere Stanniolkugel[1]. Das mit der Jodwasserstoffsäure gebildete Zinnjodid gewährleistet gleichmäßiges Sieden.

Man spannt den Apparat an dem Kork in ein Stativ so ein, daß sich das Siedekölbchen etwa 20 mm über dem Mikrobrenner befindet und spült das Einleitungsrohr der Absorptionsvorlage innen und außen mit destilliertem Wasser gut ab. Man bringt einen Tropfen Wasser auf die obere Mündung des Einleitungsrohres und verschließt sofort mit einem kleinen Korkstopfen („Wasserverschluß"). Den Wäscher füllt man etwa zur *Hälfte mit der Phosphorsuspension* und verschließt das Einfüllrohr mit einem Korkstopfen.

In die Absorptionsvorlage werden *2 ml der 10%igen Natriumacetat-Eisessiglösung* und *3—4 Tropfen Brom* gebracht. Unter Herausdrehen des Apparates wird das Einleitungsrohr in die Absorptionsvorlage geschoben und diese mittels Unterlage so hoch gestellt, daß aus dem Gaseinleitungsrohr austretende Gasblasen zwischen diesem und dem Boden der Absorptionsvorlage zerdrückt werden. Damit nicht Bromdämpfe in den Arbeitsraum gelangen, legt man auf die Absorptionsvorlage einen Wattebausch, der mit *verdünnter Ameisensäure* schwach befeuchtet ist.

Zur Substanz in dem Siedekölbchen werden *2 Spatelspitzen Phenol*, *4—5 Tropfen Essigsäureanhydrid* und zum Schluß *2 ml Jodwasserstoffsäure* zugegeben.

Hat der Vorversuch gezeigt, daß die Substanz vorher gelöst werden muß, erwärmt man nach Zugabe von Phenol und Essigsäureanhydrid das Siedekölbchen vorsichtig mit der kleingestellten Flamme des Mikrobrenners, bis das Gemisch siedet. Sobald Lösung eingetreten ist, läßt man gut abkühlen und gibt erst dann die Jodwasserstoffsäure zu. Nun schiebt man das Verdrängungsröhrchen in das Ansatzröhrchen und zieht über letzteres den Schlauch, der zur Kohlendioxydquelle führt.

Den geschlossenen Schraubenquetschhahn öffnet man langsam und stellt allmählich die Blasengeschwindigkeit so ein, daß in der Vorlage nicht mehr als zwei Gasblasen gleichzeitig hochsteigen.

---

[1] Es kann auch eine Spatelspitze roter Phosphor zugegeben werden, der gleichzeitig zersetzte Jodwasserstoffsäure regeneriert.

Nun bringt man die kleingedrehte Flamme des Mikrobrenners mit Schornstein in einer Entfernung von etwa 15 mm unter das Siedekölbchen[1]; mit dem Erwärmen des Siedekölbchens steigen die Gasblasen in der Absorptionsvorlage rascher auf. Es wäre ein Fehler, jetzt den Quetschhahn zu handhaben, denn nach dem Beginn des Siedens stellt sich die vorher eingestellte Blasenfrequenz von selbst wieder ein.

Im allgemeinen ist die Abspaltung der Methoxyl- und Äthoxylgruppe innerhalb 10 bis 15 Minuten vollständig. Es gibt auch schwer abspaltbare Alkoxylverbindungen, was zum Teil vor allem mit der schlechten Löslichkeit solcher Substanzen zusammenhängen dürfte. Bei in dieser Hinsicht unbekannten Analysensubstanzen ist es zweckmäßig, auf eine zweite Analysenprobe die kochende Jodwasserstoffsäure längere Zeit (1—2 Stunden) einwirken zu lassen. Da die meisten Substanzen mit der kochenden Jodwasserstoffsäure rasch reagieren, kann man nach 25 Minuten mit der Bestimmung des abgespaltenen Alkyljodids beginnen.

Man entfernt den Mikrobrenner und spannt den Apparat mit der Stativklammer so viel höher ein, daß das Ende des Einleitungsrohres nur noch bis etwa zur Hälfte in die bauchige Erweiterung der Absorptionsvorlage reicht. Dann entfernt man den Kork vom Wasserverschluß und spritzt das Gaseinleitungsrohr innen und außen gut mit destilliertem Wasser ab. Man spült den Inhalt der Vorlage quantitativ unter Nachwaschen mit Wasser in einen Erlenmeyer-Kolben von 100 ml Inhalt, in den man schon vorher *5 ml der 20%igen wäßrigen Natriumacetatlösung* gebracht hat; läßt dann längs der Wandung *2 Tropfen Ameisensäure* zufließen, schwenkt um und fügt gegebenenfalls so lange Ameisensäure hinzu, bis die Lösung farblos geworden ist. Nach Zugabe von 4 bis 6 Tropfen Ameisensäure wird im allgemeinen auch durch den Geruch kein Brom mehr festzustellen sein (über Prüfung mit Methylrot s. S. 140).

Nun bringt man *2 ml der 10%igen Jodkaliumlösung* hinzu, säuert mit *5 ml 2 n-Schwefelsäure* an und titriert nach 2 Minuten, wie auf S. 140 beschrieben, das ausgeschiedene Jod (Stärke).

Ein für die verwendeten Reagenzien festzustellender Blindwert ist in Abzug zu bringen.

Berechnung

1 ml 0,02 n-$Na_2S_2O_3$ entspricht 0,1034 mg CH_3O bzw. 0,1502 mg C_2H_5O.

$$\% \, CH_3O = \frac{\text{ml } 0{,}02 \; n\text{-}Na_2S_2O_3 \cdot 0{,}1034 \cdot 100}{\text{mg Substanzeinwaage}}$$

$$\% \, C_2H_5O = \frac{\text{ml } 0{,}02 \; n\text{-}Na_2S_2O_3 \cdot 0{,}1502 \cdot 100}{\text{mg Substanzeinwaage}}$$

[1] Substanzen, deren Verhalten in der Hitze gegen starke Säuren man nicht kennt, läßt man zuerst mit der Jodwasserstoffsäure 30 Min. lang stehen und steigert erst in weiteren 30 Minuten langsam die Temperatur bis zum Sieden der Jodwasserstoffsäure; ARNDT, F., u. F. NEUMANN: Ber. dtsch. chem. Ges. **70**, 1835 (1937).

Spaltung von flüchtigen Alkoxylverbindungen im geschlossenen Gefäß

Wie bereits gesagt wurde, können Substanzen, die sich der Reaktion mit der Jodwasserstoffsäure durch Destillation oder Sublimation in einem offenen Reaktionsgefäß entziehen, in der Apparatur von F. PREGL nicht analysiert werden. Man läßt solche Substanzen, wie z. B. Alkyläther, Terpenderivate, ätherische Öle u. a. m. in zugeschmolzenem Rohr oder in fest verschlossenen Gefäßen mit der Jodwasserstoffsäure eventuell noch unter Schütteln bei 130° C reagieren und treibt anschließend das abgespaltene Alkyljodid in das Vorlagegefäß für die jodometrische Bestimmung über. Da derartige Analysen für die meisten Mikrolaboratorien nur gelegentlich in Betracht kommen, soll hier die einfache und rasch zu handhabende Ausführung nach M. FURTER[1] wiedergegeben werden. Für Laboratorien, die häufig mit solchen Substanzen zu tun haben, wird auf die Spezialapparatur von W. KIRSTEN und S. EHRLICH-ROGOZINSKY[2], in der auch größere Mengen Lösungsmittel benutzt werden können, verwiesen.

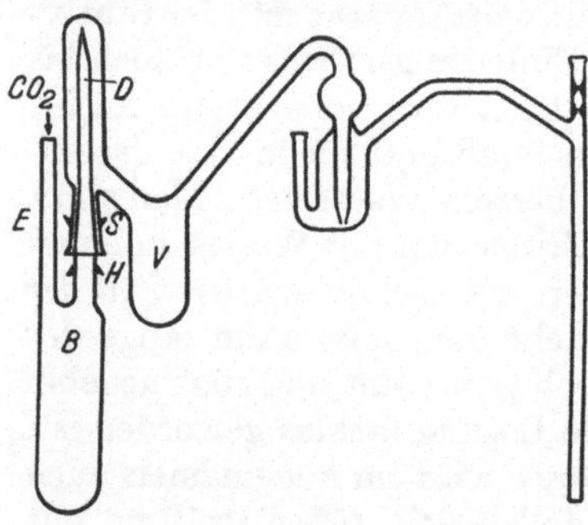

Abb. 94. Apparat nach M. FURTER zur Alkoxylbestimmung in Substanzen von hohem Dampfdruck.

Der in Abb. 94 gebrachte Apparat besteht aus dem Druckgefäß von etwa 15 ml Inhalt, das mit einem Normalschliff an den Destillationsteil angeschlossen wird. Das Druckgefäß (*B*) ist ein am Boden rund verblasenes Rohr aus Jenaer Glas von etwa 20 mm Durchmesser mit zwei Einleitungsröhren (*E* und *H*), von denen die eine mit einem Durchmesser von 4 mm beim Aufschluß der Substanz zu einer Spitze ausgezogen wird. Nach deren Entfernung dient die Röhre bei der Destillation zum Einleiten des Kohlendioxyds. Das andere Rohr besitzt etwa in der Mitte einen Normalschliff (*S*) zum Anschluß an das Siedegefäß (*V*) bei der Destillation. Für die Bestimmung werden durch das Rohr *H* die Substanz, 2—3 Tropfen Essigsäureanhydrid, 2—3 Kristalle Phenol, 4 ml Jodwasserstoffsäure und 2 Platintetraeder eingebracht. Nachdem man die Kapillare mit einem Glasstab zerdrückt hat, benutzt man die Jodwasserstoffsäure zum Abspülen des Glasstabes. Nun wird das Rohr zu einer Spitze ausgezogen und zugeschmolzen. Das Erhitzen des Druckgefäßes auf 130° C kann in jedem Bombenofen erfolgen. Im allgemeinen genügt 1 Stunde. Nur schwer verseifbare Substanzen erhitzt man länger (2—4 Stunden). Nach dem Abkühlen auf Raumtemperatur bringt man das Druckgefäß mit einer Tiegelzange (Schutzbrille!) in ein Dewar-Gefäß mit einer Kältemischung (Kohlensäureschnee). Nach 10 Minuten sprengt man die Spitze der Röhre *D* ab, schließt das Druckgefäß an die Waschvorrichtung (s. Abb. 94) an und sichert den Schliff mit Stahlfedern. Nachdem man die Kältemischung entfernt hat, wird die Spitze an der Einleitungsröhre *E* angeritzt und in dem vom Kippschen Apparat kommenden Schlauch abgebrochen. Sodann wird der Kohlendioxydstrom auf die erforderliche Blasenzahl (S. 250) eingestellt und das Druckgefäß zuerst durch Eintauchen in heißes Wasser und anschließend mit dem Mikro-

[1] FURTER, M.: Helv. Chim. Acta **21**, 1151 (1938).

[2] KIRSTEN, W., u. S. EHRLICH-ROGOZINSKY: Mikrochim. Acta [Wien] **1955**, 786.

brenner langsam beginnend bis zum Sieden der Jodwasserstoffsäure erhitzt. Nach 15 Minuten wird die Vorlage abgenommen und das Alkyljodid, wie vorstehend beschrieben, über das Jodat bestimmt.

Bemerkungen: Bekanntlich kam nach der ersten Mikro-Zeisel-Bestimmung von F. PREGL das abgespaltene Alkyljodid nach Umsetzung mit Silbernitrat als Jodsilber zur Wägung. Wenn man heute in allen Laboratorien mit Recht der einfacheren jodometrischen Bestimmung den Vorzug gibt, besonders weil es dabei völlig belanglos ist, ob die Analysensubstanz Schwefel enthält oder nicht, so wäre es verfrüht, das Silbernitratreagens aus dem Blickfeld zu verlieren. Dafür zwei Beispiele.

Geringe Mengen von mitunter hartnäckig an Substanzen haftenden Alkohols werden in kurzer Zeit durch Trübung der Silbernitratlösung sichtbar, während auf Grund der jodometrischen Titration das Vorhandensein so geringer Mengen nicht mit Sicherheit zu erkennen ist. Ferner ist es mit der Silbernitratvorlage möglich, rasch zu prüfen, ob eine Alkoxylgruppe vorliegt, ohne die Bestimmung zu Ende zu führen.

Die bei der Ausführung der Analyse angegebene Einwirkungsdauer der kochenden Jodwasserstoffsäure ergibt sich aus einer großen Zahl Methoxyl- und Äthoxylbestimmungen, die in den letzten Jahrzehnten von Fachkollegen in der Pregl-Apparatur durchgeführt wurden. Es gibt auch Substanzen, die eine längere Reaktionszeit benötigen, z. B. wenn das Alkoxyl sehr fest sitzt oder wenn die Substanz erst allmählich in Lösung geht. Es sei auf die wesentlich festere Bindung der S-Alkyl-Gruppe für den ersten Fall (S. 301) und für den letzteren auf die Versuche mit größeren Lösungsmittelmengen hingewiesen (S. 247, Anm. 9). Schließlich können zufolge innermolekularer Umlagerungen während der Analyse Alkoxylgruppen bei Verbindungen gefunden werden, die keine solche, sondern N-Methyl-Gruppen besitzen. So wird nach H. GYSEL[1] in 1,2-Dimethyl-pyraz-dion (3,6) eine der beiden N-Methyl-Gruppen als Methoxyl gefunden. Das 1-Phenyl-2-methylpyrazdion (3,6) gibt 25—30% des N-Methyl als O-Methyl ab. Über weitere Umlagerungen von N-Alkyl-Gruppen berichtet G. GOLDSCHMIDT[2]. Es ist auch der umgekehrte Fall bekannt, daß nämlich ein Teil des O-Alkyls bei der Einwirkung der Jodwasserstoffsäure an den Stickstoff wandert[3].

Es ist hier nicht möglich, auf Einzelheiten neuer Modelle von Methoxyl- und Äthoxyl-Apparaturen einzugehen. Diese bestehen vor allem darin, daß zwischen Reaktionskölbchen und Steigrohr ein Schliff angebracht wird, wodurch das Einleitungsrohr für das Kohlendioxyd verjüngt bis zum Boden des Reaktionskölbchens geführt werden kann, ferner in der Kühlung des Steigrohres und in anderen Formen der Absorptionsvorlage. Der in der Abb. 93 gebrachte Apparat von F. PREGL zeichnet sich nicht allein dadurch

---

[1] GYSEL, H.: Mikrochim. Acta [Wien] **1954**, 743.

[2] GOLDSCHMIDT, G.: M. **27**, 849 (1906).

[3] KIRPAL, A.: Ber. dtsch. chem. Ges. **41**, 820 (1908); M. **29**, 474 (1908); DECKER, H., u. B. SOLONINA: Ber. dtsch. chem. Ges. **35**, 3222 (1902); siehe HOUBEN-WEYL: Methoden der Organischen Chemie, 4. Aufl. Herausgegeben von E. MÜLLER. Bd. II, S. 672. Gg. Thieme-Verlag, Stuttgart 1953.

aus, daß er einfach ist, sondern er erfüllt, wie schon gesagt wurde, für die weitaus meisten Methoxyl-, Alkoxyl- und S-Alkyl-Gruppenbestimmungen voll seinen Zweck.

Bestimmung von Methoxyl- und Äthoxylgruppen nebeneinander

Die bei der Hydrolyse mit Jodwasserstoffsäure abgespaltenen Alkyljodide reagieren mit Trimethylamin unter Bildung der entsprechenden Tetraalkylammoniumjodide[1].

$$CH_3J + (CH_3)_3N = (CH_3)_4NJ$$
$$C_2H_5J + (CH_3)_3N = (NH_3)_3 \cdot C_2H_5 \cdot NJ$$

Das in absolutem Alkohol nahezu unlösliche *Tetramethylammoniumjodid* läßt sich von dem in Alkohol gut löslichen *Trimethyläthylaminsalz* quantitativ abtrennen. Dadurch ist es möglich, jedes der beiden Alkylaminjodsalze für sich über das Jod gravimetrisch oder jodometrisch zu bestimmen.

Eine andere Möglichkeit zur Bestimmung dieser beiden Alkoxylgruppen besteht in der Oxydation mit Chrom-Schwefelsäure[2]. Die Äthoxylgruppe bildet dabei *Essigsäure*, während die Methoxylgruppe zu Kohlendioxyd und Wasser verbrannt wird.

$$CH_3CH_2O— \xrightarrow{CrO_3} CH_3COOH$$
$$CH_3O— \xrightarrow{CrO_3} CO_2 + H_2O$$

Dieses Verfahren kann jedoch nur dann mit Sicherheit Anwendung finden, wenn die Analysensubstanz keine weiteren C-Methyl-Gruppen enthält oder diese bekannt sind. Das erste Verfahren wird nachstehend beschrieben. Über die Bestimmung mit Chromschwefelsäure siehe S. 199.

Bestimmung nach W. Küster und W. Maag[3]

Reagenzien

Salpetersäure, konz., halogenfrei, Tropfpipette.

Silbernitratlösung, 1%ig, 3 ml-Pipette.

Jodwasserstoffsäure (D: 1,70) 2 ml-Pipette.

Phenol.

Essigsäureanhydrid, Tropfpipette.

Zinnfolie.

Alkoholische Trimethylaminlösung, aus 5 ml 10%iger Trimethylaminlösung und 12 ml absolutem Alkohol. 1 ml- und 3 ml-Pipetten.

---

[1] Willstätter, R., u. M. Utzinger: Ann. **382**, 148 (1911).

[2] Kuhn, R., u. F. L'Orsa: Z. angew. Chem. **44**, 847 (1931); Kuhn, R., u. H. Roth: Ber. dtsch. chem. Ges. **66**, 1274 (1933).

[3] Küster, W., u. W. Maag: Helv. Chim. Acta **127**, 190 (1930).

Phosphorsuspension. Es werden 10 g roter Phosphor (p. a.) in 25 ml destilliertem Wasser suspendiert. Tropfpipette.

Absoluter Alkohol, Spritzflasche.

Apparatur

Damit die Alkyljodide in der alkoholischen Trimethylaminlösung vollständig absorbiert werden, mußte die Preglsche Apparatur nach Abb. 95 abgeändert werden. Um möglichst kleine Gasblasen zu erhalten, ist das Einleitungsröhrchen der Waschvorrichtung auf 0,5 mm verengt. An die Waschvorrichtung sind mittels Schliffen zwei Absorptionsgefäße angeschlossen. Das erste besteht aus einem kleinen Reagenzglas *A* von 11 mm Durchmesser und einer Höhe von 65 mm. Es enthält eine Spirale mit Zu- und Ableitungsrohr nach der Art eines Extraktionsapparates. Die Spirale hat 5—7 Windungen mit zwei Einbuchtungen (eine oben und eine unten), die die Blasen einige Zeit zurückhalten. Das zweite Absorptionsgefäß *B* ist mittels eines Schliffes mit dem ersten verbunden. Es besteht aus einem Reagenzglas von 5 mm lichter Weite und 90 mm Höhe, in das das Zuleitungsrohr so eingeschliffen ist, daß die austretenden Blasen breitgedrückt werden. Beide Einleitungsrohre sollen auf 0,5 mm verjüngt sein.

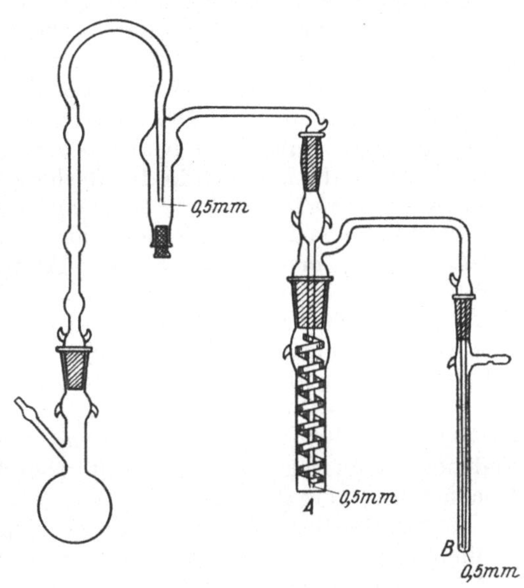

Abb. 95. Apparatur zur Bestimmung von Methoxyl- neben Äthoxylgruppen nach W. KÜSTER und W. MAAG.

Ausführung

In die Waschvorrichtung des sorgfältig gereinigten und getrockneten Apparates wird zuerst die *Suspension des roten Phosphors* eingefüllt und der Apparat an einer Stativklammer befestigt. In das Siedekölbchen werden wenigstens 10 mg Substanz nach S. 250 eingewogen und, wie dort beschrieben wurde, bringt man der Reihe nach *Phenol*, *Essigsäureanhydrid*, *Zinnfolie* und *Jodwasserstoffsäure*[1] zu. Dann beschickt man das Absorptionsgefäß *A* mit 3 ml und das Absorptionsgefäß *B* mit 1 ml der *alkoholischen Trimethylaminlösung*. Der Apparat wird mit einem Kohlendioxydspender verbunden und unter langsamem Durchleiten mit Kohlendioxyd gefüllt. Dann wird die

[1] Ist die Substanz schwer löslich, so hat man sie vor dem Zugeben der Jodwasserstoffsäure zu lösen. Vgl. S. 249.

Kohlendioxydzuleitung mittels eines Quetschhahnes unterbunden und das Siedekölbchen in einem Heizbad langsam auf 140° C erhitzt. In dem Absorptionsgefäß A sollen in 1 Sekunde 1, höchstens 2 Blasen aufsteigen. Diese Blasengeschwindigkeit ist bis zum Schluß der Destillation beizubehalten. Steigen nach dem Erwärmen keine Blasen in der Vorlage mehr auf, öffnet man den Quetschhahn vorsichtig und leitet Kohlendioxyd (1 Blase je Sekunde) durch die Apparatur.

Nach ½ Stunde entfernt man die Flamme, nimmt die Absorptionsgefäße ab und bewahrt sie einen Tag gut verschlossen auf, damit das Tetramethylammoniumjodid quantitativ auskristallisiert. Zur Trennung der Alkyljodammoniumsalze nimmt man zuerst die Spirale aus dem Absorptionsgefäß, hält sie über ein kleines Becherglas und spült sie mit absolutem Alkohol ab. Hat man auf gleiche Weise noch das Einleitungsrohr gespült, bringt man den Inhalt der beiden Absorptionsgefäße unter wiederholtem Abspülen mit Alkohol auch in das Becherglas, dessen Inhalt schließlich auf einem Wasserbad zur Trockne eingedampft wird. Das noch warme Becherglas wird in einen Exsiccator gebracht, wo man es abkühlen läßt. Aus der Salzkruste löst man das Trimethyläthylammoniumjodid mit wenig (3—4 ml) absolutem Alkohol und filtriert durch ein mit absolutem Alkohol befeuchtetes Filter. Dreimaliges Nachwaschen des Niederschlages mit wenig absolutem Alkohol genügt, um die letzten Spuren Trimethyläthylammoniumjodid aus dem Salz zu lösen. Das alkoholische Filtrat wird mit der 2—3fachen Menge Wasser, *2—4 Tropfen halogenfreier Salpetersäure, 3 ml 1%iger Silbernitratlösung* versetzt, das Silberjodid auf dem siedenden Wasserbad gefällt, im Filterröhrchen nach S. 126 gesammelt, getrocknet und gewogen.

Für die Bestimmung der Methoxylgruppe löst man das Tetramethylammoniumjodid mit heißem Wasser vom Filter, spritzt auch die Spirale und das Einleitungsrohr ab und sammelt alle Waschwässer in dem für das Eindampfen verwendeten Becherglas. Das Fällen und Auswägen des Silberjodids erfolgt wie oben beschrieben. Die Genauigkeit der Methode beträgt ± 1%.

Berechnung

1 mg Silberjodid entspricht 0,1322 mg Methoxyl

1 mg Silberjodid entspricht 0,1919 mg Äthoxyl.

$$\% \, CH_3O = \frac{\text{mg AgJ} \cdot 0{,}1322 \cdot 100}{\text{mg Substanzeinwaage}}$$

$$\% \, C_2H_5O = \frac{\text{mg AgJ} \cdot 0{,}1919 \cdot 100}{\text{mg Substanzeinwaage}}$$

Zur jodometrischen Bestimmung dampft man zur Entfernung von Alkohol und Trimethylamin die Trimethyläthylammonium- und Tetramethylammoniumjodidfraktion im Vakuum zur Trockene ein und bestimmt das Jod nach Oxydation mit Brom nach S. 140.

Andere Methoden: Bei der Trimethylaminmethode verwendet G. GRAU[1] an Stelle des absoluten Äthanols Isopropanol.

A. P. MATHERS und J. M. PRO[2] führen die Methoxylgruppe zuerst in Methanol über, das weiter zu Formaldehyd oxydiert wird. Letzteres wird mit Chromotropsäure spektrophotometrisch bestimmt.

A. FRIEDRICH[3] bestimmt die beiden Alkoxylgruppen in zwei Analysen. Bei der ersten Bestimmung wird das nach F. PREGL oder F. VIEBÖCK und C. BRECHER[4] ermittelte Jod auf Alkoxylsauerstoff umgerechnet.

Mit einer zweiten Einwaage werden die auf gleiche Weise abgespaltenen Alkyljodide statt in die Vorlage direkt in ein Mikro-Kohlenstoff-Wasserstoff-Verbrennungsrohr über glühende Platinkontaktsterne geleitet und zu Kohlendioxyd verbrannt. Das Kohlendioxyd wird wie bei der Kohlenstoff-Wasserstoff-Bestimmung an Natronasbest adsorbiert. Aus dessen Gewichtszunahme errechnet sich der Kohlenstoffgehalt der Alkoxylgruppen.

Dividiert man nun den Prozentgehalt des Alkoxylsauerstoffes und den des Alkoxylkohlenstoffes durch die Atomgewichte, so erfährt man daraus das Atomverhältnis von Sauerstoff und Kohlenstoff. Ist das Atomverhältnis 1:1, liegt eine Methoxylgruppe vor, ist es 1:2, eine Äthoxylgruppe, ist es 2:3, eine Methoxyl- und eine Äthoxylgruppe usw.

Bestimmung der Propoxyl- und Butoxylgruppe

Um die mit der kochenden Jodwasserstoffsäure gebildeten Propyl- und Butyljodide von höheren Siedepunkten (Sp = 102,2 und 130,5° C) aus der kochenden Jodwasserstoffsäure in die Vorlage quantitativ überzutreiben, bedarf es einer abgeänderten Arbeitsweise. Das durch die Apparatur geleitete indifferente Transportgas und die Kondensation der Jodwasserstoffsäure müssen so aufeinander abgestimmt sein, daß nur die Alkyljodide mit dem Gasstrom die Waschvorrichtung passieren. Spuren mitgeführter Jodwasserstoffsäure werden in der Waschvorrichtung zurückgehalten.

Die in Abb. 96 gebrachte Apparatur von B. W. SHAW[5] unterscheidet sich von der von A. A. HOUGHTON und H. A. B. WILSON[6] nur dadurch, daß hier der Schliff nicht unter, sondern über dem Kühler angebracht ist. Als Transportgas für das Propyl- und Butyljodid dient Stickstoff. In der mit Wasser beschickten Waschvorrichtung werden Jodwasserstoff-

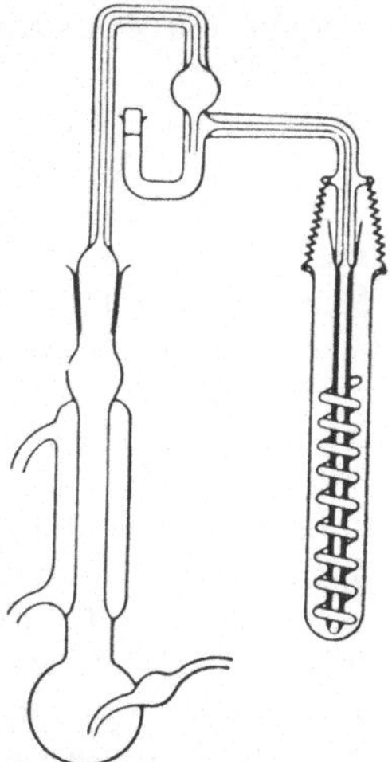

Abb. 96. Propoxyl- und Butoxyl-Apparat von B. W. SHAW.

[1] GRAU, G.: Svensk Papperstidn **57**, 702 (1954).
[2] MATHERS, A. P., u. J. M. PRO: Analyt. Chemistry **27**, 1662 (1955).
[3] FRIEDRICH, A.: Mikrochem. **7**, 185 (1929).
[4] VIEBÖCK, F., u. C. BRECHER: Ber. dtsch. chem. Ges. **63**, 3207 (1930).
[5] SHAW, B. W.: J. Soc. Chem. Ind. **66**, 147 (1947).
[6] HOUGHTON, A. A., u. H. A. B. WILSON: Analyst **69**, 363 (1944).

säuredämpfe abgefangen. Die Alkyljodide werden nach F. Vieböck und C. Brecher[1] als Jodat bestimmt.

Reagenzien

Jodwasserstoffsäure (D: 1,70) gereinigt durch Destillation über Natriumhypophosphit. 5 ml-Pipette.

Phenol 80%ig mit 20% Wasser. 2,5 ml-Pipette.

Natriumacetat-Eisessig-Lösung 10%ig. Pipette zur Füllung der Absorptionsvorlage bis zum oberen Ende der Spirale.

Brom (jodfrei); Tropfflasche.

Ameisensäure 80—100%ig; Tropfflasche.

Wäßrige Natriumacetatlösung 20%ig; 5 ml-Pipette.

Kaliumjodidlösung 10%ig; 2 ml-Pipette.

0,02 n-Natriumthiosulfatlösung, hergestellt nach S. 24.

Stärkelösung, bereitet nach S. 24.

Schwefelsäure konz.

Ausführung

Durch den Schliff des Siedekölbchens werden mit dem langstieligen Wägeröhrchen 2—5 mg Substanz eingebracht. Zu ihrer Lösung werden *2,5 ml des wäßrigen Phenols* zugegeben. Man trachte, die Substanz vor der Zugabe der Jodwasserstoffsäure möglichst vollständig, wenn erforderlich, unter Erwärmen zu lösen. Nach dem Abkühlen gibt man *5 ml Jodwasserstoffsäure* zu, fettet den Schliff ganz schwach am oberen Rand ein und verbindet ihn mit dem anderen Apparatteil. Die Waschvorrichtung beschickt man mit Wasser. Durch eine Waschflasche mit konzentrierter Schwefelsäure wird Stickstoff mit einer Geschwindigkeit von 6 ml in der Minute eingeleitet (Einstellung des Stickstoffstromes mit Hilfe der Mariotteschen Flasche oder einem Strömungsmesser). In das Vorlagegefäß bringt man die *Natriumacetat-Eisessig-Lösung* und *2—3 Tropfen Brom* und schließt das Vorlagegefäß an das Einleitungsrohr (siehe Abb. 96) an, setzt den Kühler in Tätigkeit und beginnt mit dem Mikrobrenner das Reaktionskölbchen zu erhitzen. Für die Spaltung von Propyl- und Butyläthern und das Übertreiben der Alkyljodide genügt im allgemeinen 1 Stunde Erhitzen unter Rückfluß. Bei Harnstoff-Formaldehyd-Harzen ist die Reaktionszeit auf 3 Stunden zu erweitern. Die Titration des Jodates nach E. Vieböck und C. Brecher wird wie auf S. 137 beschrieben durchgeführt. B. W. Shaw benutzt das Jodwasserstoff-Phenolgemisch für mehrere Analysen. In diesem Falle können die weiteren Substanzeinwaagen nicht mehr mit dem Wägeröhrchen eingeführt werden. Man bringt sie in einem Platinschiffchen oder in Gelatinekapseln ein.

---

[1] Vieböck, F., u. C. Brecher: Ber. dtsch. chem. Ges. **63**, 3207 (1930).

Berechnung

1 ml 0,02 *n*-Thiosulfat entspricht 0,19697 mg Propoxyl.
1 ml 0,02 *n*-Thiosulfat entspricht 0,24370 mg Butoxyl.

$$\% \; C_3H_7O(C_4H_9O) = \frac{\text{ml } 0{,}02 \; n\text{-}Na_2S_2O_3 \cdot 0{,}19697 \; (0{,}24370) \cdot 100}{\text{mg Substanzeinwaage}}$$

Bemerkung: Beim Übertreiben der Alkyljodide im erhöhten Gasstrom können Alkoxyl-(S-Alkyl-)Gruppen bis zur Oktylgruppe[1] erfaßt werden. Es sei darauf hingewiesen, daß der positive Ausfall einer Alkoxylbestimmung noch kein zwingender Beweis für das Vorliegen einer solchen Gruppe ist, da z. B. Glykol, Glycerin, Epichlorhydrin, Epihydrinalkohol und ähnliche Verbindungen auch flüchtige Alkyljodide abgeben. Bei Verbindungen unbekannter Konstitution wird man daher das abgespaltene Alkyljodid des weiteren über den 3,5-Dinitrobenzoesäureester[2] oder als p-Alkoxybenzoesäure[3] identifizieren.

Bestimmung der Vinyläthergruppe ($CH_2{=}CHO{-}$)

Ebenso leicht wie Acetale und Ketale lassen sich Vinyläther durch Hydrolyse mit verdünnten Säuren oder mit Hydroxylaminhydrochlorid bestimmen. Mit diesen Reaktionen können folglich Vinyläther nur dann bestimmt werden, wenn weder Acetale noch Ketale anwesend sind.

Eine spezifische Methode für Vinyläther wurde von S. Siggia und L. R. Edsberg[4] entwickelt, deren Prinzip, wie wir fanden, auch für Mikromengen anwendbar ist. Sie beruht auf der Umsetzung der Vinyläthergruppe mit Jod und Alkohol, wobei das entsprechende Jodacetal entsteht:

$$CH_2 = CH{-}OR + J_2 + ROH = CH_2J{-}CH(OR)_2 + HJ$$

Mit 1 Molekel Vinyläther reagieren 2 Atome Jod.

Gleichzeitig anwesende Aldehyde, Ketone, Acetale, Ketale, Acetylene und Wasser stören die Reaktion nicht; sie ist sehr einfach durchzuführen. Will man beispielsweise neben der Vinyläthergruppe ein Acetal bestimmen, so ermittelt man zuerst die Summe beider Verbindungen mit der Sulfitmethode nach der Ausführung von S. Siggia[5] und anschließend die Vinyläthergruppe. Aus der Differenz wird das Acetal berechnet.

Reagenzien

Methanol p. a.

0,02 n-wäßrige Jodlösung. Herstellung: S. 24.

---

[1] Furter, M.: Helv. Chim. Acta **21**, 877 (1938).
[2] Houben-Weyl: Methoden der Organischen Chemie, 4. Aufl. Herausgegeben von E. Müller. Bd. II, S. 404. Gg. Thieme-Verlag, Stuttgart 1953.
[3] Lauer, W. M., Sanders, P. A., Meeklogu, M. R. u. H. E. Ungnade: J. Amer. Chem. Soc. **61**, 3050 (1939).
[4] Siggia, S., u. L. R. Edsberg: Ind. Eng. Chem., Analyt. Ed. **20**, 762 (1948).
[5] Siggia, S.: Ind. Eng. Chem., Analyt. Ed. **19**, 1025 (1947).

0,02 n-Natriumthiosulfatlösung, nach S. 24 bereitet.

Stärkelösung, hergestellt nach S. 24.

Ausführung

Vinyläther mit kurzkettigen Alkylresten besitzen niedrige Siedepunkte. Der Vinyläthyläther siedet z. B. bei 36° C. Da diese Äther außerdem flüchtig sind, hat man sie sehr vorsichtig einzuwägen. Man benutzt dafür am besten das Einwägeverfahren von J. PIRSCH (S. 58) mit der Abänderung, daß man den Griffteil der Kapillare so schwer macht, daß diese beim Zugeben der Lösungen auf dem Boden des Kolbens liegen bleibt. Höher siedende Vinyläther werden in dem Mikrobechergläschen (S. 128) in den Reaktionskolben gebracht. Für die Reaktion benutzt man einen Weithals-Erlenmeyer-Kolben von 200 ml Inhalt mit Schliffstopfen. Zuerst wird die Substanz eingebracht. Dann werden *5 ml Methanol* und aus einer Bürette genau *20 ml Jodlösung* zugegeben. Wurde die Substanz in einer Kapillare eingewogen, wird diese mit einem Glasstab zerdrückt, das Ende des Glasstabes mit wenig Methanol abgespült und der gut gefettete Stopfen in den Schliff eingesetzt. Man läßt den Kolben unter gelegentlichem Umschütteln 10 Minuten bei Raumtemperatur stehen. Vinyläther mit hohem Dampfdruck werden während der ganzen Zeit gut durchgeschüttelt, damit auch die Substanzdämpfe mit der Methanol-Jodlösung reagieren. Dann wird der Stopfen abgenommen und mit etwas Wasser abgespült. Hierauf werden *2—3 Tropfen Stärkelösung* eingebracht, und das unverbrauchte Jod wird bis zur Entfärbung der Jodstärke mit der Natriumthiosulfatlösung titriert.

Berechnung

Für die Berechnung der Analyse wird die Differenz: vorgelegtes Jod abzüglich unverbrauchtes Jod (= Thiosulfat) benutzt.

1 ml 0,02 *n*-Jod entspricht 0,4304 mg $CH_2 = CHO$

$$\% \, CH_2 = CHO = \frac{\text{ml } 0{,}02 \; n\text{-Jod} \cdot 0{,}4304 \cdot 100}{\text{mg Substanzeinwaage}}$$

Die Genauigkeit der Bestimmung beträgt $\pm$ 0,5 Prozent.

Bemerkung: Die Jodlösung soll so bemessen sein, daß nicht mehr als die Hälfte für die Reaktion verbraucht wird. Die nach beendeter Titration allmählich einsetzende Blaufärbung der Lösung kann unberücksichtigt bleiben. Mit Störungen hat man bei Verbindungen zu rechnen, die unter den beschriebenen Versuchsbedingungen mit Jod reagieren.

Bestimmung der Carbonylgruppe nach W. SCHÖNIGER, H. LIEB und K. GASSNER

Zur Bestimmung von Carbonylverbindungen (Aldehyde, Ketone) finden in der Makroanalyse verschiedene Additions- und Kondensationsreaktionen

Anwendung[1]. Für Mikromengen wurden zwei Verfahren beschrieben, die auf der Kondensation der Carbonylgruppe mit verschiedenen Phenylhydrazinen beruhen:

$$> C{=}O + H_2N \cdot NH \cdot C_6H_5 = > C = N \cdot NH \cdot C_6H_5 + H_2O$$

Nach der Methode von F. v. FALKENHAUSEN[2], der das Prinzip der Makromethode von H. STRACHE[3] zugrunde liegt, wird nach der Reaktion aus dem überschüssigen Phenylhydrazinhydrochlorid der Stickstoff mit heißer Fehlingscher Lösung frei gesetzt und volumetrisch bestimmt.

Trotz Verbesserung des Verfahrens von F. v. FALKENHAUSEN durch H. LIEB und W. SCHÖNIGER[4], nach der das Phenylhydrazinhydrochlorid nicht mehr als Lösung, sondern als Substanz in das Reaktionsgefäß gebracht wird, ermöglicht die Methode nur von Aldehyden und einigen Ketonen die Carbonylgruppe annähernd zuverlässig zu bestimmen. Aus noch nicht geklärten Gründen erhält man auch schwankende Analysenwerte.

W. SCHÖNIGER und H. LIEB[5] führen die Kondensation der Carbonylgruppe mit verschiedenen nitrosubstituierten Phenylhydrazinen durch, reduzieren das überschüssige Reagens mit Titantrichlorid und berechnen daraus den Carbonylgehalt der Analysensubstanz.

Mit dieser Methode werden zuverlässigere Werte erhalten, weshalb sie nachstehend beschrieben wird. Im Falle des Versagens der Methode wird von den Autoren empfohlen, das entsprechende Dinitrophenylhydrazon darzustellen und dieses über den Stickstoff nach Pregl-Dumas zu bestimmen.

Prinzip der Methode nach W. SCHÖNIGER und H. LIEB[5].

Die Analysensubstanz wird in einem mit Wasser mischbaren Lösungsmittel mit einer gemessenen Menge 2, 4-Dinitrophenylhydrazinlösung bei kühler Raumtemperatur zur Reaktion gebracht. Von dem im allgemeinen sehr schwer löslichen Dinitrophenylhydrazon wird das unverbrauchte Reagens abgetrennt und mit überschüssiger Titantrichloridlösung zur Diaminoverbindung reduziert. Anschließend wird noch das für die Reduktion nicht benötigte Titantrichlorid mit einer Eisen-(III)-ammoniumsulfatlösung titriert. Zur Reduktion einer Molekel 2, 4-Dinitrophenylhydrazin werden 12 Äquivalente Titantrichlorid benötigt. Bei ihrer Halbmikromethode titrieren D. J. BARKE und E. R. COLE[6] das überschüssige 2, 4-Dinitrophenylhydrazin jodometrisch.

---

[1] HOUBEN-WEYL: Methoden der Organischen Chemie, 4. Aufl. Herausgegeben von E. MÜLLER. Bd. II, S. 434ff. Gg. Thieme-Verlag, Stuttgart 1953; SIGGIA, S.: Quantitative Organic Analysis via Functional Groups, S. 21ff., John Wiley and Sons, Inc. London, Chapman & Hall, Ltd., New York 1949; FARR, J. G. P.: Industr. Chemist and Chemical Manufact **31**, 464 (1955); HAWTHORNE, M. F.: Analyt. Chemistry **28**, 540 (1956).

[2] FALKENHAUSEN, F. v.: Z. analyt. Chem. **99**, 241 (1934).

[3] STRACHE, H.: Mh. Chem. **12**, 584 (1891); **13**, 299 (1892); Z. analyt. Chem. **31**, 573, 576 (1892).

[4] LIEB, H., u. W. SCHÖNIGER: Mikrochem. **35**, 407 (1950).

[5] SCHÖNIGER, W., u. H. LIEB: Mikrochem. **38**, 165 (1951); SCHÖNIGER, W., H. LIEB u. K. GASSNER: Mikrochim. Acta [Wien] **1953**, 434.

[6] BARKE, D. J., u. E. R. COLE: J. of applied Chemistry **1955**, 477.

Reagenzien

2, 4-Dinitrophenylhydrazin (Fp = 198° C). 0,01 *n*-Lösung in Salzsäure. Bereitung: 0,198 mg 2, 4-Dinitrophenylhydrazin werden in einem 100 ml-Meßkolben in 2 *n*-Salzsäure gelöst. Da die Lösung nur etwa eine Woche haltbar ist, lohnt es sich nicht, größere Mengen herzustellen. 5 ml-Pipette.

Titantrichloridlösung: Aus etwa 500 ml 10%iger Salzsäure entfernt man durch Erhitzen bis zum Sieden gelösten Sauerstoff. Man bringt dann etwa 280 ml einer 20%igen Titantrichloridlösung dazu und verdünnt mit ausgekochtem destilliertem Wasser auf 1000 ml. Die etwa 6,5%ige Lösung wird im Dunklen unter Stickstoff aufbewahrt. 1 ml-Pipette.

0,05 n-Eisen-(III)-Ammoniumsulfatlösung. In einen 1 Liter-Meßkolben werden 2,40 g $Fe(NH_4)(SO_4)_2 \cdot 12\,H_2O$ eingewogen und in ausgekochtem destilliertem Wasser gelöst. Den Faktor der Lösung bestimmt man jodometrisch. Bürette.

Ammoniumrhodanidlösung, 10%ig. 2 ml-Pipette.

Salzsäure-Flußsäure-Gemisch. Es besteht aus 150 ml konzentrierter Salzsäure und 10 ml 40%iger Flußsäure. Man bewahrt es in einer paraffinierten Flasche auf. 2 ml-Pipette.

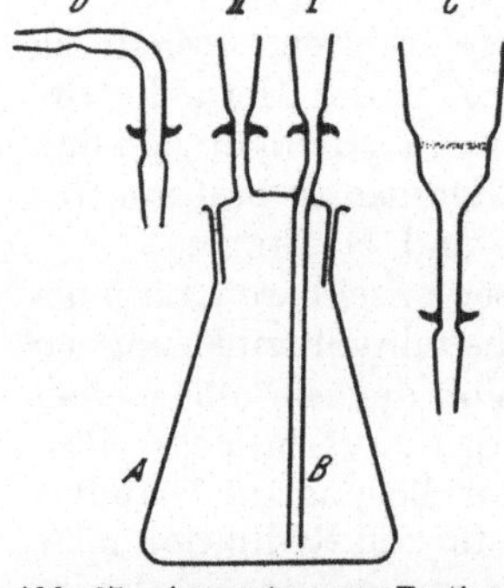

Abb. 97. Apparatur zur Bestimmung von Carbonyl-Gruppen nach W. SCHÖNIGER, H. LIEB und K. GASSNER.

2 n-Salzsäure. Meßpipette.

Lösungsmittel: *Methanol*, *Äthanol*, *Dioxan*, *Tetrahydrofuran* und *Pyridin*. 2 ml-Pipette.

Stickstoff des Handels in Stahlflaschen.

Apparatur

Sie besteht aus einem Weithals-Erlenmeyer-Kolben mit Schliff von 100 ml Inhalt aus Jenaer Geräteglas. In die Schliffkappe (Abb. 97) sind zwei Normalschliffe (*I* und *II*) eingesetzt. Von dem einen Schliff (*I*) führt ein dünnes Glasrohr *B* in den Kolben; es endet 3—4 mm über dem Boden des Erlenmeyer-Kolbens. Das Ansatzrohr des Glasfrittentiegels *C* mit einer Fritte *G* 4 endet in einem Kernschliff. Mit dem Winkelrohr *D* wird die Apparatur nach Erfordernis entweder an die Wasserstrahlpumpe angeschlossen oder es dient zum Einleiten von Stickstoff während der Titration. Die Titration führt man am besten unter Rühren mit einem Magneten durch. Sonst biegt man das Rohr *B* am Ende seitlich ab, damit der einströmende Stickstoff das Rühren besorgt.

Ausführung

In ein Schliffkölbchen von 25—50 ml Inhalt werden 2—5 mg der festen Substanz mit dem Wägeröhrchen (S. 15) eingewogen. Man gibt *2 ml* von einem der oben angeführten *Lösungsmittel* zu, das man in einem Lösungsversuch für das geeignetste befunden hat, und erwärmt, falls nötig. Flüssige Substanzen wägt man, wenn sie nicht flüchtig sind, nach F. PREGL (S. 57) in Kapillaren ein. Für sehr flüchtige Substanzen benutzt man das Einwägeverfahren von J. Pirsch (S. 58). In das bereits in dem Kölbchen befindliche Lösungsmittel werden die Kapillaren gebracht, mit einem Glasstab zerdrückt und dieser mit möglichst wenig *2 n-Salzsäure* abgespült. Nun werden mit einer geeichten Pipette *5 ml Dinitrophenylhydrazinlösung* zugegeben. Man leitet kurz Stickstoff in das Kölbchen ein, setzt den Schliffstopfen auf, schwenkt vorsichtig zur Durchmischung um und läßt den Kolben am besten über Nacht bei kühler Temperatur stehen. Von Substanzen unbekannter Reaktionsfähigkeit der Carbonylgruppe macht man einige Ansätze und läßt das Dinitrophenylhydrazin verschieden lange Zeiten einwirken.

Für das Abtrennen des ausgefällten Hydrazons benutzt man den oben beschriebenen Erlenmeyer-Kolben mit Schliffkappe. Dieses Gerät ist vorher mit Chrom-Schwefelsäure und Wasser sorgfältig zu reinigen und anschließend zu trocknen. Man bringt zuerst die Schliffkappe auf den Kolben, nachdem man den Schliff ganz schwach gefettet hat, und setzt dann in den Schliffkonus *I* den Schliff des Glasfrittentiegels *C* und in den Schliffkonus *II* das Winkelrohr *D*, das man an eine Wasserstrahlpumpe anschließt[1]. Nun saugt man die unverbrauchte Dinitrophenylhydrazinlösung von der Hydrazonfällung durch die Fritte ab und wäscht das Reaktionskölbchen mit nicht mehr als 3 bis 5 ml 2 *n*-Salzsäure quantitativ nach. Man löst die Verbindung zur Wasserstrahlpumpe, entfernt den Glasfrittentiegel und setzt das Winkelrohr in Schliff *I* ein. Der Schlauch der Stickstoffzuleitung wird mit dem Winkelrohr verbunden und das Stickstoffeinleiten so reguliert, daß die in der Lösung des Kolbens hochsteigenden Blasen gerade noch zu zählen sind. Unter kurzem Hochheben der Schliffkappe werden zuerst *2 ml des Salzsäure-Flußsäuregemisches* zur Lösung gegeben. Anschließend leitet man 5 Minuten lang Stickstoff durch den Kolben und bringt auf gleiche Weise mit einer geeichten *1 ml*-Pipette die *Titantrichloridlösung* in den Kolben. Unter Durchleiten von Stickstoff wird die Lösung zwecks vollständiger Reduktion des Dinitrophenylhydrazins 10 Minuten lang gekocht. Nach Abkühlen der Lösung mit Leitungswasser werden für die Titration *2 ml Ammoniumrhodanidlösung* zugegeben und der Eisenstab des Magnetrührers eingebracht. Nun wird unter weiterem Durchleiten von Stickstoff das unverbrauchte Titantrichlorid mit der *Eisen-(III)-ammoniumsulfatlösung* bis zur ersten bleibenden Rosafärbung des Indikators titriert. Bei dieser Titration führt man die Bürettenspitze so tief durch Schliff *II* ein, daß die Tropfen der Titrierlösung direkt in die Lösung fallen. Schliff *II* und die Glasverbindung müssen so dimensioniert sein, daß auch der abströmende Stickstoff entweichen kann. (Dazu ist es nötig, die lichte Weite des Verbindungsrohres von Schliff *II* zur Verschlußkappe des Kolbens weiter als in der der Originalarbeit entnommenen Abb. 97 anzufertigen. Dann kann auch das Salzsäure-Flußsäure-Gemisch und die Titantrichloridlösung durch den Schliff *II* eingebracht werden.)

---

[1] Auch hierbei wird empfohlen, zuerst den Kolben mit Stickstoff zu füllen, indem man bei schwachem Ansaugen mit der Wasserstrahlpumpe in den Glasfrittentiegel einige Minuten Stickstoff leitet (Bemerkung des Verfassers).

Vor jeder Analysenreihe wird unter den beschriebenen Analysenbedingungen mit den gleichen Reagenzmengen ein Blindversuch durchgeführt.

Berechnung

Da zur Reduktion einer Molekel 2, 4-Dinitrophenylhydrazin 12 Äquivalente Titantrichlorid benötigt und diese folglich auch von einer Carbonylgruppe verbraucht werden, entsprechen 1 ml einer 0,05 *n*-Titantrichlorid- bzw. Eisen-(III)-ammoniumsulfatlösung 0,4668 mg > CO.

Werden im Hauptversuch A ml und im Blindversuch B ml 0,05 *n* $Fe(NH_4)(SO_4)_2$-Lösung verbraucht, ergibt die Differenz (A—B) aus beiden Titrationen die von der Carbonylgruppe kondensierte Menge 2, 4-Dinitrophenylhydrazin.

$$\% \, CO = \frac{(A—B) \text{ ml } 0{,}05 \, n\text{-}Fe(NH_4)(SO_4)_2 \cdot 0{,}11675 \cdot 100}{\text{mg Substanzeinwaage}}$$

Bemerkung: Wie an einer großen Zahl untersuchter Verbindungen W. Schöniger, H. Lieb und K. Gassner[1] zeigen, können viele carbonylgruppenhaltige Verbindungen mit 2, 4-Dinitro- und 4-Nitro-phenylhydrazin quantitativ bestimmt werden, wobei das erstere Reagens im allgemeinen zu bevorzugen ist. Ausnahmen bilden z. B. Monochloraceton, α, α-Dichloraceton, Chloralhydrat und Methyl-cyclo-pentadion-dicarbonsäure-diäthylester, die mit dem 2, 4-Dinitrophenylhydrazin nicht oder nur unvollständig reagieren, während mit dem 4-Nitrophenylhydrazin die Carbonylgruppe erfaßt wird. Einige Carbonylverbindungen wie Citral und Campher bilden weder mit den beiden genannten Reagenzien noch mit dem in die Versuche mit einbezogenen 2, 4, 6-Trinitrophenylhydrazin Hydrazone. Das Ausbleiben der Reaktion oder die nur teilweise Umsetzung kann damit erklärt werden, daß wegen sterischer Behinderung in der Molekel oder infolge Bildung löslicher Hydrazone kein oder zu wenig Reagens verbraucht wird. Andererseits fällt von Diketonen das unlösliche Monohydrazon aus, wodurch die zweite Ketogruppe der Reaktion nicht mehr zugänglich ist. Von Diketonen wird folglich nur eine Carbonylgruppe erfaßt. In einigen Fällen gelingt es, durch größere Lösungsmittelmengen und erhöhte Temperatur die Hydrazonbildung zu erhöhen. Trotzdem werden in Benzil, Dibenzoylmethan und Dibenzoyl-acetyl-methan nicht, wie zu erwarten ist, zwei bzw. drei Carbonylgruppen, sondern nur eine gefunden.

Aus einigen Tabellen der Originalarbeit ist das Verhalten weiterer Carbonylverbindungen bei der Einwirkung nitrosubstituierter Hydrazine zu entnehmen.

Liegt die Vermutung nahe, daß die Analysensubstanz Carbonylgruppen enthält, obgleich die Bestimmung mit der hier beschriebenen Methode negativ verläuft, so wird man die zu Beginn dieses Abschnittes angeführten Makromethoden heranziehen.

Für solche Fälle, bei denen die Reaktion nicht quantitativ abläuft,

---

[1] Schöniger, W., H. Lieb u. K. Gassner: Mikrochim. Acta [Wien] **1953**, 434.

schlagen die Autoren ein indirektes Verfahren vor, wozu allerdings größere Substanzmengen notwendig sind.

Man stellt in einem Vorversuch fest, welches der verfügbaren Hydrazine die beste Hydrazon-Ausbeute liefert. Dann führt man mit diesem die Kondensation durch, trennt das Hydrazon ab, reinigt es und bestimmt den Stickstoff nach Pregl-Dumas. Aus dem Stickstoffgehalt der Substanz läßt sich die Zahl der Carbonylgruppen berechnen. Enthält die Analysensubstanz bereits Stickstoff, ist dieser in der Ausgangsprobe zu bestimmen und von dem des Kondensationsproduktes, das unter Abspaltung einer Molekel Wasser entsteht, bei der Ausrechnung der Carbonylgruppe in Abzug zu bringen.

Wenn auch die beschriebene Methode noch nicht in jeder Hinsicht als zuverlässig angesehen werden kann, so wird sie doch in vielen Fällen sehr von Nutzen sein. Ihre Beschreibung an dieser Stelle möge gleichzeitig Anregung für weitere methodische Versuche geben.

Eine Methode, die auf der Oximierung der Carbonylgruppe mit Hydroxylammoniumacetat beruht, beschreiben T. Higuchi und C. H. Barnstein[1]. Da das gebildete Oxim eine genügend schwache Base ist, läßt sich das Reagens mit Perchlorsäure potentiometrisch titrieren.

Bestimmung der Peroxydgruppe (aktiver Sauerstoff) nach H. Roth und Ph. Schuster[2]

Als Peroxyde bezeichnet man Verbindungen, die zwei Sauerstoffatome in direkter Bindung (—O—O—) besitzen. Neben einfachen Vertretern, den Alkyl-hydroperoxyden ROOH und den Acyl-hydroperoxyden AcOOH (Persäuren) gibt es noch Dialkyl- und Diacylperoxyde (ROOR und AcOOAc), sowie komplizierter gebaute peroxydierte Aldehyd- und Ketonderivate; zu letzteren sind auch die Ozonide zu zählen.

Gemäß: $>C\langle{}^{O}_{O}| \xrightarrow{H_2} >C=O + H_2O$ wird durch Reduktionsmittel aus Peroxyden 1 Atom Sauerstoff abgespalten. Zur Bestimmung der Peroxydgruppe finden neben Jodid gelegentlich auch Titan-III-Salze und Arsen-III-oxyd Anwendung[3]. Die Reaktionsgeschwindigkeit der einzelnen Peroxyde mit Jodid ist jedoch sehr verschieden. Persäuren reagieren schon in wäßriger Lösung sehr rasch, während andere Peroxyde nur in wasserfreien Lösungsmitteln, wie Eisessig, Essigsäureanhydrid, Alkohol und Isopropylalkohol zum Teil auch erst bei höherer Temperatur vollständig reduziert werden. Für die verschiedenen Klassen von Peroxyden wurde das nachstehend beschriebene Verfahren erprobt[4]. Für in ihrer Konstitution unbekannte Sub-

---

[1] Higuchy, T., u. C. H. Barnstein: Analyt. Chemistry **28**, 1022 (1956).

[2] Roth, H., u. Ph. Schuster: Mikrochim. Acta [Wien] **1957**, 840.

[3] Siggia, S.: Quantitative Organic Analysis via Functional Groups, 2. Aufl., S. 148 (1954), John Wiley and Sons, New York.

[4] Herrn Professor Dr. R. Criegee sei für die Überlassung verschiedener Peroxyde auch an dieser Stelle bestens gedankt.

stanzen ist zu empfehlen, neben Eisessig andere Lösungsmittel (z. B. Isopropanol) heranzuziehen, die Reaktionszeit zu verlängern und evtl. bei höherer Temperatur zu arbeiten.

Die nun zu beschreibende, von uns entwickelte Mikromethode entspricht im Wesentlichen dem Halbmikroverfahren von R. CRIEGEE[1].

Prinzip: Auf die in Eisessig gelöste Substanz läßt man unter Ausschluß von Sauerstoff überschüssiges Kaliumjodid einwirken. Von einer Peroxydgruppe werden dabei 2 Atome Jod in Freiheit gesetzt. Das Jod wird mit 0,01 *n*-Natriumthiosulfat titriert und daraus der Gehalt der Substanz an „aktivem Sauerstoff" berechnet.

Reagenzien

Eisessig (p. a.).

Kaliumjodid (p. a.).

Trockeneis (Kohlensäureschnee).

Reduktionslösung: *1,5 g Kaliumjodid werden in 10 ml Eisessig*, in den man vorher einige kleine Stückchen *Trockeneis* gebracht hat, gelöst. Steht kein Trockeneis zur Verfügung, leitet man luftfreies Kohlendioxyd oder reinsten Stickstoff einige Minuten durch den Eisessig. 2 ml-Pipette.

0,01 n-Natriumthiosulfatlösung. Herstellung nach S. 25.

Stärke, feinkörnig.

Ausführung

Mit dem Wägeröhrchen mit langem Stiel (S. 15) werden 5—10 mg der Probe in ein Erlenmeyer-Kölbchen mit Schliffstopfen von 10 bis 15 ml Inhalt eingewogen.

Zur Verdrängung der Luft werden zuerst 2 haselnußgroße Stücke *Trockeneis* und anschließend *2 ml* des *Reduktionsgemisches* zugegeben. Sobald das Trockeneis vergast ist, wird das Kölbchen zugestopft und für 15 Stunden (über Nacht) im Dunklen abgestellt. Ist kein Trockeneis verfügbar, kann die Luft auch durch Kohlendioxyd oder Stickstoff verdrängt werden[2]. Ohne Zugabe von Wasser, aber *einiger Körnchen Stärke*, die besseres Erkennen des Farbumschlages ermöglicht, wird das ausgeschiedene Jod mit *0,01 n-Natriumthiosulfat* bis zur Entfärbung der Lösung titriert:

1 ml 0,01 *n*-Natriumthiosulfat entspricht 0,08 mg O.

Berechnung

$$\%\ \text{akt. O} = \frac{\text{ml } 0{,}01\ n\text{-Na}_2\text{S}_2\text{O}_3 \cdot 0{,}08 \cdot 100}{\text{mg Substanzeinwaage}}$$

Wenn Sauerstoffzutritt vermieden wird, erübrigt sich die Blindwertbestimmung, da dieser nur etwa 0,1 ml 0,01 *n*-Natriumthiosulfat beträgt.

---

[1] CRIEGEE, R.: HOUBEN-WEYL/E. MÜLLER: Methoden der Organischen Chemie. 4. Aufl., Bd. II. Gg. Thieme-Verlag, Stuttgart 1953, vgl. CRIEGEE, R., W. SCHORRENBERG u. J. BECKER: Ann. Chem. **565**, 7 (1949).

[2] Auch hierbei erhielten wir keine Blindwerte.

Bemerkung: Die Bestimmung von Persäuren ist einfach, da diese schon in wäßrigen Lösungen 2 Atome Jod ausscheiden. Nach der beschriebenen Versuchsausführung werden Hydroperoxyde, Oxyalkyl- und Dioxydialkylperoxyde, Diacylperoxyde, Hydroperoxydester und Ozonide quantitativ erfaßt. Bei Dialkylperoxyden und dimeren Ketonperoxyden gelingt die quantitative Reduktion meist erst in der Wärme; hierbei arbeitet man besser unter Durchleiten von Stickstoff. Di-tert.-butylperoxyd und trimere Ketonperoxyde werden auch in der Wärme nur unvollständig gespalten.

Ein weiteres gutes Lösungsmittel ist Isopropylalkohol. CH. D. WAGNER, R. M. SMITH und E. D. PETERS[1] kochen das Peroxyd mit einem Gemisch von Isopropanol, Eisessig und Kaliumjodid 15 Minuten unter Rückfluß und titrieren das ausgeschiedene Jod mit 0,01 *n*-Thiosulfat.

Essigsäureanhydrid verwendete K. NOZAKI[2]. Das Peroxyd wird zuerst in Essigsäureanhydrid mit Kaliumjodid behandelt und nach Verdünnen mit Wasser geschüttelt.

Enthalten die Peroxyde gleichzeitig Wasserstoffsuperoxyd, hat man dieses zuerst mit Cer-IV-sulfat zu titrieren[3].

Zur colorimetrischen Bestimmung von aktivem Sauerstoff eignet sich als Reduktionsmittel sehr gut die Leuco-Base des Methylenblau. Es wird in homogener Phase gearbeitet. Die Methode wird für hochmolekulare benzollösliche Peroxyde empfohlen. Analysendauer etwa 3 Minuten[4].

Bestimmung der Carboxylgruppe

Die einfachste Bestimmung der Carboxylgruppe beruht auf dem Ersatz des labilen ionogenen Wasserstoffes durch einen positiven Rest. Dazu benutzt man die Titration oder die Überführung der Carbonsäure in ein unlösliches Metallsalz. Während die Mikrotitration bei den weitaus meisten Substanzen einfach und genau durchführbar ist, stößt man bei der Überführung in Metallsalze deshalb auf Schwierigkeiten, weil diese nicht immer quantitativ und rein ausfallen, teils sich zersetzen (Ammoniumsalze), teils basische Salze bilden und unterschiedliche Kristallwassergehalte aufweisen. Die Bestimmung über die Metallsalze wird man folglich nur in Ausnahmefällen heranziehen, wobei es ganz besonderer Erfahrung bedarf, wenn man mit Mikromengen arbeitet.

Eine weitere Möglichkeit zur Bestimmung von Carboxylgruppen besteht in der Abspaltung von Kohlendioxyd (s. S. 271).

Bezüglich der Auswertung der Titrationen, besonders unbekannter Substanzen, wird auf die Bemerkungen zur Methode (S. 270) verwiesen. Es

---

[1] WAGNER, CH. D., R. M. SMITH u. E. D. PETERS: Analyt. Chemistry **19**, 976 (1947).

[2] NOZAKI, K.: Ind. Eng. Chem., Analyt. Ed. **18**, 583 (1946).

[3] GRAANSPAN, F. P., u. D. G. MACKELLAR: Analyt. Chemistry **20**, 1061 (1948); vgl. W. PETZOLD: Die Cerimetrie, Verlag Chemie G. m. b. H., Weinheim/Bergstraße 1955.

[4] ÜBERREITER, K., u. G. SORGE: Angew. Chem. **68**, 352 (1956).

wird dort gezeigt, daß ein bestimmter Laugeverbrauch noch kein Beweis für das Vorliegen einer Carboxylgruppe ist.

Die Titration (Äquivalentgewichtsbestimmung)

Reagenzien

0,01 n-Natronlauge, hergestellt nach S. 22.

0,01 n-Salzsäure, bereitet nach S. 21.

Phenolphthalein-Indikator. Herstellung nach S. 21.

Äthanol, neutral[1]. Der für einige Bestimmungen erforderliche Äthylalkohol (50 ml) wird mit 2 g festem Ätzkali 10 Minuten unter Rückfluß gekocht und dann abdestilliert. Nachdem man die ersten 2—3 ml Destillat verworfen hat, bringt man unter den Vorstoß des Kühlers einen zuvor mit Wasser ausgekochten Erlenmeyer-Kolben von 100 ml Inhalt mit einem zweimal durchbohrten Korkstopfen. In der einen Bohrung befindet sich ein mit Natronasbest gefülltes Rohr. In die andere Bohrung wird der Vorstoß des Kühlers geschoben. Sind 30—40 ml Destillat übergegangen, wird der Erlenmeyer-Kolben entfernt und mit einem anderen Stopfen mit Natronasbestrohr verschlossen. Der so von Säurespuren befreite, neutrale und vor Kohlendioxyd geschützte Alkohol ist 2—3 Tage benutzbar und zeigt unter den Analysenbedingungen mit der gleichen Menge ausgekochtem Wasser versetzt bei Zugabe von 0,02 ml 0,01 *n*-Natronlauge deutliche Rosafärbung (Phenolphthalein).

Ausführung

Die Einwaage. 3—9 mg Substanz werden in das gründlich gereinigte Quarzkölbchen[2] von 100 ml Inhalt mit dem Stickstoffwägeröhrchen mit langem Stiel (S. 15) gebracht. Falls die Substanz nicht leicht löslich ist, wird sie vorher in der Achatschale fein zerrieben. Ölige und flüssige Substanzen werden im Schiffchen (S. 57) oder Mikrobechergläschen (S. 128) eingewogen.

Die Titration nach F. PREGL. *10 ml reiner, absoluter Alkohol* und *10 ml Wasser werden mit 2 Tropfen 1%iger alkoholischer Phenolphthaleinlösung* versetzt, zum Kochen erhitzt und mit *0,01 n-Lauge* bis zur eben beginnenden Rosafärbung titriert. Hierauf wird mit *0,1 ml 0,01 n-Salzsäure entfärbt*, ½ Minute im Kochen gehalten und kochend heiß bis zum Auftreten schwacher Rosafärbung mit *0,01 n-Natronlauge* neutralisiert. Von diesem neutralen 50%igen Alkohol bringt man *2—4 ml* auf die in das Quarzkölbchen eingewogene Substanz, erwärmt, wenn nötig, und titriert mit *0,01 n-Natronlauge* bis zur eben beginnenden Rosafärbung. Gleich darauf gibt man *0,1 ml 0,01 n-Salzsäure* zu und kocht ½ Minute, um das Kohlendioxyd sicher auszutreiben. Hierauf titriert man vorsichtig mit *0,01 n-Natronlauge* wieder bis zum Eintritt ganz schwacher Rosafärbung, die wenigstens mehrere Sekunden bestehen bleiben soll. Man wird sich überzeugen, daß *0,01 ml 0,01 n-Natronlauge* einen deutlichen Um-

[1] Nur für die direkte Titration erforderlich.

[2] Oder in ein ausgedämpftes Erlenmeyer-Kölbchen aus alkalifestem Geräteglas.

schlag zwischen farblos und einem mehrere Sekunden bestehen bleibenden Rosa gibt.

Die direkte Titration[1]. Schon F. PREGL macht in der zweiten Auflage dieses Buches darauf aufmerksam, daß tadellos frisch hergestellte Lösungen bei direkter Titration in der Kälte, wie auch nach saurem Aufkochen, gleiche Volumina verbrauchen. Wir ziehen es daher vor, die Lösungen und das Lösungsmittel sorgfältigst von Kohlendioxyd frei zu halten und die Carboxylgruppe direkt mit der Lauge zu titrieren, denn diese Ausführung erfordert nur eine Titration. An der im Laufe der Titration stets langsamer werdenden Entfärbung des Indikators an der Zutropfstelle sieht man sozusagen das Ende der Titration herankommen.

Bevor man mit dem Einwägen der Substanz beginnt, kocht man das für einige Bestimmungen nötige Wasser in einem Erlenmeyer-Kolben zur Entfernung von Kohlendioxyd kurz auf und hält es mit klein gestellter Flamme im schwachen Sieden[2].

Zu der in das Quarzkölbchen eingewogenen Substanz bringt man mit einer Pipette *3 ml* des *neutralen Alkohols*, S. 268, aus dem Erlenmeyer-Kolben und verschließt diesen sogleich. Zur Lösung der Substanz schwenkt man über kleiner Flamme um und kocht, wenn nötig, kurz auf.

Löst sich die Substanz nicht vollständig, versucht man, sie mit weiteren 1—2 ml Alkohol und durch nochmaliges Aufkochen zu lösen. Ist sie auch dann nur teilweise in Lösung gegangen, so wird man eine zweite Probe, die in einer Achatschale sehr fein pulverisiert wurde, zu lösen versuchen. Gewisse Carbonsäuren (Saponine) lösen sich erst nach längerem Kochen.

Sobald die Substanz gelöst ist, entfernt man unter dem kochenden Wasser die Flamme. Man entnimmt dem Erlenmeyer-Kolben mit einer Pipette 3 ml Wasser und läßt es unter Umschwenken in das Quarzkölbchen zur gelösten Substanz fließen. Dann schiebt man die Flamme wieder unter das Drahtnetz und hält das Wasser für die nächste Titration in schwachem Sieden. Man bringt zur Lösung *2—3 Tropfen Phenolphthalein* und läßt unter Umschwenken die Lauge zuerst in rascher Tropfenfolge zufließen. Nahe dem Umschlagspunkt werden nur noch halbe Tropfen (0,01 ml bis 0,02 ml) der Bürette entnommen. Ist Rosafärbung aufgetreten, so berührt man die Spitze der Ausflußkapillare mit der Oberfläche der zu titrierenden Lösung, um noch anhaftende Lauge zu entfernen, und schwenkt um. Bleibt nach 3 Sekunden die Rosafarbe noch bestehen, ist die Titration beendet. Für die nachfolgende Bestimmung wird das entleerte Kölbchen, ohne mit Wasser zu spülen, verwendet.

Bemerkungen zur Titration und weitere Methoden. Versuche, Pyridin oder Dioxan als Lösungsmittel zu verwenden, schlugen fehl, da der Umschlag nicht mit der erwünschten Schärfe zu erreichen ist. Die Vorschrift F. PREGLS, in 50%igem wäßrigem Alkohol zu titrieren, ist

---

[1] Vom Verfasser nicht veröffentlicht.

[2] Soll in der Kälte titriert werden, verschließt man das Kölbchen mit einem Natronkalkrohr und kühlt mit Leitungswasser.

möglichst einzuhalten. Der Geübte kann im Bedarfsfall die Alkoholkonzentration bis zu 65% erhöhen, denn unter diesen Bedingungen ist der Umschlag auf einen Tropfen (0,02 ml) gerade noch deutlich wahrzunehmen. Wird die Alkoholkonzentration noch weiter erhöht, so ist der Umschlag erst nach 2—3 Tropfen sicher festzustellen. Für farblose Substanzen kommt neben Phenolphthalein jeder Indikator in Betracht, der in demselben pH-Bereich mit der erforderlichen Schärfe umschlägt. Zur Titration gelb bis rot gefärbter Substanzen eignet sich Thymolphthalein (Umschlagsintervall 9,3—10,5) sehr gut; die Umschlagsschärfe (von farblos zum ersten Blaugrün) steht bei Tageslicht der des Phenolphthaleins nicht nach. Sehr intensiv gefärbte Substanzen sind nur dann durch visuelle Titration zu bestimmen, wenn die Bildung ihres Natriumsalzes mit einer deutlichen Farbaufhellung oder Farbänderung verbunden ist. Ist man für elektrometrische Titrationen eingerichtet, so hat man dieser Methode hier den Vorzug zu geben. Zweckmäßige Anordnungen hierfür beschreiben P. KRUMHOLZ[1] und W. INGOLD[2]

Substanzen, die schon beim Zufügen einiger Tropfen Wasser ausfallen, können nicht titriert werden, es sei denn, sie gehen als Alkalisalze wieder in Lösung. In manchen Fällen ist es möglich, in Wasser unlösliche Substanzen in geeigneten organischen Lösungsmitteln potentiometrisch zu bestimmen. So potentiometrieren R. H. GUNDIFF und P. C. MARKUNAS[3] wasserunlösliche Carbonsäuren in einem Benzol-Methanolgemisch mit Tetrabutylammoniumhydroxyd.

Zur Unterscheidung ganz schwach saurer Gruppen wie auch von Di- und Polycarbonsäuren sei hier auf die konduktometrische Methode von M. FURTER und H. GUBSER[4] hingewiesen.

Berechnung

$$\text{Äqu.-Gew.} = \frac{\text{mg Substanz}}{\text{ml } 0{,}01\,n\text{-NaOH}} \cdot 100$$

1 ml 0,01 n-NaOH entspricht 0,4502 mg COOH

$$\%\,\text{COOH} = \frac{\text{ml } 0{,}01\,n\text{-NaOH} \cdot 0{,}4502 \cdot 100}{\text{mg Substanzeinwaage}}$$

Bemerkungen: Außer Carbonsäuren können durch Titration auch viele Lactone und Säureanhydride quantitativ bestimmt werden. Unter diesen gibt es solche, die sich wie Carbonsäuren titrieren lassen. Andere wieder müssen zuvor durch längeres Kochen mit Alkali (Überschuß) hydrolysiert werden. Den Beweis, ob die Substanz als glatt titrierbares Anhydrid, Lacton oder als freie Carbonsäure vorliegt, führt man am besten mit der Bestimmung des aktiven Wasserstoffes (s. S. 228). Die Alkalimetrie ermöglicht in einzelnen Fällen auch die Bestimmung phenolischer (Pikrin-

---

[1] KRUMHOLZ, P.: Mikrochem. **25**, 244 (1938).
[2] INGOLD, W.: Hoppe-Seylers Z. physiol. Chem. **29**, 1929 (1946).
[3] GUNDIFF, R. H., u. P. C. MARKUNAS: Analyt. Chemistry **28**, 792 (1956).
[4] FURTER, M., u. H. GUBSER: Helv. Chim. Acta **21**, 1725 (1938).

säure) und enolischer Hydroxylgruppen (Ascorbinsäure). Wird Ascorbinsäure mit überschüssiger Lauge gekocht, so kommt es zu einem größeren Laugeverbrauch, der durch die teilweise Spaltung des Lactonringes bedingt ist. In der Kälte und auch im warmen, wäßrigen Alkohol gelingt es dagegen, von den beiden enolischen Hydroxylgruppen die eine genau zu bestimmen. Aminosäuren titriert man nach W. GRASSMANN und W. HEYDE[1] (s. S. 279) mit alkoholischer Lauge, da unter den hier beschriebenen Bedingungen die Carboxylgruppe zu stark maskiert ist und die Titration folglich ‚ziehend" wird. Ähnliche Erscheinungen treten bei einigen Lactonen auf, wenn der Ring nur langsam durch Lauge aufgespalten wird.

Besonders bei Naturprodukten unbekannter Zusammensetzung ist es folglich unerläßlich, den Alkaliverbrauch in der Kälte, in der Wärme und auch nach Kochen der Substanz mit überschüssiger Lauge zu kontrollieren.

Die Carboxylgruppe läßt sich auch nach der Carbonat-Methode von G. GOLDSCHMIDT und F. v. HEMMELMEYR[2] bestimmen, wobei die Carboxylgruppe mit Bariumcarbonat unter Abspaltung von Kohlendioxyd reagiert.

$$2\,RCOOH + BaCO_3 = (RCOO)_2Ba + CO_2 + H_2O$$

Das Kohlendioxyd wird nach Trocknung an Natronasbest adsorbiert und gewogen; es kann auch volumetrisch bestimmt werden.

Mikromodifikationen dieses Verfahrens beschreiben M. H. HUBACHER[3] und M. BEROZA[4]. Die Carboxylverbindung wird mit Chinolin und basischem Kupfercarbonat gekocht und das abgespaltene Kohlendioxyd gewogen oder gemessen. An Pyridin- und Pyrazinringen befindliche COOH-Gruppen lassen sich gut bestimmen. Wenn auch die Carbonat-Methode nicht so genau wie die Titration und beim Erhitzen mit Nebenreaktionen zu rechnen ist, so läßt sie sich z. B. dann mit Erfolg anwenden, wenn durch Titration zwar eine saure Gruppe festgestellt wurde, man aber nicht weiß, ob diese eine Carboxylgruppe ist. Liegen in einer Molekel mehr als eine saure Gruppe vor, lassen sich diese mit den zuvor genannten elektrometrischen Methoden nachweisen.

Bestimmung von Säureanhydrid- und Lactongruppen

Wie schon bei der Bestimmung der Carboxylgruppe darauf hingewiesen wurde, lassen sich viele Säureanhydride und manche Lactone entweder direkt wie Carbonsäuren titrieren oder nachdem man sie vorher analog schwer löslichen Carbonsäuren mit überschüssigem alkoholischem Alkali hydrolysiert hat.

Unter den Carbonsäureanhydriden $\begin{matrix} R\text{—}CO \\ R\text{—}CO \end{matrix}\!\!>\!O$ oder $R\!\!<\!\!\begin{matrix} CO \\ CO \end{matrix}\!\!>\!O$ und

[1] GRASSMANN, W., u. W. HEYDE: Hoppe-Seylers Z. physiol. Chem. **183**, 32 (1929).

[2] GOLDSCHMIDT, G., u. F. v. HEMMELMAYR: Monatshefte **14**, 210 (1893).

[3] HUBACHER, M. H.: Analyt. Chemistry **21**, 945 (1949).

[4] BEROZA, M.: Analyt. Chemistry **25**, 177 (1953).

den Lactonen

$$\begin{array}{ccc} CH_2 & — & CH_2 \\ | & & | \\ CH_2 & & CO \\ & \diagdown O \diagup & \end{array}$$

(Butyrolacton) finden sich solche, die teils in Wasser löslich sind, teils werden sie erst mit Alkali oder alkoholischem Alkali hydrolysiert. Aus den Carbonsäureanhydriden entstehen dabei zwei Carboxylgruppen und aus den Lactonen Oxycarbonsäuren. Ist in letzteren Verbindungen die Hydroxylgruppe sauer, verhält sich das Lacton wie ein Anhydrid.

Wie bereits bei der Bestimmung der Carboxylgruppe gesagt wurde, ist es unter Einbeziehung der Zerewitinoff-Reaktion möglich zu entscheiden, ob eine Carbonsäure oder ein Anhydrid bzw. Lacton vorliegt; allerdings auch nur dann, wenn das Anhydrid oder Lacton keine mit dem Grignard-Reagens reagierende Gruppe enthält, oder diese bekannt ist. Auf diese Weise gelingt es, in den meisten Fällen den Nachweis für das Vorliegen eines Anhydrids bzw. Lactons zu führen[1], das man dann mit Lauge titriert. Hat man des weiteren zwischen Anhydrid und Lacton zu unterscheiden, bestimmt man das Anhydrid über das 2, 4-Dichloranilid (S. 274).

Titration der Carbonsäureanhydride und Lactone

In einen Quarzkolben mit Schliff, auf den man, falls erforderlich, einen Kühler aufsetzt, werden etwa 5 mg Substanz mit dem Wägeröhrchen (S. 15) eingewogen. Wie bei der Bestimmung der Carboxylgruppe beschrieben wurde (S. 269), löst man die Substanz in neutralem Methanol oder Äthanol und gibt aus der Bürette einen Überschuß von 50 bis 80% 0,01 *n*-Natronlauge dazu. Die Lösung wird vorsichtig bis zum Sieden erhitzt. Geht dabei die Substanz vollständig in Lösung, titriert man wie bei der Bestimmung der Carboxylgruppe die unverbrauchte Lauge mit 0,01 *n*-Säure gegen Phenolphthalein als Indikator zurück. Um sich zu überzeugen, ob die Hydrolyse des Anhydrids oder des Lactons vollständig war, titriert man eine weitere Substanzprobe, nachdem man sie zuvor nach Aufsetzen eines Rückflußkühlers (Kühlzapfen) 10 Minuten gekocht hat.

Da bei Vorliegen eines Carbonsäureanhydrids zwei Carboxylgruppen und von einem Lacton im allgemeinen eine Carboxylgruppe titriert werden, ist bei bekanntem Molekulargewicht leicht zu entscheiden, welche der beiden Verbindungen vorliegt.

Carbonsäureanhydride können des weiteren mit der von H. Roth[2] für Mikromengen modifizierten Reaktion von N. Menschutkin und M. Wasilijew[3] bestimmt werden, die nachstehend beschrieben wird.

---

[1] Voraussetzung ist dabei natürlich, daß die Substanzen nicht der Luftfeuchtigkeit ausgesetzt wurden.

[2] Roth, H.: Mikrochim. Acta [Wien] 1958, im Druck.

[3] Menschutkin, N., u. M. Wasilijew: Ж **21**, 192 (1889); Spencer, O.: J. Assoc. Off. Agric. Chemists **7**, 493 (1923); Caleott, W. S., F. L. English u. O. C. Wilbur: Ind. Eng. Chem., Analyt. Ed. **17**, 942 (1925); Orton, K. J., u. A. E. Bradfield: J. Chem. Soc. London **1927**, 983; Terlinck, E.: Chem.-Ztg. **53**, 851 (1929).

Bestimmung von Carbonsäureanhydriden über das 2, 4-Dichloranilid

Prinzip: Das Anhydrid wird in einem indifferenten Lösungsmittel mit überschüssigem 2, 4-Dichloranilin versetzt. Es entsteht das 2, 4-Dichloranilid und 1 Molekel Säure.

$$\begin{matrix} CH_3CO \\ CH_3CO \end{matrix}\!\!>O + C_6H_3Cl_2NH_2 \rightarrow C_6H_3Cl_2NH \cdot CO \cdot CH_3 + CH_3COOH$$

Man hat die Möglichkeit, nach Entfernen des unverbrauchten 2, 4-Dichloranilins die Säure zu titrieren oder das überschüssige Reagens, ohne es abzutrennen, über addiertes Brom jodometrisch zu bestimmen. Letztere Reaktion ist bei Mikromengen genauer. Dazu läßt man gemessenes überschüssiges Bromat-Bromid in salzsaurer Lösung auf das 2, 4-Dichloranilin einwirken.

$$KBrO_3 + 5\,KBr + 6\,HCl \rightarrow 6\,KCl + 3\,H_2O + 3\,Br_2$$

$$C_6H_3Cl_2NH_2 + Br_2 \rightarrow C_6H_2Cl_2BrNH_2 + HBr$$

und titriert das überschüssige Brom bzw. Jod

$$Br_2 + 2\,KJ \rightarrow 2\,KBr + J_2$$

mit Thiosulfat.

In einem zweiten Ansatz ohne Substanz, der gleich dem Hauptversuch durchzuführen ist, bestimmt man die Stärke des 2, 4-Dichloranilinreagens über das Thiosulfat, das für das Zurücktitrieren des unverbrauchten 0,02 *n*-Broms benötigt wird (Leerwert B). Zur Berechnung der Säureanhydridgruppen $\begin{matrix} -CO \\ -CO \end{matrix}\!\!>O$ (C_2O_3) hat man das für den Leerwert benötigte Thiosulfat von dem Thiosulfatverbrauch des Hauptversuches (*A*) in Abzug zu bringen.

Reagenzien

0,02 n-Bromat-Bromidlösung. In einen 1 l-Meßkolben werden 0,504 g Natriumbromat und 2,38 g Kaliumbromid eingewogen, in doppelt destilliertem Wasser gelöst und damit bis zur Marke verdünnt. Bürette.

0,02 n-Natriumthiosulfatlösung. Hergestellt nach S. 24 Bürette.

2, 4-Dichloranilin-Standardlösung. In 100 ml Eisessig (p. a.) werden 1,0 g 2, 4-Dichloranilin gelöst. 2 ml-Präzisionspipette mit automatischem Nullpunkt[1].

Eisessig (p. a.). Meßpipette.

Salzsäure (2 *n*). 5 ml-Pipette.

---

[1] Bei der Firma P. Haack, Wien, erhältlich.

Kaliumjodid.

Stärkelösung (1%ig). Bereitet nach S. 24.

Ausführung

Von der Analysensubstanz werden 5 bis 8 mg in ein Reagenzglas eingewogen. Feste Substanzen werden mit dem Wägeröhrchen (S. 15) und flüssige in Kapillaren (S. 57) mit der Spitze nach unten eingebracht. Man gibt *2 ml Eisessig* zu. Kapillaren werden mit einem Glasstab in dem Eisessig zerdrückt und dieser anschließend mit *0,3 bis 0,5 ml Eisessig* abgespült. Mit der Präzisionspipette werden *2,0 ml 2, 4-Dichloranilin-Standardlösung* zugegeben und das Reagenzglas wird mit einem Korkstopfen verschlossen. Nach 2 Stunden Stehen spült man die Lösung mit *16 ml Eisessig* quantitativ in einen Titrierkolben mit Schliffstopfen von 250 ml Inhalt über, bringt 20 ml destilliertes Wasser, *5 ml 2 n-Salzsäure* und aus einer Bürette genau *15,0 ml der 0,02 n-Bromat-Bromidlösung* dazu. Man läßt den Kolben 5 Minuten verschlossen stehen, gibt dann eine kleine Spatelspitze voll *Kaliumjodid* und *8 bis 10 Tropfen Stärkelösung* hinzu, schwenkt um und titriert in üblicher Weise mit *0,02 n-Natriumthiosulfatlösung* bis zum Verblassen der Jodkaliumstärkefarbe. (Titration A.)

Unter genau gleichen Bedingungen wird der Leerwert bestimmt. (Titration B.) Nach obenstehendem Reaktionsverlauf benötigt 1 Molekel Anhydrid bzw. 2, 4-Dichloranilin 2 Atome Brom.

1 ml 0,02 *n*-Natriumthiosulfat entspricht 0,7202 mg C_2O_3.

Berechnung

$$\% \, C_2O_3 = \frac{\text{ml } 0{,}02 \, n\text{-}Na_2S_2O_3 \, (A—B) \cdot 0{,}7202 \cdot 100}{\text{mg Substanzeinwaage}}$$

A = ml 0,02 *n*-Natriumthiosulfatverbrauch im Hauptversuch.

B = ml 0,02 *n*-Natriumthiosulfatverbrauch bei der Bestimmung des Leerwertes.

Die Genauigkeit der Methode beträgt ± 0,5 Prozent.

Bemerkung: Die Methode wurde mit Essigsäure- und Phthalsäureanhydrid geprüft. Sie ist sehr gut zur Reinheitsprüfung dieser Anhydride geeignet. Für Mengen von 8—10 Millimol beschreiben D. M. Smith, W. M. D. Bryant und J. Mitchell[1] ein Verfahren, nach dem unter Verwendung von Natriumjodid als Katalysator das Anhydrid mit überschüssigem Wasser behandelt wird. Aus dem verbrauchten Wasser, das mit Karl-Fischer-Reagens[2] ermittelt wird, berechnet man das Anhydrid. Da die Reaktion auch für Mikromengen geeignet sein dürfte, sei darauf hingewiesen.

---

[1] Smith, D. M., W. M. D. Bryant u. J. Mitchell jr.: J. Amer. Chem. Soc. **63**, 1700 (1941).

[2] Fischer, K.: Angew. Chem. **48**, 394 (1935).

Bestimmung der Esterzahl (Verseifungszahl) nach G. GORBACH[1]

Außer bei präparativen Arbeiten kommt der Bestimmung von Carbonsäureestern in der Technik große Bedeutung zu, so z. B. auf dem Gebiet der Wachse, Fette und Öle, bei der Analyse von ätherischen Ölen und Essenzen sowie bei der Untersuchung der viel als Lösungsmittel verwendeten aliphatischen Ester.

Dabei handelt es sich um Ester, die aus ein- und mehrwertigen Alkoholen (Glykol, Glycerin) mit organischen, vorwiegend aliphatischen und aromatischen Säuren und deren Derivaten hergestellt werden.

Der gebräuchlichste und zuverlässigste Nachweis eines Esters ist seine hydrolytische Spaltung (Verseifung) in Alkohol und Säure, die sowohl durch Wasserstoff- als auch durch Hydroxyl-Ionen erfolgt

$$RCOOR' + H_2O \longrightarrow RCOOH + HOR'$$

Unter der Esterzahl versteht man die Milligramme Kaliumhydroxyd, die zur Verseifung von 1 g des Esters erforderlich sind.

Reagenzien

0,1 n- oder 0,2 n-alkoholische Kalilauge.

0,1 n- oder 0,2 n-Salzsäure.

Alkaliblau 6 B (Na-salz der Triphenyl-p-rosanilinsulfosäure) 2,5% alkoholische Lösung[2].

Mikrobürette[3]: Die hahnlose Mikrobürette von G. GORBACH[4] besitzt den zahlreichen Vorschlägen von Mikrobüretten gegenüber den Vorteil der einfachen Bedienung und Wartung. Sie besteht (Abb. 98) aus drei Teilen, dem Meßteil, der mittels Krönigschem Glaskitt (S. 39) aufgekitteten, durch Erwärmen leicht ablösbaren Membranpumpe und der mit dem Meßteil mittels Schliffes abnehmbar verbundenen Spitze.

Der Meßteil besteht aus einem etwa 35 cm langen kalibrierten Kapillarrohr und ist bei einem Gesamtinhalt von 0,2 ml in 200 Teile geteilt, so daß noch die Kubikmillimeter abgelesen und die Zehntelkubikmillimeter mit Hilfe einer an der Bürette verschiebbaren Lupe einwandfrei geschätzt werden können. Durch Ringteilung ist die parallaxenfreie Ablesung gewährleistet. Ein den Meßteil umgebender evakuierter Glasmantel schützt vor Temperatureinflüssen durch den Beobachter.

Die im Schnitt dargestellte Membranpumpe besteht aus dem Vakuumtopf, dem Deckel und der darin laufenden Mikrometerschraube, die auf die zwischen Deckel und Topf eingespannte Gummimembran drückt. Durch

[1] GORBACH, G.: Mikrochem. **31**, 319 (1944).

[2] Vgl. J. GROSSFELD: Z. Unters. Lebensmittel **62**, 441 (1931). Zu beziehen bei Dr. G. Grübler & Co., Leipzig.

[3] Erhältlich bei P. Haack, Wien.

[4] GORBACH, G.: Chem. Fabrik **14**, 390 (1941).

Eindrehen der Schraube wird Luft in die Meßkapillare und damit Titrierlösung aus der Bürette gedrückt. Das beim Entspannen der Membran auftretende Vakuum benutzt man zum Füllen der Bürette durch Aufsaugen der Maßlösung.

Die mit Schliff verbundene Auslaufspitze besteht aus einem engen Kapillarrohr, dessen Ende zu einer schwach konisch verlaufenden Spitze abgeschliffen ist. Damit wird die Bruchgefahr gemindert und die Entnahme kleinster Tropfen erleichtert. Man kann zur Vermeidung des Tropfenfehlers entweder die Spitze während der Titration in die Probe eintauchen oder die kleinen Tröpfchen mit einem Mikroglasstab von der Spitze abnehmen und in die Probe einrühren, wobei man noch den Vorteil hat, zu groß ausgefallene Tröpfchen durch leichtes Drehen an der Pumpe zurückzusaugen bzw. beliebig zu verkleinern.

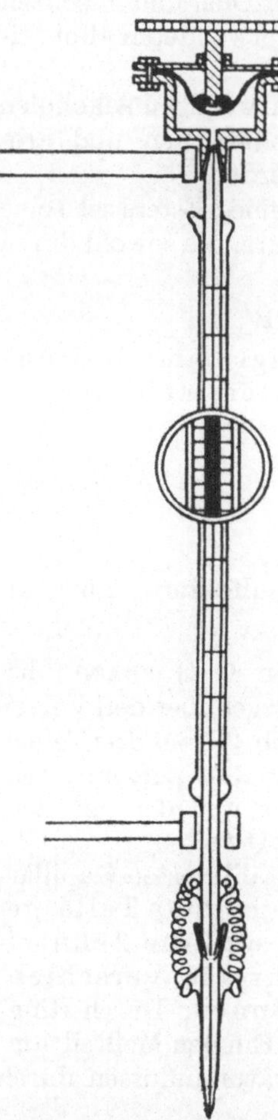

Abb. 98. Mikrobürette mit Membranpumpe nach G. GORBACH.

Zur Füllung der Bürette taucht man die Spitze in die in einem kleinen Reagenzfläschchen befindliche Maßlösung und saugt die Lösung etwas über die Nullmarke hoch. Dann wischt man die Spitze außen mit einem kleinen Stückchen Filtrierpapier ab und stellt durch kurzes Abtupfen der Spitze mit einem zweiten Stückchen Filtrierpapier auf die Marke ein. Die Pumpe bleibt selbst bei täglichem Gebrauch längere Zeit zuverlässig dicht, sofern die Membran bei Nichtgebrauch entlastet wird. Sollte sie undicht werden, so kann sie durch Lösen weniger Schrauben und Einlegen einer neuen Membran sofort wieder gebrauchsfähig gemacht werden. Die Bürette ist von Zeit zu Zeit durch Hochsaugen von Chromschwefelsäure, Wasser, Alkohol und Äther zu reinigen.

Die Titration wird in kleinen, 3 cm hohen, 1 cm breiten, unten konisch verlaufenden Becherchen, die in passenden Glasringen sitzen, durchgeführt. Infolge der kleinen Bodenfläche und des kleinen Volumens zeigt der Indikator bereits durch kleinste Tröpfchen bewirkte Änderungen deutlich an.

Ausführung

Als Gefäß für die Verseifung des Esters benutzt man entweder ein Becherchen, das gegen den Boden konisch verjüngt ist, oder ein Mikro-Jodzahlkölbchen[1] von etwa 20 mm Bodendurchmesser. Beide Gefäße besitzen Schliffe, in die Glasrohre (200 bis 250 mm lang) als Luftkühler eingesetzt werden.

---

[1] GORBACH, G.: Mikrochem. **31**, 319 (1944).

Zu der in das Becherchen oder in das Jodzahlkölbchen eingewogenen Substanz (2—4 mg) bringt man aus der Mikrobürette *200 mm³ von der 0,1 oder 0,2 n-alkoholischen Kalilauge* und setzt das Glasrohr in den Schliff ein. In einer Vertiefung eines auf 125° C elektrisch erhitzten Heizblockes wird die Substanz 10 Minuten verseift. Man bringt die Lösung, ohne sie weiter abzukühlen, gleich unter die Mikrobürette, läßt mittels eines dünnen Glasstabes *einen kleinen Tropfen des Alkaliblau-Indikators* in das Becherchen (Kölbchen) fallen und titriert die unverbrauchte Lauge mit der *0,1 n- oder 0,2 n-Salzsäure* zurück, wobei man sich der bei der Beschreibung der Bürette (S. 276) angeführten Titrationstechnik bedient.

Wegen der starken Adsorption von Kohlendioxyd durch die Lauge hat man rasch zu arbeiten und unter genau gleichen Bedingungen den Blindwert zu bestimmen.

Nach Korrektur des Blindwertes ergibt sich das von der Substanzeinwaage verbrauchte Kaliumhydroxyd aus der Differenz: vorgelegte Lauge abzüglich zurücktitrierter Lauge.

Die 1 g Substanz entsprechenden mg Kaliumhydroxyd ergeben die Verseifungs-(Ester-)zahl.

Bemerkungen: Mit der hier beschriebenen Methode werden ebenso genaue Ergebnisse erhalten wie bei Makrobestimmungen. Dem „Kohlendioxydfehler" hat man größte Aufmerksamkeit zu schenken. Bei Estern, die längere Zeit zu verseifen sind, leitet man, um den Kohlendioxydfehler möglichst niedrig zu halten, während der Verseifung durch den Luftkühler Stickstoff ein.

Bei Estern, die farblose Verseifungsprodukte liefern, kann an Stelle des Alkaliblau ebensogut Phenolphthalein verwendet werden.

Bestimmung von Säureamiden nach H. ROTH und PH. SCHUSTER[1]

Säureamide werden hydrolytisch in die entsprechende Carbonsäure und Ammoniak gespalten. Es ist sonach möglich, die Carbonsäure über die bei alkalischer Verseifung gebundene Lauge zu bestimmen oder das dabei freigesetzte Ammoniak in gleicher Weise wie bei der Kjeldahl-Destillation mit Säure zu titrieren. Da manche Säureamide erst nach längerem Kochen mit starkem Alkali vollständig verseift werden, wobei der Säurerest durch das Alkali angegriffen werden kann (Nebenreaktionen), ist die Bestimmung über die Säure zu unsicher und ungenau. Man wird das Säureamid besser über das abgespaltene Ammoniak bzw. bei N-alkylierten Säureamiden diese über die entsprechenden wasserdampfflüchtigen Amine bestimmen. Allgemeine Angaben über die Verseifungszeit können deshalb nicht gemacht werden, weil zum Beispiel Formamid, Dimethylformamid, Acetamid, Asparagin, Succinamid und Benzamid bereits nach 10 Minuten Kochen Ammoniak quantitativ abspalten. Bei Salicylamid und Adipin-

[1] ROTH, H., u. PH. SCHUSTER: Mikrochim. Acta [Wien] **1957**, 837.

säurediamid hingegen ist die Hydrolyse erst nach 1 Stunde Kochen unter Rückfluß vollständig.

Reagenzien

5 n-Natronlauge. 100 g Natriumhydroxyd werden in 500 ml destilliertem Wasser gelöst. Meßzylinder von 25 ml Inhalt.

0,01 n-Salzsäure. Bereitung s. S. 21. Bürette.

0,01 n-Natronlauge. Nach S. 22 hergestellt. Bürette.

0,1%ige alkoholische Methylrotlösung (s. S. 21).

Ausführung

a) Leicht verseifbare Säureamide

In den Kjeldahl-Aufschlußkolben der Apparatur von H. Roth (S. 111) werden 2 bis 5 mg Substanz mit dem Wägeröhrchen (S. 15) eingewogen und *20 ml 5 n-Natronlauge* zugegeben. Flüssigkeiten bringt man in Kapillaren (S. 57 und 58) ein und zerdrückt die Kapillaren in 18 ml 5 *n*-Lauge mit einem Glasstab. Mit den restlichen 2 ml Lauge spült man das Ende des Glasstabes ab. Als Vorlage zur Bindung des Ammoniaks werden *20 ml 0,01 n-Salzsäure* in einem Quarzkolben so unter den Kühler gebracht, daß das Kühlerende in die Säure eintaucht. Unter langsamem Durchleiten von Luft wird zuerst zur Verseifung die Lösung in dem Reaktionskölbchen 10 Minuten gerade im Sieden gehalten und anschließend das Ammoniak mit 10 ml Destillat in die Vorlage übergetrieben. Der Quarzkolben wird, wie bei der Kjeldahl-Bestimmung beschrieben wurde (S. 112), entfernt und die unverbrauchte Säure mit *0,01 n-Lauge* zurücktitriert.

b) Schwer verseifbare Säureamide

Die Ausführung unterscheidet sich von der vorstehend beschriebenen nur dadurch, daß man zwischen den Reaktionskolben und den Destillieraufsatz ein etwa 12 cm langes mit Schliffen versehenes Glasrohr bringt, das als Luftkühler wirkt. Je nach Erforderlichkeit wird die Lösung in dem Verseifungskölbchen ½, 1 oder 2 Stunden mit der Flamme des Mikrobrenners im Kochen gehalten. Anschließend wird, ohne das Zwischenrohr zu entfernen, das Ammoniak mit 10 ml Wasser abdestilliert und titriert. Um sich zu überzeugen, ob die Verseifung beendet war, läßt man durch den Trichter 10 ml Wasser zufließen, bringt eine neue Vorlage unter den Kühler, verseift noch 30 Minuten und titriert die Vorlage.

1 ml 0,01 *n*-Salzsäure entspricht 0,16024 mg NH_2.

Berechnung

$$\%\,NH_2 = \frac{\text{ml } 0{,}01\ n\text{-HCl} \cdot 0{,}16024 \cdot 100}{\text{mg Substanzeinwaage}}$$

Den Blindwert für Reagenzien hat man in Abzug zu bringen.

Bemerkung: In besonderen Fällen wird man die Verseifung des Säureamides in mineralsaurer Lösung vornehmen und anschließend das Ammoniak aus schwach alkalischer Lösung abdestillieren. Dazu ist man gezwungen, wenn beim Kochen mit der starken Lauge infolge Zersetzung der Substanz basische wasserdampfflüchtige Spaltprodukte entstehen.

Die Bestimmung von α-Aminosäuren

1. Titration von Aminosäuren nach W. Grassmann und W. Heyde[1]

Das Verfahren von R. Willstätter und E. Waldschmidt-Leitz[2], die Carboxylgruppen von Aminosäuren durch alkalimetrische Titration in alkoholischer Lösung zu bestimmen, haben W. Grassmann und W. Heyde zur Mikromethode ausgebildet. Die Titrationen werden in 0,01 *n*-äthylalkoholischer Natronlauge unter Verwendung von Thymolphthalein als Indikator ausgeführt. Als Endpunkt der Titration gilt nicht die erste Farbänderung, sondern die erste hellblaue Färbung. Als Vergleichslösung benutzt man eine 0,04-molare Kupferchloridlösung in überschüssigem Ammoniak. Die Titrationen mit einem Farbstandard zu vergleichen, hat sich als notwendig erwiesen, da der Umschlag in der alkoholischen Lösung nicht so scharf ist wie bei der Titration mit wäßrigem (kohlensäurefreiem) Alkali. Mit Vorteil wird bei dem Lichte einer 200kerzigen Tageslichtlampe in einem gegen Fremdlicht abgeblendeten, an der Innenseite weiß ausgekleideten Kasten titriert. Bei der Titration wird man feststellen, daß zur Erreichung des gewünschten Farbtones mehr Alkali verbraucht wird, als der Theorie entspricht, und dieser Mehrwert außerdem noch von der Menge des angewandten Alkohols abhängt. Da es bei einem gegebenen Alkoholvolumen gleichgültig ist, ob eine Aminosäure oder Mineralsäure titriert wird, hat man zur Beendigung des Versuches einen Blindversuch mit der dem Versuchsansatz entsprechenden Menge Alkohol auszuführen und die hierfür benötigte Menge Lauge vom zuerst gefundenen Volumen in Abzug zu bringen.

Ausführung

Die Substanz wird in ein geeichtes 1 ml-Meßkölbchen mit Schliffstopfen eingewogen und gelöst. Aus feinen Kapillarmeßpipetten von 0,5, 0,2 und 0,1 ml Inhalt, die in Tausendstelmilliliter unterteilt sind[3], bringt man von der Substanzlösung eine bestimmte Menge, z. B. 0,2 ml, in ein Titrierkölbchen, gibt 2 Tropfen einer *0,1%igen alkoholischen Thymolphthaleinlösung* hinzu und läßt die *0,01 n-äthylalkoholische Natronlauge* (hergestellt aus 90%igem Äthanol) bis zur deutlichen Blaufärbung zufließen. Dann gibt man mit einer Pipette das 9fache Volumen der ursprünglichen Lösung, z. B. 1,8 ml absoluten Alkohol hinzu, wobei die Blaufärbung ver-

---

[1] Grassmann, W., u. W. Heyde: Z. physiol. Chem. **183**, 32 (1929).

[2] Willstätter, R., u. E. Waldschmidt-Leitz: Ber. dtsch. chem. Ges. **54**, 2988 (1921); Waldschmidt-Leitz, E.: Z. physiol. Chem. **132**, **181** u. **192** (1923/24).

[3] Bei P. Haack, Wien, erhältlich.

schwindet. Durch Zulassen neuer Lauge bis zur deutlichen Hellblaufärbung wird die Titration beendet.

Mit dieser Methode erhält man sehr genaue Ergebnisse; sie ist zur Bestimmung kleiner Aminosäuremengen sehr geeignet. Liegen die Aminosäuren als 0,01 *n*-Lösungen vor, ist die 10fache Menge Alkohol zuzugeben; bei größerer Verdünnung kann die Alkoholkonzentration bis zu 80% herabgesetzt werden. Diese ist nach L. J. HARRIES[1] ausreichend, um die Hydrolyse der Aminosäurealkalisalze praktisch zurückzudrängen.

2. Bestimmung der α-Aminosäuren über das abgespaltene Kohlendioxyd

Mit Ninhydrin (Triketohydrinden) reagieren Aminosäuren unter Abspaltung von Kohlendioxyd und Ammoniak, wobei letzteres mit einer weiteren Molekel Ninhydrin den für den Nachweis und die colorimetrische Bestimmung von Aminosäuren bekannten blauvioletten Farbstoff bildet[2].

$$\underset{\displaystyle NH_2}{R{-}\underset{|}{CH}{-}COOH} + C_6H_4\!\left<\begin{matrix}C{=}O\\ |\\ C{=}O\end{matrix}\right>\!C{=}O \longrightarrow \underset{\displaystyle NH}{R{-}\underset{\|}{C}{-}COOH} + C_6H_4\!\left<\begin{matrix}C{=}O\\ |\\ CH(OH)\end{matrix}\right>\!C{=}O$$

$$\underset{\displaystyle NH}{R{-}\underset{\|}{C}{-}COOH} \xrightarrow{H_2O} \underset{\displaystyle O}{R{-}\underset{\|}{C}{-}H} + CO_2 + NH_3$$

$$C_6H_4\!\left<\begin{matrix}C{=}O\\ |\\ CH(OH)\end{matrix}\right>\!C{=}O + NH_3 +$$

[1] HARRIES, L. J.: Proc. Roy. Soc. B. **95**, 500 (1923).

[2] ABDERHALDEN, E., u. H. SCHMIDT: Z. physiol. Chem. **72**, 37 (1911); RUHEMANN, S.: J. Chem. Soc. Transaction **47**, 2025 (1910).

$$+ \; O{=}C{<}(C{=}O)_2 \;\xrightarrow{-2H_2O}\; C_6H_4(CO)_2C{-}N{=}C(CO)_2C_6H_4$$

Mit Ausnahme von Asparaginsäure und Cystin, die zwei Molekeln Kohlendioxyd bilden (s. Originalarbeit), spalten alle Aminosäuren eine Molekel Kohlendioxyd quantitativ ab. Das bei saurem pH frei gesetzte Kohlendioxyd läßt sich gasvolumetrisch[1] oder maßanalytisch[2] bestimmen. Für die maßanalytische Bestimmung wird die Reaktion in der in Abb. 99 gebrachten einfachen Apparatur durchgeführt, die aus 2 Erlenmeyer-Kölbchen von 25 ml Inhalt besteht und durch ein U-Rohr, das ein Ansatzrohr zum Evakuieren besitzt, verbunden ist. Für die Analyse bringt man in das Kölbchen *A* 2 bis 5 ml der Analysenlösung, gibt *2—3 ml Citratpuffer von pH 2,5* dazu und setzt noch einige Tropfen eines Entschäumungsmittels (z. B. Octylalkohol) zu. Nach Auskochen des Kohlendioxyds aus Kölbchen *A* wird das Kölbchen *B* mit kohlendioxydfreier Luft ausgespült, mit *1—3 ml 0,25 n-* oder *0,125 n-Barytlösung* beschickt, der man *2% Bariumchlorid* zugesetzt hat. Sobald man *Ninhydrin (50—100 mg)* in *A* eingebracht hat, wird mit *B* verbunden (s. Abb. 99), kurz evakuiert und der Apparat 10 Minuten in ein siedendes Wasserbad gebracht. Anschließend wird das Gefäß *B* mit kaltem Wasser gekühlt und 2 Minuten lang zur Absorption des Kohlendioxyds geschüttelt. Sobald der ganze Apparat abgekühlt ist, hebt man das Vakuum durch Einströmenlassen von kohlendioxydfreier Luft auf und titriert die unverbrauchte Barytlösung mit *0,02 n-Salzsäure* zurück.

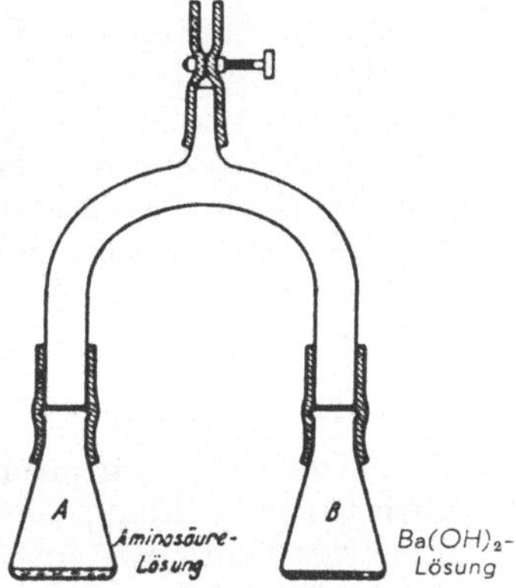

Abb. 99. Apparat zur Entwicklung und Destillation von Carboxyl-Kohlendioxyd.

Das Verfahren wurde zur Bestimmung der α-Aminosäuren in Harn und Blut entwickelt.

3. Bestimmung der α-Aminosäuren über das abgespaltene Ammoniak

Peri-Naphthindan-2, 3, 4-trionhydrat reagiert mit α-Aminosäuren analog dem Ninhydrin, wobei neben dem entsprechenden Aldehyd Ammoniak und Kohlendioxyd abgespalten werden.

---

[1] van Slyke, D. D., R. T. Dillon, D. A. MacFadyen u. P. Hamilton: J. Biol. Chem. **141**, 627 (1941).

[2] van Slyke, D. D., D. A. MacFadyen u. P. Hamilton: J. Biol. Chem. **141**, 671 (1941).

$$C_{10}H_6\begin{matrix}-CO\\-CO\end{matrix}\!>C\!<\begin{matrix}OH\\OH\end{matrix} + R{-}\underset{\displaystyle NH_2}{\underset{|}{CH}}{-}COOH \longrightarrow C_{10}H_6\begin{matrix}-\overset{\displaystyle O}{\overset{\|}{C}}\\-\underset{\displaystyle OH}{\underset{|}{C}}\end{matrix}\!>C{-}OH + R{-}CHO + CO_2 + NH_3$$

Es ist hierbei möglich, den Aldehyd nach Kondensation mit Salicylaldehyd colorimetrisch zu bestimmen[1]. Ebenso kann man auch Kohlendioxyd und Ammoniak bestimmen. Für letzteres beschreiben R. MOUBASHER und Mitarbeiter[2] ein einfaches Verfahren. Etwa 1—2 mg der zu prüfenden Substanz werden in einer Pufferlösung (pH 4,7) mit 20 mg peri-Naphthindan-2, 3, 4-trionhydrat 10 Minuten lang in dem Dampfstrom einer Kjeldahl-Apparatur erhitzt. Nach Alkalisieren mit Natronlauge wird das Ammoniak in eine Vorlage mit Borsäure übergetrieben und mit 0,01 *n* Säure titriert.

Die Genauigkeit der Methode bei Verwendung von 1 mg Aminosäure beträgt $\pm 2\%$.

4. Bestimmung von α-Aminosäuren nach D. D. VAN SLYKE[3]

Prinzip: Primäre Aminogruppen reagieren mit salpetriger Säure unter Stickstoffentwicklung nach: $RNH_2 + HNO_2 = ROH + H_2O + N_2$. Die salpetrige Säure wird aus Natriumnitrit und Eisessig hergestellt. Die dabei gleichzeitig auftretenden Stickoxyde benützt man zur Entfernung der Luft aus dem Apparat vor dem Einbringen der Substanz. Nach der Reaktion werden die Stickoxyde in einer Hempelschen Pipette von alkalischer Permanganatlösung absorbiert und der übrigbleibende Stickstoff in einer Meßbürette gemessen.

Reagenzien

Natriumnitritlösung. 30 g Natriumnitrit (p. a.) werden in 100 ml Wasser gelöst. Auch die reinsten käuflichen Präparate entwickeln beim Ansäuern geringe Mengen Stickstoff, der in einem Blindversuch zu bestimmen ist.

Eisessig p. a.

Alkalische Permanganatlösung. In 1 Liter Wasser löst man 50 g Kaliumpermanganat und 25 g Ätzkali.

Oktylalkohol (sekundär).

---

[1] MOUBASHER, R., u. W. J. AWAD: J. Biol. Chem. **179**, 915 (1949).

[2] MOUBASHER, R., A. SINA, W. J. AWAD, A. E. M. OTHMAN: J. Biol. Chem. **184**, 693 (1950).

[3] SLYKE, D. D. v.: J. Biol. Chem. **9**, 195 (1911); **12**, 275 (1912); **16**, 121 (1913); **23**, 407 (1915) und ABDERHALDEN, E.: Handbuch der biologischen Arbeitsmethoden, Abt. 1, Teil 7, S. 263.

Apparatur

In Abb. 100 ist die von D. D. VAN SLYKE entwickelte Apparatur gebracht[1]. Gute Dichtigkeit wird durch besonders große Schliffe erzielt. Die Apparatur besteht aus dem Reaktionsgefäß mit Einfüllbürette und Einfülltrichter, der Meßbürette und der Hempelschen Pipette.

Das **Reaktionsgefäß** D hat einen Inhalt von etwa 6 ml. Am Boden ist es verjüngt und besitzt einen Glashahn d mit Ansatzrohr zum Ablassen der Lösung. Bevor das Reaktionsgefäß oben in die Kapillare (1 bis 1,5 mm lichte Weite) übergeht, befindet sich eine Schaumkugel, die während des Schüttelns verhindert, daß Lösung in die Kapillare gelangt. Nach etwa 80 mm ist die Kapillare rechtwinklig abgebogen und führt zu dem Dreiwegehahn c. Dieser stellt einerseits die Verbindung zur Meßbürette F her und dient andererseits mit seinem unteren Ansatzrohr zum Ablassen der Gase aus dem Reaktionsgefäß oder der Meßbürette F. An den Dreiwegehahn c schließt sich noch eine abgebogene Kapillare an, die mittels eines Gummischlauches mit dem Greiner-Friedrich-Hahn f der Meßbürette verbunden ist.

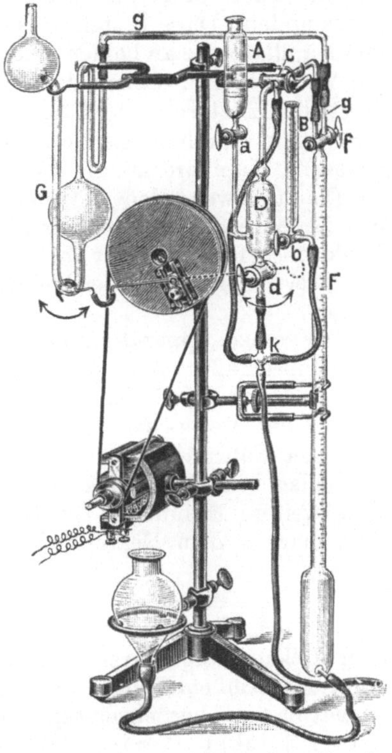

Knapp über der unteren Verengung des Reaktionsgefäßes mündet an der rechten Seite der kapillare Dreiwegehahn b, der nach oben mit der Einfüllbürette B verbunden ist und noch ein kurzes, nach unten abgebogenes Ableitungsrohr besitzt. Die Einfüllbürette hat ein Fassungsvermögen von 2 ml und ist in 0,01 ml unterteilt. In gleicher Höhe auf der linken Seite des Reaktionsgefäßes mündet der mit Hahn a versehene zylindrische Einfülltrichter A von 14 ml Inhalt.

Abb. 100. Mikro-VAN SLYKE-Apparatur der Fa. Hallesche Laboratoriumsgeräte G. m. b. H., Halle a. d. S. D Reaktionsgefäß; B Einfüllbürette; A Einfülltrichter; F Meßbürette; G HEMPELsche Pipette; weitere Buchstabenerklärung im Text.

Das Reaktionsgefäß D und der Einfülltrichter A besitzen je eine Marke; die des Reaktionsgefäßes liegt bei etwa $^2/_5$ des Gesamtvolumens (von unten gerechnet) und die des Einfülltrichters entspricht $^1/_5$ des Volumens des Reaktionsgefäßes.

Der Hahnansatz d des Reaktionsgefäßes ist durch einen Gummischlauch mit einem Vierwegestück K verbunden, dessen horizontale Ansätze mittels Gummischläuchen mit den Ansätzen der Hähne b und c verbunden sind. Über den unteren Ansatz ist ein langer, unten offener Abflußschlauch gezogen.

[1] Die Apparatur kann bei P. Haack, Wien, bezogen werden.

Die Meßbürette F hat einen Inhalt von 3 ml, ist etwa 300 mm lang, besitzt einen inneren Durchmesser von 3 bis 5 mm und ist in 0,01 ml unterteilt. Unter dem Hahn f ist sie in einer Länge von 20 bis 30 mm kapillar verjüngt und trägt an dieser Stelle die Nullmarke. Am Ende der Teilung geht sie in ein weiteres Glasrohr zur Aufnahme der Reaktionsgase, vor allem der Stickoxyde, über. Knapp über dem Boden ist die Bürette mittels eines Schlauches mit der Birne verbunden. Der Greiner-Friedrich-Hahn f ist mit seinem oberen Ansatz durch einen Gummischlauch mit der Brücke g verbunden. Diese besteht aus einer starkwandigen, horizontal verlaufenden Kapillare, die an beiden Seiten rechtwinklig nach unten gebogen ist und die Verbindung zwischen der Bürette F und der Hempelschen Pipette G herstellt. Letztere besteht aus zwei miteinander verbundenen Glaskugeln von 70 mm Durchmesser, von denen die untere durch eine zweimal um 180° gebogene Kapillare an die Brücke angeschlossen wird.

Die zu bewegenden Teile der Apparatur hängen auf einem Stativ. Lediglich die Bürette, der Motor und die Riemenscheibe sind fest montiert. Das Reaktionsgefäß hängt nur an der Brücke rechts und links vom Dreiwegehahn c in zwei Gabeln. Auf gleicher Höhe ist die Hempelsche Pipette ebenso befestigt.

Der ganze Apparat muß so angefertigt sein, daß der Abflußhahn des Reaktionsgefäßes und die untere Biegung der Hempelschen Pipette in gleicher Höhe liegen, denn zwischen diesen Apparatteilen wird die Riemenscheibe des Motors befestigt, der das Schütteln besorgt. Auf der Scheibe kann der Führungsstab in radialer Richtung verstellt werden, so daß der Ausschlag und damit das Schütteln nach Bedarf reguliert werden kann. Eine weitere Handhabe zur Einstellung der Schüttelgeschwindigkeit besitzt man in dem Regulierwiderstand.

Ausführung

Von der Substanz wird in ein Meßkölbchen von 2 oder 5 ml Inhalt mit dem Stickstoffwägeröhrchen (S. 15) so viel eingewogen, daß bei Entnahme von 1 oder 2 ml ein Volumen von 0,5—2,0 ml Stickstoff zur Ablesung kommt, wobei man zu berücksichtigen hat, daß eine Aminogruppe doppelt soviel Stickstoff wie nach der Dumas-Methode liefert. Die Substanz wird hierauf in Wasser gelöst, das man bis zur Marke auffüllt. Zur Lösung der Substanz kann man außer Wasser 2 n-Mineralsäure oder Eisessig verwenden.

Der mit Schwefelchromsäure, destilliertem Wasser und Alkohol gereinigte und getrocknete Apparat wird auf das Stativ montiert; die Schlauchverbindungen werden mit festen, straff sitzenden Schläuchen hergestellt und die Hähne mit Hochvakuumfett schlierenfrei gefettet. Dann füllt man die Hempelsche Pipette bis an die Schlauchverbindung zur Brücke mit der *Permanganatlösung*, bringt in die Meßbürette F, von der Birne aus, destilliertes Wasser und schließt die mit Wasser gefüllte Brücke g an die Hempelsche Pipette G und die Meßbürette F luftfrei an. Man prüft durch Senken der Birne, ob Luftblasen beim Anschließen eingeschlossen wurden, drängt allenfalls die Permanganatlösung durch g bis zum

Bürettenhahn *f*, läßt die Luft aus der Bürette nach *c* ab und bringt durch Heben der Birne wieder Wasser in die Brücke. Man stellt durch Drehen des Bürettenhahnes *f* die Verbindung zwischen Kapillare und Reaktionsgefäß her und füllt die Kapillare mit Wasser aus der Meßbürette bis zum Hahn *c*, den man dann gegen die Bürette verschließt. Bevor man mit dem Verdrängen der Luft beginnt, muß der Hahn *b* unter der Einfüllbürette *B* geschlossen werden (Bohrung leer).

Für das Austreiben der Luft mit Stickoxyden füllt man in den Einfülltrichter *A Eisessig* bis zur Marke und läßt ihn in das Reaktionsgefäß *D* abfließen. Auf gleiche Weise bringt man so viel *Natriumnitritlösung* ein, daß das Reaktionsgefäß bis über die Kugel gefüllt ist, wobei die Luft durch den Hahn *c* nach dem Vierwegestück *K* entweicht; man schließt *c* durch Drehen gegen das Reaktionsgefäß ab und schüttelt so lange, bis das Nitrit-Eisessiggemisch durch die Stickoxyde bis zur Marke des Reaktionsgefäßes verdrängt ist (*a* offen). Die Stickoxyde läßt man durch Hahn *c* austreten und wiederholt das Schütteln, um die letzten Spuren Luft auszutreiben. Hat man das Gas abgelassen, wird die Lösung noch einmal bis zur Marke verdrängt, der Hahn *a* am Einfülltrichter geschlossen und durch *c* die Verbindung mit der Bürette *F* hergestellt (Birne tief stellen!).

Nun bringt man die Substanzlösung aus dem Meßkölbchen mit einer beliebigen Pipette in die Einfüllbürette *B* und stellt sie, durch Ablassen mit Hahn *b* nach außen, genau auf die Nullmarke ein. Hierauf läßt man durch den Hahn *b* eine bestimmte Menge der Substanzlösung vorsichtig in das Reaktionsgefäß durch den Unterdruck der tiefgestellten Birne einsaugen und beginnt zu schütteln. Die erforderliche Dauer des Schüttelns hängt von der Natur der Aminosäure ab. Im allgemeinen benötigt man 3—5 Minuten. Bei Substanzen, die sehr stark schäumen, bringt man schon beim Verdrängen der Luft *0,5—1 ml Oktylalkohol* durch die Einfüllbürette in das Reaktionsgefäß oder setzt ihn erst, sobald Schäumen bei der Analyse auftritt, auf gleichem Wege zu (Einfüllbürette vorher gut mit Eisessig ausspülen!).

Nach beendetem Schütteln wird der Hahn *a* des Einfülltrichters geöffnet und das ganze Gasgemisch (Stickoxyde und entbundener Stickstoff) in die Meßbürette *F* übergetrieben. Man dreht nun den Hahn *f* um 180° und drückt durch Heben der Birne das Gas aus der Meßbürette in die Hempelsche Pipette. Die Absorption der Stickoxyde in der Permanganatlösung beschleunigt man durch 2 Minuten langes Schütteln der Hempelschen Pipette (langsames Tempo).

Das Restgas, das aus reinem Stickstoff besteht, wird in die Meßbürette gedrückt, auf die Nullmarke eingestellt und das Volumen in üblicher Weise auf 0,002 ml abgelesen (Birne!).

Von dem quantitativen Verlauf der Reaktion überzeugt man sich, indem man den Stickstoff durch Hahn *c* ins Freie abläßt und die ganze Bestimmung, ohne Substanz zuzugeben, vom Beginn des Schüttelns an noch einmal durchführt. Das dabei in der Meßbürette abgelesene Volumen darf nicht größer sein als das der zugehörigen Blindwertbestimmung.

Die Blindwertbestimmung führt man unmittelbar vor oder

nach der eigentlichen Analyse durch, wobei man unter genau gleichen Bedingungen, nur ohne Substanz, arbeitet, da das im Leerversuch erhaltene Stickstoffvolumen nicht nur von der Reinheit der Reagenzien, sondern auch in gewissen Grenzen von der Schüttelzeit abhängt. Bei guten Nitritlösungen liefert der Leerversuch 0,03, höchstens 0,05 ml Stickstoff (Schüttelzeit 5 Minuten).

Berechnung

Vom gefundenen Stickstoffvolumen (auf 0,002 ml genau abgelesen) wird der im Leerversuch ermittelte Blindwert abgezogen und das korrigierte Volumen durch 2 dividiert; dann wird der Barometerstand und die Temperatur des Arbeitsraumes abgelesen.

Unter Benützung der Gasreduktionstabellen in F. W. KÜSTER-A. THIELS-Logarithmentafeln (Tafel VII) oder der Tabelle auf S. 344 wird der Stickstoff wie bei der Dumas-Methode (S. 103) ausgerechnet. Da wir hier Wasser als Sperrflüssigkeit haben, ist noch der der jeweiligen Temperatur entsprechende Wasserdampfpartialdruck (p_w) vom abgelesenen Barometerstand abzuziehen.

Bemerkung: Es reagieren meist glatt[1] α-Aminosäuren und die daraus aufgebauten Peptide innerhalb von 5 Minuten bei Raumtemperatur; vom Lysin reagiert die zweite Aminogruppe (ε-Stellung) erst in 30 Minuten vollständig. Da der Stickstoff des Pyrrolidin-, Indol- und Imidazolringes nicht reagiert, wird von dem Gesamtstickstoff des Tryptophans nur die Hälfte, des Histidins ⅓ und des Arginins ¼ erfaßt. Prolin und Oxyprolin spalten keinen Stickstoff ab. Die Guanidingruppe $H_2N—C=$ $=(NH)—HN—$ reagiert sowohl im freien Guanidin als auch im Kreatin und Arginin überhaupt nicht. Methylamin und Ammoniak benötigen eine Schüttelzeit von 1½ bis 2 Stunden. Bei Harnstoff ist die Reaktion erst nach 8 Stunden beendet. Amino-purine und Amino-pyrimidine müssen 2—5 Stunden geschüttelt werden. Bei Asparagin reagiert nur die eine Aminogruppe, der Säureamidstickstoff bleibt unangegriffen. Glykokoll und Cystin liefern ein etwas zu hohes Gasvolumen, das gewöhnlich beim Glykokoll 103%, beim Cystin 107% der Theorie beträgt. Cephalin[2] (nicht hydrolysiert) gibt 110% der Theorie[3].

W. OTTING[4] beschreibt eine Verbesserung der Apparatur, die darin besteht, daß durch Verwendung einer hahnlosen Bürette, eines Hahnes an dem Niveaugefäß und eines zusätzlichen Auffanggefäßes das Hängenbleiben von Gasblasen am Absperrhahn vermieden wird. Ferner ist eine teilweise Erneuerung der Permanganatlösung nach jeder Bestimmung möglich.

---

[1] ABDERHALDEN, E.: Handbuch der biologischen Arbeitsmethoden, Abt. 1, Teil 7, S. 263, und G. KLEIN: Handbuch der Pflanzenanalyse, H. LIEB, I, S. 234. Berlin: J. Springer. 1931.

[2] RUDY, H., u. I. H. PAGE: Z. physiol. Chem. **193**, 251 (1930).

[3] Die überhöhten Gasvoluminas können durch Jodid weitgehend eliminiert werden (siehe Abschnitt: Primäre Aminogruppe, S. 293).

[4] OTTING, W.: Chem. Ing. Techn. **8**, 452 (1952).

Über weitere Methoden zur Bestimmung von Aminosäuren nach gleichem Prinzip siehe den Abschnitt: Aminogruppe S. 293.

Bestimmung von N-Alkylgruppen

Unter den in der Natur vorkommenden N-alkylierten Verbindungen handelt es sich vorwiegend um solche mit N-Methyl- und N-Äthylgruppen. Verbindungen mit höheren Alkylresten am Stickstoff werden gelegentlich in Laboratorien hergestellt. Da die Bindung des Alkyls an Stickstoff im allgemeinen viel fester als an Sauerstoff ist, werden die Alkyle zwar auch mit Jodwasserstoffsäure über das entsprechende Alkyljodid bestimmt, jedoch nachdem man vorher die alkylierte Base in das Hydrojodid übergeführt hat. Aus diesem wird in der Hitze (350—360° C) das entsprechende Alkyljodid nach H. Herzig und H. Meyer[1] abgespalten und analog der Alkoxylgruppenbestimmung nach Übertreiben in eine Vorlage gravimetrisch als Silberjodid oder jodometrisch bestimmt.

$$>N-CH_3 + HJ - \left[>N\begin{matrix} CH_3 \\ H \end{matrix} \right]^+ J^- \xrightarrow{\text{Hitze}} >N-H + CH_3J$$

Da die Umsetzung in der Regel nicht sogleich nach dem angegebenen Schema erfolgt, ist es notwendig, die Einwirkung der Jodwasserstoffsäure und die thermische Zersetzung ein- bis zweimal zu wiederholen.

Aus schwefelhaltigen Verbindungen entsteht gleichzeitig Schwefelwasserstoff, der mit dem Transportgas in die Waschvorrichtung gelangt, in der er von dem Cadmiumsulfat nur sicher gebunden wird, wenn es sich um kleine Mengen handelt (Verunreinigungen). Größere Mengen Schwefelwasserstoff vermag jedoch das Cadmiumsulfat nicht absolut sicher aus dem Gasstrom zu entfernen, weshalb man Substanzen mit Schwefel in der Molekel nur jodometrisch nach F. Vieböck und C. Brecher[2] bestimmen wird.

Das Alkyljodid, entsprechend der ersten Mikro-N-Alkylmethode von F. Pregl (1913), gravimetrisch zu bestimmen, besitzt den Vorteil, daß man das Ende der Alkyljodidabspaltung an der Bildung des Jodsilbers in dem Vorlagegefäß beobachten und danach die Destillationen vornehmen kann. Bei Substanzen, die keine N-Alkylgruppe besitzen, ist es möglich, die Analyse schon gegen Ende der ersten Destillation abzubrechen.

Nachstehend wird deshalb zuerst die gravimetrische Ausführung nach F. Pregl und H. Lieb in der Apparatur von A. Sirotenko[3] und anschließend das maßanalytische Verfahren beschrieben.

a) Gravimetrische Bestimmung nach F. Pregl und H. Lieb in der Apparatur von A. A. Sirotenko

Das Prinzip der Methode wurde bereits vorstehend behandelt. Es sei noch erwähnt, daß die heute zuverlässige Ausführung das Ergebnis wert-

[1] Herzig, H., u. H. Meyer: Ber. dtsch. chem. Ges. **27**, 319 (1894); Mh. Chem. **18**, 379 (1897).
[2] Vieböck, F., u. C. Brecher: Ber. dtsch. chem. Ges. **63**, 3207 (1930).
[3] Sirotenko, A. A.: Mikrochim. Acta [Wien] **1955**, 1.

voller Beiträge von Fachkollegen ist, so z. B. von S. EDLBACHER[1], A. FRIEDRICH[2] und R. KUHN und H. ROTH[3].

Reagenzien

Jodwasserstoffsäure (D: 1,70), zur Methoxylbestimmung nach ZEISEL[4]. Man bestellt zweckmäßig kleine Packungen (50 g) und schützt sie vor Lichteinwirkung. Die sonst eintretende Jodausscheidung führt zur Herabsetzung der Konzentration. 2 ml-Pipette.

Selbstherstellung der Jodwasserstoffsäure: Man übergießt 300 g trockenes Jod, von feuchtem entsprechend mehr, in einem 1 l-Kolben mit 300 ml Wasser, trägt unter Umschwenken 15 g roten Phosphor in kleinen Portionen ein, gibt nach erfolgter Lösung des Jods weitere 5 g Phosphor hinzu, verdünnt mit wenigstens 100 ml Wasser und hält die Flüssigkeit unter Rückfluß im Sieden, bis sie fast farblos geworden ist. Ist dies nach ½ Stunde noch nicht erreicht, so gibt man noch etwas Wasser und Phosphor hinzu. Nach dem Erkalten filtriert man durch Asbest und destilliert unter Vermeidung von Korkverbindungen aus einem Kolben von 1 l Inhalt. Die Fraktion 125—127° C wird durch einen Blindversuch im Methoxylbestimmungsapparat auf ihre Brauchbarkeit geprüft.

Alkoholische Silbernitratlösung: 4 g Silbernitrat (p. a.) werden in einem Rundkolben von 200 ml Inhalt mit 100 g reinem Äthylalkohol (96%) 4 Stunden auf dem Wasserbad unter Rückfluß erhitzt. Nach zweitägigem Stehen wird von dem teilweise abgeschiedenen Silber in eine braune Vorratsflasche abgegossen. 2 ml-Pipette.

Die Erscheinung, daß ganz frisch bereitete alkoholische Silbernitratlösung die Alkyljodide quantitativ zu Jodsilber umsetzen, nach einer Woche aber nicht mehr, hat bereits A. FRIEDRICH[5] beobachtet. Da nach etwa 8 Tagen dieser Fehlbetrag konstant wird und von da ab die Alkyljodide bis auf einen Rest vollständig umgesetzt werden, hat man nach A. FRIEDRICH für 2 ml alkoholische Silbernitratlösung 0,12 mg Silberjodid zur Auswaage zuzuzählen. Mit dieser empirischen Korrektur sind 6—10 Monate lang ausgezeichnete Analysenwerte zu erhalten.

Roter Phosphor für das Waschgefäß wird zur Reinigung eine halbe Stunde auf dem Wasserbad mit ammoniakalischem Wasser digeriert, dann mit Wasser und Alkohol gewaschen und an der Luft getrocknet. Manchmal lassen sich auf diesem Wege gewisse flüchtige Verunreinigungen nicht beseitigen. In diesem Falle hilft nach M. STRITAR[6] längeres Kochen mit 10%iger Natronlauge.

Phenol (p. a.)

Essigsäureanhydrid (p. a.), Tropfpipette.

Salpetersäure (D: 1,4) halogenfrei, 0,5 ml-Pipette.

---

[1] EDLBACHER, S.: Z. physiol. Chem. **101**, 278 (1918).

[2] FRIEDRICH, A.: Mikrochem. **7**, 195 (1929).

[3] KUHN, R., u. H. ROTH: Ber. dtsch. chem. Ges. **68**, 387 (1935).

[4] Kann gebrauchsfertig bei E. Merck (Darmstadt) bezogen werden.

[5] FRIEDRICH, A.: Z. physiol. Chem. **163**, 141 (1928); vgl. auch A. FRIEDRICH: Die Praxis der quantitativen organischen Mikroanalyse, S. 141, Verlag Fr. Deuticke, Leipzig-Wien 1933.

[6] Vgl. VIEBÖCK, F., u. C. BRECHER: Ber. dtsch. chem. Ges. **63**, 3207 (1930).

Zinnfolie (s. S. 247).

Cadmiumsulfatlösung, wäßrig, 5%ig, Tropfpipette.

Phosphoraufschlämmung nach S. 247, Tropfpipette.

Ammoniumjodid (p. a.).

Spritzflasche mit *salpetersäurehaltigem Wasser* (1:200).

Spritzflasche mit *Äthanol*.

Apparatur

Seit F. PREGLS erster Apparatur, bei der das abgespaltene Alkyljodid mit dem Treibgas durch die bereits abdestillierte Jodwasserstoffsäure geleitet wurde, sind in den Laboratorien verschiedene, etwas abgeänderte Geräte in Gebrauch. A. FRIEDRICH[1] entwickelte eine Apparatur, in der die bei der thermischen Zersetzung abgespaltenen Alkyljodide nicht mehr mit der Jodwasserstoffsäure in Berührung kommen, sondern in einem darüber geführten Rohr der Absorptionsvorlage zugeleitet werden. Dieses Gerät ist heute in den meisten mikroanalytischen Laboratorien in Gebrauch und hat sich sehr gut bewährt. In letzter Zeit hat A. A. SIROTENKO den Apparat von A. FRIEDRICH dahin abgeändert, daß sich das Sammelgefäß für die Jodwasserstoffsäure nun über dem Reaktionsgefäß befindet. Für die folgende Destillation läßt man einfach die Jodwasserstoffsäure durch einen Glashahn in das Reaktionsgefäß zurückfließen.

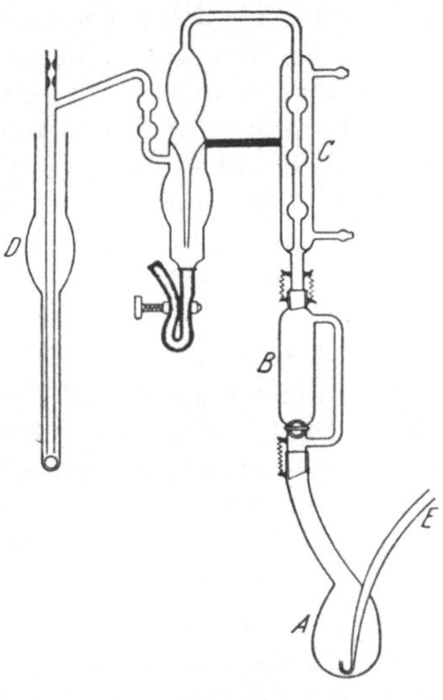

Abb. 101. Alkylimid-Apparatur nach A. A. SIROTENKO.

Die aus Jenaer oder Pyrexglas angefertigte Apparatur ist aus Abb. 101 zu ersehen. Sie besteht aus dem olivenförmigen Reaktionsgefäß (*A*) von etwa 5 ml Inhalt. In dieses führt das seitliche Gaszuleitungsrohr (*E*), das über dem Boden etwas hochgebogen ist. Das etwas schräg hochgeführte Steigrohr ist 60 mm lang und hat einen äußeren Durchmesser von 8 mm. Mittels Normalschliff ist an das Steigrohr das Sammelgefäß (*B*) angeschlossen. Dieses besitzt kurz über der Abzweigung des seitlichen Umleitungsrohres einen Glashahn. Der Inhalt des Gefäßes soll nicht mehr als 3 bis 3,5 ml betragen. An dem oberen Ende besitzt es einen weiteren gleich großen Normalschliff, dessen lichte Weite wenigstens 4 mm betragen muß. Der Kühler, die Waschvorrichtung und das Einleitungsrohr sind aus einem Stück angefertigt. Von dem 80 mm langen Kühler führt ein 5 mm starkes horizontales Rohr, mit dem der Apparat an einem Stativ befestigt wird, zur Waschvorrichtung. Die Füllung der Waschvorrichtung wird mit

[1] FRIEDRICH, A.: Mikrochem. **7**, 195 (1929).

einem kleinen Trichter und Schlauch vorgenommen. Der Schlauch wird dann, wie aus der Abbildung zu ersehen ist, mit einem Quetschhahn abgeklemmt. An dem von der Waschvorrichtung zum Einleitungsrohr zuerst senkrecht geführten Rohr befinden sich zwei kleine Kugeln. Das Einleitungsrohr und das Vorlagegefäß sind gleich dem des Alkoxylapparates von F. PREGL. Auf dem Boden des Vorlagegefäßes befindet sich eine Glaskugel, mittels der die aus dem Einleitungsrohr austretenden Gasblasen zu Büscheln kleiner Bläschen verteilt werden.

Ausführung

Der gereinigte trockene Apparaturteil *C* wird mit Hilfe eines Korkes in eine Stativklammer eingespannt. Man bringt in den 120 mm langen Schlauch einen kleinen Trichter, hebt den Schlauch hoch und füllt *gleiche Volumina der Phosphorsuspension und der 5%igen Cadmiumsulfatlösung ein*, bis die Waschvorrichtung etwa zur Hälfte gefüllt ist. Dann klemmt man den Schlauch mit einem Schraubenquetschhahn ab (s. Abb. 101). Auf die obere Öffnung des Einleitungsrohres bringt man einen Tropfen Wasser und verschließt mit einem kleinen Korken. Nachdem man in das Vorlagegefäß die Glaskugel und *2 ml alkoholische Silbernitratlösung* gebracht hat, wird es so unter den Apparaturteil *C* geschoben, daß das Einleitungsrohr die Glaskugel gerade berührt.

Nun wird der Hahn des Sammelgefäßes (*B*) mit einem hitzebeständigen Vakuumfett schwach benetzt, eingedreht und geschlossen. Man bringt in das Sammelgefäß *0,5 ml Jodwasserstoffsäure* und schließt es dann in der Weise an den Kühler an, daß man beide Schliffe mit einem Mikrobrenner schwach erwärmt, *einen Kristall Phenol* darauf bringt, die Schliffe eindreht und durch Stahlfedern sichert. Die Spitze des schräg abgeschnittenen Kühlerschliffes muß sich gegenüber der Einmündung des Nebenrohres befinden. Das Kühlwasser wird dann durch den Kühler geleitet.

Nun bringt man die Substanz in einem Platinschiffchen oder in einem zusammengedrückten *8 bis 10 mg schweren Zinnfoliennäpfchen* in das Reaktionskölbchen und löst sie mit *einigen Tropfen Essigsäureanhydrid* und *2 Mikrospatelspitzen Phenol*. Man überzeugt sich durch Erwärmen des Gemisches über einer Mikroflamme, ob die Substanz in Lösung geht (sonst noch Phenol oder Essigsäureanhydrid zugeben). Das Lösen der Substanz in den Lösungsmitteln (auch Jodwasserstoffsäure) ist Voraussetzung für das Gelingen der Analyse (vgl. Methoxylbestimmung S. 249). Zur abgekühlten Lösung bringt man noch *30 bis 50 mg Ammoniumjodid* und *2 ml Jodwasserstoffsäure* und verbindet den Schliff sogleich mit dem Sammelgefäß, auf dessen Schliffflächen man *1 bis 2 Tropfen Jodwasserstoffsäure* gebracht hat. Nun wird die Verbindung mit der Kohlendioxydgasquelle hergestellt und der Gasstrom so eingestellt, daß sich die in der Absorptionsvorlage aufsteigenden Gasblasen nicht einholen. Unter das Reaktionskölbchen wird ein Metallgefäß gebracht und dieses bis zur Ansatzstelle des Steigrohres mit feinem Kupferoxyd gefüllt (Heizbad). Auf das Heizbad bringt man einen Asbestdeckel, um das Sammelgefäß vor Überhitzen zu schützen. Durch den Asbestschutz führt man noch ein Thermometer in das Kupferoxydbad ein.

In 10 Minuten erhitzt man das Kupferoxydbad auf 150—160° C und steigert während der nächsten 10 Minuten die Temperatur allmählich bis 200° C. In dieser Zeit destilliert der größte Teil der Jodwasserstoffsäure ab und sammelt sich in dem Gefäß. Während weiterer 10 Minuten wird die Temperatur auf 350—360° C erhöht und bei dieser Temperatur 30 Minuten belassen. Gegen Ende der Destillation[1] kann der Kohlendioxydstrom auf rascheren Austritt aus dem Einleitungsrohr gesteigert werden.

Nach Entfernen des Brenners läßt man das Reaktionskölbchen auf Raumtemperatur abkühlen und senkt die Vorlage soweit, daß das Einleitungsrohr nicht mehr in die Silbernitratlösung eintaucht. Man entfernt den Korkstopfen vom Einleitungsrohr und spült dieses innen und auch außen abwechselnd mit *salpetersäurehaltigem Wasser* und *Alkohol* ab. Nach Entfernen der Vorlage läßt man die Jodwasserstoffsäure aus dem Sammelgefäß in das Reaktionskölbchen fließen und schließt den Hahn.

Auf dem Einleitungsrohr wird wieder wie vorher der „Wasserverschluß" angebracht, eine neue Silbernitratvorlage angeschlossen und die zweite Destillation genau gleich wie die erste durchgeführt. An dem abgeschiedenen Jodsilber ist leicht zu ersehen, ob noch eine weitere Destillation notwendig ist. Tritt bei der zweiten Destillation nur eine schwache Trübung in dem Vorlagegefäß auf, erübrigt sich eine weitere Destillation.

Der in den Absorptionsvorlagen befindliche Niederschlag ist noch nicht reines Silberjodid, sondern er besteht aus dem Doppelsalz ($AgJ \cdot AgNO_3$), das erst zerlegt werden muß. Dazu gibt man in das Vorlagegefäß *5 Tropfen konzentrierte Salpetersäure* und bringt die Vorlage nur so lange in ein gerade zum Kochen erhitztes Wasserbad, bis aus der Lösung Gasblasen hochzusteigen beginnen. Man stellt dann das Vorlagegefäß beiseite, behandelt die weiteren Vorlagen gleich und bringt sämtliche Niederschläge einer Bestimmung in einem Filterröhrchen, wie bei der Chlor- und Brombestimmung (S. 125) beschrieben wurde, zur Wägung.

1 mg Silberjodid entspricht 0,06401 mg CH_3

1 mg Silberjodid entspricht 0,12377 mg C_2H_5

Berechnung

Für jede Vorlage mit 2 ml Silbernitratlösung sind 0,12 mg dem ausgewogenen Silberjodid zuzuzählen.

$$\% \, CH_3 = \frac{\text{mg AgJ} \cdot 0{,}06401 \cdot 100}{\text{mg Substanzeinwaage}}$$

$$\% \, C_2H_5 = \frac{\text{mg AgJ} \cdot 0{,}12377 \cdot 100}{\text{mg Substanzeinwaage}}$$

[1] 10—15 Minuten nach Erreichen der Temperatur von 350—360° C.

b) Maßanalytische Bestimmung

Sie wird in der für die gravimetrische Bestimmung beschriebenen Apparatur bei genau gleicher Ausführung der thermischen Spaltung der Substanz durchgeführt. Die Bestimmung des Alkyljodids erfolgt, wie bei der Alkoxylgruppe beschrieben wurde (S. 250), jodometrisch nach F. VIEBÖCK und C. BRECHER[1]. Nach jeder Destillation wird die Vorlage titriert. Die Bestimmung ist beendet, wenn bei der Titration des Destillates nur etwa 0,1 ml mehr 0,02 *n*-Natriumthiosulfat als für den Blindwert verbraucht wird.

Berechnung

1 ml 0,02 *n*-Natriumthiosulfat entspricht 0,05011 mg CH_3

1 ml 0,02 *n*-Natriumthiosulfat entspricht 0,09687 mg C_2H_5

$$\% \, CH_3 = \frac{\text{ml } 0{,}02 \; n\text{-}Na_2S_2O_3 \cdot 0{,}05011 \cdot 100}{\text{mg Substanzeinwaage}}$$

$$\% \, C_2H_5 = \frac{\text{ml } 0{,}02 \; n\text{-}Na_2S_2O_3 \cdot 0{,}09687 \cdot 100}{\text{mg Substanzeinwaage}}$$

Bemerkungen: Bei schwefelhaltigen Substanzen und solchen, die sicher N-Alkyle enthalten, wird man mit der maßanalytischen Methode arbeiten. Zur Analyse völlig unbekannter Substanzen und bei Proben, die auf das Vorhandensein von N-Alkylgruppen zu prüfen sind, bevorzugt der Verfasser die gravimetrische Ausführung, da einerseits bei der jodometrischen Bestimmung mit einem Thiosulfatverbrauch auch bei Substanzen zu rechnen ist, die keine N-Alkylgruppe besitzen, wie z. B. bei Thiazolpikrat und 2-Aminothiazol, deren Thiosulfatverbrauch 1 bzw. 0,25 Molen CH_3 entspricht, und andererseits die Analyse schon gegen Ende der ersten Destillation beendet werden kann, wenn die Abscheidung von Silberjodid ausbleibt.

Anomalien, die infolge innermolekularer Umlagerungen auftreten, wurden bei der Alkoxylgruppe (S. 253) angeführt.

Gegenüber den verschiedenen Apparaten, die seit F. PREGLS und H. LIEBS erster N-Alkylapparatur mitgeteilt wurden, besitzt der von A. A. SIROTENKO zwei wesentliche Vorteile:

1. aus dem im aufsteigenden Teil der Apparatur befindlichen Sammelgefäß ist es möglich, die Jodwasserstoffsäure für die folgende Destillation einfach durch Öffnen des Glashahnes in das Reaktionskölbchen abzulassen, und

2. ist der Apparat ein Universalgerät, da er ohne Sammelgefäß, und je nachdem ob man den Kühlerteil mit Wasser speist oder nicht auch für Methoxyl-, Äthoxyl- und Propoxylbestimmungen verwendet werden kann.

[1] VIEBÖCK, F., u. C. BRECHER: Ber. dtsch. chem. Ges. **63**, 3207 (1930).

Bestimmung primärer Aminogruppen nach G. KAINZ[1]

Das bislang benutzte Verfahren von D. D. VAN SLYKE[2] findet vorzugsweise zur Analyse von α-Aminosäuren Anwendung (vgl. S. 282). Es erfordert aber zur Erfassung fester gebundener primärer Aminogruppen, sofern diese überhaupt vollständig reagieren, zu lange Reaktionszeiten.

Nach dem von G. KAINZ entwickelten Verfahren ist es möglich, die primären Aminogruppen in der Kälte und bei 100° C mit Nitrit zur Reaktion zu bringen.

Prinzip: Die Substanz wird mit Nitrit unter Zugabe von Jodid[3] zur Reaktion gebracht. Der freigesetzte Stickstoff und die Stickoxyde gelangen mit Kohlendioxyd als Transportgas zuerst in eine Absorptionsvorlage mit Bromat, in der die Stickoxyde gebunden werden. Das nur noch Stickstoff führende Transportgas tritt dann in ein Mikroazotometer ein, in dem die fortschreitende Desaminierung verfolgt und schließlich der gebildete Stickstoff gemessen wird. Wegen der möglichen erhöhten Reaktionstemperatur (100° C) reagieren viele schwerer desaminierbare primäre Aminogruppen vollständig. Sekundäre und tertiäre Aminogruppen werden dabei nicht erfaßt.

Reagenzien

Eisessig-Natriumacetatlösung. Man mischt eine gesättigte, wäßrige Natriumacetatlösung (etwa 40 g in 100 ml) mit Eisessig im Verhältnis 1:1. 2 ml-Pipette.

Natriumnitritlösung, gesättigt. Etwa 30 g Natriumnitrit werden in 100 ml Wasser gelöst. Meßpipette.

Kaliumjodidlösung, 10%ig, wäßrig. 2 ml-Pipette.

Schwefelsäure, 1:1.

Kaliumbromat-Schwefelsäure. Eine gesättigte, wäßrige Kaliumbromatlösung (etwa 1 g Kaliumbromat in 15 ml Wasser) wird vor jeder Analysenreihe mit Schwefelsäure (1:1) im Verhältnis 1:1 vermischt. Das Gemisch wird nach 3 Analysen erneuert.

Natriumthiosulfatlösung, wäßrig, gesättigt.

Kalilauge für Azotometer. Bereitung s. S. 92.

Apparatur

Sie besteht aus der Kohlendioxydgasquelle (Dewar-Gefäß oder Kippscher Apparat), dem Reaktionsgefäß mit Absorptionsteil (Abb. 102) und einem Mikroazotometer (S. 97). Das Reaktionsgefäß (*1*) von 7 ml Inhalt besitzt einen Schliffansatz (*2*) mit Patenthahn (*4*) und Ab-

[1] KAINZ, G.: Mikrochim. Acta [Wien] **1953**, 349; KAINZ, G., u. F. SCHÖLLER: Naturwissenschaften **42**, 209 (1955); KAINZ, G., u. F. SCHÖLLER: Z. physiol. Chem. **301**, 259 (1955).

[2] SLYKE, D. D. VAN: J. Biol. Chem. **9**, 195 (1911); **12**, 275 (1912); **16**, 121 (1913); **23**, 407 (1915).

[3] KENDRICK, A. B., u. M. E. HANKE: J. Biol. Chem. **117**, 161 (1937); **132**, 737 (1940).

leitungsrohr. Von dem Patenthahn mit Trichter (*5*) und dem Verbindungsstück für das Einleiten des Kohlendioxyds führt ein Einleitungsrohr (*3*) in das Reaktionsgefäß, das etwa 5 mm über dem Boden des Reaktionsgefäßes endet. An dem Verbindungsstück zum Wäscher ist ein Entlüftungshahn (*6*) angebracht, der beim Ablassen der Lösung aus dem Trichter in die bereits beschickte Apparatur geöffnet werden muß. In dem Wäscher (*7*) von 10 ml Inhalt befindet sich eine Spirale, die die Absorption begünstigt. An dem Wäscher ist das U-Rohr (*8*) angeschmolzen, dessen Ableitungsrohr mit dem Azotometer verbunden ist. Das U-Rohr wird mit Glaskugeln gefüllt; es ist mit Gummistopfen verschlossen.

Ausführung

Die in Abb. 102 gebrachten Apparaturteile werden mit Chromschwefelsäure und Wasser gereinigt und getrocknet. Der Schliffaufsatz wird in ein Stativ eingespannt und mit der Kohlendioxydgasquelle und dem Azotometer verbunden. In den Verbindungsschlauch zum Dewar-Gefäß bringt man einen Zwirnfaden und reguliert an dieser Stelle den Gasstrom mit einem Schraubenquetschhahn. Der Wäscher wird mit *Bromat-Schwefelsäure* gefüllt und angeschlossen. Dann bringt man unter schwachem Saugen an dem unteren Ansatzrohr des U-Rohres so viel *Thiosulfatlösung* auf die Kugeln, daß diese gut befeuchtet sind, und verschließt das Rohr.

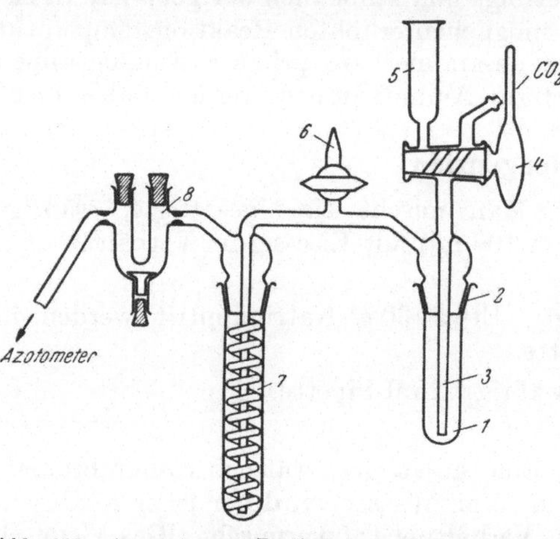

Abb. 102. Apparatur zur Bestimmung primärer Aminogruppen nach G. KAINZ.

In das Reaktionskölbchen werden 2 bis 5 mg feste Substanzen mit dem Wägeröhrchen (S. 15), flüssige in Kapillaren und dickflüssige in Glasnäpfchen eingewogen. Zur eingewogenen Substanz bringt man *2 ml Eisessig-Natriumacetatlösung* und *2 ml Kaliumjodidlösung* (Kapillaren mit Glasstab zerdrücken und das Ende des Glasstabes mit wenig Eisessig abspülen). Das Reaktionskölbchen wird dann angeschlossen und der Trichter mit *1,5 ml Natriumnitritlösung* beschickt. Um die Apparatur luftfrei zu machen, leitet man rasch Kohlendioxyd durch, das man an dem zweiten Stopfen des U-Rohres, den man für diese Zeit abnimmt, austreten läßt[1]. Nach 5 Minuten prüft man mit dem Azotometer, ob die Apparatur luftfrei ist (Prüfung auf „Mikroblasen“ s. S. 102). Man erzeugt geringen Überdruck in der Apparatur durch Heben der Birne des Azotometers bis zum Trichter, neben den

[1] Bringt man zwischen U-Rohr und Azotometer einen Dreiwegehahn, erübrigt sich das Abnehmen des Stopfens.

man sie in den Haltering einhängt. Dann wird die Kohlendioxydzuleitung abgestellt. Nun entfernt man die Luft aus der Bohrung des Trichterhahnes, indem man den Patenthahn um 180° dreht; durch den Überdruck in der Apparatur wird die Luft mit dem Kohlendioxyd nach außen gedrückt. Damit die Natriumnitritlösung in die Apparatur einfließen kann, öffnet man den Entlüftungshahn. Wenn 1 ml Lösung abgeflossen ist, werden beide Hähne (*4* und *6*) geschlossen. Sobald die Stickoxydentwicklung in dem Reaktionskolben nachgelassen hat, senkt man die Birne des Azotometers und leitet Kohlendioxyd mit einer Strömungsgeschwindigkeit von 5 bis 10 Blasen in 10 Sekunden durch die Apparatur. Nach etwa 1 Minute zeigen sich die ersten größeren Blasen (Stickstoffblasen).

Will man nur den „Kaltwert" feststellen, leitet man so lange Kohlendioxyd durch die Apparatur, bis wieder „Mikroblasen" erscheinen, was nach etwa 20 Minuten der Fall ist.

Werden nach 20 Minuten die in dem Azotometer hochsteigenden Blasen nicht kleiner, so liegt eine Aminogruppe vor, die nur langsam desaminiert wird. Man wird einen „Heißversuch" anschließen, wozu man das Reaktionskölbchen 1 bis 2 Minuten in ein Bad mit kochendem Wasser bringt. Bei Substanzen, die nur langsam mit Nitrit reagieren, wird man gleich den „Heißwert" bestimmen.

Bei jeder Analysenreihe ist der Blindwert für den „Kalt- und Heißversuch" zu bestimmen, der von dem abgelesenen Stickstoff des Hauptversuches abzuziehen ist.

Inzwischen wurde von G. KAINZ[1] die Apparatur weiter entwickelt. Als Wäscher dienen Waschflaschen mit Glaskugeln, die mit einem Gemisch aus Natriumacetat und Ameisensäure benetzt werden. Hahn 6 (Abb. 102) wurde durch einen Patenthahn ersetzt, über den die Apparatur einfach zu reinigen ist und die Stickoxyde nach der Analyse mittels Wasserstrahlvakuum entfernt werden.

Berechnung s. S. 103.

Bemerkungen: Mit dem beschriebenen Verfahren gelingt es, bei Verwendung des 30%igen Nitrit-Reagens α-Aminosäuren (ausgenommen in ε-Stellung) bereits mit dem „Kaltwert" einfacher als mit der volumetrischen und manometrischen Methode von D. D. VAN SLYKE zu bestimmen.

Bei Anwendung der Methode zur Bestimmung primärer Aminogruppen hat man zu berücksichtigen, daß nachstehend angeführte Atomgruppen und Verbindungen mit Nitrit Nebenreaktionen geben, die zu erhöhter Stickstoffentwicklung führen. Es reagieren: Isonitrosogruppen und Verbindungen mit aktiven Methylengruppen, auch wenn diese sekundär entstehen; Halogenessigsäuren, die über Nitroessigsäure reagieren; Phenole mit freier o- und p-Stellung, Nitrosophenole, solche Schwefelverbindungen, die durch Nitrit oxydiert werden, fünfgliedrige Heterocyclen mit Harnstoffgruppierung, Indol- und Oxindolverbindungen.

G. KAINZ und F. SCHÖLLER verfolgen diese Anomalien, indem sie einer-

[1] Nach Mitteilung von G. KAINZ erscheint die Neuerung in Ztschr. analyt. Chem.

seits das Nitrit mit und ohne Jodid einwirken lassen (im letzteren Falle treten die Nebenreaktionen stärker auf) und Vergleiche mit dem nach DUMAS bestimmten Stickstoff heranziehen, andererseits Desaminierungskurven mit verdünnten und konzentrierten Nitritlösungen aufstellen. Für Phenole und Verbindungen mit aktiven Methylengruppen empfehlen die Autoren, bei der Desaminierung Brom zuzusetzen (Einzelheiten siehe Originalarbeiten). Auf Grund ihrer Versuche kommen G. KAINZ und FR. SCHÖLLER zu dem Ergebnis, daß alle primären Aminogruppen, gleichgültig welcher Bindungsart, quantitativ bestimmt werden können, wenn man die Reaktion bei schwer reagierenden Aminogruppen durch kurzes Erhitzen einleitet. Der „Heißwert" wird von den Autoren empfohlen zur Bestimmung der ε-Aminogruppe des Lysins, der Aminogruppe des Guanidinrestes im Arginin der primären Aminogruppe, aromatischer Amine, von Säure- und Sulfonsäureamiden.

Auf Grund längerer Untersuchungen des Verfassers mit der Methode unter Benutzung der 30%igen Nitritlösung besitzt das Verfahren für α-Aminosäuren gegenüber der D. D. van Slyke-Methode Vorteile. In verschiedenen Argininpräparaten (Basen und Hydrochloriden) fanden wir, daß die Aminogruppe des Guanidinrestes erst nach *30—40 Minuten langem Erhitzen des Reaktionsgemisches auf 100° C vollständig reagiert.* Während ferner die α-Aminogruppe des Asparagins bereits beim „Kaltversuch" quantitativ reagiert, *gelingt die Desaminierung der Säureamidgruppe nach 30 Minuten langem Erhitzen auf 100° C nur unvollkommen.*

Zur Bestimmung von Carbonsäureamiden wird die auf S. 277 beschriebene Methode empfohlen, da mit der hier beschriebenen außer Harnstoff, der erst nach längerem Erhitzen (20—30 Minuten) voll ausreagiert, nach unseren Versuchen sowohl im „Kaltversuch" als auch nach 1—2 Minuten Erhitzen auf 100° C Acetamid, Benzamid, Salicylamid, Succinamid und Adipinsäurediamid *nicht* desaminiert werden.

Nach unseren Erfahrungen, wie auch von Fachkollegen, ist die Methode vorläufig nur zur Bestimmung von primären Aminogruppen in α-Aminosäuren zu empfehlen, und es scheint erwünscht, daß die Methode noch weiteren Versuchen unterzogen wird.

Während der Drucklegung dieses Buches wurde von G. KAINZ, H. HUBER und F. KASLER[1] ein neues Verfahren zur Bestimmung von Aminogruppen unter Verwendung von Nitrosylbromid mitgeteilt. Die oben genannten überhöhten Analysenergebnisse und teilweise auch die zu niedrigen werden durch Brom in Eisessig eliminiert. Die Substanz wird nicht mehr in Lösung eingebracht, wodurch sich Vorteile zur Klärung für Konstitutionsfragen ergeben. Eiweißhydrolysate sind zuvor zur Trockene einzuengen.

Bestimmung der Merkapto- (Sulfhydril-) Gruppe

Die SH-Gruppe ist einfach zu bestimmen. Man läßt entweder ihr aktives Wasserstoffatom mit Methylmagnesiumjodid reagieren und bestimmt das dabei in Freiheit gesetzte Methan (s. S. 228) oder führt das Merkaptan

[1] KAINZ, G., H. HUBER u. F. KASLER: Mikrochim. Acta [Wien] **1957**, 744.

in Merkaptid oder durch geeignete Oxydationsmittel in die Disulfidverbindung über. Für Reihenuntersuchungen ist besonders die amperometrische Titration mit Silbernitrat von I. M. KOLTHOFF und W. E. HARRIS[1] geeignet, nach der wasser-[2] und alkohollösliche[3] Merkaptane sehr rasch bestimmt werden können.

Die gebräuchlichsten maßanalytischen Methoden sind die Oxydation mit Jod, die bereits von A. KEKULÉ und A. LINNEMANN[4] beschrieben wurde und die Kupfer-II-oleat-Methode von G. R. BOND[5] sowie die analoge Bestimmung mit Kupfer-II-alkylphthalat nach R. H. TURK und E. E. REID[6].

Die Jodmethode ist sehr genau. Die Reduktion der Kupfer-II-Salze durch die SH-Gruppe wird man nur dann heranziehen, wenn die Jodmethode versagt, z. B. falls mit gleichzeitiger Jodaddition durch die Analysensubstanz zu rechnen oder die Substanz in Wasser und Eisessig unlöslich ist.

1. Oxydation der Merkaptane mit Jod

$$2\,RSH + J_2 \longrightarrow RSSR + 2\,HJ.$$

Es ist dabei erforderlich, bestimmte Reaktionsbedingungen einzuhalten, um Oxydation über die Disulfidstufe hinaus zu vermeiden. Während einfache Merkaptane[7] durch direkte Titration bei Zimmertemperatur quantitativ bestimmt werden können, ist der Jodverbrauch von Merkaptocarbonsäuren, die zweckmäßigerweise in stark saurer Lösung titriert werden, stark temperaturabhängig, und der theoretische Jodverbrauch wird in manchen Fällen nur bei oder nahe 0° C erreicht[8].

Größere Schwierigkeiten bietet die Titration von Cystein, da Cystein- und Jodkonzentration Einfluß auf die Titrationsergebnisse haben. Jedoch werden durch indirekte Titration bei 0° C in *n*-Salzsäure bei Anwesenheit von 0,5% Kaliumjodid befriedigende Ergebnisse erhalten. Ähnliche Verhältnisse liegen für Glutathion vor[9].

α) Titration einfacher Merkaptane in wäßriger Lösung

Reagenzien

0,02 n-Jodlösung, hergestellt nach S. 24.

0,02 n-Natriumthiosulfatlösung, bereitet nach S. 24.

Stärke, fest, oder Lösung, die man nach S. 24 bereitet.

In einen Erlenmeyer-Kolben mit Schliffstopfen von 50 ml Inhalt werden *10,0 ml der 0,02 n-Jodlösung* gebracht. Das Merkaptan (5—10 mg) wird in

[1] KOLTHOFF, I. M., u. W. E. HARRIS: Ind. Eng. Chem., Analyt. Ed. **18**, 161 (1946).
[2] KOLTHOFF, I. M., u. W. STRICKS: J. Amer. Chem. Soc. **72**, 1952 (1950).
[3] BENESCH, R., u. R. E. BENESCH: Arch. Biochemistry **19**, 35 (1948); **28**, 43 (1950).
[4] KEKULÉ, A., u. A. LINNEMANN: Ann. Chem. **123**, 273 (1862).
[5] BOND, G. R.: Ind. Eng. Chem., Analyt. Ed. **5**, 257 (1933).
[6] TURK, R. H., u. E. E. REID: Ind. Eng. Chem., Analyt. Ed. **17**, 713 (1945).
[7] Bei tertiären Mercaptanen versagt die Methode.
[8] LUCAS, C. C., u. E. J. KING: Biochemic. J. **26**, 2076 (1932).
[9] SCHÖBERL, A., u. F. KRUMEY: Ber. dtsch. chem. Ges. **71**, 2361 (1938).

eine Kapillare nach S. 57 eingewogen. Die Kapillare zerdrückt man mit einem Glasstab in der Lösung und spült das Ende mit 0,5 bis 1 ml destilliertem Wasser ab. Der Kolben wird zugestopft und einige Minuten kräftig geschüttelt. Man entfernt den Stopfen, spült ihn und die Innenwand des Erlenmeyer-Kolbens mit destilliertem Wasser (5 ml) ab und titriert sogleich das überschüssige Jod unter Zugabe von *Stärke* mit der *0,02 n-Natriumthiosulfatlösung* in üblicher Weise.

1 ml 0,02 *n*-Jod entspricht 0,6613 mg SH.

Berechnung

A = vorgelegte ml 0,02 *n*-Jodlösung.

B = verbrauchte ml 0,02 *n*-$Na_2S_2O_3$-Lösung.

(A—B) = zur Oxydation benötigte ml 0,02 *n*-Jodlösung.

$$\% \text{ SH} = \frac{(A-B) \text{ ml } 0{,}02\ n\text{-J} \cdot 0{,}6613 \cdot 100}{\text{mg Substanzeinwaage}}$$

β) In Wasser und Essigsäure lösliche Merkaptane

werden nach R. Kuhn, L. Birkofer und F. W. Quackenbush[1] in 70 bis 90%iger Essigsäure folgendermaßen titriert:

Reagenzien

0,004 n-Jodlösung in Eisessig.

0,004 n-Natriumthiosulfatlösung.

Eisessig.

Ausführung

Man läßt z. B. 0,2—0,5 mg Cysteinhydrochlorid in 0,3 ml Wasser und 3 ml Eisessig mit mindestens dem Doppelten der erforderlichen *0,004 n-Jodlösung* in Eisessig 1 Minute in einem Schliff-Erlenmeyer-Kölbchen bei 20° C stehen. Man verdünnt dann mit dem gleichen Volumen Wasser und titriert mit *0,004 n-Natriumthiosulfatlösung* zurück. Auch eine 10 Minuten lange Einwirkung von Jod in 90%iger Essigsäure ändert das Titrationsergebnis nicht.

1 ml 0,004 *n*-Jod entspricht 0,13226 mg SH.

Berechnung: Siehe vorstehende Ausführung (α).

2. Bestimmung über Kupfer-II-Salze

Die Reaktion beruht auf der Reduktion des Kupfer-II-ions durch die Sulfhydrilgruppe. Es entsteht Kupfer-I-merkaptid und Disulfid:

$$2\,Cu^{++} + 4\,RSH \longrightarrow 2\,CuSR + RSSR + 4\,H^+.$$

Der Vorteil des Verfahrens besteht darin, daß indifferente Lösungsmittel

[1] Kuhn, R., L. Birkofer u. F. W. Quackenbush: Ber. dtsch. chem. Ges. **72**, 407 (1939).

zur Lösung der Merkaptane benutzt werden können und die Titration direkt mit gestellter Kupfer-II-butyl- oder Kupfer-II-octylphthalatlösung[1] möglich ist. Da aber die Entfärbung schon mit dem 0,1 *n*-Reagens nicht scharf zu erkennen ist, gelingt es nicht, die Merkaptane mit den in der Mikroanalyse üblichen verdünnten Lösungen zu bestimmen. Die Bestimmung, die an sich nicht so genau wie die mit Jod ist, läßt sich jedoch mit Mikromengen unter Entnahme der 0,1 *n*-Kupfer-II-Lösung aus Kapillarbüretten und bei Verwendung von Spitzröhrchen als Titriergefäß (s. S. 276) befriedigend durchführen.

Wie wir fanden[2], ist es auch möglich, unter Benutzung der in der Mikroanalyse üblichen verdünnten Maßlösungen kleine Mengen Merkaptan indirekt über Kupfermerkaptid zu bestimmen.

Das Merkaptan wird mit einer aus geeigneten Lösungsmitteln bereiteten Kupfer-II-butylphthalatlösung im Überschuß versetzt. Nach Zugabe von Kaliumjodid und Stärke wird, um eventuelle Reaktion des Jods mit der Substanz zu vermeiden, das unverbrauchte Reagens nach $2\,Cu^{++} + 4\,J^- \rightarrow 2\,CuJ + J_2$ mit Thiosulfat rasch zurücktitriert. In einem Blindversuch wird die Stärke des Reagens ermittelt und aus der Differenz der Sulfhydrilgehalt der Substanz berechnet.

Reagenzien

Kupfer-II-butylphthalat.

Herstellung: In einen 500 ml Erlenmeyer-Kolben werden zu 50 ml Butanol 74 g fein verriebenes trockenes Phthalsäureanhydrid gebracht. Das Gemisch wird unter Rühren auf 105° C erhitzt. Sobald die Temperatur erreicht ist, entfernt man die Flamme und rührt weiter. Dabei steigt die Temperatur von selbst auf 120° C an und das Gemisch wird in wenigen Minuten klar. Die Lösung wird dann abgekühlt und in verdünnte Lauge aus 20 g Natriumhydroxyd in 1500 ml Wasser gegossen. Wenn die dabei entstehende Lösung nicht sauer wird, säuert man sie mit Essigsäure an. Nun filtriert man in ein 4 l-Becherglas und gießt eine klare Lösung von 65 g Kupfersulfat (Pentahydrat) in 500 ml Wasser zu dem Butylphthalatgemisch unter starkem Rühren langsam ein. Das ausgefallene Kupferbutylphthalat wird in einem Büchner-Trichter gesammelt, mit Wasser gewaschen und an der Luft getrocknet. Es wird in einem Mörser fein zerrieben und in einem Vakuum-Exsiccator weiter getrocknet. Ausbeute etwa 95%; es ist gut haltbar.

Zur Reinheitsprüfung des Präparates löst man 0,3—0,5 g in 5 ml Eisessig, verdünnt mit 500 ml Wasser und bestimmt jodometrisch das Kupfer.

Kupfer-II-butylphthalat-Reagens. Der Faktor des Reagens braucht nicht bekannt zu sein, weil die Stärke des Reagens sich aus dem Blindversuch ergibt. Für eine 0,02 *n*-Lösung werden 5,085 g analysenreines Kupfer-II-butylphthalat benötigt. Von dem hergestellten Präparat werden entsprechend der Reinheit etwa 5,1 g in einen Meßkolben von 1 l Inhalt eingewogen, mit 50 ml Eisessig gelöst und mit Pentasol (Gemisch von Isomeren des

---

[1] Turk, R. H., u. E. E. Reid: Ind. Eng. Chem., Analyt. Ed. **17**, 713 (1945), vgl. Houben-Weyl/E. Müller: Methoden der Organischen Chemie, Bd. II, S. 583. Gg. Thieme-Verlag, Stuttgart 1953.

[2] Roth, H.: Mikrochim. Acta [Wien] **1958**, im Druck.

Amylalkohols), Butanol oder einem Kohlenwasserstoff auf 1 l verdünnt. 20 ml-Pipette.

Kaliumjodid (p. a.).

0,01 n oder *0,02 n-Natriumthiosulfatlösung*. Nach S. 24 hergestellt, von genauem Faktor, Bürette.

Stärkelösung. Bereitung s. S. 24. 1 ml-Pipette.

Ausführung

Von dem Merkaptan werden 5—10 mg in einen Erlenmeyer-Kolben von 100 ml Inhalt mit Schliffstopfen eingewogen. Feste Substanzen wägt man in Wägeröhrchen mit Stiel (S. 15) und flüssige in Kapillaren ein. Dann werden *20,0 ml Reagens* zugegeben. Kapillaren zerdrückt man mit einem Glasstab auf dem Boden des Kolbens. Nach Umschwenken und 5 Minuten Stehen des verschlossenen Kolbens bringt man *1 ml Stärkelösung* und eine Spatelspitze (*etwa 100 mg*) *Kaliumjodid* zu, schwenkt gut um und titriert sofort das ausgeschiedene Jod mit der *0,01 n-Natriumthiosulfatlösung*, bis die dabei sich etwas trübende Lösung farblos ist.

Auf genau gleiche Weise wird der Blindwert des Reagens bestimmt.

1 ml 0,01 *n*-Natriumthiosulfat entspricht 0,3306 mg SH.

1 ml 0,02 *n*-Natriumthiosulfat entspricht 0,6613 mg SH.

Berechnung

A = Für die Blindwertbestimmung benötigtes 0,02 *n*-Natriumthiosulfat.

B = Beim Hauptversuch verbrauchtes 0,02 *n*-Natriumthiosulfat.

$$\% \text{ SH} = \frac{(\text{A—B}) \text{ ml } 0{,}02\, n\text{-Na}_2\text{S}_2\text{O}_3 \cdot 0{,}6613 \cdot 100}{\text{mg Substanzeinwaage}}$$

Beispiel: 16,8 mg Cysteinhydrochlorid.

A = 10,35 ml 0,02 *n*-Natriumthiosulfat

B = 4,95 ml 0,02 *n*-Natriumthiosulfat

Differenz = 5,40 ml 0,02 *n*-Natriumthiosulfat

ber. % SH = 21,05; gef. % SH = 21,2.

Die Reaktion wird nicht gestört durch Äthinyl-cyclohexanol und verschiedene Zucker. Bei Thioverbindungen, wie Thioharnstoff und Thioacetamid wurde geringer Thiosulfatverbrauch, der bis zu 0,1 Molekel entspricht, festgestellt.

Weitere Methoden: Nach O. Folin und A. O. Marenzi[1] entsteht bei der Einwirkung von 9(18)-Wolframsäure-Phosphorsäure auf Merkaptane eine Blaufärbung, die auf der Reduktion der Heteropolysäure beruht. Bei den einzelnen Merkaptanen ist die Farbstärke sehr vom pH abhängig, weshalb für jedes System die optimale Extinktion ermittelt werden muß.

[1] Folin, O., u. A. O. Marenzi: J. Biol. Chem. **83**, 103 (1929).

Weitere reduzierende Gruppen der Molekel von Begleitsubstanzen stören die Farbreaktion. K. SHINOHARA und K. E. PADIS[1] schalten die Färbung der SH-Gruppe durch Quecksilber-II-chloridzugabe aus und berechnen aus der Differenz von zwei Analysen die SH-Gruppe.

Mit Phosphorwolframsäure ist es ferner möglich, Disulfide zu bestimmen, nachdem man sie mit Sulfit behandelt hat.

$$RSSR + Na_2SO_3 \rightarrow RS\,Na + RSSO_3\,Na \quad \ldots\ldots 1$$

Bei der Behandlung von Merkaptan mit Sulfit erhält man den doppelten Farbwert als ohne Sulfit, da das dabei entstehende Disulfid

$$2\,RSH + (H_2O)_3P_2O_5\,(WO_3)_{18} \rightarrow RSSR + H_2O + (H_2O)_3P_2O_5\,(WO_3)_{17}WO_2$$
$$(\text{oder } (H_2O)_3P_2O_5\,(WO_3)_{16}W_2O_5)$$

nach Gleichung 1 weiterreagiert[2]. Man ist auf diese Weise in der Lage, Merkaptane neben Disulfiden zu bestimmen. Über das Verhalten der Disulfide mit Sulfit und die Ausführung siehe Anm. 2.

Auch die Nitroprussidnatrium-Reaktion[3] ist stark pH-abhängig[4]. Die Farbe kann durch Kaliumcyanid für 15 Minuten stabilisiert werden.

Thiole setzen sich mit p-Chlor-quecksilber-II-benzoat um. Zur Mikrotitration wird das Merkaptan mit einem Überschuß des Reagens bei pH 5,3 versetzt und der Überschuß mit Cysteinlösung zurücktitriert. Der Farbumschlag wird durch Tüpfeln mit Nitroprussidnatrium festgestellt.[5]

Bestimmung von Disulfiden und Dialkylsulfiden (Thioäther) nach H. ROTH[6]

Für die Bestimmung von Disulfiden ist es möglich, die S—S-Bindung z. B. mit Jodwasserstoffsäure[7] oder Zinkamalgam[8] zur Merkaptogruppe zu reduzieren und diese nach S. 296 zu bestimmen, oder man oxydiert das Disulfid mit Brom.

Aus einigen Thioäthern (Methionin) gelingt es analog der Alkoxylgruppe, das S-Alkyl mit Jodwasserstoffsäure als Alkyljodid abzuspalten, wozu allerdings längere Reaktionszeiten erforderlich sind[7]. Zu gleichen Ergebnissen kommen A. HOLASEK, H. LIEB und W. MERZ[9] mit einer Universalapparatur, in der auch Alkoxylgruppen bestimmt werden können. Einfacher lassen sich Thioäther, gleich den Disulfiden mit Brom oxydieren,

---

[1] SHINOHARA, K., u. K. E. PADIS: J. Biol. Chem. **112**, 671 (1936).
[2] LUGG, J. W. H.: Biochemic. J. **26**, 2144 (1933).
[3] HANSCHKE, E.: Diss. München 1935.
[4] SCHÖBERL, A., u. E. LUDWIG: Ber. dtsch. chem. Ges. **70**, 1422 (1937).
[5] HELLERMANN, L., F. P. CHINARD u. V. R. J. DEITZ: J. Biol. Chem. **147**, 443 (1943).
[6] ROTH, H.: Mikrochim. Acta [Wien] **1958**, im Druck.
[7] KUHN, R., L. BIRKOFER u. E. W. QUACKENBUSH: Ber. dtsch. chem. Ges. **72**, 407 (1939).
[8] KOLTHOFF, I. M., D. R. MAY, P. MORGAN, H. A. LAITINEN u. A. S. O'BRIEN: Ind. Eng. Chem., Analyt. Ed. **18**, 442 (1946).
[9] HOLASEK, A., H. LIEB u. W. MERZ: Mikrochim. Acta [Wien] **1956**, 1216.

wobei zuerst das Sulfoxyd und bei weiterer Bromzugabe das Sulfon entsteht. S. SIGGIA und R. L. EDSBERG[1] titrieren bei ihrer Makromethode Dialkylsulfide direkt mit Bromat-Bromid nur bis zum Sulfoxyd. Bei kleinen Substanzmengen ist diese Art der Bestimmung zu ungenau. Mit überschüssigem Brom erfolgt die Oxydation zum Sulfon jedoch sehr rasch. Es ist somit möglich, Disulfide und Thioäther auf gleiche Weise zu bestimmen.

Prinzip: Die Oxydation wird in verdünnter Essigsäure und Salzsäure mit überschüssigem Bromat-Bromid durchgeführt und das unverbrauchte Brom bzw. Jod mit Thiosulfat zurücktitriert.

Zur Oxydation einer Disulfidbindung werden dabei 10 Atome Brom benötigt:

$$RSSR + 5\,Br_2 + 4\,H_2O \longrightarrow 2\,RSO_2 \cdot Br + 8\,HBr$$

während zur Überführung der Thioäther in Sulfone 4 Bromatome erforderlich sind:

$$R_2S + 2\,Br_2 + 2\,H_2O \rightarrow R_2SO_2 + 4\,HBr$$

Reagenzien

Eisessig p. a., 10 ml-Pipette.

2 n-Salzsäure, 5 ml-Pipette.

0,02 n-Bromat-Bromidlösung; 0,504 g Natriumbromat und 2,380 g Kaliumbromid werden in einen 1 l-Meßkolben eingewogen und in doppelt destilliertem Wasser gelöst. 20 ml-Pipette.

Kaliumjodid p. a.

0,02 n-Natriumthiosulfatlösung, Herstellung s. S. 24.

Stärkelösung nach S. 24 bereitet.

Ausführung

5—8 mg der Disulfidverbindung oder des Thioäthers werden in einen Erlenmeyer-Kolben mit Schliffstopfen von 100 ml Inhalt eingewogen. Dazu benutzt man für feste Substanzen das Wägeröhrchen (S. 15) und für flüssige Kapillaren (S. 57 und S. 58). Zur Substanz in den Kolben gibt man *20 ml Eisessig, 15 ml doppelt destilliertes Wasser* und *5 ml 2 n-Salzsäure*. Kapillaren werden in der Lösung mit einem Glasstab zerdrückt, den man mit 1 ml Wasser abspült.

Nun werden genau *20,0 ml der 0,02 n-Bromat-Bromidlösung* zugegeben, und der Schliffstopfen wird sofort aufgesetzt. Nach 5 Minuten Stehen bei Raumtemperatur fügt man eine Spatelspitze *Kaliumjodid* und etwa *0,5 ml Stärkelösung* hinzu und titriert das ausgeschiedene Jod mit *0,02 n-Natriumthiosulfat* bis zur Entfärbung der Lösung.

Unter gleichen Bedingungen bestimmt man den Thiosulfatverbrauch

---

[1] SIGGIA, S., u. R. L. EDSBERG: Ind. Eng. Chem., Analyt. Ed. **20**, 938 (1948).

der Bromat-Bromid-Lösung (Blindwert), von dem für die Berechnung des Disulfid- bzw. Thioäther-Schwefels das im Hauptversuch titrierte Thiosulfat abzuziehen ist.

Nach vorstehendem Reaktionsverlauf entspricht 1 ml 0,02 *n*-Natriumthiosulfat 0,1282 mg Disulfid-Schwefel oder 0,1603 mg Thioäther-Schwefel.

Berechnung

$$\% \text{ S (Ds)}^{1} = \frac{\text{ml } 0{,}02\ n\text{-Na}_2\text{S}_2\text{O}_3 \cdot 0{,}1282 \cdot 100}{\text{mg Substanzeinwaage}}$$

$$\% \text{ S (Thä)}^{2} = \frac{\text{ml } 0{,}02\ n\text{-Na}_2\text{S}_2\text{O}_3 \cdot 0{,}1603 \cdot 100}{\text{mg Substanzeinwaage}}$$

Beispiele:

5,060 mg Cystin (Mol. Gew. 240,29)

Blindwert:	19,60 ml 0,02 n-$Na_2S_2O_3$	
Hauptversuch:	9,20 ml 0,02 n-$Na_2S_2O_3$	ber. % S = 26,68
	10,40 ml 0,02 n-$Na_2S_2O_3$	gef. % S = 26,35

5,325 mg Diäthylsulfid (Mol. Gew. 90,18)

Blindwert:	19,50 ml 0,02 n-$Na_2S_2O_3$	
Hauptversuch:	7,80 ml 0,02 n-$Na_2S_2O_3$	ber. % S = 35,55
	11,80 ml 0,02 n-$Na_2S_2O_3$	gef. % S = 35,52

6,360 mg Methionin (Mol. Gew. 149,20)

verbrauchen:	8,50 ml 0,02 n-$Na_2S_2O_3$	ber. % S = 21,41
		gef. % S = 21,39

Bemerkungen: Da mit der beschriebenen Ausführung bei unbekannten Verbindungen eine Unterscheidung zwischen Disulfiden und Thioäthern nicht möglich ist, wird man zur Identifizierung die Gesamt-Schwefel- und Molekulargewichtsbestimmung mit einbeziehen. Dieser Weg ist nur dann möglich, wenn die Substanz keine weiteren mit Brom reagierenden Atomgruppen enthält. Sonst wird man, wie auch in Proben, die Thioäther neben Disulfiden enthalten, die Reduktion mit Jodwasserstoffsäure (s. S. 298, Anm. 1) durchführen. Das Disulfid wird dabei über die SH-Gruppen (Cystin ⟶ Cystein) und der Thioäther über das abgespaltene Alkyljodid bestimmt. Enthält die Probe keine weiteren mit Brom reagierenden Verbindungen oder Atomgruppen, können diese bei den Thioverbindungen auch aus der Differenz berechnet werden. Dazu bestimmt man mit einer Substanzeinwaage die Summe Disulfid + Thioäther mit Brom und in einer zweiten Probe das Disulfid nach Reduktion als Merkaptan oder den Thioäther über das Alkyljodid.

---

[1] Ds = Disulfid.
[2] Thä = Thioäther.

Bestimmung der Isocyanat- und Isothiocyanatgruppe nach H. Roth

Von den zur Bestimmung dieser Verbindungen beschriebenen Reaktionen[1] ermöglicht die Umsetzung mit Aminen auch kleine Mengen einfach und genau zu bestimmen. Es entstehen dabei alkylierte Harnstoffe bzw. Thioharnstoffe

$$R{-}N{=}C{=}O + R'NH_2 \rightarrow R{-}NH\overset{\overset{\displaystyle O}{\|}}{C}NH{-}R'$$

$$R{-}N{=}C{=}S + R'NH_2 \rightarrow R{-}NH\overset{\overset{\displaystyle S}{\|}}{C}NH{-}R'$$

Die Kondensation tritt bereits bei Raumtemperatur innerhalb kurzer Zeit ein. Die nachstehend beschriebene Ausführung wurde von uns aus der Makromethode von W. Siefken[2] entwickelt[3].

Die in Monochlorbenzol gelöste Substanz wird mit überschüssigem Dibutyl- (oder Di-isobutyl-)amin versetzt. Nach 5 Minuten wird die überschüssige Aminlösung nach Zugabe von Methanol mit gestellter Säure gegen Bromphenolblau als Indikator zurücktitriert.

Reagenzien

Monochlorbenzol (Sp = 132° C) Meßpipette.

(n)-Dibutylamin (p. a.) 2 ml-Präzisionsauswaschpipette (s. S. 114).

Dibutylaminlösung. In einen Meßkolben von 100 ml pipettiert man genau 2,0 ml Dibutylamin und füllt mit Monochlorbenzol bis zur Marke auf. Ein ml der Lösung entspricht 5,75 ml 0,02 *n*-Salzsäure; 2 ml-Präzisionsauswaschpipette.

Methanol (p. a.) Meßpipette.

0,02 n-Salzsäure, wird wie die 0,01 *n* S. 21 bereitet. Mikrobürette.

0,1 % methanolische Bromphenolblaulösung. Tropfflasche.

Ausführung

Da die Ester der Isocyan- und Isothiocyanwasserstoffsäure der niedrigen Reihe Flüssigkeiten mit erstickenden und zu Tränen reizenden Eigenschaften sind und auch die festen Ester (Senföle) z. B. der Naphthalin- und Pyrenreihe gesundheitsschädigend sind, wird man die Analysensubstanz unter einem guten Abzug entnehmen und verschlossen zur Wägung bringen.

Für feste Substanzen benutzt man das Wägeröhrchen mit Schliffstopfen (S. 15). Flüssigkeiten werden in Kapillaren nach S. 57 eingewogen.

Die Substanz (5—10 mg) wird in einen Erlenmeyer-Kolben mit Schliff-

---

[1] Houben-Weyl: Methoden der Organischen Chemie, 4. Aufl. Herausgegeben von E. Müller. Bd. II, S. 556ff. u. S. 599. Gg. Thieme-Verlag, Stuttgart 1953.

[2] Siefken, W.: Ann. Chem. **562**, 100 (1949).

[3] Roth H.: Mikrochim. Acta [Wien] **1958,** im Druck.

stopfen von 250 ml Inhalt gebracht, in den man zuvor *4 ml Monochlorbenzol* pipettiert hat. Kapillaren werden mit einem Glasstab auf dem Kolbenboden zerdrückt und das Ende des Glasstabes mit *0,5 — 1 ml Chlorbenzol* abgespült. Zur Lösung der Substanz in dem Chlorbenzol wird vorsichtig umgeschwenkt. Dann werden genau *2,0 ml der Dibutylaminlösung* und *30 ml Methanol* zugegeben. Man verschließt den Kolben und schwenkt einige Minuten vorsichtig um, damit Substanzen mit hohem Dampfdruck vollständig absorbiert werden. Nun gibt man *3 Tropfen des Bromphenolblau*-Indikators zu und titriert die blaue Lösung mit der *0,02 n-Salzsäure*, bis sie nahezu farblos ist. Der Endpunkt ist erreicht, wenn die Lösung nur noch schwach hellgrün gefärbt ist.

In einem zweiten Ansatz (Leerversuch), der genau gleich durchzuführen ist, bestimmt man die von der gleichen Menge Dibutylamin benötigte 0,02 *n*-Salzsäure (Titration A).

Zur Berechnung der Isocyanat- bzw. Isothiocyanatgruppe hat man von diesem Verbrauch die im Hauptversuch titrierte Säure abzuziehen (Titration B).

1 ml 0,02 *n*-Salzsäure entspricht 0,8404 mg NCO

1 ml 0,02 *n*-Salzsäure entspricht 1,1616 mg NCS

$$\% \text{ NCO} = \frac{\text{ml } 0{,}02\ n\text{-HCl (A—B)} \cdot 0{,}8404 \cdot 100}{\text{mg Substanzeinwaage}}$$

$$\% \text{ NCS} = \frac{\text{ml } 0{,}02\ n\text{-HCl (A—B)} \cdot 1{,}1616 \cdot 100}{\text{mg Substanzeinwaage}}$$

Die Genauigkeit der Methode beträgt ± 0,5%.

Bemerkung: Es ist auch möglich, mit 0,01 *n*-Salzsäure zu titrieren. Um dabei eine Trübung der Lösung durch das Chlorbenzol wegen der größeren Wassermenge zu vermeiden, muß die Methanolzugabe auf 60 bis 70 ml erhöht werden. Für in Monochlorbenzol unlösliche Substanzen kann Dioxan verwendet werden[1].

Bestimmung der Dithiocarbaminat- und Thiuramdisulfidgruppe nach H. Roth und W. Beck[2]

Neben vielseitiger Verwendung von Verbindungen mit solchen Gruppen als Vulkanisierungsbeschleuniger und Fungizide finden besonders die Salze der Dithiocarbamidsäure — im weiteren Text „Carbate" genannt — als qualitative[3] und quantitative[4] Reagenzien zunehmende Anwendung. Da

[1] Siggia, S., J. Gordon u. W. Hanna: Ind. Eng. Chem., Analyt. Ed. **20**, 1084 (1948).

[2] Roth, H., u. W. Beck: Mikrochim. Acta [Wien] **1957**, 844.

[3] Gleu, K., u. R. Schwab: Angew. Chem. **62**, 320 (1950); Malissa, H., u. F. F. Miller: Mikrochem. **40**, 63 (1953); Miller, F. F., K. Gedda u. H. Malissa: Mikrochem. **40**, 373 (1953); Malissa, H., u. E. Schöffmann: Mikrochim. Acta [Wien] **1955**, 187.

[4] Wickbold, R.: Z. analyt. Chem. **152**, 259, 262, 266, 338, 342 (1956); **153**, 21 (1956).

manche dieser Körper nicht ganz einfach rein darzustellen und außerdem als Substanz und in Lösung nicht unbegrenzt beständig sind, ergab sich die Notwendigkeit für eine Methode, die die Reinheit und Haltbarkeit solcher Verbindungen zu überprüfen ermöglicht.

Die bisher dafür entwickelten Methoden beruhen auf der Xanthogenat-Reaktion von A. W. Hofmann[1]. Durch Säurehydrolyse wird der Schwefelkohlenstoff abgespalten und in das Xanthogenat (Salz des Dithiokohlensäure-O-esters) übergeführt, das entweder in alkalischer Lösung mit Wasserstoffperoxyd quantitativ zu Sulfat oxydiert und als solches gewogen werden kann[2], oder mit Jod in das Bis-[alkoxy-thioformyl]-disulfid (Dixanthogen) übergeführt wird[3]. Diese Reaktion ermöglicht eine einfache und genaue Bestimmung des Schwefelkohlenstoffs. Xanthogenate können folglich direkt jodometrisch bestimmt werden.

Die Bestimmung eines Carbats erfolgt nach folgender Umsetzung:

$$R_2NC\begin{matrix}\nearrow S\\ \searrow SNa\end{matrix} \xrightarrow{H_2O} R_2NC\begin{matrix}\nearrow S\\ \searrow SH\end{matrix} + NaOH$$

$$R_2NC\begin{matrix}\nearrow S\\ \searrow SH\end{matrix} \longrightarrow R_2NH + CS_2$$

$$CS_2 + KOH + ROH \longrightarrow ROC\begin{matrix}\nearrow S\\ \searrow SK\end{matrix} + H_2O$$

$$2\,ROC\begin{matrix}\nearrow S\\ \searrow SK\end{matrix} + J_2 \longrightarrow ROC(=S){-}S{-}S{-}C(=S)OR + 2\,KJ$$

Analog werden Thiuramdisulfide bei gleichzeitiger Anwesenheit von Wasserstoffionen umgesetzt. Mit den bislang zur Abspaltung des Schwefelkohlenstoffs verwendeten verdünnten Mineralsäuren allein stößt man bei Schwermetall-carbaten und Thiuramdisulfiden auf Schwierigkeiten, da manche dieser Verbindungen durch Mineralsäure, wenn überhaupt, dann nur langsam hydrolysiert werden. Es erwies sich als notwendig die Substanz zuvor zu lösen, wozu, wie wir fanden, neben Methylenchlorid, Dimethylformamid, besonders Pyridin sehr geeignet ist. Zur Hydrolyse und gleichzeitigen Überführung der Thiuramdisulfide in Carbate bzw. in die Dithiocarbamidsäure eignet sich gut konzentrierte Phosphorsäure[4]. Mit dieser Kombination gelang es, bisher aus allen Verbindungen

[1] Hofmann, A. W.: Ber. dtsch. chem. Ges. **13**, 1732 (1880).

[2] Kitamura, J.: J. pharm. Soc. (Japan) **57**, 29 (1937).

[3] Callan, T., u. N. Strafford: J. Soc. Chem. Ind. **43**, 8 (1924); Matuszak, M. P.: Ind. Eng. Chem., Analyt. Ed. **4**, 98 (1932); Clarke, D. G., Baum, H., E. L. Stanley u. W. F. Hester: Analyt. Chemistry **23**, 1842 (1951).

[4] Reduzierende Zusätze führen bei Thiuramdisulfiden zu Nebenreaktionen, die sich in der Bildung von Schwefelwasserstoff zu erkennen geben.

dieser Körperklassen den Schwefelkohlenstoff quantitativ abzuspalten. Wird aus Begleitsubstanzen oder Verunreinigungen durch die Phosphorsäure gleichzeitig Schwefelwasserstoff freigesetzt, bindet man ihn an Cadmiumacetat und bestimmt ihn, wenn erforderlich, jodometrisch. Da reine Carbate und Thiuramdisulfide keinen Schwefelwasserstoff bilden, kann schon während der Analyse aus der Cadmiumsulfidabscheidung auf Verunreinigung der Analysenprobe geschlossen werden.

Die beschriebene Bestimmung von Carbaten und Thiuramdisulfiden ist nicht allein auf diese Verbindungstypen begrenzt. Sie kann auch für alle jene Thioverbindungen herangezogen werden, die Schwefelkohlenstoff abspalten.

Reagenzien

Um mit einem möglichst kleinen Blindwert (0,05—0,1 ml 0,01 *n*-Jodlösung) zu arbeiten, verwende man reinste Reagenzien und doppelt destilliertes Wasser. Besonders nicht ganz reines Methanol erhöht den Blindwert. Zur Reinigung bringt man zu gewöhnlichem Methanol etwas Jod und destilliert ab.

Pyridin (p. a.). 0,5 ml-Pipette.

Phosphorsäure 85%ig (p. a.). 5 ml-Pipette.

2 n-methylalkoholische Kalilauge. Meßpipette.

Cadmiumacetatlösung 5%ig. 1 ml-Pipette.

Essigsäure 30%ig. Bürette.

0,01 n-methylalkoholische Jodlösung. Herstellung: In einen 1 l-Meßkolben werden 1,3 g Jod eingewogen. Zur Lösung des Jods wird Methanol in kleinen Portionen zugegeben und schließlich mit Methanol bis zur Marke aufgefüllt. Der Faktor der Jodlösung wird unter den nachstehend beschriebenen Titrationsbedingungen gegen 0,01 *n*-Natriumthiosulfat bestimmt. Mikrobürette.

Kaliumjodidlösung 10%ig. Tropfpipette.

Phenolphthaleinlösung (0,1%ig methanolisch).

Stärke, löslich (feinkörnig).

Stickstoff aus einer Stahlflasche.

Apparatur (Abb. 103)

Sie besteht aus dem Reaktionskölbchen von etwa 30 ml Inhalt, das mittels eines Normalschliffes an einen Aufsatz angeschlossen ist. Durch den Aufsatz führt das Trichterrohr, durch das die Lösungsmittel eingebracht werden und während der Bestimmung Stickstoff eingeleitet wird. Über dem Aufsatz befindet sich der Rückflußkühler, an den mittels Normalschliff der Wäscher angeschlossen ist. Ein gleicher Normalschliff stellt die Verbindung mit der Absorptionsvorlage her, in der die Gasblasen längs der Spirale hochgleiten und der Schwefelkohlenstoff vollständig absorbiert wird.

Ausführung

In den trockenen Reaktionskolben werden 3—8 mg Substanz mit dem Wägeröhrchen eingewogen und 3—4 Tonscherben oder Platintetraeder zugegeben. Den Wäscher beschickt man mit *1 ml der Cadmiumacetatlösung* und die Absorptionsvorlage mit *4 ml der 2 n-methylalkoholischen Kalilauge.* Man verbindet beide Teile entsprechend der Abbildung und schließt sie, nachdem man die Schliffe mit Phosphorsäure benetzt hat, an den Aufsatz an. Nun wird der Reaktionskolben angeschlossen und ein Drahtnetz darunter gebracht. Durch den Trichter werden zur Lösung der Substanz *0,5 ml Pyridin* und anschließend *5 ml Phosphorsäure* zugegeben. Durch das Ansatzrohr des Trichters wird aus einer Stahlflasche Stickstoff in den Reaktionskolben geleitet; es sollen in einer Sekunde 2 bis 3 Blasen eintreten. Die Lösung in dem Kolben wird mit einer kleinen Flamme im Sieden gehalten.

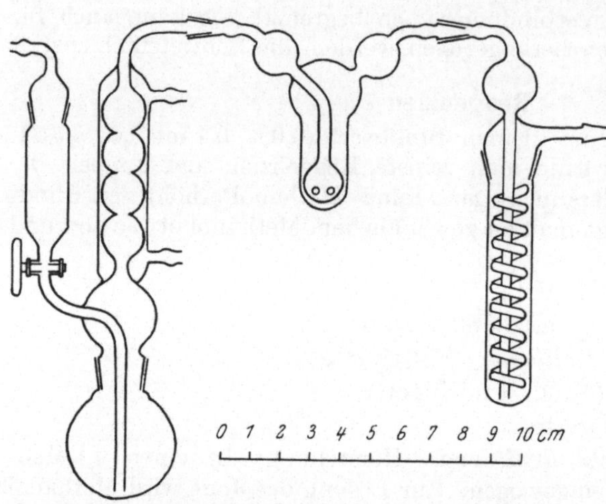

Abb. 103. Apparatur zur Bestimmung von Dithiocarbaminaten und Thiuramdisulfiden nach H. ROTH und W. BECK.

Nach 20 Minuten entfernt man den Wäscher und die Absorptionsvorlage. Der Inhalt der Vorlage wird mit etwa 50 ml doppelt destilliertem Wasser in einen Erlenmeyer-Kolben von 200 ml Inhalt übergespült und *1 Tropfen Phenolphthaleinlösung* zugegeben. Dann wird die Lösung mit *30%iger Essigsäure* bis zur eben eintretenden Entfärbung des Indikators versetzt. Um die Empfindlichkeit der Jodstärkereaktion zu erhöhen, setzt man *3 Tropfen der Kaliumjodidlösung* zu, bringt *einige Körnchen Stärke* ein und titriert mit der *0,01 n-Jodlösung* bis zur blaßlila Färbung.

Unter genau gleichen Bedingungen ist der Blindwert der Reagenzien zu bestimmen, der von dem im Hauptversuch verbrauchten Jod abzuziehen ist.

1 ml 0,01 n Jod entspricht 0,7613 mg Schwefelkohlenstoff.

Berechnung

$$\% \, CS_2 = \frac{\text{ml } 0{,}01\, n \text{ Jod} \cdot 0{,}7613 \cdot 100}{\text{mg Substanzeinwaage}}$$

Beispiel:

Probe	mg Substanz	ml 0,01 n Jod	CS_2 ber.	CS_2 gef.
Diäthylamin-Na-Carbat · 3 H_2O	7,262	3,21	33,79	33,65
Pyrrolidinthiuramdisulfid	8,86	6,05	52,07	51,98

Bemerkung: Sehr kleine Mengen von Dithiocarbaminaten bestimmt man colorimetrisch. Aus dem Carbat wird, wie beschrieben, der Schwefelkohlenstoff abgespalten und in der Vorlage in einem Gemisch aus Kupriacetat in Äthanol, das noch Tri- und Diäthanolamin enthält, zu Kupri-carbat umgesetzt, dessen gelbe Farbe bei 430 mμ photometriert wird[1]. Es können noch 15 μg Schwefelkohlenstoff genau bestimmt werden. Die Methode benutzt man z. B., um fungizid wirkende Carbatrückstände auf Pflanzen zu untersuchen.

---

[1] CLARKE, D. C., E. L. STANLEY u. W. F. HESTER: Analyt. Chemistry **23**, 1842 (1951).

Bestimmung physikalischer Konstanten

Mikroskopische Methoden beim Schmelzen von Substanzen nach L. KOFLER

Allgemeines

In der Mikrochemie diente die Schmelzpunkt-Mikrobestimmung anfangs zur Identifizierung von Mikrosublimaten und von Niederschlägen, die durch Fällung auf dem Objektträger entstanden waren. Durch die Schmelzpunkt-Mikrobestimmung konnte die mikroskopische Mikrochemie auf eine sichere Grundlage gestellt werden.

Die Schmelzpunkt-Mikrobestimmung vermag aber nicht nur in der Mikrochemie, sondern auch dann, wenn genügend Substanz zur Verfügung steht, gute Dienste zu leisten. L. KOFLER empfiehlt daher die Mikromethode an Stelle der üblichen Bestimmung im Kapillarröhrchen für den allgemeinen Gebrauch, weil sie in den allermeisten Fällen überlegen und leistungsfähiger ist. Denn unter dem Mikroskop kann man das Verhalten jedes einzelnen Kriställchens oder Partikelchens vor, bei und nach dem Schmelzen genau verfolgen und erfährt dadurch viel mehr kennzeichnende Eigenschaften einer Substanz als beim Schmelzen im Schmelzpunktröhrchen.

Die Schmelzpunkt-Mikrobestimmung ermöglicht eine wesentlich genauere Prüfung der Einheitlichkeit und Reinheit einer Substanz als die Bestimmung im Kapillarröhrchen.

Auf dem heizbaren Mikroskop kann man noch mit 0,5—1 µg Probe den Mischschmelzpunkt bestimmen. Bei Gemischen kann in einfacher Weise die eutektische Temperatur bestimmt werden, wodurch sich eine fast unbegrenzte Möglichkeit zur Identifizierung organischer Substanzen eröffnet. In Verbindung mit der „Absaugmethode"[1] ergibt sich dadurch ein neuer Weg zur Untersuchung und Trennung von Gemischen organischer Substanzen[2].

Mit Hilfe einer Skala von Glaspulvern mit bekanntem Brechungsexponenten kann man die Lichtbrechung[3] einer Schmelze bestimmen. Dies dient einerseits zur Kennzeichnung und Identifizierung von

[1] KOFLER, L., u. R. WANNENMACHER: Ber. dtsch. chem. Ges. **73**, 1388 (1940).

[2] KOFLER, L., u. M. BRANDSTÄTTER: Angew. Chem. **54**, 322 (1941).

[3] KOFLER, A.: Z. physik. Chem., Abt. A **187**, 201 (1940).

Einzelsubstanzen, andererseits zur quantitativen Bestimmung von Zweistoffgemischen.

Die Mikromethoden können mit gutem Erfolg auch auf das Gebiet der Thermoanalyse[1] angewendet werden. Die „Kontaktmethode"[2] ermöglicht mit einem mikroskopischen Präparat in wenigen Minuten die Beantwortung der Frage, ob zwei organische Stoffe miteinander ein einfaches Eutektikum, Molekülverbindungen oder Mischkristalle bilden.

Apparatur und Ausführung der Schmelzpunkt-Mikrobestimmung

Die Methode setzt das Vorhandensein einer Einrichtung voraus, die es gestattet, die Substanz zwischen Deckglas und Objektträger auf dem Mikroskop unter Kontrolle der Temperatur zu erhitzen. Der von L. KOFLER benützte Mikro-Schmelzpunktapparat (Abb. 104) besteht aus einer elektrisch geheizten Platte, die auf den Objekttisch eines beliebigen Mikroskops

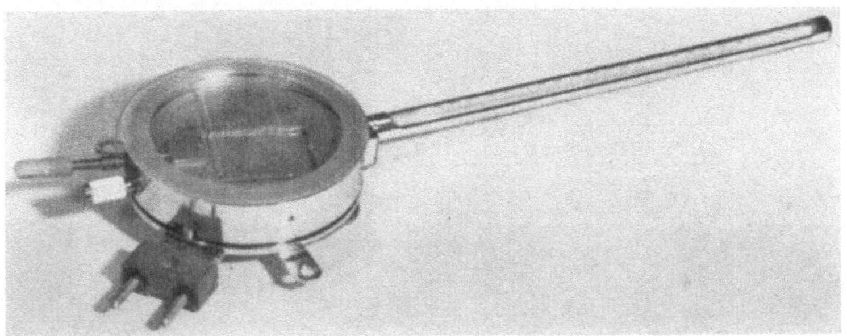

Abb. 104. Heiztisch nach L. KOFLER.

aufgesetzt werden kann[3]. Gegen die umgebende Luft ist der Apparat durch einen an der Peripherie der Heizplatte angebrachten Metallring geschützt, auf den eine Glasplatte aufgelegt wird. In einer seitlich angebrachten Bohrung der Heizplatte steckt ein Thermometer, das mit Hilfe geeigneter Testsubstanzen geeicht wird[4]. Die mit dem Apparat erhaltenen Schmelzpunkte stellen daher korrigierte Werte dar[5]. Der in Abb. 104 gebrachte neue Heiztisch besitzt gegenüber dem vorherigen den Vorteil, daß er mit einer Spannung von maximal 40 Volt betrieben wird, folglich absolut betriebssicher ist. Die niedrige Spannung ermöglicht ferner die Verwendung eines Regeltransformators für den Anschluß an das Wechselstromnetz. In diesem Zusammenhang sei auf das neue Thermomikroskop

---

[1] KOFLER, A.: Naturwiss. **31**, 553 (1943).
[2] KOFLER, A.: Z. physik. Chem., Abt. A **187**, 363 (1941).
[3] KOFLER, L., u. H. HILBECK: Mikrochem. **9**, 38 (1931).
[4] KOFLER, L.: Mikrochem. **15**, 242 (1934).
[5] Fertige geeichte Mikro-Schmelzpunktapparate sind bei C. Reichert, Optische Werke, Wien, und bei Wagner & Munz, München 2 NW, Karlstr. 43, erhältlich.

nach KOFLER hingewiesen, das Untersuchungen im Temperaturbereich von — 50° bis 1500° C ermöglicht. Es besteht aus einem Kühl- und Heiztisch von — 50° bis + 80° C, einem Heiztisch von + 20° bis + 360° C, einem Hochtemperaturblock bis 750° C und einem Höchsttemperaturtisch mit Schutzgaseinrichtung für Temperaturen bis + 1500° C[1]. Die Bedeutung dieser Zusatzgeräte liegt vorwiegend auf technischem Gebiet und Reihenuntersuchungen. Für letztere haben sich die Koflerschen Heizbänke sehr bewährt[2].

Die Temperaturmessung kann auch thermoelektrisch vorgenommen werden, indem man auf der Heizplatte ein Kupfer-Konstantan-

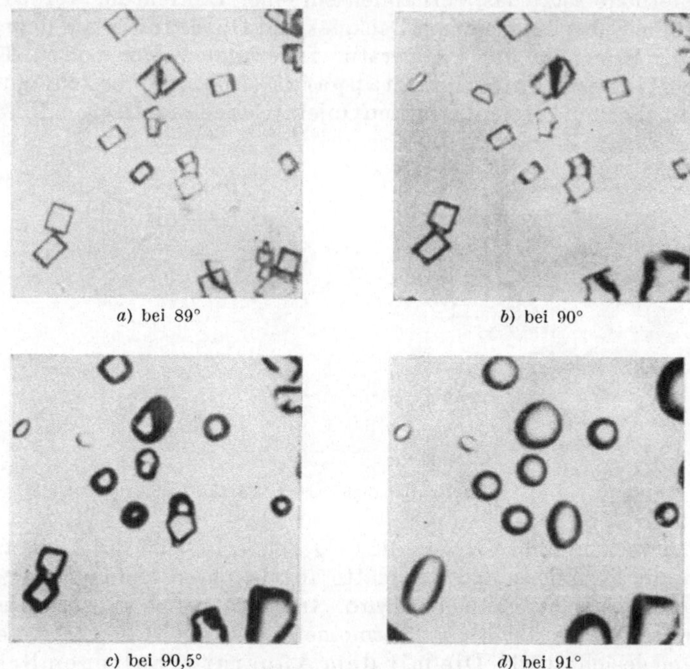

a) bei 89° *b*) bei 90° *c*) bei 90,5° *d*) bei 91°

Abb. 105 *a*—*d*. „Durchgehende" Schmelzpunktsbestimmung. Anästhesin.

Element anbringt, das mit einem direkt auf Temperaturgrade geeichten Millivoltmeter verbunden ist[3].

Die Substanz, deren Schmelzpunkt bestimmt werden soll, liegt zwischen Objektträger und Deckglas auf der Heizplatte des Apparates und wird bei 60- bis 100facher Vergrößerung im durchfallenden, wenn nötig polarisierten Licht beobachtet.

[1] GABLER, F.: Mitt. d. chem. Forschungsinstitutes d. Wirtschaft Österreichs **9**, 57 (1955).

[2] KOFLER, L., u. W. KOFLER: Mikrochem. **34**, 374 (1949); KOFLER, W.: Mikrochem. **39**, 84 (1952).

[3] KOFLER, L., u. H. HILBECK: Mikrochem. **9**, 38 (1931).

Die elektrische Heizung wird durch einen Widerstand reguliert, den man so einstellt, daß die Temperatur im Bereich des Schmelzpunkts ungefähr 4° C je Minute ansteigt. Steht genügend Substanz zur Verfügung, so verwendet man ungefähr 0,1 mg, bei Substanzmangel genügt häufig ein millionstel Gramm.

Unter dem Mikroskop kann man den Schmelzpunkt auf zweierlei Art bestimmen[1]. Bei der „durchgehenden" Schmelzpunktbestimmung läßt man die Temperatur des Heiztisches ohne Unterbrechung bis zum vollständigen Schmelzen der Substanz ansteigen. Bei der Temperatur des Schmelzpunktes zerfließen zuerst die kleinsten Splitter, dann folgen die größeren Kristalle, bei denen man ein Abrunden der Ecken und Kanten und ein allmähliches Zerfließen beobachtet. Einen solchen Vorgang zeigen die Abbildungen von Anästhesin (Abb. 105 *a—d*). Bei 89° C sieht man die unveränderten Kristalle, bei 90° C den Beginn des Schmelzens, bei 90,5° C den Schmelzvorgang und bei 91° C die Schmelztropfen. Als Schmelzpunkt wird bei dieser Bestimmung 90,5° C abgelesen.

Bei der Schmelzpunktbestimmung mit Hilfe des „Gleichgewichtes" stellt man die Heizung des Apparates ab, bevor die Substanz ganz geschmolzen ist. In den größeren Schmelztropfen noch vorhandene Kristallreste beginnen beim Sinken der Temperatur zu wachsen, um bei neuerlichem Erhitzen wieder abzuschmelzen. Durch beliebiges Wiederholen dieses Spieles kann man bei unzersetzt schmelzenden Stoffen das Gleichgewicht zwischen fester und flüssiger Phase beliebig oft einstellen.

Sublimation. Nur wenige Substanzen bleiben vor dem Schmelzen unverändert. Bei den meisten sieht man während des Erhitzens vor dem Erreichen des Schmelzpunktes mannigfache, durch Sublimationsvorgänge bedingte Veränderungen. Manche Substanzen lagern sich so weitgehend um, daß sie vor dem Erreichen der Schmelztemperatur ein völlig anderes Aussehen bekommen, als sie zu Beginn des Versuches hatten. Sehr häufig sublimieren die Substanzen teilweise oder ganz vom Objektträger auf die Unterseite des Deckglases. Diese Sublimation kann erst unmittelbar vor Erreichen des Schmelzpunktes oder schon viele Grade früher erfolgen. Für viele Substanzen sind Form und Aussehen der Sublimate kennzeichnend und für die Identifizierung wertvoll. Es können tropfenförmige oder kristallisierte Sublimate oder beide nebeneinander auftreten. Die tropfenförmigen Sublimate bezeichnet man richtiger als Kondensationströpfchen; es sind meist sehr zahlreiche kleine Tröpfchen, die mit Vorliebe kurz vor dem Schmelzpunkt erscheinen. Die kristallisierten Sublimate können mannigfache Formen von kleinen Nadeln und Körnchen bis zu prachtvoll gestalteten Kristallen bilden.

Hydrate. Unter dem Mikroskop läßt sich das Verhalten von Hydraten beim Erwärmen genauer verfolgen als bei der üblichen Schmelzpunktbestimmung im Kapillarröhrchen. Am häufigsten sieht man unter dem Mikroskop das Wasser entweichen und dann später die wasserfreie Substanz

---

[1] Kofler, L.: Mikromethoden zur Kennzeichnung organischer Substanzen, Beih. Z. Ver. dtsch. Chemiker **46**, 1942.

schmelzen. Bei anderen Stoffen erfolgt ein Schmelzen des Hydrats, bei weiterem Steigen der Temperatur ein Wiedererstarren und schließlich ein Schmelzen beim Schmelzpunkt der wasserfreien Substanz[1].

a) bei Raumtemperatur

b) bei 70°

c) bei 100°

Abb. 106 *a—c*. Entweichen des Kristallwassers beim Phloroglucin-Hydrat.

Beim Entweichen des Kristallwassers gehen die Hydratkristalle unter Wahrung ihrer äußeren Form in mikrokristalline Aggregate der wasserfreien Substanz über. Dabei sieht man in durchfallendem Licht die vorher klaren, durchsichtigen Kristalle trüb, braun oder schwarz werden (Abb. 106 *a—c*).

Bei manchen kristallwasserhaltigen Stoffen bleiben die Kristalle bis zur Schmelztemperatur des Hydrats unverändert, dann schmelzen sie, und aus den Schmelztropfen kristallisiert bei weiterem Erhitzen die wasserfreie Substanz aus. Das Schmelzen der Hydrate verläuft unscharf und erstreckt sich meist über Intervalle von mehreren Graden. Das Entweichen des Wassers aus den Schmelztropfen kann man in der Regel nicht unmittelbar wahrnehmen. Es gibt sich daran zu erkennen, daß die Schmelze bei weiterem Erhitzen wieder auskristallisiert.

Trübung und Schwärzung sind kein eindeutiger Beweis für das Entweichen von Kristallwasser, denn die Umwandlung klarer, durchsichtiger Kristalle in schwarze, mikrokristalline Aggregate beobachtet man

[1] Kofler, L., u. M. Brandstätter: Chemie **55**, 77 (1942).

auch bei der Umwandlung polymorpher Substanzen. In diesen und anderen Zweifelsfällen bettet man die Substanz zwischen Deckglas und Objektträger in Paraffinöl[1] ein und sieht dann beim Erhitzen etwa vorhandenes Wasser in Form von Gasblasen entweichen. Ähnlich verhalten sich Substanzen, die andere Kristallflüssigkeiten, z. B. Äthyl- oder Methylalkohol, enthalten.

Schmelzen unter Zersetzung. Bei zersetzlichen Substanzen sind bei der Mikromethode die gleichen Gesichtspunkte zu beachten wie bei der Makromethode. Bekanntlich ist die Temperatur, bei der sich eine organische Substanz zersetzt, in hohem Grade vom Erhitzungstempo abhängig. Es ist daher unerläßlich, der Mitteilung der Zersetzungstemperatur auch Angaben über die Geschwindigkeit des Erhitzens beizufügen. Die bei schnellem Temperaturanstieg beobachtete Zersetzungstemperatur ist meist wesentlich höher und besser reproduzierbar als die beim üblichen Erhitzungstempo des Makroverfahrens abgelesene.

Bei der Mikromethode wird die Temperatur ohnehin rascher gesteigert, als dies bei der Makromethode im allgemeinen der Fall ist. Daher sind die Werte der Mikrobestimmung in der Regel höher als die in der Literatur angegebenen Zersetzungspunkte. Dies ist aber nicht auf Unterschiede der Makro- und Mikromethode an sich zurückzuführen, sondern auf die bei den beiden Verfahren im allgemeinen abweichende Geschwindigkeit des Temperaturanstieges. Heizt man bei der Makro- und bei der Mikrobestimmung gleich rasch an, so erhält man bei beiden Verfahren die gleichen Zersetzungstemperaturen.

Es ist selbstverständlich, daß die Begleitumstände der Zersetzung sich unter dem Mikroskop sehr viel besser verfolgen lassen als im Kapillarröhrchen. Daher ist auch hier die Mikromethode in vielen Fällen dem Makroverfahren überlegen.

Polymorphe Substanzen. Obwohl allgemein bekannt ist, daß viele Substanzen polymorph sind, erwartet der Chemiker beim praktischen Arbeiten mit organischen Substanzen in der Regel nicht das Auftreten verschiedener Modifikationen. Bei der Schmelzpunkt-Mikrobestimmung hat sich jedoch gezeigt, daß man sehr häufig mit der Ausbildung mehrerer Modifikationen rechnen muß. Manche Widersprüche und Irrtümer des Schrifttums konnten auf nicht erkannte Polymorphiefälle zurückgeführt werden[2].

Aufmerksam wird man bei einer Substanz auf Polymorphieerscheinungen u. a. durch das Auftreten verschiedener Schmelzpunkte oder durch die Beobachtung von Umwandlungserscheinungen.

Verhalten von Gemischen

Zum Verständnis der folgenden Abschnitte ist es notwendig, sich den Verlauf der Schmelzkurve eines Zweistoffgemisches vor Augen zu halten. Das Diagramm (Abb. 107) gilt für Stoffe, deren Komponenten in flüssigem Zustand in jedem Verhältnis mischbar sind, die keine

---

[1] KOFLER, L., u. M. BRANDSTÄTTER: Chemie **55**, 77 (1942).

[2] KOFLER, L.: Mikromethoden zur Kennzeichnung organischer Substanzen, Beih. Z. Ver. dtsch. Chemiker **46**, 1942.

Verbindung miteinander eingehen und auch keine Mischkristalle bilden. Die reine 100%ige Substanz A schmilzt bei der Temperatur C, die reine 100%ige Substanz B bei der Temperatur D. Gemische beider Substanzen beginnen bei E, bei der sogenannten eutektischen Temperatur, zu schmelzen. Dieser Schmelzbeginn ist unabhängig vom Mischungsverhältnis der beiden Stoffe. Abhängig vom Mischungsverhältnis ist nur die Menge des bei der Temperatur E schmelzenden Anteils. Sind die beiden Stoffe im sogenannten eutektischen Verhältnis gemischt (das für jedes Stoffgemisch charakteristisch ist, im Diagramm als x bezeichnet), dann schmilzt bei der Temperatur E, der eutektischen Temperatur, die ganze Substanz. In jedem anderen Mischungsverhältnis beginnt zwar das Schmelzen bei der Temperatur E, es schmilzt dabei aber nur jener Anteil der Mischung, der sich in dem genannten, dem eutektischen Mischungsverhältnis befindet, der übrige Teil schmilzt erst allmählich bei weiterem Steigen der Temperatur. Erhitzt man also zum Beispiel eine Mischung von A und B in dem Mengenverhältnis x_1 auf die Temperatur E, so schmilzt der dem Eutektikum entsprechende Anteil des Gemenges. Der Überschuß an Substanz A bleibt erhalten. Steigt die Temperatur weiter an, so löst sich das überschüssige A in der vorhandenen Schmelze immer mehr auf, bis beim Punkt a die letzten Kristallreste verschwinden. Analog verhält sich eine Mischung im Mengenverhältnis x_2.

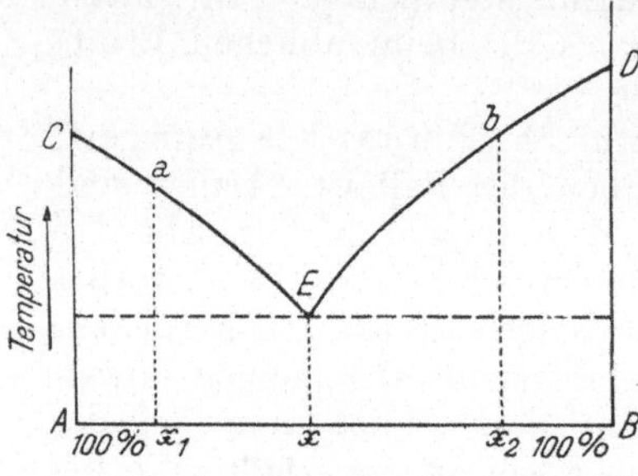

Abb. 107. Schmelzkurve eines Zweistoffgemisches.

Mischschmelzpunkt

Zur Entscheidung der Frage, ob zwei Substanzen identisch sind oder nicht, ist die Bestimmung des Mischschmelzpunktes unter dem Mikroskop noch besser geeignet als die übliche Bestimmung im Kapillarröhrchen. Denn unter dem Mikroskop kann man die Schärfe oder Unschärfe des Schmelzpunktes besser erkennen und darüber hinaus auch die Substanz in ihrem mikroskopischen Aussehen und in ihrem Verhalten beim Erhitzen, z. B. bezüglich Sublimierbarkeit, Form der Sublimate usw., vergleichen.

Wenn genügend Substanz zur Verfügung steht, verwendet man für die Mischprobe ungefähr 0,1 mg der Mischung. Wenn mit der Substanz gespart werden muß, kann man auch mit 0,05 mg bis 1 μg den Mischschmelzpunkt bestimmen[1]. Dabei geht man in folgender Weise vor:

Man bringt mit Hilfe einer Lanzettnadel je ein Kriställchen oder Splitterchen der beiden Substanzen eng nebeneinander auf einen Objektträger, bedeckt mit einem Deckglas, drückt das Deckglas leicht an und bewegt es etwas hin und her. Kriställchen organischer Substanzen, die man mit freiem Auge eben noch deutlich sehen kann, haben durchschnittlich ein Gewicht von etwas unter 1 μg.

---

[1] KOFLER, L.: Ber. dtsch. chem. Ges. **76**, 1096 (1943).

Wenn die gemischten Substanzen identisch sind, so sieht man beide gleichzeitig und unter denselben Erscheinungen schmelzen wie die Einzelsubstanzen. Handelt es sich dagegen um zwei verschiedene Stoffe, so beginnt ein Teil des Gemenges früher zu schmelzen, während die übrigbleibenden Teile bei weiterem Erhitzen erst allmählich schmelzen oder sich in der Schmelze auflösen.

Dieses Vorgehen ist nur bei Substanzen möglich, die sich unterhalb des Schmelzpunktes nicht merklich verflüchtigen. Bei der Mehrzahl der Sub-

a

b

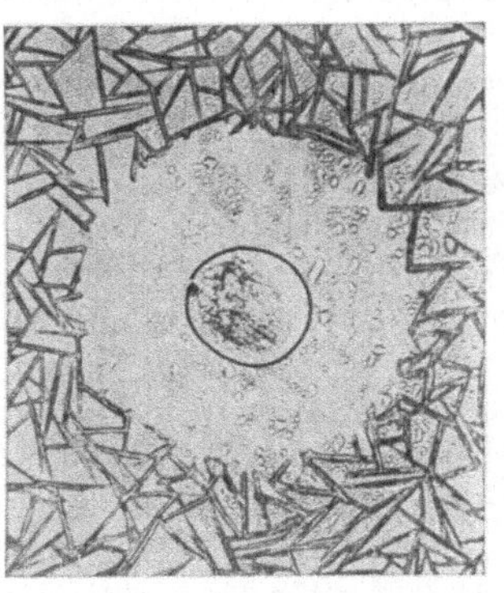
c

Abb. 108. Schmelzen bei der eutektischen Temperatur.

stanzen dagegen verflüchtigen sich 1 oder 2 μg zwischen Deckglas und Objektträger schon vor Erreichen des Schmelzpunktes. Man muß daher von der Testsubstanz eine größere Menge verwenden. Würde man zu diesem Zweck einfach viel Testsubstanz zur Probe mischen, so bestände die Gefahr, daß die geringe Menge der Probe außerhalb des mikroskopischen Gesichtsfeldes zu liegen kommt, so daß unter Umständen ein unveränderter Schmelzpunkt vorgetäuscht werden könnte. Um sicher zu sein, daß beide nebeneinander im Gesichtsfeld liegen, muß man Probe und Testsubstanz unter dem Mikroskop unterscheiden können. Dies gelingt dadurch, daß man die Testsubstanz in Form eines Mikrosublimats mit der Probe in Berührung bringt.

Man bringt ein Kriställchen der Probe auf einen Objektträger und bedeckt mit einem Deckglas, das an der Unterseite ein Mikrosublimat der Testsubstanz trägt. Durch leichtes Andrücken des Deckglases wird das Kriställchen der Probe zerdrückt. Die unregelmäßigen Splitter der Probe sind von den Sublimationskristallen der Testsubstanz leicht zu unterscheiden. Die Form der Mikrosublimate ist in Abhängigkeit von der Substanz und den Versuchsbedingungen der Sublimation sehr verschieden. Immer aber haften bei nicht allzu großer Substanzmenge die Mikrosublimate fest am Deckglas und sind in irgendeiner Weise regelmäßig gestaltet, so daß sie sich von den unregelmäßigen Kristallsplittern der Probe leicht unterscheiden lassen. Wenn die Probe und das Sublimat der Testsubstanz identisch sind, sieht man beide gleichzeitig und unter denselben Erscheinungen schmelzen. Sind sie dagegen verschieden, so beobachtet man den Beginn des Schmelzens bei der eutektischen Temperatur. Die Erscheinung ist deutlich zu erkennen (Abb. 108); um die Probe herum bilden sich Tröpfchen, die Probe verflüssigt sich allmählich, und aus dem Sublimat schmilzt im Umkreis der Probe ein Loch heraus, während die Sublimationskristalle in weiterer Entfernung noch intakt sind.

Eutektische Temperatur

Die Bestimmung des Mikroschmelzpunktes unter dem Mikroskop gestattet nicht nur die Entscheidung der Frage, ob zwei Substanzen identisch sind, sondern erlaubt darüber hinaus bei Ungleichheit der gemischten Substanzen noch eine weitere Charakterisierung und ein systematisches Identifizieren[1]. Denn unter dem Mikroskop läßt sich in einfacher Weise mit einer einzigen Bestimmung die eutektische Temperatur des Gemisches feststellen[2].

Zu diesem Zwecke werden nach dem Augenmaß ungefähr gleiche Mengen der beiden Komponenten gemischt und zwischen Deckglas und Objektträger erhitzt. Wenn die eutektische Temperatur erreicht ist, schmilzt ein Teil der Substanz zu Tropfen zusammen, die aber nicht klar sind, sondern noch Kristallreste der überschüssigen Komponente enthalten. Unter dem Mikroskop kann man in den meisten Fällen selbst bei nur 1%igem und oft noch geringerem Anteil einer Komponente den Beginn des Schmelzens und damit die eutektische Temperatur beobachten.

Wenn nur wenig Substanz zur Verfügung steht, geht man bei der Bestimmung der eutektischen Temperatur in der gleichen Weise vor, wie dies im vorausgehenden Abschnitt für den Mischschmelzpunkt beschrieben wurde. Auf diese Weise läßt sich die eutektische Temperatur mit 1 μg Probe durchführen.

Als Mischsubstanzen können die verschiedensten Stoffe herangezogen werden. Man wählt zweckmäßig solche, deren Schmelzpunkt nicht allzu weit von dem der Probe entfernt ist. Die Mischsubstanzen sollen nicht allzu leicht flüchtig und möglichst rein sein.

---

[1] Kofler, L. u. A.: Angew. Chem. **53**, 434 (1940).

[2] Kofler, L.: Mikromethoden zur Kennzeichnung organischer Substanzen, Beih. Z. Ver. dtsch. Chemiker **46**, 1942.

Da die eutektische Temperatur für jedes Stoffpaar einen kennzeichnenden Wert darstellt, eröffnet sich durch die einfache und sichere mikroskopische Bestimmung dieses Wertes eine fast unbegrenzte Möglichkeit zur Kennzeichnung und Identifizierung organischer Substanzen. Häufig werden dadurch die zum qualitativen Nachweis üblichen, oft unsicheren Farbreaktionen überflüssig; auch die zur Charakterisierung einer Substanz vorgenommene Herstellung von Derivaten läßt sich häufig ersparen. U. a. ist die Methode für den Nachweis und die Charakterisierung von Substanzen wertvoll, die infolge Zersetzung keinen scharfen Schmelzpunkt besitzen.

Reinheitsprüfung

Unter dem Mikroskop erkennt man das Vorhandensein von Verunreinigungen zunächst am vorzeitigen Schmelzen einzelner Teilchen. Es ist selbstverständlich, daß man auf diese Weise bei der 60- bis 100fachen mikroskopischen Vergrößerung Verunreinigungen noch in wesentlich kleineren Mengen erkennen kann als im Kapillarröhrchen bei Beobachtung mit freiem Auge oder mit der Lupe. Während bei größeren Mengen einer Verunreinigung (etwa 1% darüber) das Schmelzen ruckartig bei der eutektischen Temperatur beginnt, ist bei geringeren Mengen einer Verunreinigung (etwa ¼%) der Schmelzbeginn nicht mehr scharf bei der eutektischen Temperatur, sondern später und ganz allmählich zu erkennen[1]. Ein allmählicher unscharfer Schmelzbeginn ist auch dann zu beobachten, wenn mehrere Verunreinigungen in kleinen Mengen vorhanden sind. Dieser Fall trifft in der Praxis am häufigsten zu.

Das Vorhandensein anorganischer Verunreinigungen erkennt man daran, daß nach dem Schmelzen und bei weiterem Erhitzen ungeschmolzene Reste übrigbleiben. Die Empfindlichkeit des Nachweises ist von der Menge der verwendeten Substanz abhängig. Hat man so viel Substanz genommen, daß die Schmelze den ganzen Raum zwischen Objektträger und Deckglas ausfüllt, so kann man beim Durchmustern des Präparats in der Regel ¼% einer anorganischen Verunreinigung noch leicht erkennen[2].

In gleicher Weise können auch organische Verunreinigungen erkannt werden, die viel höher schmelzen oder wegen fehlender oder beschränkter Löslichkeit der flüssigen Phasen oder Grenzlage des Eutektikums keine deutliche Schmelzpunkterniedrigung hervorrufen, z. B. Rohrzucker oder Milchzucker.

Bei der Bestimmung des Schmelzpunktes im Gleichgewicht wird durch Verunreinigungen naturgemäß die Temperatur des Gleichgewichtes herabgesetzt. Häufig beobachtet man an einer unreinen Substanz bei wiederholten Bestimmungen etwas abweichende Gleichgewichtstemperaturen. Die Ursache für dieses Verhalten ist darin zu suchen, daß bei den einzelnen Bestimmungen verschiedene, untereinander nicht ganz identische Kriställ-

---

[1] Kofler, L. u. A.: Ber. dtsch. chem. Ges. **74**, 1394 (1941).

[2] Kofler, L., u. M. Piristi: Arch. Pharmaz. Ber. dtsch. pharmaz. Ges. **282**, 69 (1944).

chen oder Kristallsplitter, die verschiedene Mengen von Verunreinigungen enthalten, zur Beobachtung gelangen. Bei der üblichen Bestimmung im Kapillarröhrchen treten diese Unterschiede nicht in Erscheinung, weil die dort verwendete viel größere Menge einen gleichmäßigeren Durchschnitt der Substanz darstellt als die kleinen Partikelchen bei der Mikromethode. Unter dem Mikroskop kann man sogar in ein und demselben Schmelztropfen verschiedene Werte beobachten. Ist nämlich im Schmelztropfen noch viel feste Substanz vorhanden, so liegt die Gleichgewichtstemperatur niedriger als bei Vorhandensein von nur wenig fester Phase. Die der reinen Substanz am nächsten kommenden und gleichzeitig die am besten reproduzierbaren Werte erhält man, wenn man das „Gleichgewicht" mit den letzten Kristallresten einstellt.

Zahlreiche organische Präparate, die bei der Schmelzpunktbestimmung im Kapillarröhrchen den Eindruck vollständiger Reinheit machen, erweisen sich bei der Prüfung mit Hilfe der Mikromethoden als verunreinigt. Darauf muß nachdrücklich hingewiesen werden, weil derartige Beobachtungen beim Arbeiten mit den Mikromethoden sich immer wieder aufdrängen und nicht selten zu Meinungsverschiedenheiten führen. Man muß sich dabei stets bewußt sein, daß die Bestimmung des Schmelzpunktes unter dem Mikroskop ein wesentlich empfindlicheres Kriterium für die Reinheit darstellt als die Bestimmung im Kapillarröhrchen.

Mit der mangelnden Reinheit der üblichen organischen Präparate hängt auch die bei der Mikromethode häufig beobachtete Streuung der Schmelzpunkte zusammen.

Die Glaspulvermethode zur Bestimmung der Lichtbrechung von Schmelzen, die Methoden zur qualitativen und quantitativen Analyse von Gemischen und die Mikro-Thermoanalyse können aus Raummangel hier nicht beschrieben werden. Diesbezüglich sei auf die zusammenfassende Darstellung der Mikromethoden[1] hingewiesen.

Dort finden sich auch sorgfältig erprobte Übungsbeispiele zum Einarbeiten in die Methodik. Denn trotz ihrer Einfachheit erfordert die Durchführung der Mikromethoden und die Deutung der Beobachtungen eine gewisse Übung, die man sich zuerst an einfachen Beispielen erwerben muß, bevor man an die eigentlichen Aufgaben herangeht.

Bestimmung des Siedepunktes mit kleinen Substanzmengen nach dem Prinzip von A. SCHLEIERMACHER[2]

Ausführung nach H. ROTH[3]

Während man zur Bestimmung des Siedepunktes durch Destillation einige hundert Milligramm benötigt, ist es mit der nachstehend beschrie-

[1] KOFLER, L.: Mikromethoden zur Kennzeichnung organischer Substanzen, Beih. Z. Ver. dtsch. Chemiker **46**, 1942; KOFLER, L. u. A.: Thermo-Mikromethoden zur Kennzeichnung organischer Stoffe und Stoffgemische, Verlag Chemie, Weinheim/Bergstr. 3. Aufl. 1954.

[2] SCHLEIERMACHER, A.: Ber. dtsch. chem. Ges. **24**, 944 (1891).

[3] Nicht veröffentlicht.

benen einfachen Einrichtung möglich, den Siedepunkt flüssiger und fester Substanzen mit 2 bis 3 mg im Bereiche von 30 bis 250°C auf ± 0,1° genau zu bestimmen.

Prinzip: Die über Quecksilber eingeschmolzene Substanz wird auf jene Temperatur erhitzt, bei der ihr Dampfdruck gleich dem herrschenden Atmosphärendruck ist (gleiche Höhen der Quecksilberkuppen). Die so ermittelte Temperatur entspricht dem Siedepunkt der Substanz.

Die Methode ermöglicht ferner, den Siedepunkt bei 760 Torr auf einfache Weise zu bestimmen, selbst wenn zur Zeit der Messung der Barometerstand niedriger ist. Beträgt er beispielsweise 750 Torr, so erhöht man die Temperatur weiter, bis der Dampfdruck um 10 mm zugenommen hat (Differenz der Quecksilberkuppen). Der Dampfdruck beträgt dann 760 Torr. Die hierbei abgelesene Temperatur entspricht der normalen Siedetemperatur.

Für das Gelingen der Siedepunktbestimmung ist es notwendig, daß während des Ablesens des Siedepunktes sich in dem Raum über dem Quecksilber außer flüssiger Substanz nur noch deren Dampf befindet. Die Dimensionen des Apparates sind so gewählt, daß z. B. 1 bis 1,2 mg Wasser für eine Bestimmung genügen. Nach erfolgter Siedepunktbestimmung kann die Substanz zurückgewonnen werden.

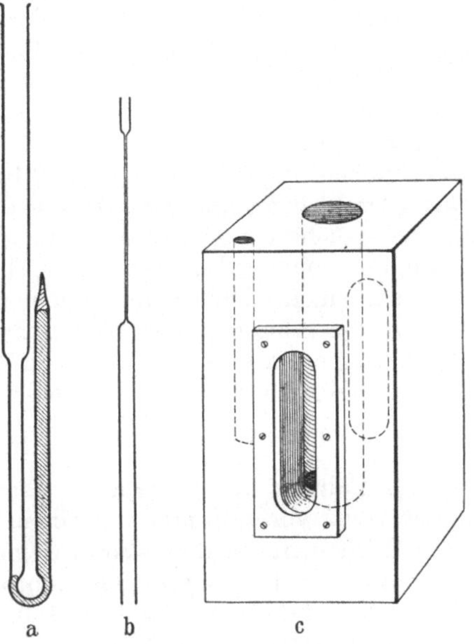

Abb. 109. Siedepunktapparatur nach H. ROTH. (Erklärung im Text.)

Apparatur

Sie besteht aus einem Siedepunktrohr und einem Aluminiumheizblock. Die Siedepunktrohre macht man sich entweder selbst oder läßt gleich mehrere auf Vorrat vom Glasbläser anfertigen. Ein etwa 300 mm langes gewöhnliches Glasrohr von 6 bis 8 mm lichter Weite zieht man vor dem Gebläse oder einem starken Bunsenbrenner nach 100 bis 120 mm beginnend zu einem etwa 250 mm langen Glasrohr von 2,5 bis 3 mm lichter Weite aus. Nach etwa 180 mm wird das engere Rohr zu einer 1 bis 1,5 mm dünnen Kapillare ausgezogen und diese nach 20 bis 30 mm abgeschnitten. An der Ansatzstelle wird die Kapillare schließlich vor dem Mikrobrenner nach Abb. 109 b zu einer weiteren 40 bis 50 mm langen haarfeinen Kapillare ausgezogen. Das Rohr wird nun so zu einem U-Rohr gebogen (Abb. 109 a), daß der weite Schenkel etwa doppelt so lang ist wie der mit der Kapillare versehene. Die parallelen Schenkel sollen sich oben fast berühren. Das nun für die Füllung fertige Rohr wird mit warmer Chromschwefelsäure, Wasser und destilliertem Wasser tadellos gereinigt und im Trockenschrank bei 110° C getrocknet.

Der Aluminiumheizblock (Abb. 109 c). Er besteht, wie aus der Abbildung zu ersehen ist, aus einem massiven Aluminiumblock von 90×65 mm Grundfläche und 170 mm Höhe. In der Mitte ist ein Zylinder von 28 mm Durchmesser und 140 mm Höhe ausgebohrt, in den das Siedepunktrohr während der Bestimmung gebracht wird. Seitlich befindet sich noch eine Bohrung für ein gewöhnliches Thermometer. Durch zwei große Glimmerfenster wird der Stand der Quecksilberkuppen beobachtet. Die Glimmerplatten sind mit einem Messingrahmen an dem Aluminiumheizblock festgeschraubt. Sie können, wenn sie im Laufe der Zeit trüb geworden sind, durch neue ersetzt werden.

Um gute Temperaturkonstanz zu erreichen, umgibt man den Aluminiumblock in seiner ganzen Höhe mit 2 bis 3 mm starker Asbestpappe, die mit einem Draht befestigt wird. Auf die obere Fläche des Blocks legt man ebenfalls eine Asbestpappe, in die man mit dem Korkbohrer ein Loch für das Siedepunktrohr und eines für das Thermometer anbringt. Der Heizblock wird auf einem Dreifuß mit einem gewöhnlichen Brenner erhitzt.

Für die Ablesung der Siedetemperatur verwendet man, wie bei der Molekulargewichtsbestimmung nach K. Rast (S. 326), einen Thermometersatz mit abgekürzten Thermometern.

Ausführung

Die Füllung des Siedepunktrohres nimmt man bei Flüssigkeiten in der Weise vor, daß man mit einem langen, zu einer Spitze ausgezogenem Glasröhrchen durch den weiten Schenkel ein bis zwei Tropfen möglichst nahe an die Biegung des Rohres einbringt. Durch Neigen des Siedepunktrohres läßt man dann die Flüssigkeit etwas über den tiefsten Punkt in den kürzeren Schenkel fließen. Feste Substanzen (3 bis 5 mg) werden mit einem Spatel eingeführt und durch Klopfen an die gleiche Stelle wie Flüssigkeiten gebracht. Dann bringt man, am besten aus einer Tropfpipette, soviel trockenes reines Quecksilber ein, bis es in beiden Schenkeln etwa 10 mm unter der Kapillare steht. Während sich Flüssigkeiten dabei auf der Oberfläche des Quecksilbers sammeln, wird man bei festen Substanzen mitunter beobachten können, daß Teilchen an der Wandung des Glasrohres haften bleiben. Man bringt sie durch vorsichtiges Erwärmen des rechten Schenkels bis zum Schmelzpunkt der Substanz und durch vorsichtiges Klopfen gegen die Glaswand auf die Oberfläche des Quecksilbers. Bleibt das eine oder andere Substanzteilchen zwischen Glas und Quecksilber zurück, ist dies ohne Einfluß auf die Bestimmung.

Abschmelzen der Kapillare. Man bringt das Siedepunktrohr in den Aluminiumheizblock (ohne Asbestdeckel) und erwärmt so lange, bis die Substanz schwach zu sieden beginnt. Dabei entweicht neben etwas Substanz vor allem die in dem Rohr zurückgebliebene Luft durch die Kapillare. Durch den langen Schenkel wird hierauf so viel Quecksilber zugegeben, bis das obere Ende des kurzen Schenkels und die Haarkapillare mit der flüssigen Substanz gefüllt ist. Nun schmilzt man rasch die Haarkapillare über der Ansatzstelle mit der groß gestellten Flamme eines Mikrobrenners zu. Bei richtigem Abschmelzen bleibt meist ein ganz kleines Luftbläschen oder ein Bläschen eines gasförmigen Zersetzungsproduktes zurück, das auf die Genauigkeit der Bestimmung ohne Einfluß ist. Schließlich gießt man das Quecksilber durch Neigen des Siedepunktrohres bis zum Beginn der Biegung aus dem langen Schenkel (Abb. 109 a).

Das Ablesen. Bisher hat man mit dem langen Thermometer gearbeitet. Nun bringt man das entsprechende abgekürzte Thermometer bis an die Verjüngung des weiten Schenkels ein (etwa 30 mm unter der Substanz), schiebt den langen Schenkel durch das Loch der Asbestpappe und bringt das Siedepunktrohr so tief frei hängend in die Bohrung, daß sich die Biegung 10 mm über dem Boden der Bohrung des Heizblockes und die Substanz etwa 40 mm unter der Asbestpappe befindet. Der zwischen der Innenwandung des Schenkels und dem Thermometer befindliche Luftraum ist so klein, daß praktisch keine Luftströmung auftritt.

Beim Erhitzen des Heizblockes wird man sich nach der erforderlichen Temperatur richten; auf jeden Fall hat man, sobald sich das erste Gasbläschen bildet, die Flamme so einzustellen, daß das Quecksilber im geschlossenen Schenkel nur langsam sinkt (im offenen steigt). Wenn beide Quecksilberkuppen auf genau gleicher Höhe stehen, wird die Temperatur abgelesen. Sie gibt uns den Siedepunkt der Substanz für den herrschenden Barometerstand an. Die so bestimmte Siedetemperatur wird man zweckmäßig durch mindestens drei weitere Ablesungen überprüfen. Dazu bewegt man durch abwechselnd geringes Erhöhen und Erniedrigen der Temperatur des Heizblockes die Quecksilberkuppen nach oben und unten und liest, sobald die Quecksilberkuppen auf gleicher Höhe stehen, die Temperatur ab. Der Mittelwert aus diesen Ablesungen ergibt den Siedepunkt mit großer Genauigkeit bei dem herrschenden Barometerstand.

Vergleichende Siedepunktbestimmungen

Substanz	Siedepunkt bei 760 Torr Grad	Gefundener Siedepunkt[1] Grad	Barometerstand Torr
Äther	35	34,5	748
Wasser	100	100,1	760
Toluol	110	110,4	760
Pyridin	114,2	114,5	758
Phenol	181	180,5	752
		180,8	760
Dekalin	188	187,8	742
		188,2	760
Naphthalin	218	217,2	742
Benzoesäure	249	249,	753
		249,2	760

[1] Mittelwert aus 3—5 Ablesungen.

Will man noch den normalen Siedepunkt (760 Torr) erfahren, so steigert man die Temperatur so lange, bis das Quecksilber im offenen Schenkel um so viele Millimeter höher steht wie der herrschende Barometerstand tiefer als 760 Torr liegt. Dann beträgt der Dampfdruck im geschlossenen Schenkel 760 Torr.

Es genügt, die Höhenunterschiede mit Hilfe von Marken, die man auf dem Glimmerfenster oder dem Siedepunktrohr von 5 zu 5 mm anbringt, zu schätzen, da einem Druckunterschied von 1 mm Hg im allgemeinen ein Temperaturunterschied von nur etwa 0,04° C entspricht.

Bemerkung: Diese Dampfspannungsmethode ist auf Substanzen beschränkt, die bei der Siedetemperatur von Quecksilber nicht zersetzt werden; sie kann ferner nur bis zu Temperaturen benützt werden, bei denen sich die Dampfspannung des Quecksilbers noch nicht bemerkbar macht. Bis zu 250° C (Benzoesäure) wurde ein merkbarer Einfluß der Dampfspannung des Quecksilbers nicht beobachtet.

Die Bestimmung des Molekulargewichtes

Von der großen Zahl der Verfahren zur Molekulargewichtsbestimmung und deren Modifikationen wurden vier dem Prinzip nach verschiedene als Mikromethoden ausgearbeitet.

1. Die Molekulargewichtsbestimmung aus der Siedepunkterhöhung (ebullioskopische Methode) nach BECKMANN wurde von F. PREGL auf Mikrodimensionen verkleinert und war die erste Mikro-Molekulargewichtsbestimmungsmethode.[1] Wenn sie heute in der mikroanalytischen Praxis kaum mehr Anwendung findet, so hat doch F. PREGL gerade an dieser komplizierten Apparatur seinen Schülern den Weg der Übertragung des Makromaßstabes auf Mikromengen gezeigt.

2. Die Molekulargewichtsbestimmung aus der Schmelz-(Gefrier-)punkterniedrigung (kryoskopische Methode) nach K. RAST. Sie ist heute in jedem analytischen Laboratorium eingeführt, in der apparativen Einrichtung sehr einfach, und ihr Anwendungsbereich wurde besonders in den letzten Jahren durch Auffindung neuer Lösungsmittel erweitert.

3. Die Molekulargewichtsbestimmung nach der osmotischen Methode (isotherme Destillation) von G. BARGER[1]. Man wird sie dann heranziehen, wenn die Bestimmung nach K. RAST versagt (s. S. 335). Apparativ ist sie sehr einfach. Das osmotische Gleichgewicht stellt sich je nach dem angewandten Lösungsmittel nach Stunden, mitunter auch erst nach einigen Tagen ein.

4. Molekulargewichtsbestimmungen aus der Dampfdichte flüssiger und fester Substanzen, die auf der Messung der Druckzunahme eines konstanten Volumens bei gewöhnlichem Druck und bei beliebigem Vakuum beruhen, werden gelegentlich benutzt. Solche Metho-

[1] Siehe I.—IV. Auflage dieses Buches.

den neben ausführlichen Literaturhinweisen werden von M. SOBOTKA[1] eingehend behandelt.

Eine leistungsfähige tensimetrische Molekulargewichtsbestimmung durch direkte Dampfdruckmessung beschreiben H. GYSEL und K. HAMBERGER[2]. Bevorzugt finden Lösungsmittel mit Siedepunkten zwischen 35 und 85° C Verwendung. An dichte Schliffe der einfachen Apparatur werden hohe Anforderungen gestellt, da Druckunterschiede bis 200 Torr gemessen werden. In der Serie benötigt man für eine Bestimmung etwa 30 Minuten. Die Genauigkeit entspricht der der Rast-Methode. Vom Autor werden weitere Verbesserungen der Methode in Aussicht gestellt.

Nachstehend werden die Methoden von K. RAST und G. BARGER beschrieben, die im allgemeinen jedes Molekulargewicht zu bestimmen gestatten. In ganz besonderen Fällen wird man weitere, eventuell Makromethoden, heranziehen[3].

Molekulargewichtsbestimmung aus der Schmelzpunkterniedrigung (kryoskopische Methode) nach K. RAST[4]

Die Beobachtung von M. JOUNIAUX[5], daß der Campher neben seinem guten Lösungsvermögen für viele Substanzen eine hohe molare Schmelzpunkterniedrigung aufweist, hat K. RAST zur Ausarbeitung seiner Molekulargewichtsbestimmungsmethode benützt. Während 1 Molekel Substanz in 1000 g Wasser den Schmelzpunkt des Wassers nur um 1,86° C erniedrigt, erreicht die molare Schmelzpunkterniedrigung von Campher den Wert von 40. Auch H. BÖHME und E. SCHNEIDER[6] geben auf Grund von Berechnungen nach VAN'T HOFF aus der Schmelz-, Verdampfungs- und Sublimationswärme die kryoskopische Konstante mit 40 als die wahrscheinlichste an.

Durch die Auffindung neuer Substanzen z. T. von niedrigem Schmelzpunkt, guten Lösungseigenschaften und hohen molaren Schmelzpunkterniedrigungen hat die Rastsche Methode eine beachtliche Erweiterung erfahren. Besonders geeignet sind einige von J. PIRSCH[7], K. ZIEGLER und R. AURNHAMMER[8], K. ZIEGLER und W. HECHELHAMMER[9], F. GIRAL[10] und G. WENDT[11] vorgeschlagene hydroaromatische Substanzen, deren hohe

[1] SOBOTKA, M.: Mikrochem. **39**, 414 (1952).

[2] GYSEL, H., u. K. HAMBERGER: Mikrochim. Acta [Wien] **1957**, 254.

[3] MEYER, H.: Analyse und Konstitutionsermittlung organischer Verbindungen, 6. Aufl., S. 292. Wien: J. Springer. 1938.

[4] RAST, K.: Ber. dtsch. chem. Ges. **55**, 1051 u. 3727 (1922).

[5] JOUNIAUX, M.: Bull. soc. chim. France **11**, 722, 933 (1912); C. R. Acad. Sci. Paris **154**, 1592 (1912).

[6] BÖHME, H., u. E. SCHNEIDER: Angew. Chem. **52**, 58 (1939).

[7] PIRSCH, J.: Ber. dtsch. chem. Ges. **65**, 862, 865, 1227, 1839 (1932); **66**, 349, 506, 815, 1694 (1933); **67**, 101, 1115, 1303 (1934); **68**, 67 (1935); Angew. Chem. **51**, 73 (1938).

[8] ZIEGLER, K., u. R. AURNHAMMER: Ann. Chem. **513**, 33 (1934).

[9] ZIEGLER, K., u. W. HECHELHAMMER: Ann. Chem. **528**, 114 (1937).

[10] GIRAL, F.: An. Soc. españ. Fisica Quim. **33**, 438 (1935).

[11] WENDT, G.: Ber. dtsch. chem. Ges. **75**, 425 (1942).

molare Schmelzpunkterniedrigung (bis zu 92° C) nach J. PIRSCH mit der annähernd kugelförmigen Molekelgestalt zusammenhängt. Die Eigenschaft dieser Substanzen, fein verteilte Kristallnetze zu bilden, führt zu keinen wesentlichen Unterkühlungserscheinungen, was zusammen mit den hohen kryoskopischen Konstanten bei Ablesungen auf ± 0,1° C genau zur Erhöhung der Analysengenauigkeit führt.

Um eine Substanz mit Erfolg als Lösungsmittel für die Ermittlung des Molekulargewichtes verwenden zu können, muß sie folgende drei Bedingungen erfüllen:

1. eine große molare Schmelzpunkterniedrigung aufweisen,
2. ein gutes Lösungsvermögen besitzen und
3. muß die molare Schmelzpunkterniedrigung von der Konzentration der gelösten Substanz innerhalb eines bestimmten Bereiches unabhängig sein.

Auf diese letzte Eigenschaft ist jede Substanz sorgfältig zu prüfen, denn es gibt manche, die, obgleich sie 1 und 2 erfüllen, der Voraussetzung 3 nicht entsprechen.

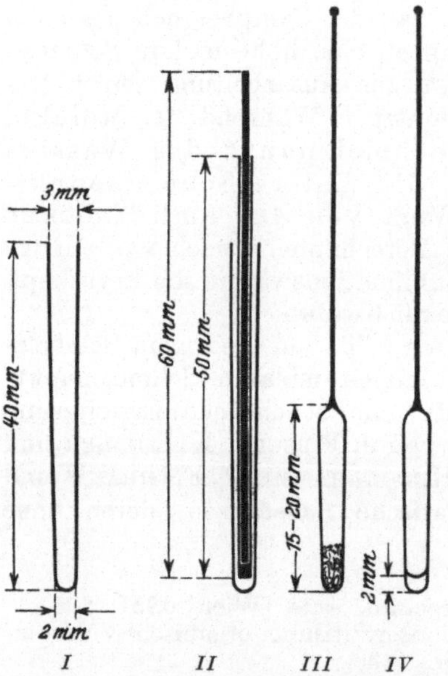

Es ist weiter selbstverständlich, daß nur dann eine genaue Molekulargewichtsbestimmung möglich ist, wenn sich die Substanz in dem Lösungsmittel klar löst. Je schärfer das Gemisch schmilzt, um so genauer ist das Analysenergebnis.

Die Ermittlung der molaren Schmelzpunkterniedrigung wird im praktischen Teil (S. 327) beschrieben.

Abb. 110. *I* Die Kapillare zur Molekulargewichtsbestimmung nach RAST; *II* deren Beschickung; *III* nach dem Abschmelzen; *IV* nach dem Schmelzen und Wiedererstarren des Inhaltes.

Apparative Erfordernisse

Man benötigt einen gewöhnlichen Schmelzpunktapparat, wozu man am besten ein Mikro-Kjeldahl-Kölbchen verwendet, dessen Kugel man bis zum Halsansatz mit konzentrierter Schwefelsäure füllt[1]; ferner einen Thermometersatz mit 6 Thermometern von 0 bis 300° C, die in Zweizehntelgrade unterteilt sind[2].

[1] Zur Schmelzpunktbestimmung mit Lösungsmitteln, deren Schmelzpunkt unter 80° C liegt, kann statt Schwefelsäure auch Wasser verwendet werden.

[2] Diese, wie ein Thermometer nur für Campher, nach F. PREGLS Angaben können bei der Firma P. Haack, Wien, bezogen werden.

Eine Lupe zur Ablesung des Schmelzpunktes.

Schmelzpunktröhrchen, die man sich aus gereinigten Reagenzgläsern vor der Gebläse- oder einer Bunsenbrennerflamme konisch auszieht (Abb. 110). Bei einer Länge von etwa 40 mm soll das zugeschmolzene, verjüngte Ende eine lichte Weite von 2 bis 2,5 mm, das weitere mindestens ein solches von 3 mm haben. Man bemühe sich beim Anfertigen des Schmelzpunktröhrchens, dessen Boden möglichst rund zu blasen und vermeide es, eine Spitze oder einen dicken Glastropfen zu bilden. Die Schmelzpunktröhrchen fertigt man sich auf Vorrat an. Für das Einbringen der Substanz benötigt man beiderseits offene Hilfsröhrchen von höchstens 1 mm lichter Weite und einer Länge von mindestens 50 mm. Dazu gehören 60 mm lange Glasstäbchen, mit denen man eben noch leicht das Lumen der Kapillaren durchfahren kann. Für das Einbringen des Lösungsmittels (Campher u. a. m.) verwendet man Hilfsröhrchen mit einer lichten Weite von 1 bis 1½ mm, die ebenfalls eine Länge von 50 mm besitzen, sowie dazugehörige, etwa 10 mm längere Glasstäbchen. Einfüllröhrchen zum Einbringen von hoch und nieder siedenden Flüssigkeiten werden bei der Ausführung der Bestimmung (S. 334) beschrieben.

Lösungsmittel

Für die Wahl des geeigneten Lösungsmittels lassen sich keine allgemein gültigen Angaben machen. Sofern es die Löslichkeit und Unzersetzlichkeit der Substanz gestattet, sollen hoch schmelzende Substanzen in Lösungsmitteln von hohem, niedrig schmelzende in solchen von niedrigem Schmelzpunkt bestimmt werden. Dies kann aber nur als grobe Richtlinie gelten. Sehr brauchbar haben sich Ketone erwiesen, die Säuren, Alkohole, Phenole u. a. m. gut lösen. Ein weiterer Anhaltspunkt dürfte sich aus der Beschreibung der einzelnen Lösungsmittel ergeben, die in der folgenden Übersicht, mit dem höchsten Schmelzpunkt beginnend, gebracht werden.

Ermittlung des Schmelzpunktes und der molaren Schmelzpunkterniedrigung (Konstante = K) der Lösungsmittel

Bevor man ein neues Lösungsmittel für die Molekulargewichtsbestimmung heranzieht, hat man einen Schmelzpunkt und die molare Schmelzpunkterniedrigung genauestens zu bestimmen. Der Schmelzpunkt wird in gleicher Weise wie bei der Ausführung der Bestimmung durch mindestens drei Ablesungen auf ± 0,1° C genau bestimmt.

Um die molare Schmelzpunkterniedrigung zu erhalten, wägt man sich nach dem ebenfalls in der Ausführung der Bestimmung beschriebenen Einwägeverfahren eine analysenreine Substanz von bekanntem Molekulargewicht (Naphthalin, Benzoesäure u. a.) ein und bestimmt, nachdem man etwa die 10fache Menge des Lösungsmittels zugegeben hat, den Schmelzpunkt nach S. 335 durch mehrere Ablesungen auf ± 0,1° C genau.

Übersicht

Lösungsmittel	Fp. des Lösungsmittels	Molare Schmelzpunkterniedrigungs-K.	Anwendung	Darstellung
Perylen	264°	25,7	Für schwer lösliche und hoch schmelzende Anthrachinon- und Perylenderivate.	A. ZINKE: Ber. dtsch. chem. Ges. **58**, 2388 (1925).
Borneol	204°	35,8	Besonders geeignet für Substanzen von hohem Schmelzpunkt. Vgl. J. PIRSCH: Ber. dtsch. chem. Ges. **65**, 862 (1932).	Reine Darstellung aus natürlichem d-Borneol durch vorsichtiges Sublimieren. J. KACHLER: Liebigs Ann. Chem. **197**, 87 (1879)[1].
Campho-chinon	199°	45,7	Kann infolge seines hohen Schmelzpunktes gegebenenfalls an Stelle von Campher verwendet werden. Vgl. J. PIRSCH: Ber. dtsch. chem. Ges. **66**, 815 (1933).	L. CLAISEN u. O. MANASSE: Liebigs Ann. Chem. **274**, 84 (1893).
cis-Hexahydro-p-amino-benzoesäure-Laktam	196°	40,0	Das Laktam der cis-Hexahydro-p-amino-benzoesäure ist besonders geeignet für Di- und Tripeptide, Disaccharide und Nucleoside. Harnstoff, Kreatin, Glycylglycin lösen sich darin nicht.	G. WENDT: Ber. dtsch. chem. Ges. **75**, 425 (1942).
Hexachloräthan	187°	47,4	Vgl. Anwendungsbeispiele J. PIRSCH: Ber. dtsch. chem. Ges. **70**, 12 (1937).	P. SABATIERE u. A. MAILHE: Compt. rend. **138**, 409 (1904)[2].
Campher	176—180°	40,0	Sehr vielseitig, besonders für hoch schmelzende Substanzen. Ausnahmen siehe S. 335.	10—20 g Campher werden unter Besprengen mit etwas Äther zu einem gleichmäßigen Pulver verrieben. Zur Verdunstung des Äthers breitet man dann den Campher in dünner Schicht auf einem Filtrierpapier aus[3].

2, 5-endo-Äthylen-cyclohexanon	178°	32,9	Vgl. Anwendungsbeispiele J. PIRSCH: Ber. dtsch. chem. Ges. **67**, 1303 (1934).	J. PIRSCH: Ber. dtsch. chem. Ges. **67**, 1303 (1943).
2, 6-Dichlor-camphan Pinen-dichlorid	174°	56,2	Vgl. Anwendungsbeispiele J. PIRSCH: Ber. dtsch. chem. Ges. **66**, 815 (1933).	O. ASCHAN: Ber. dtsch. chem. Ges. **61**, 38 (1928).
2, 6-Dibrom-camphan Pinen-dibromid	170°	80,9	Vgl. Anwendungsbeispiele J. PIRSCH: Ber. dtsch. chem. Ges. **65**, 862 (1932).	F. W. SEMMLER: Ber. dtsch. chem. Ges. **33**, 3423 (1900); J. O. GODLEWSKY: Chemiker-Ztg. **29**, 788 (1905); J. O. GODLEWSKY u. WAGNER: J. russ. phys.-chem. Ges. **29**, 121 (1896) C **1897**, I, 1055.
Bornylamin	164°	40,6	Es eignet sich besonders als Lösungsmittel für Alkaloide und basische Substanzen ganz allgemein. Vgl. Anwendungsbeispiele J. PIRSCH: Ber. dtsch. chem. Ges. **65**, 1227 (1932).	O. WALLACH: Liebigs Ann. Chem. **269**, 347 (1887); Ber. dtsch. chem. Ges. **20**, 104 (1887)[4].
Camphan	154°	29,5	J. PIRSCH: Ber. dtsch. chem. Ges. **66**, 1694 (1933).	A. HESSE: Ber. dtsch. chem. Ges. **39**, 1131 (1906).
1, 4-endo-Azo-cyclohexan	141°	32,2	J. PIRSCH u. J. JÖRGL: Ber. dtsch. chem. Ges. **68**, 1324 (1935).	J. PIRSCH u. J. JÖRGL: Ber. dtsch. chem. Ges. **68**, 1324 (1935).
Bornylchlorid	131°	46,5	J. PIRSCH: Ber. dtsch. chem. Ges. **66**, 506 (1933).	G. B. FRANKFORTER u. F. C. FRARY: J. Amer. chem. Soc. **28**, 1461 (1906).
Tetrahydro-α-dicyclopentadien-on-(3)	101°	56,8	Wegen des nicht zu hohen Schmelzpunktes und der guten Lösungseigenschaft ist es für hochempfindliche Substanzen sehr geeignet. Vgl. J. PIRSCH: Ber. dtsch. chem. Ges. **67**, 1115 (1934).	K. ALDER u. G. STEIN: Liebigs Ann. Chem. **504**, 210 (1933); J. PIRSCH: Ber. dtsch. chem. Ges. **67**, 1115 (1934).

[1] Kann bei E. Merck, Darmstadt, und Schering A. G. Berlin, West, bezogen werden.

[2] Für analytische Zwecke und zur Mikro-Molekulargewichtsbestimmung bei Schering A. G. Berlin, West, und Schuchardt, München, zu beziehen.

[3] Bei allen einschlägigen Firmen erhältlich.

[4] Kann bei Schering A. G., Berlin, West, bezogen werden.

Lösungsmittel	Fp. des Lösungsmittels	Molare Schmelzpunkterniedrigungs-K.	Anwendung	Darstellung
endo-Methylen-dehydropiperidazin	100°	29,4	Vgl. Anwendungsbeispiele J. PIRSCH: Ber. dtsch. chem Ges. **68**, 1324 (1935).	O. DIEHLS, J. H. BLOM u. W. KOLL: Liebigs Ann. Chem. **443**, 242 (1925).
Tetrabrommethan (Tetrabromkohlenstoff)	94°	86,7	Vgl. Anwendungsbeispiele J. PIRSCH: Ber. dtsch. chem. Ges. **70**, 12 (1937).	TH. BOLAS u. CH. E. GROVES: Liebigs Ann. Chem. **156**, 61 (1870)[1].
Norcampher	93°	36,6	Vgl. Anwendungsbeispiele J. PIRSCH: Ber. dtsch. chem. Ges. **67**, 1303 (1934).	S. V. HINTIKKA u. G. KOMPPA: Ann. Aced. Scient. Fennicae (A) **10**, 22, I (1918): J. PIRSCH: Ber. dtsch chem. Ges. **67**, 1303 (1934).
Bornylbromid	90°	67,4	Vgl. Anwendungsbeispiele J. PIRSCH: Ber. dtsch. chem. Ges. **66**, 506 (1933).	O. WALLACH: Liebigs Ann. Chem. **239**, 7 (1887).
Tetrahydro-α-dicyclopentadien-ol-(3)	85°	49,0	Vgl. Anwendungsbeispiele J. PIRSCH: Ber. dtsch. chem. Ges. **67**, 1115 (1934).	J. PIRSCH: Ber. dtsch. chem. Ges. **67**, 115 (1934); K. ALDER u. G. STEIN: Liebigs Ann. Chem. **504**, 210 (1933).
2, 4, 6-Trinitrotoluol	81°	11,5	Bei Polynitroverbindungen.	M. J. PASTAK: Bull. Soc. chim. France [4] 39, 82 (1926).
Tetrahydro-α-dicyclopentadien	77°	35,0	Vgl. Anwendungsbeispiele J. PIRSCH: Ber. dtsch. chem. Ges. **67**, 101 (1934).	H. STAUDINGER u. H. A. BRUSON: Liebigs Ann. Chem. **447**, 97 (1926); K. ALDER u. G. STEIN: Liebigs Ann. Chem. **504**, 219 (1933).
Cyclo-pentadecanon (Exalton)	65,6°	21,3	Zeichnet sich durch gutes Lösungsvermögen für Azofarbstoffe, manche Chinone und Carotinoide, besonders für Stearine und deren Derivate aus.	F. GIRAL: An. Soc. españ. Físico Quím. **33**, 438 (1935)[2].

Isocamphan	65°	44,5	Vgl. Anwendungsbeispiele J. PIRSCH: Ber. dtsch. chem. Ges. **66**, 1694 (1933).	A. SKITA u. W. A. MEYER: Ber. dtsch. chem. Ges. **45**, 3583 (1912); P. LIPP: Liebigs Ann. Chem. **382**, 265 (1911); J. PIRSCH, Ber. dtsch. chem. Ges. **66**, 1694 (1933).
Dihydro-α-dicyclopentadien-on-(3)	53°	92,0	Die hohe molare Gefrierpunktserniedrigung ermöglicht es, das Molekulargewicht hochmolekularer Substanzen genau zu bestimmen. Vgl. Anwendungsbeispiele J. PIRSCH: Ber. dtsch. chem. Ges. **67**, 1115 (1934).	K. ALDER u. G. STEIN: Liebigs Ann. Chem. **504**, 210 (1933).
Dihydro-α-dicyclopentadien	50°	45,4	Vgl. Anwendungsbeispiele J. PIRSCH: Ber. dtsch. chem. Ges. **67**, 101 (1934).	K. ALDER u. G. STEIN: Liebigs Ann. Chem. **485**, 218, 232, 241 (1931).
Camphen	49°	31,1	Zufolge seines niedrigen Schmelzpunktes für leicht zersetzliche oder flüchtige Substanzen geeignet. Vgl. Anwendungsbeispiele J. PIRSCH: Ber. dtsch chem. Ges. **65**, 862 (1932).	O. WALLACH: Liebigs Ann. Chem. **230**, 233 (1885)[3].
Camphenilon	39°	64	Für Verbindungen, die assoziiert auftreten können, wie Alkohole, Ketone und Säuren. Wegen seines tiefen Schmelzpunktes für temperaturempfindliche Substanzen geeignet. Vgl. Anwendungsbeispiele J. PIRSCH: Ber. dtsch. chem. Ges. **66**, 1694 (1933).	E.-E. BLAISE u. G. BLANC: Bull. Soc. chim. France [3] **23**, 164 (1900); P. LIPP: Liebigs Ann. Chem. **382**, 296 (1911); **399**, 249 (1913).

[1] Kann bei Heyl & Co., Hildesheim, bezogen werden.
[2] Exalton von hohem Reinheitsgrad kann bei Schering A. G., Berlin, West, bezogen werden.
[3] Kann bei Schuchardt, München, bezogen werden.

Die molare Schmelzpunkterniedrigung (K) des Lösungsmittels errechnet man daraus nach der Gleichung:

$$K = \frac{M \cdot L \cdot \Delta t}{1000 \cdot S}$$

M = Molekulargewicht der eingewogenen Substanz
L = eingewogene Lösungsmittelmenge in Milligrammen
Δt = Differenz zwischen dem Schmelzpunkt des Lösungsmittels und dem Schmelzpunkt des Lösungsmittels + Substanz (Schmelzpunkterniedrigung)
S = eingewogene Substanzmenge in Milligrammen.

Ausführung

Einwaage fester Substanzen nach F. Pregl. Das sorgfältig gereinigte Schmelzpunktröhrchen stellt man mit der Öffnung nach oben in ein leeres Tarafläschchen (S. 12). Mit Hilfe einer Pinzette bringt man es in dem Tarafläschchen auf die Waagschale und bestimmt nach einigen Minuten das Gewicht auf ± 0,001 mg genau. Um das Auflegen des 10 mg-Gewichtes zu vermeiden, tariert man so aus, daß sich der Reiter möglichst weit links auf dem Reiterlineal befindet.

Nachdem man das Gewicht notiert hat, dürfen Tarafläschchen und Schmelzpunktröhrchen nicht mehr mit der Hand angefaßt werden. Man stellt sodann das Tarafläschchen auf das Heft vor die Waage. Auf ein sauberes Uhrglas bringt man eine kleine Menge der Substanz und preßt davon *0,2—0,3 mg* durch vorsichtiges Aufstoßen in das engere Hilfsröhrchen und wischt dieses mit dem Marderhaarpinsel (S. 16) außen vorsichtig ab. Nun schiebt man das Hilfsröhrchen bis auf den Boden in das Schmelzpunktröhrchen hinein und stößt, während man das Hilfsröhrchen etwa 2—4 mm hochhebt, mit dem dazugehörigen Glasstäbchen die Substanz heraus. Sehr harte, körnige Substanzen, die sich nicht einpressen lassen, drückt man mit dem Spatel in das schräg gehaltene Hilfsröhrchen und bringt durch entsprechendes Neigen des Tarafläschchens die Substanz in das Schmelzpunktröhrchen. Hat man das Gewicht der Einwaage wie oben genau bestimmt, wird das *Lösungsmittel* mit Hilfe des zweiten Hilfsröhrchens auf gleiche Weise dazugebracht, wobei darauf zu achten ist, daß man das Hilfsröhrchen nicht bis auf den Boden des Schmelzpunktröhrchens hineinschiebt, denn es können sonst Teilchen von der bereits gewogenen Substanz an seinem Rande haftenbleiben. Man stößt also zweckmäßig etwa 4—6 mm über dem Boden des Schmelzpunktröhrchens die Lösungsmittelpastille mit dem Glasstab aus dem Hilfsröhrchen. Sollte die Einwaage des Lösungsmittels zu klein ausgefallen sein, bringt man, um die erwünschte etwa 10fache Substanzmenge zu erhalten, in der geschilderten Weise eine entsprechende weitere Menge des Lösungsmittels noch dazu. Nun erfolgt die dritte Wägung, aus der man die genaue Lösungsmittelmenge erfährt.

Sodann läßt man das Schmelzpunktröhrchen etwa in der Mitte in einer kleinen Flamme, bis es geschlossen ist, zusammenfallen und zieht es zu einem dünnen Glasstab von 40 mm Länge aus. Der hohle Teil mit der abgewogenen Füllung soll eine Länge von etwa 15—20 mm haben (Abb. 110).

Einwaage von öligen und dickflüssigen Substanzen nach J. PIRSCH[1]. In einem 80—90 mm langen, beiderseits offenen Glasröhrchen von höchstens 2,5 mm äußerem Durchmesser (Abb. 111) ist ein etwa 0,8 mm starkes Glasstäbchen genau zentrisch eingeschmolzen. Das Glasstäbchen ragt auf der einen (linken) Seite 1—1,5 mm aus dem Glasröhrchen heraus. Durch vorsichtiges Eintauchen der Stäbchenspitze in die Substanz bleibt von dieser im allgemeinen die für eine Einwaage erforderliche Menge haften. Das Einführungsröhrchen wird zum Einbringen der Substanz in das gewogene Schmelzpunktröhrchen mit dem Daumen und dem Zeigefinger der rechten Hand gehalten und bei aufgestützten Ellbogen bis zum Boden des senkrecht stehenden Schmelzpunktröhrchens hineingeschoben; dabei bleibt die für eine Bestimmung erforderliche Substanzmenge haften. Ein Benetzen

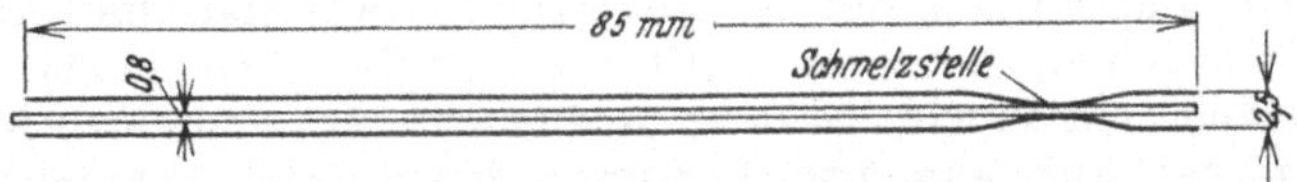

Abb. 111. Einführungsröhrchen für ölige und dickflüssige Substanzen.

der Wandung ist durch das den Glasstab umgebende Glasröhrchen nicht möglich. Die Einwaage des Lösungsmittels erfolgt gleich wie bei festen Substanzen.

Einwaage hoch siedender Flüssigkeiten nach A. SOLTYS. Das Hängenbleiben auch der geringsten Flüssigkeitsspuren an der Innenwand des gewogenen Schmelzpunktröhrchens wird dadurch vermieden, daß das Einbringen der abzuwägenden Flüssigkeit mit einem Glasröhrchen

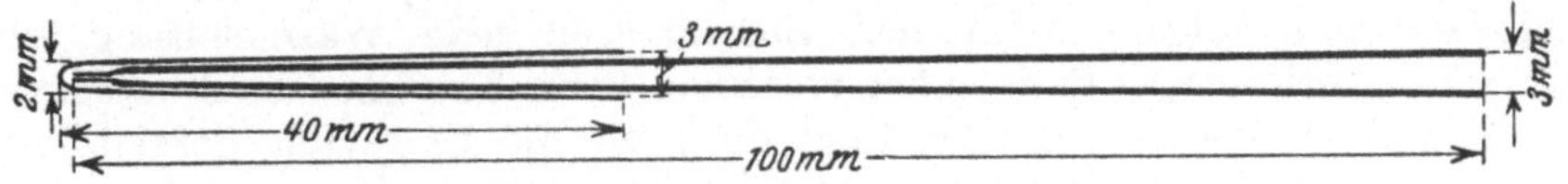

Abb. 112. Einführen der Flüssigkeit in die Schmelzpunktskapillare.

vorgenommen wird, das an dem verjüngten Ende zu einer haarfeinen, 1,5—2 mm langen Kapillare ausgezogen ist (Abb. 112). Man bereitet sich dieses Einfüllröhrchen am einfachsten durch Ausziehen eines entsprechend dimensionierten gewöhnlichen Glasrohres. Für die Einwaage taucht man die Kapillare in die Flüssigkeit und wischt sie außen gut ab. Nun führt man das Einfüllröhrchen, ohne die Wandung des Schmelzpunktröhrchens zu berühren, bis zum Boden ein, bläst den Inhalt, der 0,2—0,3 mg entsprechen soll, aus und zieht es wieder vorsichtig heraus. Nach der rasch auszuführenden zweiten Wägung wird die erforderliche Menge Lösungsmittel eingebracht und nun weiter verfahren, wie bereits früher für feste Körper angegeben wurde. Dadurch, daß sich das Lösungsmittel mit der Flüssigkeit vollsaugt, ist die Mischung von vornherein so gut, daß der Schmelzpunkt schon nach dem ersten Schmelzen und Wiedererstarrenlassen im Schmelzpunktapparat konstant ist.

[1] PIRSCH. J.: Ber. dtsch. chem. Ges. **65**, 865 (1932).

Einwaage nieder siedender Flüssigkeiten nach J. PIRSCH[1]. Bei diesem Einwägeverfahren ist in ein Schmelzpunktröhrchen von 70 mm Länge zuerst das Lösungsmittel nach S. 332 einzuwägen, zu dem dann die in einer feinen Kapillare eingewogene Flüssigkeit vor dem Zuschmelzen hinzugebracht wird. Die Flüssigkeitskapillare besteht aus einer einseitig zugeschmolzenen Kapillare von etwa 1 mm lichter Weite, die in einem Abstand von 8 bis 9 mm vom zugeschmolzenen Ende zu einer haarfeinen Kapillare von 10 mm Länge, ähnlich der bei der CH-Bestimmung verwendeten (S. 58), ausgezogen ist. Zum Einbringen der Flüssigkeit taucht man die vorher leer gewogene Kapillare mit ihrer feinen Spitze in ein hohes Schälchen, in das man die Flüssigkeit einige Millimeter hoch eingefüllt hat. Die Kapillare soll mit ihrem breiten Ende mindestens 6 mm aus dem Schälchen herausragen. Zur Füllung mit der Flüssigkeit erfaßt man die Kapillare an ihrem breiten Teil mit einer warmen Pinzette, hebt sie einige Sekunden aus der Flüssigkeit und taucht sie dann wieder ein. In demselben Maße, wie beim Erwärmen Luft ausgetrieben wurde, dringt beim Abkühlen Flüssigkeit ein. Wurde so viel Flüssigkeit eingesaugt, daß der kegelförmig nach oben erweiterte Teil mit der Flüssigkeit gefüllt ist, hebt man die Kapillare mit einer Beinpinzette aus der Flüssigkeit, wobei durch die haarfeine Kapillare noch Luft nachgesaugt wird. Die dadurch entstehende äußerst schmale und verhältnismäßig hohe Luftsäule in der Haarkapillare verhindert ein Entweichen von Flüssigkeitsdämpfen vollständig. Nun wird die Kapillare auf die Waagschale gelegt und gewogen.

Dann bringt man sie mit der Spitze nach unten in das Schmelzpunktröhrchen, in das man, wie bereits gesagt wurde, das Lösungsmittel eingewogen hat. Mit dem hierbei längeren Schmelzpunktröhrchen wird bei dem nun folgenden raschen Zuschmelzen jede Wärmeleitung zur Kapillare verhindert. Sollte aber trotzdem beim Zuschmelzen Flüssigkeit aus der Kapillare treten, so bedingt dies, wie die Erfahrung gezeigt hat, keinen Fehler, da sich die verdampfende Flüssigkeit nicht so rasch in dem Schmelzpunktröhrchen ausbreitet.

Das Durchmischen der Flüssigkeit nimmt man entweder durch wiederholtes Eintauchen des geschlossenen Schmelzpunktröhrchens in ein auf die Schmelztemperatur des Lösungsmittels erwärmtes Heizbad vor oder durch wiederholtes vorsichtiges Erwärmen des weiten Teiles der eingeschmolzenen Kapillare und des Lösungsmittels.

Ablesung des Schmelzpunktes

Noch bevor man das Ablesen des Schmelzpunktes vornimmt, hat man die Substanz mit dem Lösungsmittel innig zu durchmischen. Zu diesem Zwecke bereitet man sich in einem kleinen Kölbchen je nach dem verwendeten Lösungsmittel entweder mit Wasser oder mit konzentrierter Schwefelsäure ein sogenanntes Mischbad, das man 1—2° über den Schmelzpunkt des Lösungsmittels erwärmt.

Sodann erfaßt man den Glasstab der zugeschmolzenen Kapillare, taucht

[1] PIRSCH, J.: Ber. dtsch. chem. Ges. **65**, 865 (1932).

den ganzen hohlen Teil in das Mischbad und bringt durch energische Quirlbewegung unter Beobachtung mit der Lupe die Substanz zur völligen Lösung. Sollte sich auch nach längerem Quirlen die Substanz nicht klar lösen, so ist eine Schmelzpunktablesung zwecklos. Ist die Substanz bis auf einen ganz kleinen Rest in Lösung gegangen, so versuche man sie in einer neuen Einwaage mit einer größeren Lösungsmittelmenge zu lösen. Bleibt sie trotzdem ungelöst, benutze man ein anderes Lösungsmittel.

Nach dem Abkühlen befestigt man den Glasstab der Kapillare mit Hilfe eines dünnen Gummiringes an dem entsprechenden abgekürzten Thermometer und führt dieses in üblicher Weise in den Schmelzpunktapparat ein, den man am zweckmäßigsten mit der Sparflamme eines Bunsenbrenners erhitzt. Man reguliert das Erwärmen des Heizbades so, daß der Temperaturanstieg höchstens 2° C in einer Minute beträgt. In der Nähe des Schmelzpunktes wird man das Erhitzen langsamer vornehmen.

Unter der Lupe kann man mitunter beobachten, wie sich die Schmelze einige Grade unter dem Schmelzpunkt zuerst in eine trübe Flüssigkeit verwandelt, die meist ein Kristallskelett erkennen läßt. Während dieses anfänglich die ganze Flüssigkeit durchsetzt, verschwinden die Kristalle bei steigender Temperatur, an der Oberfläche beginnend. Die letzten, am Boden liegenden Kristalle lösen sich in der Regel mit einer kleinen Wirbelbewegung. In diesem Augenblick liest man die Temperatur auf $\pm$ 0,1° genau ab. Dann kühlt man ab und bestimmt den Schmelzpunkt ein zweites Mal.

Berechnung

$$M = \frac{1000 \cdot K \cdot S}{L \cdot \Delta t}$$

K = die nach S. 327 bestimmte molare Schmelzpunkterniedrigung des Lösungsmittels
S = eingewogene Substanzmenge in Milligrammen
L = eingewogene Lösungsmittelmenge in Milligrammen
Δt = Schmelzpunkterniedrigung.

Bemerkungen: Um das Molekulargewicht bestimmen zu können, muß die Substanz in den angeführten Lösungsmitteln klar in Lösung gehen. Sie darf auch nicht mit den Lösungsmitteln reagieren, wie es vom Campher bekannt ist, der z. B. mit Phenol, Salicylsäure, Salol u. a. m.[1], oder mit Carbonyl- und aktiven Methylengruppen Verbindungen eingeht. Schwierigkeiten bei der Ablesung des Schmelzpunktes bereiten dunkel gefärbte Schmelzen. Um in solchen Fällen den Schmelzpunkt festzustellen, empfiehlt V. A. Aluise[2] in das Schmelzpunktröhrchen einen 1 bis 2 mm starken hohlen Glaskörper vor dem Zuschmelzen einzubringen. An den sich dabei

[1] Le Fèvre, A. J. W., u. J. Webb: J. Chem. Soc. London **1931**, 1211—1216; Le Fèvre, R. J. W., u. C. G. Tidemann: J. Chem. Soc. London **1931**, 1729—1732.
[2] Aluise, V. A.: Ind. Eng. Chem., Analyt. Ed. **13**, 365 (1941).

zwischen den Glaswandungen bildenden helleren Zonen ist es in vielen Fällen möglich, das Schmelzen der Kristalle festzustellen.

Bestimmung des Molekulargewichtes nach der osmotischen Methode von G. BARGER[1]

Prinzip: Werden in ein geschlossenes System Lösungen verschiedener Konzentration gebracht, so gibt die osmotisch schwächere an die osmotisch stärkere Lösung durch isotherme Destillation so lange Lösungsmittel ab, bis in beiden Lösungen der gleiche osmotische Druck eingetreten ist. Bereitet man sich mit der Substanz, von der das Molekulargewicht zu bestimmen ist, eine Lösung von bestimmter Konzentration und prüft diese gegen Vergleichslösungen bekannter molarer Konzentration, so läßt sich daraus das Molekulargewicht mit großer Genauigkeit bestimmen.

Für die Bestimmung werden in eine Kapillare in abwechselnder Reihenfolge zwischen Luftbläschen Tröpfchen der Substanzlösung und der Vergleichslösung gebracht. Die durch isotherme Destillation verursachte Änderung des Abstandes zwischen den beiden Menisken eines Tröpfchens wird unter dem Mikroskop mittels eines Okularmikrometers festgestellt. Die Vergleichslösung, die keine osmotische Änderung zeigt, benützt man zur Berechnung des Molekulargewichtes der Substanz nach S. 339.

Die Methode stellt an den Ausübenden keine besonderen experimentellen Anforderungen und besitzt dadurch, daß verschiedene Lösungsmittel und auch Lösungsmittelgemische angewandt werden können, einen großen Anwendungsbereich. Ferner erlaubt sie auch die Verwendung nicht analysenreiner Lösungsmittel. Durch die einfachen apparativen Behelfe kann man sie in jedem Laboratorium zur Molekulargewichtsbestimmung heranziehen; sie besitzt nur den einen Nachteil, daß bis zum Eintritt des osmotischen Gleichgewichtes, das vom Dampfdruck des Lösungsmittels abhängt, längere Zeit vergeht, z. B. bei Aceton etwa 12 Stunden, bei Pyridin oder Wasser einige Tage.

Apparative Behelfe und Ausführung

Die Meßkapillaren stellt man sich am besten aus einem dickwandigen (2 mm Wandstärke), sorgfältig gereinigten, gewöhnlichen Glasrohr von etwa 15 mm äußerem Durchmesser durch Ausziehen her, und zwar für organische Lösungsmittel mit einer lichten Weite von 0,9 bis 1,2 mm, für Wasser von 1,5 bis 2 mm, und schneidet sie in Stücke von etwa 150 mm. Vor dem Einfüllen der Lösungen sind die Kapillaren genau zu prüfen, ob sie überall den gleichen Innendurchmesser aufweisen.

Mikroskop. Es kann jedes Mikroskop benützt werden, das bei einer Brennweite von etwa 18 mm eine 60- bis 100fache Vergrößerung zeigt. In das Okular wird ein Okularmikrometer eingesetzt.

Petri-Schalen zum Aufbewahren der Objektträger mit den Kapillaren.

Lösungsmittel. Es eignet sich vor allem *Pyridin* wegen seines ausgezeichneten Lösungsvermögens; ferner ein *Pyridin-Acetongemisch* und nieder siedende Lösungsmittel, wie *Äther*, *Aceton*, *Essigester* und *Alkohol*.

---

[1] BARGER, G.: J. Chem. Soc. London **85**, 286 (1904), u. Ber. dtsch. chem. Ges. **37**, 1754 (1904).

Als Vergleichssubstanzen für die Vergleichslösungen verwendet man *Azobenzol, Rohrzucker, Benzoesäure* und *Harnstoff*.

Das Anfertigen der Vergleichslösungen nach E. BERL und O. HEFTER[1]: Nachdem man zuerst durch einen Lösungsversuch das geeignete Lösungsmittel festgestellt hat, benützt man es auch zum Anfertigen der Vergleichslösungen. Als Vergleichssubstanz benützt man am besten Azobenzol, da es die Vergleichslösungen gut sichtbar macht. Das Abfüllen der einmal hergestellten Vergleichslösungen in Ampullen ist sehr zeitraubend und umständlich. Man bewahrt besser die Vergleichslösungen, die aus einem nicht flüchtigen Lösungsmittel hergestellt sind, in Meßkölbchen mit Schliffstopfen auf. Mit flüchtigen Lösungsmitteln stellt man sich zweckmäßig die Vergleichslösungen frisch her, wozu man sich zuerst eine 0,1 molare Lösung (0,1 Mol in 1000 ml Lösungsmittel) bereitet und daraus durch entsprechendes Verdünnen mit dem Lösungsmittel (aus einer Mikrobürette) eine Verdünnungsreihe herstellt (s. Tabelle unten).

Einwaage: Da man für die Berechnung des gesuchten Molekulargewichtes die Konzentration der Substanzlösung wissen muß, wird bei genügend verfügbarer Substanz so viel in kleine Meßkölbchen von 1 bis 3 ml Inhalt eingewogen, daß man eine 0,1- bis 0,3%ige Lösung erhält. Hat man jedoch nur ganz wenig Substanz verfügbar, wird man es vorziehen, den Prozentgehalt durch Wägen der Substanz und des Lösungsmittels zu bestimmen. Um daraus die Konzentration der Lösung berechnen zu können, ist die Bestimmung der Dichte notwendig. Dabei verfährt man genau so wie bei der Bestimmung des Drehungsvermögens beschrieben (S. 340). Man kann gegebenenfalls die Polarisationslösungen für die Molekulargewichtsbestimmung verwenden.

Tabelle einer Azobenzol-Aceton-Verdünnungsreihe nach E. BERL und O. HEFTER[2]

Angenommenes Molekulargewicht	g Azobenzol in 10 ml Aceton	Normalität	Verdünnung ml 0,1 molare Azobenzollösung	ml Aceton
100	0,18212	0,1		
120	0,15175	0,0835	40	8
150	0,12140	0,0667	30	15
170	0,10712	0,0588	30	21
200	0,09105	0,0500	25	25
220	0,082773	0,0455	20	24
250	0,072840	0,0400	20	30
270	0,067445	0,0370	15	25,5
300	0,06070	0,0334	15	30
320	0,056906	0,0313	10	22
350	0,052029	0,0286	10	25
370	0,049217	0,0270	10	27
400	0,045525	0,0250	10	30

Das Füllen der Kapillaren erfordert einige Übung, ist aber durchaus nicht schwierig und nimmt nur kurze Zeit in Anspruch. Man hält die Meßkapillare zwischen Mittelfinger und Daumen, und während man das eine Ende der Meßkapillare mit dem Zeigefinger zuhält, taucht man das andere in die Vergleichslösung. Dabei tritt nur ganz wenig Lösung in die Kapillare. Sodann zieht man die Kapillare aus der Lösung, dreht sie horizontal, entfernt den Zeigefinger und läßt durch entsprechendes Neigen das Tröpfchen etwa 3 mm hineingleiten. Dann verschließt man die Meßkapillare wieder mit dem Zeigefinger, läßt jetzt aus der Substanzlösung ein Tröpfchen eintreten und bringt es wie oben weiter in die Meßkapillare. Auf diese Weise bringt man etwa 7 Tröpfchen abwechselnd aus beiden Lösungen ein und läßt sie so weit in die Kapillare hineingleiten, bis das zuletzt eingebrachte Tröpfchen etwa 10 mm von der Eintrittsöffnung entfernt ist. Schließlich hält man die Meßkapillare horizontal und schmilzt beide Enden mit einer groß gestellten Mikrobrennerflamme zu. Wäßrige Lösungen gleiten mitunter schwer in die Meßkapillare. Man hilft sich dadurch, daß man den der Einfüllöffnung gegenüberliegenden

[1] BERL, E., u. O. HEFTER: Liebigs Ann. Chem. **478**, 235 (1930).

[2] Weitere Tabellen sind in Liebigs Ann. Chem. **478**, 235 (1930) zu finden.

Teil der Meßkapillare schwach erwärmt und dann mit dem Finger zuhält. Der beim Abkühlen entstehende Unterdruck saugt das Tröpfchen ein. Verwendet man sehr flüchtige Lösungsmittel (Äther, Schwefelkohlenstoff), so verschließt man am besten die Meßkapillare mit Wachs oder Paraffin. Die weiteren Meßkapillaren werden mit Vergleichslösungen der Versuchsreihe in abnehmender Konzentration gefüllt.

Die fertigen Meßkapillaren klebt man mit Wachs oder schmalen Leukoplaststreifen an beiden Enden auf Objektträger (Abb. 113) und bezeichnet diese, um Verwechslungen zu entgehen.

Die Ablesung nimmt man nur an den Tröpfchen 2—6 vor, da die beiden äußersten Tröpfchen unregelmäßigen Änderungen durch Verdampfen in den angrenzenden größeren Luftraum unterliegen.

Zur Messung legt man die Objektträger mit den darauf befestigten Meßkapillaren der Bezeichnung nach in eine rechteckige Petri-Schale und bringt so viel Wasser von Raumtemperatur hinein, daß die Meßkapillaren eben bedeckt sind. Das Überschichten mit Wasser schützt einerseits die Meßkapillaren vor Temperaturschwankungen und verdeutlicht andererseits das mikroskopische Bild.

Das Ablesen. Man stellt das Mikroskop genau auf die Achse der Meßkapillare ein, denn in dieser Stellung sind die beiden Menisken eines Tropfens am schärfsten zu definieren. Den kleinsten Abstand zwischen den beiden Menisken (in der Achse der Meßkapillare) eines Tröpfchens mißt man, indem man den einen Meniskus durch Verschieben der Petri-Schale genau mit dem Nullpunkt des Mikrometers zur Deckung bringt und den anderen Meniskus auf 2—3 μ genau abliest und notiert. Man mißt z. B. bei Tröpfchen 2 (Abb. 113) beginnend alle Abstände der Menisken bis 6 und nimmt dann die nächste Vergleichslösung vor. Die Wartezeit bis zur nächsten Ablesung ist vom Dampfdruck des verwendeten Lösungsmittels abhängig (bei Äther einige Minuten, Alkohol eine Stunde, Pyridin und Wasser etwa 1—2 Tage). Sind die Lösungen sehr verdünnt, ist die Wartezeit entsprechend länger.

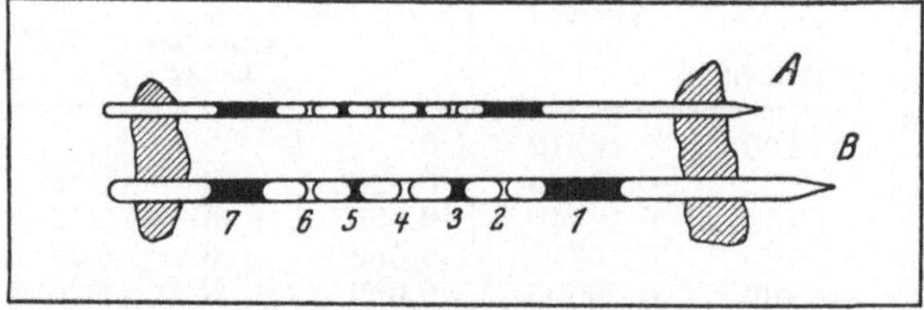

Abb. 113.

Die nun folgenden Ablesungen müssen bei gleicher Temperatur erfolgen. Dabei wird man feststellen, daß der Abstand der Menisken eines Tröpfchens entweder größer oder kleiner geworden ist. Von der ganzen Vergleichsreihe werden nur jene Meßkapillaren für die Berechnung des Molekulargewichtes benützt, von denen die eine gerade noch eine Vergrößerung und die andere eine Verringerung des Meniskenabstandes erkennen läßt, denn nur in den seltensten Fällen wird keine Meniskenänderung zu beobachten sein. Es hat also zwischen den Tröpfchen der Substanzlösung mit bekannter Konzentration und denen der Vergleichslösung von ebenfalls bekannter Molarität die geringste isotherme Destillation stattgefunden.

Beispiel: Molekulargewichtsbestimmung von Traubenzucker gegen eine wäßrige Rohrzuckerlösung (Molekulargewicht = 342). Konzentration der Traubenzuckerlösung = 2,502.

Nach den Versuchszeiten (2. Spalte) ist lediglich die Änderung der Menisken, bezogen auf die erste Ablesung, und nicht die Größenänderung der Tröpfchen angegeben. Von den fünf gemessenen Tröpfchen gehören II,

Rohrzucker	Zeit in Std.	II	III	IV	V	VI	Summe
0,050 molar	18	+ 230	− 97	+ 71	− 79	+ 71	+ 548
0,100 „	18	+ 26	− 18	+ 25	− 31	+ 30	+ 130
0,120 „	21	+ 6	− 4	+ 9	− 4	+ 4	+ 27
0,130 „	22	+ 8	+ 3	+ 5	− 1	+ 5	+ 16
0,140 „	22	− 1	0	− 2	+ 2	− 2	− 7
0,150 „	18	− 3	+ 8	0	+ 9	− 4	− 24
0,200 „	18	− 41	+ 55	− 57	− 53	− 45	− 251
0,250 „	18	− 75	+ 85	− 81	+ 65	− 78	− 384

IV, VI-der Traubenzuckerlösung und III, V der Rohrzuckerlösung an. Die letzte Spalte zeigt die Summe der Änderung der fünf Tröpfchen an.

Berechnung

$$\text{Molekulargewicht} = \frac{\text{Konzentration der Substanzlösung} \cdot 10}{\text{Molarität der Vergleichslösung}}$$

Aus dem Beispiel ersieht man, daß der osmotische Druck der Traubenzuckerlösung (c = 2,502) dem einer 0,13—0,14-molaren Lösung entspricht. Daraus berechnet man das Molekulargewicht:

$$M = \frac{2{,}502 \cdot 10}{0{,}130} = 179 \text{ und } \frac{2{,}502 \cdot 10}{0{,}140} = 192.$$

Berechnetes Molekulargewicht Traubenzucker $C_6H_{12}O_6 = 180{,}15$.

Bemerkung: Eine scheinbare Fehlerquelle sei noch hier erwähnt, die darin liegen mag, daß beim Einfüllen der Tröpfchen diese durch den Teil der Meßkapillare gleiten, der schon von den vorher eingebrachten Tröpfchen der anderen Lösung benetzt wurde, und dabei eine geringe Vermischung eintritt. Dadurch wird die beobachtete Änderung der Menisken zwar etwas geringer sein, als wenn das Tröpfchen ohne Benetzung mit der anderen Lösung eingebracht worden wäre. Da wir aber nur wissen wollen, welche Lösungen den gleichen osmotischen Druck haben, und nicht die Größe des Unterschiedes messen, so macht dies die Methode nur etwas unempfindlicher.

K. Rast[1] hat die Barger-Methode dahin modifiziert, daß in die Meßkapillare nur noch ein Tröpfchen der Substanzlösung und eines der Vergleichslösung gebracht werden. Gegen eine auf dem Objektträger zwischen beiden Tröpfchen angebrachte Strichmarke wird die Veränderung der Menisken der beiden Lösungen gemessen.

Über weitere Methoden, die auf dem Prinzip von G. Barger beruhen, liegen keine persönlichen Erfahrungen vor, es wird daher auf die Originalliteratur verwiesen:

Methode von K. Schwarz, Monatshefte **53/54**, 926 (1929).
„ „ E. Berl und O. Hefter, Liebigs Ann. Chem. **478**, 235 (1930).
„ „ R. Signer, Liebigs Ann. Chem. **478**, 246 (1930).
„ „ I. K. Spies, J. Amer. chem. Soc. **55**, 250 (1922).

[1] Rast, K.: Ber. dtsch. chem. Ges. **54**, 1979 (1921).

Bestimmung des Drehungsvermögens

Methode von E. FISCHER[1]

Die Bestimmung des Drehungsvermögens kleiner Substanzmengen wurde zuerst im Laboratorium F. EMICHS von J. DONAU[2] in Kapillaren von 0,5 mm Durchmesser durchgeführt. E. FISCHER hat dem Verfahren eine Form gegeben, die es allgemein anwendbar macht.

Apparative Erfordernisse

Einwägegläschen mit Schliffstopfen (Abb. 114 b) von 1,5 ml Inhalt.

Einfüllpyknometer nach F. PREGL von etwa 0,12 und 0,22 ml Inhalt[3] (Abb. 114 a).

Polarisationsrohre[4] nach E. FISCHER:

1,6 mm	Durchmesser	(50 mm lang,	0,1 ml	Inhalt)
1,6 mm	,,	(100 mm ,,	0,2 ml	,,)
2,5 mm	,,	(100 mm ,,	0,5 ml	,,)

Als Polarisationsapparat benutzt man einen Halbschattenapparat mit zwei- oder dreiteiligem Gesichtsfeld.

Das monochromatische Licht wird durch spektrale Zerlegung (Monochromator) des weißen Lichtes einer Nernst-Lampe oder besser einer elektrischen Glühbirne erzeugt. Damit sind Messungen bei verschiedenen Wellenlängen (Bestimmung der Rotationsdispersion) möglich. Für genaueste Messungen bei gelbem Licht (D-Linie 589 mμ) hat sich die Natrium-Gasentladungslampe[5] an Stelle des kostspieligen Monochromators hervorragend bewährt; für rotes Licht verwendet man am besten eine Cadmiumlampe mit oder ohne Filter[6], die die Linie 643 mμ bevorzugt ausstrahlt.

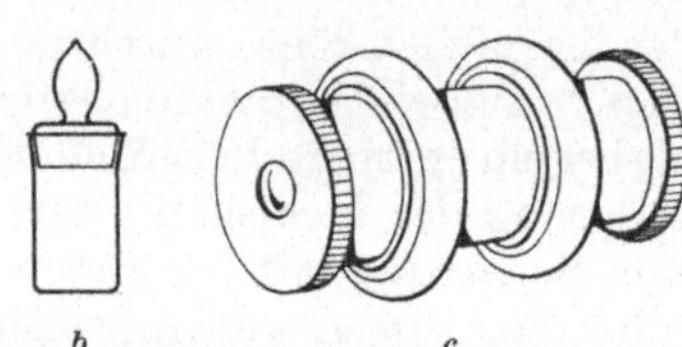

Abb. 114. *a* Einfüllpyknometer der Fa. P. Haack, Wien (natürl. Größe); *b* Wägegläschen; *c* Polarisationsrohr.

Es sind noch eine Reihe weiterer Gasentladungslampen konstruiert worden, die alle im gleichen Sockel verwendet werden können. Sie erlauben Messungen in fast jedem Spektralbereich mit monochromatischer Strahlung und sind äußerst bequem zu handhaben. Man wird nur in Ausnahmefällen, wenn extreme Spektralbereiche oder besonders hohe Lichtstärken nötig sind, auf den Monochromator in Verbindung mit einer entsprechenden Lichtquelle zurückgreifen.

---

[1] FISCHER, E.: Ber. dtsch. chem. Ges. **44**, 129 (1911).
[2] DONAU, J.: Mh. Chem. **29**, 333 (1908).
[3] Das ursprüngliche Pyknometer von F. Pregl hatte einen Inhalt von etwa 0,9 ml.
[4] NAUMANN, H.: Biochem. Z. **211**, 239 (1929), konnte die störenden Rohrreflexe der weißen Rohre dadurch beheben, daß er sie aus schwarzem Glas anfertigte und mit Flußsäure mattierte.
[5] Osram, Berlin, in Fassung von C. Zeiss.
[6] Siemens, Berlin.

Ausführung

Die Herstellung der Lösungen zur Polarisation kann auf zweierlei Weise vorgenommen werden:

a) Durch Lösen einer gewogenen Substanzmenge in einem geeichten Meßkölbchen, woraus sich die Konzentration c in g/100 ml ergibt. Hat man genügend Substanz, so ist diese Art der Bestimmung am einfachsten.

b) Sind jedoch nur wenige Milligramme verfügbar, so ist der folgende Weg zu empfehlen, bei dem man neben dem Gewicht der Substanz S das Gewicht der Lösung L und deren Dichte d bei der Temperatur t° C zu bestimmen hat.

Dazu wird das sorgfältigst gereinigte Wägegläschen (Abb. 114 b) auf die Waage gebracht und nach 10 Minuten gewogen. Dann stellt man das Wägegläschen mit einer Pinzette oder mittels eines Rehlederläppchens auf das Heft vor die Waage, entfernt den leicht aufsitzenden Schliffstopfen, bringt 3—10 mg der Substanz mit dem Spatel vorsichtig in das Gläschen, setzt den Deckel locker auf und wiegt nach 5 Minuten.

Das *Lösungsmittel* läßt man aus einer feinen Meßpipette vorsichtig entlang der Wand des Gläschens zur Substanz zufließen. Entsprechend den gewählten Polarisationsrohren und Pyknometern werden etwa *0,15 ml* oder *0,25 ml* zugegeben. Sodann wird der Schliffstopfen gut eingesetzt und nach 5 Minuten das Lösungsmittel gewogen. Löst sich die Substanz nicht gleich, schwenkt man vorsichtig um.

Aus den beiden Einwaagen ergibt sich der Prozentgehalt der Lösung (g Substanz/100 g Lösung); um die Konzentration c (g Substanz/100 ml) zu ermitteln, ist die Bestimmung der Dichte notwendig.

Dichtebestimmung

Das Einfüllpyknometer (Abb. 114 a) wird mit Wasser, Alkohol und Äther gewaschen, an der Pumpe gut getrocknet, mit einem Rehlederläppchen gereinigt und neben die Waage gelegt. Da alle Wägungen bei genau gleicher Temperatur vorgenommen werden müssen, stellt man die Lösung sowie für die Eichung des Pyknometers einige Milliliter destilliertes Wasser nebeneinander vor die Waage. Nach 10 Minuten legt man das leere Pyknometer mit der Gabel auf die Waage und wägt nach 5 Minuten auf 0,01 mg genau. Von nun an darf das Pyknometer nicht mehr mit der Hand berührt werden. Man nimmt es mit der Gabel vom Gehänge, ergreift es mittels eines Rehlederläppchens mit der rechten Hand und setzt mit der linken einen Saugschlauch mit Mundstück auf. Sodann taucht man die Spitze des Pyknometers in das Wasser von Raumtemperatur und saugt vorsichtig, höchstens 1—2 mm über die Marke, auf, dreht hierauf das Pyknometer sogleich horizontal und zieht den Schlauch, ohne ihn einzudrücken, ab. Während man das Pyknometer horizontal hält, wird zunächst das Wasser von der Außenwandung der Spitze mit Filtrierpapier entfernt, ohne dabei die Ausflußkapillare zu berühren. Dann neigt man das Pyknometer mit der Spitze nach unten um 30—40° und saugt aus der Spitze das über der Marke stehende Wasser mit schwach angefeuchtetem Filtrierpapier genau ab.

Wurde beim Füllen des Pyknometers das Wasser nur wenig höher als 1 mm über die Marke angesaugt, so wird, um dem an der Kapillarwand noch haftenden Wasser das Abfließen zu ermöglichen, die Neigung des Pyknometers noch 2 Minuten beibehalten und hernach nochmals bis zur Marke angesaugt. Nach einigen mißglückten Versuchen bereitet das Ansaugen von nicht mehr als 1 mm über die Marke keine Schwierigkeiten mehr. Einige Millimeter über der Marke haftendes Wasser beeinflußt die Genauigkeit der Bestimmung so sehr, daß das Trocknen und Füllen des Pyknometers zu wiederholen ist.

Trotz der längeren Handhabung, bei der eine geringe Wärmeaufnahme nicht zu vermeiden ist, wird die Wägung nach 5 Minuten vorgenommen. Schließlich wird mit demselben Pyknometer und bei genau gleicher Temperatur die Polarisationslösung gewogen.

Füllen des Polarisationsrohres und Ablesung der Drehung. Auf das mit Wasser, Alkohol und Äther gereinigte und an der Pumpe getrocknete Polarisationsrohr setzt man eines der Glasplättchen und schraubt den Verschluß auf. Bei dem Einfüllen der Lösung müssen Luftbläschen sorgfältig vermieden werden. Dazu nimmt man das Pyknometer von der Waage und hält es am oberen Ende zu, während man die Spitze bis zum Boden des Röhrchens einführt. Berührt die Spitze des Pyknometers das Glasplättchen, so läßt man die Lösung ausfließen und hebt entsprechend das Pyknometer. Tritt die Lösung über den Rand des Rohres, so wird das Pyknometer entfernt, das zweite Glasplättchen aufgesetzt (keine Luftblase) und der Deckel sogleich aufgeschraubt. Die Deckplättchen dürfen nicht zu fest aufgeschraubt werden, weil es dadurch zu Doppelbrechungserscheinungen des Glases kommen kann, die die Gleichmäßigkeit des Gesichtsfeldes stören und zu einer „Nullpunktverschiebung" führen können. Aus diesem Grunde sind alle Messungen nach Wenden des Rohres zu wiederholen.

Nachdem man sich von der luftfreien Füllung des Rohres überzeugt hat, wird das Rohr in den Polarisationsapparat gelegt. Schlieren, die das Gesichtsfeld unscharf erscheinen lassen, rühren von Temperaturunterschieden her und verlieren sich nach einiger Zeit (Temperaturausgleich). Durch Verschieben des Beobachtungsrohres in der Rinne des Polarisationsapparates ermittelt man die für scharfe Ablesung günstige Lage. Aus 6—8 Ablesungen (von dunkel nach hell und umgekehrt) wird das Mittel errechnet. Bei einiger Übung ist eine Ablesegenauigkeit von $\pm$ 0,10° leicht zu erreichen.

Der jeweilige Nullpunkt des Apparates wird nach Füllung des Rohres mit dem verwendeten Lösungsmittel bei der Temperatur der Messung bestimmt.

Berechnung

Als spezifisches Drehungsvermögen (α) bezeichnet man jenen Drehwinkel α der Ebene des polarisierten Lichtes, den eine

Lösung von 1 g Substanz in 1 ml hervorruft, wenn eine Schichtdicke von 10 cm gegeben ist.

Wurde mit dem Meßkölbchen die Konzentration c (g/100 ml) bestimmt, so gilt:

$$[\alpha]_D^t = \frac{\alpha \cdot 100}{l \cdot c}$$

t = Beobachtungstemperatur, D = Wellenlänge des Lichtes, α = abgelesener Winkel in Graden und l = Länge des Rohres in Dezimetern.

Hat man mit dem Pyknometer gearbeitet, so muß zunächst die Dichte der Lösung, bezogen auf Wasser von 4° C, ermittelt werden. Zu diesem Zweck wird die im Pyknometer bei t° C gewogene Wassermenge W (Gramme) durch die Dichte des Wassers bei dieser Temperatur[1] dividiert, wodurch man das wahre Volumen des Pyknometers W_4 in Millilitern erhält. Die reduzierte Dichte beträgt:

$$d_4 = \frac{L_t}{W_4},$$

wobei L_t das Gewicht der Lösung (Gramme) im Pyknometer bei der Wägetemperatur ist. Für das spezifische Drehungsvermögen gilt dann:

$$[\alpha]_D^t = \frac{\alpha \cdot L}{l \cdot S \cdot d_4}$$

α = abgelesener Drehungswinkel, L = Gewicht der Lösung im Wägegläschen in Milligrammen, l = Länge des Rohres in Dezimetern, S = eingewogene Substanz in Milligrammen.

Beispiele.

1. Rohrzucker:

28,025 mg Substanz in 5 ml Wasser; Berechnung nach Formel (1):

$$c = 5{,}605;\ l = 0{,}5\ \text{dm};\ \alpha_D^{20} = +\,1{,}87°$$
$$[\alpha]_D^{20} = (+\,1{,}87° \cdot 100) : (5{,}605 \cdot 0{,}5) = +\,66{,}7°.$$

2. Rohrzucker, Berechnung nach Formel (2) und (3):

Im Wägegläschen: $S = 8{,}920$ mg Substanz, $L = 339{,}62$ mg Lösung.

Im Pyknometer: $W = 0{,}2211$ g Wasser von 20°; $W_4 = 0{,}2235$ ml;

$L_t = 0{,}22541$ g Lösung von 20°.

$$d_4^{20} = (0{,}22541) : (0{,}22350) = 1{,}0085$$
$$[\alpha]_D^{20} = (+\,0{,}88° \cdot 339{,}62) : (0{,}5 \cdot 8{,}920 \cdot 1{,}0085) = +\,66{,}4°.$$

Bestimmung der Molekularrefraktion

Brechungsindex. Die Bestimmung des Brechungsindex kleiner Mengen Flüssigkeiten oder Lösungen nimmt man in einem Refraktometer z. B. von

[1] Zu entnehmen aus Küster, Thiel, Fischbeck: Logarithmische Rechentafeln 56.—60. Aufl. 1947.

R. ABBE vor. Man benötigt nur einen Tropfen Flüssigkeit und kann daran den Brechungsindex auf ± 0,0001 genau ablesen.

Das Refraktometer von R. ABBE beruht auf dem Prinzip der Bestimmung des Grenzwinkels der totalen Reflexion an einer dünnen Flüssigkeitsschicht zwischen zwei Prismen von größerem Brechungsindex. Es gestattet Ablesungen von $n_D = 1{,}3000$ bis $1{,}7000$. Zur Beleuchtung kann sowohl Tageslicht wie eine elektrische Glühbirne verwendet werden. Der Apparat besitzt einen Farbenkompensator, der aus zwei für die Natriumlinie geradsichtigen Amicischen Prismen besteht, deren brechende Flächen in einer Ebene senkrecht zur optischen Achse des Fernrohrs in verschiedene Winkel zueinander gedreht werden können. Diese Vorrichtung wirkt optisch wie ein einzelnes Prisma mit kontinuierlich veränderlicher Dispersion. Dreht man den Kompensator so weit, daß die in die Mitte des Fadenkreuzes fallende Grenzlinie zwischen hell und dunkel ganz farblos erscheint, so kann man trotz Beleuchtung mit weißem Licht den Brechungsindex für die gelbe Natriumlinie n_D unmittelbar an der Skala ablesen.

Zur Ausführung der Bestimmung klappt man die beiden Prismen auseinander und kippt das Instrument, bis die freiliegende Fläche des festen Prismas horizontal liegt. Dann bringt man auf diese Fläche mit einer Pipette oder mit einem Glasstab (rundgeschmolzen!) einen Tropfen der Flüssigkeit, klappt das bewegliche Prisma darauf und zieht den Verschluß an. Hierauf richtet man den Apparat wieder auf, beleuchtet das optische System durch Einstellen des Spiegels und dreht die mit der Skala für den Brechungsindex verbundene Schraube, bis die Trennungslinie zwischen hell und dunkel im Gesichtsfeld erscheint. Der Farbenkompensator wird nun so eingestellt, daß die Trennungslinie zwischen hell und dunkel ganz farblos erscheint, worauf man sie genau in die Mitte des Fadenkreuzes bringt und mit der Lupe an der Skala n abliest. Die vierte Dezimale wird geschätzt.

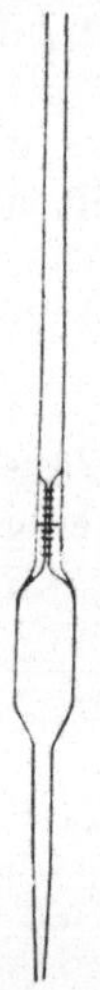

Abb. 115. Präzisionswägepipette nach F. PREGL von A. HAACK und G. WIESER

Das Refraktometer ist so gebaut, daß man beide Prismen mit Wasser aus einem Thermostaten umspülen kann. In der Praxis wird es im allgemeinen genügen, das mit einem einschraubbaren Thermometer versehene Refraktometer in das Wägezimmer zu stellen, in dem die Dichte der Flüssigkeit bestimmt wird. Für besondere Fälle, die Refraktionsmessungen und Dichtebestimmungen bei Temperaturen bis zu 300° C erfordern, hat M. FURTER[1], dem Gedanken J. F. EIJKMANNS folgend, eine Mikromethode ausgearbeitet. Die Dichtebestimmung erfolgt im Thermostaten in einem pipettenförmigen Pyknometer, das keine feste Marke, sondern einen kalibrierten Teil besitzt[2]; denn bei höheren Temperaturen verursachte Temperaturänderungen führen zu erheblichen Verschiebungen des Flüssigkeitsstandes. Zur Bestimmung der Dichte kleinster Substanzmengen beschreibt H. K. ALBER[3] kalibrierte Mikropipetten mit einem Fassungsvermögen von 6 bis 16 cmm.

Die Molekularrefraktion ist eine von der Temperatur unabhängige Größe. Brechungsindex und Dichte müssen jedoch bei genau gleicher Temperatur ermittelt werden. Das Eichen des Refraktometers erfolgt am besten mit einem Tropfen Wasser, für das $n_D = 1{,}3330$ bei 20° C ist.

Dichte

Man benötigt das absolute, auf Wasser von 4° C bezogene spezifische Gewicht der Flüssigkeit d. Die Bestimmung wird wie bei der Mikropolarisation

[1] FURTER, M.: Helv. Chim. Acta **21**, 1666, 1680 (1938).

[2] Solche Pipetten verschiedener Größe aus Jenaer Normalglas sind bei P. Haack, Wien, erhältlich.

[3] ALBER, H. K.: Ind. Eng. Chem., Analyt. Ed. **12**, 764 (1940).

mit der aus Abb. 115 ersichtlichen Präzisionswägepipette ausgeführt. Die Präzisionswägepipetten nach F. PREGL haben einen Inhalt von 0,15, 0,5 und 1,0 ml. Sie werden durch Aufsaugen gefüllt. Genaues Einstellen auf die Marke in der kapillaren Verengung ist nicht nötig. Die Marke befindet sich in der Mitte einer 10 mm-Teilung, und für jeden Millimeter Abstand ist in dem Eichschein das genaue Volumen angegeben. Für die Dichtebestimmung genügt es, auf 4 Stellen genau zu wägen; es kann somit auch auf einer guten Makrowaage gewogen werden. Um Verdunstung an der Pipettenspitze weitgehend zu verhindern, bringen A. HAACK und G. WIESER[1] mit Hilfe eines durchbohrten Gummis ein Aufsatzröhrchen auf die Pipettenspitze. Das Aufsaugen der Flüssigkeit und das Reinigen der Pipettenspitze nimmt man gleich wie beim Einfüllpyknometer (S. 340) vor.

Berechnung

Die Berechnung der Molekularrefraktion MR erfolgt nach der Gleichung

$$MR = \frac{M}{d} \cdot \frac{n^2 - 1}{n^2 + 2}$$

worin M das Molekulargewicht der Substanz bedeutet. Der Ausdruck $(n^2 - 1)$ und $(n^2 + 2)$ ist stets numerisch (nur n^2 logarithmisch) zu berechnen. Im „Refraktometrischen Hilfsbuch" findet sich eine Tabelle, in der für $n = 1{,}3000$ bis 1,7200 der Ausdruck $(n^2 - 1)/(n^2 + 2)$ direkt abgelesen werden kann.

Die wichtigsten Atomrefraktionen (D-Linie), die man zu Aussagen über die Konstitution organischer Verbindungen benötigt, sind folgende:

C	2,418	O (Hydroxyl)	1,525
H	1,100	O (Äther)	1,643
Cl	5,967	O (Carbonyl)	2,211
Br	8,865	N (prim. Amino)	2,322
J	13,900	N (sek. Amino)	2,502
Äthylenbindung	1,733	N (tert. Amino)	2,840
Acetylenbindung	2,398	N (Nitril)	3,118

Beispiel:
Benzol ($M = 78{,}11$), $n_D^{20} = 1{,}5009$, $d_4^{20} = 0{,}879$
Ber. (6 C + 6 H + 3 F[2]) $MR = 26{,}31$, Gef. $MR = 26{,}16$.

Berechnung von Mikroanalysen

Die bei den vorstehend beschriebenen Mikromethoden erhaltenen Auswaagen in Milligramm oder verbrauchten Titrierlösungen in Milliliter hat man zur Berechnung des Prozentgehaltes der Analysensubstanz an dem gesuchten Element oder der Atomgruppe mit dem entsprechenden Umrechnungsfaktor (F) und 100 zu multiplizieren und durch die Substanzeinwaage zu dividieren. Ausnahmen sind Analysen, deren Berechnung ohne Faktor erfolgt, wie z. B. von jenen Metallen, die als solche ausgewogen werden. Prinzipiell gleicht die Berechnung der von Makroanalysen, weshalb die dort angeführten Umrechnungsfaktoren auch zur Berechnung der Mikroanalysen benutzt werden können.

---

[1] HAACK, A., u. G. WIESER: Mikrochim. Acta [Wien] **1954**, 117.
[2] Zeichen für Äthylenbindung.

In den vorherigen Auflagen dieses Buches wurde die logarithmische Ausrechnung der Analysen nach:

$$\log \%X^{1} = \log \text{mg Auswaage} + \log F + (1 - \log \text{mg Substanzeinwaage})$$
$$\text{oder} \log \%X = \log \text{ml Titrierlösung} + \log F + (1 - \log \text{mg Substanzeinwaage})$$

vorgeschrieben, die heute noch ihre Berechtigung hat.

Seit man aber in der letzten Zeit nahezu ausnahmslos in den mikroanalytischen Laboratorien dazu übergegangen ist, die Analysen mit Rechenmaschinen auszurechnen, wurde diese Art der Berechnung bei jeder Methode gebracht, die nach folgender einfacher Formel erfolgt:

$$\% X = \frac{\text{mg Auswaage} \cdot F \cdot 100}{\text{mg Substanzeinwaage}}$$

$$\text{oder } \% X = \frac{\text{ml Titrierlösung} \cdot F \cdot 100}{\text{mg Substanzeinwaage}}$$

Um die Analysen auf beide Arten berechnen zu können, werden in den Tabellen I—V (S. 346 ff.) neben den Umrechnungsfaktoren auch ihre Logarithmen (log F) gebracht.

Zur Berechnung des Stickstoffs nach Pregl-Dumas entnimmt man der Tabelle (S. 349) das spezifische Gewicht (F) bei den während des Ablesens des Volumens herrschenden Bedingungen (Torr, t° C). Will man die Ausrechnung logarithmisch durchführen, benutze man in den älteren Auflagen der „Logarithmischen Rechentafeln" von F. W. Küster und A. Thiel die Tafel 7, in der neuen 68.—73. Auflage (1956) von F. W. Küster, A. Thiel und K. Fischbeck die Gasreduktionstabelle der Tafel 4 und vergesse nicht, zu den dort angeführten logarithmischen Faktoren 09708 zuzuzählen.

Tabelle I

Gravimetrische Faktoren für Elementar-Analysen und Atomgruppen-Bestimmungen

(In der Reihenfolge der beschriebenen Methoden)

Gesucht	Ausgewogen als	Faktor	log. Faktor	Berechnung s. S.
C	CO_2	0,2729	43599	63
H	H_2O	0,1119	04884	63
Cl	AgCl	0,2474	39334	126
Br	AgBr	0,4255	62894	126
S	$BaSO_4$	0,1373	13782	153
Te	Te	—	—	171
P	Amm. phos. molybd.	0,014524	16209	174
Hg	Hg	—	—	188
CH_3O	AgJ	0,1322	12114	256
C_2H_5O	AgJ	0,1919	28310	256
$CH_3(N)$	AgJ	0,06403	80638	291
$C_2H_5(N)$	AgJ	0,12374	09260	291

[1] X = Element oder Atomgruppe.

Tabelle II

Faktoren für metallorganische Verbindungen

Metalle	Ausgewogen als	Faktor	log. Faktor	Berechnung s. S.
Aluminium . .	Al_2O_3	0,5291	72357	192
Barium	$BaSO_4$	0,5885	76972	193
Beryllium . . .	$BeSO_4$	0,08577	93334	193
Blei	$PbSO_4$	0,6833	83458	193
Cadmium . . .	$CdSO_4$	0,5392	73176	193
Caesium	Cs_2SO_4	0,7346	86602	193
Calcium	$CaSO_4$	0,2944	46894	193
Chrom	Cr_2O_3	0,6843	83522	192
Eisen	Fe_2O_3	0,6994	84473	192
Gold	Au	—	—	192
Iridium	Ir	—	—	193
Kalium	K_2SO_4	0,4487	65199	193
Kobalt	Co	—	—	192
Kupfer	CuO	0,7989	90250	192
Lanthan	La_2O_3	0,8527	93079	192
Lithium	Li_2SO_4	0,1263	10123	193
Magnesium . .	MgO	0,6032	78044	192
	$MgSO_4$	0,2020	30541	193
Mangan	$MnSO_4$	0,3638	56086	193
Natrium	Na_2SO_4	0,3238	51026	193
Nickel	Ni	—	—	193
Osmium	Os	—	—	193
Palladium . . .	Pd	—	—	193
Platin	Pt	—	—	193
Rhodium	Rh	—	—	193
Rubidium . . .	Rb_2SO_4	0,6403	80635	193
Ruthenium . .	Ru	—	—	193
Silber	Ag	—	—	192
Silicium	SiO_2	0,4672	66950	192
Strontium . . .	$SrSO_4$	0,4770	67856	193
Vanadin	V_2O_5	0,5602	74834	192
Zinn	SnO_2	0,7877	89634	192

Tabelle III

Maßanalytische Faktoren für Elementaranalysen

(In der Reihenfolge der beschriebenen Methoden)

Gesucht	Titriert mit	Faktor	log. Faktor	Berechnung s. S.
O	0,02 n-$Na_2S_2O_3$	0,1333	12483	88
N	0,01 n-HCl	0,1401	14638	114
	0,02 n-H_2SO_4	0,2802	44741	118
Cl	0,01 n-H_2SO_4	0,3546	54970	134
Br	0,01 n-H_2SO_4	0,7992	90263	134
J	0,02 n-$Na_2S_2O_3$	0,4231	62644	140
F	0,01 n-$Th(NO_3)_4$	0,1900	27875	147
S	0,02 n-J	0,3206	50596	160
	0,01 n-J	0,1603	20493	160
	0,02 n-KJ	0,3206	50596	165
Se	0,02 n-$Na_2S_2O_3$	0,2632	41880	170
As	0,01 n-$Na_2S_2O_3$	0,37455	57351	181
Sb	0,01 n-$KBrO_3$	0,6088	78447	181
B	0,01 n-NaOH	0,1082	03423	183
Hg	0,01 n-$C_5H_{10}NS_2Na$	1,003	00130	186

Tabelle IV

Maßanalytische Faktoren für Atomgruppen

(In der Reihenfolge der beschriebenen Methoden)

Atomgruppen	Gesucht	Titriert mit	Faktor	log. Faktor	Berechnung s. S.
C-Methyl	CH_3—	0,01 n-NaOH	0,1503	17696	203
	CH_3COOH	0,01 n-NaOH	0,6005	77851	203
Isopropyliden .	C_3H_6=	0,05 n-J	0,3507	54494	209
C≡C—Dreifachbindung . .	—C≡C—	0,02 n-NaOH	0,4804	68160	225
Hydroxyl	—OH	0,02 n-NaOH	0,3402	53173	227
Acetyl	CH_3CO—	0,01 n-NaOH	0,4304	63367	244
Benzoyl	C_6H_5CO—	0,01 n-NaOH	1,0511	02125	244
Methoxyl	CH_3O—	0,02 n-$Na_2S_2O_3$	0,1034	01452	251
Äthoxyl	C_2H_5O—	0,02 n-$Na_2S_2O_3$	0,1502	17667	251
Propoxyl	C_3H_7O—	0,02 n-$Na_2S_2O_3$	0,1970	29447	259
Butoxyl	C_4H_9O—	0,02 n-$Na_2S_2O_3$	0,2437	38686	259
Vinyläther . . .	CH_2=CHO—	0,02 n-J	0,4304	63387	260
Carbonyl	>CO	0,05 n-$Fe[NH_4(SO_4)]_2$	0,1167	06707	264
Peroxyd	aktiver O	0,01 n-$Na_2S_2O_3$	0,0800	90309	266
Carboxyl	—COOH	0,01 n-NaOH	0,4502	65341	270

Atomgruppen	Gesucht	Titriert mit	Faktor	log. Faktor	Berechnung s. S.
Säureanhydrid .	—C—O / —C—O >O(C_2O_3)	0,02 n-$Na_2S_2O_3$	0,7202	85745	274
Säureamid. . . .	—NH_2	0,01 n-HCl	0,1602	20466	278
N-Methyl	CH_3—	0,02 n-$Na_2S_2O_3$	0,05011	69992	292
N-Äthyl	C_2H_5—	0,02 n-$Na_2S_2O_3$	0,09687	98619	292
Mercapto	—SH	0,02 n-J	0,6613	82040	298 u. 300
Disulfid.	S	0,02 n-$Na_2S_2O_3$	0,1282	10789	303
Thioäther	S	0,02 n-$Na_2S_2O_3$	0,1603	20493	303
Isocyanat	—NCO	0,02 n-HCl	0,8404	92449	305
Isothiocyanat .	—NCS	0,02 n-HCl	1,1616	06510	305
Dithiocarbaminat	CS_2	0,01 n-J	0,7613	88156	308

Tabelle V

Faktor F_N (Spezifisches Gewicht des Stickstoffs)[1]

t° C	700 Torr	701	702	703	704	705	706	707	708
10	1,1110	1,1126	1,1142	1,1157	1,1173	1,1189	1,1205	1,1221	1,1236
11	1,1071	1,1087	1,1103	1,1118	1,1134	1,1150	1,1166	1,1182	1,1197
12	1,1032	1,1049	1,1064	1,1079	1,1095	1,1111	1,1127	1,1143	1,1158
13	1,0993	1,1009	1,1025	1,1040	1,1056	1,1072	1,1088	1,1104	1,1119
14	1,0955	1,0971	1,0986	1,1002	1,1018	1,1034	1,1049	1,1065	1,1081
15	1,0916	1,0932	1,0947	1,0963	1,0979	1,0995	1,1010	1,1026	1,1042
16	1,0878	1,0894	1,0909	1,0925	1,0940	1,0956	1,0972	1,0987	1,1003
17	1,0841	1,0857	1,0872	1,0888	1,0903	1,0919	1,0934	1,0950	1,0965
18	1,0804	1,0819	1,0835	1,0850	1,0866	1,0881	1,0896	1,0912	1,0927
19	1,0767	1,0782	1,0798	1,0813	1,0829	1,0844	1,0859	1,0875	1,0890
20	1,0730	1,0745	1,0761	1,0776	1,0792	1,0807	1,0822	1,0838	1,0853
21	1,0693	1,0708	1,0724	1,0739	1,0755	1,0770	1,0785	1,0801	1,0816
22	1,0657	1,0672	1,0688	1,0703	1,0718	1,0734	1,0749	1,0764	1,0779
23	1,0621	1,0636	1,0651	1,0667	1,0682	1,0697	1,0712	1,0727	1,0743
24	1,0585	1,0600	1,0615	1,0631	1,0646	1,0661	1,0676	1,0691	1,0707
25	1,0549	1,0564	1,0579	1,0595	1,0610	1,0625	1,0640	1,0655	1,0671
26	1,0514	1,0529	1,0544	1,0559	1,0574	1,0590	1,0605	1,0620	1,0635
27	1,0479	1,0494	1,0509	1,0524	1,0539	1,0555	1,0570	1,0585	1,0600
28	1,0444	1,0459	1,0474	1,0489	1,0504	1,0520	1,0535	1,0550	1,0565
29	1,0410	1,0425	1,0440	1,0455	1,0470	1,0485	1,0500	1,0515	1,0530
30	1,0376	1,0391	1,0406	1,0421	1,0436	1,0451	1,0465	1,0480	1,0495

[1] Entnommen aus: H. Gysel, Prozenttabellen organischer Verbindungen. Birkhäuser-Verlag, Basel 1951.

t° C	709 Torr	710	711	712	713	714	715	716	717
10	1,1252	1,1268	1,1284	1,1300	1,1316	1,1332	1,1348	1,1364	1,1380
11	1,1213	1,1229	1,1245	1,1260	1,1276	1,1292	1,1307	1,1323	1,1339
12	1,1174	1,1190	1,1206	1,1222	1,1237	1,1253	1,1269	1,1285	1,1300
13	1,1135	1,1151	1,1167	1,1183	1,1198	1,1214	1,1230	1,1245	1,1261
14	1,1096	1,1112	1,1128	1,1144	1,1159	1,1175	1,1190	1,1206	1,1222
15	1,1057	1,1073	1,1089	1,1104	1,1120	1,1136	1,1151	1,1167	1,1182
16	1,1018	1,1034	1,1050	1,1065	1,1081	1,1096	1,1112	1,1127	1,1143
17	1,0981	1,0996	1,1012	1,1027	1,1043	1,1058	1,1074	1,1089	1,1105
18	1,0943	1,0958	1,0974	1,0990	1,1005	1,1021	1,1036	1,1052	1,1067
19	1,0906	1,0921	1,0937	1,0952	1,0968	1,0983	1,0999	1,1014	1,1030
20	1,0869	1,0884	1,0899	1,0915	1,0930	1,0945	1,0961	1,0976	1,0991
21	1,0832	1,0847	1,0862	1,0878	1,0893	1,0908	1,0924	1,0939	1,0954
22	1,0795	1,0810	1,0825	1,0840	1,0856	1,0871	1,0886	1,0901	1,0916
23	1,0758	1,0773	1,0788	1,0803	1,0819	1,0834	1,0849	1,0864	1,0879
24	1,0722	1,0737	1,0752	1,0767	1,0782	1,0797	1,0813	1,0828	1,0843
25	1,0686	1,0701	1,0716	1,0731	1,0746	1,0761	1,0776	1,0791	1,0806
26	1,0650	1,0665	1,0680	1,0695	1,0710	1,0725	1,0740	1,0754	1,0769
27	1,0615	1,0630	1,0645	1,0660	1,0675	1,0690	1,0705	1,0719	1,0734
28	1,0580	1,0595	1,0610	1,0625	1,0640	1,0655	1,0670	1,0684	1,0699
29	1,0545	1,0560	1,0575	1,0590	1,0604	1,0619	1,0634	1,0649	1,0664
30	1,0510	1,0525	1,0540	1,0554	1,0569	1,0584	1,0599	1,0613	1,0628

t° C	718 Torr	719	720	721	722	723	724	725	726
10	1,1396	1,1412	1,1428	1,1444	1,1460	1,1476	1,1492	1,1507	1,1523
11	1,1355	1,1371	1,1387	1,1403	1,1419	1,1435	1,1451	1,1466	1,1482
12	1,1316	1,1332	1,1347	1,1363	1,1379	1,1394	1,1410	1,1426	1,1442
13	1,1277	1,1293	1,1308	1,1324	1,1340	1,1355	1,1371	1,1386	1,1402
14	1,1237	1,1253	1,1269	1,1284	1,1300	1,1315	1,1331	1,1346	1,1362
15	1,1198	1,1213	1,1229	1,1244	1,1260	1,1276	1,1291	1,1306	1,1322
16	1,1158	1,1174	1,1189	1,1205	1,1221	1,1236	1,1252	1,1267	1,1282
17	1,1120	1,1136	1,1151	1,1167	1,1182	1,1198	1,1213	1,1229	1,1244
18	1,1083	1,1098	1,1114	1,1129	1,1145	1,1160	1,1176	1,1190	1,1205
19	1,1045	1,1061	1,1076	1,1092	1,1107	1,1123	1,1138	1,1151	1,1167
20	1,1006	1,1022	1,1037	1,1052	1,1068	1,1083	1,1098	1,1114	1,1129
21	1,0969	1,0985	1,1000	1,1015	1,1031	1,1046	1,1061	1,1076	1,1091
22	1,0932	1,0947	1,0962	1,0977	1,0992	1,1008	1,1023	1,1038	1,1053
23	1,0894	1,0909	1,0924	1,0940	1,0955	1,0970	1,0985	1,1000	1,1016
24	1,0858	1,0873	1,0888	1,0903	1,0918	1,0933	1,0948	1,0963	1,0979
25	1,0821	1,0836	1,0851	1,0866	1,0881	1,0896	1,0911	1,0926	1,0942
26	1,0784	1,0799	1,0814	1,0829	1,0844	1,0859	1,0874	1,0890	1,0905
27	1,0749	1,0764	1,0779	1,0794	1,0809	1,0824	1,0839	1,0854	1,0869
28	1,0714	1,0729	1,0744	1,0759	1,0774	1,0789	1,0804	1,0817	1,0833
29	1,0678	1,0693	1,0708	1,0723	1,0738	1,0752	1,0767	1,0781	1,0796
30	1,0643	1,0657	1,0672	1,0687	1,0701	1,0716	1,0731	1,0744	1,0759

t° C	727 Torr	728	729	730	731	732	733	734	735
10	1,1539	1,1554	1,1570	1,1586	1,1602	1,1618	1,1634	1,1650	1,1665
11	1,1498	1,1514	1,1530	1,1545	1,1561	1,1577	1,1593	1,1609	1,1624
12	1,1457	1,1473	1,1489	1,1505	1,1520	1,1536	1,1552	1,1568	1,1584
13	1,1417	1,1433	1,1449	1,1464	1,1480	1,1496	1,1512	1,1527	1,1543
14	1,1377	1,1393	1,1409	1,1424	1,1440	1,1456	1,1471	1,1487	1,1503
15	1,1338	1,1353	1,1369	1,1384	1,1400	1,1416	1,1431	1,1447	1,1462
16	1,1298	1,1313	1,1329	1,1344	1,1360	1,1375	1,1391	1,1406	1,1422
17	1,1260	1,1275	1,1291	1,1306	1,1322	1,1337	1,1353	1,1368	1,1384
18	1,1221	1,1236	1,1251	1,1267	1,1282	1,1298	1,1313	1,1329	1,1344
19	1,1182	1,1197	1,1213	1,1228	1,1244	1,1259	1,1274	1,1290	1,1305
20	1,1144	1,1160	1,1175	1,1190	1,1205	1,1221	1,1236	1,1251	1,1267
21	1,1106	1,1122	1,1137	1,1152	1,1167	1,1183	1,1198	1,1213	1,1229
22	1,1069	1,1084	1,1099	1,1114	1,1129	1,1145	1,1160	1,1175	1,1190
23	1,1031	1,1046	1,1061	1,1076	1,1091	1,1107	1,1122	1,1137	1,1152
24	1,0994	1,1009	1,1024	1,1039	1,1054	1,1069	1,1084	1,1100	1,1115
25	1,0957	1,0972	1,0987	1,1002	1,1017	1,1032	1,1047	1,1062	1,1077
26	1,0920	1,0935	1,0940	1,0965	1,0980	1,0995	1,1011	1,1025	1,1040
27	1,0884	1,0899	1,0914	1,0929	1,0944	1,0959	1,0974	1,0989	1,1004
28	1,0848	1,0862	1,0877	1,0892	1,0907	1,0922	1,0937	1,0952	1,0967
29	1,0811	1,0826	1,0841	1,0856	1,0871	1,0886	1,0900	1,0915	1,0930
30	1,0774	1,0789	1,0804	1,0819	1,0834	1,0849	1,0863	1,0878	1,0893

t° C	736 Torr	737	738	739	740	741	742	743	744
10	1,1681	1,1697	1,1713	1,1729	1,1745	1,1761	1,1777	1,1792	1,1808
11	1,1640	1,1656	1,1672	1,1688	1,1703	1,1719	1,1735	1,1751	1,1767
12	1,1599	1,1615	1,1631	1,1647	1,1662	1,1678	1,1694	1,1710	1,1725
13	1,1559	1,1574	1,1590	1,1606	1,1621	1,1637	1,1653	1,1669	1,1684
14	1,1518	1,1534	1,1550	1,1565	1,1581	1,1597	1,1612	1,1628	1,1644
15	1,1478	1,1494	1,1509	1,1525	1,1540	1,1556	1,1571	1,1587	1,1603
16	1,1437	1,1453	1,1469	1,1484	1,1500	1,1515	1,1531	1,1546	1,1562
17	1,1399	1,1415	1,1430	1,1446	1,1461	1,1477	1,1492	1,1508	1,1523
18	1,1359	1,1375	1,1390	1,1407	1,1421	1,1437	1,1452	1,1467	1,1483
19	1,1320	1,1336	1,1351	1,1367	1,1382	1,1397	1,1413	1,1428	1,1443
20	1,1282	1,1297	1,1313	1,1328	1,1343	1,1359	1,1374	1,1389	1,1405
21	1,1244	1,1259	1,1274	1,1290	1,1305	1,1320	1,1336	1,1351	1,1366
22	1,1206	1,1221	1,1236	1,1251	1,1267	1,1282	1,1297	1,1312	1,1327
23	1,1167	1,1183	1,1198	1,1213	1,1228	1,1243	1,1258	1,1274	1,1289
24	1,1130	1,1145	1,1160	1,1175	1,1190	1,1205	1,1221	1,1236	1,1251
25	1,1092	1,1107	1,1122	1,1137	1,1152	1,1168	1,1183	1,1198	1,1213
26	1,1055	1,1070	1,1085	1,1101	1,1116	1,1131	1,1146	1,1161	1,1176
27	1,1019	1,1034	1,1049	1,1064	1,1079	1,1094	1,1108	1,1123	1,1138
28	1,0982	1,0997	1,1012	1,1027	1,1042	1,1056	1,1071	1,1086	1,1101
29	1,0945	1,0960	1,0975	1,0990	1,1005	1,1019	1,1034	1,1049	1,1064
30	1,0908	1,0923	1,0938	1,0953	1,0969	1,0982	1,0997	1,1012	1,1027

t° C	745 Torr	746	747	748	749	750	751	752	753
10	1,1824	1,1840	1,1856	1,1872	1,1888	1,1904	1,1919	1,1935	1,1951
11	1,1783	1,1798	1,1814	1,1830	1,1846	1,1862	1,1877	1,1893	1,1909
12	1,1741	1,1757	1,1773	1,1788	1,1804	1,1820	1,1836	1,1851	1,1867
13	1,1700	1,1716	1,1731	1,1747	1,1763	1,1779	1,1794	1,1810	1,1826
14	1,1659	1,1675	1,1690	1,1706	1,1722	1,1737	1,1753	1,1769	1,1784
15	1,1618	1,1634	1,1649	1,1665	1,1681	1,1696	1,1712	1,1727	1,1743
16	1,1577	1,1593	1,1608	1,1624	1,1639	1,1655	1,1671	1,1686	1,1702
17	1,1539	1,1554	1,1570	1,1585	1,1601	1,1616	1,1631	1,1647	1,1662
18	1,1498	1,1514	1,1529	1,1545	1,1560	1,1576	1,1591	1,1606	1,1622
19	1,1459	1,1474	1,1490	1,1505	1,1520	1,1536	1,1551	1,1567	1,1582
20	1,1420	1,1435	1,1451	1,1466	1,1481	1,1497	1,1512	1,1527	1,1543
21	1,1381	1,1397	1,1412	1,1427	1,1442	1,1458	1,1473	1,1488	1,1504
22	1,1343	1,1358	1,1373	1,1388	1,1404	1,1419	1,1434	1,1449	1,1464
23	1,1304	1,1319	1,1334	1,1349	1,1365	1,1380	1,1395	1,1410	1,1425
24	1,1266	1,1281	1,1296	1,1311	1,1326	1,1342	1,1357	1,1372	1,1387
25	1,1228	1,1243	1,1258	1,1273	1,1288	1,1303	1,1318	1,1333	1,1348
26	1,1191	1,1206	1,1221	1,1236	1,1251	1,1266	1,1281	1,1296	1,1311
27	1,1153	1,1168	1,1183	1,1198	1,1213	1,1228	1,1243	1,1258	1,1273
28	1,1116	1,1131	1,1146	1,1161	1,1176	1,1191	1,1206	1,1221	1,1236
29	1,1079	1,1094	1,1109	1,1124	1,1138	1,1153	1,1168	1,1183	1,1198
30	1,1042	1,1057	1,1072	1,1087	1,1101	1,1116	1,1131	1,1146	1,1161

t°C	754 Torr	755	756	757	758	759	760
10	1,1967	1,1983	1,1999	1,2015	1,2031	1,2046	1,2062
11	1,1925	1,1941	1,1957	1,1972	1,1988	1,2004	1,2020
12	1,1883	1,1899	1,1914	1,1930	1,1946	1,1962	1,1978
13	1,1841	1,1857	1,1873	1,1888	1,1904	1,1920	1,1936
14	1,1800	1,1816	1,1831	1,1847	1,1863	1,1878	1,1894
15	1,1759	1,1776	1,1790	1,1805	1,1821	1,1837	1,1852
16	1,1717	1,1733	1,1748	1,1764	1,1779	1,1795	1,1810
17	1,1678	1,1693	1,1709	1,1724	1,1740	1,1755	1,1771
18	1,1637	1,1653	1,1668	1,1684	1,1699	1,1714	1,1730
19	1,1597	1,1613	1,1628	1,1643	1,1659	1,1674	1,1690
20	1,1558	1,1573	1,1589	1,1604	1,1619	1,1635	1,1650
21	1,1519	1,1534	1,1549	1,1565	1,1580	1,1595	1,1611
22	1,1480	1,1495	1,1510	1,1525	1,1541	1,1556	1,1571
23	1,1440	1,1456	1,1471	1,1486	1,1501	1,1516	1,1531
24	1,1402	1,1417	1,1432	1,1447	1,1462	1,1478	1,1493
25	1,1364	1,1379	1,1394	1,1409	1,1424	1,1439	1,1454
26	1,1326	1,1341	1,1356	1,1371	1,1386	1,1401	1,1416
27	1,1288	1,1303	1,1318	1,1333	1,1348	1,1363	1,1378
28	1,1250	1,1265	1,1280	1,1295	1,1310	1,1325	1,1340
29	1,1213	1,1228	1,1242	1,1257	1,1272	1,1287	1,1301
30	1,1176	1,1191	1,1205	1,1220	1,1235	1,1250	1,1263

Namenverzeichnis

Die fettgedruckten Zahlen beziehen sich auf im Text gebrachte Methoden und Geräte

Sachverzeichnis